"十二五"普通高等教育本科国家级规划教材

# 凿岩爆破工程

## （第 2 版）

主　　编　李夕兵

副 主 编　王玉杰　屠晓利

参编人员　（按编写章节顺序）

李夕兵　王卫华　屠晓利　李启月

王玉杰　张电吉　陈宝心　张智宇

栾龙发　焦永斌　钟东望　张义平

主　　审　陶颂霖

中南大学出版社

www.csupress.com.cn

# 内 容 简 介

　　全书共 13 章。主要包括岩石动、静力学性质及分级；岩石中的应力波及传播机理；炸药爆炸基本理论；凿岩机具；工业炸药；起爆器材和起爆方法；爆破破岩机理；矿岩爆破；硐室爆破；控制爆破；拆除爆破以及爆破危害与控制等基本知识。

　　本书可作为采矿工程专业本科生"凿岩爆破工程"课程的教材，亦可作为相关专业本科生和有关工程技术人员参考用书。

教育部高等学校地矿学科教学指导委员会
采矿工程专业规划教材

# 编 审 委 员 会

## 丛书主编

古德生

## 编委会委员

（按姓氏笔画为序）

| 王新民 | 伍法权 | 李夕兵 | 刘爱华 | 杨　鹏 |
| 吴　超 | 吴立新 | 吴顺川 | 张明旭 | 陈建宏 |
| 周科平 | 赵跃民 | 赵　文 | 侯克鹏 | 姚书振 |
| 殷　昆 | 高永涛 | 黄润秋 | 廖立兵 | |

# 序 ······

　　站在 21 世纪全球发展战略的高度来审视世界矿业，可以清楚地看到，矿业作为国民经济的基础产业，与其他传统产业一样，在现代科学技术突飞猛进的推动下，也正逐步走向现代化。就金属矿床开采领域而言，现今的采矿工程科学技术与 20 世纪 90 年代以前的相比，已经不可同日而语。为了适应矿业快速发展的形势，国家需要大批具有现代采矿知识的专业人才，因此，作为优秀专业人才培养的重要基础建设之一———教材建设就显得至关重要。

　　在 2006—2010 年地矿学科教学指导委员会（以下简称地矿学科教指委）的成立大会上，委员们一致认为，抓教材建设是本届教学指导委员会的重要任务之一，特别是金属矿采矿工程专业的教材，现在多是 20 世纪 90 年代出版的，教材更新已迫在眉睫。2006 年 10 月 18～20 日在中南大学召开了第一次地矿学科教指委全体会议，会上委员们就开始酝酿采矿工程专业系列教材的编写拟题；之后，中南大学出版社主动承担该系列教材的出版工作，并积极协助地矿学科教指委于 2007 年 6 月 22～24 日在中南大学召开了"全国采矿工程专业学科发展与教材建设研讨会"，来自全国 17 所院校的金属、非金属矿床采矿工程专业和部分煤矿开采专业的领导及骨干教师代表参加了会议，会议拟定了采矿工程专业系列教材的选题和主编单位；从那以后，地矿学科教指委和中南大学出版社又分别在昆明和长沙召开了两次采矿工程专业系列教材编写大纲的审定工作会议。

　　本次新规划出版的采矿工程专业系列教材侧重于金属矿

床开采领域。编审委员会通过充分的沟通和研讨，在总结以往教学和教材编撰经验的基础上，以推动新世纪采矿工程专业教学改革和教材建设为宗旨，提出了采矿工程专业系列教材的编写原则和要求：①教材的体系、知识层次和结构要合理，要遵循教学规律，既要有利于组织教学又要有利于学生学习；②教材内容要体现科学性、系统性、新颖性和实用性，并做到有机结合；③要重视基础，又要强调采矿工程专业的实践性和针对性；④要体现时代特性和创新精神，反映采矿工程学科的新技术、新方法、新规范、新标准等。

采矿科学技术在不断发展，采矿工程专业的教材需要不断完善和更新。希望全国参与采矿工程专业教材编写的专家们共同努力，写出更多、更好的采矿工程专业新教材。我们相信，本系列教材的出版对我国采矿工程专业高级人才的培养和采矿工程专业教育事业的发展将起到十分积极的推进作用，对我国矿山安全、经济、高效开采，保障我国矿业持续、健康、快速发展也有着十分重要的意义。

中南大学教授

中国工程院院士

教育部地矿学科教指委主任

# 前 言......

　　《凿岩爆破工程》是根据 2006—2010 地矿学科教学指导委员会审定的金属矿采矿工程专业教材出版规划编写的,是地矿类专业的专业课教材。

　　爆破是矿山生产过程中的一个重要环节,爆破效果的好坏对矿山生产效率和生产成本都将产生直接的重要影响。通过近 60 年的爆破实践,我国积累了丰富的经验,爆破理论和爆破技术有了长足的进步,创造了许多新技术、新工艺,在国民经济的许多领域发挥了重要的作用。与之相反,爆破专业教材却远远跟不上爆破技术发展的需要,很多教材是 20 世纪 90 年代以前出版的,亟需更新。为此,受地矿学科教学指导委员会委托,中南大学邀请国内近十所兄弟院校一起编写了本书。

　　本书由中南大学李夕兵担任主编,武汉理工大学王玉杰和东北大学屠晓利任副主编。全书共分 13 章,各章编写任务分工如下:第 1 章、第 3 章、第 4 章和第 5 章由李夕兵和王卫华编写;第 2 章由东北大学屠晓利编写;第 6 章由中南大学李启月编写;第 7 章由武汉理工大学王玉杰编写;第 8 章由武汉工程大学张电吉编写;第 9 章由武汉理工大学陈宝心编写;第 10 章由昆明理工大学张智宇和栾龙发编写;第 11 章由江西理工大学焦永斌编写;第 12 章由武汉科技大学钟东望编写;第 13 章由贵州大学张义平编写。全书由李夕兵负责修改定稿,并邀请中南大学陶颂霖担任主审,全面审定了本书。值本书出版之际,特向关心和支持本书编写的各位领导、专家和参考文献的作者表示衷心感谢!

　　由于编者水平有限,书中难免有缺点和错误,诚恳地欢迎读者批评指正。

编　者

# 目　录

# 第1章 绪论

凿岩爆破又称钻眼爆破或打眼放炮，就是用机械或人工的方法，对矿体或岩石钻凿炮眼、装填炸药实施爆破的作业。广泛用于采矿、地质勘探、水利、筑路及其他工程建设中。本章简要回顾了凿岩机具和爆破工程的发展历史，并展望凿岩爆破发展前景。

## 1.1 凿岩爆破在国民经济建设中的作用

采矿工业是国民经济的基础工业，为冶金、有色金属、化工、煤炭、石油、建材等部门提供矿物原料。凿岩爆破方法由于其破岩功比耗小、节省劳力、降低成本、加快工程进度等优点，目前仍然是矿山破碎坚固岩石的主要手段，占破岩比例的90%以上。在采矿作业中，凿岩爆破工程费用大约占了采矿成本的40%~50%，尤其在地下矿山的井巷掘进中，凿岩爆破工作所需工时和成本都占整个掘进工时和成本的一半以上。地下采场的崩矿、二次破碎等更离不开凿岩爆破工作。除此之外，爆破工程在国民经济的其他部门也有着日益广泛的应用：例如，铁路公路工程中的隧道掘进、路堑平场、桥基处理、冻土爆破；水路运输中的港口建设、炸礁疏浚、破冰抢险、水下码头压实软土；水利电力部门的爆破筑坝、地下厂房开挖、挡水围堰或岩坎拆除、炸堤排洪、掘沟导流；农林部门的爆炸驱雹、播种、灭火、人工降水、深翻土地、改良土壤；机械工业的爆炸成型、爆炸焊接、复合、硬化、聚能切割、人造金刚石及特种金属的加工；石油地质部门的地震勘探、射孔、压裂、切割、探矿；在医疗方面，除部分炸药原料作药用外，利用微型爆破炸碎各种结石；在航空航天、人造卫星、军事、其他科技等方面也有广泛的应用。由此可见，爆破工程在国民经济建设的许多领域，尤其在采掘工业中的地位和作用十分重要，并具有非常广阔的发展前景。

## 1.2 凿岩爆破的发展概况

### 1.2.1 凿岩机具的发展历史

在爆破作业时，为提高爆破能量利用率，须先在被爆岩体内钻凿具有一定直径、长度和方向的炮孔，用作容纳炸药的空间。在岩体内部钻凿孔洞的过程叫凿岩，其实质就是破碎岩石。凿岩机械经历了从气动到液压到电力驱动的过程，其中液压又包括油压和水压两种。1813年英国人发明了以蒸汽为动力的冲击式凿岩机。之后，1844年英国布隆顿发明了以压缩空气为动力的凿岩机，现在它已成为地下矿山传统的凿岩设备，目前我国大部分矿山仍在使用。虽然在结构性能上不断改进，产品不断更新换代，凿岩速度不断提高，但受能源和结构上的限制，致使凿岩效率低、能耗高、噪声大、粉尘污染严重等问题仍难以解决。1920年英国人成功研制了液压凿岩机，其后很多国家研发了100多种液压凿岩机及其配套的凿岩台车投入生产使用，我国也于1970年试制成功了第一台液压凿岩机。因液压凿岩机具有输出功率大、钻孔速度快、能量消耗低、零件和钎具寿命长、凿孔精度高、液压控制完善等优点，现已在全世界获得了极广泛的应用，已成为凿岩设备发展的主流。液压凿岩机的研发成功和推广应用是凿岩设备发展史上一个重要技术突破，但也存在一些诸如废油排放和环境污染、易燃和安全及成本等问题，制约了液压凿岩机的进一步发展。在研制开发油压凿岩机的同时，国内外也开发了水压凿岩机。1990年南非研制成功水乳化液凿岩机，水乳化液中水占98%，添加剂占2%。1992年，南非矿业联合会研究中心（COMRO）又推出两种纯水压凿岩机。瑞典于1990年研制成功水压潜孔冲击器。我国的水压凿岩机应用技术仅处于研制及试验阶段，尚未达到工业推广应用水平。湘潭凿岩设备研究所于20世纪90年代前期研制了YST23型支腿式水压凿岩机。中国地质大学（北京）于90年代初研制了无阀式水压凿岩机。湖南科技大学提出动力学融合设计概念，并对水压凿岩机各部件的设计方法及机械加工工艺做了大量研究，设计研制出配套22 mm杆的YTS－25型水压凿岩机，其冲击能量为75 J，冲击频率为35 Hz，冲击速度为7 m/s。中南大学于2006年承担了"863"计划项目——水势能直接驱动的深部金属矿采掘技术与装备，在前期相关工作的基础上，成功研制水压破碎锤和导轨式水压凿岩机，其工作压力为10～15 MPa，冲击能分别为52 J和90 J，冲击频率为23 Hz和42 Hz。

凿岩机的迅速发展极大地促进了凿岩钎具的开发和进步。1938年德国人发明了碳化钨凿岩钎头，极大地提高了凿岩速度。为适应大功率凿岩机的需要，1951年美国休斯公司研制成功了冷压固齿大直径球齿潜孔钻头；1968年瑞典Secoroc公司和Sandvik公司研制成功热嵌固齿冲击凿岩用球齿钎头。到20世纪末，球齿钎头迅猛发展。我国1951年试制成功了硬质合金钎头。20世纪60年代，原武汉地质学院等院所研究出一字、十字形片状系列硬质合金钎头。国内球齿钻头的开发是从潜孔钻头开始的。1977年原冶金部钎具攻关组研制成功J－200型潜孔钻头，之后很多大学和科研院所先后开始研究中小球齿钎头。目前，国产球齿钎头产品数量不断增加，产品质量不断提高，基本上满足了国内市场需求，同时产品出口量逐年增加。1996年末，中国地质大学研制成功复合片齿系列钎头，它综合了片状和球齿钎具的优点又避免了它们各自的缺点，具有高效、低耗的特点，是凿岩钎具的一次重大进展。尽管国内凿岩钎具产品有了很大发展，但同国外工业发达国家同类产品相比还有一定差距，国内钎（钻）具产品正朝着由低技术含量常规化产品向高技术含量专业化产品方向发展。

## 1.2.2　爆破工程的发展历程

人类对爆炸的研究与应用，起源于我国黑火药的发明和发展。众所周知，黑火药是我国古代四大发明之一。早在6～7世纪，中国就发明了以硫磺、硝和木炭三种物质按一定比例混合配制的黑火药。但当时黑火药仅用来制造鞭炮和焰火，而未用于采掘工业，直至南宋时期才用于军事。13世纪黑火药逐渐由我国经阿拉伯国家传入欧洲。1627年匈牙利人首先将黑火药应用于采矿中。与原来的火烧法破岩相比，黑火药爆破破岩效率大大提高。此后很长一段时间内，炸药的发展较缓慢。直到18世纪末和19世纪初叶，由于化学工业的发展，一些猛炸药相继出现，为现代爆破的发展奠定了物质基础。1771年，英国人沃尔夫（D. Woulfe）合成了苦味酸（PA）；1863年德国人维尔布兰德（J. Wilbrand）制成了梯恩梯（TNT）；1899年亨宁（C. Henning）发明了黑索金（RDX）；1941年赖特（G. F. Wright）和巴克曼（W. E. Bachmann）发明了奥克托金（HMX），使炸药性能提高到一个新水平。在此期间做出突出贡献的典型代表是瑞典科学家诺贝尔(A. B. Nobel)，他于 1867 年发明了火雷管，同时发明了硝化甘油炸药，从而大大推动了爆破技术的发展，从此，爆破在军事上和民用工程中的应用日趋广泛。

1867 年奥尔森(Olsson)和诺宾(Norrbein)发明了硝酸铵和各种燃料制成的混合炸药，但以梯恩梯为敏化剂的粉状硝铵炸药直至 1924 年才问世，这种炸药的推广使用，使爆破技术向着安全、经济、高效的方向迈进了一大步。

1956 年，迈尔文·库克(M. A. Cook)发明了浆状炸药，之后又研制成功了水胶炸药。60 年代推广使用了多孔粒状铵油炸药。这种炸药加工工艺简单，抗水性能比粉状铵油炸药高，成本较低。70 年代研制成功了乳化炸药，这是一种新型的抗水炸药。它不仅具有良好的爆炸性能和抗水性能，且具有原料来源广、加工简单、生产成本低等优点，是今后发展的主要品种。

在起爆器材方面，1919 年制成了以泰安为药芯的导爆索；1946 年制成了毫秒电雷管，1967 年，诺贝尔炸药公司发明了导爆管非电起爆系统，使爆破技术又得到了进一步的发展。

随着炸药、起爆器材的发明和应用、爆破量测技术的进步以及相邻学科的发展，岩石爆破理论先后经历了萌生、形成与发展阶段。爆破理论的萌生阶段或早期发展阶段比较有代表性的假说有：炸药量与岩石破碎体积成比例假说；利文斯顿爆破漏斗假说；流体动力学假说等。岩石爆破理论基本框架是从 20 世纪 60 年代日野氏提出冲击波拉伸破坏理论和兰格福斯(U. Langefors)等人提出爆炸气体膨胀压力破坏开始，到 70 年代朗(L. G. Long)明确提出爆破作用三个阶段为止，历时十余年才基本确立。到 20 世纪 80 年代，随着岩体结构力学、岩石动力学和计算机模拟技术的发展，爆破理论进入了新的发展阶段。现代爆破理论的新进展主要包括以下方面：(1)节理裂隙岩体爆破理论；(2)岩石动载特征及其对爆破效果的影响；(3)爆破过程的计算机模拟技术；(4)一些新思想、新的研究方法开始进入爆破理论的研究领域。例如在工程爆破中引入概率和数理统计、模糊数学、灰色系统等不确定性理论，推动了工程爆破研究的深入。这些都为现代爆破技术的发展奠定了基础，并使爆破工程成为一门独立的学科提供了理论基础。

虽然，我国是黑火药发明的文明古国，但由于长期的封建统治和近百余年来帝国主义的侵略掠夺，使我国近代科学技术得不到发展，爆破技术亦远远落后于西方。新中国成立以前，一些常用的工业炸药和起爆器材都不能自己生产，长期依赖进口。新中国成立以后，我国爆破工程得到了迅速发展。在炸药方面，通过对各种系列工业炸药的研发，已能自己生产铵梯炸药、铵油炸药、浆状炸药、乳化炸药、水胶炸药、高威力液体炸药等众多炸药品种，且工业炸药的质量也不断提高。在起爆器材方面，20 世纪 50 年代初期只能生产火雷管和瞬发电雷管，现在不但能生产毫秒延期电雷管、非电雷管、高精度 30 段和 60 段的毫秒延期雷管，同时还成功研制出无起爆药雷管和电子延期雷管。导爆索、继爆管和塑料导爆管及导爆管的连通器具也发展迅速，并得到了广泛应用，基本满足了我国工程爆破的需要。

随着国民经济的发展，我国的工程爆破技术也有了长足的发展。硐室爆破、中深孔爆破、地下采掘爆破、城镇拆除爆破、水下爆破等，通过不断的实践与应用，积累了丰富的经验。硐室爆破的应用范围与规模不断扩大，规模最大的广东珠海炮台山的移山填海大爆破工程，炸药装填总量近 1.2 万吨，一次性爆落破碎和抛掷的岩土总方量达 1085 万立方米，抛掷率 51.36%。中深孔爆破技术已广泛应用于露天与地下矿山、交通、水利水电建设的基坑路堑开挖工程和工业场地平整等。矿山深孔爆破已根据工程的要求发展了微差爆破、挤压爆破、预裂爆破、光面爆破等。改革开放后，我国城镇建(构)筑物拆除爆破和复杂环境深孔爆破技术发展非常迅速，通过实践积累了丰富的经验，创造了许多新技术、新工艺和新经验。主要应用于水库水下岩塞爆破、挡水围堰拆除爆破、港湾航道疏浚炸礁以及淤泥与饱和砂土地基爆炸加固处理等的水下工程爆破技术，发展非常迅速，应用领域不断扩大。

# 1.3 凿岩爆破的发展前景

尽管凿岩爆破方法存在对环境扰动大，易造成围岩破坏，施工不连续、破碎块度不均匀等缺点，但与其他破岩方法相比，其优越性无法比拟，所以目前乃至将来很长一段时间内，它仍是一种不可替代的、有效的岩石破碎方法，特别是坚硬岩石的破碎仍将主要依赖于凿岩爆破方法。因此，如何改善凿岩机具和爆破器材的性能以及爆破工艺技术、提高爆破效率和爆破安全技术是目前凿岩爆破工作者最根本的任务。可以预计，凿岩爆破领域将在以下几个方面产生突破并具有广阔的发展前景。

## 1.3.1 提高爆破施工作业机械化水平

爆破工程的主要目的是将岩土或建(构)筑物破碎。其常用施工机械有：钻孔设备、装药和填塞设备、破碎和清运设备三部分。生产实践表明，爆破工程的机械化程度越高，其生产效率也随之提高。目前，我国爆破施工装备技术相对落后，机械化水平不高，要改变这种状况，必须在装备技术上创新。现有大中型露天矿中深孔爆破的钻孔、装药、填塞、铲装、运输虽已实现机械化作业，但为了提高钻孔精度和效率，仍需要在提高设备的智能化、自动化和遥控化等方面做出努力，发展卫星定位系统、测量新技术，实现设备优化配套，提高可视化程度。同时应积极发展乳胶炸药远程配送系统，实现露天爆破作业的装药、填塞机械化。对于一些诸如硐室爆破、定向抛掷爆破、拆除爆破、水下爆破等机械化设备较少，且其钻孔、装药、填塞、清碴等作业仍主要靠手工劳动的爆破作业，亟需加强爆破作业机械的技术更新改造，研究并发展相对应的国产机械设备，提高爆破施工机械化和自动化水平。

## 1.3.2 研制新型爆破器材

爆破器材与爆破技术是相互依赖和相互促进的。爆破技术的改进需要新品种的爆破器材来适应，反过来，新爆破器材的出现又推动和促进爆破技术向更高水平发展。爆破器材的创新为爆破技术的进步提供了物质基础和保证。经过 50 余年来的发展，我国爆破器材无论在品种、数量和性能上基本满足了爆破工程的需要，但也存在产品结构不合理、产品质量不均、产品性能不能满足特殊爆破环境的需要等问题，因此，要应用新技术和新工艺，发展新品种，提高产品质量。就炸药而言，要逐步淘汰污染严重、有毒有害的铵梯炸药，发展和完善环保型和安全型的含水和无梯粉状炸药新品种，尤其大力发展粉状乳化炸药。在起爆器材方面，进一步完善电雷管起爆系统，发展塑料导爆管非电起爆系统，研制开发数码电子雷管与遥控起爆系统和低能导爆索非电起爆系统，形成电与非电相互配套的安全起爆系统，提高起爆技术的可靠性和安全性。

### 1.3.3 加强爆破理论研究

随着爆破技术和相邻学科的发展，爆破理论的研究也有了长足的进步。人们对爆破破岩各个方面的把握在逐步深化，新的数理方法、新的测试与分析技术为研究爆破破岩的复杂过程提供了新的技术支持。特别是计算机模拟爆破技术的发展，不仅可以预估爆破效果，而且可以在计算机上再现岩石爆破的动态过程，分析各种因素对爆破效果的影响。国外有很多的爆破数学模型，已经在不同的爆破作业中获得实际应用。但是，从总体上来看，爆破理论的发展仍然滞后爆破技术的要求，理论研究和生产实际仍有一定的差距。20 世纪 80 年代以来，我国虽在爆破理论与爆破的计算机模拟技术方面开展了不少研究，但内容比较分散，没有较完整的理论成果，尤其是爆破计算机模拟技术方面明显落后于国外，未能在实际工程中获得很好应用。应加强爆破理论研究，建立能广为接受的爆破数学模型，用于指导爆破工程实践。

### 1.3.4 进一步发展爆破安全技术

爆破安全技术的发展，有利于扩大工程爆破的应用范围，也只有解决与爆破有关的安全技术问题，工程爆破才能发挥更大的作用。爆破安全技术包括爆破施工作业中的安全问题和爆破对周围建筑设施与环境安全的影响两大部分。前者主要涉及爆破器材性能、使用条件、检验方法和起爆技术等安全性问题；而后者即周围环境安全性问题是与爆破作用机理、爆破参数与设计方法、安全准则与控制标准有关的技术问题。因此，发展爆破安全技术，就要从上述两方面开展研究，采取措施，消除各种不安全因素。

改革开放以来，研究成功的塑料导爆管非电起爆系统、高精度延期雷管、无起爆药雷管和新型的安全抗水炸药，如乳化炸药等，大大地提高了爆破作业的安全性，大幅度减少了爆破事故的发生。因此，今后还应继续大力发展高质量、低成本和安全性好的爆破新材料，以满足复杂条件下爆破作业安全的需要。同时要结合爆炸理论及控制技术的研究，提高炸药爆炸能量利用率，降低爆破有害效应的影响，主要是减少爆破地震、空气冲击波、个别飞散物、和有害气体的危害，研制新的测试仪器，提高爆破效应的监测水平，使有害效应降到最低程度。此外还要研究雷电、杂散电流、射频电、感应电等外来电影响的防护措施。要通过总结工程的实践经验，加以理论分析，吸收现代爆破技术的新成就，不断修订《爆破安全规程》，并认真贯彻实施，使我国的爆破安全技术提高到一个新水平。

# 第2章　岩石力学性质与分级

　　岩石是爆破的对象，金属矿山的绝大部分、非金属矿及煤矿等矿山的多数矿岩都采用凿岩爆破的方法进行破碎和采掘。为了取得良好的爆破效果，必须了解和掌握岩石的凿岩爆破性，即凿岩性（可钻性）和爆破性（可爆性），在此基础上对岩石进行合理的分级，为爆破设计、施工和成本核算提供依据。

## 2.1　影响岩石凿岩爆破性的因素

　　凿岩性指岩石在钻孔中表现出的抵抗钻头等机械作用而破坏的性质，爆破性则是指岩石在爆破作用下表现出的性质。

　　岩石的凿岩爆破性是岩石自身物理力学性质在凿岩爆破工艺中的综合反映，影响着整个凿岩爆破效率和效果，通常可以用岩石的单一物理力学指标来表示。

　　影响岩石凿岩爆破性的主要因素：一方面是岩石本身的物理力学性质（见表2-1）；另一方面是炸药性质、钻头结构和凿岩爆破工艺等外在因素。前者决定于岩石的地质生成条件、矿物成分、结构构造和后期的地质作用，它表征为岩石密度或容重、孔隙性、碎胀性、弹性、塑性、脆性和岩石强度等物理力学性质；后者则取决于钻孔工艺、钻具特性、炸药类型、爆破参数等等。此外，还包括对爆破块度、爆堆形式以及抛掷距离等爆破效果的影响。显然，岩石本身的物理力学性质是最主要的影响因素。

　　炸药爆炸对岩石的作用主要有两个方面：其一是克服岩石颗粒之间的内聚力，使岩石内部结构破裂，产生新鲜断裂面；其二是使岩石原生的、次生的裂隙扩张而破坏。前者取决于岩石本身的坚固程度，后者则受岩石裂隙性所控制。因此，岩石的坚固性和岩石的裂隙性是影响岩石爆破性的最根本因素。

### 2.1.1　岩石的结构构造

　　岩石由固体颗粒组成，其间有空隙，充填有空气、水或其他杂物。当岩石受外载荷作用，特别是在受炸药爆炸冲击载荷作用下，将引起物态变化，从而导致岩石性质的变化。

　　矿物是构成岩石的主要成分，矿物颗粒愈细、密度愈大，愈坚固，则愈难于爆破破碎。矿物密度可达 4 g/cm³ 以上，岩石的容重不超过其组成矿物的密度。岩石容重一般为 1.0 ~ 3.5 g/cm³。随着密度增加，岩石的强度和抵抗爆破作用的能力增大，同时，破碎或抛移岩石所消耗的能量也增加，这就是一般岩浆岩比较难以爆破的原因。至于沉积岩的爆破性，除了取决于其矿物成分之外，很大程度受其胶结物成分和颗粒大小的影响。例如，沉积岩中细粒有硅质胶结物的，则坚固，难爆破；含氧化铁质胶结物的次之；含有石灰质和粘土质胶结物的沉积岩则易爆破。变质岩的组分和结构比较复杂，它与变质程度有关，一般变质程度高、致密的变质岩比较坚固，较难爆破，反之则易爆破。

　　岩石又是由具有不同化学成分和不同结晶格架的矿物以不同的结构方式所组成。由于矿物成分的化学键各不相同，则其分子的内聚力也各不相同。于是，矿物晶体的强度便取决于晶体分子之间作用的内力、晶体结构和晶体的缺陷。通常，晶体之间的内聚力，都小于晶体内部分子之间的内聚力。并且，晶粒越大，内聚力越小，细粒岩石的强度一般比粗粒岩石的大。又因为晶体之间的内聚力小于晶体内的内聚力，所以，破坏裂缝都出现在晶粒之间。

表 2 - 1　几种典型岩石的物理力学特性

| 岩石 | | 容重 / g·cm⁻³ | 孔隙度 / % | 抗拉强度 / MPa | 抗压强度 / MPa | 弹性模量 / GPa | 泊松比 | 纵波速度 / km·s⁻¹ |
|---|---|---|---|---|---|---|---|---|
| 岩浆岩 | 花岗岩 | 2.6 ~ 2.8 | 0.1 ~ 5 | 10 ~ 20 | 100 ~ 250 | 50 ~ 90 | 0.1 ~ 0.37 | 4.35 ~ 6.8 |
| | 石英岩 | 2.65 ~ 2.66 | 0.3 | 10 ~ 15 | 290 ~ 300 | 40 ~ 100 | 0.07 ~ 0.28 | 4.9 ~ 6.7 |
| | 玄武岩 | 2.7 ~ 2.86 | 0.6 ~ 19 | — | 300 ~ 400 | 70 ~ 120 | 0.2 ~ 0.3 | 5.4 ~ 7.0 |
| | 辉绿岩 | 2.85 ~ 3.05 | 0.6 ~ 12 | 10 ~ 20 | 160 ~ 230 | 90 ~ 140 | 0.2 ~ 0.32 | 6.3 ~ 7.5 |
| | 辉长岩 | 2.9 ~ 3.1 | 0.6 ~ 1 | 14 ~ 20 | 260 ~ 310 | 70 ~ 110 | 0.2 ~ 0.3 | 5.6 ~ 6.3 |
| 变质岩 | 石煤 | 1.3 ~ 1.65 | 0.4 | 0.2 ~ 0.5 | 1 ~ 35 | 3 ~ 10 | 0.14 ~ 0.36 | 1.5 ~ 2.4 |
| | 岩盐 | 2.0 ~ 2.2 | — | 1 ~ 4 | 20 ~ 40 | 16 ~ 36 | 0.25 ~ 0.45 | 4.2 ~ 5.6 |
| | 板岩 | 2.3 ~ 2.7 | | 4 ~ 25 | 50 ~ 150 | 15 ~ 43 | 0.22 ~ 0.25 | 2.5 ~ 6.0 |
| | 砂岩 | 2.1 ~ 2.9 | 2.6 | 3 ~ 10 | 35 ~ 150 | 17 ~ 50 | 0.19 ~ 0.4 | 3.0 ~ 4.6 |
| | 石灰岩 | 2.3 ~ 3.0 | 1.5 ~ 15 | 10 ~ 15 | 90 ~ 160 | 40 ~ 75 | 0.2 ~ 0.33 | 3.2 ~ 5.5 |
| | 白云岩 | 2.3 ~ 2.8 | 3 ~ 20 | 30 ~ 40 | 100 ~ 190 | 50 ~ 95 | 0.2 ~ 0.4 | 5.2 ~ 6.7 |
| 沉积岩 | 片麻岩 | 2.65 ~ 2.85 | — | 10 ~ 20 | 110 ~ 280 | 60 ~ 80 | 0.28 ~ 0.4 | 5.5 ~ 6.0 |
| | 大理岩 | 2.7 ~ 2.88 | 0.1 | 6 ~ 16 | 60 ~ 190 | 60 ~ 90 | 0.34 ~ 0.4 | 4.4 ~ 5.9 |
| | 石英岩 | 2.65 ~ 2.9 | 0.71 | 10 ~ 15 | 290 ~ 300 | 40 ~ 100 | 0.15 ~ 0.19 | 4.3 ~ 6.5 |

　　岩石中普遍存在着以孔隙、气泡、微观裂隙、解理面等形态表现出来的缺陷，这些缺陷都可能导致应力集中。因此，微观缺陷将影响岩石的性质，大的裂隙还会影响整体岩石的坚固性，使其易于爆破，但也容易沿裂隙破裂而产生大块。

　　岩体的裂隙性，不但包括岩石生成当时和生成以后的地质作用所产生的原生裂隙，而且包括受生产施工、周期性连续爆破作用所产生的次生裂隙。它们包括断层、褶曲、层理、节理、不同岩层的接触面、裂隙等弱面。这些弱面对于爆破的影响有两重性：一方面，弱面可能导致爆生气体泄漏和压力的降低，减弱爆破能的作用，影响爆破效果；另一方面，这些弱面破坏了岩体的完整性，易于从弱面破裂、崩落，而且，弱面又增加了爆破应力波的反射作用，有利于岩石的破碎。但是，必须指出，当岩体本身包含着许多尺寸超过生产矿山所规定的大块（不合格大块）的结构尺寸时，只有直接靠近药包的小部分岩石得到充分破碎，而离开药包一定距离的大部分岩石，由于已被原生或次生裂隙所切割，在爆破过程中，没有得到充分破碎，在爆生气体的推力作用下，脱离岩体、移动、抛掷成大块。这就是裂隙性岩石有的易于爆破破碎，有的则易于产生大块的两重性。因此，必须了解和掌握岩体中裂隙的宽窄、长短、间距、疏密、方向、裂隙内的充填物、结构体尺寸和结构体含量百分率，以及它们与炸药、爆破工艺参数的相互关系等等。例如，垂直层理、裂隙爆破时，比较容易破碎；而平行或顺着层理、裂隙的爆破则比较困难。

此外，风化作用削弱了岩石的完整性和强度，使得风化严重的岩石易于凿岩和爆破破碎。

## 2.1.2　岩石容重、孔隙度和碎胀性

岩石容重表示单位体积岩石的重量，其体积包括岩石内部的孔隙，与岩石的质量含义不同，岩石的质量是指单位体积岩石的质量，体积中不包括空隙。岩石孔隙度，等于孔隙的体积(包括气相或液相体积)与岩石总体积之比，可用单位体积岩石中孔隙所占的体积表示，也可用百分数表示。通常岩石的孔隙度为 0.1% ~ 50 %（一般岩浆岩为 0.5% ~ 2%，沉积岩为 2.5% ~ 15%）。当岩石受压时，孔隙度减少，例如，粘土孔隙度 50%，受压后为 7%。随着孔隙度增大，冲击波和应力波在其中的传播速度降低。容重大的岩石难以爆破，因为要耗费更多的爆炸能来克服重力，才能把岩石破裂、移动和抛掷。

岩石的碎胀性是岩体破碎后体积松散膨胀的性质；破碎后的岩石体积与破碎前的岩石体积的比值称为碎胀系数。碎胀性与岩体结构及被破碎程度有关，用它可以衡量岩石破碎程度，在采矿等作业中，用其计算补偿空间的大小。

## 2.1.3　岩石强度和弹塑性对岩石爆破的影响

从力学观点看，根据外力作用和岩石变形特点的不同，岩石可能表现为塑性、弹性、粘弹性、弹脆性和脆性等特征。

塑性大的岩石受外载作用超过其弹性极限后，产生塑性变形而未产生有效破碎，能量消耗大，难于爆破(如粘土性岩石)；脆性、弹脆性岩石均易于爆破。岩石的塑性和脆性不仅与岩石性质有关，而且与它的受力状态和加载速度有关。位于地下深处的岩石，相当于全面受压，常呈塑性，而在冲击载荷下又表现为脆性。当温度和湿度增加，也能使岩石塑性增大。通常，在爆破作用下，岩石以脆性破坏为主。

为了深入研究岩石爆破性与爆破载荷的关系，一般把岩石视作弹性体或粘弹性体，炸药在岩体内爆破时，以冲击波和弹性波的形式从药包中心向周围岩石传播，并以弹塑性或强度作为分析和探讨岩石爆破性的依据。

岩石强度是表示岩石抵抗压、剪、拉诸应力而导致岩石破坏的能力。它本来是材料力学中用以表示材料抵抗上述三种简单应力的常量，往往是在单轴静载作用下的测定指标。爆破时，岩石受的是瞬时冲击载荷，所以应对岩石强度赋以新的内容，要强调在三轴作用下的动态强度指标。只有如此，才能真实地反映岩石的爆破性，但全围压(三轴)试验难度较大。

表 2-2 是用雷管模拟爆破和用材料试验机加载试验所得的几种岩石的动、静载强度。可见，动载强度比静载强度为大。

岩石的抗压强度最大，抗剪次之，抗拉最小。一般有如下关系：抗拉强度约为其抗压强度的 1/50 ~ 1/10，抗剪强度约为其抗压强度的 1/12 ~ 1/8，因此，尽可能使岩石处于受拉伸或剪切状态下，以利于爆破破碎，提高爆破效果。从表 2-2 可见，动载强度比静载强度高，而且不同岩石对动载率的敏感度不同。因此，在用岩石强度指标衡量岩石的凿岩爆破性时，

应该考虑相应加载率下的动载强度值。

另外，一般岩石强度还具有各向异性特点。由于受成因和结构构造的影响，在不同方向上岩石的强度明显不同，如层状岩石，垂直于层理的抗压强度明显高于平行于层理的抗压强度，但抗拉强度却相反。

**表 2–2　几种岩石动、静载强度试验结果**

| 岩石 | 容重 /g·cm⁻³ | 波速 /km·s⁻¹ | 抗压强度/MPa | | 抗拉强度/MPa | | 动载速度 /MPa·s⁻¹ | 载荷持续 时间/ms |
|---|---|---|---|---|---|---|---|---|
| | | | 静载 | 动载 | 静载 | 动载 | | |
| 大理石 | 2.7 | 4.5~6 | 90~110 | 120~200 | 50~90 | 20~40 | $10^7 \sim 10^8$ | 10~30 |
| 砂岩(1) | 2.6 | 3.7~4.3 | 100~140 | 120~200 | 8~9 | 50~70 | $10^7 \sim 10^8$ | 20~30 |
| 砂岩(2) | 2.0 | 1.8~3.5 | 15~25 | 20~50 | 2~3 | 10~20 | $10^6 \sim 10^7$ | 50~100 |
| 砂岩(3) | 2.7 | 4.1~5.7 | 200~240 | 35~50 | 16~23 | 20~30 | $10^7 \sim 10^8$ | 10~20 |
| 辉绿岩 | 2.8 | 5.3~6.0 | 320~350 | 700~800 | 22~32 | 50~60 | $10^7 \sim 10^8$ | 20~50 |
| 石英闪长岩 | 2.6 | 3.7~5.9 | 240~330 | 300~400 | 11~19 | 20~30 | $10^7 \sim 10^8$ | 30~60 |

## 2.2　岩石凿岩爆破性的判据和分级

岩石分级不同于岩石分类，通常岩石分类是指按照岩石成因或成分的不同，对岩石进行分类，如地质学上按成因分为岩浆岩、沉积岩和变质岩三类，而岩石分级应该是以量的指标来划分各种岩石的等级，根据工程的不同要求，有凿岩性分级、爆破性分级和稳定性分级等。岩石分级是按照岩石作业工艺，从量上分别对岩石进行分级，为设计、生产、管理和研究部门提供科学依据。

### 2.2.1　普氏岩石坚固性分级

早在 1926 年前，普氏提出了用岩石试块的单轴静载极限抗压强度、手工凿 1 cm³ 岩石所消耗的功、手打眼每班生产率、掘进工生产率、在地面挖掘的生产率、巷道掘进速度、爆破1 m³ 岩石的黑火药消耗量等七项指标的平均值来表征岩石的坚固性。由于采矿科学技术的发展，普氏分级所采用的确定分级的工艺已经发生了很大变化，有些指标已失去了实际意义，只有一个最简单的指标——岩石试块的静载极限抗压强度($\sigma_c$，MPa)还有意义，但单位也由原来的公斤米制变为牛米制，数值相差约十倍，所以现在的普氏岩石坚固性分级实质已经不是原来普氏的分级，而是岩石单轴抗压强度（牛米制单位）的换算值，即普氏系数 $f = \sigma_c/10$。根据 $f = 0.3 \sim 20$ 将岩石分为 10 级，$f$ 值大，则难钻凿、难爆破、岩石稳定；反之，$f$ 值小，则易钻凿、易爆破、岩石不稳定。普氏认为：岩石的坚固性在各方面的表现趋于一致。实际上岩石的钻进性、爆破性、稳定性并非完全一致，有的易钻难爆，有的难钻易爆，而且小块的岩石试样的单轴静载抗压强度并不能表征整体岩石受炸药爆炸冲击作用的爆破性。再者，其测定值的离散性较大，一般为 15%~40%，个别达 80%，所以普氏分级方法以其简便的指标，虽曾在采矿工程中作为笼统的总的分级得到普遍应用,但也正是由于上述缺点,它表征不了凿岩爆破工程实际所需的岩石凿岩爆破性分级,但目前在采矿各工艺中仍然大量沿用。

## 2.2.2 苏氏分级

苏氏分级是苏哈诺夫在20世纪30年代针对普氏分级而提出的岩石分级。他认为:决定岩石坚固性的基础应当取决于在某一特定情况下实际被应用的具体采掘方法。他用崩落1 m³岩石所消耗的炸药量(kg/m³)或单位炮眼长度(m/m³)来表征岩石的爆破性,同时,规定了一系列的测试标准条件。根据单位炸药消耗量和单位炮眼长度将岩石分为16级。如果需要的炸药单耗量多、单位炮眼长,则岩石难爆;反之,则易爆。必须指出,炸药单耗是一个常量又是一个变数,影响因素很多,因而,苏氏又提出了一系列非标准条件下的修正系数,非常繁琐,也影响了岩石爆破性的真实性。再者,炸药单耗没有很好地反映爆破块度这一重要爆破效果。因此,苏氏分级方法并不能确切地表征岩石的爆破性。表2-3给出了普氏分级和苏氏分级的指标对比。

表 2-3　普氏分级与苏氏分级(爆破性)的对比参考表

| 普氏分级 | | | 苏氏分级 | | | 代表性岩石 |
|---|---|---|---|---|---|---|
| 坚固性系数 $f$ | 等级 | 坚固程度 | 爆破性 | 等级 | 二号硝铵炸药单耗 $q$ / kg·m⁻³ | |
| 20 | I | 最坚固 | 最难爆 | 1 | 8.3 | 致密微晶石英岩 |
| | | | | 2 | 6.7 | 极致密无氢化物石英岩 |
| | | | | 3 | 5.3 | 最致密石英岩和玄武岩 |
| 18 | II | 很坚固 | 很难 | 4 | 4.2 | 极致密安山岩和辉绿岩 |
| 15 | | | | 5 | 3.8 | 石英斑岩 |
| 12 | | | | 6 | 3.0 | 极致密硅质砂岩 |
| 10 | III | 坚固 | 难 | 7 | 2.4 | 致密花岗岩、坚固铁矿石 |
| 8 | IIIa | | | 8 | 2.0 | 致密砂岩和石灰岩 |
| 6 | IV | 相当坚固 | 中上等 | 9 | 1.5 | 砂岩 |
| 5 | IVa | | | 10 | 1.25 | 砂质页岩 |
| 4 | V | 中等 | 中等 | 11 | 1.0 | 不坚固的砂岩和石灰岩 |
| 3 | Va | | | 12 | 0.8 | 页岩、致密泥质岩 |
| 2 | VI | 相当软弱 | 中下等 | 13 | 0.6 | 软页岩无烟煤 |
| 1.5 | VIa | | | 14 | 0.5 | |
| 1.0 | VII | 软弱 | 易爆 | 15 | 0.4 | 致密粘土、软质煤岩 |
| 0.8 | VIIa | | | 16 | 0.3 | 浮石、凝灰岩 |
| 0.6 | VIII | 土质 | 不用爆 | | — | — |
| 0.5 | IX | 松散 | | | | |
| 0.3 | X | 流沙 | | | | |

## 2.2.3 爆破漏斗等综合分级

岩石爆破性是岩石本身物理力学性质和炸药爆破参数、爆破工艺的综合效应，它们之间既有其内在联系，又受外因的控制，有明显的因果关系，因而岩石爆破性不是岩石单一的固有属性，而是岩石在爆破过程中诸因素的综合反映，并影响着爆破数量和质量的具体效果。通过试验研究和实践证明，能量平衡准则是岩石爆破最普遍、最根本的准则，它表征了岩石爆破性的本质。爆破漏斗是一般爆破工程的根本形式。炸药爆炸释放的能量传递给岩石，岩石吸收能量导致岩石的变形和破坏。由于不同岩石破坏所消耗的能量不同，当炸药能量及其他条件一定时，爆破漏斗体积的大小和爆破块度的粒级组成，均直接反映能量的消耗状态和爆破效果，从而表征了岩石的爆破性。此外，岩石的结构特征（如节理、裂隙）也是影响岩石爆破的重要因素之一，由于岩体结构影响着岩石爆破的难易，更影响着爆破块度的大小，所以，声测指标（如岩石弹性波速、岩石波阻抗等）也是岩石爆破性分级的重要判据之一。因此爆破漏斗试验和声波测定包含了影响岩石爆破性的主要因素：如岩石的结构（组分）、内聚力、裂隙性、岩石物理力学性质、特别是岩石的变形性质及其动力特性。

据此，东北大学在 20 世纪 80 年代提出的岩石爆破性分级的判据，是在考虑爆破材料、参数、工艺等一定的条件下进行现场爆破漏斗试验和声波测定所获得的，通过计算出岩石爆破性指数，综合评价岩石的爆破性，并进行岩石爆破性分级。

**1. 测定方法**

（1）爆破漏斗与块度的测定

在矿山现场选择典型的矿岩地段，用凿岩机垂直自由面打眼，钎头直径 45 mm，眼深 1 m，用 2 号岩石硝铵炸药，药量 450 g，药卷直径 32 mm，连续柱状装药，炮泥填塞，一发 8 号雷管起爆。爆破后量取爆破漏斗体积，清理岩块，进行块度分析。分别称量，计算容积，求出大块（大于 300 mm）、小块（小于 50 mm）、平均合格块度（50～100 mm，100～200 mm，200～300 mm）的百分率，并且据此核算出爆破漏斗的总体积。

（2）声测

用声波速度测定仪测定现场岩体的声波速度及岩块试样的声波速度，求得岩石裂隙性和岩体波阻抗。

**2. 岩石爆破性指数**

根据爆破漏斗体积、大块率、小块率、平均合格率和岩体波阻抗的大量数据，运用数理统计的多元回归分析，通过计算机运算，最终求得岩石爆破性指数 $N$

$$N = \ln \frac{e^{67.22} K_1^{7.42} (1.01)(\rho C)^{2.03}}{e^{38.44V} K_2^{1.89} K_3^{4.75}} \qquad (2-1)$$

式中：$V$——岩石爆破漏斗体积，$m^3$；

$K_1$——大块率，%；（$>30$ cm）

$K_2$——平均合格率，%；

$K_3$——小块率，%；（$<35$ cm）

$(\rho C)$——岩体波阻抗，$kPa \cdot s/m$；

e——自然对数之底。

通过模量识别，结合现场调查，定出岩石爆破性分级表，见表 2-4。

表 2-4　岩石爆破性分级表

| 级别 | | 爆破性指数 N | 爆破性程度 | 代表性岩石 |
|---|---|---|---|---|
| I | I₁ | < 29 | 极易爆 | 千枚岩、破碎性砂岩、泥质板岩、破碎性白云岩 |
| | I₂ | 29.001 ~ 38 | | |
| II | II₁ | 38.001 ~ 46 | 易爆 | 角砾岩、绿泥岩、米黄色白云岩 |
| | II₂ | 46.001 ~ 53 | | |
| III | III₁ | 53.001 ~ 60 | 中等 | 阳起石石英岩、煌斑岩、大理岩灰白色白云岩 |
| | III₂ | 60.001 ~ 68 | | |
| IV | IV₁ | 68.001 ~ 74 | 难爆 | 磁铁石英岩、角闪岩长片麻岩 |
| | IV₂ | 74.001 ~ 81 | | |
| V | V₁ | 81.001 ~ 86 | 极难爆 | 矽卡岩、花岗岩、浅色砂岩 |
| | V₂ | > 86 | | |

## 2.3　岩石的可钻性

　　岩石的可钻性表示钻头在岩石上钻眼的难易程度。它是合理选择钻进方法、钻头规格及钻进规程参数的依据，同时也是制定钻进生产定额和编制钻进生产计划的基础以及考核生产效率和成本消耗的根据。由于岩石可钻性的影响因素较多，科研工作者从不同角度提出了各自的分级方法及相应的评价指标。根据所用的分级评价原则不同，可以得到不同的分级。

　　目前岩石的可钻性分级主要有以下几种：按凿碎比功分级，按点荷强度分级，按岩石硬度、切削强度和磨蚀性分级，按断裂力学指标分级，按岩石的主要声学指标分级，按最小体积比能分级，按岩石的单轴抗压强度分级等等。下面着重介绍前三种分级方法。

### 2.3.1　按凿碎比功分级

　　在现场或实验室内采用实际或缩小比例的微型模拟钻头进行钻眼试验，并以钻速、钻一定深度炮眼所需的时间和钻头的磨损量、凿碎比功耗等指标来表示岩石的可钻性。但这些指标不仅决定于岩石本身的性质，还决定于所采用的钻眼方法、钻机、钻具、钻眼工艺参数（冲击力、冲击频率、转数、轴压）、钻眼参数（钻眼直径、深度、方向），和清除钻粉的方式等钻眼条件。因此，为比较不同岩石的可钻性，必须规定统一的钻眼条件，称为标准条件。

　　为固定钻眼条件和方便迅速地确定出岩石的可钻性，东北大学设计出了一种岩石凿测器，如图 2-1 所示。凿测器锤重 4 kg，落高 1 m，采用直径 40 ± 0.5 mm 的一字形钎头，镶 YG-11 C（K013 型）硬合金片，刃角 110°，每冲击一次转 15° 角，测定的每种岩样共冲击 480 次，每凿 24 次清一次岩粉。冲击完后，计算比功耗和用带专用卡具的读数显微镜读出钎刃两端向内 4 mm 处的磨钝宽度，作为岩石可钻性和磨蚀性（磨损钻头的能力）分级的指标。

　　用两项指标来衡量岩石的可钻性：

**1. 凿碎比功**

凿碎比功是指凿碎单位体积岩石所消耗的功,其值按下式计算:

$$a = \frac{A}{V} = \frac{N \cdot A_0}{\frac{\pi}{4} \cdot D^2 \cdot \frac{H}{10}} = \frac{480 \times 39.2}{\frac{\pi}{4} \cdot (4.1)^2 \cdot \frac{H}{10}} = \frac{14252}{H} \qquad (2-2)$$

式中:$a$——凿碎比功,J/cm$^3$;

$A$——总冲击功,实际为 18816 J;

$V$——破碎岩石体积,cm$^3$;

$A_0$——落锤单次冲击功,39.2 J/次;

$D$——凿眼直径,眼径约比钎头直径大 1 mm,$D = 4.1$ cm;

$H$——凿 480 次后的净凿眼深度,mm。

只要用深度卡尺量取净深 $H$ 后,由上式便可求出 $a$ 值的大小。按凿碎比功的不同将岩石可钻性分成七级,见表 2-5。

**2. 钎刃磨钝宽度 $b$**

钎刃磨钝宽度是指落锤冲击 480 次后,钎刃上从刃锋两端各向内 4 mm 处的磨钝宽度平均值。钎刃磨钝宽度 $b$ 是用读数显微镜和专用卡具量得的。按钎刃磨钝宽度 $b$,将岩石的磨蚀性分成三类,见表 2-6。

综合表示岩石可钻性时,用罗马数字表示岩石凿碎比功的等级,用阿拉伯数字做右下标,表示这种岩石的磨蚀性。如 III$_1$ 表示该岩石凿爆特性为中等可钻性和弱磨蚀性。这种凿碎法岩石可钻性分级实质上是可钻性和磨蚀性两个分级。

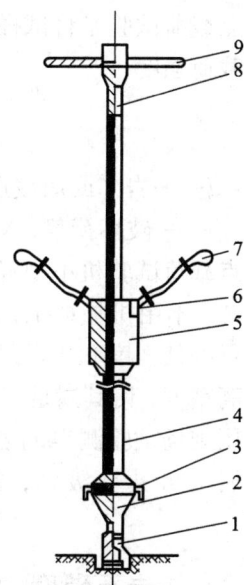

**图 2-1 岩石凿测器**

1—钎头;2—承击台;3—插销;
4—导向杆;5—落锤;
6—△形环;7—操作绳;
8—导杆顶;9—转动把手

**表 2-5 岩石凿碎比功分级**

| 级别 | I | II | III | IV | V | VI | VII |
|------|------|----------|----------|----------|----------|----------|------|
| 凿碎比功 | <186 | 187~284 | 285~382 | 383~480 | 481~578 | 579~676 | ≥677 |
| 可钻性 | 极易 | 易 | 中等 | 中难 | 难 | 很难 | 极难 |

**表 2-6 岩石磨蚀性分级**

| 类别 | 1 | 2 | 3 |
|------|------|---------|------|
| 钎刃磨钝宽度 / mm | <0.2 | 0.3~0.6 | >0.7 |
| 磨蚀性 | 弱 | 中 | 强 |

## 2.3.2 按点载荷强度进行可钻性分级

该观点认为可钻性是岩石的固有属性,钻进过程中的各种变量都和岩石的物理力学性质有关。因此,以岩石的物理力学性质为基础,用经典力学和统计相关分析的方法,寻求诸变量之间的关系,对可钻性进行度量和分级,并预估和计算钻进效果。

点载荷试验是国际岩石力学学会(ISRM)试验委员会推荐的一种便携式测量方法。

点载荷试验是将试样置于试验机的两个压头之间，逐渐加载，使试样破坏，再用下式求得点载荷强度：

$$I_s = \frac{p}{d^2} \qquad\qquad (2-3)$$

式中：$d$——岩芯或加载点的距离，mm；

$p$——破坏荷载，N。

点载荷试验机小型轻便、便于携带、能够在现场测试，且试验岩样为不规则试块或钻取的岩芯，不用机械加工，这大大缩短了试验时间、降低了试验成本，而且还能对常规试验无法进行的低强度和严重风化的岩石进行测定。虽然其测定值较分散，但可通过增加试验次数来提高精度，使其满足工程上的需要。因此点载荷试验技术在工程中得到了广泛应用。

用现场试验测得的岩芯点载荷强度就能划分地质钻探中岩石可钻性级别，并预估金刚石钻进的岩芯钻进速度。

### 2.3.3 按岩石硬度、切削强度和磨蚀性分级

岩石的硬度是指岩石抵抗其他物体刻画、磨蚀、切削或压入其表面的能力。硬度的测定及其表示方法有多种，不同试验方法所得到的同种岩石的硬度值是不同的，也就是岩石的硬度值取决于试验的类型：压入试验、回弹试验、划痕试验等，其测得的硬度分别称为压入硬度、回弹硬度和刻画硬度等。1987 年国际岩石力学学会曾推荐用 C–2 肖氏硬度计和 L 型 Schmidt 锤作为测量岩石硬度的标准方法。肖氏硬度计(图 2–2)是 1906 年美国的肖氏(A. E. Shore)研制的一种用以测定金属材料硬度的仪器。

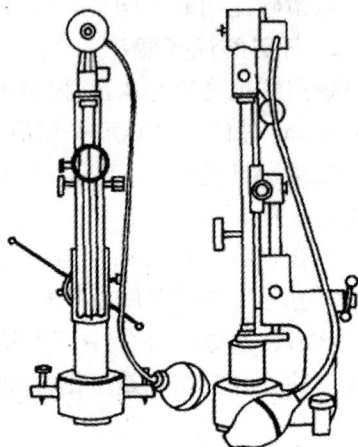

图 2–2　肖氏硬度计

其原理是用一带金刚石尖重约 4 g 的撞针，从 25 cm 高处自由落下，撞击材料表面，以撞针的回跳高度来表征硬度。硬度值从 0 到 140。后来这种方法被用来测量磨光的岩石表面硬度。

施密特锤(Schmidt Hammer)(图 2–3)，又称回弹仪(Rebound Instrument)，是用于测定岩石硬度的另一种简便仪器。其工作原理如下：先将冲杆 1 伸出，将回弹锤 24 向上拉，使卡钩 22 抓住锤 24，然后按下后盖 18 顶在测定的岩石表面上推进。当压力弹簧 16 受压，缩短到一定程度时，卡钩脱开，回弹锤 24 由于拉力弹簧 7 的弹拉作用而撞击在冲杆 1 上后向上弹跳，带动指针 10。通过窗口 12 在刻度尺上直接读出回弹高度的数值。以回弹距离和移动距离的比值表示回弹硬度值(0~100)。

岩石压入硬度一般利用圆柱形平底压模压入的方法来测定。试验用试样为 5×5×5 cm 的立方体或直径为 4~6 cm，高为 3~5 cm 的圆柱体。试样两端互相平行，表面抛光。压头形状见图 2–4，它由工具钢(图 2–4 左)或硬质合金(图 2–4 右)制成。压头底面积为 1~5 mm²。在试验致密和有均匀孔隙的岩石时，用底面积为 2 mm² 的压头；当岩石的颗粒大于 0.25mm 时，用 3 mm² 的压头；对于孔隙度很大和坚固性很小的岩石，用底面积为 5 mm² 或更

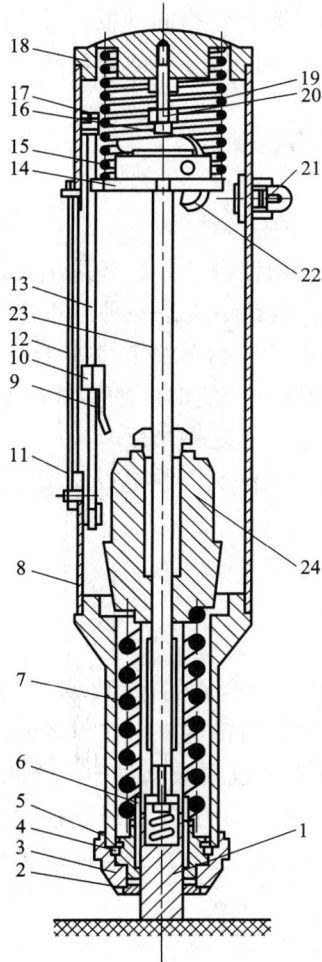

图 2-3 施密特锤构造

1—冲杆；2—毡圈；3—螺丝盖帽；
4—卡环；5—弹簧座；6—弹簧；
7—拉力弹簧；8—套筒；9—指针弹簧片；
10—指针；11—刻度尺；12—护尺透明片；
13—指针导杆；14—导向板；15—弹簧；
16—压力弹簧；17—固定块；18 盖；
19—固紧螺丝；20—调整螺丝；21—按钮；
22—钩子；23—导杆；24—锤

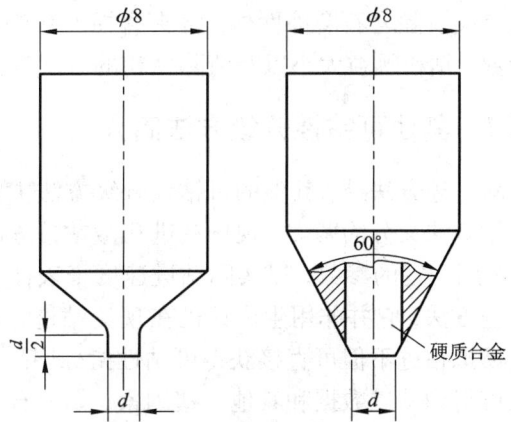

图 2-4 平底圆柱压模

大
的压头。

采用这种方法时，硬度值按下列公式计算：

$$H = \frac{\sum P}{n S_P} \qquad (2-4)$$

式中：$P$——压模底部岩石发生完全破碎，即脆性破
碎形成凹坑时的载荷；

$n$——测定次数；

$S_P$——压模底面积。

硬度区分为静硬度和动硬度两种。利用冲击载荷
测定出的硬度称为动硬度。

经实验研究表明，钻孔时，在一定范围内提高冲
击速度，硬度的增加比较缓慢，但超过该范围后继续
提高冲击速度，硬度将迅速增大。在硬度缓慢增加阶
段内，比能耗不仅没有增大，反而有所下降，这是因
为在该阶段内提高冲击速度，岩石塑性变形减小所节
约的能量大于硬度增大所需增加的能量；在硬度迅速
增大阶段内，比能耗将迅速增加。

从能量观点来看，比能耗可用来判断岩石的可钻
性，而比能耗又决定于岩石硬度及其塑性性质。当冲击速度相同时，硬度大的岩石，比能耗
一般较大。由于冲击载荷较难测定，故通常利用静硬度来判断岩石的可钻性。

旋转钻眼时，钻头在轴向静载作用下钻入岩石，同时在旋转产生的切削力作用下切削岩
石(纯滚动齿轮钻头例外)。切削一定宽度和厚度岩石所需切削力称为切削强度。因为压入
和切削时，岩石破坏的主要形式都是剪切破坏，所以硬度高的岩石，切削强度也高。但旋转
钻眼时，岩石的可钻性不仅决定于硬度或切削强度，还决定于岩石的磨蚀性。

在钻眼过程中，由于钻头不断受到岩石表面的磨损而变钝，钻速就会不断下降。这种情

况在旋转钻眼时更为严重。磨蚀性除与岩石硬度有关外，还与造岩矿物的硬度、岩石组构等因素有关。除岩石磨蚀性外，钻头磨损的快慢还与钻头形状、几何尺寸、钻头材料、钻眼工艺参数、钻粉颗粒大小以及清除钻粉的方式等因素有关。

### 2.3.4 其他可钻性分级方法简介

除上述方法外，其他的可钻性分级方法主要有钻进法和声波法。

钻进法又分为两类：现场钻进和微钻钻进（模拟钻进）。现场钻进的方法是采用一定的设备、选用一定的参数，以实际钻进速度来表征岩石的可钻性。微钻钻进是一种以小比大的模拟钻进方法，它并非用生产钻机在现场钻进，而是在模拟钻进试验台或微钻实验台上进行。通过模拟钻进不但可直接获得可钻性指标（钻进一定孔深的时间或一定时间的钻进深度），而且也可得到钻进数据和其他一些因素，如岩石物理力学性质的经验关系。

声波法就是用声波速度来划分岩石的可钻性级别。声波检测法具有快速、准确、不损伤等特点，是评价岩石性质的一种有效方法。

## 2.4 可钻性与磨蚀性的关系

岩石的磨蚀作用，包括两种不同的机理：一种是类似于锉刀锉金属的作用，称之为擦蚀，其特征是被磨蚀物体的硬度小于磨蚀物体，而后者表面又必须是粗糙的，它在前者的表面上剥削下碎屑末；另一种作用是类似于砚台受墨的研磨，久而久之也要被磨蚀，称之为磨损。对于钢制工具而言，除了含有石英颗粒的岩石以外，岩石的磨蚀作用主要是以磨损的形式进行的。对于硬质合金制的工具而言，更是以磨损为主了。不过实际上擦蚀和磨损两种机理是难以截然区别开的，经常伴随出现。

磨蚀过程是一个综合的作用，至少包括下列五种作用：

①由于接触面并非绝对平整，真实的接触面只有外观面积的百分之一到万分之一。局部的真实接触压力很大，当它超过了弹性限度时便被磨损；

②由于两物体紧密接触，若其相互间的分子间的引力胜过自身分子间的引力，那么两物体相对移动时，便把表面的分子层"粘"下来。尤其当物体在结构上存在缺陷时，这种情况更易发生；

③由于物体表面参差不齐，产生机械的啮合作用，相对移动时，便产生磨损。表面虽平整，但软硬不均，也将会产生啮合而磨损的作用；

④啮合作用不大，相对位移时虽然不足以使其磨损，但在反复微小的撞击作用之下，表面便因疲劳而损坏；

⑤由于局部凸起接触，摩擦时产生大量热能，使温度升高到塑性变形乃至熔化。

一般来说，上述作用③在工具磨蚀时是主要的作用，尤其是在擦蚀作用下更为重要，其他①、②、④三种作用在磨损作用下有着更多的意义。作用⑤，对于硬质合金工具的磨蚀作用有重要意义。

国内外同行在可钻性和磨蚀性方面做了许多贡献和探索，概括起来，主要结论性观点有：

①同类岩石中与含石英矿物关系。在含石英岩石中，可钻性减小而磨蚀性增大，不含石

英岩石可钻性增大而磨蚀性减小。另外，同类岩石含石英多时，可钻性减少，磨蚀性增大。

② 同类岩石中与组成岩石中的颗粒大小关系。同类岩石中，当石英含量相近的条件下，颗粒大小相近或变化幅度不大的岩石与颗粒大小悬殊的岩石相比较，实测表明，前者可钻性减小，磨蚀性亦减小；后者，可钻性增大，磨蚀性亦增大。

③ 石英矿物与其他矿物或不同矿物间结合方式关系。矿物之间的接触关系(矿物间的嵌合形式)，能客观地反映出岩石的坚固性程度。因此，矿物之间的接触关系，对可钻性与磨蚀性的变化是有影响的。在石英含量、颗粒大小相近的条件下，颗粒外形不规则的石英和颗粒外形较规则的石英与同种矿物或不同矿物接触时，前者一般可钻性减小，后者可钻性增大。

④ 石英矿物在岩石中的分布状态。同种岩石，在石英含量、颗粒大小相近的条件下，石英在岩石中呈均匀分布时，可钻性减小，磨蚀性减小；反之，石英在岩石中呈不均匀状分布时，可钻性增大，磨蚀性增大。

⑤ 岩石中含有硬质矿物和软质矿物关系。同类岩石中，在方解石含量、颗粒大小与形状、结合形式与分布状态相近的情况下，可钻性与磨蚀性变化与岩石中含有硬度较大的矿物有关系，此时，含有硬质矿物的岩石可钻性减小，磨蚀性增加，当含有软质矿物时，可钻性增加，磨蚀性也增加。

⑥ 岩石中各种矿物成分在空间排列方式与赋存状态所显示的岩石构成特征是影响可钻性与磨蚀性变化的另一主要因素。组成岩石中的各种矿物在空间排列和赋存状态是否具有片状、片麻状、条带状等异向性构造，还是具有非异向性的块状构造，它们对可钻性与磨蚀性的影响是不同的。同类岩石为块状构造特征，其可钻性要小于异向构造岩石，磨蚀性要大于异向构造岩石。

⑦ 同类岩石岩种相同的岩石，发生硅化后一般可钻性减小，磨蚀性增加。

⑧ 同类岩石岩种相同的岩石，在石英含量，矿物成分相近的条件下，发生次生变化后，一般降低了岩石的坚固性，使可钻性增加，磨蚀性减小。

## 复习思考题

1. 岩石的碎胀性在爆破工程中有何实际意义？

2. 为什么要对岩石进行各种分级？分级的概念和岩石的各种强度有什么关系？能否互相代替？

3. 岩石中裂隙对爆破有何影响？为什么？

4. 如果将岩石的力学性质直接应用到凿岩爆破，有什么问题？

5. 容重、比重和密度有何本质区别？

6. 什么叫岩石的爆破性？影响岩石爆破性的主要因素有哪些？

7. 什么叫岩石的波阻抗？它对爆破有何意义？

8. 什么叫岩石的可钻性？它有哪些分级方式？

9. 岩石的普氏坚固性分级的概念和意义何在？

10. 岩石的磨蚀作用都与什么因素相关？

11. 岩石与岩体的概念对凿岩爆破有何意义？

# 第3章 应力波理论基础

冲击凿岩与爆破破岩时,在岩体介质局部会作用着运动参量随时间发生显著变化的动载荷,引起岩体局部应力和应变状态的变化(形成扰动)并在岩体介质中传播,从而形成应力波。

本章主要对应力波在介质中传播、反射和折射以及应力波相互作用等基础知识进行介绍,从而为岩石破碎机理的掌握和爆炸理论学习奠定基础。

## 3.1 应力波的产生及其传播

### 3.1.1 波的产生及其条件

自然界中,存在各种各样的波,如水波、声波、电磁波、地震波等等。其中,有些波是可见的,如水波;但更多的波是凭肉眼看不到的,如电磁波以及本章所要讨论的应力波。

众所周知,静止的物体没有力的作用是不会产生运动的,波是一种运动,它的产生也需一定的条件,例如,矿山大爆破时,附近居民会感受到地面的强烈震动,显然,这种震动实质是由于大爆破地点炸药爆炸所引起的岩层质点强烈振动通过大地传播所致,这一传播即为地震波。再例如平静的水面若不施以任何干扰是不可能产生水波的,但如果向水面投一小石块,就可看到:水面上的水浪以石头为中心一圈一圈地向外扩展,这就是水波。因此波实质上就是振动在介质中的传播。波动过程中,介质中的各点只是在各自平衡位置附近振动而并非随波前进。

振动的介质不同,产生的波也不同,应力(或应变)波,简单地说,就是应力(或应变)以一种波动的形式在介质中的传播,如果在弹性介质中传播,称为弹性波;若在塑性介质中传播则为塑性波。那么为什么波或者说振动能够在弹性体或者固体中传播呢?为了说明这个问题,不妨先来看看冲击凿岩时的情形。

图 3-1(a)为冲击式凿岩机凿岩工作原理图,岩石的破碎是通过活塞以 $v$ 的速度碰击钎杆而实现的。当钎杆(当然也包括任何弹性体)没有屈服时都是具有弹性($E$)和质量($\rho$)的物体。因此,我们可以把它看成是有质量的刚性小球和没有质量的弹簧所组成的,如图 3-1(b)所示。这里,弹簧"-〜〜〜-"代表钎杆的变形特征,也就是弹性;刚性小球"-⊙-"代表钎杆的惯性,也就是质量。

在小球—弹簧模型中,当活塞碰击,或受其他外载荷作用时,就会引起最左边的几个小球向右运动,头几个弹簧被压缩,也就是产生了瞬时变形,外载荷停止作用后,运动着的小球受到它前面被压缩了的弹簧的阻挡而停止下来,被压缩的弹簧推动着它前面的小球,重新恢复到平衡状态。前面的小球从静止变为运动;前面的弹簧由平衡转为受压,后面被静止下来的小球和弹簧则恢复平衡。依此类推,直到传入岩石的交界面。如图 3-1(c)所示。振动在传播着,但它的强弱和形状却取决于载荷的特点。

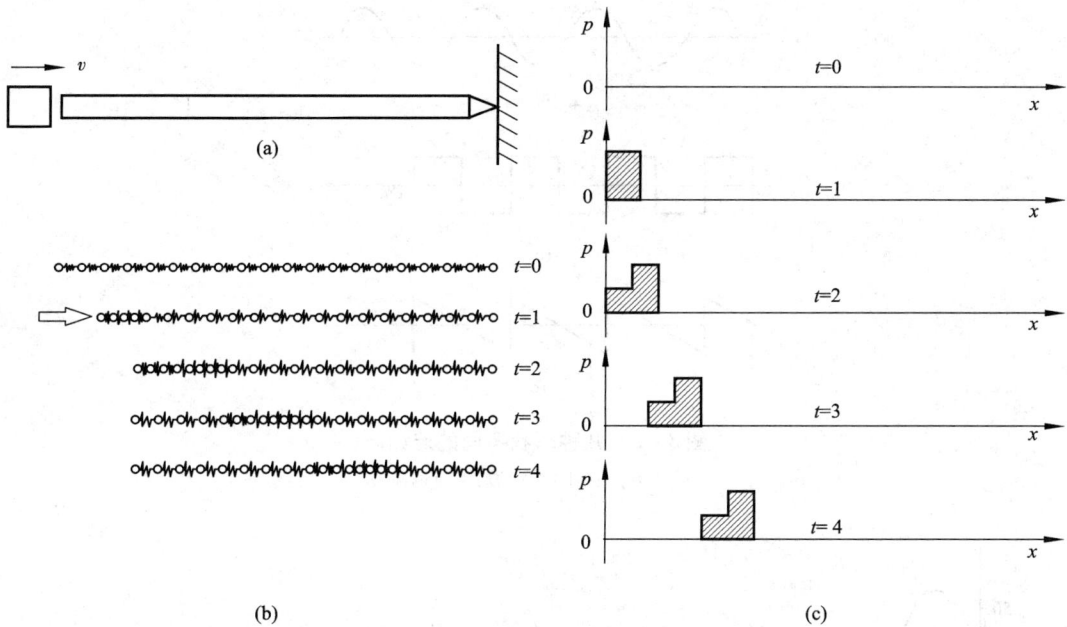

**图 3－1　压缩纵波传播示意图**

（a）冲击凿岩原理；（b）小球－弹簧模型；（c）压缩纵波分布图

### 3.1.2　波的分类

　　弹性波有各种不同的分类方法。按波源形状及波动在介质中传播的形状，可分为球面波、柱面波和平面波。图 3－2 分别表示无限介质中点波源膨胀、收缩所引起的波动向四面八方扩散的球面波；无限长线状波动源向四周成柱状扩散的柱面波；和无限伸展的平板状波源所产生的以平面状传播的平面波。按波源振动的时间历程可分为连续波和脉冲波。图 3－3 给出了几种典型的连续波。所谓连续波，就是指介质中各质点均作连续不断的振动的波，其中波源和各质点都作简谐振动的连续波称为简谐波（或叫正弦波，余弦波），介质中各质点作

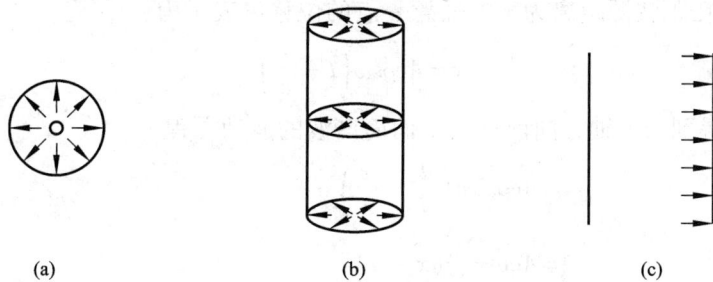

**图 3－2　波的分类**

（a）球面波；（b）柱面波；（c）平面波

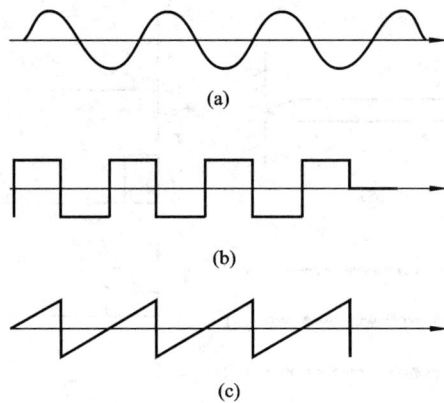

图 3 – 3　几种形状不同的连续波

(a)正弦波；(b)矩形波；(c)锯齿波

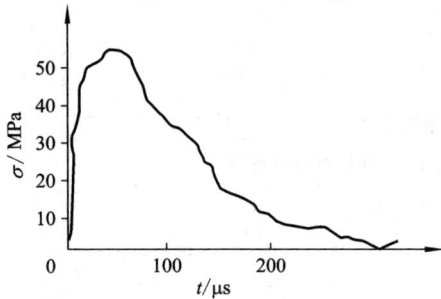

图 3 – 4　活塞冲击钎杆的应力脉冲

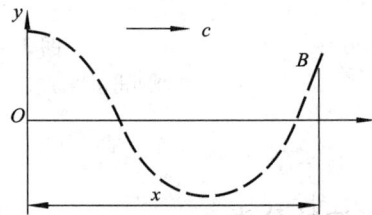

图 3 – 5　平面简谐波

单个或间歇的脉冲振动的波称为脉冲波，冲击破岩机具产生的应力波就是一种脉冲波，如图 3 – 4 所示。可以证明：不论脉冲波还是非正弦连续波，都可以认为是由许多不同频率的简谐波所合成的。

设沿 $x$ 轴方向前进的平面简谐波在波源 $O$ 处质点的振动为：

$$y = A\cos\omega t \tag{3-1}$$

如图 3 – 5 所示，在距波源距离为 $x$ 的任意一点的位移可表示为：

$$y = A\cos\omega\left(t - \frac{x}{c}\right) \tag{3-2}$$

经变换后可得到沿 $x$ 轴方向前进的平面简谐波的波动方程：

$$
\begin{aligned}
y &= A\cos2\pi\left(\frac{t}{T} - \frac{x}{\lambda}\right) \\
&= A\cos\frac{2\pi}{\lambda}(x - ct) \\
&= A\cos(\omega t - kx)
\end{aligned}
\tag{3-3}
$$

式中：$y$——波动中质点的位移，m；

$\quad\quad A$——波动的振幅，m；

$T$——波动的周期，s；

$c$——波的传播速度，m/s；

$\lambda$——波长，m；

$f$——频率，Hz；

$\omega$——角频率，$\mathrm{s}^{-1}$；

$k$——波数，$\mathrm{s}^{-1}$。

以上各量之间的关系为：

$$\lambda = cT = \frac{c}{f} = \frac{2\pi c}{\omega} = \frac{2\pi}{k} \tag{3-4}$$

介质中质点的振动速度为：

$$v = \frac{\partial y}{\partial t} = -A\omega\sin\omega\left(t - \frac{x}{c}\right) \tag{3-5}$$

### 3.1.3　波阵面和波线

介质中波位相相同点的轨迹称为波阵面，也叫同相面。因此在波阵面上的各质点的位移是相同的。前面所介绍的平面波实质上就是指波阵面为平面的波动，即在任一时刻垂直于波的传播方向的平面上各点的位移都是相同的，如图3－6所示。球面波就是波阵面为球面的波。

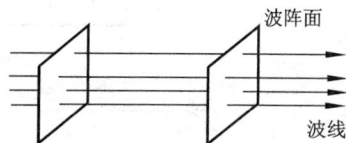

图 3-6　波阵面和波线

波线又称波射线，它以波阵面的外法线表示。通常以矢量的形式表示波的行进方向。

## 3.2　应力波在不同介质中的传播

### 3.2.1　弹性波在各向同性无限介质中的传播

假定从受冲击的各向同性无限弹性固体内，取出一个边长为 $dx$、$dy$、$dz$ 的微单元六面体，由弹性力学可知：该单元体的各个面上均有三个力的作用（图3－7），根据牛顿第二定律分别列 $x,y,z$ 三个方向的运动方程，整理后可得：

$$\left.\begin{aligned}
\frac{\partial \sigma_{xx}}{\partial x} + \frac{\partial \tau_{xy}}{\partial y} + \frac{\partial \tau_{xz}}{\partial z} + X &= \rho\,\frac{\partial^2 u}{\partial t^2} \\[6pt]
\frac{\partial \tau_{yx}}{\partial x} + \frac{\partial \sigma_{yy}}{\partial y} + \frac{\partial \tau_{yz}}{\partial z} + Y &= \rho\,\frac{\partial^2 v}{\partial t^2} \\[6pt]
\frac{\partial \tau_{zx}}{\partial x} + \frac{\partial \tau_{zy}}{\partial y} + \frac{\partial \sigma_{zz}}{\partial z} + Z &= \rho\,\frac{\partial^2 w}{\partial t^2}
\end{aligned}\right\} \tag{3-6}$$

式中：$X$、$Y$、$Z$ 分别为 $x,y,z$ 方向微元体所受的体力；

　　　　$u$、$v$、$w$ 分别为 $x,y,z$ 方向微元体的小位移。

为避免数学处理上的困难，通常不计体力，由上式即可得到弹性动力学问题的基本方程：

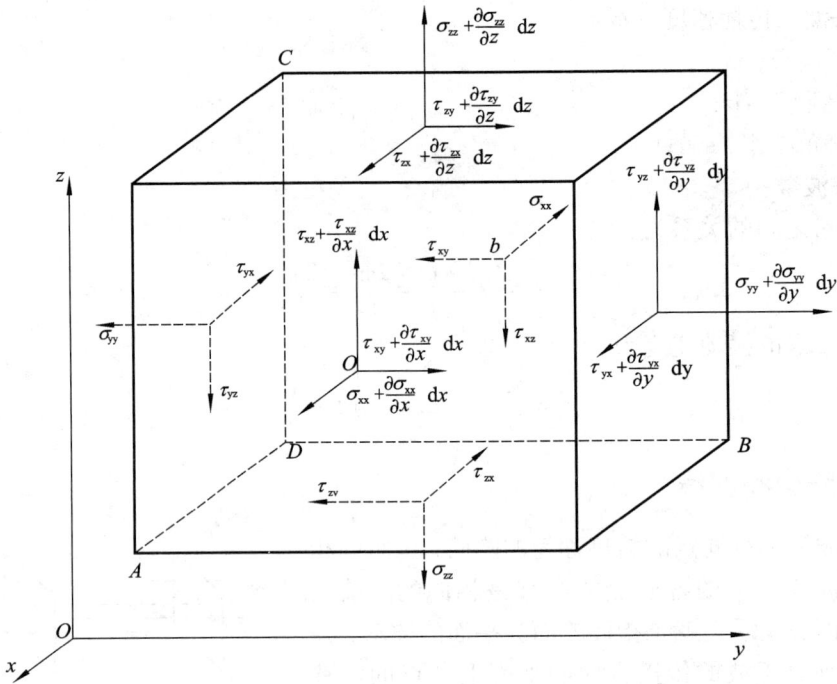

图 3 - 7　单元六面体上的应力分量

$$
\left.
\begin{array}{l}
\dfrac{\partial \sigma_{xx}}{\partial x} + \dfrac{\partial \tau_{xy}}{\partial y} + \dfrac{\partial \tau_{xz}}{\partial z} = \rho\,\dfrac{\partial^2 u}{\partial t^2} \\[3mm]
\dfrac{\partial \tau_{yx}}{\partial x} + \dfrac{\partial \sigma_{yy}}{\partial y} + \dfrac{\partial \tau_{yz}}{\partial z} = \rho\,\dfrac{\partial^2 v}{\partial t^2} \\[3mm]
\dfrac{\partial \tau_{zx}}{\partial x} + \dfrac{\partial \tau_{zy}}{\partial y} + \dfrac{\partial \sigma_{zz}}{\partial z} = \rho\,\dfrac{\partial^2 w}{\partial t^2}
\end{array}
\right\}
\tag{3-7}
$$

事实上，无论介质中的应力和应变关系如何，式(3-7)对任何连续介质都是成立的。要对弹性动力学问题求解，还必须借助于各向同性介质中的虎克定理(物理方程)和几何方程。

在各向同性弹性介质中，其物理方程为：

$$
\left.
\begin{array}{l}
\sigma_{xx} = \lambda e + 2G\varepsilon_{xx} \\[2mm]
\sigma_{yy} = \lambda e + 2G\varepsilon_{yy} \\[2mm]
\sigma_{zz} = \lambda e + 2G\varepsilon_{zz} \\[2mm]
\tau_{xy} = G\gamma_{xy} \\[2mm]
\tau_{xz} = G\gamma_{xz} \\[2mm]
\tau_{yz} = G\gamma_{yz}
\end{array}
\right\}
\tag{3-8}
$$

式中：$E$——弹性模量；

$G$——剪切模量，$G = \dfrac{E}{2(1+\gamma)}$；

$e$——体积应变，$e = \varepsilon_x + \varepsilon_y + \varepsilon_z$；

λ——拉梅系数，$\lambda = \dfrac{E\gamma}{(1+\gamma)(1-2\gamma)}$；

γ——泊桑比。

几何方程为：

$$\left.\begin{array}{l} \varepsilon_{xx} = \dfrac{\partial u}{\partial x};\ \gamma_{xy} = \dfrac{\partial u}{\partial y} + \dfrac{\partial v}{\partial x} \\[2mm] \varepsilon_{yy} = \dfrac{\partial v}{\partial y};\ \gamma_{xz} = \dfrac{\partial u}{\partial z} + \dfrac{\partial w}{\partial x} \\[2mm] \varepsilon_{zz} = \dfrac{\partial w}{\partial z};\ \gamma_{xy} = \dfrac{\partial v}{\partial z} + \dfrac{\partial w}{\partial y} \end{array}\right\} \tag{3-9}$$

将式(3-8)和(3-9)代入式(3-7)，整理后，得

$$\left.\begin{array}{l} \rho\dfrac{\partial^2 u}{\partial t^2} = (\lambda + G)\dfrac{\partial e}{\partial y} + G\nabla^2 u \\[2mm] \rho\dfrac{\partial^2 v}{\partial t^2} = (\lambda + G)\dfrac{\partial e}{\partial y} + G\nabla^2 v \\[2mm] \rho\dfrac{\partial^2 w}{\partial t^2} = (\lambda + G)\dfrac{\partial e}{\partial z} + G\nabla^2 w \end{array}\right\} \tag{3-10}$$

式中 $\nabla^2$ 代表算子($\dfrac{\partial^2}{\partial x^2} + \dfrac{\partial^2}{\partial y^2} + \dfrac{\partial^2}{\partial z^2}$)，称为拉普拉斯算子。

式(3-10)即为不计体力下各向同性固体中的运动方程。由此可见，质点位移不仅是位置坐标的函数，也是时间的函数。和静力学问题相似，根据上面的运动方程，并借助于物理方程、几何方程以及适当的边界条件和初始条件，即可对弹性动力学问题求解。

本章第一节已提到弹性波按波源振动的时间历程及按波面形状分类；事实上，弹性波还可按振动力学性质把其分为体波和表面波。体波就是指在无限介质或弹性体内部传播的波，它是发自波源或由反射、折射点处的二次波源所产生的在介质中传播的波。体积波按其振动方式可分为纵波(P波)和横波(S波)。

**1. 纵波**

所谓纵波是指弹性体中各质点的运动方向平行于弹性波的传播方向的波动，纵波传递正应力。由于正应力可分为拉应力和压应力，因此，纵波又可分为压缩波和膨胀波(又称拉伸波或稀疏波)，见图3-8(a)。如果取 $x$ 轴方向为波的传播方向，按纵波定义，弹性体的位移分量分别为：

$$\left.\begin{array}{l} u = u(x,t) \\ v = 0 \\ w = 0 \end{array}\right\} \tag{3-11}$$

将上式代入式(3-10)，即可得到：

$$\rho\dfrac{\partial^2 u}{\partial t^2} = (\lambda + 2G)\dfrac{\partial^2 u}{\partial x^2}$$

或

$$\dfrac{\partial^2 u}{\partial t^2} = c_1^2\dfrac{\partial^2 u}{\partial x^2} \tag{3-12}$$

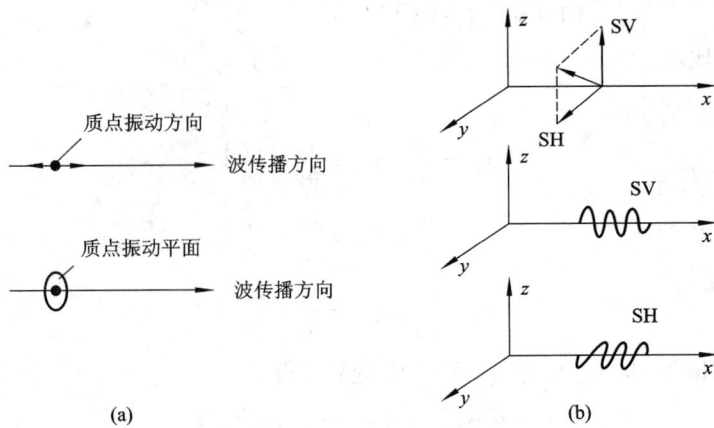

图 3 – 8　质点振动方向与波传播方向的关系

式中 $c_1$ 为纵波速度

$$c_1 = \left(\frac{\lambda + 2G}{\rho}\right)^{1/2} \tag{3-13}$$

同理，若沿 $y$ 方向传播，则波动方程为：

$$\frac{\partial^2 v}{\partial t^2} = c_1^2 \frac{\partial^2 v}{\partial y^2} \tag{3-14}$$

由于纵波在各个方向上的传播方向和质点振动方向都是一致的，故这种波对点源来说，实际上是围绕波源各质点作径向振动，而波面呈球面状向外传播。在此意义上，又可把它叫做体积变化波或无旋波，因为，根据纵波定义，可得绕 $x$、$y$、$z$ 轴的旋转分量均为零。

**2. 横波**

横波是指质点的运动方向与波的传播方向相垂直的波动，横波可引起介质体形状的变化，产生剪切变形，故又叫剪切波或畸变波，见图 3 – 8(a)。同理，若取 $x$ 轴方向为波的传播方向，则有

$$\left.\begin{array}{l} u = 0 \\ v = v(x,t) \\ w = w(x,t) \end{array}\right\} \tag{3-15}$$

将其代入式(3 – 10)可得

$$\left.\begin{array}{l} \dfrac{\partial^2 v}{\partial t^2} = c_2^2 \dfrac{\partial^2 v}{\partial x^2} \\[2mm] \dfrac{\partial^2 w}{\partial t^2} = c_2^2 \dfrac{\partial^2 w}{\partial x^2} \end{array}\right\} \tag{3-16}$$

式中：$c_2$——横波速度。

$$c_2 = \left(\frac{G}{\rho}\right)^{1/2} \tag{3-17}$$

在横波中，介质中的质点是在与传播方向垂直的面上作平面运动，可以证明，它只是一种剪切运动，介质内体积不变化，体积应变 $e = \varepsilon_x + \varepsilon_y + \varepsilon_z = 0$，故横波又称为等体积波或等

容波。

在横波中，如图 3 - 8(b)所示，质点的运动又可分为垂直分量和水平分量，这两种横波又常称为 SV 波和 SH 波。由于 SH 波和 SV 波只是按质点的振动方向分类的偏向波，故其传播速度与 S 波的传播速度是相同的。

根据式(3 - 13)和(3 - 17)，可得纵横波波速的比值为

$$c_2/c_1 = \sqrt{\frac{1 - 2\gamma}{2(1 - \gamma)}} \qquad (3 - 18)$$

由纵横波波速关系式可以看出：纵横波波速主要取决于介质的特性，如泊桑比、弹性模量、密度等，因而它的应用相当广泛。通过在岩体中发射和接收弹性波，可以确定被测岩体的一些物理力学性质，如可以求得岩体的动弹模量 $E_d$ 和动泊桑比 $\gamma_d$；可进行岩石分级和岩体强度的估算；确定硐室围岩的主应力方向及开硐后围岩的松弛范围等。在地震学领域，常通过观测的变化情况，预报地震。从震源同时发出的波在距震源一定的距离外，首先观测到的是纵波，横波滞后一定的时间。因此，由纵波和横波到达的时间差即可以大体估计观测点到震源的距离。在地震学中，常称纵波为 P 波(Primary Wave)，横波为 S 波(Sencondary Wave)。

## 3.2.2　弹性波在半无限介质中的传播

各向同性无限弹性介质中存在有而且也只有两种类型的波：即纵波和横波。然而，当存在着一个边界面时，在该弹性体的距自由边界较近处，还能产生一种弹性表面波，又称瑞利波。表面波不像体波那样从波源直接发生，它是在介质界面处由体波扰动而产生的次生弹性波。表面波的存在，是 1885 年英国的瑞利首先提出来的。他指出了波沿半无限弹性体表面传播的力学依据，按照瑞利的假定，波是从满足弹性体自由表面应力消失的条件为基础，其波动现象主要集中在界面附近。因此，表面波在界面处振幅最大而离开界面后幅度急剧减小。

这种表面波具有如下特征：

(1)瑞利波沿自由表面传播，其振幅随自由面深度的增加而呈指数规律迅速衰减，且高频率的表面波随深度衰减要比低频率表面波快。

(2)瑞利波是由纵波和质点位移垂直于自由表面的横波迭加而成的，质点的振动轨迹为椭圆，始终存在有水平和垂直分量。

(3)瑞利的波速 $c_s$ 比横波速度 $c_2$ 还小，而且也只取决于材料的弹性常数，当 $\gamma = 0.25$ 时，$c_s = 0.9194c_2$，$\gamma = 0.5$ 时，$c_s = 0.9554c_2$。

## 3.2.3　弹性波在细长杆中的传播

### 1. 杆中一维纵波传播的初等理论

考虑图 3 - 9 所示的等截面均匀直杆的纵向振动，并假定：

(1)变形前的横截面在变形过程中始终保持平面。

(2)除了沿横截面上恒为均布的轴向应力 $\sigma$(此处省去下标 $xx$)外，所有其他应力分量为零。

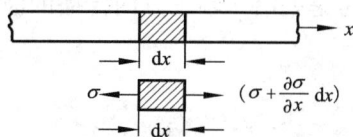

图 3 - 9　细长杆中的微元体

在这些假定下,由三维运动方程式(3-7)可得到一维杆的运动方程:

$$\frac{\partial \sigma_{(x,t)}}{\partial x} = \rho \frac{\partial^2 u_{(x,t)}}{\partial t^2} \qquad (3-19)$$

$$\frac{\partial^2 u_{(x,t)}}{\partial t^2} = c_0^2 \frac{\partial^2 u_{(x,t)}}{\partial x^2} \qquad (3-20)$$

式中:$c_0$——一维应力波波速,或称为杆波速。

$$c_0 = \sqrt{E/\rho} \qquad (3-21)$$

式(3-20)即为一维纵波的波动方程,应用 D'Alembert 解,通解为:

$$u = F(x - c_0 t) + G(x + c_0 t) \qquad (3-22)$$

$F(x - c_0 t)$ 和 $G(x + c_0 t)$ 分别表示以 $c_0$ 速度沿 $x$ 轴正方向和负方向传播的纵波。

**2. 杆的横向惯性效应**

初等理论没有考虑杆的横向位移,事实上,若杆的纵向位移为 $u_{x,t}$,则横向应变为 $\varepsilon_y = \varepsilon_z = -\gamma \frac{\partial u}{\partial x}$,根据式(3-9),可以获知会产生相应的侧向位移 $v$,$w$,波赫汉默(Pochhammer)从三维的波动方程出发,考虑一个无限正弦列沿圆柱体的传播,采用极坐标系统,经过一系列的数学处理,推导出了考虑横向伸缩下的波动方程:

$$c/c_0 = 1 - \gamma^2 \pi^2 \left(\frac{r}{\lambda}\right)^2 \qquad (3-23)$$

式中:$c$——考虑横向变形时波的相速度;

$c_0$——一维纵波波速;

$\gamma$——泊桑比;

$\lambda$——各谐波的波长;

$r$——圆柱体的半径。

瑞利(Rayleigh)和拉甫(Love)考虑杆的横向运动时采用能量的方法亦获得了同样的结果。

从式(3-23)可以看出:

(1)考虑横向变形后,其波速还与杆的泊桑比及杆的半径和波长有关;

(2)不同的谐波分量,其波速是不同的,波在传播过程中将有弥散现象;

(3)当 $r/\lambda < 0.1$ 时,$c \approx c_0$,由此可见,其初等理论得出的近似解式(3-20)只适用于细长杆。

## 3.2.4 质点受力、速度和位移的关系

**1. 质点受力和质点速度的关系**

根据波动方程的通解式(3-22),我们可以推导出一维纵波(杆波)质点受力和速度的关系,考虑一沿 $x$ 轴正方向传播的波,即:

$$u = F(x - c_0 t)$$

$$\frac{\partial u}{\partial x} = F'(x - c_0 t)$$

$$\frac{\partial u}{\partial t} = -c_0 F'(x - c_0 t)$$

由此可得：$V = \dfrac{\partial u}{\partial t} = -c_0 \dfrac{\partial u}{\partial x} = -c_0 \dfrac{\sigma}{E}$，即 $\sigma = -\rho c_0 V$，

式中负号表示应力和速度符号相反，若取压应力为正，速度沿 $x$ 轴正方向为正，则沿 $x$ 轴正方向传播的波（顺波）的质点受力和速度的关系为：

$$\sigma = -\rho c_0 V \tag{3-24}$$

上式还可以根据质量守恒定律求出，因应力波抵达之前后，由于细长杆不可能断裂，因此，由截面受力所引起的变形必须和应力波到达后质点因运动速度所引起的变形相协调，即质量应守恒。为推导的简单明了起见，设波未来到之前，细长杆是静止且不受力的，即 $p_0 = 0$，$V_o = 0$。在时间为 $t$ 时，波阵面在 $A$ 处（见图 3 – 10）；经历时间 $\Delta t$ 之后，波阵面由 $A$ 迁移到 $B$。显然越过的距离 $\overline{AB} = c_0 \Delta t$。但当波在前进的过程中，原先截面 $A$ 的质点具有速度 $V$，同时必定移到 $A'$ 位置，而 $\overline{AA'} = V \Delta t$。这样，波没有来到之前的钎杆长度为 $AB$，在波来之后缩短了 $\overline{AA'}$，于是应变 $\varepsilon$ 将是：

图 3 – 10　波阵面的前后状态

$$\varepsilon = \frac{\overline{AA'}}{\overline{AB}} = \frac{V \Delta t}{c_0 \Delta t} = \frac{V}{c_0}$$

即可得到 $\sigma = \rho c_0 V$，又质点受力 $P = A\sigma$，故：

$$P = \rho c_0 A V = mV \tag{3-25}$$

式中：$\rho c_0$——一维波的波阻率；

$m$——一维纵波的波阻，$m = \rho c_0 A$。

必须注意式（3 – 24）和（3 – 25）是在波的传播方向和坐标的正方向一致（顺波）的情况下并假定压应力为正时导出的，对于逆波相应地有：

$$P = -mV \tag{3-26}$$

为了某些应用上的方便，由式（3 – 20）和（3 – 24）还可得到下列各式

$$\frac{\partial^2 V}{\partial t^2} = c_0^2 \frac{\partial^2 V}{\partial x^2} \tag{3-27}$$

$$\frac{\partial^2 \varepsilon}{\partial t^2} = c_0^2 \frac{\partial^2 \varepsilon}{\partial x^2} \tag{3-28}$$

$$\frac{\partial^2 \sigma}{\partial t^2} = c_0^2 \frac{\partial^2 \sigma}{\partial x^2} \tag{3-29}$$

上面三式均具有相同的形式，可见位移、应变、应力和质点速度是以相同的波速传播的。

用同样的方式，可以求得在传播波的弹性体中，波中任意点的质点速度与该点的即时应力亦遵守上述线性关系。

对无限介质中的纵波，由式（3 – 12）的通解 $u = F(x - c_1 t) + G(x + c_1 t)$ 可得：

$$\frac{\partial u}{\partial t} = c_1 \frac{\partial u}{\partial x} = c_1 \varepsilon_x \tag{3-30}$$

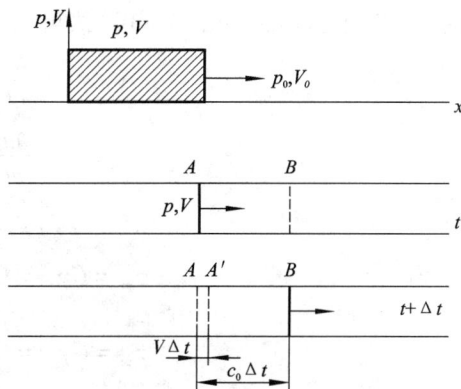

又由式(3-8)得:

$$\varepsilon_x = \frac{\sigma_x}{\lambda + 2G} \qquad (3-31)$$

由上面二式即可求得:

$$\sigma_x = \rho c_1 \left( \frac{\partial u}{\partial t} \right) \qquad (3-32)$$

同理,对于剪切波,由(3-16)式可得:

$$\left.\begin{array}{l} \dfrac{\partial v}{\partial t} = c_2 \dfrac{\partial v}{\partial x} \\[2mm] \dfrac{\partial w}{\partial t} = c_2 \dfrac{\partial w}{\partial x} \end{array}\right\} \qquad (3-33)$$

又

$$\left.\begin{array}{l} \tau_{xy} = G\gamma_{xy} = G\left(\dfrac{\partial u}{\partial y} + \dfrac{\partial v}{\partial x}\right) = G\dfrac{\partial v}{\partial x} \\[2mm] \tau_{xz} = G\gamma_{xy} = G\left(\dfrac{\partial u}{\partial z} + \dfrac{\partial w}{\partial x}\right) = G\dfrac{\partial w}{\partial x} \end{array}\right\} \qquad (3-34)$$

由此可得:

$$\tau_{xy} = \rho c_2 \left( \frac{\partial v}{\partial t} \right)$$

$$\tau_{xz} = \rho c_2 \left( \frac{\partial w}{\partial t} \right) \qquad (3-35)$$

上述关系还可根据动量守恒求得。表3-1给出了几种材料的波参数。

**表3-1 某些材料的波参数**

| 材料名称 | 密度 $\rho$ /g·cm$^{-3}$ | 弹性模量 $E$ /×10$^4$MPa | 剪切模量 $G$ /×10$^4$MPa | 一维纵波速度 $c_0$/×10$^3$m·s$^{-1}$ | 纵波速度 $c_1$ /×10$^3$m·s$^{-1}$ | 横波速度 $c_2$ /×10$^3$m·s$^{-1}$ | 泊桑比 $\gamma$ |
|---|---|---|---|---|---|---|---|
| 粘土 | 1.4~2.5 | 0.003 | — | — | 0.8~3.3 | — | — |
| 砂岩 | 2.45 | 4.41 | 1.47 | — | 2.44~4.25 | 0.95~3.05 | 0.23~0.28 |
| 石灰岩 | 2.42~2.7 | 2.17~7.31 | 0.85~2.74 | 2.92~5.16 | 3.43~6.33 | 1.86~3.7 | 0.26~0.33 |
| 大理岩 | 2.73~2.82 | 3.84~6.75 | 1.6~2.68 | 3.73~4.46 | 4.42~5.9 | 2.8~3.28 | 0.2~0.32 |
| 花岗岩 | 2.6 | 6.2 | 2.54 | 4.85 | 5.2 | 3.1 | 0.22 |
| 白云岩 | 2.85 | 9.83 | 3.83 | 5.81 | 6.6 | 3.63 | 0.28 |
| 石英岩 | 2.65 | 9.26 | 3.7 | 5.85 | 6.42 | 3.70 | 0.25 |
| 页岩 | 2.35 | 2.94 | 0.98 | — | 1.85~3.93 | 1.07~2.28 | 0.22~0.40 |
| 煤 | 1.25 | 0.18 | 0.07 | 0.86 | 1.2 | 0.72 | 0.36 |
| 钢 | 7.95 | 21 | — | 5.13 | — | — | — |
| 铜 | 9.08 | 12 | — | 3.67 | — | — | — |
| 玻璃 | 2.55 | 7 | — | 5.30 | — | — | — |

**2. 质点的位移**

一个瞬间应力脉冲经过一种材料时，不同于由稳定状态的振动所产生的相对于平衡位置的往复运动，将会引起材料的永久性位移。一个点受到一个瞬间应力脉冲 $\sigma_{xx}(t)$ 的作用时，该点的迁移距离 $u$ 由下式给出：

$$u = \int_0^T V(t)\,\mathrm{d}t = \frac{1}{\rho c}\int_0^T \sigma_{xx}(t)\,\mathrm{d}t \qquad (3-36)$$

式中：$V(t)$——$t$ 时刻的质点速度；

　　　　$T$——应力脉冲的延续时间。

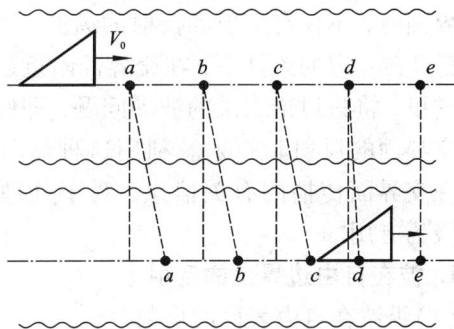

图 3-11　锯齿波经过时引起的位移

通常，当一瞬间应力波到达物体中的一点时，该点突然开始运动，运动一段时间后在无应力状态下停止下来，与邻近点之间不存在残余的相对位移；但在这个期间，在波经过的每一点已永久性地移动了，如图 3-11 所示，波已通过 $a$，$b$ 与 $c$ 点，所有这些点都移动了一个相等的量 $\frac{1}{2}V_0 t$，$d$ 点的位移量可由式（3-36）给出：

$$u_d = \int_0^{T/2} V_0 \left[\left(1-\left(\frac{1}{T}\right)t\right)\right]\mathrm{d}t = \frac{3}{8}V_0 T \qquad (3-37)$$

图 3-12 给出了方形应力脉冲和锯形应力波通过某点时，该点的位移随时间变化的关系。

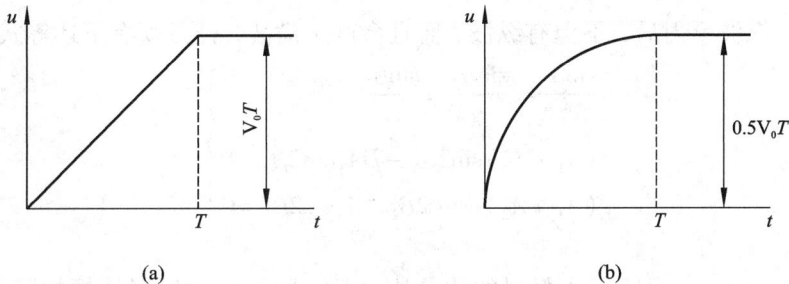

图 3-12　瞬间应力波经过某一点的位移随时间的变化关系

（a）方形波；（b）锯齿形波

# 3.3　应力波在交界面处的反射和折射

## 3.3.1　纵波和横波在交界面处的反射和折射

前面讨论了弹性介质中波的传播特征，在无限均匀弹性介质中存在有两种波，一种是以速度 $c_1$ 传播的纵波（膨胀波），另一种为以速度 $c_2$ 传播的横波（畸变波）。当介质的边界远离波源，而仅考虑波尚未到达边界这一阶段的传播过程时，则可以认为介质是无限的。然而在实际问题中，一种介质总是通过其边界和周围介质衔接着。波在介质性质发生间断的交界面将会产生复杂的反射和折射。在此过程中，一般还会产生与原入射波类型不同的波，如当纵波入射到两种介质的交界面时，不仅有反射和折射的纵波，同时还将产生横波，而且在一定的条件下，在交界面附近还会产生交界面波。这里，将只讨论二维的波动问题，即假定一平面简谐波在交界面的反射和折射。利用这种简单情况下所得到的波在交界面传播的有关信息，对于处理更为一般的波也是极为有用的。

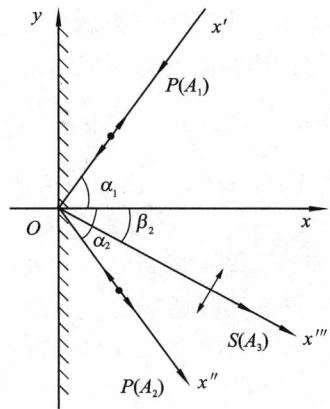

图 3 – 13　纵波在自由边界的反射

**1. 波在自由边界上的反射**

（1）纵波在自由表面的反射

如图 3 – 13 所示，设定 $x \geq 0$ 的半空间充满了弹性介质，在 $x < 0$ 的一侧是真空的，不存在波的传播机制，即自由边界为 $x = 0$ 的平面。设定纵波为一平面简谐波 $A_1$，其传播方向在 $xy$ 平面内，并与 $x$ 轴成 $\alpha_1$ 的角度，其位移用 $\varphi_1$ 表示，则 $\varphi_1$ 可设定为：

$$\varphi_1 = A_1 \sin\left(\omega t + \frac{\omega}{c_1} x'\right)$$

又 $x' = x/\cos\alpha_1 = x\cos\alpha_1 + y\sin\alpha_1$，故有：

$$\varphi_1 = A_1 \sin(\omega t + f_1 x + g_1 y) \tag{3-38}$$

式中：$f_1 = \dfrac{\omega\cos\alpha_1}{c_1}$，$g_1 = \dfrac{\omega\sin\alpha_1}{c_1}$。

可以得出，纵波反射后，不但有纵波，而且会产生横波，且必须有下述等式成立：

$$\left.\begin{aligned}\frac{\sin\alpha_1}{c_1} &= \frac{\sin\alpha_2}{c_1} = \frac{\sin\beta_2}{c_2} \\ (A_1 - A_2)\sin2\alpha_1 &- DA_3\cos2\beta_2 = 0 \\ (A_1 + A_2)D\cos2\beta_2 &- A_3\sin2\beta_2 = 0\end{aligned}\right\} \tag{3-39}$$

式中：$D = c_1/c_2$。

根据式（3 – 39），一旦确定了材料的泊桑比 $\gamma$ 后，即可获得反射波振幅随入射角变化的关系曲线，如图 3 – 14 所示。因任何形式的波都可看成是不同频率的简谐波的叠加，因此，式（3 – 39）对于任意形式的纵波都是成立的。垂直入射时，$\alpha_1 = 0$，由此可得 $A_3 = 0$，$A_2 = -A_1$，因此，纵波垂直入射时，不会产生横波，且反射的纵波与入射波振幅相等，其位相改变 $\pi$。

（2）横波在自由表面的反射

对于 SV 波，由于该类波所对应的位移 $u = 0$，$v = 0$，即在 $x$，$y$ 方向均无运动，根据边界条件

$$\sigma_{xx}\big|_{x=0} = \tau_{yx}\big|_{x=0} = \tau_{xz}\big|_{x=0} = 0$$

可以得到，反射波仍为 SV 波，反射波振幅 $B_2$ 与入射波振幅 $B_1$ 相等，但位相相反，入射角 $\beta_1$ 等于反射角 $\beta_2$，如图 3 – 15 所示。

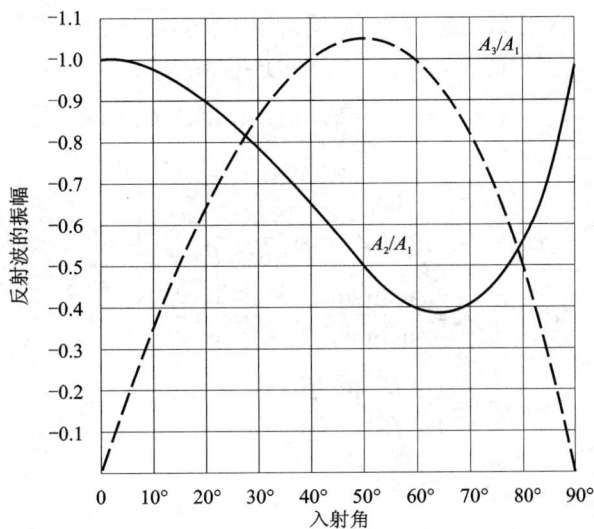

**图 3 - 14**　$\gamma = 0.33$ 时不同入射角下反射波振幅的变化

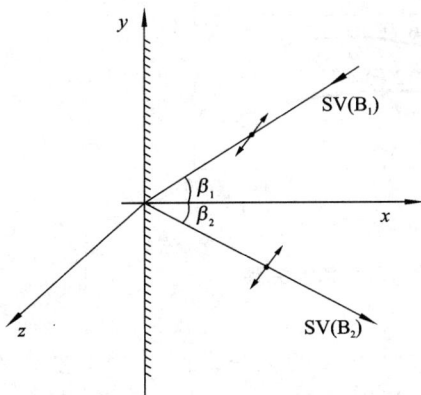

**图 3 - 15**　**SV 波在自由表面的反射**

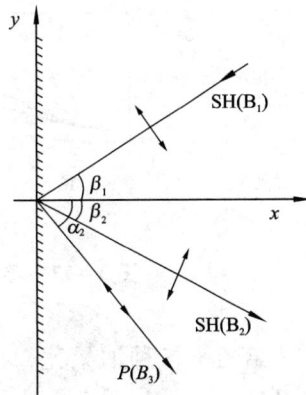

**图 3 - 16**　**SH 波在自由边界上的反射**

对于 SH 波，如图 3 - 16 所示，根据边界条件

$$\sigma_{xx}\big|_{x=0} = \tau_{xy}\big|_{x=0} = 0$$

类似纵波的处理方法，可得：

$$\left.\begin{aligned}
&\frac{\sin\beta_1}{c_2} = \frac{\sin\beta_2}{c_2} = \frac{\sin\alpha_2}{c_1} \\
&(B_1 + B_2)\sin2\beta_1 - DB_3\cos2\beta_1 = 0 \\
&(B_1 - B_2)D\cos2\beta_1 - B_3\sin2\alpha_2 = 0
\end{aligned}\right\} \tag{3-40}$$

垂直入射时，$\beta_1 = 0$，根据上式可得 $B_3 = 0$，亦即没有反射的纵波。

(3)纵横波在自由边界反射后的应力值

由于各应力波应力与其质点速度遵循线性关系、且各个波的质点速度的比值与振幅的比值是相等的，因此，根据边界条件，同样可得用应力表示的弹性波在自由边界反射所服从的关系式。据式(3-39)，入射纵波应力 $\sigma_I$ 与反射纵波 $\sigma_R$ 和反射横波应力 $\tau_R$ 有下列关系：

$$\left.\begin{array}{c}(\sigma_I - \sigma_R)\sin2\alpha_1 - D^2\tau_R\cos2\beta_2 = 0 \\ (\sigma_I + \sigma_R)\cos2\beta_2 - \tau_R\sin2\beta_2 = 0\end{array}\right\} \qquad (3-41)$$

由此可得：

$$\left.\begin{array}{l}\sigma_R = R\sigma_I \\ \tau_R = (R+1)\cot(2\beta_2)\sigma_I \\ R = \dfrac{\sin2\alpha\sin2\beta_2 - D^2\cos^22\beta_2}{\sin2\alpha\sin2\beta_2 + D^2\cos^22\beta_2} \\ \quad = \dfrac{\tan^2\beta_2\tan^22\beta_2 - \tan\alpha}{\tan^2\beta_2\tan^22\beta_2 + \tan\alpha}\end{array}\right\} \qquad (3-42)$$

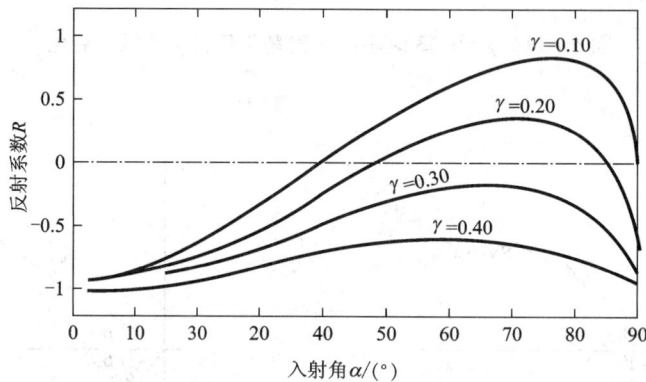

图 3-17　不同泊桑比下反射系数与入射角的关系

图 3-17 给出了各种泊桑比 $\gamma$、反射系数 $R$ 与入射角 $\alpha$ 的关系曲线。对于垂直入射，$\alpha=0$，此时 $R=-1$，这表明，反射后，不产生剪切波，反射波与入射波大小相等，符号相反，即一个压缩波将反射成为拉伸波，而一个拉伸波则反射后成为压缩波。由于自由面无约束，故使得自由面的一侧将获得两倍于相互作用的波的质点速度。一般而论，波的延续时间是有限的，当它反射时，反射波的头部将首先把它本身叠加到入射波的尾部，最后作为一完全的波出现并向着与入射波相反的方向运动，如图 3-18、图 3-19 所示。

对于一个横波倾斜地冲击时，如前所述，可能有两种情形：对于 SV 波，则不形成纵波；但对于 SH 波，即质点运动发生在入射平面内，则会产生纵波，而且，当入射角较大时，还会产生全反射($\alpha_2=90°$)，开始全反射的临界入射角为：

$$\beta_c = \arcsin(c_2/c_1) \qquad (3-43)$$

对于一般的材料，$\beta_c$ 约为 $30°$。对于入射角为 $\beta_1$ 强度为 $\tau_I$ 的 SH 波，反射后的剪切波和纵波强度 $\tau_R$、$\sigma_R$ 分别为：

$$\left.\begin{array}{l}\tau_R = -R\tau_I \\ \sigma_R = (1-R)\tan2\beta_1 \cdot \tau_I\end{array}\right\} \qquad (3-44)$$

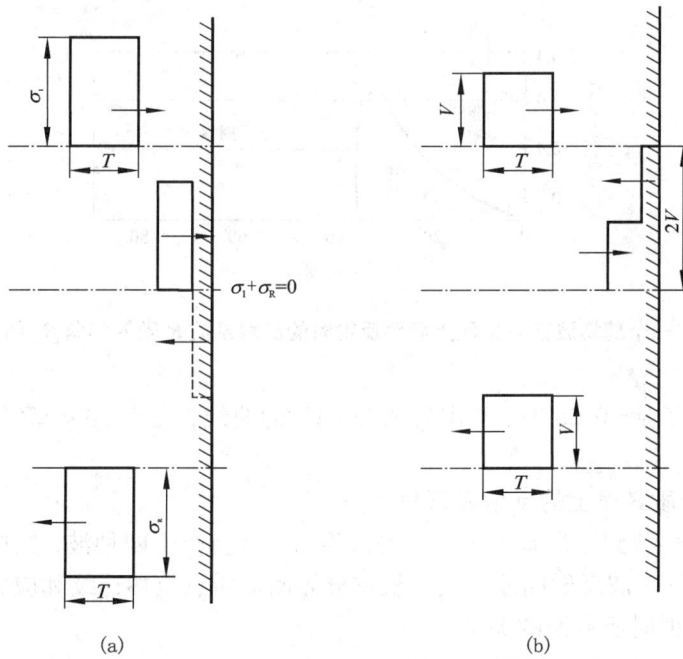

图 3 - 18   一个方形瞬间脉冲在自由边界垂直反射的情形

（a）应力分布；（b）质点速度分布

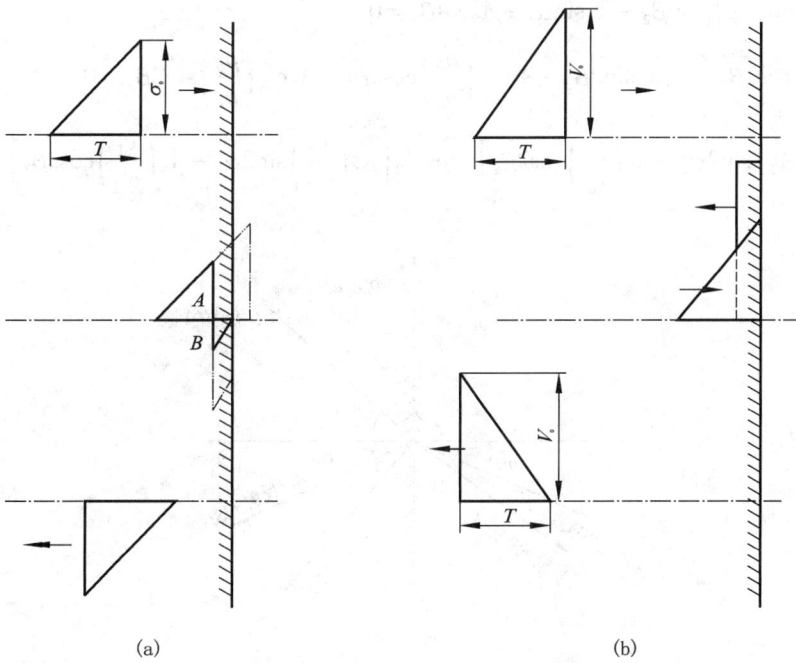

图 3 - 19   一个锯齿形波在自由边界上垂直反射的情形

（a）应力分布；（b）质点速度分布

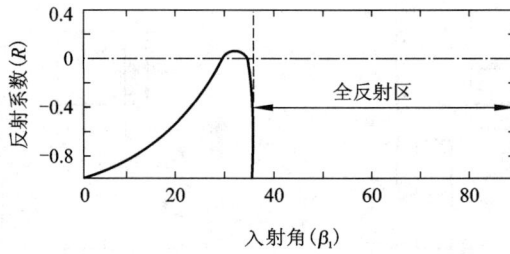

图 3-20　一个剪切波在自由面上倾斜反射时的反射系数 $R$ 随入射角 $\beta_1$ 的变化关系

图 3-20 给出了 $\gamma = 0.25$ 时，$R$ 作为 $\beta_1$ 的函数的曲线，在 $0 < \beta < 35°$ 的极限区间将不会发生全反射。

**2. 波在两种介质界面上的反射和折射**

当任何一种弹性波到达没有相对滑动的边界时，就会产生四种波，其中二种折射到第二种介质中去，另外二个波反射回原介质。根据分界面上质点位移连续和应力连续的条件可以分别得到纵横波入射时所遵循的关系。

当纵波入射时，如图 3-21 所示，有：

$$\left.\begin{array}{l} \dfrac{\sin\alpha_1}{c_1} = \dfrac{\sin\alpha_2}{c_1} = \dfrac{\sin\alpha_3}{c'_1} = \dfrac{\sin\beta_2}{c_2} = \dfrac{\sin\beta_3}{c'_2} \\[2mm] (A_1 - A_2)\cos\alpha_1 + A_3\sin\beta_2 - A_4\cos\alpha_3 - A_5\sin\beta_3 = 0 \\[2mm] (A_1 + A_2)\sin\alpha_1 + A_3\cos\beta_2 - A_4\sin\alpha_3 + A_5\cos\beta_3 = 0 \\[2mm] (A_1 + A_2)c_1\cos2\beta_2 - A_3 c_2 \sin2\beta_2 - A_4 c'_1\left(\dfrac{\rho_b}{\rho_a}\right)\cos2\beta_3 - A_5 c'_2\left(\dfrac{\rho_b}{\rho_a}\right)\sin2\beta_3 = 0 \\[2mm] \rho_a c_2^2\left[(A_1 - A_2)\sin2\alpha_1 - A_3\left(\dfrac{c_1}{c_2}\right)\cos2\beta_2\right] - \rho_b c'^2_2\left[A_4\left(\dfrac{c_1}{c'_1}\right)\sin2\alpha_3 - A_5\left(\dfrac{c_1}{c'_2}\right)\cos2\beta_3\right] = 0 \end{array}\right\} \quad (3-45)$$

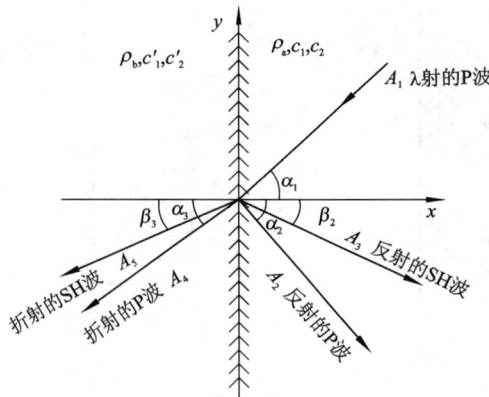

图 3-21　纵波倾斜入射的情形

垂直入射时，即 $\alpha_1 = 0$，由上述方程可得：$A_3 = A_5 = 0$，$\alpha_2 = \alpha_3 = 0$，故垂直入射时不产生剪切波，此时反射纵波和折射的纵波振幅 $A_2$，$A_4$ 分别为：

$$\left.\begin{aligned} A_2 &= A_1 \frac{\rho_b c'_1 - \rho_a c_1}{\rho_b c'_1 + \rho_a c_1} \\ A_4 &= A_1 \frac{2\rho_b c'_1}{\rho_b c'_1 + \rho_a c_1} \end{aligned}\right\} \tag{3-46}$$

同理，若用应力表示，则有：

$$\left.\begin{aligned} \sigma_R &= \frac{\rho_b c'_1 - \rho_a c_1}{\rho_b c'_1 + \rho_a c_1} \cdot \sigma_1 = \lambda_{a \supset b} \sigma_1 \\ \sigma_T &= \frac{2\rho_b c'_1}{\rho_b c'_1 + \rho_a c_1} \cdot \sigma_1 = (1 + \lambda_{a \supset b}) \sigma_1 \end{aligned}\right\} \tag{3-47}$$

式中：$\lambda_{a \supset b} = \dfrac{\rho_b c'_1 - \rho_a c_1}{\rho_b c'_1 + \rho_a c_1}$，称为波从 $a$ 介质进入 $b$ 介质的反射率。

上式亦可直接通过边界条件获得，即边界两侧的应力在相互作用时的每一瞬间都必须相等，边界两侧正交质点速度必须相等。用表达式表示则为

$$\begin{aligned} \sigma_I(x,t) + \sigma_R(x,t) &= \sigma_T(x,t) \\ V_I(x,t) + V_R(x,t) &= V_T(x,t) \end{aligned} \tag{3-48}$$

注意到 $\sigma = \rho c V$，则可由上式推出式（3-47）。

从式（3-47）可得出如下结论：当介质的特征波阻抗 $\rho_a c_1$ 与 $\rho_b c'_1$ 相等时，$\sigma_R / \sigma_1 = 0$ 即不产生反射波，此时，入射波以它的全部强度折射进入第二种介质，正如边界两侧材料完全相同一样；当 $\rho_a c_1 < \rho_b c'_1$ 时，则 $\sigma_R / \sigma_I$ 为正，这表明：若 $\sigma_I$ 原来为压缩波，则反射波亦为压缩波；当 $\rho_a c_1 > \rho_b c'_1$ 时，则压缩波将反射成拉伸波或与此相反，当然这必须在接缝即交界处能承受拉伸的前提之下；折射应力将总是与入射应力同号，即压缩造成压缩，拉伸造成拉伸；如果交界处不能承受拉伸，则一个拉伸应力将在边界反射而成压缩应力，第二种介质的作用就好像全然不在那里一样；当 $\rho_b c'_1$ 为零时，即相当于自由面条件，此时 $\sigma_R = -\sigma_I$，即一个压缩波将以它的全部应力水平反射成拉伸波，反之亦是如此；当第二种介质完全是一种刚体时，$\rho_b c'_1 \to \infty$，刚体所承受的应力将为入射应力的两倍，反射应力等于入射应力。垂直入射时，折射应

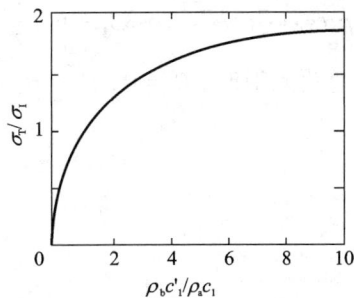

**图 3-22　垂直入射时，折射应力随波阻抗比变化的关系**

力随波阻抗变化的关系如图 3-22 所示。图 3-23 给出了两种不同情况下锯齿形波冲击两种不同材料的交界面时的反射和折射。

当 SV 波入射时，如图 3-24 所示，此时，在交界面处不产生纵波，各波的关系：

$$\left.\begin{aligned} \frac{\sin\beta_1}{c_2} &= \frac{\sin\beta_2}{c_2} = \frac{\sin\beta_3}{c'_2} \\ B_1 + B_2 - B_3 &= 0 \\ \rho_a \sin 2\beta_1 (B_1 - B_2) - B_3 \rho_b \sin 2\beta_3 &= 0 \end{aligned}\right\} \tag{3-49}$$

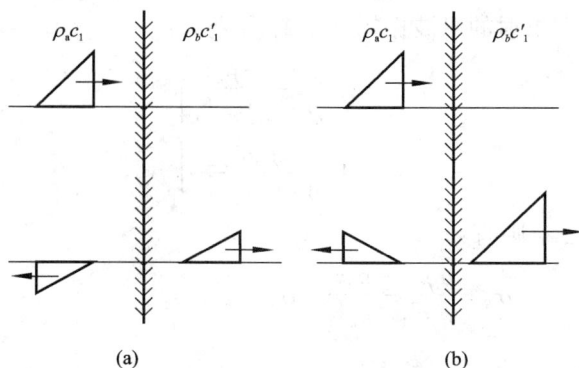

**图 3 - 23  垂直入射的锯齿形波在材料交界面处的折反射**

$(a)\rho_a c_1 > \rho_b c'_1$；$(b)\rho_a c_1 < \rho_b c'_1$

当 SH 波入射时，如图 3 - 25 所示，此时有：

$$\left.\begin{array}{l}\dfrac{\sin\beta_1}{c_2}=\dfrac{\sin\beta_2}{c_2}=\dfrac{\sin\alpha_2}{c_1}=\dfrac{\sin\alpha_3}{c'_1}=\dfrac{\sin\beta_3}{c'_2} \\[2mm] (B_1-B_2)\sin\beta_1+B_3\cos\alpha_2+B_4\cos\alpha_3-B_5\sin\beta_3=0 \\[2mm] (B_1+B_2)\cos\beta_1+B_3\sin\alpha_2-B_4\sin\alpha_3-B_5\cos\beta_3=0 \\[2mm] c_2(B_1+B_2)\sin2\beta_1-B_3c_1\cos2\beta_1+B_4c'_1\left(\dfrac{\rho_b}{\rho_a}\right)\cos2\beta_3-B_5c'_2\left(\dfrac{\rho_b}{\rho_a}\right)\sin2\beta_3=0 \\[2mm] \rho_a c_2\left[(B_1-B_2)\cos2\beta_1-B_3\left(\dfrac{c_2}{c_1}\right)\sin2\alpha_2\right]-\rho_b c'_2\left[\left(\dfrac{c'_2}{c'_1}\right)B_4\sin2\alpha_3+B_5\cos2\beta_3\right]=0\end{array}\right\} \quad (3-50)$$

垂直入射时，$\beta_1=0$，$B_3=B_4=0$，反射和折射的剪切波振幅由下列方程控制：

$$\left.\begin{array}{l}B_1+B_2=B_5 \\[2mm] B_1-B_2=\dfrac{\rho_b c'_2}{\rho_a c_2}B_5\end{array}\right\} \quad (3-51)$$

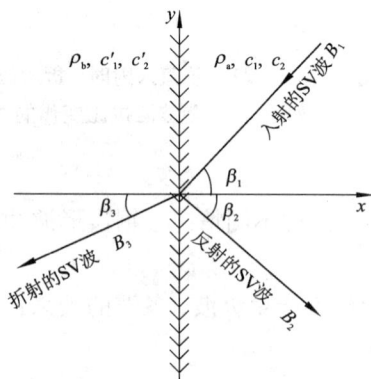

**图 3 - 24  SV 波倾斜入射时的情形**

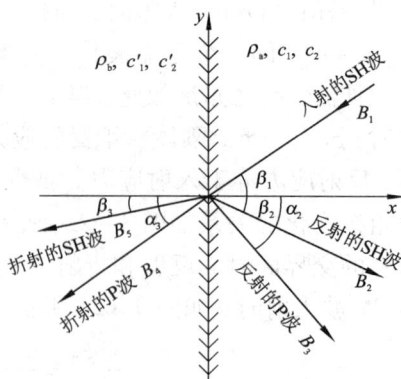

**图 3 - 25  SH 波倾斜入射的情形**

当两块材料之间的边界毫无阻力且可以自由滑动时，应力只能垂直于边界的方向传递，同时，不能承受拉伸应力，倾斜入射的拉伸波将如同在自由边界上反射一样；对于一个倾斜入射的压缩波必须满足的边界条件为：交界面两侧的法向位移和正应力连续，以及在交界面两侧无剪切应力。一般而论，在入射波与边界之间的相互作用过程中也还会产生四种波。当松散边界两侧的材料都是相同的时，应用这些边界条件可以获得各波的振幅之间的如下关系：

$$\left.\begin{aligned} \frac{A_2}{A_1} &= \frac{\sin2\alpha\sin2\beta}{D^2\cos^2 2\beta + \sin2\alpha\sin2\beta} \\ \frac{A_3}{A_1} = \frac{A_5}{A_1} &= \frac{D\cos2\beta\sin2\alpha}{D^2\cos^2 2\beta + \sin2\alpha\sin2\beta} \\ \frac{A_4}{A_1} &= \frac{D^2\cos^2 2\beta}{D^2\cos^2 2\beta + \sin2\alpha\sin2\beta} \end{aligned}\right\} \qquad (3-52)$$

式中，$A_1$，$A_2$，$A_3$，$A_4$，$A_5$ 分别为入射的压缩纵波、反射纵波、反射剪切波和折射纵波、折射剪切波的振幅。

### 3.3.2　一维纵波在杆性质突变处的反射和透射

如图 3 – 26 所示，当波由物体 $a$ 进入 $b$ 时，其波阻由 $m_a$ 变为 $m_b$，根据交界面 Ⅰ – Ⅱ 上力和速度的连续条件，有：

$$\left.\begin{aligned} P_I + P_R &= P_T \\ V_I + V_R &= V_T \end{aligned}\right\} \qquad (3-53)$$

又：$P_I = \rho_a c_{0a} A_a V_I$，$P_R = -\rho_a c_{0a} A_a V_R$（逆波），$P_T = \rho_b c_{0b} A_b V_T$，代入上式可得：

$$\left.\begin{aligned} P_R &= \frac{m_b - m_a}{m_b + m_a} P_I = \lambda_{a \supset b} P_I \\ P_T &= \frac{2m_b}{m_b + m_a} = \mu_{a \to b} P_I \end{aligned}\right\}$$

$$(3-54)$$

式中：$m_a$，$m_b$ 分别为 $a$，$b$ 部分的一维纵波波阻；

$\lambda_{a \supset b}$——一维纵波从 $a$ 入射进入 $b$ 时的反射率；

$\mu_{a \to b}$——一维纵波从 $a$ 入射进入 $b$ 时的透射率。

由式（3 – 54）可知：透射波的传播方向总是和入射波一致的，符号也一样，即

(a)示意图

(b)传播图

**图 3 – 26　一维纵波在杆中的透射和反射**

入射为压力，透射也为压力；入射为拉力透射也为拉力。但反射波却不然，其传播方向总是和入射波相反，符号可正可负，要视波阻变大或变小而定。

还必须指出：入射波并非一定是顺波，入射波的方向可顺可逆，波的顺和逆是相对于选取坐标的方向而言的，入射或反射则是以接近或离开边界面而区分的，和坐标方向没有

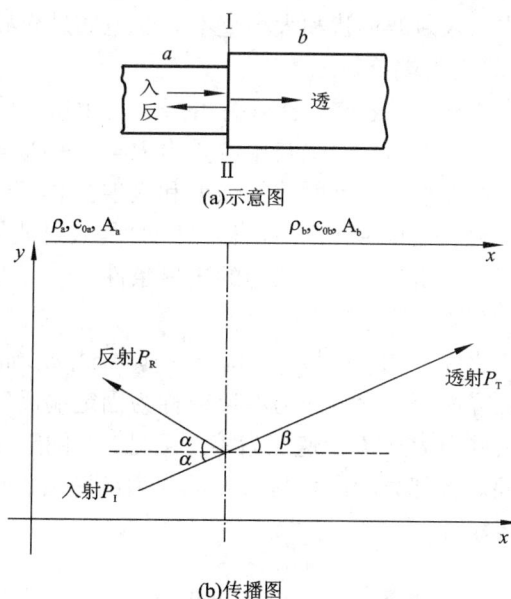

关系。

反射率和透射率之间有如下关系：

$$\lambda_{a \supset b} = -\lambda_{b \to a} = \mu_{a \to b} - 1 \tag{3-55}$$

杆中 $a$，$b$ 两部分材质相同，只是截面积各异的情况是最常见的，这里波速相同，$c_{0a} = c_{0b} = \sqrt{E/\rho}$，在传播图中，$\alpha = \beta$，此时式（3-54）可改写成：

$$\left. \begin{aligned} \sigma_R &= \frac{1 - (A_a/A_b)}{1 + (A_a/A_b)} \sigma_I \\ \sigma_T &= \frac{2(A_a/A_b)}{1 + (A_a/A_b)} \sigma_I \end{aligned} \right\} \tag{3-56}$$

若 $a$，$b$ 两部分截面相同而材质不同时：

$$\left. \begin{aligned} \sigma_R &= \frac{\rho_b c_{0b} - \rho_a c_{0a}}{\rho_b c_{0b} + \rho_a c_{0a}} \sigma_I \\ \sigma_T &= \frac{2\rho_b c_{0b}}{\rho_b c_{0b} + \rho_a c_{0a}} \sigma_I \end{aligned} \right\} \tag{3-57}$$

以下讨论几种特殊情形：

（1）完全透射

如果相邻两杆的性质完全相同，即两杆的材质和断面都一样；或者虽材料和断面不同，但能使得阻抗匹配，即 $\rho_b c_{0b} A_b = \rho_a c_{0a} A_a$，则有 $P_R = 0$，$P_T = P_I$。此时，像无交界面存在一样，杆 $a$ 中的入射波形状和大小毫不改变地通过交界面透射到杆 $b$ 中，而无反射波存在。

（2）自由端反射

当长杆一端悬空，悬空端相当于自由端，此是，$m_b \to 0$，或 $m_b/m_a \to 0$，由式（3-54）可知：$P_R = -P_I$，$P_T = 0$，自由端受力 $P = P_I + P_R = 0$，自由端速度 $V = V_I + V'_R = 2V_I$。这表明：在自由端反射时，反射波的强度和入射波相等，符号相反，它的速度大小和入射波相同，方向亦一致。在自由端部总位移（速度）是入射波位移（速度）的两倍，而端部的轴向力恒为零，这也正是自由端应满足的力的边界条件。

（3）固定端反射

当界面一侧波阻极大，即 $m_b \to \infty$，或 $m_b/m_a \to \infty$ 时，端面可视为固定端不能产生位移，此时在界面处产生的应力波反射称为固定端反射。根据式（3-54）可得：$P_R = P_I$，$V_R = -V_I$，固定端受力 $P = 2P_I$，速度为零。可见，在固定端产生的反射波，它的强度和入射波相等，符号相同。端部总的内力是入射波内力的两倍，而端部位移恒为零，这也正是固定端位移满足的边界条件。

## 3.4 应力波的叠加与能量

### 3.4.1 应力波的叠加

只要物体内部的变形是线弹性的，则物体在同一区域与同一时间受到两个或更多的波作用时，在该干涉区域内的总状态（各点的应力和质点速度）就等于各单个应力波的状态在该区域的叠加（矢量和）。

如图 3 – 27 所示，假设两个完全相同的锯齿形压应力波相向运动，则当两波波前相遇的瞬间，在相遇平面上的应力立即变为两倍，随着波前的继续行进，重迭区的应力值稳定地下降，并且当两波相互超过时变为零；尔后，顺逆两波各自互不干扰地朝相反方向以 $c_1$（无限介质中）或 $c_0$（细长杆中）的波速行进。图 3 – 28 为一矩形顺波和一锯齿形逆波相遇时的情形。

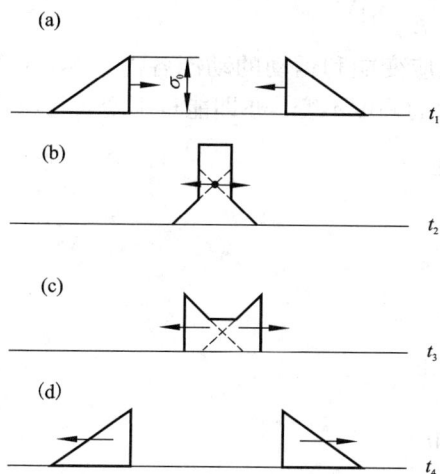

图 3 – 27　两锯齿形压缩波的干涉

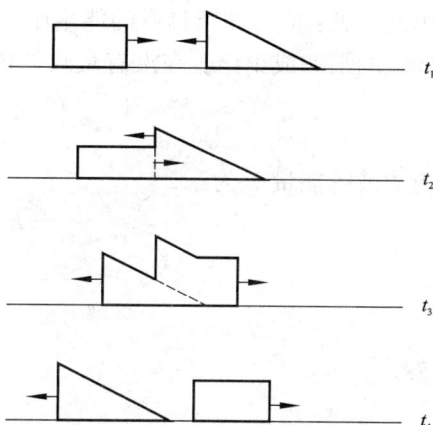

图 3 – 28　一矩形波和一锯齿形波的干涉

合成状态的应力和速度用公式表示则为：

$$\left. \begin{array}{l} \sigma = \sigma_1 + \sigma_2 = \rho c (V_1 - V_2) \\ V = V_1 + V_2 \end{array} \right\} \qquad (3 - 58)$$

式中：$\sigma_1$，$\sigma_2$——顺逆两波的应力；

　　$V_1$，$V_2$——顺逆两波的质点速度；

　　$c$——顺逆两波在介质中的波速，若在无限介质中，$c = c_1$，若在细长杆中，$c = c_0$。

上述原理原则上亦可应用于两个横波之间的干涉，但由于瞬间剪切波的运动一般是在波前平面上朝某一特殊方向的偏振，因此，不可能进行简单地代数相加，必须采用较为复杂的方法来求叠加时的总状态。

## 3.4.2　应力波的能量

应力波在传播过程中具有一定的能量。一部分为质点的弹性应变能 $W_E$，另一部分为质点运动的动能 $W_k$，两者之和即为应力波所具有的能量。单位体积介质中所具有的应力波能量常称为应力波的能量密度。在衡量应力波能量时，有时还用能流密度表示，能流密度即为单位时间内通过单位面积介质的能量。

设在应力波的瞬时能量密度为 $e$，则在应力波的整个作用过程中（一个周期）的平均能量密度为：

$$\bar{e} = \frac{1}{T} \int_{t_a}^{t_b} e \mathrm{d}t \qquad (3 - 59)$$

相应地能流密度 $i$ 为：

$$i = \bar{e}c \qquad (3-60)$$

式中：$c$——应力波的传播速度。

**1. 细长杆中传播的应力波所具有的能量**

在细长杆中，应力波的瞬时能量密度为：

$$e = \frac{1}{2}\sigma_{xx}\varepsilon_{xx} + \frac{1}{2}\rho V^2 = \frac{\sigma_{xx}^2}{E} = \rho V^2 \qquad (3-61)$$

由此可见：应力波所具有的能量中，质点的弹性应变能和运动的动能各占一半，并且和应力幅值的平方成正比。在没有衰减的传递中，应力的幅度不变，亦即能量不变。相应地

$$\bar{e} = \frac{1}{T}\int_{t_a}^{t_b}\rho V^2 \, \mathrm{d}t \qquad (3-62)$$

应力波的能量 $E$ 为：

$$
\begin{aligned}
E &= \bar{e} \times A \times \overline{ab} \\
&= \bar{e} \times A \times (Tc_0) \\
&= Ac_0\int_{t_a}^{t_b}\rho V^2 \, \mathrm{d}t \\
&= \frac{A}{\rho c_0}\int_{t_a}^{t_b}\sigma^2 \, \mathrm{d}t
\end{aligned}
$$

故

$$E = \frac{A}{\rho c_0}\int_{t_a}^{t_b}\sigma^2 \, \mathrm{d}t \qquad (3-63)$$

注意到 $\mathrm{d}t = \mathrm{d}\left(\dfrac{x}{c_0}\right)$，因此上式又可表示为：

$$E = \frac{A}{\rho c_0^2}\int_{a}^{b}\sigma^2 \, \mathrm{d}x \qquad (3-64)$$

上述两式，一个是沿 $x$ 轴积分，一个是按时间积分，结果完全一样，可随方便选用（如图 3-29 所示）。

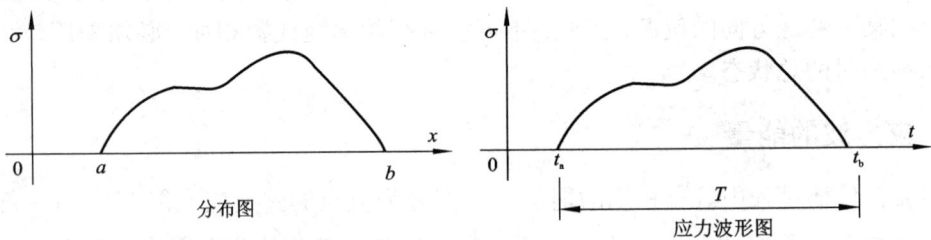

**图 3-29 应力波沿杆件的分布图和随时间变化的波形图**

例如，一个波动在杆中随时间的变化为：

$$P = mV_{冲}\,e^{-\frac{m}{M}t}$$

那么，整个波动所具有的能量为：

$$E = \frac{A}{\rho c_0} \int_{t_a}^{t_b} \sigma^2 \mathrm{d}t$$

$$= \frac{1}{m} \int_{t_a}^{t_b} P_{\text{冲}}^2 \mathrm{d}t = \frac{1}{m} \int_0^\infty (m V_{\text{冲}} e^{-\frac{m}{M}t})^2 \mathrm{d}t$$

$$= \frac{1}{2} M V_{\text{冲}}^2$$

**2. 无限介质中纵波和横波所具有的能量**

设定一强度为 $\sigma_i$ 的平面纵波以 $c_1$ 速度沿 $x$ 轴方向传播则该波所具有的能量密度为：

$$e = \frac{1}{2}\sigma_x \varepsilon_x + \frac{1}{2}\rho \left(\frac{\partial u}{\partial t}\right)^2$$

$$= \frac{1}{2}\sigma_i \times \left(\frac{\sigma_i}{\rho c_1^2}\right) + \frac{1}{2}\rho \left(\frac{\sigma_i}{\rho c_1}\right)^2$$

即

$$e = \frac{\sigma_i^2}{\rho c_1^2} \tag{3-65}$$

$$\bar{e} = \frac{1}{\rho c_1^2 T} \int_{t_a}^{t_b} \sigma_i^2 \mathrm{d}t \tag{3-66}$$

$$i = \frac{1}{\rho c_1 T} \int_{t_a}^{t_b} \sigma_i^2 \mathrm{d}t \tag{3-67}$$

同理，对于强度为 $\tau_i$ 的横波，相应的能量密度为：

$$e = \frac{\tau_i^2}{\rho c_2^2} \tag{3-68}$$

## 复习思考题

1. 什么是应力波？什么是波速？什么是质点速度？

2. 什么是纵波？什么是横波？

3. 试推导并求解波动方程 $\frac{\partial^2 u}{\partial x^2} = \frac{1}{c^2}\frac{\partial^2 u}{\partial t^2}$。

4. 试推导一维杆中纵波质点应力、速度和位移的关系。

5. 试确定应力波在自由端反射时自由端部的位移及速度，在固支端反射时固支端的应力。

6. 简述弹性应力波叠加原理。

# 第4章 爆炸反应与爆轰理论

炸药爆炸产物处于高温、高压状态，且其组成随时间变化。实际测试确定炸药爆炸反应方程式很困难，而理论上精确计算繁琐，且计算结果未必完全符合实际情况。在工程上一般根据经验方法确定爆炸反应方程式，并在此基础上估算炸药的爆热、爆温、爆容和爆压。

炸药爆轰过程是一个伴有大量能量高速释放的化学反应传输过程。爆轰现象的研究通常包括爆轰的起爆、爆轰波的结构和爆轰同周围介质的相互作用等问题。研究炸药的爆轰，认识炸药的爆炸变化规律对合理使用炸药和指导炸药的研制、设计等有重要的理论和实际意义。

## 4.1 炸药的氧平衡

炸药爆炸是一个化学反应过程，或者从本质说，是一个氧化过程，即炸药中的氧对碳、氢等元素的氧化，使之成为较稳定的氧化物。它不像一般燃料如煤、汽油等的燃烧，需要从外部(空气)吸取氧气才能进行，炸药分子本身就能提供可燃元素在爆炸反应过程中生成氧化物所需的氧。爆炸过程不受外界是否存在氧或氧的多少的影响，而可以独立地进行。例如，梯恩梯爆炸反应式如下：

$$C_6H_2(NO_2)_3CH_3 \longrightarrow 2.5H_2O + 3.5CO + 3.5C + 1.5N_2$$

炸药分子中的 C 和 H 完全氧化所需的氧来自炸药本身。

在混合炸药中，必定有一种或一种以上的成分要能分解出氧，以氧化其他成分中的碳、氢等。例如，硝酸铵与柴油混合炸药，爆炸时硝酸铵分解出多余的氧原子，使碳、氢氧化成碳的氧化物和水。梯恩梯与铝粉混合炸药的爆炸，尽管梯恩梯本身是严重负氧，但是铝夺去梯恩梯分解出来的氧原子，生成铝的氧化物。这样，相对于铝来说，梯恩梯就成为提供氧的成分了。当然并不是所有炸药都含有氧。例如叠氮化铅 $Pb(N_3)_2$ 是无机物类型炸药，其化学结构为氮原子相互结合，并与不活泼的金属相联结。一旦爆炸即分解为氮与铅。

$$Pb(N_3)_2 \longrightarrow Pb + 3N_2$$

氧平衡是指炸药中所含的氧用以完全氧化其所含可燃元素后所剩余或不足的氧量。氧平衡用每克炸药中剩余或不足氧量的克数(或百分率)来表示。它是一个无量纲量，反映炸药与爆炸产物之间氧的平衡关系。

炸药的氧平衡可分为三类：

(1)炸药中的氧含量足够将碳、氢含量完全氧化，且有剩余，称为正氧平衡；

(2)炸药中的氧含量恰够将碳、氢含量完全氧化，无剩余，称为零氧平衡；

(3)炸药中的氧含量不足以将碳、氢含量完全氧化，称为负氧平衡。

炸药的氧平衡在数值上通常用氧平衡值(g/g)或氧平衡率(%)表示。所谓氧平衡值，就是使炸药中全部碳、氢元素完全氧化时，多余或不足的氧的克原子量与参加反应的炸药的克分子量的比值；这个比值的百分数称做氧平衡率。下面讨论氧平衡值的计算方法。

### 4.1.1　单质炸药(或物质)的氧平衡计算

一般单质炸药(或可燃物质)只含碳、氢、氧、氮元素,可将它们的分子式改写成通式:

$$C_a H_b O_c N_d$$

式中,$a$、$b$、$c$、$d$ 分别代表一个炸药分子中碳、氢、氧、氮的原子个数;

炸药发生爆炸反应时,碳、氢原子的完全氧化是按下式进行:

$$C + O_2 \longrightarrow CO_2$$
$$2H_2 + O_2 \longrightarrow 2H_2O$$

也就是说,$a$ 个碳原子氧化生成 $CO_2$,需要 $2a$ 个氧原子;$b$ 个氢原子氧化成 $H_2O$,需要 $b/2$ 个氧原子。炸药本身所含的氧原子数是 $c$,碳氢完全氧化共需氧原子数是 $(2a + b/2)$。这样 $c$ 与 $(2a + b/2)$ 的差值同三种氧平衡状态相对应:

(1)当 $c - (2a + b/2) > 0$ 时,为正氧平衡;

(2)当 $c - (2a + b/2) = 0$ 时,为零氧平衡;

(3)当 $c - (2a + b/2) < 0$ 时,为负氧平衡。

在实际运算中,氧平衡值用每克炸药内多余或不足的氧的克数来表示;氧平衡率用百分率来表示。炸药 $C_a H_b O_c N_d$ 的氧平衡按下式计算:

$$O \cdot B = \frac{[c - (2a + b/2)] \times 16}{M}, \text{g/g 或 \%} \qquad (4-1)$$

式中:16——氧原子量;

$M$——炸药分子量。

计算得到 $O \cdot B$ 的值"+"、"-"分别表示正负氧平衡。

【例1】　求特屈儿的氧平衡值。

**解**:特屈儿的分子式为 $C_6H_2(NO_2)_4NCH_3$,改写为通式则成为 $C_7H_5O_8N_5$,各元素的原子数分别是 $a = 7$、$b = 5$、$c = 8$、$d = 5$、$M = 287$

$$O \cdot B = \frac{[c - (2a + b/2)] \times 16}{M} = \frac{[8 - (2 \times 7 + 5/2)] \times 16}{287} = -0.474 (\text{g/g})$$

答:特屈儿为负氧平衡,氧平衡值为 $-0.474$ g/g。

【例2】　求硝酸铵的氧平衡值。

**解**:硝酸铵的分子式为 $NH_4NO_3$,改写为通式则为 $C_0H_4O_3N_2$,$M = 80$

$$O \cdot B = \frac{[c - (2a + b/2)] \times 16}{M} = \frac{[3 - (0 + 4/2)] \times 16}{80} = +0.20 (\text{g/g})$$

答:硝酸铵为正氧平衡,氧平衡值为 $+0.20$ g/g。

表 4-1 列出了一些常用的单质炸药和可燃物质的氧平衡率。

### 4.1.2　混合炸药(或物质)的氧平衡计算

混合炸药一般由催化剂、敏化剂、可燃剂等成分混合而成。因此,混合炸药的氧平衡率不仅与炸药各组分的氧平衡率有关,而且取决于各组成在混合炸药中的比例大小。因此,计算混合炸药氧平衡率时,首先要知道各组成成分及其在炸药中所占的比例,然后,通过计算或查表 4-1 求出混合炸药中各组成成分的氧平衡值,再分别乘以各成分在炸药中所占的百分数,最后求出各乘积的代数和,即得出该混合炸药的氧平衡值。

表 4 - 1　一些炸药和可燃物质的氧平衡率

| 物质名称 | 氧平衡率 / % | 物质名称 | 氧平衡率 / % |
|---|---|---|---|
| 铝 | - 89.0 | 锯木屑 | - 137.0 |
| 硝酸铵 | + 20.0 | 药卷纸 | - 130.0 |
| 黑索金 | - 21.6 | 石蜡 | - 346.0 |
| 雷汞 | - 11.3 | 硫磺 | - 100.0 |
| 硝酸钾 | + 39.6 | 木炭 | - 266.7 |
| 氯酸钾 | + 39.2 | 沥青 | - 329.0 |
| 过氯酸钾 | + 46.2 | 梯恩梯 | - 74.0 |
| 硝化甘油 | + 3.5 | 柴油 | - 327.2 |
| 泰安 | - 10.1 | 二硝基重氮酚 | - 58.0 |
| 特屈儿 | - 47.4 | 硝酸 | + 76 |
| 2 号岩石炸药 | + 3.4 | 松香 | - 280.8 |
| 煤油 | - 343.0 | | |

$$O \cdot B = \sum_{i=1}^{n} B_i K_i \qquad (4-2)$$

式中:$B_i$——混合炸药中某一组成的氧平衡值;

　　　$K_i$——相应组成在混合炸药中所占的百分率。

【例 3】　已知混合炸药(铵油炸药)的组分及配比为:硝酸铵 92%,木粉 4%,柴油 4%,求其氧平衡率。

解:查表 4 - 1 得各组分的氧平衡率分别为:硝酸铵 + 20%,木粉 - 137%,柴油 - 327.2%。

根据式(4 - 2)求得该混合炸药的氧平衡率为:

$O \cdot B = 92\% \times 20\% + 4\% \times (-137\%) + 4\% \times (-327.2\%)$

　　　　$= -0.16\%$

## 4.2　炸药爆炸反应方程

### 4.2.1　爆炸反应与爆轰产物

炸药爆轰时,化学反应区反应终了瞬间的化学反应产物叫做炸药的爆轰产物。当爆轰产物进一步膨胀,与外界的空气或岩石等其他物质相互作用,形成新的产物,称之为爆炸产物。爆轰产物是计算爆热和其他爆轰波参数的基础。爆炸产物则是衡量爆炸后有毒气体生成量的依据。

炸药的爆轰产物主要是气体, 有时也有少量液体或固体, 如 $CO_2$、$H_2O$、$CO$、$NO_2$、$NO$、$C$、$O_2$、$N_2$ 等。含铝炸药的爆轰产物有铝的氧化物, 如 $Al_2O_3$。有时爆轰产物中还会有硫的氧化物, 如 $SO_2$、$H_2S$。爆轰产物不同, 爆炸热效应随之变化。对于大多数炸药来说, 爆炸热效应取决于碳、氢、铝等元素被氧化的程度。例如:

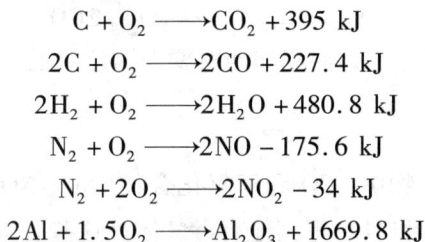

$$C + O_2 \longrightarrow CO_2 + 395 \text{ kJ}$$

$$2C + O_2 \longrightarrow 2CO + 227.4 \text{ kJ}$$

$$2H_2 + O_2 \longrightarrow 2H_2O + 480.8 \text{ kJ}$$

$$N_2 + O_2 \longrightarrow 2NO - 175.6 \text{ kJ}$$

$$N_2 + 2O_2 \longrightarrow 2NO_2 - 34 \text{ kJ}$$

$$2Al + 1.5O_2 \longrightarrow Al_2O_3 + 1669.8 \text{ kJ}$$

从以上各反应式看出, 炸药的组成成分不同或反应条件不同, 反应生成物不同, 反应热效应差别很大。反应生成 $1 \text{mol} CO_2$ 时放出的热量为生成 $1 \text{mol} CO$ 时的三倍多。生成铝的氧化物, 热效应最显著。当生成氮的氧化物时, 反而要吸收一定的热量且生成物有毒。为了充分利用炸药的能量, 提高炸药的威力, 降低有毒气体的产出量, 应力求在爆轰反应过程中, 使炸药中的碳、氢元素被氧元素完全氧化生成 $CO_2$ 和 $H_2O$, 而避免生成 $CO$、$NO_2$ 和 $NO$。

爆炸化学反应速度非常快, 温度和压力都很高, 并且随时都在变化, 反应平衡程度不断改变。在这种情况下, 要精确测定反应终了瞬间爆轰产物组成是十分困难的。因此, 一般都采用近似的方法建立爆炸化学反应方程, 在此基础上确定爆轰产物。

由于爆轰产物组成首先取决于炸药氧平衡, 爆炸化学反应方程是基于炸药的不同氧平衡建立的。

(1) 当 $c \geqslant 2a + b/2$ 时, 即对于零氧平衡或正氧平衡炸药, 在确定其爆炸化学反应方程时, 可近似认为, 炸药中的氢被氧化为 $H_2O$, 碳被完全氧化为 $CO_2$, 氮、氧(如为正氧平衡)游离为 $N_2$ 与 $O_2$。这里可能产生的 $H_2O$ 和 $CO_2$ 的分解及氮的氧化均予忽略。这样, 爆炸化学反应方程表示为:

$$C_aH_bO_cN_d \longrightarrow 0.5bH_2O + aCO_2 + 0.5dN_2 + 0.5(c - 2a - b/2)O_2$$

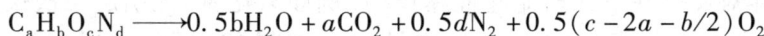

例如: 硝化甘油的爆炸反应方程为

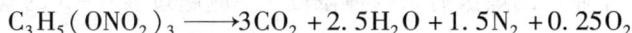

$$C_3H_5(ONO_2)_3 \longrightarrow 3CO_2 + 2.5H_2O + 1.5N_2 + 0.25O_2$$

(2) 当 $(2a + b/2) \geqslant c > (a + b/2)$ 时, 可以认为, 爆炸化学反应时, 氧首先使氢全部氧化成 $H_2O$, 余下的氧将全部的碳氧化成 $CO$, 最后, 除去前面两项尚有余下的部分氧, 进一步将一定量的 $CO$ 氧化为 $CO_2$。因此, 此类炸药的爆炸反应方程表示为

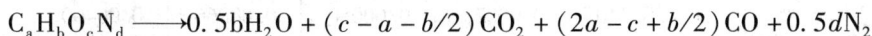

$$C_aH_bO_cN_d \longrightarrow 0.5bH_2O + (c - a - b/2)CO_2 + (2a - c + b/2)CO + 0.5dN_2$$

例如, 泰安的爆炸反应方程为

$$C(CH_2ONO_2)_4 \longrightarrow 4H_2O + 3CO_2 + 2CO + 2N_2$$

(3) 当 $c < (a + b/2)$ 时, 建立炸药化学方程的前提是, 氧首先将氢氧化为 $H_2O$, 余下的氧使部分碳氧化为 $CO$, 其余的碳游离成固状碳, 不生成 $CO_2$。这样, 爆炸化学反应方程表示为

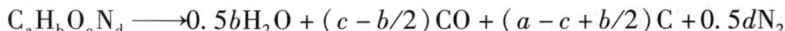

$$C_aH_bO_cN_d \longrightarrow 0.5bH_2O + (c - b/2)CO + (a - c + b/2)C + 0.5dN_2$$

例如, 梯恩梯的爆炸化学反应方程为

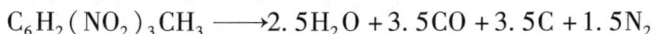

$$C_6H_2(NO_2)_3CH_3 \longrightarrow 2.5H_2O + 3.5CO + 3.5C + 1.5N_2$$

(4) 对于含铝炸药的零氧平衡或正氧平衡混合炸药, 其爆炸化学反应方程可表示为:

$C_aH_bO_cN_dAl_e \longrightarrow 0.5bH_2O + aCO_2 + 0.5eAl_2O_3 + 0.5dN_2 + 0.5(c - b/2 - 2a - 1.5e)O_2$，它说明在爆炸过程中，由于有充分的氧，碳、氢、铝得以完全氧化。而在含铝的负氧平衡炸药中，由于铝可以同已经生成的 $H_2O$ 和 $CO_2$ 发生二次反应，故生成 $Al_2O_3$，$H_2$ 和 $CO$，如

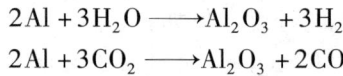

$$2Al + 3H_2O \longrightarrow Al_2O_3 + 3H_2$$
$$2Al + 3CO_2 \longrightarrow Al_2O_3 + 2CO$$

后一种情况生成有毒气体，这是使用炸药时要尤为注意的。

### 4.2.2　有毒气体

在炸药爆炸生成的气体产物中，CO 和氮氧化合物（NO、$NO_2$）均属有毒气体。炸药内含硫或硫化物时，还能产生 $SO_2$ 和 $H_2S$ 等其他有毒气体。这些有毒气体在大气中的含量超过一定限度，被吸入人体之后，会使人中毒，严重时将导致死亡。上述有毒气体的毒性，用空气中的危险浓度来表示，如表 4-2 所示。

表 4-2　有毒气体在空气中的危险浓度

| 有毒气体 | 各种危险浓度/mg·L$^{-1}$ | | | |
|---|---|---|---|---|
| | 吸入数小时将引起轻微中毒 | 吸入 1 h 后将引起严重中毒 | 吸入 0.5~1 h 就会有致命危险 | 吸入数分钟就会死亡 |
| 一氧化碳 | 0.1~0.2 | 1.5~0.6 | 1.6~2.3 | 5 |
| 氧化氮 | 0.07~0.2 | 0.2~0.4 | 0.2~1.0 | 0.5 |
| 硫化氢 | 0.01~0.2 | 0.25~1.4 | 0.5~1.0 | 1.2 |
| 亚硫酐 | 0.025 | 0.06~0.26 | 1.0~1.05 | — |

分析表 4-2 中的数据可以看出，氧化氮的毒性比 CO 高得多。有毒气体不仅对人体有害，而且某些有毒气体对煤矿井下瓦斯能起催爆作用（例如氧化氮）或引起二次火焰（例如 CO）。因此，对井下使用炸药产生的有毒气体量应有严格的限制。《爆破安全规程》（GB6722—2014）规定，地下爆破作业点的爆破有害气体浓度，不应超过表 4-3 的规定。

表 4-3　地下爆破作业点有害气体允许浓度

| 有害气体名称 | | CO | $N_nO_m$ | $SO_2$ | $H_2S$ | $NH_3$ | $R_n$ |
|---|---|---|---|---|---|---|---|
| 允许浓度 | 按体积/% | 0.00240 | 0.00025 | 0.00050 | 0.00066 | 0.00400 | 3700 |
| | 按质量/mg·m$^{-3}$ | 30 | 5 | 15 | 10 | 30 | Bq·m$^{-3}$* |

*每立方米贝可，活度浓度（单位质量物质中的放射性活度）的单位。

但必须指出，气体产物在膨胀过程中，随着温度和压力的下降，组分将不断发生变化，有毒气体则应根据冷却后的气体产物组分来判断。

因为有毒气体的形成受许多因素的影响，很难从理论上给以精确计算，一般通过试验或在现场抽样，对样品进行化学分析予以测定。

形成有毒气体的主要原因有：

（1）炸药的氧平衡

炸药正氧平衡值较大时，多余的氧原子在高温高压环境中同氮原子结合生成氮氧化物；炸药负氧平衡值较大时，氧量不足，$CO_2$ 易被还原成为 $CO$。有毒气体量与氧平衡的关系如表 4-4 和表 4-5 所示。

表 4-4　有毒气体量与氧平衡的关系（实验室测定资料）

| 炸药组成 / % | | 氧平衡 / % | 干燥后的产物组分 / % | | | | | | |
| 硝酸铵 | 梯恩梯 | | $CO_2$ | $CO$ | $NO$ | $H_2$ | $CH_4$ | $N_2$ | $O_2$ |
|---|---|---|---|---|---|---|---|---|---|
| 95 | 5 | +18 | 16.6 | 4.55 | — | 0.55 | 1.2 | 76.1 | 1 |
| 88 | 12 | +8.7 | 27.95 | 4.9 | 3.25 | 0.5 | 1.55 | 61.85 | — |
| 83 | 17 | +4 | 32.05 | 5.35 | 2.35 | 1.7 | 1.6 | 56.95 | — |
| 79 | 21 | +0.3 | 32.3 | 5.65 | 2.75 | 1.85 | 1.85 | 55.6 | — |
| 70 | 30 | -8.2 | 26.6 | 13.85 | 0.7 | 2.3 | 2.15 | 54.4 | — |

表 4-5　有毒气体量与氧平衡的关系（井下测定资料）

| 炸药组成 / % | | | 氧平衡 / % | 有毒气体量 / $L \cdot kg^{-1}$ | | |
| 梯恩梯 | 硝酸铵 | 硝酸钾 | | 一氧化碳 | 氮氧化物 | 折算总量 |
|---|---|---|---|---|---|---|
| 37.6 | 62.4 | — | -15.3 | 12.5 | 2.7 | 30.05 |
| 22 | 78 | — | -0.7 | 30.4 | 5.5 | 66 |
| 17.6 | 82.4 | — | +3.5 | 20 | 13.3 | 106.5 |
| 17.6 | 82.4 | 20 | +7.4 | 16.6 | 5.3 | 51.5 |

分析表中数据可以看出，随正氧平衡炸药内剩余氧量增加，氮氧化物增多，而 $CO$ 减少；随负氧平衡炸药内不足氧量的增加，氮氧化物减少，而 $CO$ 增多；零氧平衡炸药形成有毒气体量最少。因此，井下使用炸药应尽可能使之接近于零氧平衡。

（2）爆炸化学反应的完全程度

炸药一般按零氧平衡配比，但是，由于加工工艺不完善，炸药质量不符合标准，或者爆破条件不利，都可造成爆炸化学反应不完全，导致有毒气体量增加。

反应的完全程度与炸药组成、物化性质、炸药密度、装药直径、外壳材料、起爆冲能的大小等因素有关。

在混合炸药组成中，敏感成分和容易氧化的成分越多，钝感成分和惰性杂质越少，反应越迅速、越完全。

在安全炸药中，因含有能起催化作用的碱金属盐类消焰剂，与非安全炸药比较，其生成的有毒气体量较少。

当炸药组成相同时，粒度越小，混合越均匀，有毒气体量就较少，表 4-6 给出了消焰剂和炸药粒度对有毒气体量的影响。

表 4 - 6　消焰剂和炸药粒度对有毒气体量的影响

| 炸药组成 / % | | | 炸药粒度 / mm | 有毒气体量 / L · kg$^{-1}$ | | |
|---|---|---|---|---|---|---|
| 梯恩梯 | 硝酸铵 | 氯化钠 | | CO | NO | 折算总量 |
| 21 | 79 | — | 0.22 ~ 0.50 | 28 | 9.8 | 91.8 |
| | | | <0.22 | 23 | 2 | 36.9 |
| 16 | 64 | 20 | 0.22 ~ 0.50 | 23.8 | 5.8 | 61.5 |
| | | | <0.22 | 21.4 | 0.9 | 27.3 |

(3)爆破岩石的性质

利用炸药爆破岩石时，爆破过程结束后的气体产物组成与气体产物膨胀过程中温度、压力的变化，以及同岩石间发生的热交换等因素有关，而这些因素又决定于岩石的比热、导热性、强度、可爆性等物理力学性质。如，在含硫矿石中进行爆破，爆炸气体与岩石中的硫相互作用，容易生成 $SO_2$ 或 $H_2S$。在煤层中爆破时，爆炸气体中 $CO_2$ 可与煤中的 C 发生反应，生成 CO。

# 4.3　爆炸热化学参数

## 4.3.1　爆热

炸药的爆热是指单位质量炸药爆炸时所释放出来的热量，单位是 kJ/kg 或 kJ/mol。

爆热是爆炸气体对外做功的能源。同时，反应区爆炸反应释放出的能(热)量，维持爆轰波的稳定传播。所以，爆热无论对炸药爆炸威力的发挥，或爆轰波的稳定传播，都有着决定性的影响。因此，爆热无论在炸药实际应用上或理论研究中，都具有重要的意义。

一般炸药的爆热根据反应过程情况不同，分为定容爆热 $Q_v$ 和定压爆热 $Q_p$。在炸药爆炸全过程中，体积保持不变，此时所能生成的热量，称为定容爆热。如果炸药爆炸全过程中，压力保持恒定，此时所生成的热量，称为定压爆热。

爆炸过程十分迅速，从开始爆炸到结束时间内，气体产物来不及向周围扩散，故爆炸过程可看成是定容过程，因此炸药的爆炸生成热通常是指定容爆热。表 4 - 7 中列出一些炸药的爆热值。

炸药作为一种能源，同一般燃料如汽油、煤比较，它的突出特点是能量密度很高。表 4 - 8 中列出了一些燃料和炸药反应产生的热值。表 4 - 9 中列出一些炸药与燃料的能量密度值。比较表 4 - 8 和表 4 - 9 就不难看出，单位质量燃料所蕴藏的热能，比单位重量炸药的爆热值高，然而，如果考虑到燃料燃烧时要从空气中吸收大量氧气，而爆轰反应所需用的氧则存在于炸药本身的分子之中，那么，单位体积炸药的爆热同单位体积的燃料和氧气的混合物的燃烧热相比较就大得多了。这就是说，单位体积炸药爆炸释放出的热量，即体积能量密度高得多。

表 4 – 7　一些炸药的爆热

| 炸药名称 | 装药密度 / g·cm$^{-3}$ | 爆热 / kJ·kg$^{-1}$ |
|---|---|---|
| 梯恩梯 | 1.5 | 4222 |
| 黑索金 | 1.5 | 5392 |
| 泰安 | 1.65 | 5685 |
| 特屈儿 | 1.55 | 4556 |
| 雷汞 | 3.77 | 4556 |
| 硝化甘油 | 1.6 | 4556 |
| 硝酸铵 | — | 1438 |
| (80:20)铵梯炸药 | 1.3 | 4138 |
| (40:60)铵梯炸药 | 1.55 | 4180 |

表 4 – 8　一些炸药或燃料的热值

| 物质名称 | 木材 | 汽油 | 无烟煤 | 硝化甘油 | 梯恩梯 |
|---|---|---|---|---|---|
| 热值 / kJ·kg$^{-1}$ | 18810 | 32440 | 41800 | 6186 | 4222 |

表 4 – 9　一些燃料或炸药的能量密度

| 物质名称 | 燃料与氧的混合物的燃烧热 / kJ·L$^{-1}$ | 炸药爆热 / kJ·L$^{-1}$ |
|---|---|---|
| 木材 | 17.1 | — |
| 汽油 | 18 | — |
| 无烟煤 | 17.6 | — |
| 梯恩梯 | — | 6479 |
| 硝化甘油 | — | 10032 |

**1. 爆热的测定**

　　爆炸过程的高速度和高温高压状态使爆热的实测比较困难。使用高强度爆热弹测得的热值，只能是实际爆热的近似反映。其测定装置如图 4 – 1 所示。

　　爆热测定装置的主要部分是一个用优质合金钢制成的量热弹 4，其规格为：直径270 mm，高 400 mm，重 137.5 kg，容积 5.8 L。它被置于一个不锈钢制成的量热桶 2 中，其外是保温桶，最外层是水桶，层间填以保温材料。

　　试验时，一般取 100 g 炸药卷并插入一只电雷管，将其悬吊于弹盖上，接出雷管脚线，上好弹盖后，随即将弹内空气抽出，并用氮气置换剩余的气体，再抽成真空，然后把弹体放入

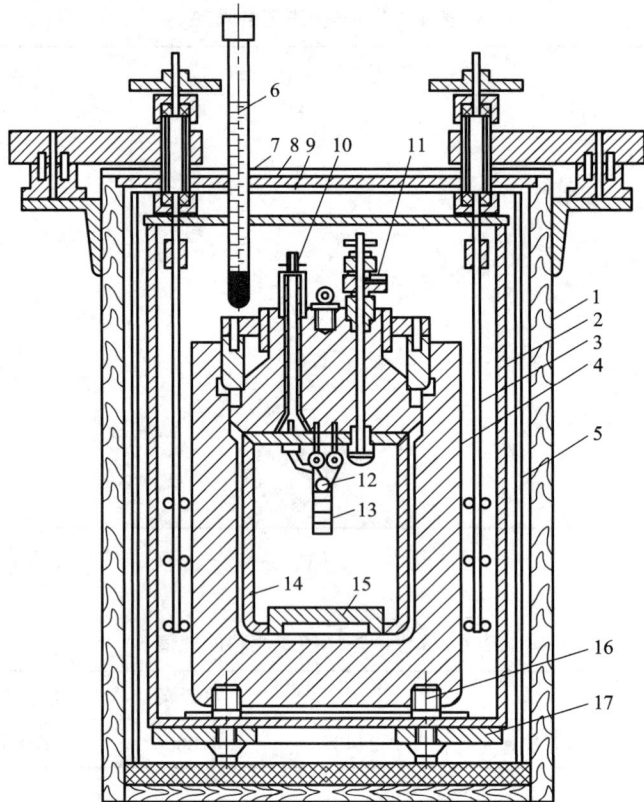

图 4 - 1　爆热测定装置

1—水桶；2—量热桶；3—搅拌桨；4—量热弹体；5—保温桶；6—贝克尔曼温度计；7, 8, 9—盖；
10—电极接线柱；11—抽气口；12—电雷管；13—药柱；14—内衬桶；15—垫块；16—支撑螺栓；17—底托

量热桶中，桶内注入一定数量蒸馏水，使其全部淹没弹体。恒温 1 h 后，记下水温 $T_0$，接着引爆炸药，水温随即上升，等水温恒定后，记下最高温度 $T$，被测炸药的爆热 $Q_v$。可按下式求出：

$$Q_v = \frac{\left[\left(C_水 + C_仪\right)\left(T - T_0\right) - q\right]}{m} \qquad (4-3)$$

式中：$Q_v$——被测炸药的爆热，kJ/kg；

$C_水$——所用蒸馏水的热容，kJ/℃；

$C_仪$——试验装置的热容，以当量的水的热容表示，kJ/℃；

$q$——雷管爆热，kJ；

$T$——炸药爆炸后水的最高温度，℃；

$T_0$——炸药爆炸前水的温度，℃；

$m$——炸药质量，kg。

**2. 爆热的理论计算**

由于工业混合炸药的敏感度低，临界直径都比较大，在前述实验条件下往往爆炸反应不完全，不能充分释放炸药潜在能量，因而不易达到测定炸药实际爆热的目的。有些品种的炸药例如浆状炸药，一次爆炸的药量必须远远超过前述规定的药量。因此，在这种情况下，前述爆热测定装置就不适用，这时采用爆热的理论计算方法更为适宜。

炸药爆热理论计算的基础是爆炸反应式的确立和盖斯定律的应用。为了叙述方便，先介绍生成热的概念和盖斯定律，然后再举例计算。

（1）生成热

由元素生成 1 mol 或 1 kg 化合物所放出或吸收的热量叫做该化合物的生成热。一般规定放热为正，吸热为负，单位是 kJ/mol 或 kJ/kg。

生成热分定容生成热和定压生成热。前者是反应过程在定容条件下产生的生成热，而后者则是反应在恒压下产生的生成热。

下面通过两个例子来说明生成热：

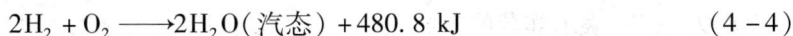

$$2H_2 + O_2 \longrightarrow 2H_2O(汽态) + 480.8 \text{ kJ} \tag{4-4}$$
$$N_2 + O_2 \longrightarrow 2NO - 175.6 \text{ kJ} \tag{4-5}$$

式（4-4）表示，汽态 $H_2O$ 的生成热为 240.4 kJ/mol，生成 $H_2O$ 的过程是放热的。式（4-5）表示 NO 的生成热为 -87.8 kJ/mol，即生成 NO 的过程是吸热的。表 4-10 中列出了一些炸药和化合物的生成热。

表 4-10 一些炸药和化合物的生成热

| 物质名称 | 分子量 | 定容生成热 / kJ·mol$^{-1}$ | 物质名称 | 分子量 | 定容生成热 / kJ·mol$^{-1}$ |
|---|---|---|---|---|---|
| 硝酸铵 | 80 | 354.5 | 石蜡 | 254 | 558.0 |
| 硝酸钠 | 85 | 462.3 | 一氧化氮 | 30 | -87.8 |
| 硝酸钾 | 101 | 488.6 | 二氧化氮 | 46 | -17.1 |
| 梯恩梯 | 227 | 42.2 | 水（液态） | 18 | 282.2 |
| 泰安 | 316 | 501.6 | 水（汽态） | 18 | 240.4 |
| 黑索金 | 222 | -93.2 | 二氧化碳 | 44 | 395.0 |
| 硝化甘油 | 227 | 349.9 | 一氧化碳 | 28 | 113.7 |
| 木粉 | 362 | 2002.2 | 柴油 | 182 | 219.9 |

（2）盖斯定律

盖斯定律认为，化学反应热效应与反应进行的途径无关，当热力学过程一定时，热效应仅决定于系统的初始状态和最终状态。图 4-2 是盖斯三角形图解。

图 4-2 中三角形各角相当于系统的不同状态。在确定生成热或爆热时，状态 l（初态）、状态 2 和状态 3（终态）分别代表元素、炸药、燃烧或爆炸的产物。系统由状态 1 过渡到状态 3 从理论上讲有两种途径：其一是先由元素得到炸药，此时的反应热效应为 $Q_{1-2}$（炸药生成热），然后炸药燃烧或爆炸

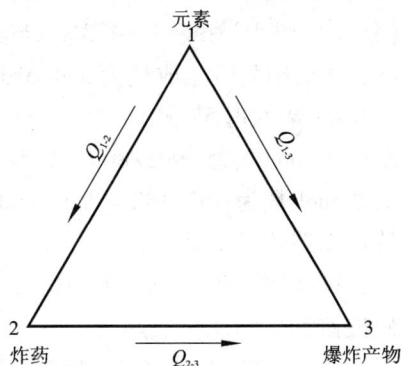

图 4-2 盖斯三角形

过渡到状态 3，并放出热量 $Q_{2-3}$（炸药燃烧或爆炸）；其二是由元素和当量的氧反应直接得到与炸药燃烧或爆炸相同的产物，亦即系统由状态 1 直接过渡到状态 3，同时放出热量 $Q_{1-3}$（炸药燃烧或爆热产物的生成热）。

根据盖斯定律，系统沿第一条途径由状态 1 转变到状态 3 时，反应热的代数和等于系统沿第二条途径转变时所放出的热量，即：

$$Q_{1-3} = Q_{1-2} + Q_{2-3} \tag{4-6}$$

炸药的爆热或燃烧热 $Q_{2-3}$ 应有：

$$Q_{2-3} = Q_{1-3} - Q_{1-2} \tag{4-7}$$

式中：$Q_{2-3}$——炸药的爆热；

$Q_{1-3}$——爆轰产物的生成热；

$Q_{1-2}$——表示炸药的生成热。

亦即炸药爆热等于爆轰产物生成热减去炸药本身的生成热。

（3）爆热计算举例

【例1】 计算梯恩梯的爆热

解：写出近似反应式

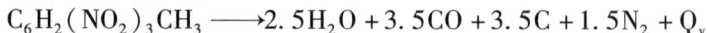

$$C_6H_2(NO_2)_3CH_3 \longrightarrow 2.5H_2O + 3.5CO + 3.5C + 1.5N_2 + Q_v$$

查表 4-10 得知，$H_2O$ 的定容生成热为 240.4 kJ/mol；CO 的定容生成热为 113.7 kJ/mol。

爆轰产物生成热：

$$H_2O：2.5 \times 240.4 = 601 \text{ kJ/mol}$$
$$CO：3.5 \times 113.7 = 397.95 \text{ kJ/mol}$$

爆轰产物总生成热：

$$Q_{1-3} = 601 + 397.95 = 998.95 \text{ kJ/mol}$$

查表 4-10 得梯恩梯的生成热为：$Q_{1-2} = 42.2$ kJ/mol

因此，根据盖斯定律，梯恩梯的爆热为：

$$Q_{2-3} = Q_{1-3} - Q_{1-2} = 998.95 - 42.2 = 956.8 \text{ kJ/mol}$$
$$= 1000 \times \frac{956.8}{227} = 4215 \text{ kJ/kg}$$

【例2】 求用硝酸铵（94.3%）与柴油（5.7%）配制成的铵油炸药的爆热值。

解：已知硝酸铵生成热为 354.5kJ/mol，柴油生成热为 219.9 kJ/mol。在 1 kg 炸药中硝酸铵占 943 g，柴油占 57 g。

硝酸铵 mol 数为：943/80 = 11.8 mol

柴油 mol 数为：57/182 = 0.31 mol

故可知爆炸反应式为：

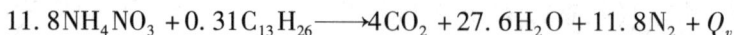

$$11.8NH_4NO_3 + 0.31C_{13}H_{26} \longrightarrow 4CO_2 + 27.6H_2O + 11.8N_2 + Q_v$$

硝酸铵和柴油总生成热为：

$$Q_{1-2} = 11.8 \times 354.5 + 0.31 \times 219.9 = 4251.2 \text{ kJ/mol}$$

爆轰产物的总生成热

$$Q_{1-3} = 4 \times 395 + 27.6 \times 282.2 = 9368.72 \text{ kJ/mol}$$

$$Q_v = Q_{1-3} - Q_{1-2} = 9368.72 - 4251.2 = 5117.52 \text{ kJ/mol}$$

利用上述方法求出的是理想条件下的爆热。由于爆炸反应的进行受到爆炸条件和炸药物理状态等因素变化的影响，爆炸实际放出的热量，与计算的爆热往往偏离较大。

### 4.3.2 爆温

炸药爆炸时所放出的热量将爆炸产物加热达到的最高温度称为爆温。它取决于炸药的爆热和爆炸产物的组成。在爆炸过程中温度变化极快而且极高，单质炸药的爆温一般为 3000 ~ 5000℃，矿用炸药的爆温一般为 2000 ~ 2500℃。不言而喻，在如此变化极快、温度极高的条件下，用实验方法直接测定爆温是极为困难的，一般采用理论计算。计算时，假设炸药爆炸是在定容下进行的绝热过程，爆炸过程中所放出的热量全部用于加热爆炸产物。一般地说，此假设并不完全符合于事实，但是由于过程的瞬时性，此假设被认为是可以采用的。据此，可用下式计算爆温：

$$Q_v = \bar{C}_v t \qquad (4-8)$$

式中：$Q_v$——炸药爆热；

$\bar{C}_v$——在温度 0 到 $t$℃ 范围内全部爆炸产物的平均热容，$\text{J} \cdot \text{mol}^{-1}/℃$；

$t$——爆温。

爆炸产物热容是温度的函数，在实际计算时，认为平均热容量与温度的关系是线性的，即：

$$\bar{C}_v = a + bt，\text{故 } Q_v = (a + bt)t = at + bt^2$$

因此，

$$t = \frac{-a \pm \sqrt{a^2 + 4bQ_v}}{2b} \qquad (4-9)$$

用式（4-9）计算爆温时，应该知道爆炸产物的成分或爆炸变化方程式和爆炸产物的热容量。由于计算爆炸产物的热容量非常困难，因此在实际运算时各种产物的 $a$，$b$ 根据经验按表 4-11 确定。

表 4-11　爆炸产物的 $a$，$b$ 值

| 爆炸产物 | $a$ | $b / \times 10^{-4}$ | 爆炸产物 | $a$ | $b / \times 10^{-4}$ |
|---|---|---|---|---|---|
| 双原子气体 | 20.08 | 18.3 | $Al_2O_3$ | 99.83 | 281.58 |
| 水蒸气 | 16.74 | 89.96 | NaCl | 118.4 | 0 |
| 三原子气体 | 37.66 | 24.27 | C | 25.11 $\approx 25.11n$ | 0 |
| 四原子气体 | 41.84 | 18.83 | 其他固体产物 | （分子中的原子数） | 0 |
| 五原子气体 | 50.21 | 18.83 | | | |

【例1】　计算梯恩梯的爆温。

解：已知该炸药的爆炸反应方程为：

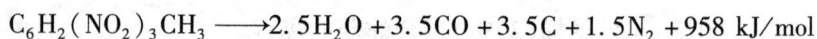

$$C_6H_2(NO_2)_3CH_3 \longrightarrow 2.5H_2O + 3.5CO + 3.5C + 1.5N_2 + 958 \text{ kJ/mol}$$

爆轰产物热容量，对于水蒸气，

$$\bar{C}_v = 2.5 \times (16.74 + 89.96 \times 10^{-4}t) = 41.85 + 224.9 \times 10^{-4}t$$

对于双原子气体，$\bar{C}_v = (3.5 + 1.5) \times (20.08 + 18.3 \times 10^{-4}t) = 100.4 + 91.5 \times 10^{-4}t$

对于 $C$，$\bar{C}_v = 3.5 \times 25.11 = 87.9$

爆轰产物平均热容量总和：

$$\bar{C}_v = 230.15 + 316.4 \times 10^{-4}t，即 a = 230.15，b = 316.4 \times 10^{-4}$$

代入式（4－9）得 $t = \dfrac{-230.15 + \sqrt{230.15^2 + 4 \times 316.4 \times 10^{-4} \times 958 \times 10^3}}{2 \times 316.4 \times 10^{-4}} = 2959℃$

故得梯恩梯的爆温为 $t = 2959℃$ 或 $T = 2959 + 273 = 3232K$。

### 4.3.3 爆容

炸药的爆容是指每公斤炸药爆炸生成气体产物在标准状况（0℃和一个大气压）下的体积，用 $V_0$ 来表示，单位 L/kg。气体产物是炸药爆炸放出热能借以做功的介质，因此爆容是衡量炸药做功能力有关的一个重要参数。

要计算爆容，首先要确定爆炸反应方程，再根据标准状况下气体摩尔体积为 22.4L，求得炸药的爆容。设 $H_2O$ 按水蒸气考虑，固态产物体积忽略不计。若通式 $C_aH_bO_cN_d$ 是按 1 g 分子写出的，则炸药爆容的计算公式为：

$$V_0 = \frac{\sum n_i}{M} \times 22.4 \times 1000 \text{ L/kg} \tag{4－10}$$

式中：$M$——炸药各组分的分子量；

$n_1, n_2, \cdots, n_i$——爆轰气态产物各组分的摩尔数。

若炸药通式是按 1 kg 写出的，爆容等于反应方程式中各种气体产物体积的总和，即

$$V_0 = 22.4 \sum n_i \tag{4－11}$$

【例1】 求出硝酸铵的爆容。

解：硝酸铵分子式（$NH_4NO_3$），通式为 $C_0H_4O_3N_2$，其中 $a = 0$，$b = 4$，$c = 3$，$d = 2$。可见这类炸药 $c \geq 2a + b/2$，是正氧平衡，因此，硝酸铵的近似爆炸反应方程为

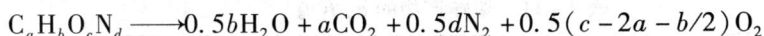

$$C_aH_bO_cN_d \longrightarrow 0.5bH_2O + aCO_2 + 0.5dN_2 + 0.5(c - 2a - b/2)O_2$$

故硝酸铵的爆炸反应方程式为

$$NH_4O_3 \longrightarrow 2H_2O + 0.5O_2 + N_2$$

代入式（4－10）得：

$$V_0 = \left(\frac{2 + 1/2 + 1}{80}\right) \times 22.4 \times 1000 = 980 \text{ L/kg}$$

【例2】 求梯恩梯的爆容。

解：梯恩梯的爆炸反应方程式为：

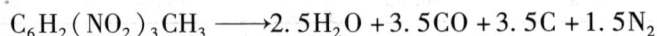

$$C_6H_2(NO_2)_3CH_3 \longrightarrow 2.5H_2O + 3.5CO + 3.5C + 1.5N_2$$

代入式（4－10）得：

$$V_0 = \frac{(2.5 + 3.5 + 1.5)}{227} \times 1000 = 740 \text{ L/kg}$$

【例3】 求硝酸铵（80%）与梯恩梯（20%）混合炸药的爆容。

解：在 1 kg 炸药中含硝酸铵分子数为 $n_{NH_4NO_3} = \dfrac{800}{80} = 10$ mol；梯恩梯的分子数为 $n_{TNT} = \dfrac{200}{227} = 0.88$ mol；因此，1 kg 炸药的组成可写成 $10NH_4NO_3 + 0.88C_7H_5(NO_2)_3$。

炸药的通式为 $C_{6.28}H_{44.76}O_{35.28}N_{22.64}$，可见 $(c \geqslant 2a + b/2)$，因此该炸药属于正氧平衡炸药，故其近似爆炸反应方程为：

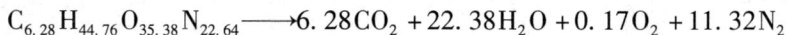

$$C_{6.28}H_{44.76}O_{35.38}N_{22.64} \longrightarrow 6.28CO_2 + 22.38H_2O + 0.17O_2 + 11.32N_2$$

从反应式中可求得 $\sum n_i = 6.28 + 22.38 + 0.17 + 11.32 = 40.15$，因此该炸药的爆容为：

$$V_0 = 22.4 \times 40.15 = 899 \text{ L/kg}$$

### 4.3.4 爆压

炸药在爆轰过程中，产物内的压力分布与温度一样，也是不均匀的，并随时间而变化。当爆轰结束，爆炸产物在炸药初始体积内达到热平衡后的静压值称为爆炸气体的压力，简称为爆压。由于炸药的装药密度较大，爆炸气体密度也随之增大，这时，其状态方程已不能用理想气体状态方程来描述，而应按真实气体状态方程来对待。也就是说，在建立状态方程时，要把爆炸气体本身不可压缩的残余部分所占的体积考虑进去，对理想气体状态方程加以修改。此时，通常用阿贝尔状态方程来计算爆压：

$$P = \frac{nRT}{V - \alpha} = \frac{n\rho}{1 - \rho\alpha}RT \tag{4-12}$$

式中：$P$——爆压；

$n$——气体物质的量，mol；

$R$——摩尔气体常数，$R = 8.314$ J·mol$^{-1}$·K$^{-1}$；

$T$——爆温；

$V$——炸药比容；

$\rho$——炸药密度，$\rho = 1/V$；

$\alpha$——气体分子的余容；

每公斤炸药生成气体产物的余容决定于炸药密度，如图 4-3 所示。若生成有固体产物，在余容中还应包括固体产物的体积(等于重量除以比重)。

在式(4-12)中，乘积 $nR$ 可用炸药爆容 $V_0$ 来表示。因爆容是标准状况下的体积，由理想气体状态方程有：

$$nR = \frac{P_0 V_0}{T_0} = \frac{0.1 \times V_0}{273} = \frac{V_0}{2730}, \text{ MPa·L/kg·K}$$

其中，$P_0$ 为 1 个标准大气压，0.1 MPa；

$T_0$ 为标准温度，0℃，即 273K；

令 $f = nRT = \dfrac{P_0 V_0}{T_0}T = \dfrac{V_0}{2730}T$，MPa·L/kg

代入式(4-12)得

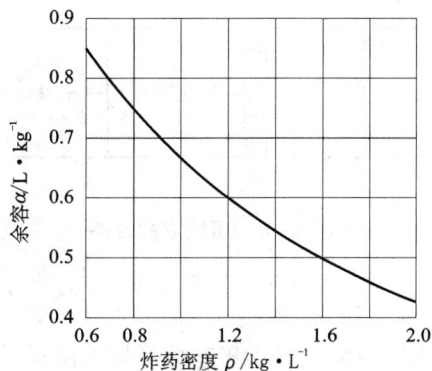

图 4-3 炸药密度和余容

$$P = \frac{nRT}{V-\alpha} = \frac{\rho}{1-\alpha\rho}nRT = \frac{\rho}{1-\alpha\rho}f \qquad (4-13)$$

$f$ 具有"功"或"能"的因次,通常把它称为炸药力或比能,它是衡量炸药做功能力的一个指标。

# 4.4 冲击波理论

爆破工程中一般用雷管来起爆炸药,雷管的爆炸能量比起炸药包的爆炸能量要小得多。雷管的作用仅在于其爆炸产生的能量激起与它邻近的局部炸药分子的活化而爆炸,至于整个药包能否完全爆炸,则取决于炸药爆炸的稳定传播。通常把炸药由起爆开始到所有装药全部爆炸终了的整个过程称为传爆。实践表明,在某些条件下,炸药一经起爆就会引起整个药包完全爆炸;而在另一些条件下,却会发生药包爆炸的中途熄灭而残留未爆的炸药。因此研究炸药的传爆是如何进行的和如何保证整个药包的完全爆炸,对于合理使用炸药,提高炸药能量利用率和研制新品种炸药都有着重要的意义。

自 19 世纪以来,炸药和起爆器材有了很大的发展和完善,有关传爆过程的理论研究也出现了许多学说,其中比较接近生产实际的是建立在流体动力学基础上的爆轰波理论。该理论认为炸药的稳定传爆是爆炸反应的爆轰波在药包内传播的结果。为了掌握流体动力学爆轰理论,必须具备冲击波的基本知识,为此,先从冲击波的基本知识开始。

## 4.4.1 冲击波的形成

下面用图 4-4 所示充气长管中活塞的运动,来说明冲击波形成的物理过程。

当活塞从静止状态向右作等加速度运动时,活塞右侧邻近的介质首先受到压缩,压力、密度增大,这种状态的变化向右传播开去,形成一右行弱压缩波。当活塞再作等加速运动时,则在已经被第一个弱压缩波扰动过的介质中又有一个新的弱压缩波传播。显然,倘若活塞做连续等加速度运动,便有一系列相应的弱压缩波向右传播,介质状态发生连续的变化。

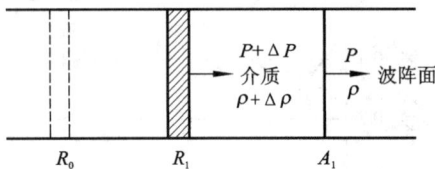

图 4-4  压缩波的传播

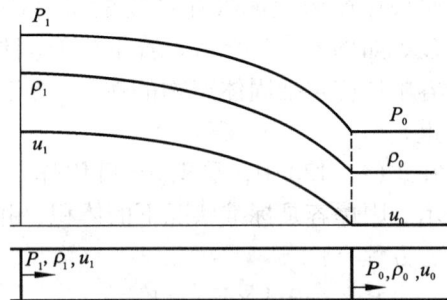

图 4-5  压力、密度、速度的变化

图 4-5 说明活塞连续等加速度运动的某一瞬间($t_s > 0$),其运动速度达到 $u_1 > 0$ 时,介质中形成了状态参数 $P$,$\rho$,$u$ 连续单向变化的振动区。当然,若活塞继续加速运动,该扰动

区的图像将发生新的变化。下面进一步来讨论这种变化。

以 $x$ 表示压缩波传播的距离。活塞在静止介质($u_0$)中开始运动,由此首先形成的第一个压缩波,沿 $x$ 轴向右传播,其传播速度为:

$$\frac{dx}{dt} = u_0 + c_0 \qquad (4-14)$$

式中:$c_0$——静止介质中声波速度(波速)。

设 $u_0 = 0$,故 $\frac{dx}{dt} = c_0$。

第一个压缩波的传播,使活塞右侧原来静止的介质受到扰动,介质运动速度由 0 增大为 $u_1$,其他参数如压力、密度、温度相应提高。这样,当活塞再加速运动时所形成的第二个压缩波,便会在已经受第一个压缩波的、具有速度 $u_1$ 的介质中传播。因此,第二个压缩波的速度为:

$$\frac{dx}{dt} = u_1 + c_1 \qquad (4-15)$$

活塞继续加速运动,产生的第三个压缩波则是在第二个压缩波压缩过后的介质中传播,其波速应为:

$$\frac{dx}{dt} = u_2 + c_2$$

由此类推,第 $n+1$ 个压缩波的速度可表达为:

$$\frac{dx}{dt} = u_n + c_n \qquad (4-16)$$

由于后续的压缩波总是在受前一个压缩波扰动的介质中传播,第 $n+1$ 个波的速度大于第 $n$ 个波的速度。这是因为:

$c_0 < c_1 < c_2 \cdots c_{n-1} < c_n$,$u_0 < u_1 < u_2 \cdots u_{n-1} < u_n$

所以 $c_0 + u_0 < c_1 + u_1 < c_2 + u_2 \cdots c_{n-1} + u_{n-1} < c_n + u_n$

可见,当活塞做连续加速运动时,在其右侧便产生一系列的压缩波,并且后者的波速大于前者的波速,后波追赶前波,一旦后面的压缩波都赶上了第一个波,便迭加形成了压力突跃升高的冲击波,它的波阵面是突跃面,波阵面上压力、密度、温度和介质运动速度等参数都突跃升高。由此得出,冲击波就是压力(密度、速度等)突增面在介质中的传播。波阵面的传播速度称为冲击波速。

图 4-6 表示压力突增面形成过程,$t_1$,$t_2$,$t_3$,$t_4$ 表示活塞运动的不同时刻。在 $t = t_4$ 时形成压力突增面。如果这时活塞速度不变,继续向右运动,则波阵面压力、波速等冲击波参数保持恒定,即冲击波定常传播。但是,若活塞停止运动,冲击波的传播不能

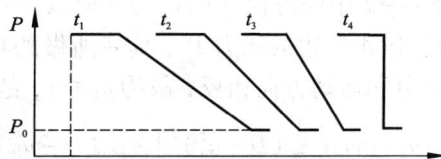

图 4-6 压力突增面的形成过程($t_1 < t_2 < t_3 < t_4$)

连续得到外部能量的支持,即形成冲击波的自由传播。这时,在冲击波传播过程中,波速即行下降,波阵面压力等参数相应衰减,直至变成为声波(或应力波)。由此得出,冲击波传播过程中要保持其固定的波速和波阵面的压力,则必须不断从外部获得能量的补充。

## 4.4.2 冲击波的基本方程

冲击波的基本方程是联系波阵面两边介质状态参数和运动参数之间的关系表达式，有了这些关系式可以从已知的未扰动状态计算扰动过的介质状态参数，研究冲击波的性质。

为简化起见，我们从最简单的情况——平面正冲击波出发，来推导冲击波的基本关系式。

活塞在管中运动时，形成的冲击波可以看作是平面正冲击波，其特点是：(1)波阵面是平面；(2)波阵面与未扰动介质的流动方向相垂直；(3)不考虑介质的粘滞性和热传导。

如图 4-7 所示，取截面为 1 的单位面积的管子，冲击波以速度 $D$ 在其中传播。未扰动介质的状态参数为 $P_0$、$\rho_0$、$u_0$，介质内能为 $e_0$，已扰动介质的状态参数为 $P_1$，$\rho_1$，$u_1$ 及 $e_1$。现在，取以速度 $D$ 与波阵面一起运动的坐标系。在此动坐标中，波阵面静止不动，波阵面右边的未扰动介质以速度 $D-u_0$ 向左流入波阵面，而已扰动介质以速度 $D-u_1$ 向左流出波阵面。

根据质量守恒定律，单位时间内流入与流出波阵面的物质的质量相等。即：

$$\rho_0(D-u_0)=\rho_1(D-u_1) \qquad (4-17)$$

根据动量守恒定律，运动物体动量的变化等于外力作用的冲量。冲击波传播时，使介质运动的力是波阵面两边的压力差 $P_1-P_0$，在单位时间内流进波阵面的介质质量为 $\rho_0(D-u_0)$，其速度的变化为 $(D-u_0)-(D-u_1)=u_1-u_0$，故得：

$$P_1-P_0=\rho_0(D-u_0)(u_1-u_0) \qquad (4-18)$$

由能量守恒定律：系统内能量的变化应等于外力所做的功，介质的能量是其内能和动能之和，故单位时间内从右边流入波阵面的介质的能量为 $\rho_0(D-u_0)\left[e_0+\dfrac{1}{2}(D-u_0)^2\right]$。其中，$e_0$ 为未扰动介质中单位质量的内能。同样，向左流出波阵面的介质能量为 $\rho_1(D-u_1)\left[e_1+\dfrac{1}{2}(D-u_1)^2\right]$。

考虑图 4-7 中波阵面 $A$ 两边的介质状态，单位面积上所受的外力为：$A$ 右边的未扰动的介质压力 $P_0$ 和 $A$ 左边的压力 $P_1$，前者所做的功为 $P_0(D-u_0)$，而后者所做的功为 $-P_1(D-u_1)$（因作用力和运动方向相反，故为负号），故能量守恒方程可以写为：

$$\rho_1(D-u_1)\left[e_1+\frac{1}{2}(D-u_1)^2\right]-\rho_0(D-u_0)\left[e_0+\frac{1}{2}(D-u_0)^2\right]=P_0(D-u_0)-P_1(D-u_1)$$

整理后得：

$$e_1-e_0+\frac{1}{2}(u_1^2-u_0^2)=\frac{P_1u_1-P_0u_0}{\rho_0(D-u_0)} \qquad (4-19)$$

将式(4-17)、式(4-18)和式(4-19)联立，并引入比容 $V=\dfrac{1}{\rho}$，经变换之后，可得冲击

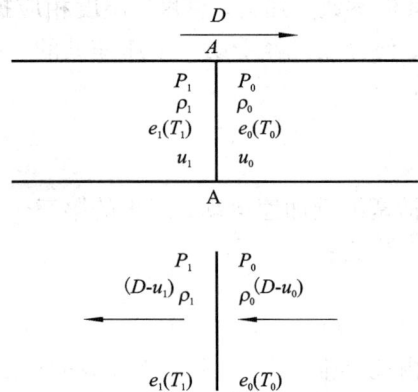

图 4-7 冲击波的传播

波基本方程:

$$u_1 - u_0 = \sqrt{(P_1 - P_0)(V_0 - V_1)} \qquad (4-20)$$

$$D - u_0 = V_0 \sqrt{\frac{(P_1 - P_0)}{(V_0 - V_1)}} \qquad (4-21)$$

$$e_1 - e_0 = \frac{1}{2}(P_1 + P_0)(V_0 - V_1) \qquad (4-22)$$

方程(4-22)称为冲击波绝热方程,又叫雨果尼奥(Hugoniot)方程。

上面的方程式是在三个普遍的守恒定律的基础上推导的,适用于任何物质。不过,对于具体介质,计算时要同该介质的状态方程联系起来。如果介质是理想气体,状态方程为 $PV = RT$。因为内能 $E = c_v T$,$R = c_P - c_v$,$k = \dfrac{c_P}{c_v}$($c_P$,$c_v$ 分别为空气的定压比热和定容比热),则有:

$$e = \frac{PV}{k-1}$$

即:$e_0 = \dfrac{P_0 V_0}{k-1}$,$e_1 = \dfrac{P_1 V_1}{k-1}$。

代入式(4-22)中,并整理得到:

$$\frac{P_1}{P_0} = \frac{(k+1)V_0 - (k-1)V_1}{(k+1)V_1 - (k-1)V_0} \qquad (4-23)$$

式(4-23)即为理想气体的冲击波绝热方程或 Hugoniot 方程,它也可以写成:

$$\frac{P_1}{P_0} = \frac{(k+1)\rho_1 - (k-1)\rho_0}{(k+1)\rho_0 - (k-1)\rho_1} \qquad (4-24)$$

或

$$\frac{V_0}{V_1} = \frac{\rho_1}{\rho_0} = \frac{(k+1)P_1 - (k-1)P_0}{(k+1)P_0 - (k-1)P_1} \qquad (4-25)$$

这样由式(4-20)、式(4-21)、式(4-25)与理想气体的状态方程组成了由四个方程式组成的方程组,即:

$$u_1 - u_0 = \sqrt{(P_1 - P_0)(V_0 - V_1)}$$

$$D - u_0 = V_0 \sqrt{\frac{(P_1 - P_0)}{(V_0 - V_1)}}$$

$$\frac{P_1}{P_0} = \frac{(k+1)V_0 - (k-1)V_1}{(k+1)V_1 - (k-1)V_0}$$

$$P_1 V_1 = RT_1$$

此方程组只适用于理想气体,因为是从理想气体的状态方程求出的。其中,有五个未知数,若已知其中一个就可以由以上方程组算出其余四个值。

## 4.4.3 冲击波性质

式(4-25)中 $k$ 为常数,初态参数($P_0$,$V_0$)为已知,则在给定 $V_1$ 条件下可求得相应的 $P_1$。这样,在 $P-V$ 图上,把不同状态点连接起来,成为一向上凹的曲线,称为空气冲击波绝热曲线。除初点($P_0$,$V_0$)外,曲线上任一点都只表示,介质在一定强度冲击波冲击压缩作用下突跃而达到的终态。如图 4-8 所示，当一定强度的冲击波通过时，介质由初态 $O(P_0, V_0)$ 突跃至终态 $1(P_1, V_1)$；而在另一强度的冲击波通过时，介质由初态 $O(P_0, V_0)$ 突跃为终态 $2(P_2, V_2)$，并不是由初态 $(P_0, V_0)$ 经过点 $(P_1, V_1)$ 等曲线上一系列中间状态，达到终态 $(P_2, V_2)$ 的。所以说，冲击波绝热曲线，是不同强度的冲击波通过同一介质初态 $(P_0, V_0)$ 时，所达到的一系列终态点联成的曲线，而不是过程线。

在冲击波绝热曲线上，连接介质初态 $(P_0, V_0)$ 和终态 $(P_1, V_1)$ 的直线称为冲击波波速线或米海尔逊直线。这条直线斜率的大小可以表示介质由状态 $A$ 突跃压缩至状态 $B$ 时冲击波传播的速度，因为按照式（4-21）有

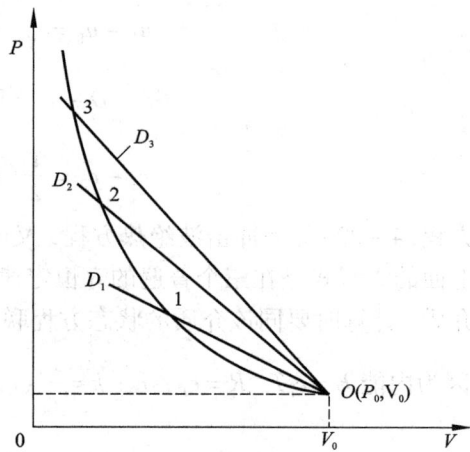

**图 4-8　冲击绝热曲线方程和波速线**

$O_{123}$ 曲线 - 冲击绝热曲线；

$O_1, O_2, O_3$ 直线 - 冲击波波速线

$$D - u_0 = V_0 \sqrt{\frac{(P_1 - P_0)}{(V_0 - V_1)}}$$

若 $u_0 = 0$，则：

$$D = V_0 \sqrt{\frac{(P_1 - P_0)}{(V_0 - V_1)}}$$

两边平方得：

$$D^2 = V_0^2 \frac{(P_1 - P_0)}{(V_0 - V_1)} \text{ 或 } \frac{(P_1 - P_0)}{(V_1 - V_0)} = \frac{D^2}{V_0^2}$$

当介质的初态 $(P_0, V_0)$ 一定时，上式中分数前面的因子 $V_0^2$ 是一个常数。因此，与不同的压缩程度，不同的终态相对应的冲击波，其速度取决于 $\frac{(P_1 - P_0)}{(V_0 - V_1)}$ 的值。也就是说，取决于连接初点 $(P_0, V_0)$ 和压缩后终点 $(P_1, V_1)$ 的直线斜率。取：

$$\tan\alpha_1 = \frac{(P_1 - P_0)}{(V_0 - V_1)} \qquad (4-26)$$

则由（4-26）可知，$\alpha_1$ 愈大，波速也愈大。在式（4-21）中，当非常弱的冲击波传播时，压缩过的终态就非常接近初态，此时冲击波的速度就变得很小，当到达极限情况，即终态点无限接近初态点 $P_1 \to P_0$，$V_1 \to V_0$。此时表示冲击波传播速度的直线就变成了通过 $O$ 点和冲击波绝热曲线相切的切线。用微分来表示两个状态参数的差值，则根据式（4-21）得

$$D^2 = -V_0^2 \left(\frac{\mathrm{d}P}{\mathrm{d}V}\right) = c^2$$

上式为声速的表达式。这表明，随着介质中传播的冲击波强度的衰减，波速下降。当波的传播所引起的介质压力及其他状态参数的变化趋于很小时，冲击波已衰减为声波。这时，波速线在初态点 $(P_0, V_0)$ 与冲击波绝热曲线相切，切线与水平轴交角为 $\alpha_0$。声速大小取决于

切线的斜率，即 $c \propto \sqrt{\tan\alpha_0}$。因为声波传播是一个等熵过程，所以声波波速线必定同时与过 $O$ 点的等熵线相切。从图4－9可以看到，在 $O$ 点的切线斜率小于通过 $O$ 点的所有冲击绝热曲线的割线斜率，即 $\alpha_0 < \alpha_1$，所以，$\sqrt{\tan\alpha_0} < \sqrt{\tan\alpha_1}$。由此得出，在初始状态 $(P_0, V_0)$，也就是在未扰动介质中传播的声波，其波速均小于冲击波波速，$c < D$。所以，冲击波相对于未扰动介质来说是超声速传播的。

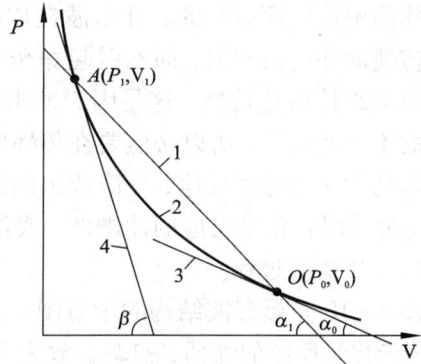

图 4－9 冲击波冲击绝热曲线与波速线
1－冲击波波速线；2－冲击波冲击绝热曲线；
3－声波波速线 $(\alpha_0)$；4－声波波速线 $(\beta)$

但是，在已压缩的介质中，情况就不同了。在图4－9中过点 $A$ 作一直线与冲击绝热线相切于点 $A$，并且把点 $A(P_1, V_1)$ 视为新的初态点，在该状态下声速应为：

$$c_1^2 = -V_1^2 \left(\frac{\mathrm{d}P}{\mathrm{d}V}\right)_A \qquad (4-27)$$

其中 $c_1$ 为压缩介质中的声波速度。

因为 $D^2 = V_0^2 \dfrac{(P_1 - P_0)}{(V_0 - V_1)}$；当 $u_0 = 0$ 时，$u_1^2 = (P_1 - P_0)(V_0 - V_1)$，$P_1 - P_0 = Du_1\rho_0$，又因为 $(D - u_1)^2 = D^2 - 2Du_1 + u_1^2$，综合上述关系式得：

$$(D - u_1)^2 = V_1^2 \frac{(P_1 - P_0)}{(V_0 - V_1)}$$

又从图4－9可以看出，$\tan\beta > \tan\alpha_1$，即 $-\left(\dfrac{\mathrm{d}P}{\mathrm{d}V}\right)_A > \dfrac{(P_1 - P_0)}{(V_0 - V_1)}$，两边乘以 $V_1^2$，

$$-V_1^2 \left(\frac{\mathrm{d}P}{\mathrm{d}V}\right)_A > V_1^2 \frac{(P_1 - P_0)}{(V_0 - V_1)}$$

所以

$$c_1^2 > (D - u_1)^2，\text{或} \; c_1 > D - u_1 \qquad (4-28)$$

式(4－28)说明，冲击波的传播相对于已压缩介质来说，其速度小于介质当地声速。

综上所述，冲击波具有如下基本特点：

(1)冲击波的传播使波阵面前后介质状态在极小范围内发生突跃变化，其差值为有限量；

(2)冲击波传播速度永远大于未扰动介质中的声速；

(3)冲击波对于已扰动介质，其传播速度小于该介质当地声波速度；

(4)冲击波波速与其强度有很大关系，而声波则不然。

# 4.5 爆轰与爆轰波

## 4.5.1 爆轰波

### 1. 爆轰波模型

从19世纪末至20世纪以来，就对爆轰过程作了全面深入的研究，建立了关于爆轰波的

一整套数学理论，这就是流体动力学的爆轰理论。流体动力学的爆轰理论认为：爆轰是冲击波在炸药中传播而引起的。冲击波在炸药中传播可能有两种不同的情况，一种是和在惰性介质中传播的冲击波相似，即不引起炸药中的化学变化，这种过程如无外部因素的持续作用，则不可能维持恒速传播，这是因为冲击波阵面通过时，介质受到不可逆压缩，熵增加，引起能量的不可逆损失，所以必然要在传播中衰减下去。另一种情况是由于冲击波的剧烈压缩而引起炸药的快速化学反应，反应放出的能量又支持冲击波的传播，可以使其维持定速而不衰减，这种紧跟着化学反应的冲击波，或伴有化学反应的冲击波称为爆轰波，爆轰就是爆轰波在炸药中传播的过程。

图 4 - 10 是爆轰波结构的示意图。在截面 0 - 0 前是未化学反应的炸药，初态参数为 $P_0$、$\rho_0$、$u_0$、$T_0$。在截面 0 - 0 与 1 - 1 之间，炸药受到从左边传来的冲击波强烈压缩作用，状态参数突跃为 $P_1$、$\rho_1$、$u_1$、$T_1$，但是尚未发生化学反应。在截面 1 - 1 与 2 - 2 之间是化学反应区，此区内的炸药受到强烈压缩，达到高温高压状态，从而发生急剧化学反应，一直到截面 2 - 2 化学反应终了，炸药完全变化为爆轰产物。化学反应终了瞬间的平面，也就是化学反应区末端平面（2 - 2 截面）称为 C - J 平

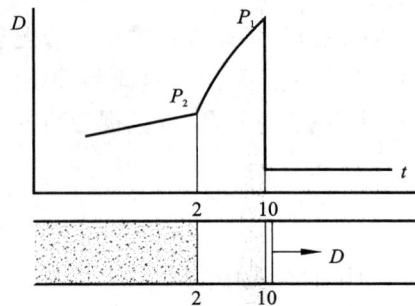

图 4 - 10　爆轰波结构示意图

面，在该面上，爆轰产物状态参数为 $P_2$、$\rho_2$、$u_2$、$T_2$、$c_2$。我们把 0 - 0 面称为前沿冲击波阵面。把 2 - 2 面称为爆轰波阵面，把 2 - 2 面的状态参数称为炸药的爆轰波参数。化学反应区化学反应释放出的热（能）量用来支持爆轰波的稳定传播。因此爆轰波也可以看作是在炸药中传播的具有化学反应区的冲击波。

**2. 爆轰波基本方程**

如上所述，可以认为，爆轰波实质上就是一种特殊形式的冲击波。它与一般冲击波的根本区别在于爆轰波具有化学反应区，化学反应释放出的能量支持爆轰波沿未反应的炸药稳定传播。因此，可以用与建立冲击波基本关系式完全相同的方法来建立爆轰波的基本关系式，或者说，可以把冲击波的基本关系式应用于爆轰波，其中质量守恒方程与动量守恒方程完全相同，即可以直接应用式（4 - 20）和式（4 - 21），再令 $u_0 = 0$，则得：

$$u_2 = \sqrt{(P_2 - P_0)(V_0 - V_2)} \qquad (4 - 29)$$

$$D = V_0 \sqrt{\frac{(P_2 - P_0)}{(V_0 - V_2)}} \qquad (4 - 30)$$

在建立能量守恒方程时，要考虑化学反应所放出的能量，即爆热，于是得出

$$e_1 - e_0 = \frac{1}{2}(P_1 + P_0)(V_0 - V_1) + Q_v \qquad (4 - 31)$$

此方程为爆轰波冲击绝热方程，$Q_v$ 为爆热。

式（4 - 29）、式（4 - 30）和式（4 - 31）称为爆轰波的基本方程。式（4 - 31）在 $P - V$ 图上表示为一曲线，称为爆轰波冲击绝热曲线。这样，冲击波冲击绝热曲线与爆轰波冲击绝热曲线，在 $P - V$ 图表示为两条相似的曲线，如图 4 - 11 所示。

从图 4 - 11 中可以看出，它们都是上凹双曲线，是不同强度冲击波冲击绝热曲线通过后，

介质所达到的终态点的联线。但是，它们有不同之处，即冲击波冲击绝热曲线通过初态点 $(P_0, V_0)$，爆轰波冲击绝热曲线不通过初态点，且位于前者上方，两者没有交点。爆轰过程释出的热量 $Q$ 愈大，爆轰波冲击绝热曲线愈偏向右上方。对于未反应区内某一断面，由于化学反应尚未完毕，放出的化学能仅为 $Q_v$ 的一部分，若引入未反应物质的质量百分比 $\beta$，则爆轰波雨果尼奥方程可改写为

$$e - e_0 = \frac{1}{2}(P_2 + P_0)(V_0 - V_2) + (1 - \beta)Q_v$$

$$(4 - 32)$$

这样对于不同的 $\beta$ 可以有不同的雨果尼奥曲线，由化学反应消耗了的物质愈多，曲线所处的位置愈高。当 $\beta = 1$ 时，表明这时炸药中只有冲击波通过，并未发生爆轰，所以没有释放出热量，也不产生爆轰产物。

式(4 - 30)经变化可表示为：

$$\frac{D^2}{V_0^2} = \frac{(P_2 - P_0)}{(V_0 - V_2)} \quad (4 - 33)$$

在一定条件下，炸药的爆速为定值，因此，上式在 $P - V$ 图上为一条联结点 $(P_0, V_0)$ 和点 $(P_2, V_2)$ 的直线，称之为米海尔逊直线或波速线，如图 4 - 12 中直线 0 - 3，0 - 1。波速线斜率为 $\tan\alpha = \dfrac{D^2}{V_0^2}$。对于不同爆速，可以自初态点 $(P_0, V_0)$ 作出一系列与爆轰波冲击绝热曲线相交的直线来表示。直线斜率愈大，表示爆速愈高。波速线是一条化学反应过程直线。例如，图 4 - 12 中直线 0 - 2 - 1，表示炸药被冲击波冲击压缩，其状态由 $(P_0, V_0)$ 突跃为 $(P_1, V_1)$

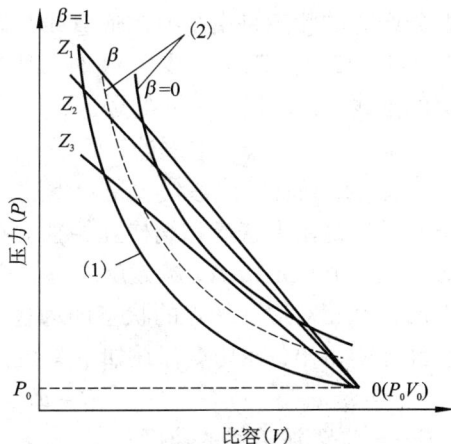

图 4 - 11 爆轰波和冲击绝热曲线
(1)—冲击波绝热曲线；(2)—爆轰波冲击绝热曲线

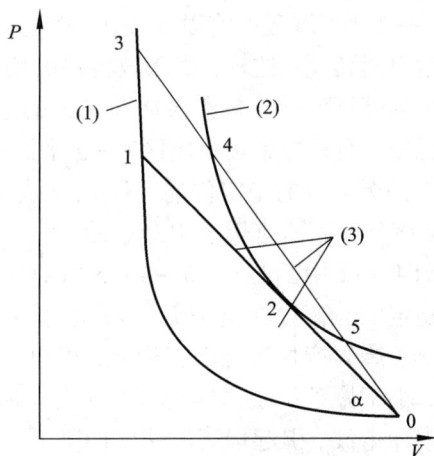

图 4 - 12 冲击波冲击绝热曲线、爆轰波冲击绝热曲线与波速线的关系
(1)—冲击波绝热曲线；
(2)—爆轰波冲击绝热曲线；(3)—波速线

并开始化学反应，反应区爆轰产物的状态沿波速线变化，一直到反应终了，与爆轰波冲击绝热曲线相交于点 $2(P_2, V_2)$。所以说，与一定的爆速相对应的波速线，是一条表示炸药从被冲击波冲击压缩并开始化学反应，到化学反应终了，形成爆轰产物所经历的过程直线。直线上与化学反应终了的爆轰产物相对应的点，必落在爆轰波冲击绝热曲线上。

**3. 爆轰波稳定传播的条件**

通过对米海尔逊直线和爆轰波绝热曲线的讨论，可以看到，对于给定的初态和爆速 $D$，爆轰产物在爆轰波阵面后所处的状态要在米海尔逊直线上，这是质量守恒和动量守恒要求的，同时能量守恒方程要求爆轰产物的状态必须在爆轰波绝热曲线上，因此满足三个守恒方

程的爆轰产物的状态是由米海尔逊直线与爆轰波绝热曲线交点所确定的状态。

在图 4-12 上，除了直线 0-1 外，从初态点 $(P_0, V_0)$ 还可作一系列与爆轰波冲击绝热曲线相交的割线，它们代表不同的爆速。但是，大量实验结果表明，一定条件下的炸药爆速是确定的，即只有一个稳定的爆速，而不可能同时存在许多个爆速。那么，在一系列的波速线中，哪一条直线是唯一能够代表稳定爆速的呢？这就提出爆轰波稳定传播条件的问题。这个稳定条件最早是由卡普曼和儒格互相独立提出的，简称为 C—J 条件。

爆轰波若能稳定传播，爆轰反应终了产物的状态，应与米海尔逊直线和爆轰波绝热曲线相切点的状态相对应。切点的状态即为稳定传播的爆轰波反应终了产物的状态，称为 C—J 状态。经证明得出，在切点存在如下关系：

$$D - u_2 = c_2 \text{ 或 } D = c_2 + u_2 \tag{4-34}$$

式中：$D$——爆轰波传播的速度；

$\quad u_2$——爆轰波阵面上产物质点的速度；

$\quad c_2$——爆轰波阵面上产物的声速。

式 (4-34) 就是爆轰波稳定传播条件，它表示在切点处，爆轰波相对于以 $u_2$ 速度运动的爆轰产物的传播速度，恰等于爆轰产物当地声速 $c_2$。在点 $2(P_2, V_2)$，化学反应终了瞬间，即在 C—J 平面上，爆轰产物以 $u_2$ 速度运动，$c_2$ 为爆轰产物当地声速，而膨胀波作为一弱扰动波以当地声速传播，这样，膨胀波传播的绝对速度应为 $u_2 + c_2$。从这个意义讲，在切点 2，膨胀波传播的速度恰等于爆轰波向前推进的速度，因而爆轰波后面的膨胀波就不能传入爆轰化学反应区中，而只能紧接反应区 C—J 平面传播，因此反应区所释放的能量不发生损失，而全部用来支持爆轰波的稳定传播。所以直线 0-2-1 代表稳定爆速的波速线，它所对应的爆速，是在该条件下所有爆速中最小的。

在图 4-12 中割线 0-5-4-3 所对应的爆速则是不稳定的，即在该条件下爆轰波的传播是不稳定的。假设在点 $4(P_4, V_4)$ 状态下，爆轰波以 $D$ 的速度传播，在该状态的爆轰产物速度为 $u_4$，爆轰产物当地声速为 $c_4$，可以证明，$c_4 + u_4 > D$，即爆轰波速度 $D$ 相对于爆轰产物 $u_4$ 来说，小于爆轰产物当地的声波速度。所以爆轰波后的膨胀波能赶上爆轰波进入反应区，削弱前沿冲击波，引起爆轰波速度的降低，这样就使米海尔逊直线的斜率减小，直到速度下降到 2 点所对应的速度，爆轰波达到稳定状态，所以在 4 点，爆轰波是不稳定的。

由此可见，爆轰波与冲击波的区别，就是在爆轰波中，冲击波波阵面后有化学反应区，被冲击波压缩的炸药在此区中进行放热的化学反应，同时发生膨胀，像活塞一样支持着反应区前面的冲击波，使其维持定速传播而不衰减，而普通冲击波，由于没有化学反应区的支持，在传播过程中不断衰减，变为音波。

### 4.5.2　爆轰波参数的近似计算

爆轰波参数是指 C-J 面上的状态参数 $P_2$，$u_2$，$V_2$，$T_2$ 以及爆速 $D$，这些参数定量地描述炸药的爆轰性能，是衡量炸药性质的重要参数。

爆轰波的基本关系式：

$$u_2 = \sqrt{(P_2 - P_0)(V_0 - V_2)} \tag{4-29}$$

$$D = V_0 \sqrt{\frac{(P_2 - P_0)}{(V_0 - V_2)}} \tag{4-30}$$

$$e_1 - e_0 = \frac{1}{2}(P_2 + P_0)(V_0 - V_2) + Q_v \tag{4-31}$$

$$D = c_2 + u_2 \tag{4-34}$$

$$P_2 = f(V_2, T_2) \tag{4-35}$$

这样由五个方程式组成的方程组，可以解出五个未知数，即当炸药的初始参数($P_0$, $u_0$, $V_0$, $T_0$)给定时，就可以计算 $C-J$ 面的状态参数。

**1. 气体爆轰参数的计算**

对于气相爆轰，由于爆轰前、后都是气体，近似假设爆轰前、后气体皆遵从理想气体状态方程。又假设为强爆轰波，$P_2 \gg P_0$，可将 $P_0$ 忽略；与 $D^2$ 比较，可将 $c_0^2$ 忽略，则爆轰参数的值可用下列简化公式计算：

$$u_2 = \frac{D}{k-1} \tag{4-36}$$

$$V_2 = \frac{k}{k+1}V_0 \text{ 或 } \rho_2 = \frac{k+1}{k}\rho_0 \tag{4-37}$$

$$P_2 = \frac{1}{k+1}\rho_0 D^2 \tag{4-38}$$

$$D = \sqrt{2(k^2-1)Q_v} \tag{4-39}$$

**2. 凝聚炸药爆轰参数的计算**

计算炸药爆轰参数的关键在于建立能正确描述爆轰产物的状态方程(它是压力、密度和温度的复杂函数)。因爆轰产物密度较高(大于炸药密度)，不能再应用理想气体状态方程。由于凝聚炸药爆轰产物处于高温高压状态，并且在爆轰瞬间各产物分子间还进行着复杂的化学动力平衡过程，很难用实验的方法直接确定其状态方程式，目前主要使用的是经验或是半经验的状态方程式，其中一些参数由实验来确定。

为了简便，通常采用仅考虑分子间排斥作用的凝聚状态方程：

$$P = \frac{A}{V^n} \tag{4-40}$$

$A$ 为与炸药性质有关的常数，$n$ 称为多方指数，但 $n \neq \dfrac{c_p}{c_v}$，$n$ 也不是常数。

$C-J$ 点是过该点的爆轰波绝热曲线和波速线的切点，也是这两条线与过该点等熵线的公切点。由此，$C-J$ 条件可另写成：

$$-\left(\frac{\partial P}{\partial V}\right)_s = \frac{P_2 - P_0}{V_0 - V_2} \tag{4-41}$$

由式(4-29)~式(4-31)和式(4-40)~式(4-41)联立求解，可得计算凝聚炸药爆轰参数的公式为：

$$u_2 = \frac{D}{n+1} \tag{4-42}$$

$$V_2 = \frac{n}{n+1}V_0 \text{ 或 } \rho_2 = \frac{n+1}{n}\rho_0 \tag{4-43}$$

$$P_2 = \frac{1}{n+1}\rho_0 D^2 \tag{4-44}$$

$$D = \sqrt{2(n^2 - 1)Q_v} \tag{4-45}$$

多方指数 $n$ 受许多因素的影响,目前还没有一个精确的计算公式。阿宾等认为,多方指数只与爆轰产物的组成有关,可近似按下式确定:

$$\frac{1}{n} = \sum \frac{B_i}{n_i} \tag{4-46}$$

其中:$B_i$——爆轰产物第 $i$ 成分的摩尔数,它等于该种产物的摩尔数与爆轰产物总摩尔数的比值;

$n_i$——该种产物的多方指数(见表 4-12)。

表 4-12  一些爆轰参数的多方指数

| 爆轰产物 | $H_2O$ | $O_2$ | CO | C | $N_2$ | $CO_2$ |
|---|---|---|---|---|---|---|
| 多方指数 / $n_i$ | 1.9 | 2.45 | 2.85 | 3.55 | 3.7 | 4.5 |

由于所采用的状态方程中,忽略了热压强和热内能,所以按导出的公式计算炸药的爆轰参数不够准确,尤其按式(4-45)计算的爆速值与实际值偏差很大,故爆速一般按经验式来估算,或用实验来测定。

### 4.5.3  爆速测定方法

测定爆速的方法可以概括地分为两类:直接测时法和高速摄影法。由于高速摄影法仪器昂贵,操作比较复杂,只有在专门的实验室里才能进行,故下面只介绍直接测时的两种方法。

**1. 导爆索比较法**

图 4-13 是导爆索法测爆速的示意图。将被测炸药装在某一直径(雷管敏感者为 25~40 mm,非雷管敏感者一般为 60~110 mm)和长度(雷管敏感者为 200~300 mm,非雷管敏感者为 800~1500 mm)的钢(塑料)管或纸筒中,其两端封闭,一端留有小孔将雷管插入。在药包上留两个小孔 A 和 B。A、B 间距离为 200 mm,将 1~2.5 m(视不同品种而异)长的导爆索固定在铅板上,并使导爆索的中点对准铅板上的 C 处刻线,然后起爆。其传爆过程是:当爆轰波传到 A 处时,分两路传

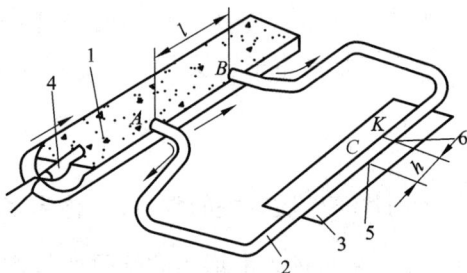

图 4-13  导爆索法测定爆速
1—被测试炸药;2—导爆索;3—铅(或铝板);
4—雷管;5—导爆索中点;6—爆轰波相遇点

爆,一路由 A 处经导爆索 AC 段向前传爆,另一路由 A 处经炸药 AB 段而传入导爆索,两个方向的爆轰波在 K 处相遇,强烈的冲击压缩作用,在钢板 K 点处留下显著的爆痕。爆炸后测出 CK 间的距离 h。因而从 A 经 C 至 K 导爆索爆轰波传播时间 $t_1$,应等于药包中爆轰波通过距离 $l$ 所需时间与 B 至 K 导爆索爆轰波传播时间之和,即:按下述方法计算出爆速:

$$\frac{AC + h}{D_0} = \frac{l}{D} + \frac{BC - h}{D_0}$$

因为 $C$ 为导爆索的中点，所以 $AC = BC$，代入上式得：

$$D = \frac{D_0 \cdot l}{2h} \tag{4-47}$$

式中：$D$——被测炸药的爆速；

　　　$D_0$——导爆索的爆速；

　　　$l$——插入导爆索两点间（$AB$ 间）的距离，mm；

　　　$h$——导爆索中点至爆痕间的距离，mm。

**2. 电测法**

利用频率计或爆速测定仪直接记录爆轰波在药柱两点间的传爆时间间隔，根据记录的时间和两点间的距离可求算出两点间的炸药平均爆速。我国目前比较常用的爆速测定仪是由湖南省湘西无线电厂和江苏省常州煤矿电器厂生产的，其型号有：BSS – 1 型，BS – 1 型等。测量范围一般为 0.1 ~ 999.9 ms，测量精度为 ± 0.1 ms。

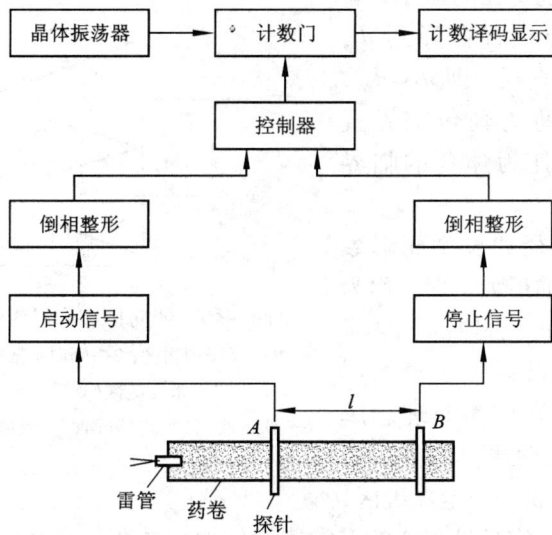

**图 4 – 14　爆速测定仪测定爆速的工作原理图**

基本工作原理如图 4 – 14 所示，在药卷 $A$、$B$ 两点，各插入一对电离探针，爆轰产物因高温高压而电离，使爆轰波传经 $A$ 点时，导通第一对探针，形成启动信号。信号经倒相整形后使控制器翻转而输出高电位，将计数门开启，于是 10 MHz 晶体振荡信号就通过计数门进入计算器，开始计时。当爆轰波传到 $B$ 点，同样使第二对探针导通，形成停止信号，信号经倒相整形后，使控制器再翻转过来而输出低电位，将计数门关闭，于是振荡信号不再进入，计时停止。计数器显示出的数字，即为爆轰波传经药卷 $L$（m）长度的时间间隔 $t$（s）。故爆速为：

$$D = \frac{L}{t} \tag{4-48}$$

此类仪表采用集成电路和半导体数码管制成，具有结构紧凑、体积小、操作简便、分辨率高、重现性好、受试药卷无需很长等优点，目前已在生产、科研工作中应用比较广泛。

### 4.5.4 影响爆轰波传播的因素

爆速是爆轰波的一个重要参数，它的变化直接反映了化学反应区释放出能量的大小和爆轰波传播的状态。因此，可以通过爆速的变化规律来分析各种因素对爆轰波传播的影响。

**1. 药包直径**

图 4-15 表示炸药爆速随药包直径变化的一般规律。随着药包直径的增大，爆速相应增大，一直到药包直径增大到 $d_{极}$ 时，药包直径虽继续增大，爆速将不再升高而趋于一恒定值，亦即达到了该条件下的最大爆速。$d_{极}$ 称为药包极限直径，与药包极限直径相对应的爆速，为该炸药的理想爆轰时所能达到的极限爆速，称为理想爆速。随着药包直径的减小，爆速逐渐下降，一直到药包直径降到 $d_{临}$ 时，如果继续缩小药包直径，即 $d < d_{临}$，则爆轰完全中断。$d_{临}$ 称为药包临界直径，与 $d_{临}$ 相对应的爆速为炸药的临界爆速。

当任意加大药包直径和长度而爆轰波传播速度仍保持稳定的最大值时，称为理想爆轰。图 4-15 中 $d_{极}$ 右边的区域属于这一类爆轰。若爆轰波以低于最大爆速的定常速度传播时，则称为非理想爆轰。非理想爆轰又分为两类。图 4-15 中 $d_{临}$ 至 $d_{极}$ 之间的爆轰属于稳定爆轰区，

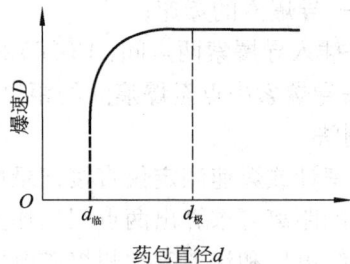

**图 4-15 药包直径对爆速的影响**

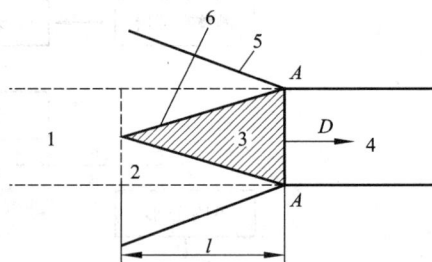

**图 4-16 侧向扩散作用对化学反应区结构的影响**

1—爆轰产物区；2—侧向扩散影响区；3—有效反应区；
4—未反应区(炸药)；5—扩散物前锋位置；
6—稀疏波(膨胀波)阵面；l—反应区宽度；A—A—冲击波阵面

在此区间内爆轰波以与一定条件相应的定常速度传播。在药包直径小于 $d_{临}$ 的区域属于不稳定爆轰区。稳定爆轰区和不稳定爆轰区合称为非理想爆轰区。

药径对爆速和爆轰状况产生影响的原因，在于侧向扩散作用对化学反应区结构的影响。图 4-16 表示药包在非密闭状况下起爆后，侧向扩散对反应区结构的影响。前述爆轰波传播过程分为压缩区、反应区、产物膨胀区。药卷在非密闭状况下传播时，反应区所产生的高温、高压气体必然发生径向膨胀(即侧向扩散)，由此而引起径向稀疏波，并由药卷表面向药卷中心扩展。图 4-16 中 5、6 分别指扩散物界面和稀疏波波阵面。径向膨胀愈快，稀疏波向药卷中心扩展愈快，结果把化学反应区分成 2、3 两个部分的结构形式：2 区为侧向扩散影响区，3 区为有效反应区。在侧向扩散的气流中，不仅有化学反应完全的气体产物，也有反应不完全的气体，而且含有未参加反应或反应不完全的炸药颗粒。由于这些气体和炸药颗粒的逸散，能量损失增大，反应区释放出的能量减少。很显然，对于同一种炸药，稀疏波向药卷中心扩散速度相同时，药卷直径愈小，有效反应区厚度就愈小，3 区释放出的用以维持爆轰波稳定

传播的能量就愈少，炸药爆速和爆轰波压力也就相应降低。当药包直径小于 $d_{临}$ 时，侧向扩散很快影响到药卷中心，有效反应区变得很小，释放能量不足以维持稳定传播，形成不稳定传爆，甚至爆轰中断。

为充分利用炸药能量，提高爆轰效果，应力求使炸药达到理想爆轰或保持稳定传爆，避免不稳定爆轰的发生。亦即药包直径不应小于 $d_{临}$，而尽可能达到或大于 $d_{极}$。

**2. 炸药密度**

增大炸药密度可提高理想爆速，但临界直径和极限直径也会发生变化。由于炸药密度对临界直径的影响规律是随炸药类型的不同而变化的，因此，密度影响爆速的规律也是不同的。一般来说，矿用炸药的临界直径和极限直径随密度提高而增大。

对于单质猛炸药，当药卷直径一定时，爆速是随密度的增大而增大的。试验表明，爆速与密度之间存在直线关系。图4－17是梯恩梯的密度对爆速的影响。

混合炸药的密度与爆速的关系比较复杂。在药包直径小于极限直径情况下，爆速与密度的关系呈一具有最大值的下凹曲线，如图4－18所示。曲线1和2分别表示两种不同直径药包的爆速随装药密度变化的关系曲线。虽然两种炸药组分比例有所不同，但爆速随密度变化的趋势是相似的，曲线1与2均存在最大爆速值。与最大爆速值相对应装药密度，称为在该条件下的最佳密度。还可以看到，增大药卷直径时，可相应地增大最佳密度和最大爆速。

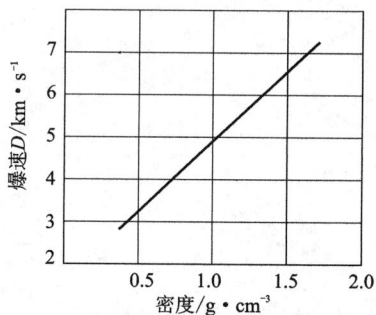

图4－17　梯恩梯的密度对爆速的影响

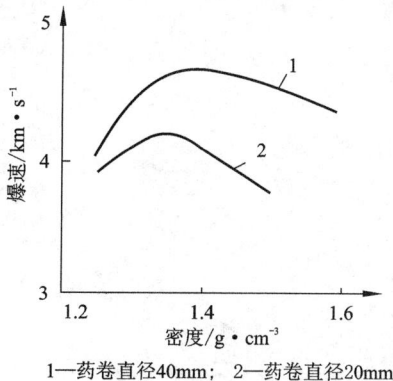

1—药卷直径40mm；　2—药卷直径20mm

图4－18　混合炸药的爆速－密度曲线

**3. 炸药粒度**

颗粒不会影响炸药的理想爆速，但各种成分颗粒愈细，则炸药的分解和反应速度愈高，反应区宽度愈小，从而减小临界直径，提高爆速。而在相同药包直径条件下，反应区宽度愈小，能量损失愈少，愈有利于稳定传播。

不仅如此，有时除了各成分的粒度外，还要考虑它们之间的粒度比。例如，试验结果表明，在硝酸铵、黑索金混合炸药中，硝酸铵颗粒小于黑索金颗粒时有利于爆轰波传播，因而在药包直径较小时仍能稳定传爆。相反，如果硝酸铵颗粒大于黑索金，由于先是黑索金的迅速分解，而硝酸铵的分解明显滞后，不利于互相作用，影响爆轰波传播过程。当然，在药包直径大，即 $d \geqslant d_{极}$ 时，炸药颗粒度的影响就不明显了。

**4. 药柱外壳**

药柱外壳同样也不会影响炸药的理想爆速，所以当药柱直径较大，爆速已经接近于理想爆速的情况下，外壳的作用不大。但外壳能够减小炸药的临界直径，所以药柱直径较小、爆速与理想爆速相差较大时，增加外壳可提高爆速，其效果与加大药柱直径相同。这是由于坚固外壳减小了径向膨胀所引起的能量损失所致。

试验研究表明，对爆轰压力高的炸药，外壳对 $d_{临}$ 的影响起主导作用的不是外壳材料强度而是材料的密度或质量。爆轰时，密度大的外壳径向移动困难，因此可以减小径向能量损失。对于爆轰压力低的炸药，外壳强度的影响也是重要的。

## 复习思考题

1. 什么是炸药的氧平衡？试计算黑索金($C_3H_6N_6O_6$)的氧平衡。

2. 什么是爆热？如何计算？

3. 冲击波与声波比较具有什么特征？

4. 什么是爆轰波？

5. 简述爆轰波的基本结构。

6. 衡量炸药爆轰性能的重要指标有哪些？什么是理想爆轰和非理想爆轰？

7. 如何使炸药稳定传爆？

# 第 5 章 炸药爆炸的基本特征

炸药是爆破的能量来源，其爆炸具有化学反应速度快，产生大量的热和生成大量的气体等特点。因此，为了确保制造、运输、保管或使用上的安全，应该了解炸药的一些基本性质。目前炸药种类繁多，性质各异，但是它们总有其共性，因此，本章将介绍炸药的一些基本性质，以便于研究和应用。

## 5.1 爆炸分类与基本形式

### 5.1.1 爆炸分类

爆炸是大量能量在有限体积和极短时间内快速释放或急骤转化的现象。工程爆破是指利用炸药爆炸的能量对介质做功，以达到预定工程目标的作业。爆炸现象十分普遍，具有各种不同的形式。根据引起爆炸过程的原因和特点，可将爆炸分为：物理爆炸、化学爆炸和核爆炸三类。

**1. 物理爆炸**

爆炸前后，仅发生物质状态的急剧变化，而物质的分子组成并未改变，则这类爆炸称为物理爆炸。如蒸汽锅炉爆炸是由于锅炉里的水迅速转变为过热蒸汽，从而形成过高的压力，当建造锅炉的材料(或接缝材料)承受不了这种高压而破裂，高压蒸汽急剧释放，形成爆炸。

日常生活中做饭菜的液化气瓶，有时也会因为瓶体承受不了过大的压力而发生爆炸。电爆炸、雷电、陨石撞击地球表面的爆炸都属于物理爆炸。

**2. 化学爆炸**

爆炸前后，不仅物质状态发生急剧变化，而且产生化学反应，使物质的分子组成发生变化，这类爆炸称为化学爆炸。如炸药获得外界一定能量的作用后，迅速产生化学反应，产生大量的气体，释放出能量。炸药爆炸前后，不仅物质状态发生变化，并且物质的分子组成也发生变化。因此炸药爆炸属于化学爆炸。可燃气体或粉尘与一定比例空气的混合物的爆炸也属于化学爆炸。

**3. 核爆炸**

某些物质的原子核发生裂变或聚变的连锁反应，在瞬时释放出巨大能量，形成高温高压并辐射多种射线，这种反应称为核爆炸。核爆炸反应所释放出的能量比普通炸药放出的化学能要大许多倍。核爆炸时可形成数百万到数千万度的高温，在爆炸中心区造成数百万到几千万大气压，同时还有强烈的光和热的辐射以及各种放射性粒子的贯穿辐射。因此比炸药爆炸具有大得多的破坏力。核爆炸的能量约相当于数万吨到数千万吨 TNT 炸药爆炸的能量。

综上所述，爆炸是一种极其迅速的物理或化学的能量释放过程，在此过程中系统的潜能转化为运动的机械能，然后对外做功，并伴随声音和热效应。爆炸过程呈现为两个阶段：在第一个阶段中，物质潜在的能量以一定的方式转化为强烈的压缩能；在第二个阶段中，压缩能急剧地向外膨胀对外做功，引起被作用物体的变形、移动和破坏。在这门课程里我们只讨论由炸药化学反应过程所引起的爆炸现象及其规律性。

### 5.1.2 炸药爆炸的基本特征

从热力学意义上来说，炸药是一种相对不稳定的系统，它在外界作用的影响下能产生极其迅速的放热反应，同时生成高温、高压气体。例如一个药卷用雷管引爆时，首先看到药卷在瞬时之内化为一团火花，形成烟雾，产生强烈的声效应，并对周围介质生成极强的爆炸冲击波，可引起周围建筑物的破坏或人员伤亡。

从上述爆炸现象我们可以知道，出现一团火花说明炸药在爆炸过程中是放热的，因而形成高温而发光；爆炸在刹那间(几个微秒之内)完成，这说明爆炸过程是极其高速的；另外，爆炸后出现的烟雾表明炸药在爆炸过程中有大量爆炸气体(或爆炸产物)产生，而气体因高压的缘故，要极迅速地向外膨胀而形成冲击波，进而造成建筑物破坏或受到震动。

综上所述，炸药爆炸过程的三个基本特征是：首先反应是放热的，其次是反应速度极快，再是生成大量气体产物。

#### 1. 放热反应

放热反应是爆炸的第一个必要条件。没有这个条件，爆炸过程根本不可能产生。如果反应不伴有热的释放，那么反应便不可能自发地进行，因而也不可能出现爆炸的自动传播。

例如草酸盐就有吸热和放热两种不同的反应过程。如草酸铵受热分解就是吸热反应，即

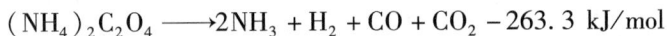

$$(NH_4)_2C_2O_4 \longrightarrow 2NH_3 + H_2 + CO + CO_2 - 263.3 \ kJ/mol$$

因而不能发生爆炸，但当草酸银受热分解是放热反应时，即

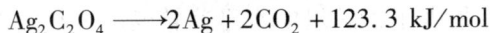

$$Ag_2C_2O_4 \longrightarrow 2Ag + 2CO_2 + 123.3 \ kJ/mol$$

就能够发生爆炸。

同时热是做功的能源。爆炸放出的热量是炸药做功能力的基本标志，常用它作为比较炸药能量的指标。1 kg 常用炸药爆炸可释放出的热量为 2500 ~ 5500 kJ，依靠该热能，瞬时能将爆炸产物加热到数千度，随后发生膨胀而形成冲击波。反应热和反应传播速度愈大，则爆炸的破坏作用也愈大。

#### 2. 反应速度极快

爆炸反应与一般化学反应的一个最突出的不同点，是爆炸过程具有极高的速度。仅有反应过程大量放热的条件，还不足以形成爆炸，还必须要化学反应速度快，才能产生爆炸。因为只有高速的化学反应，才能忽略能量转变过程中热传导和热辐射的损失，使反应所释放的热量全部用来加热气体产物，使其温度、压力猛增，借助气体的膨胀对外界做功而产生爆炸现象。例如 1 kg 煤在空气中燃烧可以放出 10032 kJ 热量，比 1 kg 炸药爆炸反应时放出的热量多得多，然而却不能形成爆炸，其根本原因是在于煤的燃烧过程进行得很慢，没有起码的反应速度。这样就使得反应产物在过程进行中发生相当程度的膨胀，并使放出的能量通过热传导和热辐射而严重地散失。因此，在燃烧产物中只能达到相对低的体积浓度或能量密度。相反地，爆炸过程进行得如此之快，以致可以认为全部能量实际上只来得及在炸药本身所占据的体积范围内放出，这就会形成在一般化学反应进程中所无法达到的能量高度集中。通常炸药爆炸所达到的能量密度要比一般燃料燃烧所达到的能量密度高数百倍乃至数千倍。正因如此，炸药爆炸才具有巨大的作功功率和强烈的破坏作用。

爆炸过程进行的速度，一般是指爆轰波在炸药中的传播速度。一般工业炸药的爆炸反应速度可达到 3000 ~ 6000 m/s。

**3. 反应过程必生成气体产物**

炸药通过化学反应所产生的气体产物是对外界做功的媒介物。由于气体具有可压缩性和很高的膨胀系数，炸药爆炸瞬间产生的气体产物处于强烈的压缩状态，在反应释放的热量作用下形成高温气体，急剧膨胀，对周围介质产生巨大压力而造成破坏。也就是说，炸药的内能借助于气体的膨胀迅速转变为对外界的机械功。如果反应时没有大量的气体产生，那么，即使这种反应的放热量很大，反应速度很快，也不会形成爆炸。如铝热剂反应不发生爆炸，尽管反应中产生的热效应可以把最终产物加热到 3000℃，而且反应速度也相当快。但在该温度下它们仍然处于液态，而不产生气态产物，因此就不会出现爆炸现象。虽然这种反应有时可以看到类似于爆炸的现象，可是由于不产生气态产物，最终不能认为是爆炸，而且也不会产生冲击波等爆炸效应。

工业炸药爆炸时气体生产量，一般为 700 ~ 1000 L/kg。

综上所述，产生化学爆炸的三个条件在不同的炸药中可以有不同程度的表现，可是它们却是任何化学反应成为爆炸反应的必要条件。三者互为因素，互相关联，缺一不可。

## 5.1.3　炸药化学反应的基本形式

随着炸药性质和所处的环境条件不同，它的化学反应形式也不同。按化学反应的速度和传播性质，可分为四种反应形式。

**1. 热分解**

在常温常压下，炸药会自行分解。这种分解作用是在整个炸药内部展开的，没有集中反应的区域。分解反应速度的快慢，取决于环境的温度。当温度升高时，反应速度就会加快；当温度升高到一定值时，热分解就会转化为燃烧，甚至导致爆炸。不同性质的炸药，热分解的速度也不同，在较低温度下就能发生快速热分解的炸药，其热安定性差。

研究炸药热分解性质，对于炸药的库存有着实际意义。因为炸药在常温下能自行分解，所以，在一个库房中储存的炸药量不宜过多，堆放不宜过密；应保持通风良好，保持低温，防止库房温度升高，避免热分解加剧，严防炸药自燃或自爆事故的发生。

**2. 燃烧**

在火焰或其他热源作用下，炸药可以燃烧。燃烧反应是从炸药的某个局部开始，然后沿着炸药的表面或条形的轴向方向以缓慢的速度传播。通常反应的传播速度只有每秒几厘米、几十厘米，最大不超过每秒几百厘米。燃烧是靠热传导向未反应区传播的。在一定条件下（温度、压力、炸药的物化性质和结构），炸药的燃烧过程是稳定的。只要压力、温度不改变，燃烧值就不会改变，直到炸药全部烧尽为止。当压力、温度升高时，燃速也明显增大；压力、温度超过某一极限值时，燃烧的稳定性就被破坏，燃烧反应转变为爆轰。炸药在密闭条件下燃烧时，由于产生的气体不易排出，不易散热，压力、温度急剧上升直至爆炸。当炸药意外燃烧时，切不可用砂土覆盖去灭火；销毁炸药时，可在露天旷野将炸药铺成松散薄层，点燃后炸药可稳定燃烧，而不致转化成爆炸。

**3. 爆炸**

爆炸是指炸药以每秒数百米至数千米的速度进行的化学反应过程。爆炸反应从局部开始，通过冲击波向未反应区迅速传播，无论是在密闭条件下还是在敞开条件下，均可以产生较大的压力，并伴随光、声等效应。爆炸的反应速度是不稳定的，根据外界条件可以从低速变化到最高速度，而达到爆轰。

爆炸与燃烧有本质的区别。燃烧过程是通过热传导、扩散和辐射在炸药中传播的，而爆炸则是通过冲击波压缩物质而传播的。爆炸传播速度大于该炸药的声速，达每秒数千米，但不稳定。

### 4. 爆轰

炸药爆炸以最大的反应速度稳定地进行传播的过程称为爆轰。炸药的爆轰速度可达每秒数千米。不同的炸药爆轰速度不同，但对于任何一种炸药来说，均有一个固定的爆轰速度值，只要达到爆轰条件，爆轰速度则不会再增加。

炸药的爆轰也是从局部开始，通过爆轰波向未反应区传播。爆轰与爆炸无本质区别，只是传播速度不同而已。

爆轰反应是炸药化学反应最充分的一种形式，释放的能量最多。利用炸药进行工程爆破时，应力求使其达到爆轰状态。

上述四种形式的化学变化，性质虽不同，但它们之间却有密切的联系。炸药的热分解在一定条件可转变为燃烧，而炸药的燃烧在一定条件下又可转变为爆炸或爆轰。研究炸药化学变化的形式，是为了控制外界条件，使炸药的化学变化符合我们的要求。

## 5.2 炸药的起爆与感度

### 5.2.1 炸药的起爆

#### 1. 起爆与起爆能

炸药是具有一定稳定性的物质，要使其发生爆炸，必须施以某种外界作用，供给足够能量，来激发或活化一部分炸药分子。激发炸药爆炸的过程称作起爆。使炸药活化发生爆炸反应所需的活化能称为起爆能。炸药一旦发生爆炸，反应将自动高速进行，而且释放出的能量远远超过起爆能。

一般工业炸药的起爆能基本上有三种形式：

(1)热能。利用导火索的火焰引爆火雷管，利用通电电流使雷管桥丝加热引爆电雷管等，均属热能起爆。

(2)机械能。通过撞击、摩擦等机械作用，使受机械作用的局部炸药分子活化，产生强烈的相对运动，并在瞬间产生热效应(即由机械能转化为热能)使炸药爆炸。

由于机械能起爆炸药操作不方便且不安全，在爆破工程中不直接使用。但炸药运输、贮存、使用时，必须充分考虑机械能有可能引爆炸药的这一因素，防止意外事故的发生。

(3)爆轰冲能。利用起爆药爆轰产生的爆轰波和高温高压气体产物，以及起爆药包爆炸所释放的能量，使另一些炸药起爆。如雷管或起爆药柱(又称起爆弹或中继起爆药包)起爆，导爆索爆炸起爆等。在爆破工程中，爆轰冲能是利用最广泛的起爆能。

#### 2. 炸药的起爆机理

外界能量的作用能否引起炸药爆炸，取决于能量的大小及能量的集中程度。根据活化能理论，化学反应只是在具有活化能量的活化分子之间相互接触和碰撞时才能发生。可见，为了促使炸药起爆，必须有足够的外能集中作用，使局部炸药分子获得能量，变成活化分子。活化分子的数目越多，越有利于炸药爆炸反应的进行。

图 5 - 1 表示炸药发生爆炸反应时能量变化过程。图中 A、B、C 三点分别表示炸药的初态，过渡态(分子活化并相互作用的状态)和终态(爆炸反应终了)，它们相对应的分子平均能量级为 $E_1$，$E_2$ 和 $E_3$。能量级 $E_2$ 是活化分子发生爆炸反应所必须具有的最低能量。为了使炸药分子从初态 A 的能量级 $E_1$ 增至活化状态 B 的能量级 $E_2$，必须使能量增加 $E$，$E$ 就是活化能。起爆时，外能的作用就在于使处于 A 状态的部分炸药分子获得活化能 $E$，达到状态 B，使足够数量的活化分子相互接触，碰撞而发生爆炸反应。爆炸反应后，由能量级 $E_2$ 降至 $E_3$，反应过程释放的能量为 $\Delta E = E_2 - E_3$。由于 $\Delta E \gg E$，这部分能量又促使其他未获得能量的 A 状态炸药分子继而获得能量，形成更多的活化分子，加速了爆炸反应的进行。

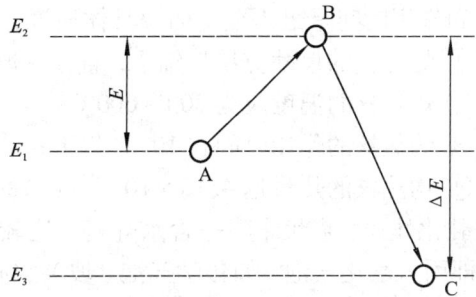

图 5 - 1　炸药爆炸反应能量变化图
A—炸药初态；B—炸药过渡态；C—炸药终态

由上述分析可知，外能越大、越集中地作用于炸药的某一局部，该局部所能形成的活化分子数目就会越多，则炸药起爆的可能性就越大。反之，如果外能均匀地作用于炸药的整体，则需要更大的能量才能引起炸药爆炸。

(1)炸药的热能起爆理论

炸药在热能作用下，都会产生放热分解，但不一定都导致爆炸。只有在一定的温度和压力下，炸药放热反应速度大于散热速度，产生热的累积，温度不断升高，使反应自动加速导致爆炸。例如，起爆药等就是在火花或电热作用下，迅速产生分解反应，转变为爆炸的。

(2)炸药的机械能起爆理论

当炸药受到撞击、摩擦作用时会发热，即由机械能转化为热能。假若产生的热能来不及均匀地分布到全部炸药中去，只是集中在承受机械作用的个别或几个小点上，例如个别晶体的棱角处或微小气泡处，则这些小点首先被加热到炸药的爆发温度，促使局部炸药首先起爆，然后迅速传播至全部。这种温度很高的微小区域，通常被称为灼热核。灼热核一般是在炸药晶体的棱角处或微小气泡处形成。对于单质炸药或者含单质炸药的混合炸药来说，其灼热核通常在晶体的棱角处形成。而对于含水炸药(乳化炸药、浆状炸药等)来说，一般是在微小气泡处形成灼热核。这两种形成灼热核的原因是不同的。

①绝热压缩炸药内所含的微小气泡，形成灼热核

当炸药内部含有微小气泡时，在机械能的作用下，被绝热压缩，此时机械能转变为热能，使温度急剧上升而达到足够高的温度在气泡周围形成灼热核，并引起周围反应物质的剧烈燃烧或爆炸。

②炸药受机械作用，颗粒间产生摩擦，形成灼热核

在机械能作用下，炸药质点之间或炸药与掺和物之间发生相对运动而产生相互摩擦，也

可使炸药某些微小区域首先达到爆发温度，形成灼热核。研究表明，除炸药质点摩擦外，掺和物的粒度、数量、硬度、熔点及导热性等因素都对灼热核的形成有影响。此外，由于液态炸药(塑性炸药或低熔点炸药)高速粘性流动，也可形成灼热核。

研究表明，灼热核产生以后，必须具备一定的条件才能爆炸。在这里，灼热核的大小、温度和作用时间是最为重要的。具体地说，灼热核必须满足下列条件：

① 灼热核的尺寸应尽量细小，直径一般为 $10^{-3} \sim 10^{-5}$ cm；

② 灼热核的温度应为 $300 \sim 600 ℃$；

③ 灼热核的作用时间在 $10^{-7}$s 以上；

④ 灼热核的热量达 $4.18 \times 10^{-10} \sim 4.18 \times 10^{-8}$J 以上。

乳化炸药、浆状炸药等含水炸药，比较好地利用了微小气泡绝热压缩形成灼热核的理论，即引入敏化气泡，如化学气泡、玻璃空心微球、树脂空心微球、膨胀珍珠岩等，增加炸药的爆轰敏感度。

(3)炸药的爆炸冲击能起爆理论

工程爆破中，利用爆轰冲击能起爆炸药是最广泛的起爆方法，其起爆机理与机械能起爆相似，即利用起爆装置(如雷管、导爆索、加强药包等)瞬时爆炸产生的高温、高压气体和强冲击波(爆轰冲能)，作用于未爆炸药，使炸药受到强烈冲击和压缩，局部的密度、温度和压力突跃升高形成热点，从而导致起爆，再进一步扩展。

## 5.2.2  炸药的感度

炸药在外界能量作用下，发生爆炸反应的难易程度称为炸药感度。炸药感度与所需的起爆能成反比，就是说炸药爆炸所需的起爆能愈小，该炸药的感度愈高；反之，炸药的感度低或者钝感。

在工程爆破中，炸药的用量较大，一般不采用高感度的炸药，而选用具有工业雷管感度的炸药，这有利于施工安全且起爆简便。

应当指出，炸药对不同形式的起爆能所表现的感度是不一样的。也就是说，炸药的感度与不同形式的起爆能并不存在固定的比例关系。如二硝基重氮酚，对热感度较高，对机械能感度较低；梯恩梯(TNT)在静压下压力达 500 MPa 不爆，但在不大的冲击作用下即可起爆。因此，不可以简单地以炸药对某种起爆能的感度等效地衡量它对另一种起爆能的感度。按照外部作用形式的不同，炸药感度可分为热感度、机械感度和爆轰感度。

**1. 炸药热感度及其测定方法**

炸药在热能作用下发生爆炸的难易程度称为炸药热感度，通常以爆发点和火焰感度等来表示。

(1)炸药的爆发点

炸药的爆发点是指使炸药开始爆炸所需加热到的介质的最低温度。应该注意，这一温度并不是炸药爆炸时炸药本身的温度，也不是炸药开始分解时本身的温度，而是指炸药分解自行加速开始时的环境温度。一般把炸药的分解开始自行加速到爆炸所经历的时间称为爆发延滞期。实验时，延滞期取 5 min 或 5 s 为标准。

通常采用爆发点测定器来测定炸药的爆发点。如图 5 - 2 所示，在圆筒形合金浴锅内，盛有低熔点合金，常用的合金为伍德合金(其组成为：铋：铅：锡：镉 = 50：25：13：12)，其熔点为65℃，同时在锅内装上温度计(带有保护罩)。浴锅用电阻丝来加热，并在夹套间装有隔热层以防止热损失。

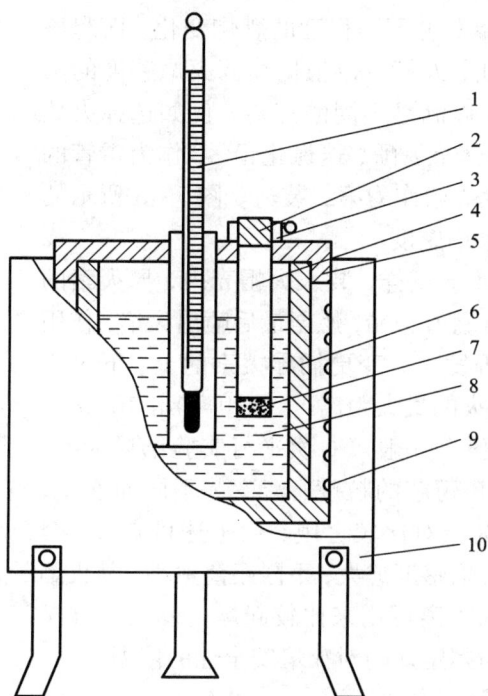

**图 5 - 2　爆发点测定器**

1—温度计；2—塞子；3—螺套；4—试管；5—盖；
6—圆桶；7—炸药试样；8—合金浴锅；9—电阻丝；10—外壳

测定时，称取一定量(炸药取 0.05 g，起爆药取 0.01 g)的试样放入铜管中，并轻轻塞上小铜塞，待低熔点合金加热到临近爆发点时，将已准备好的试管插入合金浴锅中(深度要超过管体 2/3)，以秒表计时，如在此温度下不爆炸或超过 5 min 才爆炸，则需升高温度；如果早于 5 min 爆炸，则需降低温度。如此反复几次，即可测出被试炸药的爆发点。表 5 - 1 列出了一些炸药的爆发点。

**表 5 - 1　几种炸药的爆发点**

| 炸药名称 | 爆发点/℃ | 炸药名称 | 爆发点/℃ |
|---|---|---|---|
| EL 系列乳化炸药 | 330 | 雷汞 | 175～180 |
| 2 号岩石铵梯炸药 | 186～230 | 氮化铅 | 300～340 |
| 3 号露天铵梯炸药 | 171～179 | 黑索金 | 230 |
| 2 号煤矿铵梯炸药 | 180～188 | 特屈儿 | 195～200 |
| 3 号煤矿铵梯炸药 | 184～189 | 硝化甘油 | 200 |
| 硝酸铵 | 300 | 梯恩梯 | 290～295 |
| 黑火药 | 290～310 | 二硝基重氮酚 | 150～151 |

（2）炸药的火焰感度

炸药在明火（火焰、火星）作用下，发生爆炸变化的能力称为炸药的火焰感度。实践表明：在非密闭状态下，黑火药与猛炸药用火焰点燃时通常只能发生不同程度的燃烧变化，而起爆药却往往表现为爆炸。因此，人们可以根据炸药火焰感度的不同来选择和使用不同炸药，以满足不同的需要。例如选择火焰感度较高的起爆药（如二硝基重氮酚、迭氮化铅等）作为雷管的第一装药，选择黑索金等猛炸药作为第二装药。图 5-3 所示的装置一般用来测量炸药的火焰感度。

试验时，准确称取 0.05 g 试样，装入火帽壳内，导火索的一端对准火帽中的炸药，点燃另一端，燃至最后喷出火焰，作用于炸药的表面，观察其是否发火。变更插导火索的上、下盘之间的距离，以测定 100% 发火的最大距离（上限距离）和 100% 不发火的最小距离（下限距离）。一般以 6 次平行实验结果为准。由于导火索的喷火强度随其药芯的粒度、密度等不同而变化，所以实验结果通常只能作为相对比较之用。由上述可知，一个炸药的上限距离愈大，其火焰感度愈大；下限距离愈小，其火焰感度愈小。一般地说，上限距离可用来比较起爆药发火的难易程度，下限距离则往往作为判定炸药对火焰安全性的依据。

**2. 炸药机械感度及其测定方法**

炸药的机械感度主要有撞击感度和摩擦感度。

（1）炸药撞击感度及测定方法

炸药撞击感度是指炸药在机械撞击下发生爆炸的难易程度，是炸药最重要的感度指标之一。测定撞击感度最常用的仪器是立式落锤仪，如图 5-4 所示。它是由两根固定在墙上的互相平行立式导轨组成的。重锤可以在导轨间自由通行，锤的重量变化于 0.5~20 kg 之间，落高一般为 25 cm。重锤由特制的钢爪抓住，钢爪可使重锤固定在不同的高度上（落高），只要轻轻拉动钢爪上的绳子，重锤即可自由落下。该仪器的另一部分为撞击装置，由击砧、套筒以及钢座、地基等组成，在击砧之间放入炸药试样 0.05 g；然后放下重锤撞击它，根据声效应来判断炸药爆炸与否。

利用该装置测出的感度，表示方法有多种，常用的有下列 3 种：

①爆炸百分数。落高 25 cm，锤重 10 kg，撞击 25~50 次，求出其爆炸百分率。当爆炸百分率为 100% 时，改用 5 kg 或 2 kg 重锤重新试验。

②上下限法。上限：百分之百爆炸的最低落高；下限：百分之百不爆炸的最高落高。

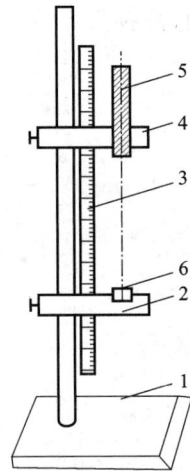

**图 5-3　火焰感度测定装置**

1—铁座；2—下盘；3—表尺；
4—上盘；5—导火索；6—火帽壳

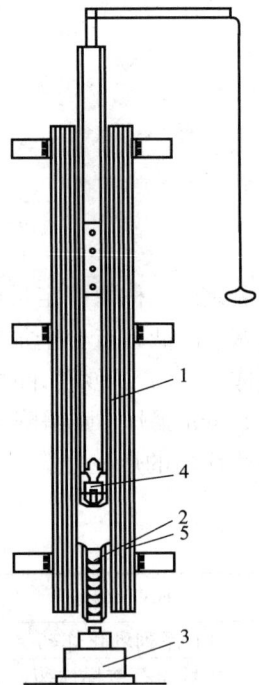

**图 5-4　立式落锤仪**

1—导轨；2—重锤；3—击砧；
4—钢爪；5—标尺

③50% 爆炸特性高度。即找出 50% 爆炸的那一点的高度来表示。

（2）炸药的摩擦感度及测定方法

炸药的摩擦感度是指在机械摩擦作用下炸药发生爆炸的难易程度。测定炸药摩擦感度的仪器有多种，但大多数测定误差较大，精度不高。比较精确的方法是摆式摩擦仪（见图 5 - 5），是目前我国最常用的仪器。仪器的主要部分是长 2 m 带有 lkg 摆锤的摆。摆用弧形刻度尺可以固定在规定的高度上，摆落下时摆锤打击加有静载荷的摩擦击柱。上下击柱之间夹有试样，在摆锤打击下使上下击柱间发生水平移动，以摩擦炸药试样，观察其爆炸与否。每次试验的药量为 0.01 ~ 0.03 g，平行试验 25 次，计算爆炸百分数。

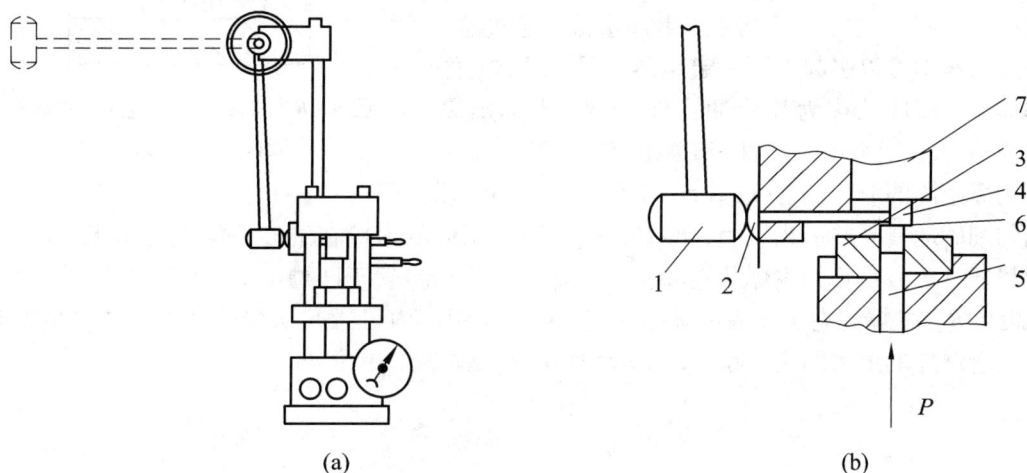

图 5 - 5　摆式摩擦仪

（a）摆式摩擦仪结构示意图；（b）测定装置示意图

1—摆锤；2—击杆；3—导向套；4—击柱；5—活塞；6—试样；7—顶板

表 5 - 2 中列出了几种炸药的撞击感度和摩擦感度。

表 5 - 2　几种炸药的撞击感度和摩擦感度

| 感度\炸药名称 | 2# 岩石硝铵炸药 | 3# 高威力岩石炸药 | 4# 高威力岩石炸药 | 煤矿 2# 岩石硝铵炸药 |
|---|---|---|---|---|
| 撞击感度 / % | 32 ~ 40 | 4 ~ 8 | 8 | 0 ~ 4 |
| 摩擦感度 / % | 16 ~ 20 | 32 ~ 40 | 24 ~ 32 | 4 ~ 16 |

注：撞击感度测试条件：锤重 10 kg，落高 25 cm；摩擦感度测试条件：摆角 90°，摆锤重 1.5 kg，表压 5 MPa。

### 3. 炸药的爆轰感度及测定方法

炸药的爆轰感度表示一种炸药在其他炸药的爆炸作用下发生爆炸的难易程度。它一般用极限起爆药量表示。极限起爆药量是指使一定量的炸药完全爆炸所需的最小起爆药量，通常用图 5 - 6 所示的实验装置测定。

试验时，称取 0.5 g 或 1.0 g 炸药试样，以 49 MPa 压力将其压入 8 号铜雷管壳中，然后再装入起爆药，扣上加强帽，以 29.4 MPa 压力加压，并插入导火索，将制成的这种火雷管直立放在一定厚度的铅板上起爆。根据铅板穿孔大小来判断测试的炸药是否引爆。8 号雷管应炸穿 5 mm 厚铅板，6 号雷管应炸穿 4 mm 厚铅板。完全爆炸的标准是铅板穿孔直径不小于雷管外径。通过增减起爆药的药量，经过一系列试验，即可测出它的极限起爆药量。

**4. 炸药的冲击波感度及测定方法**

实践表明，一个药包(卷)爆炸时，会在某种惰性介质中(如空气、水、沙土等)产生冲击波，通过这种冲击波的作用可以引起相隔一定距离处另一药包(卷)的爆炸，这种现象称为炸药冲击波感度，也称殉爆。工业炸药的冲击波感度，常用殉爆距离来衡量。

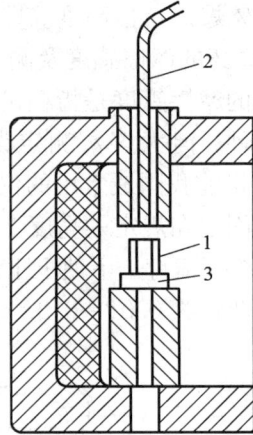

图 5-6　极限起爆药量的测定装置
1—雷管；2—导火索；3—铅板

殉爆距离的测定方法如图 5-7 所示。试验时先将均匀细砂地整平并适当捣固，再用直径与药卷相似的木棒在细砂地面上压出半圆形凹槽。尔后将插有 8 号雷管的主爆药卷和从爆药卷(试验药卷)置于凹槽中，药卷纵轴在同一水平线上，距离 R。主爆药卷引爆后的爆轰冲能，在一定距离内可激起从爆药卷的爆炸。足以激起从爆药卷爆炸的最大距离，称为该试验炸药的殉爆距离，单位 cm。

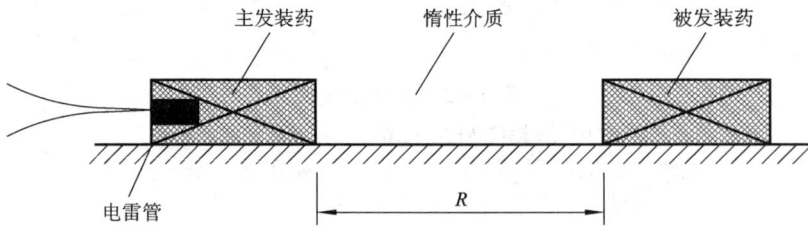

图 5-7　殉爆示意图

**5. 炸药的静电火花感度**

在炸药生产和在爆破作业现场利用装药车(器)经管道输送进行炮孔装药时，炸药颗粒之间或炸药与其他绝缘物体之间发生的摩擦会产生静电，有时会形成很高的静电电压(可达数万伏)。当静电电量或能量聚集到足够大时，就有可能放电产生电火花而引燃或引爆炸药。

高电压静电放电产生火花时，形成高温、高压的离子流，并集中大量能量。这种现象类似于爆炸，同样能在炸药内激发冲击波。因此，炸药在静电火花作用下发生的爆炸，既与热作用有关，也与冲击波的作用有关。

炸药对静电火花作用的感度，可用使炸药发生爆炸所需的最小放电电能来表示，或用在一定放电电能条件下所发生的爆炸频数来表示。试验炸药静电火花感度的方法如图 5-8 所示。

试验原理是利用高压电源使电容充电到所需电压，然后通过电极尖端放电产生静电火花引爆炸药。炸药试样放在两个电极之间，根据受试炸药是否密闭，试验分为密闭式和开放式两种。

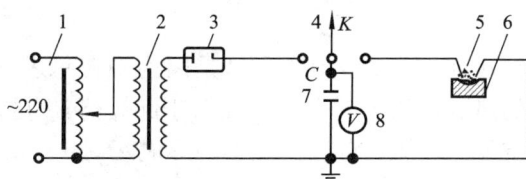

**图 5 - 8 静电火花感度试验**

1—自耦变压器；2—升压变压器；3—整流二极管；4—转换开关；
5—电极；6—受试炸药；7—电容；8—电压表

放电电能按下式计算：

$$E = \frac{1}{2}CU^2 \qquad\qquad (5-1)$$

式中：$C$——电容，$\mu F$；

　　　$U$——放电电压，kV。

当电容值不变时，可以调整电压来调节放电电能。

目前，尚无有效方法避免静电产生，但可以采取措施，防止静电积累，或将产生的静电及时消除和泄漏掉，以免发生事故。在炸药生产中，通常采用的防静电事故的措施有：工房增湿；设备接地、容器壁涂上能减小产生静电的物质或防静电剂；炸药颗粒包敷导电物质或表面活性剂；桌面、地面铺设导电橡胶等。在爆破地点使用压气装药器装药时，常采用敷有良好导电层的抗静电聚乙烯软管作为输药管并采取接地等措施，防止静电积聚而引发事故。

### 5.2.3 影响炸药感度的因素

影响炸药感度的因素很多，在实际工作中应予重视，以防意外事故的发生。

**1. 炸药的温度**

随着炸药温度的升高，炸药分子运动加速，使炸药分解所需的起爆能减少，因而敏感度提高。

**2. 炸药的化学结构**

炸药分子中原子同原子之间结合得愈牢固，则为了破坏这种结构而另行组成新的化学结构就需要更多的外界能量，因此这种炸药的敏感度也就越低；反之，炸药分子结构牢固程度越低，敏感度越高。例如含硝酸酯基基团（$-ONO_2$）的炸药比含硝基基团（$-NO_2$）的炸药敏感度高；同类炸药中含硝酸酯基基团（$-ONO_2$）或含硝基基团（$-NO_2$）数目越多，敏感度越高。

混合炸药的感度取决于炸药中结构最脆弱的成分的感度。

**3. 炸药的物理性质**

影响炸药感度的物理性质有相态、粒度和装药密度等。

（1）炸药的相态

熔融状态的炸药比同类炸药固体状态时的感度高，这是因为炸药从固态转化为液态时已吸收熔化热，内能较高。此外，在液态时具有较高的蒸汽压，所以很小的外能即可激发炸药的爆炸。例如，固态的梯恩梯在 20℃时，2 kg 落锤撞击作用下，10% 的爆炸落高为 36 cm；而液态梯恩梯在 105~110℃时，2 kg 落锤撞击作用下，10% 的爆炸落高仅为 5 cm。

（2）炸药的粒度

炸药为猛炸药时，颗粒愈细小，感度愈高。这是因为颗粒总表面积愈大，接受的冲击波能量愈多，容易产生更多的热点而易于起爆。然而对于起爆药，则晶粒愈大，感度反而愈高。原因是，较大的晶粒之间空隙也较大，有利于热点的形成。

（3）装药密度

粉状炸药的装药密度有一最佳范围，超过此范围后，随密度的增大，炸药感度下降。这是因为密度增大时，孔隙度减小，不利于吸收能量，同时会减小颗粒间的相对位移，也就减少了产生热点的机会，不利于起爆。例如，散装梯恩梯可以用一只 8 号雷管起爆，而铸压的梯恩梯的起爆就困难得多。

（4）微气泡

炸药中含有的微细气泡在爆炸冲能作用下发生绝热压缩，是形成热点重要原因之一。例如，赋予含水炸药以大量敏化气泡可以提高感度到 8 号雷管直接起爆。

（5）掺和物

炸药中加入一定掺和物可使炸药感度发生显著变化。高熔点、高硬度的掺和物如铝粉、石英砂等能使炸药的撞击、摩擦感度提高。而石蜡、石墨等软质掺和物能在炸药颗粒表面构成包覆薄层而减弱药层或颗粒间的摩擦作用，结果使炸药的感度降低。

毋庸置疑，感度是炸药一个很重要的问题。在炸药的生产、运输、贮存和使用过程中要给予足够的重视。对于感度高的炸药要有针对性地采取预防措施，而对于感度低的炸药，特别是起爆感度低的炸药，在工程爆破中要注意选用合适的中继起爆药包。

# 5.3 炸药的爆炸性能

## 5.3.1 炸药爆炸的动作用和静作用

炸药爆炸对周围介质的破坏主要靠两种作用：静作用和动作用。利用爆炸产生冲击波或应力波形成破坏称为动作用，利用爆炸气体产物的流体静压或膨胀功形成的破坏作用或抛掷作用，称为静作用。

炸药的动作用和静作用决定于炸药爆炸作用在炮眼壁上的压力变化。用炮孔装药的办法爆破岩石时，不论是耦合装药还是不耦合装药，爆轰波或迅速膨胀的爆轰产物与岩石碰撞，都将首先产生在岩石内传播的爆炸冲击波或应力波，其初始压力或应力峰值很高，但下降很快（近似按指数规律下降）；其后，炮眼壁上的压力及其在岩石内产生的静态应力场就不再随时间发生变化，或变化很慢。从炮眼壁上的脉冲压力峰值（压力上升时间很短，可忽略不计）下降到流体静压阶段称为炸药的动作用阶段或炸药作用的初期阶段。在该阶段内，应力、变形、位移、冲量和能量均以波的形式在岩体内传播，并在一定范围内引起岩石破坏。其后为炸药静作用，或炸药爆炸作用的后期阶段。在该阶段内，高温高压气体的流体静压和膨胀作用，使原先产生的破裂增大，岩石被破碎成大小不同的碎块，并产生一定的推动和抛掷作用。

一般来说，炸药都具有上述动和静的两种作用。不过，不同类型的炸药，这两种作用表现的程度不同：火药几乎不存在动作用；铵油炸药的动作用也较小，其压力峰值和流体静压值相差不大；而猛炸药的动作用表现则很明显。炸药的动作用和静作用也不是绝对的，可随装药结构、爆炸条件的不同而变化。

根据爆破任务合理选择炸药或装药结构，首先要了解炸药动作用和静作用的特性，以及不同作用的破坏机理及其表现形式。

### 5.3.2  炸药的猛度

炸药动作用的强度称为猛度，用它表征炸药做功功率和爆炸产生冲击波和应力波的强度，是衡量炸药爆炸特性及爆炸作用的重要指标。

对于某种爆破介质，如果爆炸的总作用采用总冲量来表示，则炸药猛度可用动作用阶段给出的冲量，即爆炸总冲量的先头部分来确定。这部分冲量主要决定于炸药的爆轰压力（爆轰压力 $P_1 = \frac{1}{4}\rho_0 D^2$）。因此，炸药的密度和爆速愈高，猛度也愈高。

炸药总冲量与爆热的平方根成正比，即 $I \propto \sqrt{Q_v}$。因此，爆热相同或相近的炸药，其总冲量大体相同或相近，但其中爆轰压力较小的炸药，其先头部分冲量或炸药的猛度较小，而静压则较大。

炸药猛度的试验测定方法有多种，其原理都是找出与爆轰压力或头部冲量相关的某个参量作为炸药猛度的相对指标。铅柱压缩法简单易做，应用最广泛，是目前普遍采用的测定方法，其试验装置如图 5 - 9(a)所示。试验操作步骤是：在钢板中央，放置直径 40 mm，高 60 mm 铅柱，在铅柱上端放一块直径 41 mm，厚 10 mm 圆钢片。药柱试样的药量一般为 50 g，猛度大者，如黑索金、泰安等，用 25 g，装入直径为 40 mm 纸筒内，控制其密度为 1 g/cm³，药面放一中心带孔的厚纸板，插入雷管，插入深度为 15 mm，将这个药柱正放在钢片上，并捆扎在钢板上，然后引爆。爆炸后，铅柱被压缩成蘑菇形，如图 5 - 9(b)所示，用压缩前、后铅柱的高度差(mm)，即铅柱压缩值来表示该炸药的猛度。

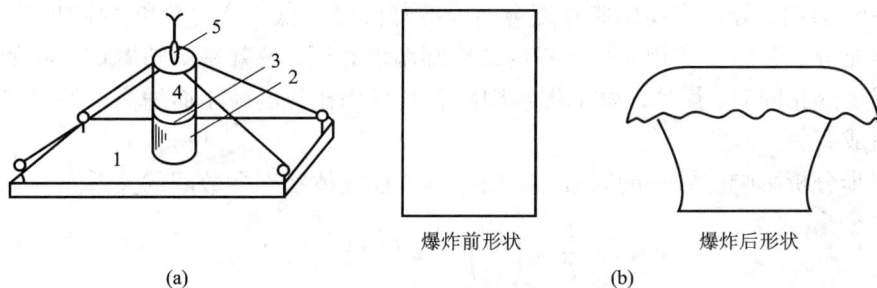

图 5 - 9  铅柱压缩试验
1—钢板；2—铅柱；3—圆钢片；4—药柱；5—雷管

对不具有雷管感度的炸药，可增大受试药柱的药量到 100 g 或更大，用钢筒作药壳，并以起爆药柱引爆。

爆破不同性质的岩石，应选择不同猛度的炸药。一般来说，爆破波阻抗大的岩石时，应选择高猛度的炸药。爆破波阻抗较小的岩石或进行土壤抛掷爆破时，炸药猛度不宜过高。若炸药猛度过高，可采用空气柱间隔装药或不耦合系数较大的不耦合装药，以减小作用在炮眼壁上的初始压力,从而降低炸药的猛度作用。

### 5.3.3 炸药的爆力

炸药的爆力是动、静作用做功的整体能力,也是衡量炸药爆炸特性作用的重要指标。

若不考虑动的作用,假设炸药爆炸放出的能量只用于气体产物的膨胀做功,并忽略热损失(因爆炸反应速度极高,爆炸体系来不及同外界发生热交换),根据热力学第一定律,气体产物的膨胀功应等于其内能的减少,即:

$$- \mathrm{d}U = \mathrm{d}A \qquad (5-2)$$

假设气体产物为理想气体,则内能的变化为:

$$\mathrm{d}U = c_v \mathrm{d}T \qquad (5-3)$$

式中:$c_v$——为气体产物的定容比热。

故得

$$\mathrm{d}A = - c_v \mathrm{d}T \qquad (5-4)$$

设炸药爆炸瞬间到气体膨胀结束,温度由 $T_1$ 变为 $T_2$,则积分式(5-4)可得爆炸全功的表达式为:

$$A = - \int_{T_1}^{T_2} c_v \mathrm{d}T = c_v(T_1 - T_2) = c_v T_1 \left(1 - \frac{T_1}{T_2}\right) = E\left(1 - \frac{T_1}{T_2}\right) \qquad (5-5)$$

式中:$E$——炸药潜能。

因炸药潜能 $E = Q_v + c_v T_0$,而 $c_v T_0$ 项与爆热 $Q_v$ 相比,可忽略不计,故式(5-5)可近似写成:

$$A \approx Q_v\left(1 - \frac{T_1}{T_2}\right) = \eta Q_v \qquad (5-6)$$

其中:$\eta = \left(1 - \frac{T_2}{T_1}\right)$ 称为热力学效率(简称热效率)。

式(5-6)表明,爆炸产物膨胀程度愈高或冷却温度愈低,热效率和膨胀功就愈大,爆热利用得也愈充分。若爆炸产物的膨胀程度或冷却温度相同,热效率则随爆炸产物的爆温增高而增大。但爆热相同时,爆炸产物的爆温则随着其平均比热的减小而增高。所以热效率与爆炸产物的组成有关。

为进一步分析影响热效率的因素,应用绝热过程气体状态参数间的关系式:

$$\frac{T_2}{T_1} = \left(\frac{V_1}{V_2}\right)^{k-1} = \left(\frac{P_2}{P_1}\right)^{\frac{k-1}{k}} \qquad (5-7)$$

将式(5-7)代入式(5-6)可得:

$$A \approx Q_v\left[1 - \left(\frac{V_1}{V_2}\right)^{k-1}\right] = Q_v\left[1 - \left(\frac{P_2}{P_1}\right)^{\frac{k-1}{k}}\right] \qquad (5-8)$$

式中:$V_1$,$P_1$——爆炸产物的初始爆容和压力;

$\quad\quad V_2$,$P_2$——爆炸产物的膨胀后的爆容和压力;

$\quad\quad k$——爆炸气体产物的绝热指数。

式(5-8)的物理意义是,炸药的爆炸功不仅同爆热成正比,而且同炸药的爆容有关:爆容值愈大,做功能力愈大。爆炸功也同爆炸压力有关:爆炸压力愈高,做功能力愈大。另外,

因为 $V_1$ 小于 $V_2$，所以爆炸功是随着绝热指数的增大而增加的，但绝热指数则是随着爆炸产物比热的减小而增大的。为了减小比热和提高热效率，在爆炸产物中，应增加含原子数较少的气体成分并应减少固体成分。

上述分析可知，爆力与猛度不同。爆力决定于热化学参数(爆热、爆容、爆压)和爆炸产物的组成，而猛度则决定于爆轰参数。它们分别反映了炸药的两种作用：静作用和动作用。

试验测定炸药爆力的方法也很多，其原理都是找出与炸药做功能力有关的某个参量，作为炸药相对爆力的指标。最常采用的测定方法有铅铸法和抛掷漏斗对比法。

**1. 铅铸法**

用纯铅铸成直径为 200 mm、高 200 mm 的圆柱体，柱体轴心处钻有一直径为 25 mm 小孔，孔深 125 mm，铅铸体重 80 kg 左右，如图 5 - 10(a)所示。试验时，称取 10 ± 0.001 g 炸药，装入直径为 24 mm 锡箔纸筒内，一端插入雷管，一起装入铅柱轴心孔的底部，上部空隙用干净的并且经 144 孔/cm² 筛筛过的石英砂填满。爆炸后，圆孔扩大成如图 5 - 10(b)所示的梨形。清除孔内残物，用量筒注水测出爆炸前后孔的体积差值，以此数值来作为

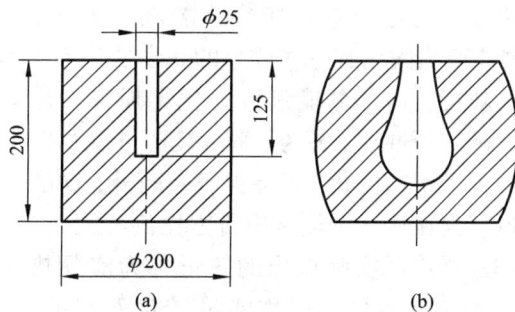

**图 5 - 10　炸药爆炸前后的铅柱形状与尺寸**(单位：mm)
(a)爆炸前的铅柱；(b)爆炸后的扩孔

炸药爆力指标，单位为 mL。在规定的条件下测得扩孔值大的炸药，其爆力就大。习惯上，将铅柱扩孔值称为爆力。

为了便于统一比较，量出的扩孔值要做如下修正：

(1)因环境温度对试验结果有影响，故标准试验规定温度为 15℃，若试验时的环境温度不同于标准温度，扩孔值要按表 5 - 3 进行数据修正。

(2)雷管本身的扩孔量应从扩孔值中除去，可先用一个雷管在相同条件下做空白试验。

**表 5 - 3　扩孔值受环境温度变化影响的修正值**

| 环境温度 / ℃ | - 10 | - 5 | 0 | + 5 | + 8 | + 10 | + 15 | + 20 | + 25 | + 30 |
|---|---|---|---|---|---|---|---|---|---|---|
| 修正值 / % | 10 | 7 | 5 | 3.5 | 2.5 | 2 | 0 | - 2 | - 4 | - 6 |

**2. 抛掷漏斗法**

在生产现场，常使用爆破抛掷漏斗作为比较炸药爆破做功能力评判的标准。其原理是利用埋入均质岩土中的炸药包爆破形成的爆破漏斗体积来比较不同炸药威力的大小。这种测定方法，没有统一规定的标准，因此，在同一具体条件(同一均质岩土，同一药量，同一埋深)下测定的结果才有对比性。否则，由于条件不同，测得结果变化很大，就没有可比性。

测定方法如图 5 - 11 所示，在均质介质中钻一炮眼，然后将炸药做成药包装入炮眼，最后堵塞并起爆。爆破后在地面产生一个爆破漏斗坑。

爆后测出 $d$ 值(各个方向多测几次，取平均值)和 $h$ 值，然后计算漏斗体积：

$$V = \frac{1}{12}\pi d^2 h \qquad (5-9)$$

式中：$d$——漏斗直径平均值，m；

$h$——漏斗可见深度，m。

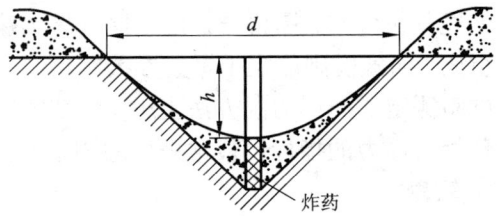

图 5-11　爆破漏斗试验

### 5.3.4　炸药的能量平衡

炸药能量的分配情况如图 5-12 所示。按放出最大热量原则计算出的爆热，称为爆炸全热量，它近似等于炸药的潜能。实际上，爆炸产物内仍有一些残余的化学能没有转变为热能，这部分能量称为化学损失。化学损失随炸药性质、装药形状、装药量以及爆炸条件等因素而变化，但除裸露装药外，这部分能量损失在爆炸全热量中所占比例不大。

炸药爆炸后实际放出的热量称为实际热量。爆炸功是由炸药爆炸能量转化而来的。但是，即使爆炸产物膨胀到 1 个大气压，爆炸能量也不可能全部转变为功，其中，仍有一部分能量继续留在爆炸产物内或损失在加热周围介质上，这部分能量称为热损失。忽略化学损失，炸药的热效率一般为 60% ~ 70%，热损失为 30% ~ 40%。在爆炸功中，冲击功约占 15%，膨胀功占 50% 左右。

前面已分别介绍了炸药的两种主要做功形式：冲击做功，即利用炸药的动作用来做功，用猛度来表示；爆炸产物的膨胀做功，即利用炸药的静作用来做功，用爆力来表示。

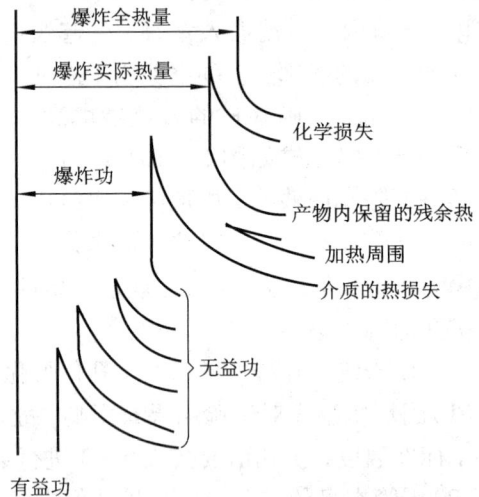

图 5-12　炸药能量平衡示意图

这两种功都称为机械功或爆炸功。除火药外，猛炸药一般都具有动和静的两种作用。对于爆破岩石来说，冲击做功在岩体内产生动态应变波，剩余的膨胀做功在岩体内产生静态应变场，以及用于将破碎了的岩石抛掷出去，并在空气介质内形成空气冲击波。由此可见，爆炸功有多种形式，对给定的爆破任务来说，某些形式的功是有益的，称为有益功，有些则是无益的，称为无益功或有害功。例如，若只是要求破碎岩石，消耗于抛掷岩石和形成空气冲击波的功就是无益功；但对于抛掷爆破来说，用于抛掷岩石的功却是有益功。因此，有益功和无益功并不是绝对的，须根据爆破任务的要求来确定。爆破有益功只是爆炸功的一部分，一般估计，只约占百分之几至十几。选择合适的炸药和确定合理装药结构、爆破参数，来提高炸药能量的有效利用率，是爆破技术人员的一项重要任务。

### 5.3.5　聚能效应

利用爆炸产物运动方向与装药表面垂直或大体垂直的规律，做成特殊形状的装药，就能使爆炸产物聚集起来,提高能流密度,增强爆炸作用,这种现象称为聚能效应。聚集起来朝着一定方向运动的爆炸产物,称为聚能流。

如果在装药前端(即与起爆端相对的一端)作成空穴,则当爆炸波传至空穴表面时,爆轰产物将改变运动方向(大体垂直空穴表面),就会在装药轴线上汇集、碰撞,产生高压,并在轴线方向上形成向前高速运动的爆炸产物聚能流(图5-13)。这种形成聚能流的装药称为聚能装药,借以形成聚能流的空穴称为聚能穴。但是,只有聚能穴近处炸药的爆轰产物能够形成聚能流,这部分炸药的药量称为聚能装药的有效药量,如图5-13阴影部分所示。有效药量估计可按下式估算:

$$q_a = \frac{1}{3}\pi r_c^3 \rho_e \qquad (5-10)$$

式中:$r_c$——装药半径;

$\rho_e$——装药密度。

聚能流在运动过程中,其截面最初缩小,然后扩大。在截面最小处,聚能流的运动速度和能流密度最大。最小截面距装药端面的距离称为聚能流的焦距。在焦距处,聚能流的破坏作用和穿透能力最大。

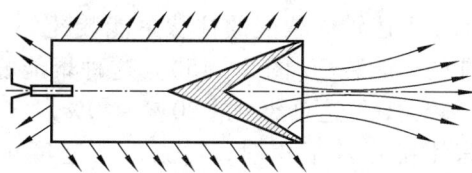

图5-13　装药前端有空穴时形成的聚能流

上述结构的聚能装药,其聚能流的焦距较小,而且焦距处聚能流截面较大,不能明显增强破坏作用和穿透能力。

若将聚能穴衬以金属制成的药形罩,成为金属罩聚能穴,则当爆轰波传至药形罩时,向装药轴汇集的爆炸产物将压缩药形罩使其闭合(图5-14)。在药形罩闭合过程中,由于碰撞产生极高压力,使金属变成流体,并有一部分流体金属形成沿轴线方向向前射出的一股高速、高密度的细金属射流。剩余液体金属形成较粗的杆体,称为杆体,以较低的速度尾随在射流后面运动。射流头部运动速度最大,尾部运动速度最小。因此,射流在运动过程中将不断拉长、拉细。当射流头部运动速度超过一定限度后(约5000~10000 m/s),射流将不再延

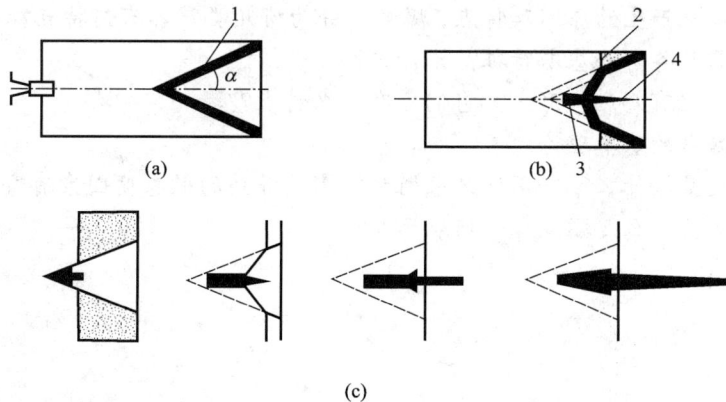

(a)　　　　　　　　　　　(b)

(c)

图5-14　衬有金属药形罩的聚能装药(a)和金属射流的形成过程(b)、(c)

1—药形罩;2—爆轰波头;3—杆体;4—金属射流

续，而开始断裂、分散，使截面增大，射流速度减小。分散的射流会像陨星那样很快被烧掉。连续射流的头部距装药端面的距离称为射流焦距。在焦距处，金属射流的穿透能力最大。焦距决定于药形罩的材料和形状。锥形药形罩的焦距与锥顶角有关，随锥顶角增大而增加。

金属聚能穴的形状、锥角、高度和厚度均影响聚能流的集中度和穿透能力。药形罩应采用塑性较高的金属制作，例如紫铜、软钢等，一般为圆锥形，锥角 45°~55°、高度为底圆直径的 1.5~2 倍，厚度一般取其底部直径的 1/20~1/40。聚能穴也可以做成半球形、抛物线形等形状。

除了上述轴向聚能的柱状聚能装药外，还有侧向聚能的聚能装药（图 5-15）。这种聚能装药的有效药量较大，可达总药量的 20%~40%。

采用锥形药形罩时，射流最大速度可按下式计算：

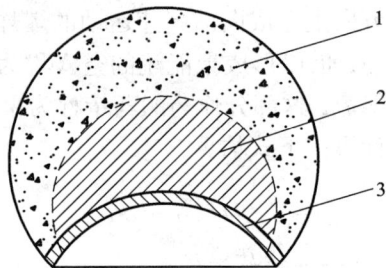

**图 5-15　侧向聚能的柱状聚能装药**
1—炸药；2—有效药量；3—聚能穴

$$V_K = V_f\left(\frac{1}{\sin\alpha} + \frac{1}{\tan\alpha}\right) \qquad (5-11)$$

式中：$\alpha$——药形罩母线与其轴线间的夹角；

$V_f$——在爆炸产物作用下，药形罩获得的运动速度。

聚能效应最早用于破甲弹来对付坦克。目前，在民用爆炸材料和爆破工程中，也得到了广泛应用。如工业雷管均带有聚能穴，可提高局部起爆能力；常用药卷的底部制成窝心，以提高对相邻炸药的殉爆距离。聚能效应可用于油井射孔和切割大块岩石、钢材、废桥墩、钢筋混凝土桩等；在岩芯钻井法中，可用来切割岩芯；在井巷掘进爆破中，可用来提高掏槽眼、崩落眼的爆破效率，以及周边眼的光爆质量。

## 复习思考题

1. 根据爆炸现象产生的原因和特点，爆炸可分为哪几类？各有何特点？
2. 炸药爆炸需具备哪些基本特征？为什么？
3. 炸药化学变化有哪几种形式？它们各有什么特点？
4. 简述炸药起爆的基本理论。
5. 炸药敏感度是指什么？它用什么来衡量？影响炸药的敏感度因素有哪些？
6. 什么是爆力？什么是猛度？如何表示？

# 第6章 机械凿岩原理与凿岩机械

工程爆破一般需将炸药放入炮孔中，以期炸药能均匀地分布到矿岩中，为此需先钻凿炮孔。凿岩是指在矿岩中钻凿炮孔，凿岩作业是工程爆破的主要工序之一，工作量大，花费时间多。要提高凿岩效率，必须对凿岩原理与凿岩机械进行分析研究。

## 6.1 机械凿岩原理

凿岩按使用工具的动作原理，可分为冲击式凿岩和旋转式凿岩。冲击式凿岩是利用钎子的冲击作用，将岩石凿碎，如图6-1所示。

当钎头在冲击力作用下凿到岩石上时，钎刃便切入其中，此时，钎刃下方和旁侧的岩石被破坏，形成一条凿沟$A—A$；随后将钎头转动一个角度，再进行下一次冲击，形成第二条凿沟$B—B$。若钎头的冲击力足够大，转动角度适合，两条凿沟之间的扇形岩体，在凿$B—B$凿沟的同时，就会被剪切破坏。上述过程循环往复，钎头便不断凿碎岩石，炮眼就可逐渐形成并加深。但必须及时排除岩粉，并对凿岩机施以轴向推力，使钎刃紧密地接触眼底岩石，才能更有效地破岩。这种冲击凿岩法，对坚硬岩石的破碎很有效，所需的轴推力不大，凿岩机构简单，能在潮湿的条件下可靠地工作，因此被广泛采用。但是它的效率低、能耗大、噪声也大。

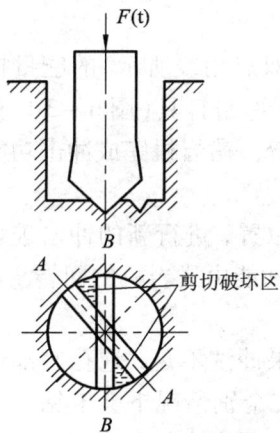

图6-1 冲击式凿岩机理

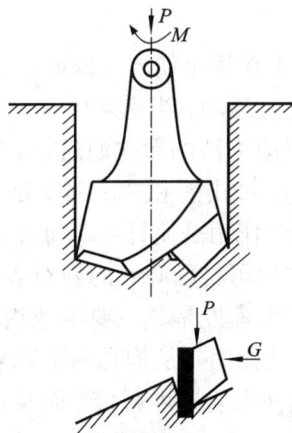

图6-2 旋转式破岩机理

旋转式凿岩是利用钎子连续地旋转切削来破碎岩石的成孔方法。它的破岩原理如图6-2所示。在轴向压力$P$的作用下，钎刃被压入岩石，同时钎刃不停地旋转，由旋转力矩$M$推动钎刃产生切削力$G$向前切削岩石，使孔底岩石连续地沿螺旋线被破坏。由于岩石具有脆性，所以它的破坏是在钎刃前一块接一块地崩落，粉尘颗粒较大。这种破岩方式只适合较软岩石。

## 6.2 浅孔与中深孔冲击式凿岩

炮孔按深度分为浅孔、中深孔和深孔3种。一般把深度小于5 m的炮眼称为浅孔，把深度在5～15 m之间的叫中深孔，而深度大于15 m的炮孔称为深孔。钻凿不同深度的炮孔应采用不同的机械，因此，凿岩机械可相应地分为浅孔凿岩机械、中深孔凿岩机械和深孔凿岩机械。常见的浅孔凿岩机械都是冲击式凿岩机械，主要用于坚硬岩石钻孔工作，分风动、电动、内燃和液压四类。

### 6.2.1 冲击凿岩作业基本功能

凿岩要根据炮眼的布置和每一炮眼（孔）的深度、角度要求来进行，因此冲击凿岩作业所需基本功能有冲击、回转、推进、冲洗和变幅、移位六种（前四种功能如图6-3所示）。

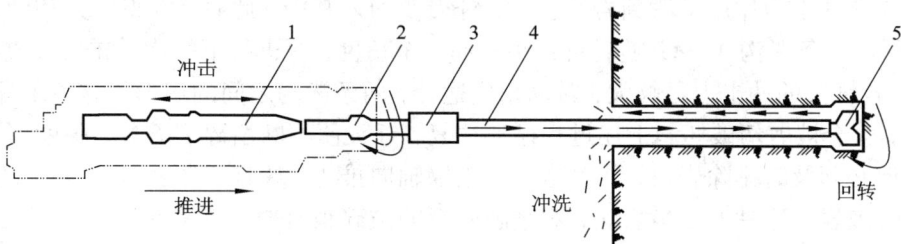

**图6-3 凿岩作业基本功能示意图**
1—活塞；2—钎尾；3—接杆套；4—钎杆；5—钎头

（1）冲击作用是使岩石破碎。供给凿岩机（图6-3中双点划线所示）的能量推动缸体内活塞1作往复运动，当活塞向右运动时，加速到一定速度，冲击钎具（图6-3中的2、3、4、5）将能量以应力波的形式通过钎具传递给岩石，使岩石破碎。凿岩机完成冲击功能的部分称为冲击机构，冲击能和冲击频率是其主要参数指标。

（2）回转作用是使钎头5每冲击一次回转到一个新的位置，进行新的冲击破岩。同时在回转过程中也可将已破裂的岩石表面部分剥落下来。这一功能由凿岩机的回转机构完成，转钎扭矩和转钎速度是其主要参数指标。

（3）冲洗作用是从炮孔内清除被破碎下来的岩屑。如果冲洗不足，炮孔底部将发生重复凿磨，不但使凿岩速度减慢，而且使钎头加速磨损，甚至在个别情况下会卡钻。冲洗炮孔多用压力水或压缩空气。用压缩空气时，为防止产生粉尘，必须有岩粉收集器等除尘装置或气水合用。用压力水冲洗时，因通过凿岩机的部位不同，可分为中心给水和旁侧给水两种。

（4）推进有两个作用：一是推动凿岩机和钎具压向岩石工作面，使钎头在凿孔时始终与岩石接触；二是从炮孔中退出钎具，准备凿下一个炮孔。用手直接拿着凿岩机推进的凿岩机称为手持式凿岩机，用支腿做推进的称为支腿式凿岩机（如图6-4所示），用推进器推进的称为导轨式凿岩机。推进器可安装在柱架或台架上（如图6-5所示），也可安装在钻车上（如图6-6所示）。

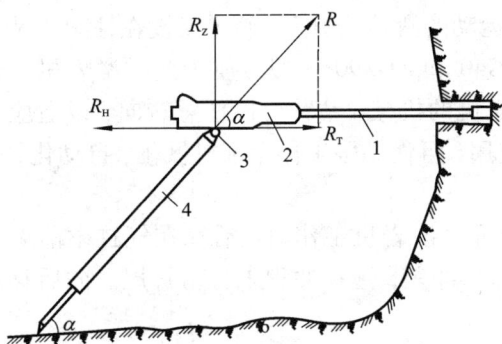

图6-4 支腿式凿岩推进

1—钎具；2—凿岩机；3—连接轴；4—气腿

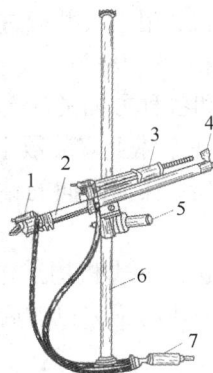

图6-5 柱架支撑推进

1—推进马达；2—推进器；3—凿岩机；4—夹钎器；
5—横臂；6—立柱；7—自动注油器

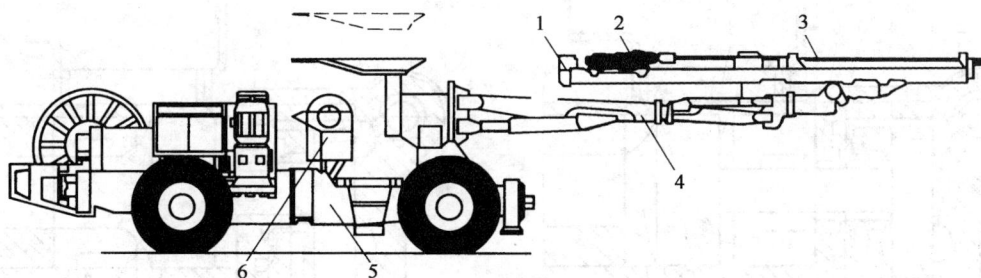

图6-6 钻车支撑推进

1—推进装置；2—凿岩机；3—钻具；4—钻臂及变幅机构；5—钻车底盘；6—控制系统

(5)变幅与移位作用，指当工作面上的炮孔有各种不同角度和位置时，就需要由变幅机构来调整凿岩机(也可用人力)。打完一个炮孔后需将凿岩机移到下一个炮孔位置，打完一个工作面后，需要移至下一个工作面，这就需要有移位功能，移位功能可用人力或钻车来完成。

由上可知，为完成机械凿岩作业，所需设备(含机具)应包括：钎具、凿岩机、推进与支撑、变幅、移位等机构(含支腿、台架和钻车)。

## 6.2.2 浅孔冲击式凿岩机械

### 1. 风动凿岩机

风动凿岩机由于工作可靠，应用较为普遍。常见的风动凿岩机按支承和推进方式可分为：手持式、气腿式、上向式、导轨式和凿岩台车。手持式凿岩机的特点是重量较轻，25 kg以下，手持操作，可各方向打小直径、深度较浅的炮眼，主要用于钻凿下向炮眼，手持式凿岩机要用很大的力气扶持，使人容易疲劳，这类凿岩机有Y24和Y26等。气腿式风动凿岩机重量较轻，30 kg以下，主机安装在气腿上，靠气腿推力钻进，可钻凿水平或倾斜的炮眼，这类凿岩机有YT23、YT24和YT26等型号，是凿岩常用的机械。上向式凿岩机重量一般在40 kg

左右，其气腿与主机在同一纵向轴线上并联成一体，下部装有压气推进装置，可以伸缩并支撑和推进凿岩机，用于天井掘进中钻凿向上炮眼，这类凿岩机有 YSP-45 等型号。导轨式凿岩机重量一般在 35~90 kg，安装在供凿岩机往复运动的滑动轨道上，轨道架设在柱架或钻车上，可钻水平和各种方向的较深炮眼，YG35、YYG40 和 YGZ90 等型号属于此类凿岩机。凿岩台车是一辆在车体上安装数个钻臂用以架支凿岩机的机械，钻臂可以任意转向，以适应工作面上任何位置、任何方向的钻孔工作，台车的使用，可使钻眼工作全部机械化、自动化，劳动效率很高。

风动凿岩机的冲击机构工作原理如图 6-7 所示，凿岩机工作时，活塞在气缸中前后移动，和它连为一体的锤体也前后移动。向前移动称为冲程，锤在冲程末打击钎尾。向后移动称为回程。

冲程：如图 6-7(a) 所示，压缩空气从操纵阀 1 进入柄体气室 2，经棘轮孔道 3 和阀柜道 4 进入前气室 5。当配气阀 B 开时，压缩空气可由配气阀前面的孔道 6 进入气缸后腔，推动活塞 7 前进。这时气缸前腔排气口 8 与大气接通。

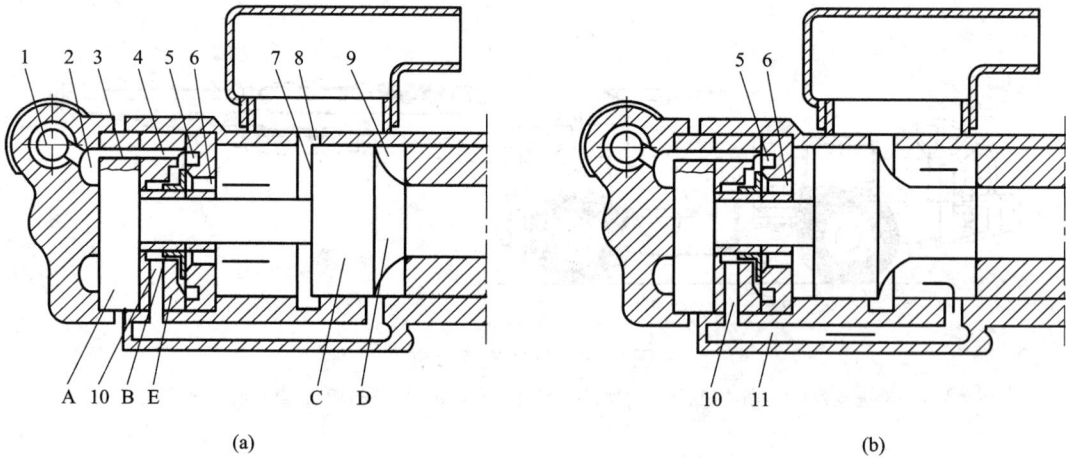

图 6-7 风动凿岩机冲击机构工作原理
(a) 冲程；(b) 回程
A—棘轮；B—配气阀；C—活塞；D—活塞锤；E—阀柜
1—操纵阀；2—气室；3—孔道；4—阀柜道；5—前气室；6—孔道；7—活塞后端面；
8—排气口；9—前端面；10—后气室；11—回程孔道

当活塞向前移动到前端面 9 堵住排气口 8 时，气缸前腔的剩余空气将因活塞的继续前移而被压缩，其压力逐渐增高，并沿回程孔道 11 返回到阀柜后气室 10，对配气阀的后端面施加压力。这时活塞后端面 7 已经越过排气口 8，气缸后腔排气，但活塞由于惯性仍继续向前移动，并使锤体冲击钎尾。由于气缸后腔排气，阀的前端面压力也迅速降低，当压力降到低于阀后端面上剩余气体压力时，配气阀就被推向前，封住进气孔道，气缸后腔停止进气，结束冲程运动。

回程：如图 6-7(b) 所示，压缩空气自气室 5 经配气阀后端面与阀柜之间的孔道进入气室 10，并经孔道 11 进入气缸前腔，推动活塞后移。当活塞后端面 7 堵住排气口时，气缸后腔的剩余气体也因活塞后移逐渐压力升高，并通过孔道6作用在配气阀的前端面。由于活塞前端面9越过了排气口，气缸前腔、孔道11和气室10的压力迅速下降，当配气阀前端面压力高于后端面时，配气阀被推后移，重新开始下一个冲程运动。

回转机构的工作原理如图6-8所示。为使钎刃有效地破碎岩石，必须在每次冲击后将钎子转动一定角度，这一回转运动，是靠回转机构来实现的。在阀柜后面，装有一个内齿棘轮，它与螺旋棒咬合，构成一个逆止机构，使螺旋棒只能按一定方向转动，不能逆转。螺旋棒上的斜齿用螺旋母与活塞咬合。冲程时，活塞前进推动螺旋棒旋转，故活塞能直向前进。回程时，由于螺旋棒不能逆转，棘轮与阀柜又都是用销钉固定在缸体上的，故迫使活塞沿螺旋棒斜齿转动一定角度。活塞前端的锤用花键与转动套咬合，六角形钎尾也插在转动套中，因此活塞在回程时就带着转动套和钎尾一齐转动。

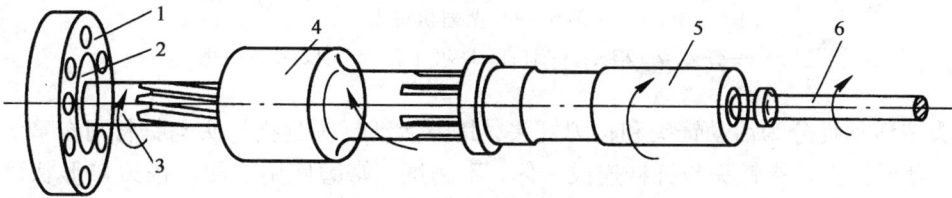

**图6-8 回转机构**

1—棘轮；2—棘爪；3—螺旋棒；4—活塞；5—转动套；6—钎子

## 2. 液压凿岩机

液压凿岩机采用高压油推动活塞来冲击钎子，其工作原理与风动凿岩机类似，即通过配油机构，使高压油交替作用于活塞两端，并形成压差，迫使活塞在缸体内作往复运动，完成冲击钎子。活塞的冲击功可通过改变供油压力或活塞冲程来调节。液压凿岩机优点是钻速快、可调整、自润滑、能耗低等。缺点是油压高，不易远距离传输，设备清洁度要求高、维修难度大，重量和体积大，使用灵活性较差。液压凿岩机的技术特性如表6-1所示。

表6-1 主要液压凿岩机的技术特性

| 型号 | YYGJ-80A | YYGJ145 | HD100C | COP1038HD | AD160 |
|---|---|---|---|---|---|
| 机重/kg | 84 | 145 | 140 | 142 | 184 |
| 机长/mm | 790 | 985 | | 985 | |
| 机宽/mm | 242 | 260 | | 260 | |
| 钎杆直径/mm | | 32/38 | 32 | 38/44 | 28/32 |
| 冲洗水压力/MPa | | 0.55~1 | | 1.3 | |
| 凿岩孔径/mm | | 40~100 | | 45~51 | |
| 功率/kW | 22 | | 8 | 10~15 | 14 |
| 制造厂商 | 株洲东方 | 天水风动 | 古河矿业 | 阿特拉斯 | 阿特拉斯 |

### 6.2.3　浅孔冲击式凿岩机具

凿岩机具由钎头 1 和钎杆 3 组成，如图 6-9 所示。钎杆前部有梢头 2 与钎头 1 连接，后部有钎尾 6 供插入凿岩机承受冲击。钎尾前的突出部分叫钎肩 5，起限制钎尾进入凿岩机机头深度的作用，也便于用钎卡把钎子卡住，上向式凿岩机因有垫锤，所以无钎肩。钎杆中央有中心孔 4，用以供水（或气）冲洗炮孔排出岩粉。钎杆都用六角中空钢制成。

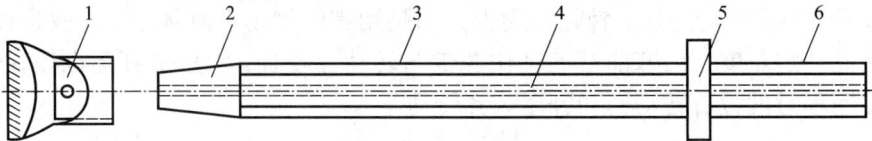

图 6-9　凿岩机钎子
1—钎头；2—梢头；3—钎杆；4—中心孔；5—钎肩；6—钎尾

钎头按活动性分为活动钎头和自刃钎头，其中活动钎头是指钎头与钎杆可分离，修磨使用方便，自刃钎头是指钎头与钎杆连成一体，不耐磨，修磨使用不便。按刃口形状可分一字形钎头、十字形、T 字形、X 形和柱齿等，钎头根据钎刃的形状来命名。其中最常用的是一字

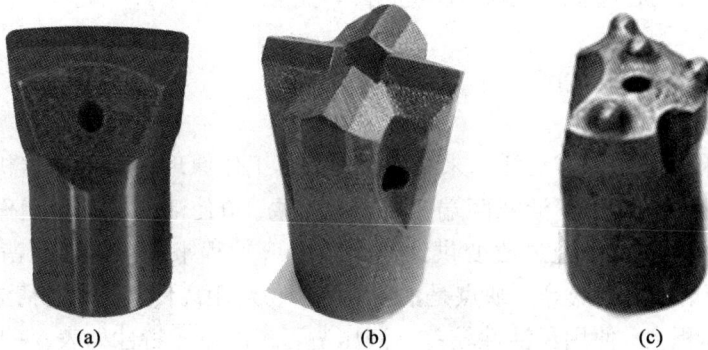

图 6-10　凿岩机钎头
(a)一字形钎头；(b)十字形钎头；(c)柱齿钎头

形、十字形钎头和柱齿钎头，如图 6-10 所示。一字型钎头制造工艺简单，修磨方便，工作可靠，对岩体适应性强，常配轻型内燃、电动、气动和液压凿岩机，在各类岩石中钻凿直径 $\phi50$ mm 以下的炮孔。由于其价格低廉，目前是我国采掘工业中，中、小直径炮孔钻凿的主要品种。十字钎头是国际上片状钎头的主要品种，该钎头直径在 $\phi32\sim\phi65$ mm 范围，对凿岩条件适应能力强，几乎不受凿岩机型和岩体性能的限制，不少国家，例如瑞典、加拿大等国的采掘工程中，普遍采用十字钎头和柱齿钎头，而不使用一字钎头。柱齿钎头钝化使用周期长，其不磨寿命约为同直径刃片钎头磨修寿命的 5~6 倍，有利于节省辅助工时，减轻工人体力劳动和加快工程速度。因此不同直径的锥度连接和螺纹连接的柱齿钎头被广泛应用在各类硬脆岩石中。瑞典工程技术人员认为，柱齿钎头与液压凿岩钻车配合，是现代凿岩技术的最佳配套。近 20 年来，国内外柱齿钎头发展很快。

### 6.2.4　中深孔冲击式凿岩机具

中深孔凿岩一般采用接杆式凿岩，凿岩机通常采用导轨式凿岩机，如 YG - 40，YG - 80、YGZ - 90 型等，机具采用组合式钻具，由钎头、钎杆、连接套筒和钎尾组成。钎杆、连接套筒和钎尾用于承受和传递冲击力、扭矩和输送高压风和水，钎头用于直接破碎岩石，中深孔凿岩钎头的形状和结构与浅孔凿岩钎头一样，但由于所用凿岩机的冲击功和回转力矩大，所以钎头与钎杆的连接与浅孔不同，不是采用锥形连接，而是采用螺旋连接，如图 6 - 11 所示。

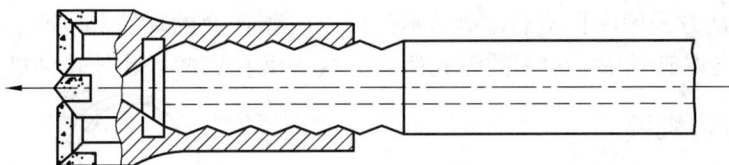

图 6 - 11　接杆式钎头与钎杆的连接

**1. 钎杆**

接杆式凿岩所使用的钎杆主要用 30 ~ 35SiMnMoV 合金钢制造，规格有内切圆直径为 25.4 mm 的中空六角形和直径为 32 mm 的中空圆形两种，每根长有 1.0，1.2，1.4，…，4.0 m 等几种规格。钎杆两端都车有供连接用的左旋螺纹。为了保证六角形钎杆螺纹处的连接强度，通常将钎杆两端长 80 ~ 100 mm 的一段墩粗后再车螺纹，如图 6 - 12 所示。

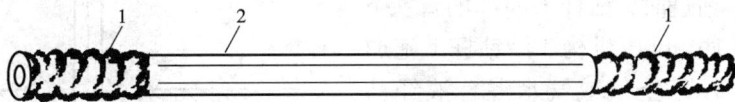

图 6 - 12　接杆钎杆

1—左旋螺纹；2—中空钎钢

**2. 钎尾**

钎尾也是用内切圆直径为 25.4 mm 的中空六角形或直径为 32 mm 的中空圆形合金钢（即 30 ~ 35SiMnMoV）制成。钎尾一端同样车有左旋螺纹，另一端则锻制成与凿岩机回转套筒相配合的形状和尺寸，如图 6 - 13 所示。

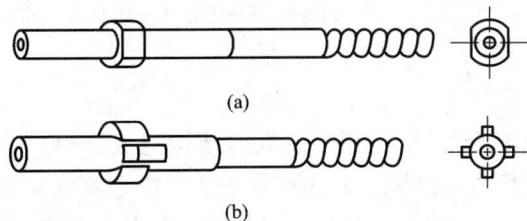

图 6 - 13　钎尾类型

（a）—二翼式钎尾；（b）—四翼式钎尾

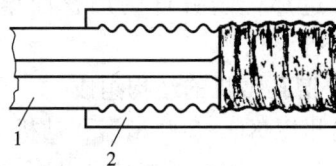

图 6 - 14　连接套筒

1—钎杆；2—连接套筒

### 3. 连接套筒

钎杆与钎杆、钎杆与钎尾则通过两端车有内螺纹的连接套筒来连接。连接套筒的常用材料是 40Cr 或 30CrMnSi。图 6 – 14 表示一种连接套筒的形状，其长度一般为 160～200 mm，外径取决于钎杆直径，对于 22 mm、25 mm 的六角形钎杆，其外径分别为 32 mm、35 mm；对于 $\phi32$ mm 的圆钎杆，其外径为 42 mm。

# 6.3　深孔凿岩机械

在有条件的地方采用深孔凿岩爆破，不仅可以改善作业的环境和安全，而且还可以降低材料的消耗，提高爆破效率。常用的深孔凿岩方式有潜孔式凿岩和牙轮钻进。

## 6.3.1　潜孔凿岩机械

井下钻凿 $\phi100～165$ mm 直径的深孔主要使用潜孔钻机，在我国中、小露天矿钻凿 $\phi150$ mm 孔径，少数为 $\phi200$ mm 也广泛使用潜孔钻机，之外，潜孔钻机也是建筑、水电、道路及港湾等工程中一种不可缺少的钻孔设备。

潜孔钻机由单独的旋转机构、冲击机构（也叫冲击器）、钻具和推压机构组成，其工作原理如图 6 – 15 所示。钻进时，钻杆 1 前部的钎头 6 和冲击器 4 潜入孔底，推压机构 3 沿钻杆 1 施加向下的轴向压力，压缩空气或气水混合液经钻杆内孔进入冲击器，推动活塞 5 反复冲击钎头 6 破碎岩石，破碎后的岩屑利用压缩空气或气水混合液的作用沿钻杆与孔壁的间隙排出孔外。与此同时，单独的旋转机构经钻杆带动钻具旋转，对孔底岩石产生附加的剪切力。

从潜孔钻机的工作过程可知，潜孔钻机的冲击器装于钻杆的前端，潜入孔底，而且能随钻孔的延伸而不断推进，这样，该钻机不像凿岩机接杆钻进那样随钎杆的加长而增加能量损失，因而能打深孔。

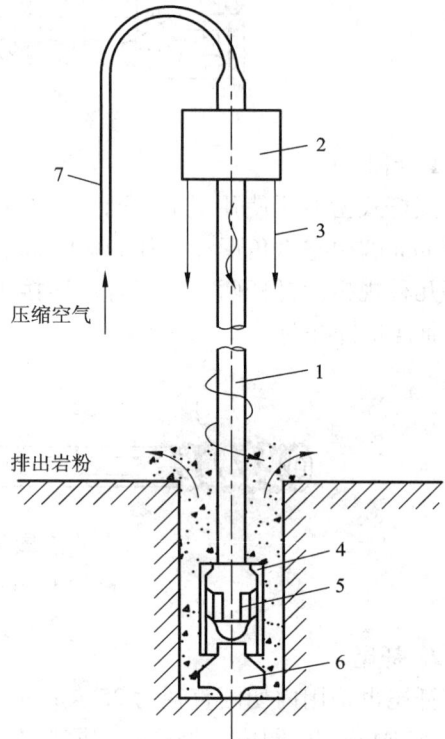

**图 6 – 15　潜孔钻机工作原理图**
1—钻杆；2—旋转机构；3—推压机构；
4—冲击器；5—活塞；6—钎头；7—进气管

### 1. 潜孔钻机的结构组成

这里以 KQ – 200 型潜孔钻机为例，简要介绍露天潜孔钻机的结构组成。KQ – 200 型潜孔钻机是一种自带螺杆空压机的自行式重型钻孔机械。它主要用于大、中型露天矿山钻凿直径 $\Phi200～220$ mm、孔深为 19 m、下向 60°～90°的各种炮孔。钻机总体结构如图 6 – 16 所示。

钻具由钻杆 6、球齿钻头 9 及 J – 200 冲击器 10 组成。钻孔时，用两根钻杆接杆钻进。

回转供风机构由回转电机 1、回转减速器 2 及供风回转器 3 组成。

提升调压机构是由提升电机借助提升减速器、提升链条而使回转机构及钻具实现升降动

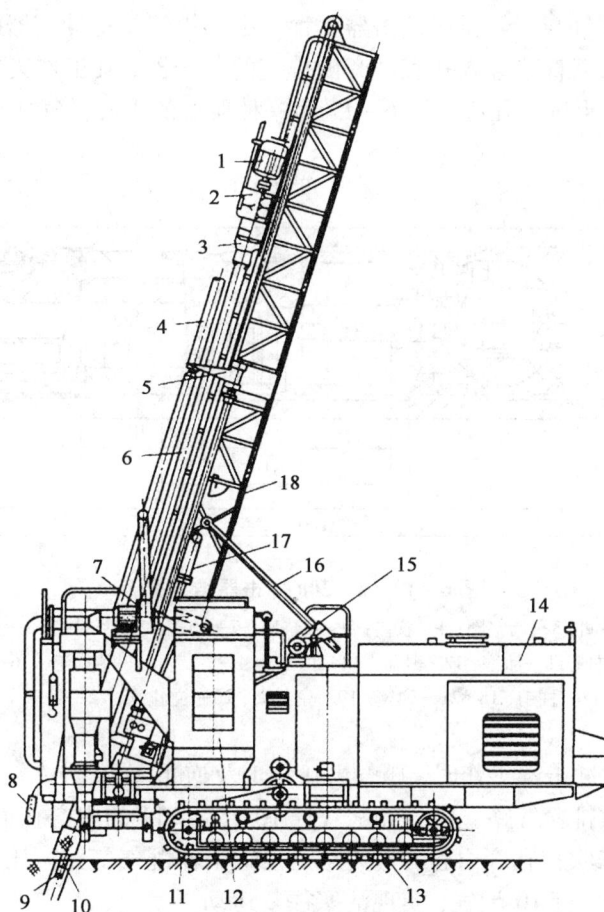

**图6-16 KQ-200潜孔钻机主视图**

1—回转电机；2—回转减速器；3—供风回转器；4—副钻杆；5—送杆器；6—主钻杆；7—离心通风机；
8—手动按钮；9—钻头；10—冲击器；11—行走驱动轮；12—千式除尘器；13—履带；14—机械间；
15—钻架起落机构；16—齿条；17—调压装置；18—钻架

作的。在封闭链条系统中，装有调压缸及动滑轮组。正常工作时，由调压缸的活塞杆推动动滑轮组使钻具实现减压钻进。

送杆机构由送杆器5、托杆器、卡杆器及定心环等部分组成。送杆器通过送杆电机、蜗轮减速器带动轴转动。固定在传动轴上的上下转臂拖动钻杆完成送入及摆出动作。托杆器是接卸钻杆时的支承装置，用它托住钻杆并使其保证对中性。卡杆器是接卸钻杆时的卡紧装置，用它卡住一根钻杆而接卸另一根钻杆。定心环对钻杆起导向和扶持作用，以防止炮孔和钻杆歪斜。

钻架起落机构15由起落电机、减速装置及齿条16等部件组成。在起落钻架时，起落电机通过减速装置使齿条沿着鞍形轴承伸缩，从而使钻架抬起或落下。在钻架起落终了时，由于电磁制动及蜗轮副的自锁作用，使钻杆稳定地固定在任意位置上。

### 2. 冲击器的工作原理

冲击器分为中心排气与旁侧排气冲击器 2 种。中心排气是指冲击器的工作废气及一部分压气，从钻头的中空孔道直接进入孔底。旁侧排气的冲击器，其工作废气及一部分压气则由冲击器缸体排至孔壁，再进入孔底。图 6 – 17 为一种典型的中心排气式冲击器。

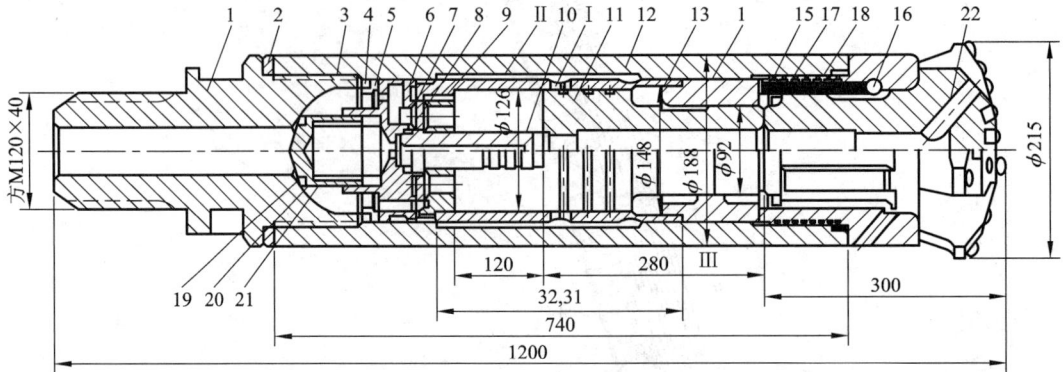

**图 6 – 17    J – 200 冲击器结构图**

1—接头；2—钢垫圈；3—调整圈；4—胶垫；5—胶垫座；6—阀盖；7—密封垫；8—阀片；9—阀座；
10—配气杆；11—活塞；12—外缸；13—内缸；14—衬套；15—卡钎套；16—圆键；
17—柱销；18、21—弹簧；19—密封圈；20—逆止塞；22—钻头

如图 6 – 17 所示，冲击器工作时，压气由接头 1 及逆止塞 20 进入缸体。进入缸体的压气分成两路：一路是直吹排粉气路。压气经配气杆 10、活塞 11 的中空孔道以及钻头 22 的中心孔进入孔底，直接用来吹扫孔底岩粉；另一路是气缸工作配气气路。压气进入具有板状阀片 8 的配气机构，并借配气杆 10 配气，实现活塞往复运动。

在冲击器进口处的逆止塞 20，在停风停机时，能防止岩孔中的含尘水流进入钻杆，因而不致影响开动冲击器及降低凿岩效率，甚至损坏机内零件。

冲击器正常工作时，钻头抵在孔底上，来自活塞的冲击能量，通过钻头直接传给孔底。其中缸体不承受冲击载荷。在提起钻具时，亦不允许缸体承受冲击负荷，这在结构上是用防空钻孔 Ⅰ 来实现的。这时，钻头 22 及活塞 11 均借自重向下滑行一段距离，防空钻孔 Ⅰ 露出，于是来自配气机构的压气被引入缸体，并经钻头和活塞的中心孔道逸至大气，使冲击器自行停止工作。

配气机构由阀盖 6、阀片 8、阀座 9 以及配气杆 10 组成。配气原理可用返回行程和冲击行程两个阶段来说明。

返回行程工作原理：返回行程开始时，阀片 8 及活塞 11 均处于图 6 – 17 所示之位置。

压气经阀片 8 后端面、阀盖 6 上的轴向与径向孔进入内外缸体间的环形腔 Ⅱ，并至气缸前腔，推动活塞向后运动。此时，气缸后腔经活塞 11 和钻头 22 的中心孔与孔底相通，活塞 11 在压气作用下加速向后运动。当活塞 11 端面与配气杆 10 开始配合时，后腔排气孔道被关闭，并处于密闭压缩状态，于是活塞开始做减速运动。当活塞杆端面越过衬套上的沟槽 Ⅲ 时，进入前腔的压气便经钻头中心孔排至孔底。活塞失去了动力，且在后腔背压作用下停止运动。与此同时，阀片右侧压力逐渐升高，左侧经前腔进气孔道 Ⅱ、钻头中心孔与大气相通，

在压差作用下，阀片迅速移向左侧，关闭了前腔进气气路，开始了冲击行程的配气工作。

冲击行程工作原理：冲击行程开始时，活塞和阀片均处于极左位置，压气经阀盖和阀座的径向孔进入气缸后腔，推活塞向前运动。首先，衬套的花键槽被关闭，前腔压力开始上升；然后，活塞后端中心孔离开配气杆，于是后腔通大气，压力降低，接着，活塞以很高的速度冲击钎尾，工作行程即行结束。在冲击钎尾之后，阀片由于其前后的压力差作用进行换向。然后，活塞重复返回行程的动作。

## 6.3.2　牙轮钻机

牙轮钻机钻孔是属于旋转冲击式破碎岩石，工作情况如图6－18所示，机体通过钻杆给钻头施加足够大的轴压力和回转扭矩，牙轮钻头在岩石上边推进边回转，使牙轮在孔底滚动中连续地切削、冲击破碎岩石，被破碎的岩碴不断被压气从孔底吹至孔外，直至形成炮孔。

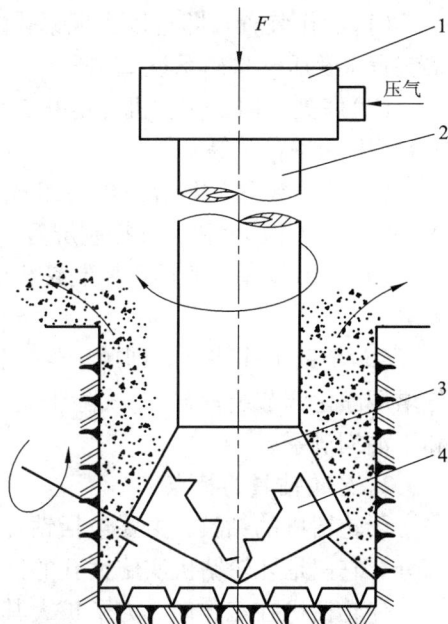

**图6－18　牙轮钻机钻孔工作原理**
1—加压、回转机构；2—钻杆；3—钻头；4—牙轮

**1. 总体结构**

当前，虽然国内、外牙轮钻机的种类繁多，但是根据钻孔工作的需要，它们的总体构造基本上是相似的。现以滑架式KY－310型牙轮钻机为例（如图6－19所示），说明牙轮钻机的组成。

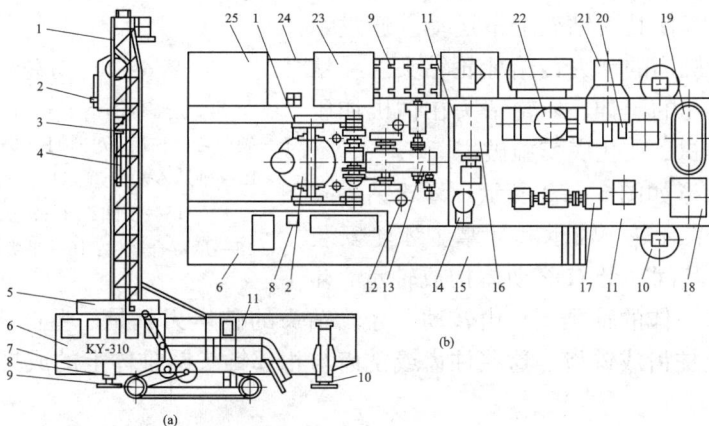

**图6－19　KY－310型牙轮钻机总体构造**
（a）钻机外形（主视）；（b）平面布置（俯视）
1—钻架装置；2—回转机构；3—加压提升系统；4—钻具；5—空气增压净化调节装置；6—司机氢；7—平台；
8、10—后、前千斤顶；9—履带行走机构；11—机间；12—起落钻架油缸；13—主传动机构；
14—干油润滑系统；15、24—右、左走台；16—液压系统；17—直流发电机组；18—高压开关柜；19—变压器；
20—压气控制系统；21—空气增压净化装置；22—压气排碴系统；23—湿式除尘装置；25—干式除尘装置

（1）工作装置。即直接实现钻孔的装置，包括有钻具 4、回转机构 2、加压提升系统 3、钻架装置 1 及压气排碴系统 22 等。

（2）底盘。用于使钻机行走并支承钻机的全部重量的装置，包括有履带行走机构 9、千斤顶 8、10 和平台 7 等。

（3）动力装置。即给钻机各组成部件提供动力的装置，包括直流发电机组 17、变压器 19、高压开关柜 18 和电气控制屏等。

（4）操纵装置。即用于控制钻机的各部件，包括有操纵台、各种控制按钮、手柄、指示仪表等。

（5）辅助工作装置。即用于保证钻机正常、安全地工作，包括有司机室 6、机械间 11、空气增压净化调节装置 5、干式除尘装置 25、湿式除尘装置 23、液压系统 16、压气控制系统 20 和干油润滑系统 14 等。

**2. 牙轮钻具的特点**

牙轮钻机的钻具，主要包括钻杆、牙轮钻头两部分。它们是牙轮钻机实施钻孔的工具。

牙轮钻机在工作时，为了扩大其钻孔孔径，或者为了减少来自钻具的冲击振动负荷，钻凿出比较规整的爆破孔，在牙轮钻具上还常安装扩孔器、减振器、稳定器等辅助机具，这些都归为钻具部分。

钻杆的上端拧在回转机构的钻杆连接器上，下端和牙轮钻头连接在一起。由减速器主轴来的压气，经空心钻杆从钻头喷出吹洗孔底并排出岩碴。

钻孔时，牙轮钻机利用回转机构带动钻具旋转，并利用回转小车使其沿钻架上下运动。通过钻杆，将加压和回转机构的动力传给牙轮钻头。在钻孔过程中，随着炮孔的延伸，牙轮钻头在钻机加压机构带动下不断推进，在孔底实施破岩。

牙轮钻头的外形如图 6-20 所示。牙轮钻头有3 个主要组成部分：牙轮、轴承和牙掌。牙轮安装在牙掌的轴颈上，其间还装有滚动体构成轴承，牙

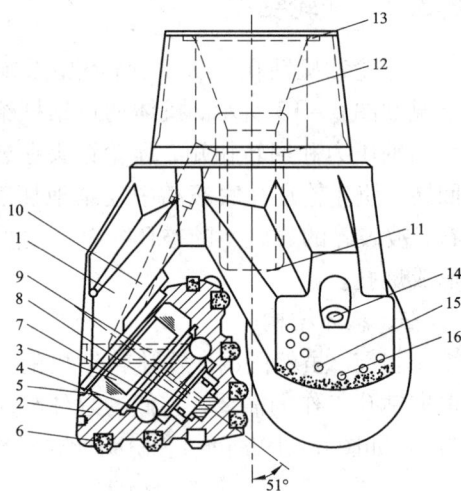

图 6-20 牙轮钻头结构

1—牙爪；2—牙轮；3—轴颈；4—滚珠；5—滚柱；
6—硬质合金柱齿；7—轴套；8—止推块；9—塞销；
10—轴承冷却风道；11—喷管；12—挡碴网；
13—压圈；14—加工定位孔；
15—爪背合金柱；16—爪尖硬质合金堆焊层

轮受力后即可在钻头体的轴颈上自由转动。牙轮钻头的破岩刃具是一些凸出于圆锥体锥面，并成排排列的合金柱齿或铣齿。这些柱齿或铣齿与相邻钻头圆锥体上的成排柱齿或铣齿交错啮合。

牙轮钻机工作时，钻杆以较高的轴向压力将钻头压在岩石上，并带着钻头转动，由于牙轮自由地套装在钻头轴承的轴颈上，并且岩石对牙轮有很大的滚动阻力，牙轮便在钻头旋转的摩擦阻力作用下绕自身的轴线自转。牙轮的旋转是牙轮钻机钻进破岩的基础。

由于牙轮旋转，牙轮表面的铣齿或镶嵌其上的柱齿不断地冲击岩石，在这种冲击力作用下使岩石发生破碎；而对破碎软岩，剪切和刮削力是提高破岩效果的重要因素，它是通过牙轮的偏心安装，从而在岩石面上产生相对滑动而实现的。

### 3. 牙轮钻机技术性能

KY 系列牙轮钻机技术性能如表 6 - 2 所示。

表 6 - 2 KY 系列牙轮钻机技术性能表

| 型号 | KY150A | KY150B | KY200 | KY200A | KY250A | KY250B | KY250C | KY310 | KY380 |
|---|---|---|---|---|---|---|---|---|---|
| 钻孔直径 /mm | 150 | 150 | 150 ~ 200 | 150 ~ 200 | 220 ~ 250 | 150 ~ 250 | 250 | 250 ~ 310 | 310 ~ 380 |
| 钻孔方向 /(°) | 65 ~ 90 | 90 | 70 ~ 90 | 70 ~ 90 | 90 | 90 | 90 | 90 | 90 |
| 钻孔深度 /m | 17 | 17 | 15.21 | 15 | 17 | 18 | 18 | 17.5 | 17 |
| 最大轴压 /kN | 160 | 120 | 196 | 196 | 207.353 | 450 | 400 | 500 | 550 |
| 钻进速度 /m·min⁻¹ | 0 ~ 2 | 0 ~ 3 | 0 ~ 3 | 0 ~ 3 | 0 ~ 2.1 | 0 ~ 9 | 0 ~ 2.5 | 0 ~ 0.98 | 0 ~ 8.8 |
| 转速 /r·min⁻¹ | 0 ~ 113 | 0 ~ 120 | 0 ~ 100 | 0 ~ 120 | 0 ~ 88 | 0 ~ 88 | 0 ~ 150 | 0 ~ 100 | 0 ~ 108 |
| 扭矩 /Nm | 7565 | 5500 | 9197 | 9375 | 6270 | 16910 | 13500 | 7210 | 8829 |
| 提升速度 /m·min⁻¹ | 0 ~ 23 | 0 ~ 19 | 0 ~ 20 | 0 ~ 17.67 | 0 ~ 21.8 | 0 ~ 26 | 0 ~ 20 | 0 ~ 20 | 0 ~ 19.8 |
| 行走方式 | 履带 | 液压驱动履带 | 液压驱动履带 | 液压驱动履带 | 履带 | 履带 | 液压驱动履带 | 液压驱动履带 | 履带 |
| 行走速度 /km·h⁻¹ | 1.3 | 1.3 | 1 | 1 | 0.73 | 0.73 | 1.2 | 0 ~ 1 | 0 ~ 1 |
| 爬坡能力 /(°) | 12 | 14 | 12 | 12 | 12 | 14 | 14 | 12 | 14 |
| 排碴风量 /m³·min⁻¹ | 18 | 19.5 | 18 | 27 | 30 | 30 | 40 | 50 | 50 |
| 排碴风压 /MPa | 0.4 | 0.5 | 0.35 | 0.4 | 0.35 | 0.45 | 0.4 | 0.35 | 0.35 |
| 安装功率 /kW | 240 | 315 | 320 | 320 | 400 | 500 | 500 | 405 | 630 |
| 钻架竖起长 /mm | 9300 | 9750 | 8720 | 9120 | 12108 | 14980 | 13720 | 13835 | 13010 |
| 钻架竖起宽 /mm | 4060 | 3500 | 3580 | 4080 | 6215 | 6950 | 7040 | 5695 | 6435 |
| 钻架竖起高 /mm | 14580 | 14817 | 12335 | 14395 | 25022 | 25080 | 27620 | 26326 | 26980 |
| 钻架放倒长 /mm | 14227 | 14247 | 12225 | 13285 | 24276 | 27680 | 27400 | 26606 | 26380 |
| 钻架放倒宽 /mm | 4060 | 3500 | 3580 | 4080 | 6215 | 6950 | 7040 | 5695 | 6435 |
| 钻架放倒高 /mm | 5447 | 5090 | 5100 | 5100 | 7214 | 6675 | 7650 | 7620 | 6340 |
| 动力方式 | | 油缸加压提升 | 油缸加压提升 | | | | 全液压驱动 | | |
| 整机质重 /t | 33.6 | 41.246 | 38.948 | 48 | 93 | 107 | 105 | 123 | 125 |

## 6.4 装药机械

长期以来，机械化装药一直是爆破人员的主攻目标，它对降低劳动强度，保证人身安全及提高装药速度有很大作用。目前，国内外使用的装药器械，主要有装药器和装药台车。装药器是通过容器和管道，用压缩空气将散装炸药压入炮孔。按其原理分为喷射式、压入式和喷射－压入联合式；按携带方式不同，有小型轻便式和自行式。装药台车是一种在长大隧道施工中，将人员、物品提升起来，送至工作面进行装药的设备。人工和半机械化装药的作业方式如表6-3所示。

表6-3 人工和半机械化装药的作业方式

| 类型 | 示图 | 生产能力/ kg · min$^{-1}$ | 类型 | 示图 | 生产能力/ kg · min$^{-1}$ |
|---|---|---|---|---|---|
| PORTANOL 小型轻便式装药器 30~50L | | 5~7 | JETANOL 人工装药 100~300L | | 15~20 |
| ANOL 人工装药 100~300L | | 30~75 | 半机械化装药 150~750L | | 20~30 |
| 半机械化装药 100~750L | | 30~80 | | | |

**1. 装药器结构**

BQF-100型装药器的结构，如图6-21所示。该装药器是压气为动力的装药设备，所装的炸药为散装炸药，炸药由上药料斗6装入，装药量由桶体的体积确定，在封闭上药料斗6后，压气由分气支腿1进入，然后分成两路：一路由进气阀3控制进入桶体11的上部，将桶体11内的炸药压入挂药阀12内；另一路由吹风阀2控制，进入塑料输药管13，将管内炸药吹入炮孔内。

**2. 装药台车的结构特点**

PT-100/2XHL75型装药台车由PT-100型底盘、ANOL500DARC装药器、BT4E空压机和HL75型工作平台等组成，如图6-22所示。

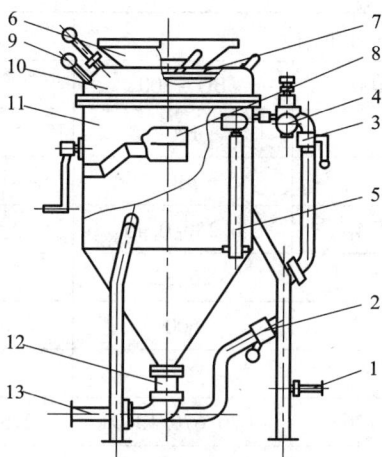

图 6 – 21　BQF – 100 型装药器结构

1—分气支腿；2—吹风阀；3—进气阀；4—调压阀；5—抬杠；6—上药料斗；
7—顶盖；8—搅拌器；9—放气阀；10—封头；11—桶体；12—挂药阀；13—塑料输药管

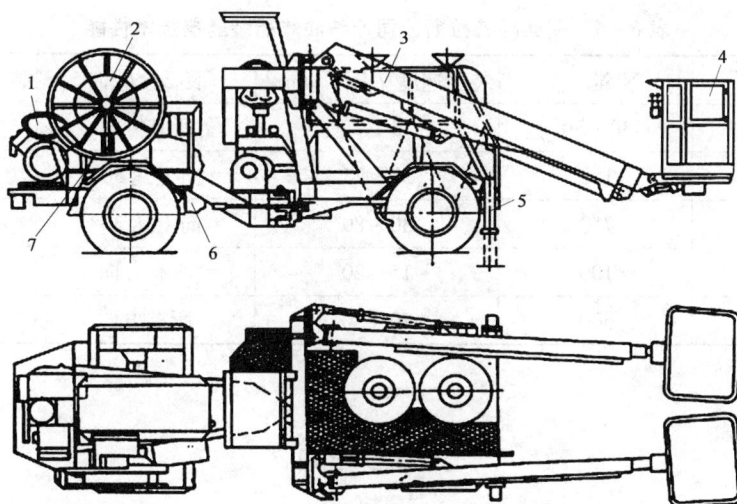

图 6 – 22　PT – 100/2XHL75 型装药台车

1—空压机；2—电缆卷筒；3—装药器；4—工作平台；5—液压支腿；6—变压器；7—发动机

　　两个容器为 500 L 的炸药罐装于台车上，罐的容量大小足够一个循环所需要的炸药量，不用人力装卸炸药。每个炸药罐有两个出料口，可供 4 人用 4 根软管同时装药。空压机是为装药器提供压缩空气动力。

**3. 装药器和装药台车的主要技术性能**

（1）国产装药器的主要技术性能见表 6 – 4 所示。

表 6 - 4 国产装药器的主要技术性能参数

| 类型 | 有 搅 拌 装 置 | | 无 搅 拌 装 置 | |
|---|---|---|---|---|
| | BQF - 100 | BQ - 100 | AYZ - 150 | BQ - 200 |
| 药桶装药量/kg | 100 | 100 | 115 | 200 |
| 药桶容积/L | 150 | 130 | 150 | 300 |
| 工作风压/MPa | 0.2 ~ 0.4 | 0.25 ~ 0.45 | 0.25 ~ 0.45 | 0.3 ~ 0.8 |
| 输药管内径/mm | 25/32 | 25/32 | 25/32 | 25/32 |
| 装药效率/kg·h$^{-1}$ | 600 | 600 | 500 | 800 |
| 质量/kg | 85 | 65 | 125 | 179 |
| 外形尺寸/mm | 980/760/1265 | 676/676/1360 | 1275/1160/1540 | 2100/1050/1790 |
| 移动方式 | 手抬式 | 手抬式 | 手推胶轮式 | 手推胶轮式 |
| 厂家 | 长治矿机厂 | 长治矿机厂 | 太原五一机器厂 | 长治矿机厂 |

（2）瑞典阿特拉斯公司产的铵油炸药装药器的主要技术性能参数，见表 6 - 5。

表 6 - 5 瑞典阿特拉斯公司产铵油炸药装药器技术性能

| 类型 | 容量/L | 装药速度/kg·min$^{-1}$ | 装药方向 | 装药密度/kg·L$^{-1}$ |
|---|---|---|---|---|
| PORTANOL 手提式 | 30 ~ 50 | 5 ~ 7 | 所有方向 | 0.95 |
| ANOL150 | 150 | 30 ~ 75 | 向上达30° | 0.9 |
| ANOL750 | 750 | 30 ~ 80 | 向上达30° | 0.9 |
| JET ANOL100 | 100 | 15 ~ 20 | 所有方向 | 1.0 |
| JET ANOL500 | 500 | 20 ~ 30 | 所有方向 | 1.0 |

# 复习思考题

1. 影响钻孔速度的因素有哪些？
2. 如何根据岩石的可钻性来选择凿岩机械？
3. 简述机械凿岩机理。
4. 常见的浅孔凿岩机械有哪些？分别适用于什么场合？
5. 常见的深孔凿岩机械有哪些？分别适用于什么场合？
6. 机械装药的类型有哪些？

# 第 7 章　工业炸药

众所周知，炸药是人们经常利用的二次能源，它不仅用于军事目的，而且广泛应用于国民经济各个部门，通常将前者称为军用炸药，后者称为工业炸药或矿用炸药。目前，世界上所用的工业炸药大多是以硝酸铵为主要成分配制的，随着时代的不断进步，硝铵类炸药的性能越来越优越。本章介绍的工业炸药基本是以炸药发明的年代顺序为轴线展开的。

## 7.1　基本概念

### 7.1.1　工程爆破对炸药的基本要求

如前所述，炸药就是具备有化学爆炸三要素的物质，但具备有化学爆炸三要素的物质只能归类为爆炸物品，而规范的"炸药"概念赋有更深的内涵。

工业炸药的质量和性能对工程爆破的效果和安全均有较大的影响，因此为保证获得较佳的爆破质量，被选用的工业炸药应满足如下基本要求：

①具有较低的机械感度和适度的起爆感度，既能保证生产、贮存、运输和使用过程中的安全，又能保证使用操作中方便顺利的起爆。

②爆炸性能好，具有足够的爆炸威力，以满足不同矿岩的爆破需要。

③其组分配比应达到零氧平衡或接近于零氧平衡，以保证爆炸后有毒气体生成量少，同时炸药中应不含或少含有毒成分。

④有适当的稳定贮存期。在规定的贮存期间内，不应变质失效。

⑤原料来源广泛，价格便宜。

⑥加工工艺简单，操作安全。

### 7.1.2　炸药的分类

炸药分类方法很多，目前还没有建立起统一的分类标准，一般可根据炸药的组成、用途和主要化学成分进行分类，工业炸药还可以根据使用条件的不同进行分类。联合国危险物品运输专家委员会则是按照运输要求对炸药进行分类的。

**1. 按炸药组成分类**

（1）单质炸药

单质炸药系指碳、氢、氧、氮等元素以一定的化学结构存在于同一分子中，并能自身发生迅速氧化还原反应释放出大量热能和气体产物的物质。例如，梯恩梯、黑索金、奥克托金、泰安、硝化甘油、硝化乙二醇等。

（2）混合炸药

混合炸药系指由两种或两种以上的成分所组成的机械混合物，既可以含单质炸药，也可以不含单质炸药，但应含有氧化剂和还原剂（或称可燃剂）两部分，而且二者是以一定的比例均匀混合在一起的，当受到外界能量激发时，能发生爆炸反应。混合炸药是目前工程爆破中应用最广、品种最多的一类炸药。

**2. 按炸药用途分类**

（1）起爆药

起爆药主要用于起爆其他工业炸药。这类炸药的主要特点是：①敏感度较高。在很小的外界热能或机械能作用下就能迅速爆轰。②与其他类型炸药相比，它们从燃烧到爆轰的时间极为短暂。最常用的起爆药有雷汞、叠氮化铅、斯蒂酚酸铅、二硝基重氮酚等。这类炸药主要用来制造各种起爆器材。

（2）猛炸药

与起爆药不同，这类炸药具有相当高的稳定性。也就是说，它们比较钝感，需要有较大的能量作用才能引起爆炸。在工程爆破中多数是用雷管或其他起爆器材起爆。常用的梯恩梯、乳化炸药、浆状炸药、铵油炸药和铵梯炸药等都是猛炸药。

（3）发射药

又称火药，主要用做枪炮或火箭的推进剂，也有用做点火药、延期药的。它们的反应过程是迅速燃烧。

（4）烟火剂

烟火剂基本上也是由氧化剂与还原剂组成的混合物，其主要变化过程是燃烧，在极个别的情况下也能爆轰。一般用来装填照明弹、信号弹、燃烧弹等。

**3. 按工业炸药主要化学成分分类**

（1）硝铵类炸药

以硝酸铵为其主要成分，加上适量的可燃剂、敏化剂及其附加剂的混合炸药均属此类，这是目前国内外工程爆破中用量最大、品种最多的一大类混合炸药。

（2）硝化甘油类炸药

以硝化甘油或硝化甘油与硝化乙二醇混合物为主要爆炸组分的混合炸药均属此类。就其外观状态来说，有粉状和胶质之分；就耐冻性能来说，有耐冻和普通之分。

（3）芳香族硝基化合物类炸药

凡是苯及其同系物，如甲苯，二甲苯的硝基化合物以及苯胺、苯酚和萘的硝基化合物均属此类。例如，梯恩梯（TNT）、二硝基甲苯磺酸钠（DNTS）等。这类炸药在我国工程爆破中用量不大。

**4. 按物理形态分类**

（1）固体炸药：这种炸药是最常见的形态，并可分为粉状、粒状、铸状和凝胶体等。

（2）液体炸药：这种炸药有化合炸药，如硝化甘油、硝基甲烷、硝基苯等，也有液相和固相的混合炸药。

（3）塑体或胶体炸药：这种炸药的形态介于固体和液体之间。

（4）气相炸药：这种炸药指可发生化学爆炸的混合型气体。

**5. 按使用条件分类**

第一类：准许在一切地下和露天爆破工程中使用的炸药，包括有瓦斯和矿尘爆炸危险的矿山。

第二类：准许在地下和露天爆破工程中使用的炸药，但不包括有瓦斯和矿尘爆炸危险的矿山。

第三类：只准许在露天爆破工程中使用的炸药。

第一类是安全炸药，又叫做煤矿许用炸药。第二类和第三类是非安全炸药。第一类和第二类炸药每千克炸药爆炸时所产生的有毒气体不能超过安全规程所允许的量。同时，第一类炸药爆炸时还必须保证不会引起瓦斯或矿尘爆炸。

**6. 按联合国危险物品运输规定分类**

为了安全地运输危险物品，联合国危险物品运输专家委员会从国际宏观角度出发，将危险物品定义并分类，对于危险物品的包装方法、表征、捆扎、标识以及运输时的必要文件等都做了规定，并以公告的形式予以公布。

在这个公告中危险物品被划分为9个类别，火炸药等爆炸物品属于第一个类别。在这个类别下又根据不同火炸药及装置所具有的特性不同而细分为6个级别，即等级1.1~1.6。为了运输时能混装又将不同级别的火炸药与装置划分为13个隔离区。现将联合国危险物品运输分类公告中的第一类别的6个级别列于表7-1,13个隔离区列于表7-2。

**表7-1　联合国危险物品运输分类公告中的 I 类 6 个级别**

| 等级1.1 | 具有大量爆炸危险的物质与装置。所谓大量爆炸系指能瞬时影响全部货物的爆炸 |
| --- | --- |
| 等级1.2 | 没有大量爆炸的危险,但具有飞散危险的物质与装置 |
| 等级1.3 | 没有大量爆炸的危险,但具有火灾和弱爆燃或飞散危险或者这两种危险都有的物质与装置。例如:①能放出大量辐射热的物质和装置;②能发生弱爆燃或飞散或者两者同时发生,且又能逐渐燃烧的物质 |
| 等级1.4 | 没有显著爆炸危险的物质和装置。在这个级别中的物质和装置在运输过程中即使发生点火或点爆的情况,也只有小的危险。其影响基本上局限于包装内的物质,不会有更大程度或飞散碎片的影响。如果有外部火灾,运输物也不会引起瞬时的爆炸。<br>注:该级别中的物质和装置,在包装内偶有发火或外部火灾,只局限于内部而不损伤包装。如由于外部火灾损伤了装包,也不能妨碍对运输物周围的灭火活动或其他非常措施,这样的装置应放到隔离区 S 中 |
| 等级1.5 | 具有大量爆炸危险,但非常钝感的物质和装置。在这个级别中的物质具有大量爆炸危险,但由于非常钝感,在通常运输状态下点火或点爆或者由燃烧转爆轰的可能性非常小。<br>注:在船舶中大量运输时,由于燃烧转爆轰的可能性非常小 |
| 等级1.6 | 没有大量爆炸危险,而且极其钝感的物质和装置。在这个等级中的物质是极其钝感的,可以不考虑其偶然点爆或传爆的可能性。<br>注:这个级别中物质危险只限于单个物品的爆炸 |

表 7 – 2　Ⅰ类危险物品划分为 13 个隔离区

| 区分的物质或装置的种类 | 隔离区 | 分类规则 | 举例 |
|---|---|---|---|
| 起爆药 | A | 1.1 A | |
| 内部含起爆药的物品,它不会有 2 个以上的安全装置 | B | 1.1B, 1.2B, 1.4B | 电雷管 |
| 发射药、推进剂或有爆燃性的爆炸物质或者含有这些物质的装置 | C | 1.1C, 1.2C, 1.3C, 1.4C | 捕鲸炮用的发射药包 |
| 猛炸药、黑火药或内藏猛炸药的物品,但它们不含有起爆药和发射药。另外,如果有内含起爆药的物品,应具有 2 个以上独立的安全装置 | D | 1.1D | 硝甘炸药 含水炸药 |
| | | 1.2D,1.4D,1.5D | 铵油炸药 |
| 内含猛炸药的物品,且具有点火装置和发射药 | E | 1.1E, 1.2E, 1.4E | |
| 内含猛炸药的物品,并含有点火装置 | F | 1.1F, 1.2F, 1.3F, 1.4F | |
| 烟火剂或含有烟火剂的物品。另外,火药、照明剂、燃烧剂、催泪剂或含有发烟剂的物品 | G | 1.1G, 1.2G 1.3G,1.4G | 导火索 |
| 爆发性物质或含有白磷的物品 | H | 1.2H, 1.3H | |
| 爆发性物质和含有易点火的液体或凝胶物质的物品 | J | 1.1J, 1.2J, 1.3J | |
| 爆发性物质和含有有毒化学药剂的物品 | K | 1.2K, 1.3K | |
| 爆发性物质或内含爆发性物质的物品,但它们有特别的危险性需要隔离 | L | 1.1L, 1.2L, 1.3L | |
| 含有可爆轰的物质,但它是极其钝感的物品 | N | 1.6N | |
| 爆炸性物质或含有爆发性物质的物品,在包装内偶有发火或外部火灾,但不损伤包装,爆炸只限于包装内,不影响周边的灭火和其他措施 | S | 1.4S | 混凝土破碎器 |

## 7.1.3　炸药的安定性

炸药的安定性是指炸药在长期贮存中,保持原有物理化学性质的能力。有物理安定性与化学安定性之分。研究炸药的安定性,对制造、贮存、使用炸药有实际意义。

物理安定性主要是指炸药的吸湿性、挥发性、可塑性、机械强度、结块、老化、冻结、收缩等一系列物理性质。物理安定性的大小取决于炸药的物理性质。如在保管、使用硝化甘油类炸药时,由于炸药易挥发收缩、渗油、老化和冻结,导致炸药变质,严重影响保管和使用的安全性及爆炸性能;又如铵油炸药和 2 号岩石硝铵炸药易吸湿、结块,导致炸药变质严重,影响使用效果。

炸药化学安定性的大小取决于炸药的化学性质及常温下化学分解速度的大小,特别是取决于贮存温度的高低,有的炸药要求贮存条件较高,如 5 号浆状炸药要求不会导致硝酸铵重结晶的库房温度是 20 ~ 30℃，而且要求通风良好。

# 7.2　单质起爆药与猛炸药

## 7.2.1　单质起爆药

**1. 雷汞**

雷汞学名雷酸汞，分子式 $Hg(ONC)_2$，相对分子质量 284.65，为白色或灰白色八面体结晶（白雷汞或灰雷汞），属斜方晶系列。机械撞击、摩擦和针刺感度均较高，起爆力和安定性均次于叠氮化铅。晶体密度 4.42 g/cm³，表观密度 1.55 ~ 1.75 g/cm³，爆发点 210℃（5 s），爆燃点 160℃，50℃ 以上即自行分解。湿的雷汞易与铝作用而生成极危险的雷酸盐，故雷汞不允许装入铝壳之中。

近百年来，雷汞一直是雷管的主装药和火帽击发药的重要组分，但由于它有毒，热安定性和耐压性差，同时含雷汞的击发药易腐蚀膛和药筒，故已逐渐为其他起爆药所取代，在我国已基本被淘汰。

**2. 叠氮化铅**

叠氮化铅（简称氮化铅）的分子式为 $Pb(N_3)_2$，相对分子质量 291.26。氮化铅爆轰成长期短，能迅速转变为爆轰，因而起爆能力大（比雷汞大几倍）。氮化铅还具有良好的耐压性能和良好的安全性（50℃ 下可储存数年），水分含量增加时其起爆力也无显著降低。和目前常用的其他几种起爆药相比，叠氮化铅是性能优良的一种起爆药，但也存在一定的缺点，如火焰感度和针刺感度较低，在空气中，特别是在潮湿的空气中，叠氮化铅晶体表面上会生成一薄层对火焰不敏感的碱性碳酸盐。为了改善氮化铅的火焰感度，在装配火雷管时，常用对火焰敏感的三硝基间苯二酚铅压装在氮化铅的表面，用以点燃氮化铅，同时还可以避免空气中水分和 $CO_2$ 对氮化铅的作用。另外，氮化铅受日光照射后容易发生分解，生产过程中容易生成有自爆危险的针状晶体等。

叠氮化铅是白色结晶体，可以形成四种晶型（α-，β-，γ- 及 δ-），与雷汞或二硝基重氮酚比较，氮化铅的热感度较低，但起爆威力较大。氮化铅不因潮湿而失去爆炸能力，可用于水下起爆。由于氮化铅在有 $CO_2$ 存在的潮湿环境中易与铜发生作用而生成极敏感的氮化铜，因此氮化铅雷管不可用铜质管壳而必须采用铝壳或纸壳。

氮化铅含有重金属、有毒，对环境污染大，生产成本高，近年在我国已很少使用。

**3. 二硝基重氮酚**

二硝基重氮酚，学名 4，6 - 二硝基重氮酚，简称 DDNP，分子式 $C_6H_2N_4O_5$，相对分子质量 210.11。

DDNP 系一种做功能力可与梯恩梯相比的单质炸药，纯品为黄色针状结晶，工业品为棕紫色球形聚晶。撞击和摩擦感度均低于雷汞及纯氮化铅而接近糊精氮化铅，火焰感度高于糊精氮化铅而与雷汞相近。起爆力为雷汞的两倍，但密度低，耐压性和流散性较差。50℃ 下放置 30 个月无挥发。微溶于四氯化碳及乙醚，25℃ 时在水中溶解度为 0.08%，可溶于丙酮、乙醇、甲醇、乙酸乙酯、吡啶、苯胺及乙酸。晶体密度 1.639 g/cm³，表观密度 0.27 g/cm³，干燥的二硝基重氮酚 75℃ 时开始分解，熔点 157℃，爆发点 195℃（5 s），爆燃点 180℃。由于二硝基重氮酚的原料来源广、生产工艺简单、安全、成本较低,而且具有良好的起爆性能,20 世纪 40 年代后,DDNP 作为工业雷管装药取代了雷汞,还用于装填电雷管和毫秒延期雷管及其他火工品,是目前用量最大的单质起爆药之一。

### 7.2.2　单质猛炸药

**1. 梯恩梯**

梯恩梯学名三硝基甲苯,英文缩写为 TNT,分子式为 $C_6H_2(NO_2)_3CH_3$ 或 $C_7H_5N_3O_6$,相对分子质量为 227。梯恩梯一般呈淡黄色鳞片状晶体,晶体密度 1.66 $g/cm^3$,晶体堆积密度 0.9 ~ 1.0 $g/cm^3$,熔融梯恩梯密度 1.464 $g/cm^3$(81℃)。纯梯恩梯的熔点 80.65℃。梯恩梯的吸湿性很小,难溶于水,易溶于甲苯、丙酮和乙醇等有机溶剂中。梯恩梯的热安定性很高,在常温下贮存 20 年无明显变化。梯恩梯能被火焰点燃,在密闭或堆量很大的情况下燃烧,可以转化为爆炸。它的机械感度较低,但如混入细砂类硬质掺和物时则容易引爆。

梯恩梯的爆炸性质与许多因素有关。通常条件下,撞击感度 4% ~ 8%(10 kg 锤,25 cm 落高),摩擦感度为 4% ~ 6%,爆发点为 290 ~ 300℃,做功能力 285 ~ 300 mL,猛度 16 ~ 17 mm。密度为 1.21 $g/cm^3$ 时,爆速 4720 m/s;密度为 1.62 $g/cm^3$ 时,爆速 6990 m/s,爆热 3810 ~ 4229 kJ/kg,爆容 750 ~ 770 L/kg。

梯恩梯有广泛的军事用途。许多炸药厂采用精制梯恩梯作雷管中的加强药或硝铵类炸药中的敏化剂。

梯恩梯也是一种有毒的物质,其粉尘、蒸气主要是通过皮肤侵入人体内,其次是通过呼吸道。在生产和使用中接触梯恩梯和铵梯炸药均有可能中毒,主要是引起中毒性肝炎和再生障碍性贫血,结果导致黄疸病、青紫病、消化功能障碍及红、白血球减少等症,严重时可致死。此外,还可以引起白内障,影响生育功能等。

**2. 黑索金**

黑索金即环三次甲基三硝胺 $C_3H_6N_3(NO_2)_3$,简称 RDX。黑索金为白色晶体,熔点 204.5℃,爆发点 230℃,不吸湿,几乎不溶于水。黑索金热安定性好,其机械感度比梯恩梯高。黑索金的爆热值为 5350 kJ/kg,爆力 500 mL,猛度(25 g 药量)16 mm,爆速 8300 m/s。由于它的威力和爆速都很高,除用作雷管中的加强药外,还可用作导爆索的药芯或同梯恩梯混合制造起爆药包。

**3. 特屈儿**

特屈儿即三硝基苯甲硝胺 $C_6H_2(NO_2)_3 \cdot NCH_3NO_2$,简称 CE。它是淡黄晶体,难溶于水,热感度及机械感度均高,爆炸性能好,爆力 475 mL,猛度 22 mm。特屈儿容易与硝酸铵强烈作用而释放热量导致自燃。

**4. 泰安**

泰安即季戊四醇四硝酸酯 $C(CH_2NO_2)_4$,简称 PETN。它是白色晶体,几乎不溶于水。泰安的爆力 500 mL,猛度(25 g 药量时)15 mm,爆速 8400 m/s。泰安的爆炸特性与黑索金相近,用途相同。

## 7.3　硝酸铵系列炸药

### 7.3.1　硝酸铵

硝酸铵缩写代号 AN，分子式为 $NH_4NO_3$，相对分子质量为 80.04 g/mol，氧平衡为 + 19.98%，熔点为 169.6℃。

用于制备炸药的工业硝酸铵有结晶状和多孔粒状之分。硝酸铵的堆积密度决定于颗粒度，一般粉状硝酸铵为 0.80 ~ 0.95 g/cm³，多孔粒状硝酸铵为 0.75 ~ 0.85 g/cm³。常温常压下，纯净硝酸铵是白色无结晶水的结晶体，工业硝酸铵由于含有少量铁的氧化物而略呈淡黄色。

硝酸铵是一种非常钝感的弱爆炸性物质，其撞击感度、摩擦感度和射击感度均为零。硝酸铵的爆轰感度很低，除有坚固的金属外壳外，一般不能用雷管或导爆索起爆，而需采用强力的起爆药柱起爆。在完全爆轰的条件下，硝酸铵的爆热为 1612 kJ/kg，爆温为 1100 ~ 1360℃，爆容为 980 L/kg。密度为 0.75 ~ 1.10 g/cm³ 时，硝酸铵的爆速为 1100 ~ 2700 m/s；硝酸铵的做功能力为 180 mL，猛度为 1.2 ~ 2.0 mm，爆压为 3.6 GPa；干燥磨细硝酸铵的临界直径为 100 mm（钢筒）。

硝酸铵的主要缺点是具有较强的吸湿性和结块性。吸湿现象的产生是由于硝酸铵对空气中的水蒸气有吸附作用，并且通过毛细管作用，在硝酸铵颗粒的表面形成薄薄的一层水膜。硝酸铵易溶于水中，因而水膜会逐渐变成饱和溶液；只要空气中的水蒸气压力大于硝酸铵饱和溶液水蒸气压力，硝酸铵就会继续吸收水分，一直到两者的压力相等时为止。

实践证明，硝酸铵的结块性与其吸湿性有密切关系。当硝酸铵颗粒吸湿以后，在颗粒表面逐渐形成饱和溶液膜（图7-1），通过表面张力和毛细管作用，使饱和溶液膜在颗粒之间搭成"液桥"。随着温度的下降，从"液桥"中析出坚硬致密的晶粒，并将硝酸铵颗粒牢固地粘结成块状。

硝酸铵晶形的互变性质，对其结块性也有较大的影响。通常，硝酸铵有正方形、α菱形、β菱形、斜六面体和正六面体五种晶形，每一种晶形均

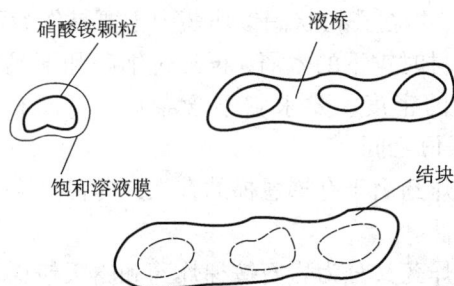

图 7-1　硝酸铵结块过程简图

在一定的温度下才能稳定。当温度上升到 32.3℃ 时，α菱形晶体的体积增加 3%，同时分裂成为 β菱形晶体，该晶体像水泥吸水一样，甚易结成硬块。

由此可见，为了防止硝酸铵的结块，应在防潮的前提下，加入适量的疏松剂（如木粉等）或晶形改变剂（如十八烷胺等）。

为了提高硝酸铵颗粒本身的抗水性，可加入防潮剂。在爆破工程中，常见的防潮剂有两类：一类是憎水性物质，如松香、石蜡、沥青和凡士林等，它们覆盖在硝酸铵颗粒表面上，使

其与空气隔离，从而起到防潮作用；另一类是活性物质(例如硬脂酸钙、硬脂酸锌等)，它们的分子结构一端为体积较大的憎水性基团(硬脂酸根)，另一端为体积较小的亲水性基团(金属离子)。这些活性物质加入硝酸铵中以后，它们的亲水性基团将朝向硝酸铵的颗粒表面，而憎水性基团则朝向外部，因而能起到防潮作用。

硝酸铵早在1658年就制得，一直作为农业化肥。1867年开始用来制造混合炸药。由于硝酸铵来源广泛、价格便宜、含氧丰富、安全性好，百多年来一直是工业炸药的主要原料。但其具有的吸湿性和结块性却是研究者不断攻克的技术难题。

为了克服硝酸铵的吸湿性和结块性，为了赋予硝酸铵类炸药能够具有抗水性能，工业炸药研究者们进行了百多年的不懈努力，先后研究出铵松蜡炸药、铵沥蜡炸药、浆状炸药、水胶炸药，直至现今的乳化炸药和粉状乳化炸药及其衍生系列炸药。

硝酸铵是一种氧化剂，能够和还原剂发生氧化还原反应。能与某些金属(如锌、铜、镉、铅、镍等)作用，所析出的氧可以引起燃烧而导致火灾；能在不太高的温度下氧化纸、布、麻等纤维物质而引起自燃。在密闭和高温情况下，可由燃烧转变为爆炸。尤其在潮湿条件下，硝酸铵与铜作用后生成安定性很差的亚硝酸盐，而这些亚硝酸盐与叠氮化铅的感度和猛度属同一等级，爆炸危险性加大。

硝酸铵与铝、锡不易起作用，所以在硝铵类炸药的生产中可使用铝、锡等金属制造的设备和工具。

## 7.3.2　铵梯炸药

铵梯炸药由硝酸铵、梯恩梯和木粉三种成分组成。各主要成分在铵梯炸药中的作用如下：

硝酸铵，硝酸铵是主要成分兼起氧化剂作用；

梯恩梯，梯恩梯为敏化剂兼起还原剂作用；

木粉，木粉在粉状硝铵炸药中主要是作为可燃剂，亦起松散和防结块作用。木粉是木材加工厂制材时锯下的木屑，再经过细碎和干燥后使用。木粉除了作疏松剂和可燃剂外，还能调节炸药的密度。要求它不含杂质、不腐朽、含水在4%以下，细度在0.83～0.35 mm(20～40目)之间。

铵梯炸药由于有梯恩梯的存在，具有雷管感度，适合于各种直径的炮孔爆破作业。但不具有抗水性。

铵梯炸药又分为岩石铵梯炸药和露天铵梯炸药。

### 1. 岩石铵梯炸药

只允许在无瓦斯、无矿尘爆炸危险的场合使用，且适合于在中硬及其以上矿岩爆破作业中使用的铵梯炸药，称为岩石铵梯炸药，俗称岩石炸药。由于该类炸药允许在地下工程使用，规定其爆炸后生成的有毒气体量不超过80 L/kg。根据是否具有抗水性能，还可将其分为抗水型和非抗水型两类。岩石炸药的主要品种和性能列于表7-3。

表7-3 常用岩石炸药的组分*和性能

| 组分和性能 | | 1号岩石铵梯炸药 | 2号岩石铵梯炸药 | 2号抗水岩石铵梯炸药 | 4号抗水岩石铵梯炸药 |
|---|---|---|---|---|---|
| 硝酸铵 | % | 82±1.5 | 85±1.5 | 85±1.5 | 79.2±1.5 |
| 梯恩梯 | | 14±1.0 | 11±1.0 | 11±0.5 | 20±1.5 |
| 木粉 | | 4±0.5 | 4±0.5 | 3.2±0.5 | |
| 沥青 | | | | 0.4±0.1 | 0.4±0.1 |
| 石蜡 | | | | 0.4±0.1 | 0.4±0.1 |
| 含水率/% | | ≤0.3 | ≤0.3 | ≤0.3 | ≤0.3 |
| 密度/g·cm$^{-3}$ | | 0.95~1.10 | 0.95~1.10 | 0.95~1.10 | 1.00~1.20 |
| 猛度/mm | | ≥13 | ≥12 | ≥12 | ≥14 |
| 做功能力/ml | | ≥350 | ≥298 | ≥298 | ≥338 |
| 殉爆距离/cm | | ≥6 | ≥5 | ≥5 | ≥6 |
| 爆速/m·s$^{-1}$ | | ≥3400 | ≥3200 | ≥3200 | |

*"组分"单位为"质量分数(%)",下同。

**2. 露天铵梯炸药**

适合在露天爆破作业中使用的铵梯炸药称为露天铵梯炸药,其常见炸药品种列于表7-4。

表7-4 几种露天铵梯炸药的组分与性能

| 组合和性能 | | 1号露天铵梯炸药 | 2号露天铵梯炸药 | 3号露天铵梯炸药 | 2号抗水露天炸药 |
|---|---|---|---|---|---|
| 硝酸铵 | % | 82±2.0 | 86±2.0 | 88±2.0 | 86±2.0 |
| 梯恩梯 | | 10±1.0 | 5±1.0 | 3±0.5 | 5±1.0 |
| 木粉 | | 8±1.0 | 9±1.0 | 9±1.0 | 8.2±1.0 |
| 沥青 | | | | | 0.4±0.1 |
| 石蜡 | | | | | 0.4±0.1 |
| 密度/g·cm$^{-3}$ | | 0.85~1.10 | 0.85~1.10 | 0.85~1.10 | 0.85~1.10 |
| 殉爆距离/cm | | ≥4 | ≥3 | ≥2 | ≥3 |
| 做功能力/ml | | ≥278 | ≥228 | ≥208 | ≥228 |
| 猛度/mm | | ≥11 | ≥8 | ≥5 | ≥8 |

## 7.3.3 铵油系列炸药

由硝酸铵和燃料油为主要成分的粒状或粉状(添加适量木粉)爆炸性混合物称为铵油炸药,亦称 ANFO 爆破剂。铵油炸药的原材料主要有硝酸铵、柴油和木粉。在柴油品种中,以轻柴油最为适宜。轻柴油黏度不大，易被硝酸铵吸附，混合均匀性好，挥发性较小，闪点不很低，有利于安全生产和产品质量。表 7-5 给出了我国几种主要轻柴油的质量标准。

表 7-5　我国各种牌号轻柴油的质量标准

| 项目 | 质量指标 | | | | |
|---|---|---|---|---|---|
| | 10 号 | 0 号 | -10 号 | -20 号 | -35 号 |
| 十六烷值，≮ | 50 | 50 | 50 | 45 | 43 |
| 恩氏黏度（20℃） | 1.2~1.67 | 1.2~1.67 | 1.2~1.67 | 1.15~1.67 | 1.15~1.67 |
| 灰分/%，≯ | 0.025 | 0.025 | 0.025 | 0.025 | 0.025 |
| 硫含量/%，≯ | 0.2 | 0.2 | 0.2 | 0.2 | 0.2 |
| 机械杂质 | 无 | 无 | 无 | 无 | 无 |
| 水分/%，≯ | 痕迹 | 痕迹 | 痕迹 | 痕迹 | 无 |
| 闪点（闭口）/℃，不低于 | 65 | 65 | 65 | 65 | 50 |
| 凝点/℃，不高于 | +10 | 0 | -10 | -20 | -35 |
| 水溶性酸或碱 | 无 | 无 | 无 | 无 | 无 |

　　夏天混制铵油炸药，一般选用 10 号轻柴油。在低温情况下，宜选用 -10 号、-20 号，并应保温，防止凝固。此外，为了改善铵油炸药的爆炸性能。常在铵油炸药中加入某些添加剂。例如，为了提高粉状铵油炸药的爆轰感度，加入木粉、松香等；为了提高威力，加入铝粉、铝镁合金粉；为了使柴油和硝酸铵混合均匀，进一步提高炸药的爆轰稳定性，加入一些阴离子表面活性剂（十二烷基磺酸钠，十二烷基苯磺酸钠）。

　　铵油炸药按其成分不同又可分为：

**1. 粉状和多孔粒状铵油炸药**

　　由于硝酸铵有结晶状和多孔粒状之分，其铵油炸药也相应有粉状铵油炸药和多孔粒状铵油炸药之分。前者采用轮辗机热辗混合加工工艺制备，后者一般采用冷混工艺制备。铵油炸药的组分配比，性能及适用条件列于表 7-6。

　　铵油炸药的质量受到成分、配比、含水率、硝酸铵粒度和装药密度等因素的影响。铵油炸药的爆速和猛度随配比的变化而变化。当轻柴油和木粉含量均为 4% 左右时，爆速最高，因此粉状铵油炸药较合理的成分配比是硝酸铵：柴油：木粉 = 92:4:4。随着铵油炸药中含水率的升高，其爆速明显下降，因此铵油炸药含水率愈小愈好。另外，多孔粒状硝酸铵吸油率较高，配制的炸药的松散性好，不易结块，生产工艺简便，便于在爆破现场直接配制和机械化装药。粉状铵油炸药的最佳装药密度为 0.95~1.0 g/cm³，粒状铵油炸药的最佳装药密度为 0.90~0.95 g/cm³。

　　铵油炸药原料来源丰富、加工工艺简单，成本低廉，生产、运输和使用较安全，具有较好的爆炸性能。但是，普通铵油炸药感度较低，不具有雷管感度，并具有吸湿结块性，故不能用于有水的工作面爆破。

表7-6 铵油炸药的组成配比、性能与适用条件

| 炸药名称 | | 1号铵油炸药(粉状) | 2号铵油炸药(粉状) | 3号铵油炸药(粒状) |
|---|---|---|---|---|
| 组分(%) | 硝酸铵 | 92±1.5 | 92±1.5 | 94.5±1.5 |
| | 柴油 | 4±1 | 1.8±0.5 | 5.5±1.5 |
| | 木粉 | 4±0.5 | 6.2±1 | |
| (≯)水分/% | | 0.25 | 0.8 | 0.8 |
| 装药密度/g·cm⁻³ | | 0.9~1.0 | 0.8~0.9 | 0.9~1.0 |
| 爆炸性能 | 殉爆距离/cm(≮) | 5 | — | — |
| | 猛度/mm(≮) | 12 | 18(钢管) | 18(钢管) |
| | 做功能力/mL(≮) | 300 | 250 | 250 |
| | 爆速/m·s⁻¹ | 3300 | 3800(钢管) | 3800(钢管) |
| 炸药保证期(d) | | 雨季7,一般15 | 15 | 15 |
| 炸药保证期内 | 殉爆距离/cm(≮) | 2 | | |
| | 水分/%(≯) | 0.5 | 1.5 | 1.5 |
| 适用条件 | | 露天或无瓦斯无矿尘爆炸危险，中硬以上矿岩的爆破工程 | 露天中硬以上矿岩的爆破和硐室大爆破工程 | 露天大爆破工程和地下中深孔爆破 |

**2. 重铵油炸药**

将油包水型(W/O)型乳胶基质按一定的比例掺混到粒状铵油炸药中，形成的乳胶与铵油炸药掺和物，称为重铵油炸药，在我国也称为乳胶粒状炸药。

在这种物理掺和物中，乳胶基质的质量分数(%)可由0变化为100%，铵油炸药则相应由100%变化为0。掺和物的性能随着两种组分的质量分数(%)和乳胶基质本身的特性的不同而变化，图7-2表示了这种变化关系。

重铵油炸药的抗水性能取决于乳胶基质的质量和掺和程度。一般地说，乳胶基质的掺入改善了铵油炸药的抗水性能，而且随着掺和物中乳胶基质的质量分数(%)的增加，其抗水性能也随之增强。重铵油炸药的感度与配方有关，目前具有雷管感度的重铵油炸药已投入使用，该类炸药取消了起爆药柱，可大大降低爆破成本、简化作业工序。

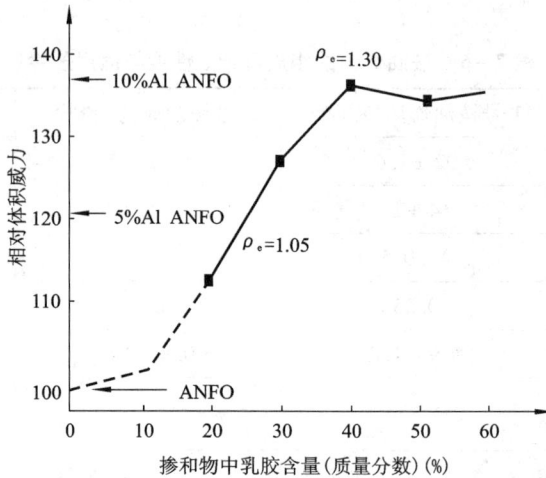

图 7 − 2　重铵油炸药的相对体积威力与掺和物中乳胶基质的质量分数（％）的关系

## 7.3.4　膨化硝铵炸药

膨化硝铵炸药是以膨化硝酸铵为氧化剂，复合油（燃烧油与石蜡的混合物）和木粉为可燃剂，并按一定比例均匀混合制得的工业炸药。由于膨化硝酸铵比普通硝酸铵的吸油性好，所以用来制成的工业炸药爆炸性能更稳定。

所谓膨化硝酸铵，是具有多微孔（直径 $10^{-5} \sim 10^{-2}$ mm）和片状结构的自敏化的改性硝酸铵，它是由硝酸铵饱和溶液在膨化剂（由表面活性剂、发泡剂、憎水剂和硝酸铵晶相稳定剂等组成的混合物）作用和减压条件下快速晶析形成的多微孔状硝酸铵。膨化硝酸铵炸药适合于露天和无沼气（瓦斯）、矿尘爆炸危险的爆破工程中。

常用膨化硝铵炸药的组分、含量和性能指标，如表 7 − 7、表 7 − 8 所列。

表 7 − 7　膨化硝铵炸药的组分含量

| 炸药名称 | 组分含量／％ | | | |
| --- | --- | --- | --- | --- |
| | 膨化硝酸铵 | 木粉 | 复合油相（柴油、机械油、石蜡等） | 工业盐 |
| 岩石膨化硝铵炸药 | 90.0 ~ 94.0 | 3.0 ~ 5.0 | 3.0 ~ 5.0 | — |
| 一级煤矿许用膨化硝铵炸药 | 81.0 ~ 85.0 | 4.5 ~ 5.5 | 2.5 ~ 3.5 | 8 ~ 10 |
| 一级抗水煤矿许用膨化硝铵炸药 | 81.0 ~ 85.0 | 4.5 ~ 5.5 | 2.5 ~ 3.5 | 8 ~ 10 |
| 二级煤矿许用膨化硝铵炸药 | 80.0 ~ 84.0 | 3.0 ~ 4.0 | 3.0 ~ 4.0 | 10 ~ 12 |
| 二级抗水煤矿许用膨化硝铵炸药 | 80.0 ~ 84.0 | 3.0 ~ 4.0 | 3.0 ~ 4.0 | 10 ~ 12 |

表 7 - 8　膨化铵油炸药组成配比和爆炸性能

| 炸药名称 | 岩石膨化硝铵炸药 | 一级煤矿许用膨化硝铵炸药 | 一级抗水煤矿许用膨化硝铵炸药 | 二级煤矿许用膨化硝铵炸药 | 二级抗水煤矿许用膨化硝铵炸药 |
|---|---|---|---|---|---|
| 水分/%(≤) | 0.3 | 0.3 | 0.3 | 0.3 | 0.3 |
| 药卷密度/g·cm$^{-3}$ | 0.8~1.0 | 0.85~1.05 | 0.85~1.05 | 0.85~1.05 | 0.85~1.05 |
| 爆速/m/s(≥) | 3200 | 2800 | 2800 | 2600 | 2600 |
| 猛度/mm(≥) | 12 | 10 | 10 | 10 | 10 |
| 做功能力/mL(≥) | 298 | 228 | 228 | 218 | 218 |
| 殉爆距离/cm(≥) | 3 | 3 | 3 | 2 | 2 |
| 爆炸后有毒气体量/L·kg$^{-1}$(≤) | 80 | 80 | 80 | 80 | 80 |
| 炸药有效期/d | 180 | 120 | 120 | 120 | 120 |

### 7.3.5　铵松蜡与铵沥蜡炸药

这两种炸药克服了铵梯炸药和普通铵油炸药吸湿性强和贮存期短的缺点，具有一定的抗水性能，同时保持了铵油炸药的原料来源广、易加工、成本低和使用安全等特点。铵松蜡炸药以硝酸铵、松香、石蜡为原料，铵沥蜡炸药则以硝酸铵、沥青、石蜡为原料，都是采用轮辗机热辗加工而成的。表 7 - 9 和表 7 - 10 分别列出了铵松蜡炸药和铵沥蜡炸药的组分、配比和性能。

表 7 - 9　铵松蜡炸药的配比和性能

| 组分和性能 | | 1 号铵松蜡炸药 | 2 号铵松蜡炸药 |
|---|---|---|---|
| 组分/% | 硝酸铵 | 91±1.5 | 91±1.5 |
| | 柴油 | | 1.5±0.5 |
| | 木粉 | 6.5±1.0 | 5±0.5 |
| | 松香 | 1.7±0.3 | 1.7±0.3 |
| | 石蜡 | 0.8±0.2 | 0.8±0.2 |
| 产品水分/%，≥ | | 0.1~0.3 | 0.25 |
| 药卷密度/g·cm$^{-3}$ | | 0.95~1.0 | 0.95~1.0 |
| 浸水前爆炸性能 | 殉爆距离/cm | 7~9 | 7~9 |
| | 猛度/mm | 13~15 | 13~15 |
| | 爆速/m·s$^{-1}$ | 3400~3800 | 3400~3800 |
| | 做功能力/mL | 320~340 | 320~360 |

| 组分和性能 | | 1 号铵松蜡炸药 | 2 号铵松蜡炸药 |
|---|---|---|---|
| 浸水后爆炸性能 | 殉爆距离/cm | 5 ~ 7 | 4 ~ 7 |
| | 猛度/mm | 12.5 ~ 14.5 | 12 ~ 15 |
| | 爆速/m·s⁻¹ | 3300 ~ 3700 | 3200 ~ 3500 |
| | 做功能力/mL | 310 ~ 320 | 310 ~ 330 |
| 贮存后爆炸性能 | 贮存 180 ~ 360d 猛度/mm 殉爆距离/cm | 12 ~ 14 4 ~ 6 | |
| | 贮存 180 ~ 240d 猛度/mm 殉爆距离/cm | | 12 ~ 14 4 ~ 7 |
| 使用条件 | | 有水和中硬以上岩石 | 潮湿,中硬以上岩石 |

表 7 – 10　铵沥蜡炸药的配比和性能

| 组分和性能 | | 1 号煤矿铵沥蜡 | 岩石铵沥蜡 |
|---|---|---|---|
| 组分/% | 硝酸铵 | 81 | 90 |
| | 木 粉 | 7.2 | 8 |
| | 食 盐 | 10 | |
| | 沥 青 | 0.9 | 1.0 |
| | 石 蜡 | 0.9 | 1.0 |
| 性能 | 贮存期/月 | 3 | 3 |
| | 药卷密度/g·cm⁻³ | 0.85 ~ 1.0 | 0.85 ~ 1.0 |
| | 做功能力/mL | 230 | 240 |
| | 猛度/mm | 8 | 9 |
| | 殉爆距离/cm | 1 | 1 |

铵松蜡炸药的爆炸性能与 2 号岩石硝铵炸药接近,并具有雷管感度。铵沥蜡炸药则很少有人生产和使用。这些炸药的缺点是,由于石蜡和松香的燃点低,不能用于有瓦斯和矿尘爆炸危险的地下矿山;另外,这类炸药的毒气生成量也较大。

# 7.4　浆状炸药与乳化炸药

## 7.4.1　浆状炸药

浆状炸药是由氧化剂水溶液、敏化剂和胶结剂为主要成分的抗水性硝铵类炸药。该炸药在外观上呈浆糊状,故称为浆状炸药。具有抗水性强、密度高、爆炸威力较大、原料来源广、成本较低和安全等优点,因此曾在露天有水深孔爆破中广泛应用。浆状炸药的组成成分及其作用如下:

**1. 氧化剂水溶液**

浆状炸药的氧化剂主要是采用硝酸铵。制备浆状炸药时,须将硝酸铵溶于水中成为硝酸铵水溶液,当其饱和后便不再吸收水分,因而即使放在水中也不会影响其性能,故提高了浆状炸药的抗水能力。此外,水在浆状炸药中能使各组分紧密接触,增加炸药的密度和可塑性。然而,水是一种钝感物质,它的加入导致炸药感度下降。因而,为使浆状炸药能够顺利起爆,须加敏化剂和采取适当地加大起爆能与药径等措施。

**2. 敏化剂**

浆状炸药中所使用的敏化剂种类较多,按其成分可分为三类:其一是用猛性炸药敏化,如梯恩梯、硝化甘油等;其二是用金属粉敏化,如铝粉、镁粉等;其三是用柴油、煤粉等可燃物质作敏化剂。发展和研制可燃物敏化剂来代替前两种敏化剂,可显著降低浆状炸药的成本。

在浆状炸药中加入适量的亚硝酸钠 $NaNO_2$ 作起泡剂,能够产生以 $N_2O_3$ 为主的气体,形成直径为 $10^{-2} \sim 10^{-4}$ cm 的微气泡,其数量达 $10^4 \sim 10^7$ 个/mL。根据炸药的起爆机理,该微气泡可视为敏化气泡,在起爆过程的绝热压缩条件下,形成灼热核,有利于浆状炸药的起爆。

**3. 胶结剂**

在浆状炸药中,胶结剂起增稠作用,使炸药中固体颗粒成悬浮状态,并将氧化剂水溶液、不溶的敏化剂颗粒及其他组分胶结在一起。胶结剂能使浆状炸药保持必需的理化性质和流变特性,并影响炸药的抗水稳定性和爆炸性能。

我国浆状炸药的早期产品曾用白芨和玉竹作胶结剂。由于白芨和玉竹在浆状炸药中的含量高达 2% ~2.4%,而且是重要的药材,故近几年来已逐步改用了槐豆胶、田菁胶、皂角、胡里仁粉以及聚丙烯酰胺等新胶结剂,取得了良好的胶凝效果。

在浆状炸药中,除上述三种成分外,还有交联剂、表面活性剂和安定剂等。交联剂能促使胶结剂分子中的基团互相键合,进一步联结成为巨型结构,提高炸药的胶凝效果和稠化程度,增强其抗水性能。目前,常用的交联剂为硼砂或硼砂与重铬酸钠的混合水溶液。表面活性剂常用十二烷基苯磺酸钠,它在浆状炸药中起乳化和增塑作用,可提高炸药的耐冻能力。安定剂可用尿素 $CO(NH_2)_2$,用以防止浆状炸药的变质。

一些常见的浆状炸药的组分和性能列入表 7 – 11 中。

由于浆状炸药存在理化安定性问题,在贮存期间,随着温度和湿度的变化,将出现硝酸铵晶析、气体逸出或渗油等现象,导致炸药密度和塑性下降,严重影响爆炸威力。在北方还存在耐冻性能问题,当气温低于摄氏零度的条件下,4 号、5 号和 6 号浆状炸药开始硬化,爆炸性能下降,甚至拒爆。因此采用装药车现场加工装药,是浆状炸药行之有效的改进措施。

浆状炸药的敏化剂里含有价格较贵的单质猛炸药和金属粉,加之感度低,不能直接用 8 号雷管起爆,目前已被乳化炸药系列产品逐步取代。

表 7 – 11　一些浆状炸药的组分与性能

| 炸药牌号 | | 4 号浆状炸药 | 5 号浆状炸药 | 槐 1 号浆状炸药 | 白云 1 号抗冻浆状炸药 | 田菁 10 号浆状炸药 |
|---|---|---|---|---|---|---|
| 组分/% | 硝酸铵 | 60. 2 | 70. 2 ~ 71. 5 | 67. 9 | 45. 0 | 57. 5 |
| | 硝酸钠 | | | 10. 0 | 10. 0 | 10. 0 |
| | 梯恩梯 | 17. 5 | 5. 0 | | 17. 3 | 10. 0 |
| | 水 | 16. 0 | 15. 0 | 9. 0 | 15. 0 | 11 + 2 |
| | 柴油 | | 4. 0 | 3. 5 | | 2. 0 |
| | 胶凝剂 | （白）2. 0 | （白）2. 4 | （槐）0. 6 | （皂）0. 7 | 田菁胶 0. 7 |
| | 亚硝酸钠 | | 1. 0 | 0. 5 | | |
| | 交联剂* | 硼砂 1. 3 | 硼砂 1. 4 | 2. 0 * * | 2. 0 * * * | 1. 0（交联发泡溶液） |
| | 表面活性剂 | | 1. 0 | 2. 5 | 1. 0 | 3. 0 |
| | 硫磺粉 | | | 4. 0 | | 2. 0 |
| | 乙二醇 | | | | 3. 0 | |
| | 尿素 | 3. 0 | | | 3. 0 | 3. 0 |
| 性能 | 密度/g·cm$^{-3}$ | 1. 4 ~ 1. 5 | 1. 15 ~ 1. 24 | 1. 1 ~ 1. 2 | 1. 17 ~ 1. 27 | 1. 25 ~ 1. 31 |
| | 爆速/m·s$^{-1}$ | 4400 ~ 5600 | 4500 ~ 5600 | 3200 ~ 3500 | 5600 | 4500 ~ 5000 |
| | 临界直径/mm | 96 | ≤45 | | ≤78 | 70 ~ 80 |

* 白芨粉、槐豆胶、皂角胶、田菁胶；

* * 硼砂 0.145% + 重铬酸钾 0.06% + 水 1.795%；

* * * 硼砂 5% + 重铬酸钾 5% + 亚硝酸钠 7% + 水 83%。

## 7.4.2　水胶炸药

　　一般地说，水胶炸药与浆状炸药没有严格的界限，二者的主要区别在于使用不同的敏化剂，浆状炸药的主要敏化剂是非水溶性的炸药成分、金属粉和固体可燃物，而水胶炸药则是采用水溶性的甲胺硝酸盐作为敏化剂，而且水胶炸药的爆轰敏感度比普通浆状炸药高，具有雷管感度。表 7 – 12 列出了我国水胶炸药的性能。

## 7.4.3　乳化炸药

　　乳化炸药是一种含水工业炸药，是通过乳化剂的作用，使硝酸铵类氧化剂水溶液的微滴均匀地分散在含有空气微泡等多孔性物质的油相连续介质中而成的一种油包水型（W/O）的乳胶状混合炸药。密度为 1.05 ~ 1.35 g/cm$^3$，有乳白色、淡黄色、浅褐色和银灰色等各种颜色的产品。

表7-12　我国水胶炸药的主要性能指标

| 项目 | 指 标 | | | | | |
|---|---|---|---|---|---|---|
| | 岩石水胶炸药 | | 煤矿许用水胶炸药 | | | 露天水胶炸药 |
| | 1号 | 2号 | 一级 | 二级 | 三级 | |
| 密度/g·cm$^{-3}$ | 1.05~1.30 | | 0.95~1.25 | | | 1.05~1.30 |
| 爆速/m·s$^{-1}$ | ≥4200 | ≥3200 | ≥3200 | ≥3200 | ≥3000 | ≥3200 |
| 殉爆距离/cm | ≥4 | ≥3 | ≥3 | ≥2 | ≥2 | ≥3 |
| 做功能力/mL | ≥320 | ≥260 | ≥220 | ≥220 | ≥180 | ≥240 |
| 猛度/mm | ≥16 | ≥12 | ≥10 | ≥10 | ≥10 | ≥12 |
| 炸药爆炸后有毒气体含量/L·kg$^{-1}$ | ≤80 | | | | | |
| 有效期/d | 270 | 180 | | | | |

乳化炸药的主要组成成分及其作用如下：

**1. 氧化剂**

常用的氧化剂是硝酸铵水溶液和硝酸铵、硝酸钠混合水溶液，二者比例是：硝酸铵:硝酸钠＝(3~4):1。乳化炸药中氧化剂含量55%~85%，水含量对乳化炸药的密度和炸药性能有显著的影响，一般控制在8%~16%范围内。也有的产品用高氯酸钠、高氯酸铵作氧化剂。

**2. 油相材料**

通常采用石蜡、凡士林、柴油等作为油相材料。油相材料为非水溶性有机物，在乳化剂的作用下，它与氧化剂水溶液一起，形成乳化炸药的连续相，它还起燃烧剂和敏化剂的作用，同时对产品的外观形态、抗水性能及贮存稳定性有明显的影响，其比例以2%~5%较佳。

**3. 油包水型乳化剂**

乳化剂是指能使两种互不相容的体系(例如一种为水相，另一种为油相)在乳化处理后形成稳定乳胶(或乳浊液)的物质。油包水型乳化剂的剂量通常只占炸药总质量0.8%~3.0%，却直接影响着氧化剂水溶液与油相材料的乳化效率，是乳化炸药的关键组分。常用的油包水型乳化剂是司本—80(失水山梨糖醇单油酸酯)。

**4. 敏化气泡**

通常采用空心玻璃微球或树脂空心微球、膨胀珍珠岩微粒、亚硝酸钠等在乳化炸药里产生微小气泡，也可通过机械搅拌方法将气体吸收留于乳化炸药体系中，形成直径为$10^{-2}$~$10^{-4}$cm的微气泡，其数量达$10^4$~$10^7$个/mL。根据炸药的起爆机理，该微气泡可视为敏化气泡，在起爆过程的绝热压缩条件下，形成起爆核，提高乳化炸药的起爆感度，也起到炸药密度调节剂的作用。

**5. 其他添加剂**

其它添加量为0.1%~0.5%，包括乳化促进剂、晶形改变剂和稳定剂等，视需要添加一种或几种。

我国主要乳化炸药产品的组成与性能见表7-13。

表 7-13 我国几种乳化炸药的组分与性能

| 系列或型号 | | EL 系列 | CLH 系列 | SB 系列 | BME 系列 | RJ 系列 | WR 系列 | 岩石型 | 煤矿许用型 |
|---|---|---|---|---|---|---|---|---|---|
| 组分/% | 硝酸铵（钠） | 65~75 | 63~80 | 67~80 | 36~51 | 58~85 | 78~80 | 65~86 | 65~80 |
| | 硝酸甲胺 | | | | | 8~10 | | | |
| | 水 | 8~12 | 5~11 | 3~13 | 6~9 | 8~15 | 10~13 | 8~13 | 8~13 |
| | 乳化剂 | 1~2 | 1~2 | 1~2 | 1.0~1.5 | 1~3 | 0.8~2 | 0.8~1.2 | 0.8~1.2 |
| | 油相材料 | 3~5 | 3~5 | 3.5~6 | 2.0~3.5 | 2~5 | 3~5 | 4~6 | 3~5 |
| | 铝粉 | | 2 | | 1~2 | | | | |
| | 添加剂 | 2.1~2.2 | 10~15 | 6~9 | 1.0~1.5 | 0.5~2 | 5~6.5 | 1~3 | 5~10（消焰剂） |
| | 密度调整剂 | 0.3~0.5 | | 1.5~3 | | 0.2~1 | | | |
| 性能 | 爆速/m·s⁻¹ | 4000~5000 | 4500~5500 | 4000~4500 | 3100~3500（塑料管） | 4500~5400 | 4700~5800 | 3900 | 3900 |
| | 猛度/mm | 16~19 | | 15~18 | | 16~18 | 18~20 | 12~17 | 12~17 |
| | 殉爆距离/cm | 8~12 | | 7~12 | | >8 | 5~10 | 6~8 | 6~8 |
| | 临界直径/mm | 12~16 | 40 | 12~16 | 40 | 13 | 12~18 | 20~25 | 20~25 |
| | 抗水性 | 极好 | 极好 | 极好 | 取决于添加比例与包装形式 | 极好 | 极好 | 极好 | 极好 |
| | 贮存期/月 | >6 | >8 | >6 | 2~3 | 3 | 3 | 3~4 | 3~4 |

乳化炸药抗水性强、密度高、体积威力大。适用于含水爆破环境，易沉入有水炮孔孔底；其摩擦、撞击、枪击感度和热感度大大低于铵梯炸药，可塑性好，并具有雷管起爆感度；成分中不含有毒物质，使用安全；原料来源广泛，加工工艺简单，生产成本低。

由于乳化炸药成分、炸药密度及炸药的形态可在较大范围内进行调节，可以根据所爆岩体的性质和最小抵抗线，在现场机械化混制出具有合适爆炸性能的炸药，适合于现场混装机械化施工。

乳化炸药缺点是耐冻性差，使用时一般要求炸药温度在 0℃ 以上。有的厂家采用纸卷包装，容易破包，给装药工作带来很多不便。

### 7.4.4　粉状乳化炸药

粉状乳化炸药习惯上又称为乳化粉状炸药，它是依据乳化炸药主要成分和反应机理，在一定的工艺条件下，将乳胶体通过雾化制粉、冷却形成的新型粉状硝铵炸药。

粉状乳化炸药由于含水量低，其爆炸性能和做功能力高于乳化炸药，虽也具有较好的抗水性，但抗水性能低于乳化炸药。粉状乳化炸药具有雷管感度。其作为一类新型无梯粉状炸药，已成为替代粉状铵梯炸药的最具竞争力的品种之一。因生产厂家、用途和配方不同，粉状乳化炸药又分多个品种和商品名称，选择和使用前要详看其说明书。

## 7.5　煤矿许用炸药

### 7.5.1　煤矿瓦斯、煤尘爆炸机理

**1. 矿井瓦斯与煤尘**

煤矿瓦斯实际上是指烷烃类气体（一般以甲烷为主）与空气的混合物。瓦斯的来源与木质纤维及其他植物生成煤的过程有关。生成瓦斯的反应如下：

$$4C_6H_{10}O_5 \longrightarrow 7CH_4 + 8CO_2 + 3H_2O + C_9H_6O（煤）$$

由此可见，瓦斯与煤是同时产生的。我国的大部分矿井都是瓦斯矿井，尤以高瓦斯、煤与瓦斯突出矿井居多。一个矿井中，只要有一个煤（岩）层中发现过瓦斯，该矿井即定为瓦斯矿井，矿井瓦斯等级按日产一吨煤涌出瓦斯量和单位时间涌出的瓦斯体积以及瓦斯涌出形式划分为：

（1）低瓦斯矿井：$q_g \leq 10m^3/t$ 或 $Q_g \leq 40m^3/min$；

（2）高瓦斯矿井：$q_g > 10m^3/t$ 或 $Q_g > 40m^3/min$。

这里：$q_g$——相对瓦斯涌出量，即平均日产一吨煤同期所涌出的瓦斯量，单位是 $m^3/t$；

$Q_g$——绝对瓦斯涌出，即单位时间涌出的瓦斯体积，单位为 $m^3/min$。

（3）煤与瓦斯突出矿井：煤与瓦斯突出是指地下开采过程中，在很短的时间内（几秒钟或几分钟），突然由煤体内部大量喷出煤（岩）与瓦斯，并伴随着强烈震动和声响的一种矿井动力现象。突出的煤（岩）从几吨到几百吨以至上万吨，喷出的瓦斯从几百立方米到几万立方米，甚至几十万立方米。短时间内大量的煤和瓦斯突然喷出，可以造成极其严重的后果。

矿井的瓦斯等级越高，发生爆炸等灾害的危险性就越大。一般地说，井下空气中的瓦斯浓度在4%～5%时，就有发生爆炸的危险。我国煤矿安全规程规定，当矿井瓦斯浓度达到1%时，就应停止爆破作业，加强通风，以防止局部瓦斯浓度升高。

所谓煤尘系指在热能的作用下能够发生爆炸的细煤粉。我国通常把0.75～1.0 mm以下的煤粉叫做煤尘。煤尘不仅可以单独爆炸，而且可参与瓦斯一起爆炸，其危害更大。

**2. 瓦斯与煤尘的燃烧与爆炸**

（1）瓦斯的燃烧与爆炸

瓦斯的燃烧与爆炸过程实际上是瓦斯的氧化反应：

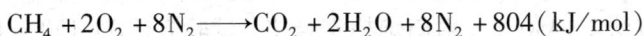

$$CH_4 + 2O_2 + 8N_2 \longrightarrow CO_2 + 2H_2O + 8N_2 + 804（kJ/mol）$$

研究表明，在这个反应的中间产物中有 $OH^-$、$CH_3^-$ 等游离基和自由原子氧存在，是一个

游离基连锁反应。基于这一特点，人们通过添加金属卤化物以改变它的反应速度和过程，并配制成各种煤矿许用炸药。

（2）煤尘的燃烧和爆炸

煤尘和其他可燃粉尘一样，不仅易于发生氧化燃烧反应，而且很容易导致爆炸。煤尘的爆炸浓度极限，随着煤的性质、灰分、温度以及煤尘颗粒的大小而不同。研究表明，粒径为 $0.75 \sim 1$ mm 的煤尘的爆炸下限浓度是 45 g/m$^3$。随着空气中瓦斯含量的增大，煤尘爆炸下限浓度急剧下降。煤尘的爆炸上限浓度，因煤质和试验条件不同，各国的数据标准也不一致。但试验表明，爆炸力最强的煤尘浓度为 $300 \sim 400$ g/m$^3$。

**3. 爆破作业引起瓦斯、煤尘爆炸的原因**

试验研究得出，引起瓦斯、煤尘的燃烧和爆炸的主要原因是：

（1）炸药爆炸时形成的空气冲击波的绝热压缩。

（2）炸药爆炸时生成的炽热的或燃着的固体颗粒的点火作用。

（3）炸药爆炸时生成的气态爆炸产物及二次火焰的直接加热。

## 7.5.2　煤矿许用炸药特点

一般地说，允许用于有瓦斯和煤尘爆炸危险的炸药应该具有如下特点：

①煤矿许用炸药的能量要有一定的限制，其爆热、爆温、爆压和爆速都要求低一些，使爆炸后不致引起矿井大气的局部高温，这就有可能使瓦斯、煤尘的发火率降低。

②煤矿许用炸药应有较高的起爆感度和较好的传爆能力，以保证其爆炸的完全性和传爆的稳定性，这样就使爆炸产物中未反应的炽热固体颗粒和爆炸瓦斯的量大大减少，从而提高其安全性。

③煤矿许用炸药的有毒气体生成量应符合国家规定，其氧平衡应接近于零。

④煤矿许用炸药组分中不能含有金属粉末，以防爆炸后生成炽热固体颗粒。

为使炸药具有上述特性，应在煤矿许用炸药组分中添加一定量的消焰剂——食盐、氯化铵或其他类似的物质。

消焰剂是一种热容量大的物质，在炸药发生爆炸时，它能吸收一部分爆热而降低炸药的爆温，使炸药的爆温低、火焰小和火焰持续时间短，因而起到防止矿井大气局部温度升高的作用。另外消焰剂还对瓦斯与空气的混合物的氧化燃烧反应起负催化作用，它能破坏瓦斯氧化燃烧时连锁反应的活化中心，与促成链的中断，因而阻止了瓦斯与空气的混合物的爆炸。

## 7.5.3　煤矿许用炸药品种与分级

**1. 煤矿许用炸药的分级**

我国煤矿许用炸药按瓦斯安全性进行分级，其分级规定已在煤炭部部颁标准 MT－61－1997 中说明。即煤矿许用炸药的瓦斯安全性分为 5 级，各个级别许用炸药瓦斯安全性（巷道试验）的合格标准如下：

一级煤矿许用炸药：100 g 发射臼炮检定合格，可用于低瓦斯矿井。

二级煤矿许用炸药：150 g 发射臼炮检定合格，一般可用于高瓦斯矿井。

三级煤矿许用炸药：试验方法 1：450 g 发射臼炮检定合格；试验方法 2：150 g 悬吊检定合格。可用于瓦斯与煤尘突出矿井。

四级煤矿许用炸药：250 g 悬吊检定合格。

五级煤矿许用炸药：450 g 悬吊检定合格。

**2. 煤矿许用炸药的种类**

根据炸药的组成和性质，煤矿许用炸药可分为 6 类。

（1）粉状硝铵类许用炸药

通常以梯恩梯为敏感剂，多为粉状，表 7-14 中列出的品种均属此类。

表 7-14　煤矿许用炸药的组分、性能与爆炸参数计算值

| 组分、性能与爆炸参数计算值 | | 炸药名称 | | | | | | | |
|---|---|---|---|---|---|---|---|---|---|
| | | 1号煤矿铵梯炸药 | 2号煤矿铵梯炸药 | 3号煤矿铵梯炸药 | 1号抗水煤矿铵梯炸药 | 2号抗水煤矿铵梯炸药 | 3号抗水煤矿铵炸药 | 2号煤矿铵油炸药 | 1号抗水煤矿铵沥蜡炸药 |
| 组分/% | 硝酸铵 | 68±1.5 | 71±1.5 | 67±1.5 | 68.6±1.5 | 72±1.5 | 67±1.5 | 78.2±1.5 | 81.0±1.5 |
| | 梯恩梯 | 15±0.5 | 10±0.5 | 10±0.5 | 15±0.5 | 10±0.5 | 10±0.5 | | |
| | 木粉 | 2±0.5 | 4±0.5 | 3±0.5 | 1±0.5 | 2.2±0.5 | 2.6±0.5 | 3.4±0.5 | 7.2±0.5 |
| | 食盐 | 15±1.0 | 15±1.0 | 20±1.0 | 15±1.0 | 15±1.0 | 20±1.0 | 15±1.0 | 10±1.0 |
| | 沥青 | | | | 0.2±0.05 | 0.4±0.1 | 0.2±0.05 | | 0.9±0.1 |
| | 石蜡 | | | | 0.2±0.05 | 0.4±0.1 | 0.2±0.05 | | 0.9±0.1 |
| | 轻柴油 | | | | | | | 3.4±0.5 | |
| 性能 | 水分/%，(≮) | 0.3 | 0.3 | 0.3 | 0.3 | 0.3 | 0.3 | 0.3 | 0.3 |
| | 密度/g·cm$^{-3}$ | 0.95~1.10 | 0.95~1.10 | 0.95~1.10 | 0.95~1.10 | 0.95~1.10 | 0.95~1.10 | 0.85~0.95 | 0.85~0.95 |
| | 猛度/mm，(≮) | 12 | 10 | 10 | 12 | 10 | 10 | 8 | 8 |
| | 做功能力/mL，(≮) | 290 | 228 | 218 | 290 | 228 | 218 | 230 | 240 |
| | 殉爆距离/cm　浸水前，(≮)　浸水后，(≮) | 6 | 5 | 4 | 6　4 | 4　3 | 4　2 | 3　2 | 3　2 |
| 爆炸参数计算值 | 氧平衡/% | -0.26 | 1.28 | 1.86 | -0.004 | 1.48 | 1.12 | -0.68 | 0.67 |
| | 爆热/kJ·kg$^{-1}$ | 3584 | 3324 | 3080 | 3605 | 3320 | 3144 | 3178 | 3350 |
| | 爆速/m·s$^{-1}$ | 3509 | 3600 | 3262 | 3675 | 3600 | 3397 | 3269 | 2800 |
| | 爆温/℃ | 2376 | 2230 | 2056 | 2385 | 2244 | 2098 | 2092 | 2222 |

注：浸水深 1 m，时间 1h。

（2）许用含水炸药

这类炸药包括许用乳化炸药和许用水胶炸药，是近几十年来发展起来的新型许用炸药。由于它们组分中含有较大量的水，爆温较低，有利于安全，同时调节余地较大，因此有极好的发展前景。

（3）硝化甘油类许用炸药

这类炸药大多数含有硝酸铵,也有用其他硝酸盐的,都是以液体硝酸酯(硝化甘油或硝化甘油与硝化乙二醇的混合物)作为敏化剂的,含量为 7% ~ 35% 不等。这类炸药的爆炸能量较大,消焰效果较差,我国目前很少使用,在西欧各国使用较多。

(4)离子交换炸药

含有硝酸钠和氯化铵的混合物,称为交换盐或等效混合物。在通常情况下,交换盐比较安定,不发生化学变化,但在炸药爆炸的高温高压条件下,交换盐就会发生反应,进行离子交换,生成氯化钠和硝酸铵。在这爆炸瞬间生成的氯化钠,就作为消焰剂高度弥散在爆炸点周围,有效地降低爆温和抑制瓦斯燃烧;与此同时生成硝酸铵,则作为氧化剂加入爆炸反应。

离子交换炸药还具有一种"选择爆轰"的独特性质,在不同的爆破条件下,它会自动调节消焰剂的有效数量和作用。

(5)当量炸药

一般地说,当量炸药的瓦斯安全性是相当高的,但由于爆炸能较小,当量炸药的爆轰稳定性较差,容易发生爆燃,从这个意义上讲,又反过来影响了它的安全性。

(6)被筒炸药

用含消焰剂较少、爆轰性能较好的煤矿硝铵炸药做药芯,其外再包覆一个用消焰剂做成的"安全被筒"。这样的复合装药结构,就是人们通常所说的被筒炸药。

当被筒炸药的芯药爆炸时,安全被筒的食盐被炸碎,并在高温下形成一层食盐薄雾,笼罩着爆炸点,更好地发挥消焰作用,因而这种炸药可用于瓦斯和煤尘突出矿井。被筒炸药整个装药的消焰剂含量可高达 50% 以上。

安全被筒品种比较多,分为惰性被筒和活性被筒两类。这显然会大大影响炸药的爆炸性能,所以要用较敏感和威力较大的液态硝酸酯作为敏感剂。即便如此,这种炸药的威力还是不大,但安全性较高。

# 7.6  其他炸药

## 7.6.1  硝化甘油类炸药

纯硝化甘油的感度极高,不能单独作为工业炸药使用。1865 年瑞典艾尔弗雷德·诺贝尔发现了硅藻土能吸收相当大量的硝化甘油,并且运输和使用时都较为安全,于是便产生了最初的硝化甘油类炸药——达纳迈特。尔后,人们将硝化甘油和不同的材料按各种不同的配比进行混合,制成不同类型和级别的硝化甘油类炸药,即:胶质、半胶质和粉状。其基本区别是胶质和半胶质品含有硝化棉,而粉状品不含硝化棉。为了提高能量和改善其性能,一般还要添加硝酸铵、硝酸钠或硝酸钾作为氧化剂,加入少量的木粉作为疏松剂,加入一定量的二硝化乙二醇提高其抗冻性能,制成耐冻的硝化甘油炸药。

硝化甘油类炸药具有抗水性强、密度大、爆炸威力大等优点,20 世纪 50 年代中期以前,该类炸药曾作为工业炸药的主流产品发挥了重要作用。但是它的撞击和摩擦感度高,安全性差,价格昂贵,保管期不能过长、容易老化而降低甚至失去爆炸性能,因此应用范围日益减小,一般只在水下爆破、地震勘探和一些特定的爆破作业中使用。我国主要的硝化甘油类炸药见表 7 - 15。

表 7 – 15 我国主要胶质炸药配方与性能

| 配方与性能 | 1 号普通胶质炸药 | 2 号普通胶质炸药 | 3 号普通胶质炸药 | 耐冻胶质炸药 |
|---|---|---|---|---|
| 硝化甘油/% | 39.0 ~ 41.0 | 39.0 ~ 41.0 | 23.5 ~ 26.5 | |
| 混合硝酸酯/% | | | | 39.0 ~ 41.0 |
| 硝化棉/% | 1.4 ~ 2.1 | 1.4 ~ 2.1 | 0.5 ~ 2.0 | 1.4 ~ 2.1 |
| 硝酸铵/% | 50.8 ~ 53.0 | 51.1 ~ 54.1 | 63.0 ~ 66.2 | 51.1 ~ 54.1 |
| 淀粉/% | 2.5 ~ 3.5 | | | 21.5 ~ 3.5 |
| 木粉/% | 2.5 ~ 3.5 | 5.2 ~ 6.2 | 2.5 ~ 3.5 | 2.0 ~ 3.5 |
| 梯恩梯/% | | | 4.8 ~ 6.8 | |
| 附加物 | | | 0.2 ~ 1.0 | |
| 外观 | 淡黄色至棕黄色有塑性的胶质体 | | | |
| 密度/g·cm$^{-3}$ | 1.4 ~ 1.6 | 1.4 ~ 1.6 | 1.35 ~ 1.55 | 1.35 ~ 1.55 |
| 渗油性 | 两层药卷交接处的油迹带宽度不超过 5mm | | | |
| 水分/%，≯ | 1.0 | 1.0 | 1.0 | 1.0 |
| 猛度/mm | 15 | 15 | 15 | 15 |
| 爆力/mL | 360 | 360 | 360 | 360 |
| 殉爆/cm | 8 | 8 | 8 | 8 |
| 爆速/m·s$^{-1}$ | 6000 | 6000 | 6000 | 6000 |
| 耐水度/级别 | 1 级 | 1 级 | 2 级 | 2 级 |

## 7.6.2 黑火药

黑火药是我国古代四大发明之一，它是由硝酸钾、木炭和硫磺组成的机械混合物。硝酸钾是氧化剂；木炭是可燃剂；硫既是可燃剂，又能使碳与硝酸钾只进行生成二氧化碳的反应，阻碍一氧化碳的生成，改善黑火药的点火性能，而且还起到碳和硝酸钾间的结合剂作用，有利于黑火药的造粒。黑火药中 3 种组分的性质、作用以及不同用途的配方列于表 7 – 16 中。

表 7 – 16 黑火药 3 种组分的性质、作用与在不同用途中的配比（%）

| 名 称 | | 硝酸钾 | 硫 | 木 炭 |
|---|---|---|---|---|
| 性 质 | | 氧化剂 | 燃烧剂 | 还原剂 |
| 作 用 | | 供氧 | 黏合、燃烧 | 燃 烧 |
| 用途 | 导火索 | 60 ~ 70 | 20 ~ 30 | 10 ~ 15 |
| | 爆破药 | 70 ~ 75 | 10 ~ 12 | 15 ~ 18 |
| | 发射药 | 74 ~ 78 | 8 ~ 10 | 12 ~ 16 |
| | 点火药 | 80 | | 20 |

黑火药在火焰和火花的作用下，很容易引起燃烧或爆炸，按其爆炸变化的速度，黑火药属于发射药的类型。黑火药的爆发点为 290～310℃；爆炸分解的气体温度为 2200～2300℃。在工程爆破中，黑火药一般只用于开采料石和石膏等，大部分黑火药用于制作导火索。

### 7.6.3 液体炸药

液体炸药一般具有良好的流动性、高能量密度、使用方便、安全性能好等特点，适合某些特殊应用的需要，至今在我国个别难爆矿山的爆破作业中长期使用硝酸—硝基苯类液体炸药，爆破效果一直很好。该类炸药主要品种有：

①浓硝酸—硝基甲烷、浓硝酸—硝基苯（硝基甲苯）的混合物。如硝酸:硝基苯 = 72:28（质量比）混合液体炸药，爆速为 7300 m/s。

②四硝基甲烷—硝基苯（甲苯）混合物。如，四硝基甲烷:硝基苯 = 77.5:22.5（质量比）混合液体炸药，爆速为 7700 m/s。

③高氯酸脲为主要组分的混合液体炸药。如，85% 高氯酸脲水溶液:苦味酸 = 95:5 的混合液体炸药，爆速为 6520 m/s。

④氨基酸类混合液体炸药。如，三硝基乙基原甲酸酯:硝基甲烷 = 75:25 混合液体炸药，爆速为 8060 m/s。

⑤以硝酸肼为主要组分的混合液体炸药。如，硝酸肼:肼:水 = 78:13:9 的混合液体炸药，爆速为 8370 m/s。

### 7.6.4 低爆速炸药

低爆速炸药系指一类极限爆速较低的炸药。一般地说，低爆速炸药具有较大的极限直径，其极限爆速通常为 1500～2000 m/s。在工程爆破中低爆速炸药主要应用于爆炸加工和岩土爆破中的光面爆破和预裂爆破等领域。

**1. 用于爆炸加工的低爆速炸药**

泡沫炸药是以梯恩梯、黑索金、泰安、硝化棉等作为爆炸组分，以高分子塑料做黏结剂，在制备过程中引入化学气泡使其固化后形成泡沫炸药。如此获得多孔性炸药密度为 0.08～0.8 g/cm³，爆速约 2000 m/s。亦可以在猛炸药梯恩梯或黑索金中加入稀释剂，组成系列（如 TY 和 RY 系列）低爆速炸药，其极限爆速分别为 2400 m/s 和 2100 m/s。这类炸药主要用于不同金属材料的爆炸焊接。它不仅可以焊接大面积金属平板，而且还可以对金属管道进行外包覆及内包覆焊接，广泛应用于石油、化工等部门。在电铲斗齿等大型钢铸件焊接中通常形成较大的焊接残余应力，此时可沿焊缝敷设 RY 系列低爆速炸药，引爆后以消除焊缝残余应力，尤其是消除沿厚度方向的残余应力效果更佳。

**2. 用于岩土爆破的低爆速炸药**

在岩土爆破中，低爆速炸药主要应用于光面爆破，预裂爆破和振动敏感区域爆破，澳大利亚 Orica 公司 2000 年推出的能量可变的 Novalite 系列炸药可作为土岩爆破低爆速炸药的一个典型实例。它包括 5 个品种，其密度变化范围列于表 7-17 中。

应该说，在不含单质炸药的情况下，将炸药密度调节至 0.3 g/cm³，且能保持稳定的爆轰状态，是低密度炸药技术的一个进步。据悉，该系列炸药在软岩爆破中获得了实际应用。在预裂爆破、光面爆破和振动敏感区域爆破中使用获得了良好的爆破效果。

表 7 – 17　Novalite 炸药的密度与爆速

| 产品名称 | 密度/g·cm$^{-3}$ | 爆速/m·s$^{-1}$ | 产品名称 | 密度/g·cm$^{-3}$ | 爆速/m·s$^{-1}$ |
|---|---|---|---|---|---|
| Novalite1100 | 1.1 | 4300 | Novalite450 | 0.45 | 2700 |
| Novalite 800 | 0.80 | 3600 | Novalite300 | 0.30 | 2200 |
| Novalite 600 | 0.60 | 3200 | | | |

## 复习思考题

1. 请列表叙述工业炸药的分类。

2. 工程爆破对工业炸药有什么要求？

3. 起爆药与猛炸药有什么区别？

4. 常见的硝铵类炸药有哪些？并叙述它们各自的特点。

5. 试述膨化硝铵炸药的成分和各组分的作用，并依据表 7 – 7 计算其氧平衡值。

6. 要用 AN、轻柴油和木粉配制一个氧平衡为 1% 的铵油炸药，请计算出各组分取值范围并给出 1 组配方。

7. 试述乳化炸药的主要组分和特点。

8. 请把 RDX 与乳化炸药的性能进行比较。

9. 矿井瓦斯等级是如何划分的？

10. 煤矿许用炸药有什么特点？在什么情况下必须使用煤矿许用炸药？

# 第8章 起爆器材与起爆方法

工业炸药必须使用起爆器材才能被安全、可靠地激发爆炸。起爆器材包括：导火索、导爆索、继爆管、导爆管、雷管、起爆药柱、起爆器和起爆所需的其他用品。常用的工业炸药起爆方法可分为导火索起爆法、电力起爆法、导爆索起爆法和导爆管起爆法。

本章主要介绍火雷管与导火索起爆法、电雷管与电力起爆法、导爆索与导爆索起爆法、塑料导爆管与导爆管起爆法、混合网络起爆法及新型起爆器材、爆破器材的安全管理。根据我国《民用爆破器材"十一五"规划纲要》的要求，导火索、火雷管已于2008年1月1日起停止生产。

## 8.1 火雷管与导火索起爆法

导火索起爆法是指利用导火索燃烧时产生的火焰，先引爆火雷管，再由火雷管激发炸药爆炸的起爆方法。带有雷管的药卷称为起爆药卷，如图8-1所示。

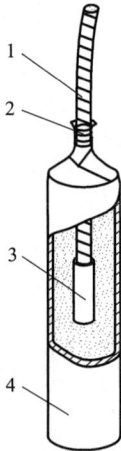

**8-1 起爆药卷**

1—导火索；2—绑绳；
3—火雷管；4—药卷

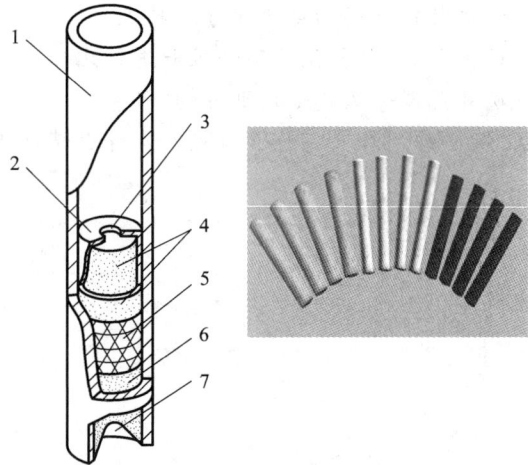

**图8-2 纸壳火雷管**

1—纸壳；2—加强帽；3—传火孔；4—正起爆药；
5—二遍副起爆药；6—头遍副起爆药；7—聚能穴

### 8.1.1 火雷管

火雷管由管壳、正起爆药、副起爆药和加强帽组成，分为6号和8号两种规格。管壳材料分为钢、铝、铜、纸几种，管壳内径为6.2 mm。工程上常用的是8号纸壳火雷管。雷管的上端开口，用来插入导火索。底端为聚能穴，用以提高雷管的起爆力。纸壳火雷管结构见图8-2。

正起爆药为二硝基重氮酚、K·D 复盐、叠氮化铅等起爆药。正起爆药装药量必须保证雷管副起爆药完全爆轰。

副起爆药为黑索金或泰安。其净装药量：6 号雷管不低于 0.4 g，8 号雷管不低于 0.6 g。根据装药顺序，副起爆药又分为两部分：头遍药为经石蜡造粒的钝化黑索金；二遍药为未经钝化处理的黑索金或泰安。

加强帽用铜、铁等金属材料冲压而成，其主要作用是缩短起爆药的爆轰成长期，提高起爆药的起爆能力。加强帽外径与雷管内径间为过盈配合并用紫胶漆封闭间隙。加强帽中心设有一个直径 2 mm 的传火孔，导火索产生的火焰通过传火孔引爆正起爆药，再由正起爆药激发雷管的副起爆药爆炸。

根据 GB 13230—91 的规定：每 100 发雷管装入一个纸盒内，纸盒必须经蜡封防潮。每 50 或 75 盒雷管装入一个包装箱内。雷管的保质期自制造日期起为两年。

## 8.1.2　导火索

导火索是一种以黑火药为药芯，以一定燃速传递火焰的索状火工品。导火索的作用是将火焰传递给火雷管并激发其爆炸，火焰的传递时间取决于导火索的长度和燃烧速度。导火索的长度应保证点完导火索后，人员能撤至安全地点，但不得短于 1.2 m。工业导火索的外径为 5.5 ±0.3 mm，药芯直径不小于 2.2 mm，其结构如图 8-3 所示。

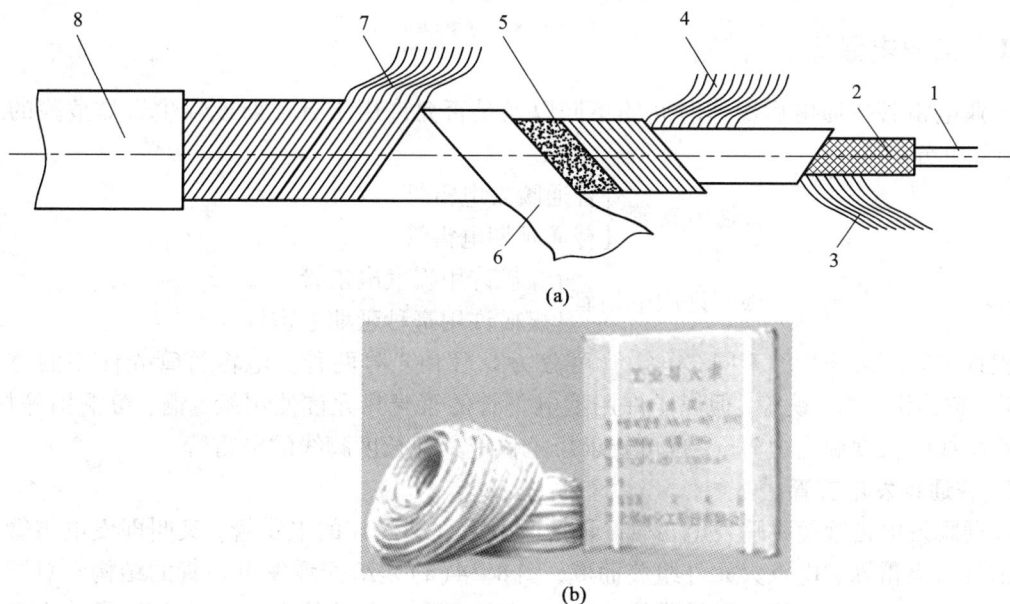

(a)

(b)

**图 8-3　工业导火索结构**

1—芯线；2—芯药；3—内层线；4—中线层；5—沥青层；6—纸条层；7—外层线；8—涂料层

工业导火索分为普通型和缓燃型两个品种。普通导火索每米燃烧时间为 100~125 s，批燃烧极差时间不大于 15 s，其表面为棉线和纸的本色，一般呈灰白色；缓燃导火索每米燃烧时间为 180~215 s，批燃烧极差时间不大于 25 s，其外层线中有一根为绿色线。

合格的导火索具有一定的抗水性、耐热性和耐寒性。导火索在温度为 20℃、深度为 1 m 的净水中浸 4 h 后，剪去受潮索头，点燃后不应有断火、透火、外壳燃烧及爆声。在温度为 45℃的恒温箱中放置 2 h，不应有粘结和外壳破坏的现象。在温度为 −25℃的条件下放置 1 h，不应有裂纹和折断现象。

导火索必须使用导火索或专用点火器材点燃，严禁用火柴、烟头点火。为避免出现爆燃或缓燃事故，严禁脚踩和挤压已点燃的导火索。

### 8.1.3 导火索起爆法的特点

优点：操作简单、能抗杂散电流、不需网路计算、费用较低，特别适用于二次爆破、浅孔爆破和零星分散的小型爆破。

缺点：可靠性较低、易出现盲炮、作业危险性较大，不能在竖井、倾角大于 30°的斜井和天井工作面以及较难撤至安全地点的爆破工作面使用，不能在有瓦斯和煤尘爆炸危险的环境中使用。导火索起爆法无法可靠地实施微差爆破和延期爆破，无法用仪表检查爆破前的准备工作，对于规模较大的爆破工程难于取得良好的爆破效果。

## 8.2 电雷管与电力起爆法

电力起爆法是指利用电能引爆电雷管进而激发炸药爆炸的方法。

### 8.2.1 工业电雷管

工业电雷管按通电后爆炸时间的不同以及是否允许用于有瓦斯或煤尘爆炸危险的工作面，作如下分类：

$$普通电雷管\begin{cases}普通瞬发电雷管\\普通延期电雷管\end{cases}$$

$$煤矿许用电雷管\begin{cases}煤矿许用瞬发电雷管\\煤矿许用毫秒延期电雷管\end{cases}$$

根据主装药装药量的不同，电雷管可分为 6 号和 8 号两种。电雷管管壳使用的材料有纸、铜、覆铜钢、铝、铁等，但煤矿许用型电雷管的管壳只允许使用纸、铜、覆铜钢等材料。电雷管脚线的长度规定为 2 m，也可要求厂家供应其他长度脚线的电雷管。

#### 1. 普通瞬发电雷管

普通瞬发电雷管简称瞬发电雷管，是指通电后立即爆炸的电雷管，又叫即发电雷管。瞬发电雷管由火雷管和电点火元件组装而成，图 8 - 4(a)是纸壳瞬发电雷管的结构示意图。电点火元件由聚氯乙烯绝缘镀锌铁脚线、桥丝(直径 40 μm 的镍铬合金丝)、引火药头和塑料塞组成，通过铁箍将塑料塞卡紧固定在纸壳火雷管的开口端。金属壳的电雷管不需铁箍，直接将塑料塞卡紧在金属壳火雷管的开口端。引火药头是火柴头大小的一种滴状物，由引火药(氧化剂和可燃剂的粉状混合物)配缩丁醛、明胶等粘合剂制成糊状，蘸在桥丝上，烘干后再在表面浸上防潮、防摩擦、防静电保护层而制成，它是影响电雷管质量的主要因素之一。

瞬发电雷管的作用原理：电雷管通电后，桥丝电阻产生热量点燃引火药头，引火药头迸发出的火焰激发雷管爆炸。由于从通电开始到雷管爆炸只经历极短暂的瞬间，所以把它称为

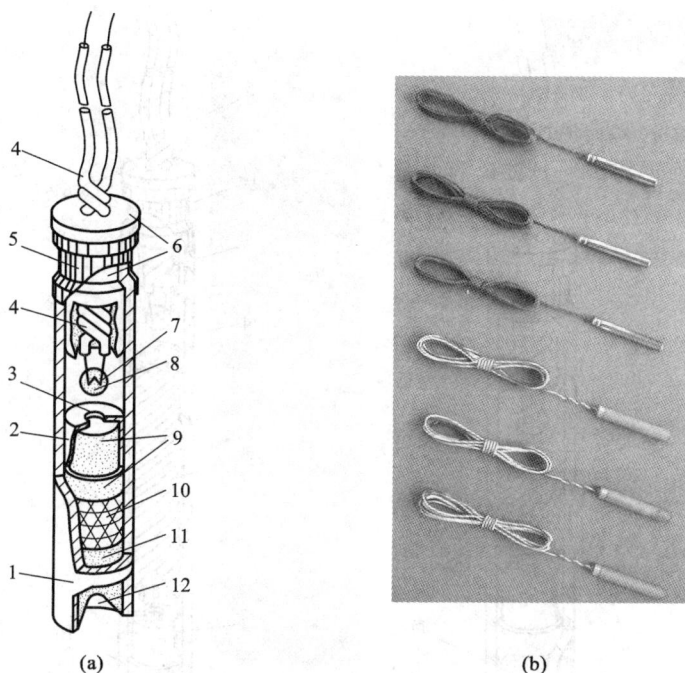

**图 8 - 4 瞬发电雷管**

1—纸壳；2—加强帽；3—传火孔；4—脚线；5—铁箍；6—卡口塞；7—桥丝；
8—引火头；9—正起爆药；10—二遍副起爆药；11—头遍副起爆药；12—聚能穴

瞬发电雷管。

**2. 普通延期电雷管**

普通延期电雷管是指装有延期元件或延期药的电雷管。根据延期时间的不同，延期电雷管又分为秒延期电雷管、半秒延期电雷管、1/4 秒延期电雷管和毫秒延期电雷管。我国延期电雷管的段别及其延期时间见表 8 - 1。

延期电雷管与瞬发电雷管的区别主要在于延期电雷管在电点火元件与火雷管之间安置有延期元件或延期药。

（1）秒延期电雷管

秒延期电雷管是段延期间隔时间为 1 ~ 2 s 的延期电雷管，其延期元件为精制导火索，根据导火索在雷管中的装配位置，秒延期电雷管的结构可分为两种：一种为内置式，即将精制缓燃导火索装配在雷管内，不同的段别采用不同燃速和不同切长的缓燃导火索，如图 8 - 5（a）所示。为了防止引火头迸发的火焰由管壁和索段之间的缝隙喷到起爆药面而造成早爆，在索段的中部位置套一铁箍（金属管壳不用），用卡口器紧缩一下，形成一圈卡痕。另一种为外露式，其导火索的一端通过套管与电点火元件相卡接，另一端则直接与火雷管的开口端相卡接，中间部分外露，如图 8 - 5（b）所示。外露式结构适用于延期时间较长的高段秒延期电雷管。为了使导火索燃烧时产生的大量气体及时排出，不致影响索段的燃烧稳定性或造成管体被胀裂，在上述两种结构引火头部位的管体上，都扎有 2 ~ 3 个排气孔。如果使用铝套，则采用局部打薄方式。为了防止由排气孔吸湿，排气孔周围用蜡纸密封。

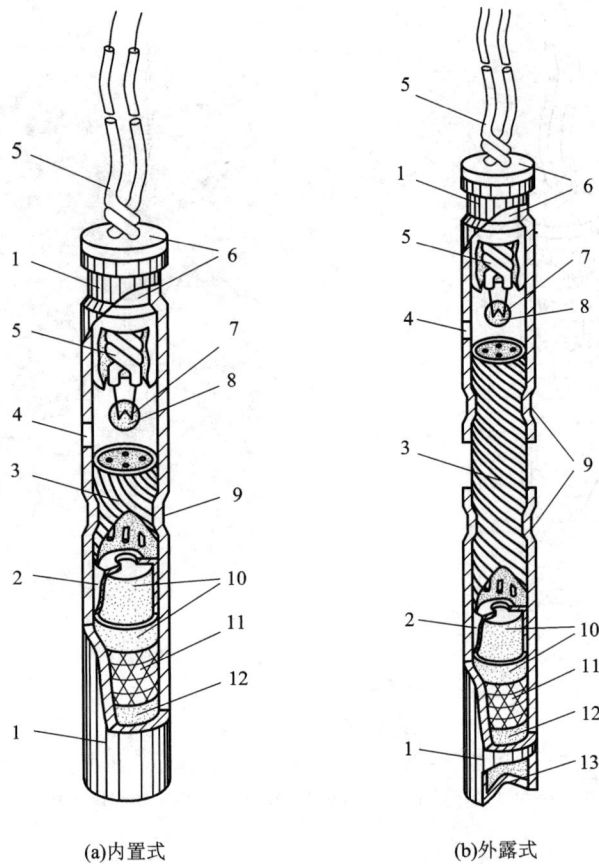

**图 8-5  秒延期电雷管**

(a)内置式　　　(b)外露式

1—金属管壳;2—加强帽;3—导火索;4—排气孔;5—脚线;6—卡口塞;7—桥丝;
8—引火头;9—卡痕;10—正起爆药;11—二遍副起爆药;12—头遍副起爆药;13—聚能穴

(2)毫秒延期电雷管

毫秒延期电雷管是段间隔为十几毫秒至数百毫秒的延期电雷管。由于毫秒延期电雷管的延时精度高,不能采用导火索作延期元件。我国早期毫秒延期电雷管的延期元件是具有一定燃烧速度和燃烧精度的延期药,延期药的装填方式主要有装配式,如图 8-6(a)所示,和直填式,如图 8-6(b)所示。

装配式是将延期药先在延期内管装压好,然后将它装入火雷管内,直填式则是将延期药装入火雷管内,再反扣长内管后,直接在雷管内加压。

毫秒延期雷管的延期药由氧化剂、可燃剂、调整燃烧速度的缓燃剂、提高延期精度的添加剂和造粒用的粘合剂混合而成,具有燃速均匀,燃烧产物中气态生成物少,化学安定性好,机械感度低等特点。我国延期药的主要成分有:铅丹(四氧化三铅)、硅铁、硫化锑、硒、过氧化钡和硅藻土等。

目前我国毫秒延期电雷管的延期元件更多的是采用铅质延期体,同时取消了加强帽,如图 8-6(c)所示。铅质延期体主要经过以下工序加工而成:首先在壁厚 3 mm 左右、长度

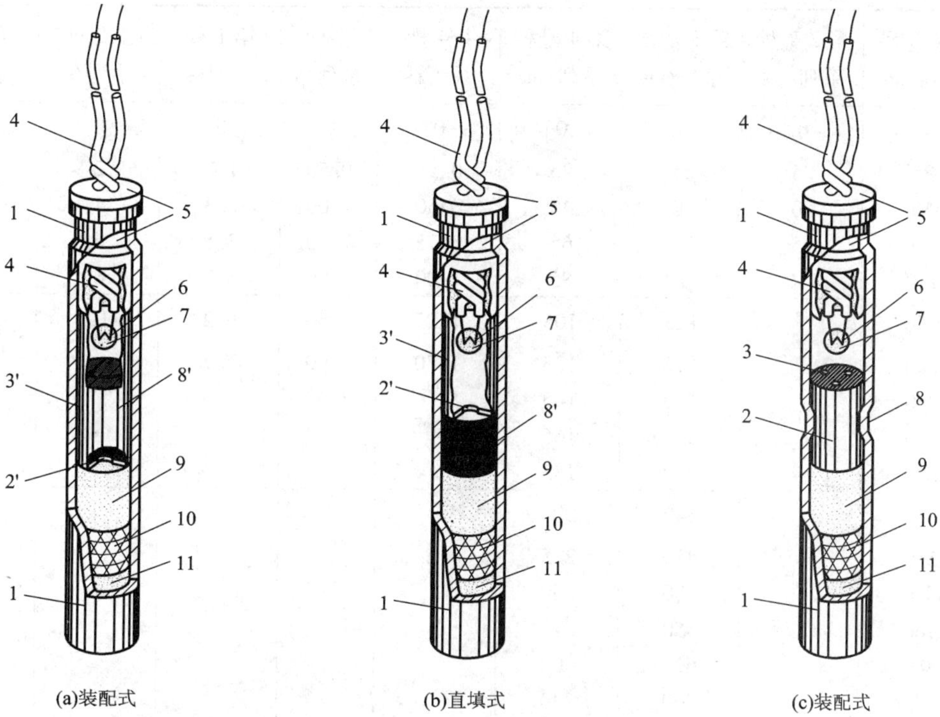

(a)装配式          (b)直填式          (c)装配式

**图 8 - 6   毫秒延期电雷管**

1—金属壳体；2—铅质延期体；2′—传火孔；3—延期药芯；3′—反扣长内管；4—脚线；5—卡口塞；
6—桥丝；7—引火头；8—卡痕；8′—延期药；9—正起爆药；10—二遍副起爆药；11—头遍副起爆药

300 mm 左右、内径大于 10 mm 的铅锑合金管内装入定量延期药，经专用模具引拔至一定细度后切成一定长度的中间料管，然后再将三根（或五根）这样的中间料管装入一根铅锑合金大套管内，经多次引拔后到外径为 6. 15 ~ 6. 27 mm，然后按要求的延期时间切成一定长度，这样就形成了三芯（或五芯）的铅锑合金延期体，简称铅质延期体。由于铅质延期体内的延期药分布均匀，延期精度高，所以在毫秒延期雷管中得到了广泛的应用。

（3）1/4 秒延期电雷管和 1/2 秒延期电雷管

1/4 秒延期电雷管 和 1/2 秒延期电雷管是指段间隔为 1/4 秒和 1/2 秒的延期电雷管。这两个品种延期电雷管的结构、电点火元件、电发火参数与毫秒延期电雷管相近，只是引火药头和延期药的组分有所不同。1/4 秒延期电雷管多采用铅质三芯或五芯延期体；1/2 秒的延期电雷管则采用秒级延期药，其延期元件有装配式和直填式两种。

（4）延期电雷管的作用原理

电雷管通电后，桥丝电阻产生热量点燃引火药头，引火药头迸发出的火焰引燃延期元件或延期药，延期元件或延期药按确定的速度燃烧并在延迟一定时间后将雷管引爆。

**3. 煤矿许用电雷管**

允许在有瓦斯和煤尘爆炸危险的环境中使用的电雷管统称煤矿许用电雷管。煤矿许用电雷管分为瞬发和毫秒延期两种类型。为确保雷管的爆炸不致引起瓦斯和煤尘的爆炸，煤矿许用电雷管在普通电雷管的基础上采取了以下措施：

表 8 – 1　延期电雷管的段别与名义延期时间（GB8031—87）

| 段号 | 第1毫秒系列/ms | 第2毫秒系列/ms | 第3毫秒系列/ms | 第4毫秒系列/ms | 1/4秒系列/s | 半秒系列/s | 第1秒系列/s | 第2秒系列/s | 第3秒系列/s |
|---|---|---|---|---|---|---|---|---|---|
| 1 | 0 | 0 | 0 | 0 | 0 | 0 | 0 | 0 | 0 |
| 2 | 25 | 25 | 25 | 25 | 0.25 | 0.50 | 1.2 | 2 | 1 |
| 3 | 50 | 50 | 50 | 45 | 0.50 | 1.00 | 2.3 | 4 | 2 |
| 4 | 75 | 75 | 75 | 65 | 0.75 | 1.50 | 3.5 | 6 | 3 |
| 5 | 110 | 110 | 110 | 85 | 1.00 | 2.00 | 4.8 | 8 | 4 |
| 6 | 150 | | 128 | 105 | 1.25 | 2.50 | 6.2 | 10 | 5 |
| 7 | 200 | | 157 | 125 | 1.50 | 3.00 | 7.7 | | |
| 8 | 250 | | 190 | 145 | | 3.50 | | | |
| 9 | 310 | | 230 | 165 | | | | | |
| 10 | 380 | | 280 | 185 | | | | | |
| 11 | 460 | | 340 | 205 | | | | | |
| 12 | 550 | | 410 | 225 | | | | | |
| 13 | 650 | | 480 | 250 | | | | | |
| 14 | 760 | | 550 | 275 | | | | | |
| 15 | 880 | | 625 | 300 | | | | | |
| 16 | 1020 | | 700 | 330 | | | | | |
| 17 | 1200 | | 780 | 360 | | | | | |
| 18 | 1400 | | 860 | 395 | | | | | |
| 19 | 1700 | | 945 | 430 | | | | | |
| 20 | 2000 | | 1035 | 470 | | | | | |

注：第2毫秒系列为煤矿许用毫秒延期电雷管系列

（1）为消除雷管爆炸时产生的高温和火焰的引燃作用，在雷管的主装药内加入适量的消焰剂或采用其他有利于控制起爆药的爆温、火焰长度和火焰延续时间的添加剂。

（2）为消除雷管爆炸飞散出的灼热碎片或残渣的引燃作用，禁止使用铝质管壳。

（3）采用铅质五芯延期体，减少了延期药用量，并能吸收燃烧热，同时具有抑制延期药燃烧残渣喷出的作用。

（4）采用燃烧温度低、气体生成量少的延期药。加强雷管的密封性，避免延期药燃烧时，火焰喷出管体引爆瓦斯或煤尘。

（5）煤矿许用毫秒延期电雷管的段别分为五段，最长延期时间不超过130 ms。在有瓦斯与煤尘爆炸危险的隧道中施工，必须遵守《煤矿安全规程》的有关规定，使用煤矿许用炸药和煤矿许用电雷管。

## 8.2.2　电雷管的性能参数

电雷管的性能参数是国家制定与爆破相关的法规、标准，生产厂家进行质量检验，用户进行验收，爆破工程技术人员进行电爆网路设计、选用起爆电源和检测仪表的重要依据。电雷管的性能参数主要有：电阻、安全电流、发火电流、串联准爆电流和发火冲量等。

### 1. 电阻

电雷管的电阻就是桥丝电阻与脚线电阻之和，又称全电阻。2 m 长铁脚线电雷管的全电阻不大于 6.3 Ω，上下限差值不大于 2.0 Ω；当采用铜脚线时，其全电阻不大于 4.0 Ω，上下限差值不大于 1.0 Ω。电雷管在使用之前，要用爆破专用电表逐个测定每个电雷管的阻值，剔除断路、短路和阻值异常的电雷管。《爆破安全规程》规定：用于同一爆破网路的电雷管应为同厂同型号产品，康铜桥丝雷管的电阻值差不得超过 0.3 Ω，镍铬桥丝雷管的电阻值差不得超过 0.8 Ω。

### 2. 安全电流

（1）最大不发火电流。对于某批或某个品种的电雷管，在 5 min 内达到 0.9999 的不发火概率所能施加的最大恒定直流电流称为该批或该品种电雷管的最大不发火电流。不同厂家不同型号电雷管的最大不发火电流存在着一定的差异，国家标准并未对其做出具体规定。在生产的常规检验中，厂家也不测定这个数值。最大不发火电流是限定电雷管安全电流的主要依据。

（2）安全电流。根据电雷管的最大不发火电流和要求的设计裕度，对其规定的在 5 min 内不发火的恒定直流电流称为安全电流。国家标准《工业电雷管》（GB 8031—2005）规定电雷管的安全电流不小于 0.18 A。安全电流的试验测试方法为：20 发电雷管串联连结，测量电阻后，对该组电雷管通以 0.18 A 的恒定直流，通电时间 5 min，电雷管均不爆炸为合格。

安全电流是电雷管对电流安全的一个指标。在设计爆破专用仪表时，作为选择仪表输出电流的依据。为确保安全，《爆破安全规程》规定：爆破专用电表的工作电流应小于 30 mA。

### 3. 发火电流

（1）最小发火电流。对于某批或某个品种的电雷管，达到 0.9999 的发火概率所需施加的最小恒定直流电流称为该批或该品种电雷管的最小发火电流。不同厂家不同型号电雷管的最小发火电流不尽相同，国家标准也未对其做出具体规定。在生产的常规检验中，厂家也不测定这个数值。最小发火电流表示了电雷管对电流的敏感程度，是限定电雷管单发发火电流的重要依据。

（2）单发发火电流。根据电雷管的最小发火电流和要求的设计裕度，对单发电雷管规定的在 30 s 内发火的恒定直流电流称为单发发火电流。国家标准《工业电雷管》（GB 8031—2005）规定电雷管的单发发火电流上限不大于 0.45 A。单发发火电流的数值是通过采用数理统计的方法进行试验和数据处理而得到的，是可靠引爆单发电雷管的最小准爆电流。

（3）百毫秒发火电流。通电时间 100 ms，电雷管达到 0.9999 的发火概率所需施加的最小恒定直流电流称为百毫秒发火电流。

### 4. 串联准爆电流

在一批电雷管中，单独对每个雷管通以最小发火电流，它将逐个全部爆炸。如果将同一批雷管，若干个串联起来，通过调整电源电压使流过网路的电流恰好等于最小发火电流，结果会发现并不是所有串联着的雷管都能爆炸，总会有一些雷管不爆炸。串联的雷管数目越多，这种不爆的雷管（俗称"丢炮"）也越多。如果将这些丢炮再逐个通入最小发火电流，则它们又单独地都爆炸了。

产生上述现象的原因在于电雷管电学性质的不均匀性。就是说，即使是同一批合格产品，由于桥丝电阻、桥丝焊接质量及引火药的物理状态存在着一定的差异，各雷管之间的各项电学特性参数值都不可能完全一样，因而表现为对电流具有不同的敏感度。在串联情况下，当电流通过时，总是最敏感的雷管先得到足够的电能而爆炸，造成串联网路断路，此时，敏感度较低的一些雷管，还没有获得足够的能量来点燃引火药，但由于网路已断，这些雷管因不能继续获得电能而形成丢炮被遗留下来。

试验表明：通过串联网路的电流越大，丢炮就越少，当电流增大至某一数值时，就不再有丢炮。能使规定发数的串联电雷管全部起爆的规定恒定直流电流称为串联准爆电流。国家标准规定：对于串联连接的 20 发电雷管通以 1.2 A 恒定直流电流，应全部爆炸。其中的 1.2 A 恒定直流电流就是国家标准规定的串联准爆电流，它是选用起爆电源以及进行电爆网路设计的重要依据。

《爆破安全规程》规定：电力起爆时，流经每个雷管的电流为：一般爆破，交流电不小于 2.5 A，直流电不小于 2 A；大爆破，交流电不小于 4A，直流电不小于 2.5 A。

**5. 发火冲量**

电雷管在发火时间内，每欧姆桥丝提供的热量称为发火冲量。若通过桥丝的电流为 i，发火时间为 $t_i$，则发火冲量可用下式来表示：

$$K_i = \int_0^{t_i} i^2 \mathrm{d}t \qquad (8-1)$$

电流为直流时，(8-1)式可写成：

$$K_i = I^2 t_i \qquad (8-2)$$

电雷管的发火冲量不是固定值，而与电流大小有关。由于电流越小，散失的热能越多，所以电流越小，所需的发火冲量越大。

对应于两倍百毫秒发火电流的发火冲量，称为标称发火冲量 Ks。标称发火冲量是表征雷管发火性能的一个重要参数，其值越大，电雷管的引爆就越困难，国家标准《工业电雷管》(GB 8031—2005)规定电雷管的标称发火冲量不大于 8.7 $A^2 \cdot ms$。标称发火冲量的试验测定方法为：以百毫秒发火电流两倍的恒定直流电流向电雷管(可用引火药头代替)通电不同时间，求出发火概率为 0.9999 的通电时间，然后按式(8-2)计算发火冲量。

电雷管在出厂前要经过一系列的参数测定和性能试验。参数测定包括：电阻、单发发火电流、发火冲量和延期时间的测定。性能试验包括：安全电流试验、串联准爆电流试验、震动试验、铅板试验和封口牢固性试验。对于煤矿许用电雷管还必须通过瓦斯安全性试验。

## 8.2.3 起爆电源

照明电、动力电和发爆器是常用的起爆电源。干电池、蓄电池也可作为少量电雷管的起爆电源。

**1. 照明电和动力电**

220 V 照明电和 380 V 动力电作为起爆电源，特别适合大量电雷管的并联、串并联爆破网路。

用动力电源或照明电源起爆时，必须在安全地点设置两个双刀双掷刀闸，分别作为电源开关和放炮开关。当电源刀闸开关合上以后，必须有指示灯发亮表示电源接通。放炮刀闸电源线应与电源开关刀闸的刀闸引线接通，放炮刀闸引线应与放炮母线接通，除放炮合闸外，平时放炮刀闸应放在另一掷处短路连接，防止外部电流进入雷管。

**2. 发爆器**

发爆器又称起爆器、放炮器。发爆器能够提供给爆破网路的电流较小,一般适用于电雷管的串联网路。由于它具有使用简单、重量轻、便于携带的优点,在小规模的爆破工程中得到广泛使用。目前使用的发爆器绝大多数是电容式发爆器,分为矿用防爆型(适用于具有瓦斯与煤尘爆炸危险的环境)和非防爆型两种类型,主要由以下几部分组成:

① 低压直流电源:一般采用4.5 V或6V干电池。

② 晶体管变流器:将直流电源变换成交流电源,经升压变压器升到几百伏。

③ 整流电路:将交流高压电源整流成为直流高压电源。

④ 储能电路:高压直流电源随即向储能电路的主电容器充电。

⑤ 限时电路:是矿用发爆器必需的组成部分,一般由机械式毫秒开关组成。设置限时电路的目的是防止电雷管引爆后,爆破电路被拉断或重新搭接产生电火花引起瓦斯或煤尘爆炸。国家标准 GB 7958—87《煤矿用电容式发爆器》规定:限时电路的安全供电时间≤4 ms。

⑥ 显示电路:一般由电压表、氖灯和分压线路构成。电压表显示主电容的充电电压,当电压达到额定电压后,氖灯发光,指示可以放炮。

⑦ 钥匙开关和放电回路:接到准备起爆的命令后,由放炮员插入开关钥匙,将开关旋至"充电"位置,主电容充电至氖灯发亮;接到起爆命令后,将开关旋至"起爆"位置,主电容接通电爆网路放电,引爆电雷管。随即开关接通内置放电电阻,释放主电容中剩余电荷。

⑧ 外壳:分为防爆和非防爆两种类型。防爆型外壳可以防止电路系统的触电火花引燃瓦斯。

国产发爆器型号很多,工作原理基本相同。任何一种型号的发爆器,它所能引爆的电雷管最大数量是一定的,而且,网路中电雷管的连接方式不同,发爆器所能引爆的雷管数量也不同(见表8-2)。一般情况下,单发并联时,发爆器所能引爆的电雷管数量最少。随着使用年限的增加,发爆器中电容器的充放电能力逐渐下降,发爆器的引爆能力也会逐渐低于额定引爆能力。

表8-2 GFB—1200型高能发爆器引爆能力

| 连接形式<br>引爆能力(发) | 单发串联 | 单发全并联 | 4发并后串联 | 8发并后串联 | 100发串后并联 |
| --- | --- | --- | --- | --- | --- |
| 铜脚线 | 600 | 30 | 1600 | 3200 | 2000 |
| 铁脚线 | 400 | 30 | 1200 | 2400 | 1200 |

注:① 母线电阻按20 Ω 计算;② 并联时,各支路电阻值均应相等;③ 不许在母线电阻小于10 Ω 时做多发数并联放炮。

## 8.2.4 电爆网路

**1. 电爆网路的基本形式**

电爆网路由电雷管、端线、区域线、主线、电源开关和插座等构成。用来接长雷管脚线的导线称为端线。连接端线和主线的导线称为区域线。主线则是指区域线与爆破电源之间的连接导线。电爆网路的基本形式有：串联、并联、簇并联、分段并联和串并联，很少采用并串联。

**(1)串联网路**

将电雷管的脚线依次连接成串，再与电源相联就构成了串联网路，如图8－7(a)所示。串联电爆网路具有导线消耗少，网路计算简单，线路敷设容易，仪表检查方便等优点。串联网路所需的总电流小，适合选用发爆器起爆。缺点是如果网路中有一处断路，则会造成整个网路拒爆。

**(2)并联网路**

将所有电雷管的两根脚线分别联在两条导线上，再将这两条导线与电源相联就构成了并联电爆网路，如图8－7(b)所示。如果将一组电雷管的脚线分别连接为两点，再将这两点通过导线与电源相联就构成了簇并联电爆网路，如图8－7(c)所示。并联电爆网路的优点是当某一雷管发生断路或故障时，不会影响整个网路的起爆。并联网路所需的起爆总电流大，适合采用照明电或动力电作为起爆电源。缺点是线路敷设较复杂，检查比较繁琐，漏接少量电雷管时不易通过仪表检查发现。

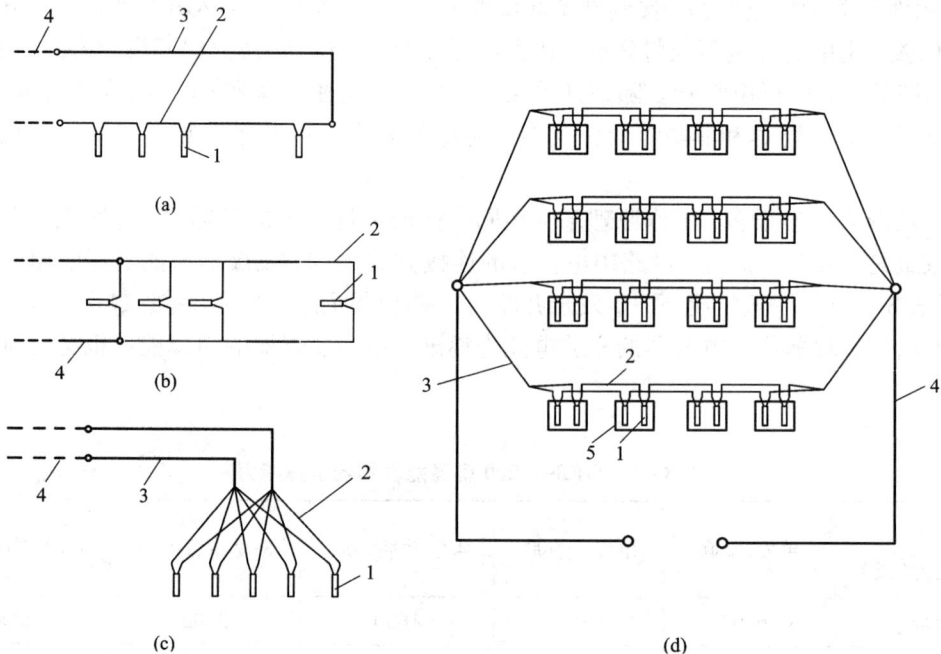

**图8－7　电爆网路的基本形式**
1—雷管；2—端线；3—区域线；4—主线；5—药室

**(3)串并联网路**

将若干组串联连接的电雷管并联在两根导线上，再与电源相联就构成了串并联电爆网路。工程中经常在同一药包内放置2发电雷管，将这些电雷管分别串联在一起，然后再并联，如图8－7(d)所示，这样构成的串并联电路其起爆可靠性大为提高。为使流入各支路的电流大致相等，从而保证通过每发电雷管的电流大于设计的准爆电流，必须使各支路的总电阻大致相等，这就要求各支路串联的雷管数目基本一致。在各串联支路并联连接之前，必须用雷管专用电表测试各支路的总电阻，如果各支路的总电阻相差较大，则必须通过串接电阻的方法平衡各支路的阻值。

**2. 敷设电爆网路时应注意的问题**

（1）只准采用专用爆破电表导通网路和校核电阻。专用爆破电表的工作电流应小于 30 mA。必须在装药填塞完毕和无关人员撤离现场后，才准在远离作业面的地点导通网路和校核电阻。

（2）爆破网路主线应设中间开关，并与其他电源线路分开敷设，应采用绝缘良好的导线，不准利用铁轨、铁管、钢丝绳、水和大地作爆破线路。露天爆破允许使用架设在电杆磁瓶上的裸露导线，但不准使用直流电机车的架空线。

（3）必须严格检查主线、区域线、端线、电源开关和插座等的断通与绝缘情况。在联入网路前，各自的两端应短路。

（4）爆破网路的联接必须在工作面的全部炮孔（或药室）装填完毕和无关人员全部撤至安全地点之后，由工作面向起爆站依次进行。两线的接点应错开 10 cm，接点必须牢固，绝缘良好。

（5）爆破主线与起爆电源或发爆器连接之前，必须测全线路的总电阻值。总电阻值应与实际计算值符合（允许误差 ±5%）。若不符合，禁止连接。

（6）在有瓦斯与煤尘爆炸危险的环境中采用电力起爆时，只准使用防爆型发爆器作为起爆电源。其他情况下准许采用动力电、照明电和经鉴定合格的发爆器作为起爆电源。

（7）用动力电源或照明电源起爆时，起爆开关必须安放在上锁的专用起爆箱内。起爆开关箱的钥匙和发爆器的钥匙在整个爆破作业时间里，必须由爆破工作领导人或由他指定的爆破员严加保管，不得交给他人。

（8）爆破作业场地的杂散电流值大于 30 mA 时，禁止采用普通电雷管。

（9）地铁、隧道、地下硐室、地下水利工程和井下采煤等的电力起爆，当采用电缆作为专用爆破线时，距装药工作面 50 m 以外允许电气照明。地下金属矿的电力起爆，属一般爆破者，装起爆药包前必须撤除工作面的一切电源；属大爆破者，装起爆药包前的停电范围由设计确定。露天硐室大爆破，装起爆药包前应撤除各个硐室的电源。

（10）各种发爆器和用于检测电雷管及爆破网路电阻的爆破专用电表等电气仪表，每月以及大爆破前均应检查一次，电容式发爆器至少每月赋能一次。

## 8.2.5　电力起爆的特点

电力起爆法是爆破工程中应用最广泛的一种起爆方法，它具有以下优点：

（1）可以用爆破专用仪表检查电爆网路的连接质量。

（2）操作人员可以在远离爆区的安全地带起爆装药。

（3）可以同时起爆大量电雷管。

（4）可以准确地控制装药的起爆时间和延期时间。

（5）在具有瓦斯与煤尘爆炸危险的环境中，是目前唯一能采用的起爆方法。

电力起爆法的缺点是：

（1）起爆大量的雷管时，必须进行电爆网路的设计和计算，需要专用的起爆电源。

（2）容易因受到杂散电流、静电、雷电、射频辐射的作用而发生意外早爆。

（3）操作和检查复杂，装起爆药包之前需切断一定范围内的电源。

## 8.3　导爆索起爆法

导爆索起爆法是指用雷管激发导爆索，通过导爆索的猛炸药芯药传递爆轰并引爆炸药的一种起爆方法。

### 8.3.1　导爆索

导爆索是一种以猛炸药为药芯，用来传递爆轰波的索状火工品。导爆索有普通导爆索、震源导爆索、煤矿许用导爆索、油井导爆索、金属导爆索、切割索和低能导爆索等多种类型。

爆破工程中常用的是普通导爆索（以下简称导爆索）。导爆索适用于一般露天和无沼、煤尘爆炸危险的爆破作业，其芯药为不少于 11.0 g/m 的黑索金或泰安。导爆索分为两个品种：一种是以棉线、纸条为包缠物，沥青为防潮层的棉线导爆索，其直径不大于 6.2 mm，其结构与工业导火索类似（图 8-8）；另一种是以化学纤维或棉线、麻线等为内包缠物，外层涂敷热塑性塑料的塑料导爆索，其直径不大于 6.0 mm。塑料导爆索更适用于水下爆破作业。导爆索与导火索的最大区别在于导爆索传递的是爆轰波而不是火焰，导爆索的传波速度不小于 6000 m/s。为区别于导火索，导爆索的表面均涂以红色涂料。

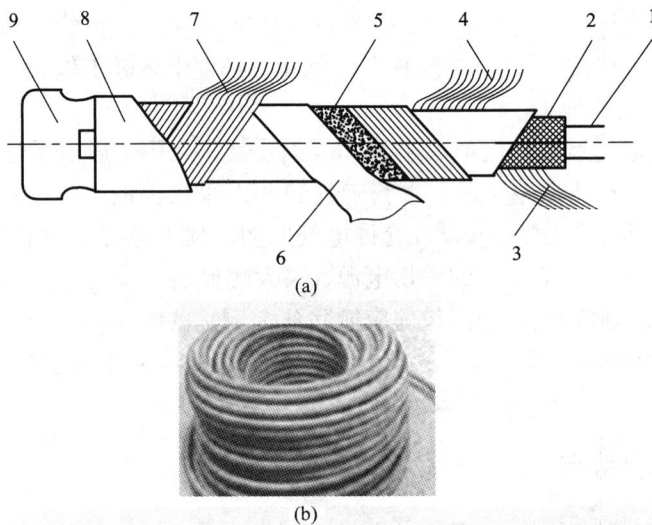

(a)

(b)

**图 8-8　棉线普通导爆索结构**

1—芯线；2—黑索金或泰安；3—内线层；4—中线层；5—沥青；6—纸条层；7—外线层；8—涂料层；9—防潮帽或防潮层

导爆索具有突出的传爆性能和稳定的起爆能力，1.5 m 长的导爆索能完全起爆一个 200 g 的标准压装 TNT 药块。在 +50℃保温 6 h 后或在 -40℃冷冻 2 h 后，导爆索起爆和传爆性能不变。在承受 500 N 静拉力后，仍保持原有的爆轰性能。棉线导爆索在深度为 1 m、水温为 10～25℃的静水中浸 4 h 后，塑料导爆索在水压为 50kPa、水温为 10～25℃的静水中浸 5 h 后，传爆性能不变。出厂前，导爆索都要经过耐弯曲性试验，以满足敷设网路时对导爆索进行弯曲、打结的要求。

　　导爆索的芯药与雷管的主装药都是黑索金或泰安，可以把导爆索看作是一个"细长而连续的小号雷管"。导火索喷出的火焰和机械冲击不能可靠地将导爆索引爆，必须使用雷管或起爆药柱、炸药等大于雷管起爆能力的火工品将其引爆。导爆索可以直接引爆具有雷管感度的炸药，不需在插入炸药的一端连接雷管。

## 8.3.2　导爆索爆破网路

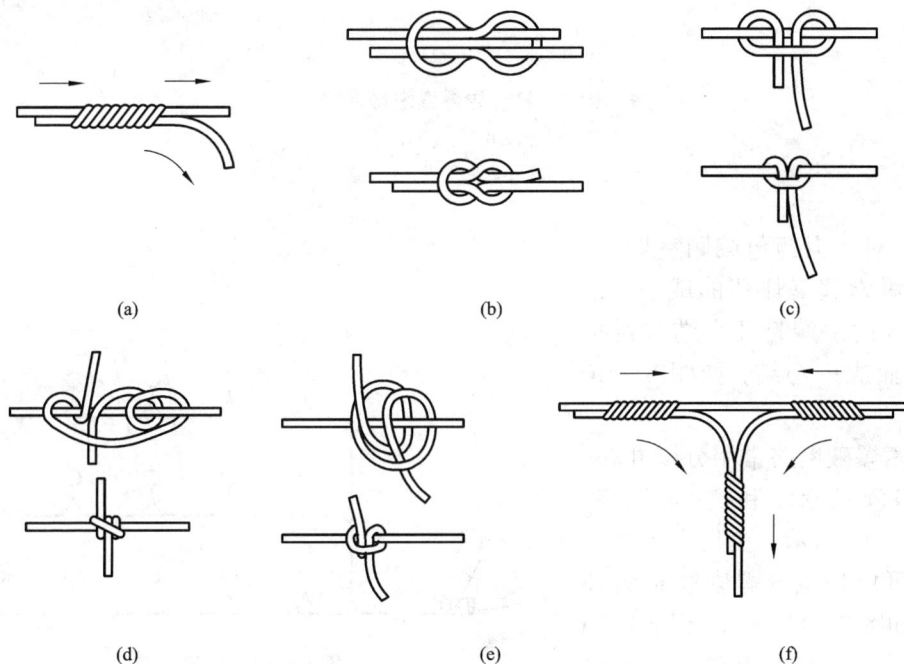

**图 8－9　导爆索的联接方法**

（a）搭结；（b）水手结；（c）、（d）、（e）套结；（f）三角结

　　导爆索爆破网路中主线与支线或索段与索段的联接方法有搭结、套结、水手结和三角结等几种，如图 8－9 所示。搭结时，两根导爆索重叠的长度不得小于 15 cm，中间不得夹有异物和炸药卷，支线传爆方向与主线传爆方向的夹角不得大于 90°。

　　导爆索网路除联接处的套结、水手结外，禁止打结或打圈。交错敷设导爆索时，应在两根导爆索之间放一厚度不小于 10 cm的木垫块。硐室爆破时，导爆索与铵油炸药接触的地方应采取防渗油措施或采用塑料覆盖导爆索。

　　导爆索与普通药卷的联接如图 8－10

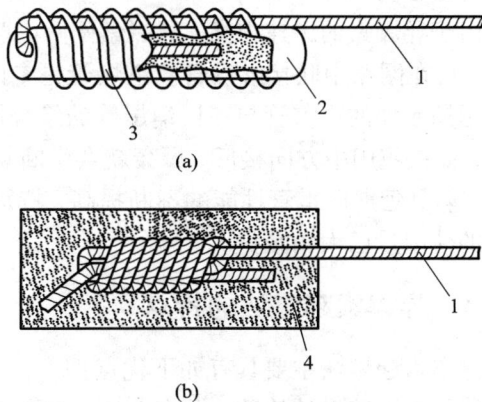

**图 8－10　导爆索与药包的联接**

（a）导爆索与药卷；（b）导爆索结

1—导爆索；2—药卷；3—胶布；4—起爆体

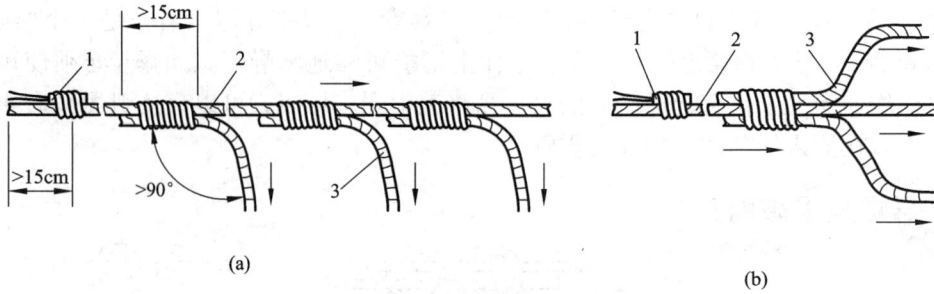

**图 8 - 11　导爆索爆破网络**

(a)分段并联；(b)簇并联

1 雷管；2 主干索；3 支索

(a)所示。对于大药包或硐室爆破，为提高导爆索起爆炸药的威力，常在插入炸药的一端打几个结或弯折两三次后捆成一个结，如图 8 - 10(b)所示。

　　导爆索爆破网路常用分段并联，如图 8 - 11(a)所示，和簇并联网路，如图 8 - 11(b)所示。为提高起爆的可靠度，可以把主导爆索联结为环形网路，如图 8 - 12 所示，但支线和主线都应采用三角形联结。起爆导爆索的雷管应绑紧在距导爆索端部 15 cm 处，雷管的聚能穴应朝向导爆索的传爆方向。

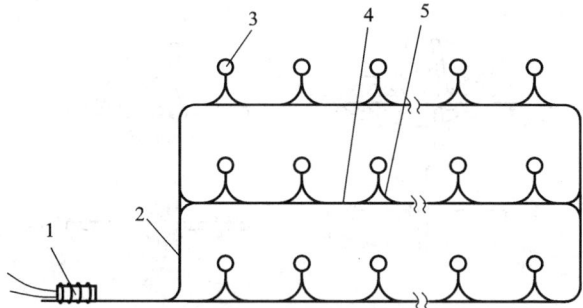

**图 8 - 12　环形网路**

1—雷管；2—主干索；3—炮眼；4—附加索；5—支索

　　由于导爆索的爆速很高，导爆索网路中联接的所有装药几乎是同时爆炸。为了实现微差爆破，可在网路中联接继爆管。继爆管是专门与导爆索配合使用的延期元件，实质上是装有毫秒延期元件的火雷管与一根消爆管的组合体，有单向和双向两种。单向继爆管传爆具有方向性，如在使用中方向接反，爆轰就会中断。由于继爆管的成本较高，随着抗杂散电流电雷管、抗静电延期电雷管性能的不断提高，特别是导爆管非电起爆技术的不断发展和完善，继爆管的使用量已大幅减少。

### 8.3.3　导爆索起爆法的特点

　　导爆索起爆法主要具有如下优点：

　　①爆破网路设计简单，操作方便，与电力起爆法相比，准备工作量少，不需对爆破网路进行计算。

　　②不受杂散电流、雷电以及其他各种电感应的影响（除非雷电直接击中导爆索）。

　　③起爆准确可靠，能同时起爆多个装药。

④不需在药包中联接雷管，因此在装药和处理盲炮时比较安全。

导爆索起爆法的不足之处主要是：

①成本高，噪声大。

②不能用仪器、仪表对爆破网路进行检查。无法对已经堵塞的炮眼或导洞中导爆索的状态进行准确判断。

## 8.4 塑料导爆管与导爆管起爆法

利用塑料导爆管为传爆元件，并与起爆元件、连接元件及末端工作元件等构成的起爆系统称为塑料导爆管起爆系统，简称导爆管起爆系统。导爆管起爆系统是上世纪70年代发展起来的一种新型起爆系统，它和导火索起爆方法、导爆索起爆方法统称非电起爆方法。

### 8.4.1 塑料导爆管

塑料导爆管简称导爆管，是一种内壁涂敷有猛炸药，以低爆速传递空气冲击波的挠性塑料细管。我国普通塑料导爆管（图 8-13）一般由低密度聚乙烯树脂加工而成，无色透明，外径 $3.0^{+0.1}_{-0.2}$ mm，内径 $1.4 \pm 0.10$ mm。涂敷在内壁上的炸药量为 $14 \sim 18$ mg/m（91%的奥克托金或黑索金，9%的铝粉）。

**图 8-13 塑料导爆管的结构**
1—塑料管；2—炸药粉末

导爆管的传波速度为 $(1650 \pm 50) \sim (1959 \pm 50)$ m/s。其适用的环境温度为 $-40 \sim 50℃$，常温下能承受 68.6N 静拉力，在经扭曲、打结后（管腔不被堵死的情况下）仍能正常传爆。在管壁无破裂、端口以及连接元件密封可靠的情况下，导爆管可以在 80 m 深的水下正常传爆。

只有在管内断药长度大于 15 cm，或管腔由于种种原因被堵塞、卡死，例如有水、砂土等异物，或管壁出现大于 1 cm 裂口的情况下，导爆管才会出现传爆中断现象。

## 8.4.2　导爆管的稳定传爆原理

导爆管在受到足够强度的外部冲能激发后，导爆管内壁表面涂敷的炸药将产生爆轰。爆轰波阵面因管道效应在管中形成空气冲击波。如果没有能量补偿，该空气冲击波在传播过程中会衰减，由于爆轰波阵面中化学反应区所释放的能量能补偿冲击波传播过程中的能量耗散，因而波动得以继续进行。因此可以认为，导爆管在外部冲击能作用下被引爆而在管道中形成空气冲击波，空气冲击波反过来又以其携带的能量激发前方炸药爆炸。如此循环不已，造成管中冲击波以大约 1600～2000 m/s 速度传播。

## 8.4.3　导爆管起爆系统

导爆管必须同其他器材配合，才能达到引爆炸药的目的。这些器材和导爆管结合在一起就构成了导爆管起爆系统。导爆管起爆系统由起爆元件、传爆元件和末端工作元件三部分组成。

**1. 起爆元件**

凡能产生强烈冲击波的器材都能引爆导爆管，能够引爆导爆管的器材统称起爆元件。起爆元件的种类很多，主要有：击发枪、击发管、电雷管发爆器配起爆头、导爆管击发笔、导爆索、电雷管、火雷管等，其中后两种最为常用。实验表明：一发 8 号雷管最多可以起爆 50 余根导爆管，但为了起爆可靠，以每发雷管起爆 8～10 根导爆管为宜，而且必须将这些导爆管用胶布等牢固地捆绑在雷管的周围。

**2. 传爆元件**

传爆元件的作用是将上一段导爆管中产生的爆轰波传递至下一段导爆管。常用的传爆元件有塑料连通管和导爆管雷管，其中导爆管雷管既是上一端导爆管的末端工作元件，也是下一段导爆管的起爆元件。

塑料连通管是我国于 20 世纪 80 年代研制成功的一种新型传爆元件，它是采用聚乙烯压铸成型的双向或单向空心三通或四通连接件（连通管所能联接的导爆管总根数称为"通"数），常用的有分叉式、双向集束式、和单向集束式三种，如图 8 - 14 所示。其中单向集束式是利用爆轰波的反射作用原理进行工作的，一般为四通，简称反射四通。反射四通是连通管中最为常用的一种，使用时将四根导爆管的一端都剪成与轴线垂直的平头，将它们齐头同步插入四通底部。当其中的一根导爆管被引爆后，在其中产生的爆轰波传递至四通底部，经反射后就会将其余三根引爆。当需要传爆的导爆管小于 3 根时，可用长于 10 cm 的导爆管（爆轰过的也可以）顶替。

塑料连通管内无任何炸药成分，无爆炸危险性，可以取代导爆管网路中用做传爆元件的导爆管雷管。利用塑料连通管，可以构成各种形式的导爆管爆破网路，一次起爆的炮孔数目不受限制。塑料连通管成本低廉、传爆可靠、使用安全，现已得到广泛应用。

**3. 末端工作元件**

末端工作元件是指与导爆管的传爆末端相联接的火雷管。其作用是将导爆管传递的低速爆轰波转变为能够起爆工业炸药的高速爆轰波。为使用方便，常将导爆管与火雷管组合装配

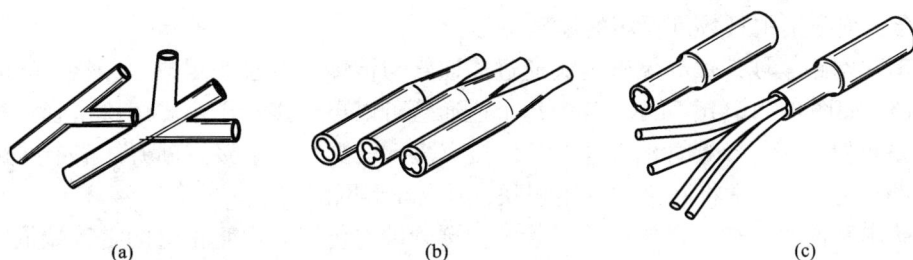

图 8 – 14 连通管

（a）分叉式；（b）双向集束式；（c）单向集束式（反射四通）

在一起，形成导爆管雷管。导爆管雷管是指靠导爆
管的冲击波冲能激发的工业雷管，由导爆管、卡口
塞、延期体和火雷管组成。我国导爆管的品种有：
瞬发导爆管雷管、毫秒导爆管雷管、半秒导爆管雷
管和秒延期导爆管雷管。工厂生产的导爆管雷管的
导爆管长度主要根据使用者的要求确定，主要有
3 m、5 m、7 m、10 m等。

在熟悉雷管结构并掌握相应安全知识的基础
上，使用者也可以在现场自行组装瞬发导爆管雷管。
组装要使用普通的工业火雷管、塑料卡口塞、铁箍
和手动收口器，方法十分简单。图 8 – 15 是现场组
装的纸壳导爆管雷管示意图。

### 8.4.4 导爆管爆破网路

#### 1. 导爆管爆破网路的基本形式

导爆管爆破网路既可以用连通管联接，也可以
用导爆管雷管联接。导爆管雷管一次可以起爆多根
导爆管，当采用延期导爆管雷管时，还可以进行孔
外延期爆破，但是由于雷管直接放在地表，潜伏着
不安全因素，使用时应特别谨慎。采用连通管联接
的爆破网路，地表无雷管，安全性好，同时消除了导
爆管雷管产生飞片和射流导致导爆管被切断的可能
性。但是这种连接方法也存在着网路接点多、接头
防水性能差、接头不能承受拉力等缺点。具体工程
中应根据实际情况和器材条件灵活运用，必要时可
以两者混用，发挥各自的优势。导爆管爆破网路的
形式多种多样，下面列举一些基本的形式：

（1）簇联网路。将若干个导爆管雷管的导爆管末端用胶布捆绑在一发起爆雷管的外面就

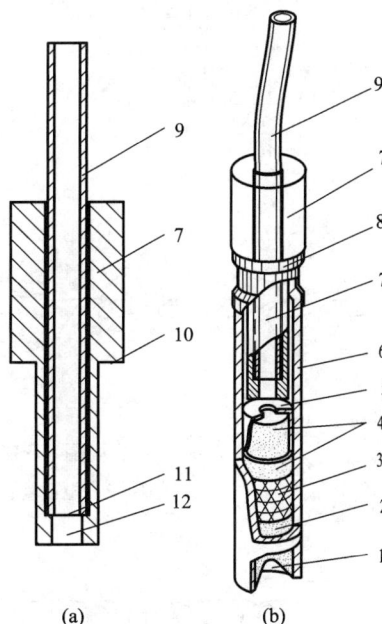

图 8 – 15 现场组装的导爆管雷管

（a）卡口塞放大图；（b）导爆管雷管

1—聚能穴；2—头遍副起爆药；

3—二遍副起爆药；4—正起爆药；

5—加强帽；6—纸壳；7—卡口塞；

8—铁箍；9—导爆管；

10—管壳限位台阶；

11—导爆管限位台阶；12—喷孔

构成了导爆管的簇联爆破网路，如图8-16(a)所示。簇联网路简单实用，但导爆管的消耗量较大，适合于炮眼集中且数目不多的爆破工程。

（2）串联网路。被传爆导爆管的头通过连通管与传爆导爆管的尾成串相接，就构成了串联爆破网路，如图8-16(b)所示，其中每个连通管可以再连接若干个导爆管雷管。串联爆破网路的网路布置清晰，导爆管消耗量少，但接点多，只要有一个接点断开，整个网路就会在此中断传爆。为此，经常将网路的首尾相联，形成环形网路。

（3）簇串联网路。被传爆导爆管雷管的导爆管端与传爆导爆管雷管的雷管端依次成串相联，每个连接端再簇联若干个导爆管雷管就形成了簇串联网路，如图8-16(c)所示。簇串联网路具有簇联网路和串联网路的共同优点。当网路中选用延期导爆管雷管时，就形成了孔外延期爆破网路，其最大的优点是消除了"跳段"现象。

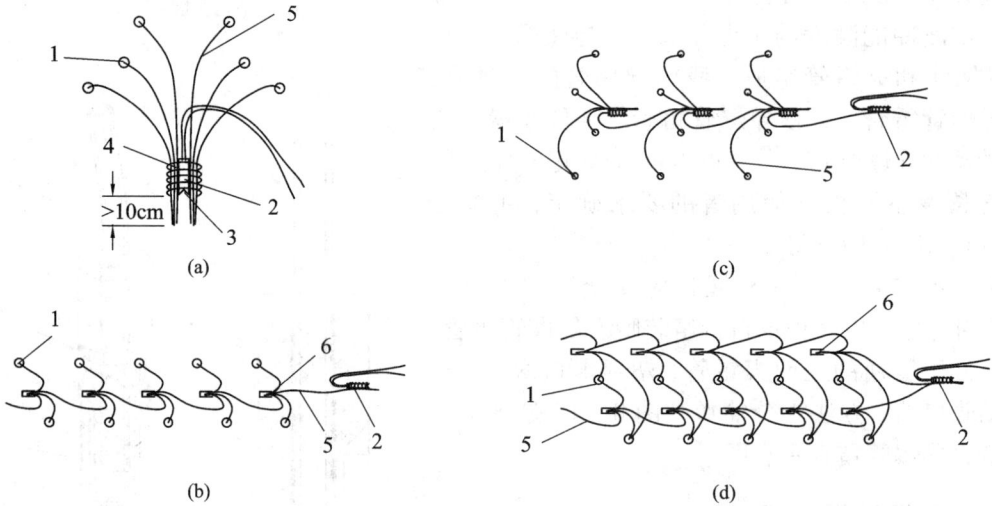

**图8-16　导爆管爆破网路的基本形式**
1—炮眼；2—电雷管；3—聚能穴；4—胶布；5—导爆管；6—反射四通

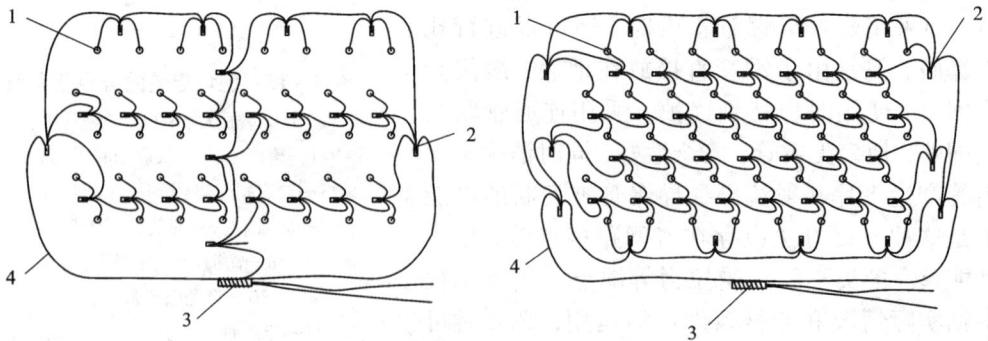

**图8-17　导爆管环形爆破网路**
1—炮眼；2—反射四通；3—电雷管；4—导爆管

(4)复式爆破网路。为提高传爆的可靠性,经常在每个炮孔(药包)内布置两发雷管,从每个炮孔(药包)内各取一发雷管分别组成两套爆破网路,这两套爆破网路组合在一起就构成了复式爆破网路,如图 8-16(d)所示。

(5)环形爆破网路。将传爆导爆管联成环形或网格形就构成了环形爆破网路。环形爆破网路可分为单式环形和复式环形两种形式,图 8-17 是城市拆除爆破中经常采用的两种网路形式。环形爆破网路具有双向传爆的特点,应尽量对称布置。把起爆点设在对称中心点处,有利于减小导爆管的固有延时。

**2. 敷设导爆管爆破网路时应注意的问题**

(1)导爆管一旦被截断,端头一定要密封,以防止受潮、进水及其他小颗粒堵塞管腔,可用火柴烧熔导爆管端头,然后用手捏紧即可。再使用时,把端头剪去约 10 cm,以防止端头密封不严受潮失效。

(2)如导爆管需接长时,首先将导爆管密封头剪掉,然后将两根导爆管插入塑料套管中同心相对,并在套管外用胶布绑紧。绝对禁止将导爆管搭结传爆。

(3)导爆管、导爆管雷管在使用前必须进行认真的外观检查。发现导爆管破裂、折断、压扁、变形或管腔存留异物,均应剪断去掉,然后用套管对接。如果导爆管雷管的卡口塞处导爆管松动,则会造成起爆不可靠,延期时间不准确,应将其作为废品处理。

(4)导爆管网路中不得有死结,孔内不得有接头,孔外传爆雷管之间应留有足够的间距。用于同一工作面的导爆管必须是同厂同批号产品。

(5)为了防止雷管聚能穴产生的高速聚能射流提前切断尚未传爆的导爆管,应将起爆雷管或传爆雷管反向布置,即将雷管聚能穴指向与导爆管的传爆方向相反的方向。雷管应捆绑在距导爆管端头大于 10 cm 的位置,导爆管应均匀地敷设在雷管周围,并用胶布等捆扎牢固。需要指出的是,从起爆和传爆强度的角度考虑,正向布置起爆雷管比反向布置更合理。如果正向布置起爆雷管,必须采取防止聚能穴炸断导爆管的有效措施。

(6)安装传爆雷管和起爆雷管之前,应停止爆破区域一切与网路敷设无关的施工作业,无关人员必须撤离爆破区域,以防止意外触发起爆雷管或传爆雷管引起早爆。

## 8.4.5 导爆管起爆系统的特点

导爆管起爆系统具有如下优点:

(1)不受杂散电流及各种感应电流的影响,适合于杂散电流较大的露天或地下矿山爆破作业。

(2)爆破网路的设计、操作简便,无繁杂的网路计算。

(3)作为主要耗材的导爆管为非危险品,储运方便、安全。导爆管雷管可以在现场自行加工,简单易行,成本低廉。

(4)可以同时起爆的炮孔或装药的数量不受限制,既可用于小型爆破,也适用于大型的深孔爆破、硐室爆破。

导爆管起爆系统尚具有以下不足:

(1)导爆管雷管及爆破网路无法用仪表进行检查,只能凭外观检查网路的质量情况。

(2)不能在具有瓦斯与煤尘爆炸危险的环境中使用。

## 8.5　混合网路起爆法及新型起爆器材

### 8.5.1　混合网路起爆法

在工程爆破中，为了提高起爆系统的可靠性和安全性、简化操作程序，根据起爆材料的不同特性和工程的实际情况，经常将两种以上的起爆方法结合使用，相互取长补短，由此形成了混合网路，这种连接形式广泛应用于各种起爆可靠性要求较高的工程爆破中。

（1）电力 - 导爆管起爆网路

这种起爆网路集电雷管、导爆管的优点于一体。在大量炮孔采用导爆管网路起爆时，为了增加起爆网路的可靠性，实现微差起爆，往往采用电力导爆管起爆网路，其中电力起爆的作用是多点激发导爆管网路，实现孔外微差，或在各爆区距离较大时使用导线将各区的激发电雷管连接起来，构成串联或串并联起爆网路。

（2）导爆管 - 导爆索混合起爆网路

这种网路是利用导爆索的高速传爆特性，使起爆冲击波几乎同时传至每个炮孔中的导爆管。该网路广泛应用于光面爆破或预裂控制爆破工程。在路堑石方开挖中，主炮孔往往采用导爆管起爆网路，边坡预裂孔采用导爆索同时起爆，导爆索可用非电导爆管雷管引爆。在硐室爆破中，为保持边坡的稳定性，可与深孔预裂爆破结合使用，硐室爆破采用非电导爆管雷管，预裂炮孔采用导爆索起爆，从而构成了导爆管 - 导爆索混合起爆网路。

（3）电力 - 导爆索起爆网路

电力 - 导爆索起爆网路，通常在硐室爆破、深孔爆破中需要采用光面、预裂爆破的情况下使用。在该类网路中，利用导爆索能够直接起爆炸药、传爆速度高的特点，可以使整个药包同时可靠地起爆，而在药包外部或其他药包采用电雷管起爆。

在条形药包硐室爆破中，由于药包长度很大，往往采用不耦合装药，这时需要用导爆索沿整个药包敷设，并连接一定数量的导爆索结；而在药室外部采用电雷管网路引爆导爆索，利用导爆索传爆性能好的优点使整个药室同时起爆。装药堵塞作业时由于没有雷管作业比较安全，同时又发挥电力起爆网路经济、能够使用仪表检查等优点，从而构成安全可靠的起爆网路。

在公路石方开挖中，路堑边坡往往要求采用预裂（或光面）爆破，需要同时起爆大量爆破孔和边坡预裂（或光面）炮孔，这些预裂（或光面）炮孔一般采用导爆索引爆，而主爆孔可以采用电雷管起爆方法。为了一次使路堑爆破成型，采用电力 - 导爆索起爆网路，在爆破中，电雷管起爆大部分主炮孔，同时用电雷管起爆边坡预裂（或光面）孔中的导爆索。

### 8.5.2　新型起爆器材

为了消除传统起爆器材的一些缺陷，适应特殊爆破环境的需求，近年来国内外研制成功了很多新型的起爆器材。下面仅对国内已定型生产的一些品种做简单介绍。

（1）抗杂散电流电雷管，简称抗杂电雷管。是一种具有抗杂散电流或感应电流能力的电雷管。其电桥丝直径较大，电阻较小，脚壳之间设有泄放通道。最小发火电流不大于 3.3 A，20 发串联发火电流约 10A。

（2）抗静电电雷管。指抗静电性能达到 500 PF、5000 Ω、25 kV 的电雷管。其主要结构是在脚线线尾套绝缘塑料套或在线尾连接一个回路，在引火元件上留有一个放电空隙或在引火药头上外套硅胶套，以便泄放积累的静电。

（3）磁电雷管。是利用变压器耦合原理，由电磁感应产生的电冲能激发的雷管。它与普通雷管的不同之处在于每个雷管都带有一个环状磁芯，雷管的脚线在磁芯上绕适当匝数，构成传递起爆能量的耦合变压器的副绕组。使用这种雷管时，将一根作为耦合变压器原绕组的单芯导线与待起爆的雷管穿在一起，经爆破母线接到专用高频起爆仪后就可以起爆。磁电雷管可以防止射频电流、工频电流、杂散电流和静电刺激产生的危害。

（4）耐温耐压电雷管。是为能在较高压力和温度环境下使用而设计的专用雷管。这种电雷管适用于石油深井射孔及其他高温、高压场所的爆破工程。其电阻为 1.2 ~ 2.5 Ω，安全电流 0.1 A，发火电流 0.5 A。在电容为 500PF、电阻 5000 Ω、电压 20 kV 条件下，对产品脚壳放电不爆炸。在 170℃、88.3 MPa 条件下，历时 2h，雷管起爆性能不变。

（5）无起爆药雷管。是指不装起爆药而只装猛炸药或装烟火药和猛炸药的工业雷管。研制非起爆药雷管的目的是为了解决在传统工业雷管生产过程中，因生产起爆药 DDNP（二硝基重氮酚）而造成的严重的环境污染，以及起爆药在雷管的生产和使用过程中造成的安全问题。目前取代起爆药的途径主要有两种：一种是用烟火剂或炸药改性取代起爆药；另一种是用高速飞片、爆炸线（膜）、半导体桥（膜）等提供冲击波或等离子体起爆能量从而取代起爆药。无起爆药雷管的性能指标与普通工业雷管相同。

（6）变色导爆管。是一种在传爆后管体颜色能自动由本色变为黑色或红色的塑料导爆管。变色导爆管便于直观方便地检查管体是否已经传爆，提高了爆破作业的安全性，其性能满足普通导爆管的产品质量标准，安全可靠，无污染。

（7）耐温高强度导爆管。为了适应现场混装炸药车装药温度较高（一般大于 72℃左右），以及大面积微差爆破装药时间长，导爆管数日浸在含水炸药中需有较高的抗酸碱性能和抗拉性能的要求而研制的一种塑料导爆管。这种导爆管为双层复合结构，在 -40℃ ~80℃ 条件下仍能可靠传爆，无破孔现象。

（8）起爆药柱。主要用于起爆铵油炸药、重铵油炸药和含水炸药，常用作露天深孔爆破、硐室爆破的起爆体。起爆药柱具有高威力、高爆速、高密度、高爆轰感度和强耐水性等特点，其上分别设有雷管盲孔插槽和导爆索通孔，可以很方便地用雷管或导爆索直接将其引爆。

（9）柔性切割索。柔性切割索是一种爆炸时产生聚能效应的索类爆破器材，被覆层为铅、铝等合金。炸药装药截面多呈倒 V 字形。主要用于切割金属板材、条带及电缆等。切割性能取决于装药的性质、药量、炸高和形状设计。通常每米装药量为 1 ~ 32 g。使用时按切割线路弯曲成所需形状，用雷管或发爆器引爆。

此外还有勘探电雷管、油井电雷管、电影电雷管、电子延期雷管、激光雷管等专用起爆器材。

## 8.6 爆破器材的安全管理

### 8.6.1 爆破器材的贮存

《中华人民共和国民用爆炸物品管理条例》指出，储存、销售、运输、使用爆破器材的单位，设立专用爆破器材仓库、储存室时，必须凭县、市以上主管部门批准的条文及设计图纸和专职保管人员登记表，向所在地县、市公安局申请许可。经审查，符合本条例规定的，发给"爆炸物品储存许可证"，方能储存。爆破器材必须贮存在爆破器材库里。地面各类爆破材料库贮存量的规定见表 8－3。

表 8－3　地面各类爆破材料库贮存量的规定

| 爆破材料库的种类 | 最大贮存量 | |
|---|---|---|
| | 炸药 | 电雷管 |
| 矿区总库<br>1. 对建有爆破材料制造厂的总库<br>2. 没有爆破材料制造厂的总库<br><br>3. 总库内单个库房<br>4. 地面爆破材料分库<br><br><br><br>5. 分库单个库房 | 1. 不得超过该厂的 1 个月生产量<br>2. 不得超过该总库所供应矿井的 2 个月计划需用量<br>3. 不得超过 200 t<br>4. 不得超过 200 t，并不得超过该分库所供应矿井 3 个月计划需用量<br>5. 不得超过 25 t | 1. 不得超过该厂的 3 个月生产量<br>2. 不得超过该总库所供应矿井的 6 个月计划需用量<br>3. 不得超过 500 万发<br>4. 不得超过 500 万发，并不得超过该分库所供应矿井 3 个月计划需用量<br>5. 不得超过 10 万发 |
| 地面临时爆破材料库(经矿务局总工程师批准，同一库房内可以贮存两种以上的爆破材料) | 各种炸药不得超过 3 t | 不得超过 1 万发 |
| 使用年限在 2 年以下的地面临时性爆破材料库；<br>地面临时保管当天的爆破材料点 | 不得超过 3 t，并不得超过该库所供应单位的 10 昼夜需用量<br>不得超过 3 t | 不得超过 1 万发，并不得超过该库所供应单位的 10 昼夜需用量<br>不得超过 1 万发 |
| 开凿井筒或平硐专用的地面临时爆破材料库 | 不得超过 500 kg，并不得超过 1 昼夜使用量 | 不得超过 1 昼夜使用量 |

拆除爆破工程因往往远离爆破器材库，因此经当地县、市公安局批准，允许利用结构坚固不住人的房屋、土窑、车辆等作为爆破器材的临时保管点，但必须遵守下列规定：①设专人保管；②按公安局规定的期限、品种、数量储存；③收发器材时登记，做到账物相符；④严禁同室保管与爆破器材无关的物品。

## 8.6.2 爆破器材的运输

运输爆破器材，由收货单位凭物资主管部门签证盖章的爆破器材供销合同，写明运输爆破器材的品名、数量和起运及运达地点，向所在地县、市公安局申请领取"爆炸物品运输证"，方准运输。

依据《中华人民共和国民用爆炸物品管理条例》规定，对地面运输爆破器材时，必须严格遵守如下规定：

①运载车、船必须符合国家有关运输规则的安全要求；

②货物包装应牢固、紧密。性质不同的爆破器材不准混装在同一个车厢、船舱内，不准同时载运旅客和其他易燃、易爆物品；

③爆破器材应当在远离城市中心区和人烟稠密地区的车站、码头装卸。装卸爆破器材的车站、码头由当地公安机关会同铁路、交通部门协商确定；

④爆破器材的装卸应尽量在白天进行，要有专人负责组织和指导。装卸人员必须懂得装卸爆破器材的安全常识；不懂安全常识的人，必须事先经过教育。装卸现场，应当设置警戒岗哨，禁止无关人员进入；

⑤在公路上运输爆破器材时，车辆必须限速行驶，前后车辆应当保持避免引起殉爆的距离。经过人烟稠密的城镇，必须事先通知当地公安机关，按公安机关指定的路线和时间通行；

⑥运输爆破器材在途中停歇时，要远离建筑设施和人烟稠密的地方，并有专人看管，严禁在爆破器材附近吸烟和用火。

## 8.6.3 爆破器材的检验与销毁

### 1. 爆破器材的检验

按照《爆破安全规程》的规定，在实施爆破作业前，现场负责人员应对所使用的爆破器材进行外观检查，对电雷管进行电阻值测定，对使用的仪表、电线、电源进行必要的性能检测。各类爆破器材的检验项目，应参见产品的技术条件和性能标准；检验方法应严格按照相应的国家标准或部颁标准。爆破器材的爆炸性能的检测，应在安全的地方进行。

（1）炸药爆炸性能的抽样检验

炸药爆炸性能的抽样检验主要包括炸药的爆速、猛度、殉爆距离或爆轰感度及做功能力（铅铸扩孔法或爆破漏斗法）的检验。

（2）导火索的检验

①外观检查。导火索表面应均匀，断线不应超过两根，无折伤、变形、霉斑、油污，切断处无散头；

②燃速和燃烧时间检验。在每盘导火索两端距索头 5 cm 以外取 1 m 长导火索 10 根，分别点燃其一端，用秒表计时，准确到 0.1 s，并观察其燃烧情况。普通型每根燃烧时间为 100 ~125 s。缓燃型每根燃烧时间为 180 ~215 s。在燃烧过程中不得有断火、透火、外壳燃烧及爆声。

③喷火强度检验。切取 100 mm 长的导火索 20 段，内径 610 ~710 mm、长 150 ~200 mm 内壁干净的玻璃管若干根，把两段导火索从玻璃管两头插入，间隔 40 mm，点燃其中 1 根，当

它燃烧终了时，能将另一根点燃合格为止，共试验10次。

④耐水试验。将导火索试样两端用防潮剂浸封50 mm，盘成小盘浸入1 m深常温(20±5℃)静水中4h，然后取出擦干表面水分，剪去两头防潮部分，其余按规定长度做燃速试验，达到标准者为合格。

（3）导爆索的检验

①外观检查。外观应无严重折伤，外层线不得同时折断两根，断线长度不超过7 m，无油渍、污垢，索头有防潮帽。

②起爆性能试验。具体方法是：将200 g梯恩梯压成100 mm×50 mm×25 mm的药块，端面有小孔，将2 m受试导爆索一头插入药块小孔内，再在药块上绕3圈，用线绳扎紧，使索与药面平贴。用雷管起爆导爆索另一端，整个药块全爆轰为合格。

③传爆性能的检验。导爆索爆速的测定方法可参照炸药爆速的测定方法。

④耐水性检验。具体方法是棉线导爆索取5.2 m长导爆索，将索头密封，卷成小捆放入水深1 m，10~25℃静水中，浸泡4 h。取出后擦去表面水迹并切去索头，然后切成1 m，长5段，用水手结方法连接，8号雷管起爆，完全爆轰为合格。

（4）雷管的检验

①外观检验。管壳是否有裂隙、变形、锈斑、污垢、浮药、砂眼，脚线是否折断等。

②铅板穿孔试验。试验用铅板直径不小于45 mm(或正方形边长不小于45 mm)，厚度为5 mm(对8号雷管)或4 mm(对6号雷管)。试验时将雷管垂直立在铅板中心，铅板放在直径不小于40 mm，高度不小于50 mm的钢圈上并固定好，雷管起爆后，铅板被炸穿的孔径大于雷管外径，雷管的起爆能力判为合格。

③电阻值检验。外表检验合格后，抽样使用专用电桥逐个测雷管的电阻值，符合产品说明书规定的误差范围内的值视为合格。

④最大安全电流。恒定直流电为0.18 A，普通电雷管为5 min不爆炸。

⑤串联起爆电流。20发普通电雷管串联，通1.2 A恒定直流电应全爆。

**2. 爆破器材的销毁**

销毁爆破器材时，除必须遵守《中华人民共和国民用爆炸物品管理条例》的有关规定外，还必须按照《爆破安全规程》执行说明的下列规定执行：

（1）经过检验，确认失效的及不符合技术条件要求或不符合国家标准的爆破器材，都应进行销毁；

（2）严禁将应销毁的爆破器材用于采掘生产、开山取石、炸鱼或狩猎等活动，并严禁出售或转让；

（3）矿务局必须建立爆破器材销毁场，场地应布置在有自然屏障的安全地段，并报当地公安机关批准，也可将爆破器材的销毁工作交爆破器材制造厂执行；

（4）销毁场不得设置待销毁的爆破材料贮存库。销毁场应设置人身掩护体。掩体应布置在销毁作业场地的常年主导风向的上风方向。掩体出入口应背向销毁作业场地，掩体距作业场地边缘距离不得小于50 m，掩体之间距离不得小于30 m；

（5）销毁场应设置围墙，其材料可根据当地情况选定。围墙距作业场地边缘不应小于50 m；

（6）要销毁的爆破器材，必须由爆破器材仓库登记造册，并编制书面报告，报矿长批准。

经过批准的报告，必须抄送驻矿安全监察部门及当地公安机关或经公安机关同意审查此项工作的企业保卫部门。销毁工作的安全措施，应报矿总工程师批准；

（7）销毁爆破材料必须在常用的销毁场地进行，销毁场地及其附近地面，不得有石块和含有块状物的土壤，销毁前应先清理场地的易燃物、杂草等；

（8）销毁爆破材抖时，必须会同公安、安全监察部门的工作人员共同进行。销毁时应按规定距离做好警戒，除销毁人员外其他无关人员一律不得进入工作区。销毁人员和警戒人员取得联系后方准点火引爆。

## 复习思考题

1. 试述导火索、导爆索、导爆管的异同点。
2. 瞬发电雷管与延期电雷管有什么不同之处？
3. 试述电雷管安全电流的定义和工程意义。
4. 电爆网路有哪几种联接法？它们各自的优缺点和适用条件是什么？
5. 试述导爆索起爆网路的联接方法。
6. 试述导爆管起爆网路的联接方法。
7. 试比较电雷管起爆法与导爆管起爆法的优缺点。
8. 试比较导爆索起爆法与导爆管起爆法的优缺点。
9. 给你4卷铵油炸药，请你分别用书中介绍的4种起爆方法将其引爆，并用示意图表示所用器材和起爆方法。

# 第 9 章　岩石爆破作用原理

　　炸药爆炸时生成的高温、高压爆轰产物以瞬间荷载形式作用于周围岩石,引起岩石运动和破坏。研究岩石在爆炸荷载作用下的破坏规律及其相关的理论,了解岩石爆破作用原理,有利于提高爆破设计水平,正确指导爆破施工。

　　但由于岩体爆破是一个非常复杂的过程,岩体的各向异性、非连续性以及爆破施工工艺的多样性,迄今为止,还没有一套完整而准确的岩石爆破破坏理论。然而,通过长期的理论研究、实验室模拟和现场试验、生产爆破实践以及数值计算等研究,人们已逐步掌握了岩石爆破破坏的基本规律,并提出了一些较为符合实际的爆破破坏理论或假说。

## 9.1　岩石爆破破坏机理

### 9.1.1　岩石爆破破岩过程

　　设在半无限均匀岩体中,靠近岩体表面(称为自由面)埋置一个球形药包。药包与自由面的距离 W 称为抵抗线,如图 9-1 所示。当药包起爆后,爆轰波从药包中心向外传播,作用在药室壁面上,在岩体中产生初始冲击波,使靠近药包一层岩石受到强烈压缩应力作用而破坏,形成粉碎区,并使药室扩大形成爆炸腔。随着冲击波在岩体中传播,其强度迅速下降,变成压缩波。图 9-1(a)表示压缩波阵面达到自由面前某一时刻的位置,图中表明在粉碎区以外,压缩波后面区域有许多从粉碎区向外延伸的径向裂纹,这些径向裂纹由压缩波派生的切向拉应力引起。由于裂纹扩展需要时间,裂纹不是紧跟在压缩波阵面后,因此径向裂纹扩展速度比压缩波传播速度低。实验表明,径向裂纹扩展速度约为压缩波传播速度的 1/5 ~ 1/3。

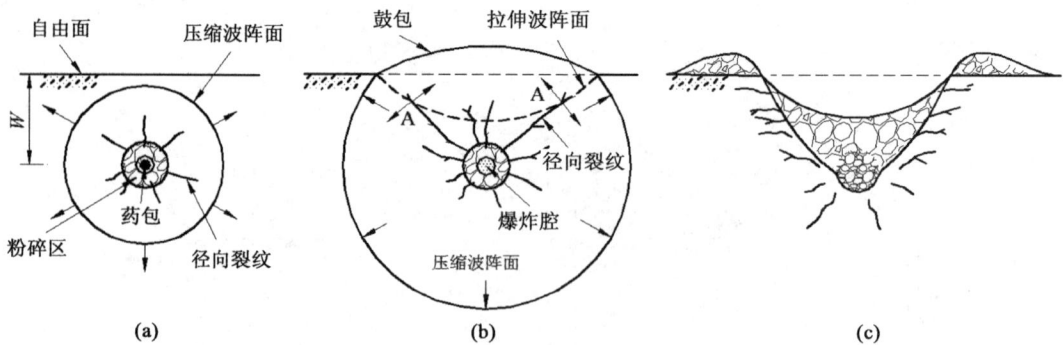

**图 9-1　岩石爆破破坏过程**

(a)爆炸压缩波到达表面前;(b)压缩波在自由面反射后;(c)形成爆破漏斗

当爆炸压缩波到达自由面后，在自由面发生反射，形成反射拉伸波。反射拉伸波向药室方向传播，如图 9-1(b)中虚线所示。由于岩石抗拉强度比抗压强度低得多，当反射拉伸波所产生的拉应力大于岩石抗拉强度时，自由面附近岩石被拉断，形成层裂(片落)。不过，在一般爆破装药量情况下，层裂不会出现，反射拉伸波只使岩石表面隆起，形成鼓包。当反射波拉伸波与原先由压缩波产生的径向裂纹互相作用时，可使那些接近平行于反射波波阵面裂纹、即那些与自由面成 10°~40°方向的裂纹受到较大的拉应力，如图 9-1(b)中的 A 点所示，使这些裂纹扩展速度比邻近裂纹扩展速度快，成为超前裂纹，超前裂纹的扩展使其周围的岩石应力松弛，进而降低了邻近裂纹的扩展速度。因此，超前裂纹扩展长度比其他裂纹长，成为优势裂纹，这是造成最后岩石呈锥形破坏的重要原因。

在上述压缩波和反射拉伸波对岩石作用的同时，爆炸腔中爆炸气体由于具有相当高的压力，它会流进原先由压缩波产生的径向裂纹里。开始时气体流进裂纹的速度较高，能跟上裂纹扩展速度，到达裂纹的尖端，使裂纹扩展。随着裂纹长度增加，气体在裂纹中流动时，因热传导、摩擦、压缩裂纹周围岩石，裂纹体积增加，压力损失和热损失明显的增加，使气体到达裂纹的尖端时，压力下降很多或者根本到达不了裂纹的尖端，但靠近药室的裂纹，其表面仍受到较高的气体压力作用，还会在裂纹尖端造成明显的拉应力，促进裂纹扩展，这种气楔作用对于长裂纹比短裂纹更明显。

在裂纹到达自由表面之后，爆炸腔里剩余的气体压力加速岩石向外运动，并将岩块抛出表面，形成一个锥形状爆炸坑，称为爆破漏斗，如图 9-1(c)所示。

综上所述，岩石爆破破坏过程大致分为 3 个主要阶段：

第一阶段为炸药爆炸后爆炸应力波径向压缩阶段。在这个阶段，岩石中受到径向压缩波作用，压缩波派生的切向拉应力产生从药室壁面向自由面方向发展的初始径向裂纹。

第二阶段为反射波引起层裂(或隆起)和促进裂纹扩展阶段。在这个阶段，爆炸应力波到达自由面，产生反射拉伸波并产生两种作用：①在反射波拉应力的作用下，岩石表面发生层裂或隆起；②反射拉伸波与初始径向裂纹的相互作用，促进径向裂纹进一步扩展。

第三阶段为爆炸气体的气楔作用和抛掷作用阶段。这个阶段是指爆炸气体进入径向裂纹，作用于裂纹表面上，促进裂纹扩展和加快岩块运动和抛掷整个过程。从时间上讲，它与第一阶段同时发生。

如果从爆炸荷载特征出发，岩石最初破裂是第一、二阶段应力波作用的结果，而原先的径向裂纹的扩大和碎块的抛出均是第三阶段爆炸气体作用的结果。对于一般爆破，岩石的破裂过程是从炮孔壁面向自由面方向扩展，而且岩石破坏是以拉伸破坏为主。

## 9.1.2　爆破破岩理论

如前所述，炸药爆炸是以爆炸应力波和爆炸气体荷载形式施加于岩体，使岩体产生破碎和运动，但破碎的主要原因究竟是应力波作用的结果还是爆炸气体作用的结果，有不同的观点。历史上，由于侧重点不同，试验条件不同，认识不同，提出了不同的爆破破岩理论，概括起来主要有三种理论。

(1)爆炸气体破坏理论

该理论认为炸药爆炸后生成高温、高压爆炸气体作用于药包周壁上，引起岩石质点产生径向位移，在最小抵抗线方向上阻力最小，岩石质点位移最大，在其他方向上，阻力不同，质点的位移也不同，导致在岩石内形成剪应力，一旦剪应力大于岩石的抗剪强度，岩石即发生破坏，如图 9-2(a)所示。若药室中爆炸气体的压力还足够大，则破碎后碎块将沿着径向方向抛掷出去，形成爆破漏斗，如图 9-2(b)所示。这种理论强调高温高压爆炸气体对岩石破坏作用，而在很大程度上忽视了爆炸应力波作用。

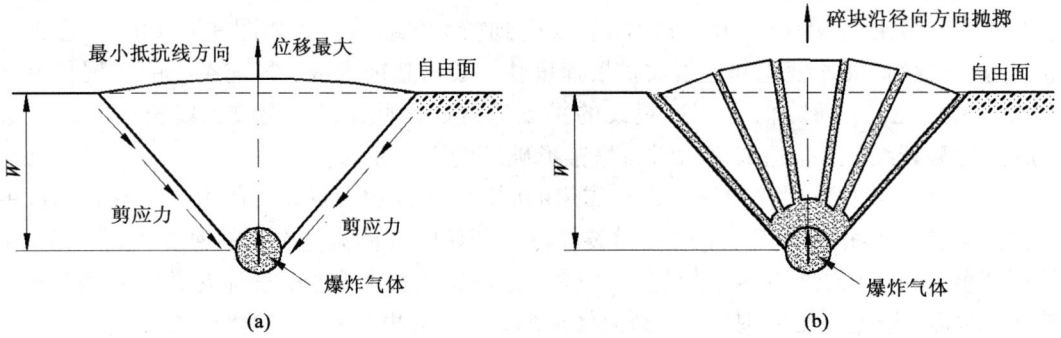

图 9-2　爆炸气体破岩过程

(a)爆炸气体作用力分析；(b)爆炸气体抛掷作用

**(2)爆炸应力波破坏理论**

这种理论认为当炸药在岩石中爆轰时，猛烈冲击周围的岩石，在岩石中引起强烈的爆炸应力波，它的强度大大超过了岩石的动抗压强度，引起周围岩石的粉碎性破坏。随着爆炸应力波向外传播，它的强度已下降到不能直接引起岩石的压缩破坏，但压缩应力波派生的切向拉应力，可在岩石中产生径向裂纹。当压缩应力波达到自由面时，反射成为拉伸波，拉伸波仍足以将岩石拉断，产生层裂(片落)，如图 9-3 所示。随着反射波往药包方向传播，层裂不断发生，一直将漏斗范围内的岩石完全拉裂为止。爆炸应力波破碎理论强调入射压缩波和反射拉伸波作用是岩石破碎的主要原因，而爆炸气体的作用只限于岩石的辅助破碎和碎块的抛掷。

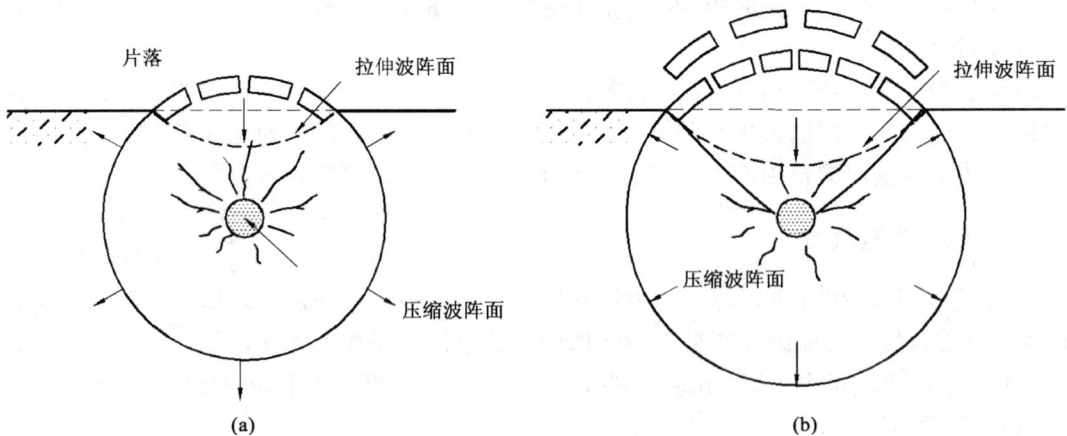

图 9-3　爆炸应力波破坏过程

(a)反射拉伸波和层裂的形成；(b)层裂发展和爆破漏斗的形成

（3）爆炸气体和应力波综合破坏理论

该理论认为岩体破坏是应力波和爆炸气体膨胀压力共同作用的结果，两种爆炸荷载作用在不同的爆破破岩阶段和在不同类型的岩石中所起的作用不同。

爆炸应力波首先使岩石产生初始裂纹，反射应力波使这些裂纹进一步扩展；而爆炸气体的气楔作用使这些裂纹扩大、贯通形成岩块，并使岩石脱离母岩和抛掷。爆炸应力波产生初始裂纹，为爆炸气体的气楔作用创造条件。爆炸应力波的重要性与所爆破的岩石特性有关，岩石的波阻抗值不同，破坏它所需要的应力波峰值也不同，岩石的波阻抗愈高，要求应力波峰值也愈高。对于高波阻抗的坚硬岩石，爆炸应力波的作用较重要；对于低阻抗的软弱岩石，应力波衰减很快，爆炸气体起主要作用；对于中等波阻抗，即波阻抗为 $(5 \sim 15) \times 10^5 \ g/(cm^2 \cdot s)$ 的中等硬度的岩石，爆炸应力波和爆炸气体都起重要作用。因此，通过调整应力波作用强度，可取得不同的爆破效果。如：坚硬岩石要求破碎时，应使用能产生高爆炸应力波峰值炸药，以增加应力波破岩作用。

在上述三种爆破破岩理论中，爆炸气体破坏理论和应力波破坏理论只强调爆炸荷载某一方面对岩体的破碎作用，而忽略另一方面，因此，这两种理论都具有片面性。爆炸气体和应力波综合破坏理论同时考虑爆炸气体和应力波破碎作用，较为符合实际情况，因而被大多数人所接受。然而，由于应力波破坏理论或爆炸气体破坏理论只考虑应力波的作用或爆炸气体的作用，使得用它们分析和处理爆破问题变得简单，因此，它们也常常被用来分析实际爆破问题。

应该指出，上述三种经典理论均是建立在均质材料的爆炸荷载特点上，而没有考虑实际岩体的特点。事实上，岩体内部存在的节理裂隙会严重影响岩体的破碎形式。从岩体的特点出发，关于爆破破岩理论也有如下一些观点。

（1）岩体爆破的弹塑性理论

弹塑性理论把岩体视为各向同性的、连续的弹塑性体，岩体在爆炸荷载作用下的破坏是因其内部最大应力超过岩石强度极限引起的。应用这种理论能以弹塑性力学为基础，根据工程问题，建立力学模型并加以分析计算，十分方便。但由于这种理论不考虑岩石的材料固有缺陷，其理论基础与实际情况有一定的差距。

（2）岩体爆破的断裂理论

断裂理论认为岩体是含有裂纹的脆性材料，岩体在爆炸荷载作用下，这些原生的裂纹扩展及断裂破坏是岩石爆破破碎的主要原因。这种理论对于含有宏观裂纹、具有层理岩体能给出更符合实际的结果，但断裂理论实际应用十分困难。

（3）岩体爆破的损伤理论

损伤理论认为岩体内存在着大量随机分布的原生裂纹，它们是潜在的损伤发展源，在爆炸荷载作用下部分原生裂纹将被激活并发生损伤积累，当岩体损伤积累量达到某一临界值时，岩体产生宏观破坏。

由于实际岩体内部具有较多的节理、裂隙、层理等不连续层面，而这些不连续层面对爆破破碎会产生明显的影响，主要体现在应力集中，应力波反射增强、能量耗散、高压爆炸气体外逸等方面。因此，如何考虑岩体的不连续性对爆破的影响，是当前研究岩体爆破破碎机理的主要问题和发展方向。

## 9.2 单个药包爆破作用分析

爆破作用是指爆炸荷载作用于固体介质时,使介质发生变形、破坏、移动和震动等作用。根据爆破作用在岩体表面所产生的效果,可将爆破作用分为内部作用和外部作用。

### 9.2.1 炸药的内部作用

炸药包埋在无限岩体介质中爆炸,爆破作用只限于药包周围,称为炸药的内部作用。如果炸药包埋在岩体内部深处,爆炸后岩体表面不出现可见的破坏,这种情况也属于炸药的内部作用。

图 9 - 4 表示一个埋在岩体深处的球形药包在中心引爆后的横断面图。从图中可以看到,岩石的破坏特征随离药包中心距离的变化而发生明显的变化。在药包附近区域,岩石的破坏特征是以压碎和剪切为主的破坏体系,岩石产生粉碎性破坏,这个区域称压碎区;在压碎区外面存在一个以径向裂纹和环向裂纹互相切割的破坏区,这个区域称为破裂区,破裂区是由径向拉应力和环向拉应力造成的。破裂区之外已看不到任何破坏,称为弹性震动区。

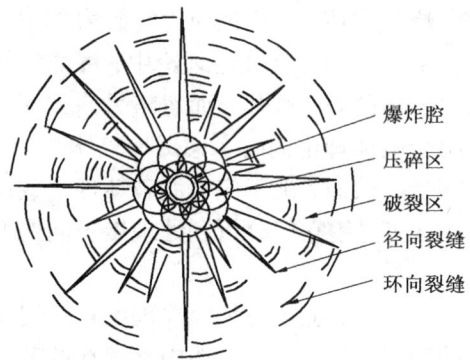

爆炸腔
压碎区
破裂区
径向裂缝
环向裂缝

图 9 - 4 爆破的内部作用现象

#### 1. 压碎(缩)区的形成

药包起爆以后,爆轰压力高达 $10^3 \sim 10^4 MPa$ 量级,几乎以突加荷载形式作用药室壁面上,在岩石中产生冲击波,而最坚硬的岩石的抗压强度也只有 $10^2 MPa$ 量级,所以邻近药包的岩石受到强烈压缩,结构完全破坏,颗粒被压碎,甚至进入液态。药室周围岩石因受爆炸产物的挤压而发生径向运动,形成一个空腔,称为爆炸腔。在爆炸腔外面,岩石受到强烈三向非均匀压缩应力作用,形成一个以压碎和剪切破坏为主的破坏区域即压碎区,该区域内岩石产生粉碎性破坏,并能观察到许多细密的裂纹。对于可压缩性比较大的软岩(如塑性岩石和土壤等),在三向压缩应力作用下,在爆炸腔外表层形成坚实的压缩区。

#### 2. 破裂区的形成

冲击波在形成压碎(缩)区过程中,消耗了大量能量,冲击波的压力迅速下降,在压碎(缩)区之外,冲击波压力低于岩石的动态抗压强度,冲击波变成压缩应力波,岩石的变形和破坏特性也跟着变化,压碎和滑移面消失。由于压缩应力波使岩石发生向外径向运动,径向运动会派生环(切)向拉伸应力,当这个切向拉伸应力超过岩石的动态抗拉强度极限时,就会产生径向裂纹。径向裂纹形成后,爆炸气体进入这些裂纹,由于裂纹端部的应力集中效应,使裂纹进一步延伸,药室中爆炸气体压力迅速下降。随着应力波的继续向外传播,波幅不断下降。当应力波的切向拉伸应力小于岩石抗拉强度时,就不再形成新的径向裂纹了。

岩石质点从爆炸应力波获得向外径向运动速度,即使在应力波过后,仍会由于惯性作用继续向外运动，使爆炸腔不断扩大，同时爆炸腔内爆炸气体由于热传导和向裂纹扩散，导致爆炸腔内的爆炸气体压力急剧下降，最终出现过度膨胀，即爆炸腔内的爆炸气体低于周围已受应力波压缩的岩石压力而出现负压。爆炸气体压力从正压到负压整个过程所用时间极短，卸载速率极高，在宏观上可视为瞬间卸载。在这样一个高速率卸载过程中，原先储存在岩石中的弹性变形能如同被压缩的弹簧突然松开一样急剧地释放出来，形成卸载波，径向应力由压应力转为拉应力，当径向拉应力超过岩石的抗拉强度时，岩石就被拉裂形成环向裂纹，导致在两径向裂纹之间的岩石形成许多环向裂纹。应该指出，卸载波拉伸应力并不总能造成岩石拉裂，一般只在坚硬的岩石介质中动态卸载效应才比较明显。

综合上述讨论，破裂区主要由环向拉应力和径向拉应力造成的，该区破坏明显特征是径向裂纹和环向裂纹互相切割。由于岩石抗拉强度比抗压强度小得多，所以以拉应力破坏为主的破裂区比压碎区要大得多。

**3. 弹性震动区的形成**

随着卸载波产生，岩石质点开始反向运动，即向药包中心运动，爆炸腔体积变小，使爆炸气体压力增大，受到二次压缩，并会重新膨胀，产生新的波。这样由爆炸气体和岩石组成的系统便发生振荡，在岩石介质中产生波动。实际上，由于阻尼和永久变形所造成的能量损失很大，在破裂区以外，压缩应力波也已经很弱了，不能引起岩石的破坏，只能使岩石质点产生振动，形成震动区，离爆炸中心愈远，震动的幅度愈小，最后衰减成只有在地震勘探中才有意义的声波。

以上所述的压碎区、破裂区和震动区之间并无明显的，截然分开的界线，各区的大小与炸药的性质、装药量、装药结构以及岩石性质有关。

## 9.2.2 炸药的外部作用

当药包埋置在靠近岩体表面时，药包的爆破除了产生内部破坏外，还会在岩体表面产生破坏作用，这种情况称为炸药的外部作用。

如图 9 - 5(a)所示，当炸药包起爆后，爆炸波从药包的各个方向向外传播，在爆炸波还没有达到岩体表面之前，爆破作用现象与前述内部作用情况相似，即在药包附近产生爆炸腔、压碎区和径向破裂区。

当爆炸压力波到达自由面时，压缩波反射为拉伸波，从自由面向药包方向传播，如图 9 - 5(b)所示，该拉伸波有可能(取决于装药量)导致一层或几层岩石呈镜片状剥离。当拉伸波到达到爆炸腔表面时，在爆炸腔表面反射为压缩波，此时，药包上部的岩石质点全部被加速，而药包下部裂纹因拉伸波卸载而停止扩展。此后，在压缩波、拉伸波与爆炸腔中爆炸气体压力共同作用下，使药包与自由面之间的岩石隆起、破裂，发生鼓包运动，如图 9 - 5(c)所示，最后，在岩体表面形成松动爆破漏斗或抛掷爆破漏斗。松动爆破漏斗是指爆破只引起药包与自由面之间的岩石产生松动，形成漏斗状破碎坑，如图 9 - 5(d)所示。抛掷爆破漏斗是指爆破不但引起药包与自由面之间的岩石产生松动，而且还把坑内部分岩块抛掷出去，形成一个可见漏斗状爆炸坑，如图 9 - 5(e)所示。在爆破漏斗附近的岩体布满了裂纹，漏斗下部区域是一组径向与切向裂纹，漏斗侧边区域是一组接近于与自由面平行的裂纹。漏斗下部裂纹形成的原因与无限介质爆炸相似，漏斗侧边裂纹是由于剪力、拉伸和岩土向上运动时对漏斗边界挤压造成的。

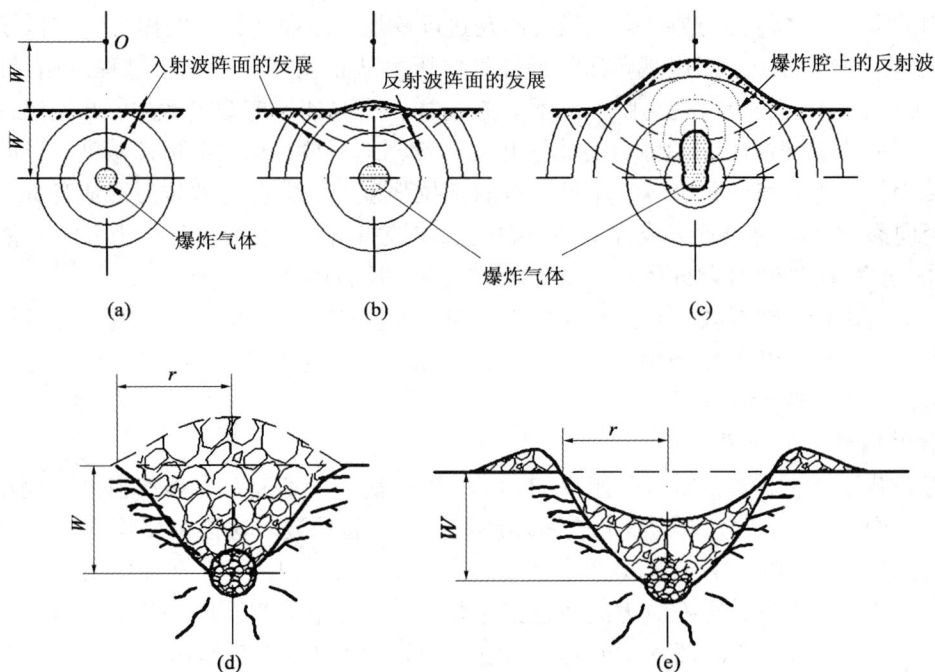

图 9 - 5　炸药在岩体表面附近爆炸的现象

与单个药包内部的爆破作用情况相比，药包外部作用情况多了一个自由面。自由面对爆破作用起重要作用：

（1）自由面反射拉伸波层裂作用

压缩应力波传播到自由面时，反射成为拉伸应力波，当拉伸应力波的峰值应力大于岩石的抗拉强度时，可使脆性岩石拉裂，造成表面岩石与岩体分离，形成层裂，这种效应叫做霍普金森（Hopkinson）效应。裂纹出现以后就形成新的自由面，入射波的后部将在新自由面上继续反射成拉伸波，如果反射拉伸波足够大，就会产生第二次或多次层裂。当入射波具有峰值应力 $\sigma_m = n\sigma_t$ 时，就会产生 $n$ 次层裂，这里 $\sigma_t$ 为岩石的动抗拉强度。对于按指数衰减的入射压缩波，在多次层裂时，层裂厚度是逐渐增加，如图 9 - 6 所示。

层裂是因为入射压缩波头部在自由表面反射后形成的拉伸波，与入射压缩波后部的相互叠加产生净拉应力超过了岩石的抗拉强度造成的。因此，层裂与入射波的强度和波形密切相关，而入射波强度和波形又主要取决于药包的几何形状、药量等。对于装药量较大的硐室爆破易于产生层裂，而对于装药量较小的深孔和浅孔爆破，产生层裂则较困难或不出现。

（2）自由面反射波延伸径向裂纹作用

从自由面反射回岩体中的拉伸波，即使它的强度不足以产生层裂，但是反射拉伸波同初始径向裂纹端部的应力场相互叠加，可促进径向裂纹延伸。裂纹延伸的情况与反射拉伸波传播的方向和裂纹方向的交角 θ 有关，如图 9 - 7 所示。当 θ 为 90° 时，反射拉伸波将最有效地促使裂纹扩展和延伸，使该裂纹成为优势裂纹；当 θ 小于 90° 时，反射拉伸波以一个垂直于裂纹方向的应力分量促使径向裂纹扩张和延伸，或者在径向裂纹末端造成分支裂纹；当 θ = 0

时，反射拉伸波不会对裂纹产生任何拉力。

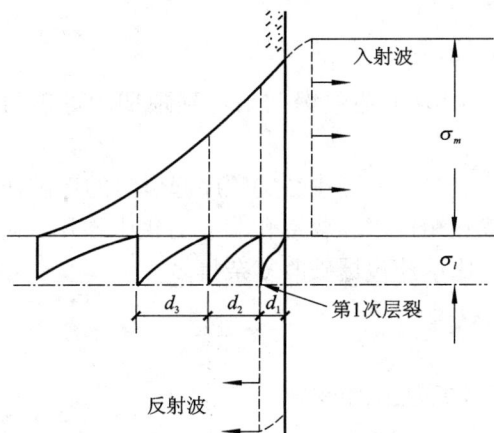

**图 9 - 6　自由面反射波引起的多次层裂**

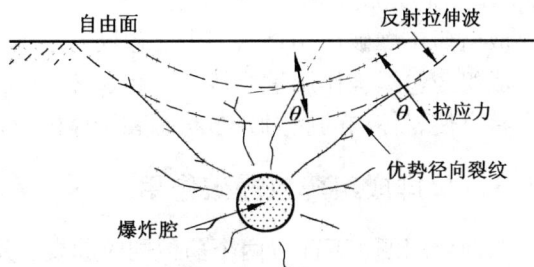

**图 9 - 7　反射拉伸波对径向裂隙的扩展作用**

（3）自由面对爆破应力场影响

如图 9 - 8（a）所示，当药包中心发出的纵波斜入射到自由面时，将产生反射纵波和反射横波。岩体中任意一点 A 将受到由药包中心发出的直达纵波和由自由面反射回来的反射纵波以及反射横波作用，A 点的应力状态是由这三种波叠加结果决定的。

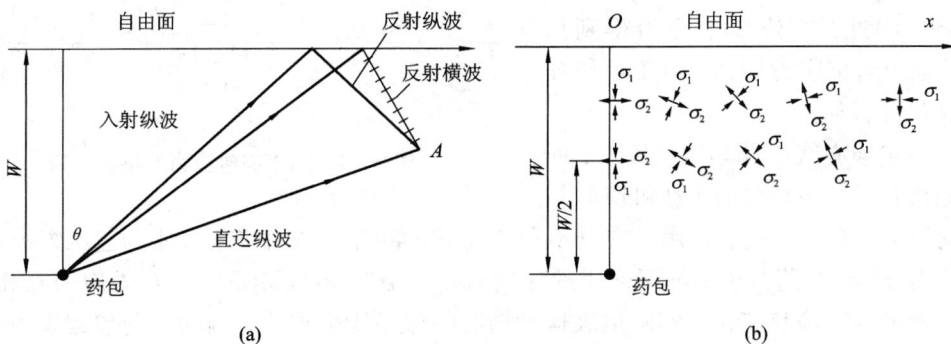

**图 9 - 8　自由面附近应力波和应力场分布**

（a）到达 A 点的波；（b）应力波叠加结果

设上述三种波叠加后在岩体内某点所产生的三个主应力为 $\sigma_1$、$\sigma_2$、$\sigma_3$。根据应力分析，当拉伸主应力 $\sigma_3$（方向直于纸面）出现极大值时，在岩体中各点的主应力方向如图 9 - 8（b）所示。拉应力 $\sigma_2$ 是产生径向裂纹的根源，其作用方向随着 $x$ 值的增大逐渐发生偏转，最后垂直于自由面，形成的裂纹群大体呈喇叭花状排列。

自由面对爆炸气体所产生的应力场影响和自由面对爆炸应力波所产生的应力场影响极为相似，所不同的是主应力 $\sigma_2$ 并不经常为拉伸应力，在离药包中心距离超过某一极限值以后，便出现压缩应力区。

## 9.3 成组药包爆破作用

在实际爆破工程中很少采用单药包爆破,而是采用成组药包爆破来达到预期的爆破目的,因此,研究成组药包的爆破作用机理更具有实际意义。

成组药包爆破作用是指多个药包同时起爆或以一定时间间隔按一定顺序起爆时的爆破作用。成组药包爆破作用重要特点是相邻药包爆炸荷载互相作用和药室孔洞应力集中作用,这两个特点使岩体内的应力分布状态和岩体破坏过程要比单药包爆破时复杂得多。

### 9.3.1 单排成组药包爆破作用

为简化问题,下面以两个药包同时起爆,并且不考虑自由面影响。

(1)压缩应力波叠加作用

如图 9 − 9 所示,设 $A$、$B$ 两个药包同时起爆,它们将同时发出压缩应力波。当压缩波在岩石内相遇时,将出现应力波叠加。在两药包连心线上,如图 9 − 9 中 $M$ 单元体,$A$ 药包压缩波所产生的径向应力 $\sigma_r^A$ 和切向拉应力 $\sigma_\theta^A$ 与 $B$ 药包压缩波所产生的径向应力 $\sigma_r^B$ 和切向拉应力 $\sigma_\theta^B$,应力方向相同,因此,在连线上应力得到加强,尤其是切向拉应力加强,对于形成连心线裂纹非常有利。

在两药包连心线以外其他位置上,两药包压缩波所产生的径向应力和切向拉应力方向不同,有互相抵消作用。在最不利情况下,如图 9 − 9 中 $P$ 点,$A$ 药包压缩波所产生的径向应力 $\sigma_r^A$ 与 $B$ 药包压缩波所产生的切向拉应力 $\sigma_\theta^B$,方向相反,使 $P$ 处应力互相削弱,出现应力降低区。应该指出,实际爆破这种情况一般不十分严重,因为两药包起爆雷管总是存在时间误差,并且实际爆破总是存在自由面的影响。

(2)爆炸气体压力叠加作用

两药包爆炸气体荷载在岩石中所产生的应力叠加作用情况与上述压缩应力波叠加作用情况类似。在两药包连心线上,切向拉应力也会互相叠加而得到加强,从而有利于裂纹沿药包连心线产生和发展。

(3)药室孔洞应力集中作用

在成组药包中一个药室,对于其他药包来说是一个边界(孔洞)。当爆炸应力波入射到该药室表面时,将产生反射应力波,造成药室附近动应力集中,使药室附近岩石成为高应力区,从而使岩石更易在药室附近产生破裂。同样,对于一个药包爆炸气体荷载,作用于其邻近药室表面上,也会在该药室表面上产生孔洞应力集中。可以证明,在这两种情况下的孔洞应力集中,在两药包连心线上,切向拉应力集中更为强烈,因此,孔洞应力集中也有助于裂纹沿药包连心线开裂和扩展。

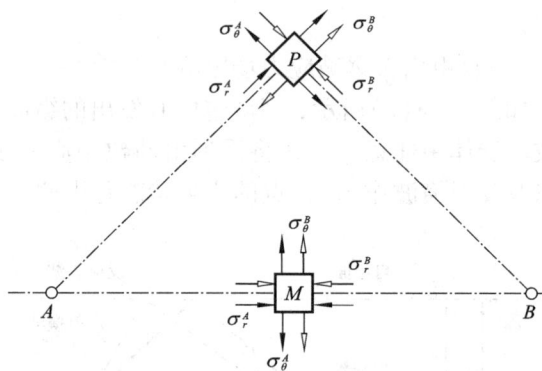

图 9 − 9 两个药包应力波叠加作用

### 9.3.2　多排成组药包爆破作用

多排成组药包有同时起爆和微差起爆两种。多排成组药包同时起爆(又称齐发爆破)所产生的应力波相互作用的情况比单排时更为复杂。在前后两排各个药包所构成的四边形岩石中,各药包产生的爆炸荷载(应力波和爆炸气体)互相叠加,造成极高的复杂应力状态,因而有利于岩石破碎并有很强的抛掷能力。多排成组药包齐发爆破主要用于沟渠抛掷爆破。

在台阶爆破中,多排成组药包同时起爆时,只有靠近自由面一排药包的爆破具有两个自由面,而其余药包的爆破则只有一个自由面,受到较大的夹制作用,会产生较强地震波和较远爆破飞石,而且爆破经济性并不好。因此,在台阶爆破中,通常不使用多排成组药包齐发爆破,而是使用微差爆破。关于微差爆破作用机理将在以后章节中介绍。

## 9.4　爆破漏斗

如前所述,当药包爆破产生外部作用时,会在自由面形成一个爆破漏斗。爆破漏斗是研究爆炸现象、验证爆破理论的正确性和有效性最常用的模型,也是评价炸药性能、确定岩石和其他材料可爆性、选择爆破参数等非常有效的依据。例如为了确定炸药的威力、岩石对爆破的抵抗特性、获得计算炸药量资料,常常需要进行爆破漏斗实验。

### 9.4.1　爆破漏斗的构成要素

描述爆破漏斗特性可采用如下参数,如图 9 – 10 所示。

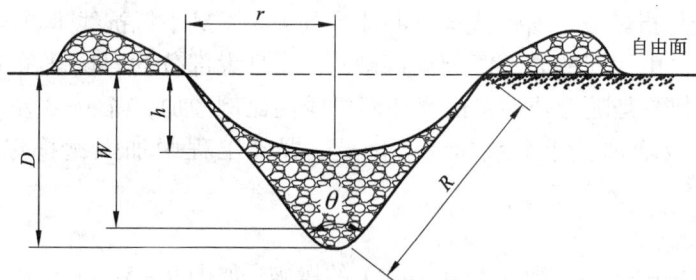

**图 9 – 10　爆破漏斗示意图**

(1)自由面:指与空气接触的岩石表面。自由面在爆破中起重要作用,自由面越大、越多,爆破效果愈好。在其他条件相同的情况下,两个自由面爆破比单个自由面爆破,爆破量几乎增加一倍。在爆破工程中应尽可能利用自由面,有时需要人为创造自由面。

(2)最小抵抗线 $W$:药包中心到自由面的最短距离。最小抵抗线方向是爆破作用的主导方向。在最小抵抗线方向上岩石阻力最小,最易发生破坏和移动。

(3)爆破漏斗半径 $r$:爆破漏斗在自由面上底圆半径。

(4)爆破作用半径 $R$:药包中心到爆破漏斗底圆周上任一点的距离,又称破裂半径。

(5)爆破漏斗深度 $D$:爆破漏斗顶点到自由面的最短距离,$D > W$。

(6)爆破漏斗可见深度 $h$:爆破漏斗底部碴堆最低点到自由面的最小距离。

(7)爆破漏斗张角 $\theta$：爆破漏斗的顶角。

## 9.4.2　爆破作用指数和爆破类型

爆破作用指数是指爆破漏斗半径与最小抵抗线比值，即

$$n = \frac{r}{W} \qquad\qquad (9-1)$$

爆破作用指数决定了爆破漏斗形状，是工程爆破中一个十分重要的指标。常用它对爆破类型进行分类，判别爆破作用的性质、类型、以及抛掷方向和抛掷距离等。

根据爆破作用指数 $n$ 大小，把爆破分为抛掷爆破（$n \geq 1$）和松动爆破（$n < 1$）两大类型。

**1. 抛掷爆破**

抛掷爆破是指爆破作用指数 $n \geq 1$ 的爆破，如图 9-5(e)所示。在工程爆破中，为了使爆破能够一次完成爆、挖、运，并形成一定形状构筑物，如水库大坝、渠道、道路路堤或路堑等，常常采用抛掷爆破。此外，由于抛掷爆破漏斗具有明显可见的漏斗边界，因此，进行爆破漏斗试验时，也常采用抛掷爆破。根据爆破作用指数 $n$ 大小，抛掷爆破又可细分如下几种：

（1）标准抛掷爆破（$n = 1$）

标准抛掷爆破是指爆破后所形成的爆破漏斗半径 $r$ 等于最小抵抗线 $W$ 的爆破。完成标准抛掷爆破后，药室至自由面间的岩石不但充分破碎，而且有较多的岩块被抛出坑外。在确定不同种类岩石的单位炸药消耗量时，或者比较不同炸药的爆炸性能时，往往用标准爆破漏斗体积作为判别的依据。

（2）加强抛掷爆破（$n > 1$）

加强抛掷爆破是指爆破后所形成爆破漏斗半径 $r$ 大于最小抵抗线 $W$ 的爆破，完成加强抛掷爆破后，药室至自由面间的岩石不但全部破碎，而且大部分的岩块被抛出一定距离。实践表明，爆破作用指数不是随着炸药量的增加而成线性比例增加，当 $n = 3$ 左右时，继续增加炸药量，爆破作用指数增加就十分缓慢了。因此，爆破工程中加强抛掷爆破作用指数通常为 $1 < n < 3$。

**2. 松动爆破**

松动爆破是指爆破作用指数 $n$ 为 $0 < n < 1$ 的爆破，如图 9-5(d)所示。松动爆破又可细分为加强松动爆破（$0.75 < n < 1$）、标准松动爆破（$n = 0.75$）和减弱松动爆破。加强松动爆破又称减弱抛掷爆破。完成加强松动爆破后，药室至自由面间的岩石全部破碎，还把一小部分破碎岩块抛掷出去。通常所指的松动爆破是标准松动爆破。在松动爆破条件下，爆破后药室周围介质破裂和自由面的破坏连成一片，形成一个明显的破碎区，岩石有明显的膨胀移动而形成鼓包，但不形成可见的爆破漏斗。松动爆破时采用的药量一般较小，因此，爆破时所产生的振动较小，碎石飞散距离也较小，是最常用的爆破类型。

城镇石方控制爆破为了保证周围建筑不受破坏，需严格控制药量和爆破飞石，只要求将岩石爆裂，常采用减弱松动爆破。

一般矿山和采石场爆破，要求爆破后岩石的破碎和并有一定程度移动，而又不使爆堆过宽，常采用标准松动爆破。

坚硬完整的岩石爆破、井巷掘进爆破，要求爆破后岩石碎块有适当的移动，甚至可以抛

掷一部分，这时需要采用加强松动爆破。

由于松动爆破漏斗没有明显可见的漏斗边界，很少通过爆破漏斗实验来确定松动爆破类型，而是用标准抛掷爆破实验，通过装药量折减方法来确定松动爆破类型。

### 9.4.3　爆破漏斗理论

在爆破理论的发展过程中，爆破漏斗理论和实验研究一直占有重要的地位。利文斯顿（C. W. Livingston）在各种岩石上，用不同的药量和不同药包埋置深度，进行了大量爆破漏斗试验，论证了炸药能量分配给药室周围岩石以及地表空气的几种方式，于 1956 年提出了以能量平衡为准则的爆破漏斗理论。利文斯顿爆破漏斗理论主要内容如下：

**1. 影响爆炸能量传递主要因素**

利文斯顿认为在爆破漏斗实验系统中，炸药爆炸时，炸药能量传给岩石的过程和效率，取决于岩石性质、炸药性能、药包大小和药包埋置深度等因素。显然，他把岩石性质，炸药性能、药包大小和药包埋深作为影响爆炸能量传递的主要因素，并指出岩石性质和炸药性能是两个不可分割的因素。

**2. 临界深度和岩石应变能系数**

当岩石和炸药类型一定时，如果将药包埋在较深的地方，爆破作用只限于岩石内部，地表不产生破坏，炸药能量完全消耗在药包附近岩石压缩破坏和震动区的弹性变形上。如果保持药包大小不变，而把药包埋深减小到某一深度，此时地表岩石恰好发生破坏，并产生隆起，这时的药包埋置深度称为临界深度 $N$。临界深度与装药量之间存在如下关系：

$$N = E_s \sqrt[3]{Q} \tag{9-2}$$

式中：$Q$——药包重量，kg；

$\qquad E_s$——应变能系数，$\text{m/kg}^{1/3}$；

$\qquad N$——岩石表面开始破坏时，药包埋置深度，m。

岩石应变能系数的物理意义是：在一定的药量 $Q$ 条件下，岩石表面开始破裂时，岩石可能吸收的最大爆破能量。当炸药和岩石性质一定时，应变能系数 $E_s$ 是一个常数。

**3. 爆炸能量分配随药包埋置深度变化规律**

利文斯顿根据他的实验结果指出，在岩石性质和炸药性能一定的情况下，若将一定量药包埋在地表以下很深的地方爆炸，则绝大部分爆炸能量被岩石吸收，如果药包逐渐向地表移动并靠近地表爆炸时，则传给岩石能量将逐步减少，而传给空中的能量逐渐增加。药包埋置深度不变而增加药包的重量与药包重量不变而改变药埋置深度，两者效果是一致的。这进一步证明了应变能系数 $E_s = N/\sqrt[3]{Q}$ 是一个常数的结论。

**4. 爆破漏斗体积与药包埋置深度的关系**

利文斯顿根据大量的爆破漏斗试验指出，如果保持药包重量和品种不变，药包埋置深度 $W$ 从临界深度 $N$ 再进一步减少，则药包径向破裂到达表面，并出现明显的层裂现象，爆破漏斗体积开始增大；当药包埋置深度减小到某一值时，爆破漏斗体积达到最大值，这时炸药能量转变为岩石的破坏能量最多，炸药能量得到最充分的利用，此时药包埋深称为最佳埋深 $W_j$。如果从最佳埋深进一步减少药包埋置深度，爆破漏斗体积又逐渐减少。典型的爆破漏斗体积特性曲线呈罩形，如图 9-11 所示。

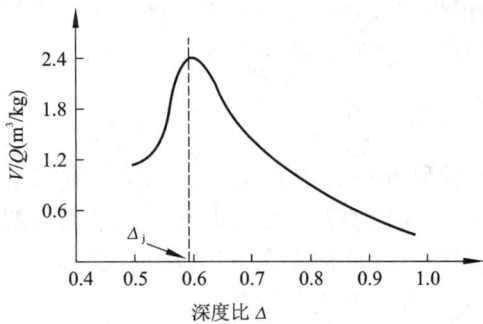

图 9 – 11　铁燧岩的爆破漏斗体积特性曲线

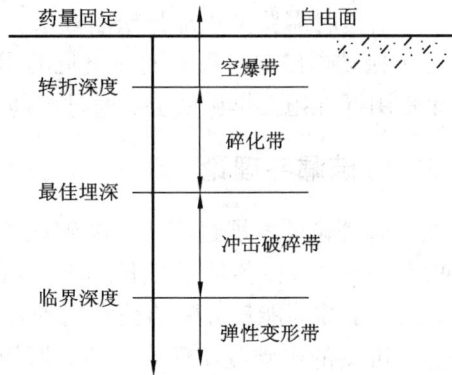

图 9 – 12　药包不同埋深与岩石破坏形式的关系

若引入深度比概念，即药包实际埋置深度 $W$ 与临界深度 $N$ 之比 $\Delta = W/N$，则当药包埋深为最佳深度 $W_j$ 时，相应深度比称为最佳深度比为 $\Delta_j = W_j/N$。最佳深度比与装药量关系为

$$W_j = \Delta_j E_s \sqrt[3]{Q} \qquad\qquad (9-3)$$

**5. 岩石爆破破坏形式分类**

利文斯顿根据岩石爆破作用与能量平衡关系（指进入空气中的能量和岩石中的能量），按药包埋深与岩石破坏和变形关系将岩石破坏形式分为四种类型，如图 9 – 12 所示。

（1）弹性变形带

弹性变形带是指药包埋深大于临界深度 $N$ 时的岩石爆破破坏形式。此时爆破作用只限于岩石内部，爆破后地表不产生破坏，炸药能量完全消耗在药包附近岩石压缩破坏和震动区的弹性变形上。

（2）冲击破碎带

冲击破碎带是指药包埋深小于临界深度、大于最佳埋深时的岩石爆破破坏形式。此时爆破作用到达表面，爆破后径向破裂到达表面，并出现明显的层裂现象。

（3）碎化带

随着药包埋深从最佳深度不断减小，传给空气能量不断增加，岩石吸收的能量不断减少，当药包埋置深度减小到某一深度时，传给大气的能量与岩石吸收的能量相等。这个深度称为转折深度。

碎化带是指药包埋深大于转折深度、小于最佳埋深时的岩石爆破破坏形式。此时爆破作用所产生的爆破漏斗体积比最佳深度时小，但岩石破碎块度较小，岩块抛掷距离、空气冲击波和响声较大。

（4）空爆带

空爆带是指药包埋深小于转折深度时的岩石爆破破坏形式。在空爆带内，药包埋置深度从转折深度再进一步减小，岩石爆破漏斗体积进一步减小，岩石破碎成更小，抛掷更远、响声更大，传给空气的能量超过了岩石吸收的能量。

## 9.4.4　爆破漏斗理论的应用

**1. 用于评价炸药性能**

当炸药和岩石性质一定时，应变能系数 $E_s$ 是一个常数。在岩石保持不变的情况下，所用的炸药类型不同，应变能系数 $E_s$ 值也不同。$E_s$ 值愈大表示不同炸药产生相同的临界破坏时，所需的药包重量越小，说明这种炸药威力愈大。该特性可用于评价炸药性能。

**2. 用于岩石可爆性分级**

在炸药量和炸药类型保持不变的情况下，岩石的性质不同，$E_s$ 值也不同。$E_s$ 值愈小表示相同药包产生临界破坏时，药包埋置深度较浅，说明这种岩石愈难爆。该特性可用于进行岩体可爆性分级。

**3. 用于确定爆破参数**

对于给定的岩石和炸药类型，$E_s$ 为常数，最佳深度比也为常数。因此可以进行小规模实验或应用已有资料求出 $\Delta_j$ 和 $E_s$，那么大规模爆破的最佳埋深与装药量之间关系可从式（9-3）求出。

# 9.5 装药量计算原理

在工程爆破中，装药量的合理与否对爆破质量、安全和成本起着决定性作用。在岩石条件和爆破范围一定的情况下，药量过大会使岩石过度破碎，产生不必要的抛掷、形成较大的地震波和空气冲击波，不但造成爆破能量的浪费，而且还影响安全，药量过小则达不到预期的爆破效果。

由于岩体是自然地质体，具有明显的非均质性、非连续性，再加上爆破作用的强烈性和瞬时性，致使人们对爆破实际过程了解不够，难以根据现有的爆破理论，用数学工具准确计算出装药量。

目前在爆破工程中，装药量计算公式是建立在大量实验和生产实践基础上，通过量纲分析和相似原理获得的，有一定的局限性，但是因为它们比较简单，使用方便，而且也有一定的精度，所以直到现在仍被广泛使用。

## 9.5.1 能量准则药量计算原理

实践表明，量纲分析和相似原理可提供一个既合理又简便的分析问题与解决问题的方法。量纲分析方法基本思路是：从爆炸现象中先找出起主导作用的独立物理参量（又称主定参量），并把它们组合成数目较少且具有一定物理意义的无量纲数组（称为相似数），然后以无量纲数组作为新的自变量来研究。经过这样的处理，描述爆炸现象函数中的自变量数目得到减少。这不但便于制定实验方案，而且有助于分析和处理实验结果以及推广实验结果。

**1. 能量准则药量计算公式的导出**

假设在半无限均匀岩体中，离自由面深度为 $W$，埋置一个重量为 $Q$ 的炸药包，在自由面附近形成一个体积为 $V$ 的爆破漏斗。现在我们的任务是确定装药量 $Q$ 与爆破漏斗体积 $V$ 之间的关系。按照量纲分析基本思路，首先要找出影响装药量的主要因素。根据爆破理论，影响装药量的主要因素有：炸药性能、岩石性质、地球重力以及爆破漏斗形状等因素，描述这些因素所采用的物理量见表 9-1。

表 9 - 1　确定爆破装药的独立物理量

| 主要因素及其物理量名称 | | 符号 | 单位 | 量纲 |
|---|---|---|---|---|
| 炸药性能 | 单位体积爆热 | $Q_v$ | J/m$^3$ | M/(T$^2$L) |
| | 装药密度 | $\rho_e$ | kg/m$^3$ | M/L$^3$ |
| | 爆速 | $D$ | m/s | L/T |
| | 装药量 | $Q$ | kg | M |
| 岩石性质 | 密度 | $\rho_r$ | kg/m$^3$ | M/L$^3$ |
| | 纵波速度 | $C_p$ | m/s | L/T |
| | 强度 | $\sigma$ | N/m$^2$ | M/(T$^2$L) |
| | 表面能 | $U_s$ | J/m$^2$ | M/T$^2$ |
| 重力 | 重力加速度 | $g$ | m/s$^2$ | L/T$^2$ |
| 爆破漏斗形状 | 抵抗线 | $W$ | m | L |
| | 漏斗半径 | $r$ | m | L |

因为爆破漏斗的体积 $V$ 与抵抗线 $W$ 和爆破漏斗半径 $r$ 有固定关系，所以药量 $Q$ 与爆破漏斗的体积 $V$ 之间的函数关系可用下式表示：

$$Q = f_1(Q_v, \rho_e, D, \rho_r, C_p, \sigma, U_s, g, W, r) \qquad (9-4)$$

量纲分析的任务，就是确定这一关系式所能采取的最简单形式。如表 9 - 1 所示，描述影响装药量的因素共有 11 个物理量，它们只包含 3 个基本量纲单位(长度 $L$、质量 $M$ 和时间 $T$)。根据 $\pi$ 定理，也称布金汉($Buckinhan$)定理，它们可以组成 11 - 3 = 8 个互相独立的无量纲数组。确定这些无量纲数组可以在上述 11 个物理量中任意取 3 个互相独立物理量，例如取装药量 $Q$，抵抗线 $W$，纵波速度 $C_p$，按量纲一致性原理进行组合求出无量纲数组，但这种纯数学方法，脱离了爆破过程内在规律，所组成的无量纲数组物理意义不明确。为了使各无量纲数组具有明确的物理意义，下面按爆破单位体积爆破漏斗所需能量来组合无量纲数组，即按能量平衡关系来组合这些无量纲数组：

(1)爆破单位体积岩体所需炸药量可组成第 1 个无量纲数组，即 $\pi_1 = \dfrac{Q/\rho_e}{W^3}$；

(2)漏斗爆破时，克服岩体的内聚力把爆破漏斗从母岩体中分离出来，所消耗的能量可用岩石表面能 $U_s W^2$ 表示。单位体积岩体形成新破裂面所需的能量与炸药爆热的比值可组成第 2 个无量纲数组，即 $\pi_2 = \dfrac{U_s W^2/W^3}{Q_v} = \dfrac{U_s/W}{Q_v}$；

(3)漏斗爆破时，克服岩体变形阻力使岩体达到临界变形量，所消耗的能量可用单位体积岩体变形能 $U_v = \dfrac{1}{2}\dfrac{\sigma^2}{E} = \dfrac{1}{2}\dfrac{\sigma^2}{\rho_r C_p^2}$ 表示。它与炸药爆热的比值可组成第 3 个无量纲数组，即 $\pi_3 = \dfrac{\sigma^2/\rho_r C_p^2}{Q_v}$；

(4)漏斗爆破时，克服重力将破碎后岩块推移和抛掷，所消耗的能量与爆破漏斗重力和移动距离正比。因单位体积岩体重力为 $\rho_r g$，所以，移动单位体积岩体所需的能量与炸药爆热的比值可组成第 4 个无量纲数组，即 $\pi_4 = \dfrac{\rho_r g W}{Q_v}$；

（5）爆破漏斗形状（爆破类型）会明显影响炸药消耗量。爆破漏斗形状可用爆破作用指数 $n$ 表示，那么第 5 个无量纲数组可用爆破作用指数 $n$ 表示，即 $\pi_5 = n = \dfrac{r}{W}$；

（6）炸药能量向岩体传递的效率，也会明显影响炸药消耗量。爆轰波能量的传递效率，可用炸药波阻抗与岩石波阻抗之比 $\dfrac{\rho_e D}{\rho_r C_p} = R$ 表示，那么，第 6 个无量纲数组为 $\pi_6 = R = \dfrac{\rho_e D}{\rho_r C_p}$；

爆炸气体能量的传递效率和其他能量损失，可用无量纲数组 $\pi_7 = \dfrac{C_p}{\sqrt{Q_v/\rho_e}}$，$\pi_8 = \dfrac{\rho_r}{\rho_e}$ 表示。

现在，根据 $\pi_1 = f_2(\pi_2, \pi_3, \pi_4, \pi_5, \pi_6, \pi_7, \pi_8)$，以无量纲数组为新自变量，可重新写出药量 $Q$ 与爆破漏斗的体积 $V$ 之间的关系为：

$$\frac{Q}{\rho_e W^3} = f_2\left( \frac{U_s/W}{Q_v}, \frac{\sigma^2/\rho_r C_p^2}{Q_V}, \frac{\rho_r g W}{Q_v}, \frac{r}{W}, \frac{\rho_e D}{\rho_r C_p}, \frac{C_p}{\sqrt{Q_v/\rho_e}}, \frac{\rho_r}{\rho_e} \right) \tag{9-5}$$

按照量纲分析理论，有量纲关系式（9-4）所描述的规律和无量纲关系式（9-5）所描述的规律是完全一样的。有量纲函数 $f_1$ 和无量纲函数 $f_2$ 的具体形式都需要通过试验确定。不过函数 $f_2$ 比原来函数 $f_1$ 少了三个自变量，因而用无量纲函数 $f_2$ 来安排试验和整理试验结果，可以大大减少实验工作量，同时无量纲数组包含明显的物理意义，这正是量纲分析方法的优点。

在小规模试验时，重力加速度保持不变，如果保持炸药类型，装药密度和岩体性质不变，则在上述 8 个无量纲数组中，只涉及炸药性能和岩体性质，其他的物理量都保持不变，这样，关系式（9-5）可以进一步简化为：

$$\frac{Q}{W^3} = F\left( k_2 \frac{1}{W}, k_3, k_4 W, n \right) \tag{9-6}$$

式中：$k_2$，$k_3$，$k_4$ 是与炸药性质和岩石性质有关的常数，$n$ 为爆破作用指数。

根据大量实验证明，函数 $F$ 具有如下的形式：

$$F = f(n)\left( k_2 \frac{1}{W} + k_3 + k_4 W \right) \tag{9-7}$$

式中 $f(n)$ 称为漏斗形状函数，且 $f(1) = 1$。因此，爆破漏斗装药量计算公式为

$$Q = f(n)\left( k_2 W^2 + k_3 W^3 + k_4 W^4 \right) \tag{9-8}$$

式（9-8）称为能量准则装药量计算公式，简称能量准则公式。因为能量准则公式是根据量纲分析得到的，肯定满足量纲一致性原理，更重要的是公式中各项具有明确的物理意义：

（1）$f(n)$ 表示在最小抵抗线 $W$ 保持不变条件下，装药重量 $Q$ 随着爆破漏斗半径 $r$ 变化而变化；

（2）$k_2 W^2$ 表示为了克服岩石的内聚力，将其破碎成碎块，获得新表面所需要药量；

（3）$k_3 W^3$ 表示为了使爆破漏斗内岩石获得破坏（临界）变形量所需药量；

（4）$k_4 W^4$ 表示为了把爆破漏斗内岩石碎块移动和抛掷，克服重力所需的药量。

对于漏斗形状函数 $f(n)$，不同试验者给出不同的形式。我国常用鲍列斯阔夫

（M. M. Боресков）经验公式：

$$f(n) = 0.4 + 0.6n^3 \qquad (0.7 \leq n \leq 2.5) \tag{9-9}$$

巴克洛夫斯基（G. I. Pokrovskyi）从理论上导出，并由实验得到证实的公式是：

$$f(n) = [(1 + n^2)/2]^2 \qquad 0.7 \leq n \leq 20 \tag{9-10}$$

式（9-10）适用的极限宽度很大，被认为是较精确的公式之一。

应该指出，能量准则公式尽管是以爆破漏斗为研究对象导出的，但它也适用于台阶爆破。例如，瑞典兰格福斯基（Langefors）用集中药包，在台阶松动爆破条件下，给出的能量准则公式为：

$$Q = k_2 W^2 + k_3 W^3 + k_4 W^4 \tag{9-11}$$

对于花岗岩，如果取装药量单位为 kg，抵抗线单位为 m，则式（9-11）可化为：

$$Q = 0.07W^2 + 0.35W^3 + 0.004W^4 \tag{9-12}$$

这说明能量准则公式具有普遍性。

**2. 能量准则公式的讨论**

对于一般岩土爆破，如果抵抗线 $W$ 在 $1m \leq W \leq 15m$ 的范围内，可以不考虑岩土的内聚力和重力的影响，即忽略式（9-8）括号内的第一和第三项，这时即得到一般爆破经验公式，即鲍列斯阔夫公式：

$$Q = k_3 W^3 f(n) \tag{9-13}$$

对标准抛掷爆破 $n = 1$，$f(n) = 1$，上式可写成：

$$Q = k_3 W^3 \tag{9-14}$$

对于大抵线抛掷爆破，如硐室爆破，抵抗线 $W$ 在 $15m \leq W \leq 25m$ 的范围之内，需考虑重力的影响，这时式（9-8）可以简化为：

$$Q = f(n)(k_3 W^3 + k_4 W^4) \tag{9-15}$$

对于小抵线爆破，如拆除爆破和浅孔爆破，抵抗线 $W$ 常在 $W \leq 2m$ 范围之内，式（9-8）括号内的第一项表面能，即克服岩石内聚力所消耗的能量的比例随着抵抗线减少而增加，必须考虑第一项的影响，这时式（9-8）可以简化为：

$$Q = k_2 W^2 + k_3 W^3 \tag{9-16}$$

### 9.5.2 爆炸几何相似律药量计算原理

所谓爆炸几何相似律是指两个形状相似、炸药性能和密度相同的药包，在相同的介质中爆炸，设两药包重量分别为 $Q_1$ 和 $Q_2$，特征尺寸（如球形药包半径）分别为 $r_{e1}$ 和 $r_{e2}$，观察点距离爆炸中心分别为 $R_1$ 和 $R_2$。如果 $r_{e2}/r_{e1} = R_2/R_1$，则爆炸后相应点上的冲击波阵面的压力，波阵面质点速度，波阵面传播速度，波阵面上介质密度分别相等；质点位移，单位面积承受的能量等爆炸效应相似。

在爆破工程中，理论和实验都表明：当炸药和岩石性质保持不变，且不考虑重力和岩石的表面能以及岩石性质随炸药加载速度变化时，则爆破作用近似满足爆炸几何相似律。

由于药包特征尺寸与药包重量关系为：

$$\frac{r_{e1}}{\sqrt[3]{Q_1}} = \frac{r_{e2}}{\sqrt[3]{Q_2}} \tag{9-17}$$

所以

$$\frac{R_1}{\sqrt[3]{Q_1}} = \frac{R_2}{\sqrt[3]{Q_2}} = \overline{R} \tag{9-18}$$

式中：$\overline{R} = R/\sqrt[3]{Q}$ 称为比距离，它是半经验公式基本参量；对于延长药包，即装药长度是装药直径 6 倍以上的药包，相应的比距离为 $\overline{R} = R/\sqrt{q_l}$，$q_l$ 为延长药包单位长度装药量，又称线装药密度。

爆炸相似律的重要意义在于指导爆破试验。在建立药量计算公式、验证爆破理论和探索新的爆破理论中，往往需要做小型爆破试验。如果应用爆炸相似律来指导试验和整理试验结果以及推广应用试验研究结果，可以达到事半功倍的效果。下面我们以爆破漏斗药量计算公式的建立来说明爆炸相似律的应用。

设使用相同的炸药，在同一种岩体进行爆破漏斗试验，第一个球形药包半径为 $r_{e1}$，药包埋深为 $W_1$，产生的爆破漏斗半径为 $r_1$；第二个球形药包半径为 $r_{e2}$，埋深为 $W_2$，产生的爆破漏斗半径为 $r_2$，如果按 $r_{e2}/r_{e1} = W_2/W_1$ 来安排试验，则根据爆炸相似律，有

$$\frac{W_2}{\sqrt[3]{Q_2}} = \frac{W_1}{\sqrt[3]{Q_1}} = 常数 \qquad \frac{r_2}{\sqrt[3]{Q_2}} = \frac{r_1}{\sqrt[3]{Q_1}} = 常数 \tag{9-19}$$

或写成一般形式

$$r = K_r \sqrt[3]{Q} \qquad W = K_w \sqrt[3]{Q} \tag{9-20}$$

式中的系数 $K_r$ 和 $K_w$ 由爆破漏斗试验确定。从上式可以看到，获得半径为 $r$ 的爆破漏斗只与 $\sqrt[3]{Q}$ 有关。式(9-20)是从爆炸相似律得出的，具有普遍性。在爆破工程中应用非常广泛，是最重要公式之一。除了上述用于计算爆破漏斗外，今后还将看到，式(9-20)还可用于计算破碎圈半径、破裂半径、爆破安全半径等等。利文斯顿爆破漏斗临界埋深和最佳埋深也可根据式(9-20)，从试验中得到。

由式(9-20)可得标准抛掷爆破漏斗的装药量计算式：

$$Q = K_b W^3 \tag{9-21}$$

式中 $K_b$ 为标准抛掷爆破单位体积岩石炸药消耗量。式(9-21)称为豪赛尔(Hauser)药量计算公式。该式与不考虑重力和岩石的表面能所得到能量准则公式(9-14)是一致的。

由于标准抛掷爆破，$r = W$，爆破漏斗体积 $V$ 与抵抗线 $W$ 之间的关系为：

$$V = \frac{\pi r^2}{3} W \approx W^3 \tag{9-22}$$

所以标准抛掷爆破的装药量计算式又可以写为

$$Q = K_b V \tag{9-23}$$

由式(9-23)可见，标准抛掷爆破的装药量 $Q$ 与所形成的爆破漏斗体积 $V$ 成正比。

### 9.5.3 装药量计算体积公式

如上所述，对于标准抛掷爆破，装药量与所形成的爆破漏斗体积成正比。将该结论推广到一般爆破情况，就得到药量计算体积公式，即在一定的炸药和岩石条件下，被爆破岩石的体积 $V$ 同所用的装药量 $Q$ 成正比：

$$Q = KV \tag{9-24}$$

式中 $K$ 为单位体积岩石炸药消耗量，简称炸药单耗，常用单位为 $kg/m^3$，相应的装药量单位

为 kg，体积单位为 m³。体积公式(9-24)把爆破单位体积岩石的炸药消耗量 $K$ 看作是常数，不随岩石体积 $V$ 而变化，这只有当岩石介质是松散的或者粘结很差的情况下，以及最小抵抗线 $W$ 变化不大时才是正确的。这些条件可从能量准则公式直接看出。实际上，在很多情况下，药包的能量，不仅要克服岩石的变形阻力，也要克服岩石的内聚力、惯性力等。

### 9.5.4 松动爆破装药量计算公式

由于松动爆破漏斗没有明显可见的漏斗边界，很少通过爆破漏斗实验来确定松动爆破单位体积岩石炸药消耗量，而是用标准抛掷爆破漏斗实验，通过折算方法来确定松动爆破单位体积岩石炸药消耗量。

实验表明松动爆破的单位炸药消耗量 $K_s$ 约为标准抛掷爆破单位炸药消耗量 $K_b$ 三分之一到二分之一，因此，松动爆破的装药量公式可以表示为：

$$Q = K_s W^3 = \left( \frac{1}{3} \sim \frac{1}{2} \right) K_b W^3 \tag{9-25}$$

### 9.5.5 经验系数的选择问题

能量准则公式中经验系数 $k_3$ 表示用于使单位体积爆破漏斗岩石获得破坏变形能所需能量，它是主要的能量消耗项，对于各种岩石和炸药类型有较大差别，它等于豪赛尔公式中的 $K_b$，即 $K_b = k_3$。

经验系数 $K_b$ 或 $k_3$ 选择方法有如下几种：

(1)查表。对于普通的岩土爆破工程，经验系数 $K_b$ 可查定额和相关表格，如表9-2。

(2)采用工程类比法。参照条件相近工程的经验系数 $K_b$。

(3)采用经验公式确定。如

$$K_b = 0.4 + \left( \frac{\rho}{2450} \right)^2 \tag{9-26}$$

式中：$\rho$——岩石的视密度，kg/m³；

$K_b$ 的单位为 kg/m³。

(4)采用标准抛掷爆破漏斗试验确定 $K_b$。进行爆破漏斗试验时，应选择地形平坦，地质条件与主爆区一样。选取的最小抵抗线 $W$ 应大于1m，并采用集中药包。根据所选的最小抵抗线 $W$，通过查表初选 $K_{b0}$ 值，并按 $Q = K_{b0} W^3$ 计算装药量，爆破后测出实际爆破漏斗底圆半径 $r$ 的平均值，计算出 $n$ 值。由于在试验中不一定会爆破出一个标准抛掷爆破漏斗，因此，需要根据实际 $n$ 值进行修正。一般取 $f(n) = 0.4 + 0.6n^3$，则修正式从式(9-13)求出，即

$$K_b = \frac{Q}{(0.4 + 0.6n^3) W^3} = \frac{K_{b0}}{(0.4 + 0.6n^3)} \tag{9-27}$$

在能量准则公式中，经验系数 $k_2$，$k_4$ 都与炸药性能和岩体性质有关，目前还没有多少资料可供利用，用实验确定 $k_2$，$k_4$ 工作量也较大。但实验表明经验系数 $k_2$，$k_4$ 是非主要项，大致可取如下数值：

(1)对于中等强度以下的岩土，可取 $k_2 = 0$，$k_4 = 0.026$ kg/m⁴。

(2)对于花岗岩一类的硬岩，可取 $k_2 = 0.35$ kg/m²，$k_4 = 0.0022$ kg/m⁴。

表 9－2　各种岩石单位炸药消耗量

| 岩土名称 | 标准抛掷爆破 $K_b/$ kg·m$^{-3}$ | 松动爆破 $K_s/$ kg·m$^{-3}$ |
|---|---|---|
| 砂 | 1.8 ~ 2.0 | — |
| 压实的或湿的砂 | 1.4 ~ 1.5 | — |
| 重砂质粘土 | 1.2 ~ 1.35 | 0.4 ~ 0.45 |
| 压实的粘土、黄土 | 1.1 ~ 1.5 | 0.35 ~ 0.5 |
| 白垩 | 0.9 ~ 1.1 | 0.3 ~ 0.35 |
| 白膏 | 1.2 ~ 1.5 | 0.4 ~ 0.5 |
| 层状石灰石 | 1.8 ~ 2.1 | 0.6 ~ 0.7 |
| 砂质泥灰岩 | 1.2 ~ 1.5 | 0.4 ~ 0.5 |
| 开裂凝灰岩，密实重浮石 | 1.5 ~ 1.8 | 0.5 ~ 0.6 |
| 由石灰石胶结成团状的角砾岩 | 1.35 ~ 1.65 | 0.45 ~ 0.55 |
| 粘土胶结的砂岩，粘土油页岩，石灰石，泥灰岩 | 1.35 ~ 1.65 | 0.45 ~ 0.55 |
| 大理石，石灰石，石灰石胶结的砂岩，菱镁土 | 1.5 ~ 1.95 | 0.5 ~ 0.65 |
| 石灰石，砂岩 | 1.5 ~ 2.4 | 0.5 ~ 0.8 |
| 花岗岩，花岗闪长岩 | 1.8 ~ 2.55 | 0.6 ~ 0.85 |
| 玄武岩，安山岩 | 2.1 ~ 2.7 | 0.7 ~ 0.9 |
| 石英岩 | 1.8 ~ 2.1 | 0.6 ~ 0.7 |
| 斑岩 | 2.4 ~ 2.55 | 0.8 ~ 0.85 |

如果在最小抵抗线 $W$ 范围之内，有不同性质的岩层存在，其厚度分别为 $H_1$，$H_2$，$\cdots$，$H_m$，而相应的经验系数为 $K_{b1}$，$K_{b2}$，$\cdots$，$K_{bm}$，则 $K_b$ 按加权平均值计算，即

$$K_b = \frac{1}{W}\sum_{i=1}^{m} H_i K_{bi} \tag{9-28}$$

# 9.6　影响爆破作用的因素

影响爆破作用的因素很多，可分成四种类型，即炸药性能因素、岩石性质因素、炸药与岩石相关因素、爆破工艺因素。在这些因素中有些是可控制（调整）的，有些是不可控的。

## 9.6.1　炸药性能对爆破作用的影响

爆破作用的载荷是由炸药提供的，炸药爆炸性能显然会影响爆破作用。描述炸药爆炸性能参数主要有炸药密度 $\rho_e$、爆速 $D$、爆轰压力 $P_2$、爆炸压力 $P_b$、爆热 $Q_v$ 和炸药的最大有效功 $A$ 等等，这些参数并不是独立的，按照爆轰理论，由公式（4－38）、式（4－39）和式（5－8）可得到与这些参数存在如下近似关系：

$$D = \sqrt{2(k^2-1)Q_v} \qquad P_2 = \frac{1}{k+1}\rho_e D^2 \qquad A = \left[1-\left(\frac{V_1}{V_2}\right)^{k-1}\right]Q_V = \eta Q_V$$

上述式中：$\eta$——炸药爆热转变为机械功的效率；

$V_1$——爆炸前炸药的比容；

$V_2$——爆炸产物膨胀到常温时的比容；

$k$——爆轰产物状态方程中的绝热指数，$k = 2 \sim 3$。

在这些参数中，直接影响爆炸荷载的因素是爆轰压力和爆炸压力，而它们又受炸药的密度、爆热和爆速等的影响。爆轰压力大小与爆炸应力波破岩能力直接相关，而爆炸压力大小与爆炸气体破岩能力直接相关。爆炸应力波在岩体中造成的初始裂纹，为爆炸气体的气楔作用创造条件。

**1. 爆轰压力**

爆轰压力是指炸药爆轰时爆轰波波阵面（$C-J$ 面）上的压力。在炸药和药室壁面紧密接触（耦合装药）条件下，爆轰压力作用于药室壁面时，药室壁面所受到初始冲击压力大小与爆轰波传播方向有关。

（1）当爆轰波垂直入射到药室壁面时，药室壁面所受到初始冲击压力 $P_t$ 可近似按下式计算：

$$P_t = \frac{2\rho_r D_r}{\rho_e D + \rho_r D_r} P_2 \qquad\qquad (9-29)$$

式中：$\rho_r D_r$——岩石的密度同岩石中冲击波速度的乘积，即岩石的冲击阻抗，一般可用波阻抗代替；

$\rho_e D$——炸药的密度与爆速的乘积，即炸药的波阻抗；

（2）当爆轰波传播方向与药室壁面平行时，药室壁面所受到初始冲击压力为爆轰压力，即 $P_t = P_2$；

（3）当爆轰波倾斜入射到药室壁面时，药室壁面所受到初始冲击压力与入射角有关，需要专门讨论。

从式（9-29）可见，爆轰压力越高，在岩体中激发的冲击波的初始峰值压力越大，从而越有利于岩体的破裂，尤其是在爆破坚硬致密岩体时更是如此。但并不是对所有岩体来说爆轰压力越高越好，对某些岩体来说爆轰压力过高将会造成炮孔周围岩体的过度粉碎，浪费能量。因此，必须根据岩石性质和工程要求来合理选用炸药品种。

**2. 爆炸压力**

爆炸压力又称炮孔压力，是指炸药在完成爆炸反应以后，爆轰产物膨胀作用在炮孔壁上的压力。在耦合装药条件下，如果不考虑炸药的爆轰过程，即认为炸药是瞬时爆轰（定容爆轰），则炮孔压力等于瞬时爆轰压力 $\bar{P}_2$，它等于爆轰压力的一半，即

$$P_b = \bar{P}_2 = \frac{1}{2}P_2 \qquad\qquad (9-30)$$

按爆炸气体破坏理论，炮孔压力对爆破效果起决定性作用，爆炸压力越高，作用时间越长，对岩体的气楔、推移和抛掷的作用越强烈。与爆轰压力相比，爆炸压力比较小，但爆炸压力作用时间要比爆轰压力作用时间长得多。

爆炸压力的大小和作用时间除了与炸药的爆热、爆温、爆轰气体生成量有关外，还与装

药结构，药室堵塞质量等有关。

**3. 炸药的密度、爆热和爆速**

增大炸药的密度和爆热，可以提高单位体积炸药的能量密度，同时也提高了炸药的爆速、爆轰压力和爆炸压力。

**4. 炸药爆热和有效功**

炸药在岩体中爆炸时所释放出的能量，通过爆炸应力波和爆轰气体膨胀的方式传递给岩体，使岩体产生破碎和移动。爆热是炸药的总能量，最大有效功是炸药的最大可能做功能力。在岩体爆破过程中，炸药的能量消耗于如下几个方面：

(1)克服岩体的变形阻力使岩体获得破坏变形量。

(2)克服岩体的内聚力使岩体破裂和粉碎，形成新的表面。

(3)将破碎后岩块推移和抛掷。

(4)形成爆破地震波、空气冲击波、噪声和爆破飞石等。

(5)炸药爆炸时的热化学损失和与周围介质进行热交换损失等。

在工程爆破中，岩体的过度粉碎，产生强烈的抛掷，形成爆破地震波、空气冲击波、噪声和爆破飞石等所消耗的能量均是无益的。实验表明，真正用于破碎岩石的能量只占炸药释放能量的很小部分，大部分能量消耗在做无用功上。例如采用抛掷爆破时用于破碎岩石的能量只占总能量的5%～7%。即使采用松动爆破，能量利用率也不会超过20%。因此，提高炸药有用功是实现有效破碎岩石、改善爆破效果和提高经济效益的重要途径。

## 9.6.2　岩体性质对爆破作用的影响

岩体性质对爆破作用的影响可以从两个方面来理解：一是岩体性质对爆炸荷载性质影响，如岩体性质对爆炸荷载传递效率的影响、对爆炸应力波传播规律的影响、对爆炸气体压力作用方式的影响等等；二是岩体本身强度和变形特点对爆破作用的影响。

**1. 岩石的物理力学性质对爆破作用的影响**

与爆破作用关系密切的岩石物理性质主要包括岩石的密度、弹性常数、弹性极限、强度极限等。

岩石的密度愈大，移动单位体积岩石所消耗的能量也愈大。此外，岩石的密度愈大，其弹性模量、强度、波阻抗一般也愈大，抵抗爆破作用能力也愈强。

岩石在爆炸荷载作用下首先发生的物理现象是变形并产生爆炸应力波，而爆炸应力波的传播速度和幅值是岩体的弹性模量、泊松比和岩石密度的函数。岩石的变形和弹性特征对爆破作用影响体现在岩石的波阻抗上。关于波阻抗对爆破作用影响下面将要讨论。

弹性极限和强度极限决定了岩石中爆炸应力波性质和岩石破坏特征。岩石的强度分为抗压强度、抗剪强度和抗拉强度。抗剪强度大于抗拉强度，岩石三轴抗压强度大于单轴抗压强度。通常，抗拉强度只有抗压强度的十分之一。强度高、弹性极限大的岩石在爆炸荷载作用下，不容易产生冲击波，而软岩则容易产生冲击波。在工程爆破设计和施工中要尽量充分利用岩石的这些强度特点。

**2. 岩体结构面对爆破作用的影响**

岩体结构面(节理、裂隙、层面及其他薄弱岩面)使岩体具有各向异性、不连续性等特点。岩体的结构面是一种弱面，在外荷载作用下主要沿结构面发生压缩、破裂和剪切滑移。

结构面对爆破作用的影响是多方面的,而且非常复杂,下面考虑几种特殊情况:

（1）与炮孔相通的结构面

如果岩体的结构面是张开性裂隙,且与炮孔相通,则药包起爆后,高压的爆炸气体立即流进这些张开性裂隙,气楔效应将导致这些裂隙的优先扩展,抑制其他裂纹扩展。由于裂纹扩展集中在这些个别的裂隙上,药室中爆炸气体压力下降速度比正常爆破过程慢,使得当这些裂纹扩展到自由面时,药室仍有相当高压力用于抛掷岩块,这往往造成较远的爆破飞石和大的爆破噪声。例如,在台阶爆破中,近于水平的张开性裂隙易造成远距离爆破飞石。

（2）与炮孔平行的结构面

如果岩体的结构面位于炮孔与自由面之间,且结构面平行于炮孔,那么岩体的结构面起三种作用:一是对应力波增强和阻断作用。在爆炸应力波到达自由表面之前,应力波会在这种结构面上产生反射和透射,这使靠近炮孔一侧的岩体得到更复杂应力波的作用,甚至在结构面(大的张开性裂隙)内部产生层裂,而远离炮孔那一侧应力波被结构面阻断而减弱,产生大块。二是对应力波所产生的径向裂纹起阻断作用。当应力波所产生的径向裂纹扩展至结构面时,一般不会贯通结构面,而停止于结构面,但此时爆炸气体可以沿着径向裂纹进入这种结构面,使结构面扩展,造成不希望出现的大块崩落,或造成超挖。三是对反射拉伸波起阻断作用。从自由面反射回来的拉伸波使结构面分离,减弱了拉伸波对初始径向裂纹的扩展作用。

（3）方向杂乱的稠密结构面

方向杂乱的稠密结构面使硬岩的行为类似于低强度岩石。当爆炸荷载作用于岩体后,这些结构面形成应力集中,首先产生破裂,结构面起增强破碎作用,并控制着爆破块度构成。爆破块度的大小和形状在很大程度上取决于结构面的分布。在一般爆堆中,岩体多是沿原有的结构面开裂,这就是最好例证。

当爆炸应力波与岩体中各种节理裂隙等互相作用产生反射、散射时,将出现能量损失,从而减弱爆炸应力波强度及其作用范围。

（4）岩石的孔隙性

岩石的孔隙性使岩体弹性变弱,粘滞性增加,质点间的内摩擦增强,从而增加对应力波吸收能力。当爆炸应力波在多孔隙性的岩石中传播时,部分爆炸应力波能量转变成热能,导致应力波能量损耗,使应力波衰减加快,从而削弱应力波作用范围。这就是有时硬而脆的岩石比软而多孔隙性的岩石更容易爆破的原因。

### 9.6.3 炸药与岩石匹配关系对爆破作用的影响

在耦合装药条件下,炸药与岩石紧密接触,设爆轰波垂直入射到药室壁面,则在药室壁面处产生反射波和透射波,透射波进入岩石,反射波返回药室中的爆轰产物。如果把入射爆轰波当作压缩波处理,即采用所谓冲击波声学近似假设,则

$$P_t = \frac{2\rho_r C_p}{\rho_e D + \rho_r C_p}P_2 = \frac{2}{1+R}P_2$$

$$P_r = \frac{\rho_r C_p - \rho_e D}{\rho_e D + \rho_r C_p}P_2 = \frac{1-R}{1+R}P_2$$

(9-31)

式中:$P_2$,$P_t$,$P_r$——爆轰压力、透射波压力和反射波压力;

$\rho_r C_p$——岩石的密度同岩石纵波速度的乘积，即岩石的声阻抗；

$\rho_e D$——炸药的密度与其爆速的乘积，即炸药的波阻抗；

$R$——炸药和岩石的波阻抗比，$R = \rho_e D / \rho_r C_p$。

式（9-31）表明，当岩石的声阻抗等于炸药的声阻抗时，没有反射波，称为阻抗匹配。这表明炸药传递给岩石的能量最多。从应力波观点看，炸药的波阻抗应尽可能与所爆破岩石的波阻抗相匹配。因此，波阻抗比 $R$ 成为选择炸药重要依据。但是，一般工业炸药波阻抗与岩石的波阻抗相差较大，要完全匹配是很困难的或是不经济的，而且并非对所有岩石都需要强的应力波。一般地说：①对于弹性模量高、泊松比小的致密坚硬岩石，选用爆速和密度都较高的炸药，以保证较大的应力波能传入岩石，产生初始裂纹；②对于中等坚固性岩石，选用爆速和密度居中的炸药；③对于节理裂隙发育的岩石、软岩和塑性变形大的岩石，爆炸应力波衰减快，作用范围小，应力波对破碎起次要作用，可选用爆速和密度较低的炸药。

实际爆破工程中，即使炸药波阻抗与岩石的波阻抗相差较大，也能取得较好的爆破效果，这说明不应过于强调炸药波阻抗与岩石波阻抗匹配关系，因为实际爆破工程中爆轰波并非垂直入射到药室壁面。

### 9.6.4　爆破工艺对爆破作用的影响

爆破工艺对爆破作用的影响是多方面的，主要包括自由面状态，药包空间分布、药包装填方式、药包起爆顺序和间隔时间等。不同的爆破方法和爆破目的，爆破工艺对爆破作用的影响是不同的，这里只介绍其中最基本部分。

**1. 自由面**

自由面对爆破作用影响非常大，如9.2节所述，如果没有自由面，药包只能产生内部爆破作用。关于自由面对爆破作用的影响归纳如下：

（1）自由面使岩体的约束度减少，岩体的强度极限降低。在自由面附近，岩石强度近似于单向强度，因此在爆破作用下更易破坏。

（2）当药包附近存在自由面时，自由面将产生反射拉伸波，而反射拉伸波将在自由面附近引起岩石层裂和促进原先由压缩应力波产生的径向裂纹扩展。

（3）当药包附近存在自由面时，岩体内的应力状态是由入射压缩波，反射纵波和反射横波相互作用所确定，改变了岩体内应力分布，形成了复杂的应力状态，有利于岩石充分破碎。

总之，自由面能大大增强爆破作用。图9-13表示自由面大小、方向和位置对爆破装药量的影响。图中是以2个自由面台阶爆破装药量作为标准，其相对装药量为1。孤石爆破有6个自由面，是最容易爆破的，其相对装药量只有0.25；而漏斗爆破，只有1个自由面，是最难爆破的，相对装药量高达2～10，其具体数值取决于钻孔直径大小。

**2. 装药结构**

在耦合装药条件下，炸药爆轰压力直接作用于岩石，有利于激发应力波，但它也会造成药室附近岩石产生塑性变形、过度粉碎，浪费很大能量。通过改变装药结构，即改变炸药在药室内的布置方式，可以改变爆轰压力和炮孔压力对药室壁面作用方式。常采用的装药结构如图9-14所示。

（1）耦合装药（连续装药）是指药包体积与药室（炮孔）体积相同，药包与药室壁面（孔壁）紧密接触的装药结构。这是最常见的装药结构。

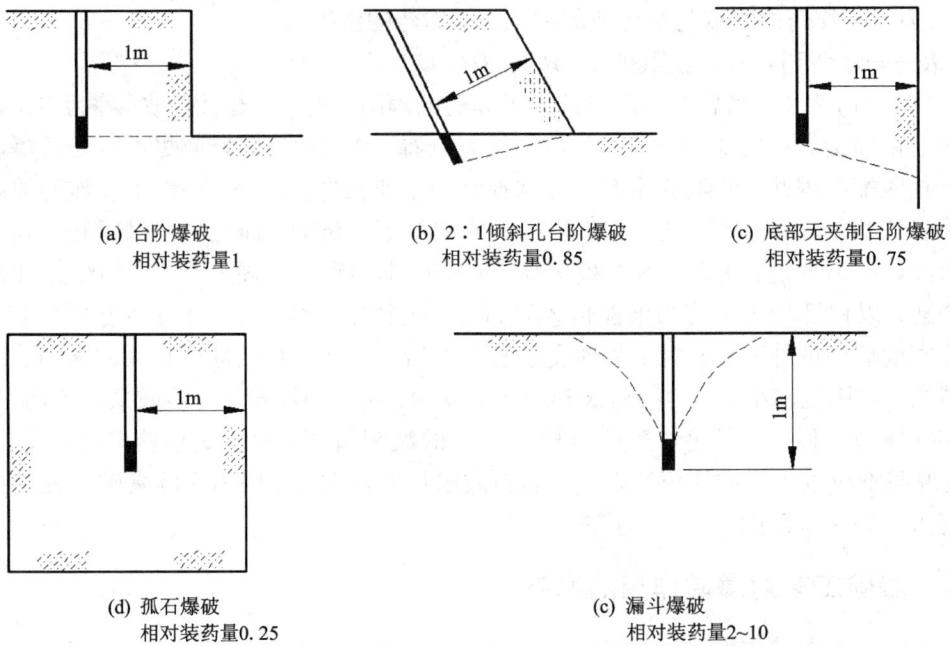

(a) 台阶爆破
相对装药量1

(b) 2：1倾斜孔台阶爆破
相对装药量0.85

(c) 底部无夹制台阶爆破
相对装药量0.75

(d) 孤石爆破
相对装药量0.25

(c) 漏斗爆破
相对装药量2~10

图 9 – 13　自由面个数和相对装药量的关系

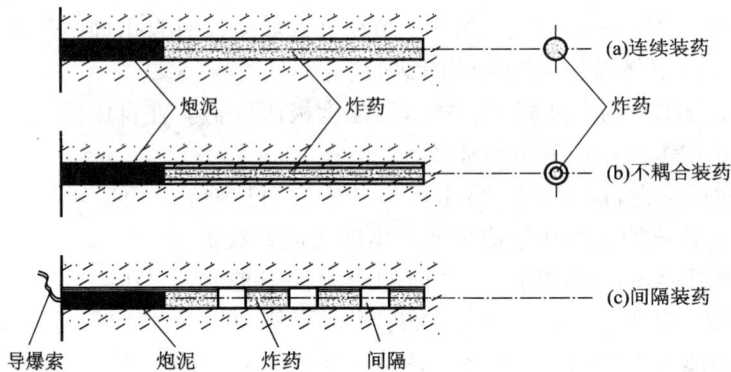

图 9 – 14　装药结构

（2）不耦合装药是指药室体积大于药包体积，药包与药室壁面之间留有间隙的装药结构。药室体积与药包体积之比称为不耦合系数。

（3）间隔装药（又称轴向不耦合装药）是指炸药在炮孔内分段装填，药包之间用炮泥、木垫或空气柱隔开的装药结构。

在不耦合装药条件下，药室壁面与炸药之间存在空气间隙，当炸药起爆后，爆轰产物迅速膨胀，首先冲击间隙中的空气，产生空气冲击波，而后空气冲击波和爆轰产物相继作用于药室壁面上。因此，药室壁面受到的初始冲击载荷与爆轰波强度并无直接的关系。

在工程上，常用所谓准静态方法来计算不耦合装药条件下药室壁面上所受冲击压力。这种方法是假设炸药爆轰为定容爆轰，炸药瞬间转变为爆轰产物，然后爆轰产物等熵膨胀至药室壁面，以突加载荷的形式作用于药室壁面。如果不耦合系数不是特别大，则药室壁面所受到压力，即炮孔压力可按下式计算：

$$P_b = \left(\frac{V_e}{V_b}\right)^k \overline{P}_2 = \Delta^{-k} \overline{P}_2 \tag{9-32}$$

式中：$\overline{P}_2$，$V_e$——炸药瞬时爆轰的压力和药包的体积；

$V_b$——药室的体积；

$k$——爆轰产物的绝热指数，通常 $k = 2 \sim 3$；

$\Delta$——不耦合系数，$\Delta = V_b/V_e$。

对于连续柱状不耦合装药，式(9-32)可改写为：

$$P_b = \left(\frac{r_e}{r_b}\right)^{2k} \overline{P}_2 \tag{9-33}$$

式中：$r_e$，$r_b$——分别为柱状装药时药包和炮孔的半径。

采用不耦合装药时，爆轰波不直接作用于孔壁，而是经过压缩性很强的空气层再传到孔壁，由于空气层缓冲作用，所以孔壁受到的压力比耦合装药要小得多，从而避免孔壁产生过度粉碎。此外，由于孔壁不产生过度粉碎而形成爆炸腔，炮孔压力衰减速度也比较慢，从而延长了炮孔压力作用时间，如图9-15所示。

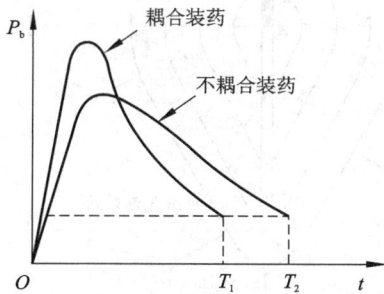

图9-15 不耦合装药对炮孔压力的影响

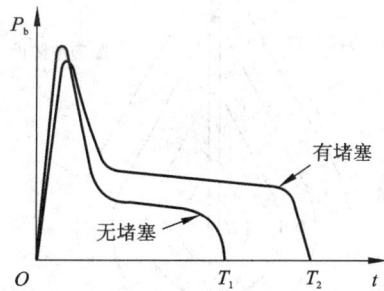

图9-16 堵塞对炮孔压力的影响

综上所述，采用不耦合装药可以削弱爆轰压力作用，延长爆炸气体作用时间。通过调整不耦合系数大小，可以调整炮孔压力 $P_b$ 大小和作用时间 $T$，以获得最佳的 $P_b$—$t$ 曲线。但炸药爆炸能量从炸药传播到空气，再由空气传播到岩石，在这个过程中的能量损失是不可避免的，也不利于在岩石中激发应力波，这对爆破坚硬致密的岩石来说，是不利的。但是对于光面爆破、预裂爆破则是必需的。

**3. 炮孔堵塞**

在工程爆破中，炸药装入炮孔后，一般要用岩粉、砂、粘土等材料(称为炮泥)将炮孔其余部分堵上，使炸药在密闭的空间内爆炸。堵塞作用有以下几个方面：

(1)阻止爆炸气体从孔口逸散，使炮孔压力在相对较长时间内保持高压状态，增加爆炸气体气楔和抛掷作用。图9-16表示在有堵塞和无堵塞的炮孔中，炮孔压力随时间变化的关系。从9-16图可以看出，有堵塞和无堵塞两种条件下，对炮孔壁的初始冲击压力虽然没有明显的影响，但堵塞增加了爆炸气体在孔壁上的作用时间，从而提高了它对岩石的胀裂和抛移作用。

（2）加强了对炮孔约束，降低爆炸气体逸散时的温度和压力，有利于炸药充分反应，放出更多热量和减少有毒气体生成量，提高炸药的热效率，使更多的热量转变为机械功。

（3）从安全角度看，在有瓦斯的工作面内，堵塞降低了爆炸气体逸散时的温度和压力，阻止了灼热固体颗粒(例如雷管壳碎片等)从炮孔内飞出，从而提高了爆破安全性。

（4）若不进行堵塞，药包与大气直接接触，爆炸气体易从孔口冲向大气，产生强的空气冲击波和爆破噪声。

**4. 起爆位置**

采用延长药包时，雷管的位置(起爆点)决定了炸药起爆以后，爆轰波传播方向，也决定了岩体中应力波传播方向，从而影响爆破作用。

根据起爆点的位置不同，有三种起爆方式：①起爆点靠近孔口，爆轰波从孔口传向孔底，称为正向起爆；②起爆点位于孔底，爆轰波从孔底传向孔口，称为反向起爆，又称孔底起爆；③起爆点位于装药中间，称为双向起爆或中间起爆。

正向起爆和反向起爆时，岩体中应力波波阵面形状和传播情况如图 9-17 所示。

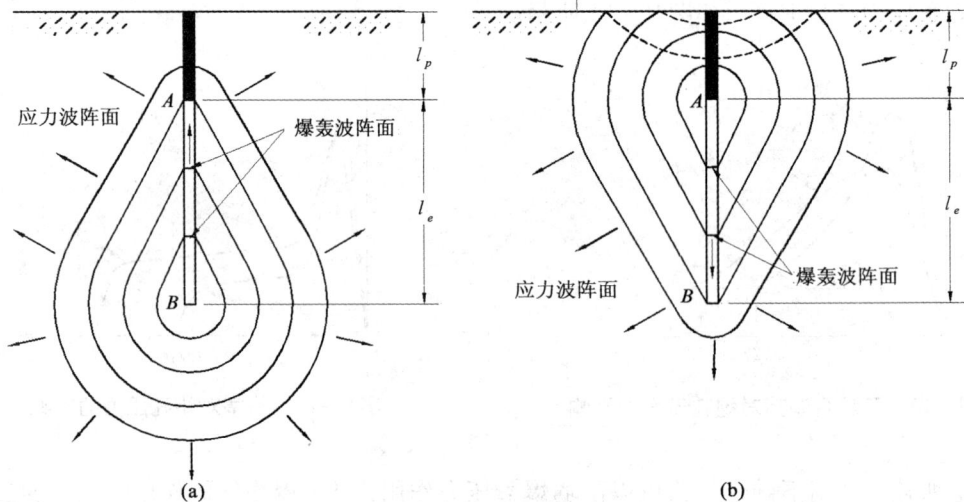

**图 9-17 正、反向起爆与应力波传播**
(a)反向起爆；(b)正向起爆

实践证明，反向起爆可取得较好的爆破效果，主要原因如下：

（1）反向起爆延长了爆炸气体作用时间

正向起爆时，药包起爆后，堵塞物立即受到爆炸气体压缩作用而开始运动。而反向起爆时，爆轰波从孔底向孔口传播，直到爆轰结束时，堵塞物才受到爆炸气体作用而开始运动。

此外，正向起爆时，爆炸应力波到达孔口自由面时间比反向起爆时早，孔口自由面反射拉伸波有可能造成孔口部分岩石破裂，使爆炸气体较早逸散。

（2）反向起爆提高了整个药柱爆炸应力波叠加作用

设药包长度为 $l_e$，炸药爆破速度为 $D$，应力波在岩石内传播速度为 $C_p$，堵塞长度为 $l_p$，如图 9-17 所示。现考察整个药柱所产生的应力波在孔口自由面附近叠加的情况。

反向起爆时，孔底 $B$ 处炸药所产生应力波到达自由面的时间为 $t_1 = (l_e + l_p)/C_p$，而孔口 $A$ 处炸药所产生应力波到达自由面的时间为 $t_2 = l_e/D + l_p/C_p$。反向起爆时 $A$、$B$ 处炸药所产生应力波到达自由面的时间差为 $\Delta t_f = l_e/C_p - l_e/D$。

正向起爆时，$B$ 处炸药爆炸应力波到达自由面时间为 $t_3 = l_e/D + (l_e + l_p)/C_p$，而孔口 $A$ 处炸药爆炸应力波到达自由面的时间为 $t_4 = l_p/C_p$。正向起起爆时，$A$、$B$ 处炸药所产生应力波到达自由面的时间差为 $\Delta t_z = l_e/C_p + l_e/D$。

孔底 $B$ 处炸药和孔口 $A$ 处炸药爆炸应力波到达自由面时会互相叠加。由于爆炸应力波波形是衰减型，两应力波到达自由面的时间差较小时，则两个波头部分相互叠加；时间差较大时，则是一个波头和另一个波尾部分相互叠加。两个波头部分相互叠加，能产生更强的应力波。由于反向起爆时，孔底 $B$ 处炸药和孔口 $A$ 处炸药爆炸应力波到达自由面时间差 $\Delta t_f$ 较小，所以反向起爆时，整个药柱所产生应力波将在自由面附近形成比正向起爆时更强的应力波，从而形成更强的反射拉伸波。

（3）反向起爆有利于克服炮孔底部的夹制

对于一般工业炸药，起爆点处的爆速是最大的。反向起爆时，底部的爆速最大，爆轰压力也最大，这有利于克服炮孔底部的夹制。

# 复习思考题

1. 单个球形药包在无限均质岩体深部爆破时，将产生哪些破坏作用？

2. 简述爆炸气体膨胀和应力波共同作用理论。

3. 在爆破工程中自由面起什么作用？

4. 单排成组药包齐发爆破时，岩体中应力状态与单药包爆破情况有什么不同？

5. 在装药量计算公式中，试比较能量准则公式、相似法则公式和体积公式的异同点。

6. 根据能量准则药量计算公式，岩石爆破时炸药能量主要消耗在哪几个方面？

7. 单位炸药消耗量是指什么？如何确定？

8. 影响爆破作用的因素有哪些？

9. 爆轰压力与炮孔压力二者有何联系与区别？

10. 炮孔堵塞对爆破作用有影响吗？为什么？

11. 柱状装药有哪几种形式？它们对爆破作用各有何影响？

12. 在某一岩石中，通过一系列爆破实验得知一个 5 kg 重的球状药包最佳深度为 1.6 m，临界深度为 3.1 m。问：

①应变能系数和最佳深度比是多少？

②如果药量增加 10 倍，最佳深度是多少？

③如果埋置深度增加 10 倍，最适宜爆破所需的药量又是多少？

13. 有一 14 kg 球形药包，置于砂岩表面以下 2 m 处，获得标准抛掷爆破漏斗，现要求获得加强抛掷爆破（$n = 1.2$），所需的药包重量是多少？若要求获得加强松动爆破（$n = 0.75$），则所需的药包重量又是多少？

# 第 10 章 矿山井巷与采场爆破

在地下和露天爆破时，根据不同情况常采用裸露、浅孔和深孔爆破。裸露爆破大多用于处理大块和溜井堵塞。浅孔爆破大多用于井巷掘进、薄矿脉等的回采，以及开挖沟槽和基础、场地平整等。深孔爆破广泛应用于露天矿山，而随着凿岩机具的发展和高强度采矿方法的出现，井下深孔爆破也已被广泛采用。这些爆破方法各有其优缺点，应根据情况合理选用，并根据不同的作业条件做好相应的爆破设计。

爆破设计是爆破生产过程中的一个关键环节，爆破工艺与参数的合理性对爆破效果以及后续出矿、铲装、运输、破碎作业的效率和成本都有直接的影响。爆破设计的目的主要是根据矿山统计资料，通过对影响爆破效果的各因素如矿岩性质、地质构造、爆区形状和炸药类型分析，选择爆破参数，提供最优的爆破设计方案以达到最佳的爆破效果。本章将主要介绍矿山井巷与采场爆破的原理方法与相应的爆破设计原则。

## 10.1 巷(隧)道掘进爆破

巷(隧)道掘进爆破作业包括平巷、斜井和隧道等各种地下通道的爆破，其共同的最大特点是受掘进断面制约，只有一个自由面，这一特点决定了在巷(隧)道掘进中很难加深炮孔深度，每次爆破进尺一般只有 1~3 m。而钻孔爆破在井巷掘进循环作业中是一个先行和主要的工序，其他后续工序都要围绕它来安排，爆破的质量和效果都将影响后续工序的效率和质量。为了得到较好的爆破效果，其中关键的一环是合理布置炮孔。

### 10.1.1 巷(隧)道掘进中的炮孔布置

掘进工作面上的炮孔，按它们的作用不同分为掏槽孔、辅助孔和周边孔。各类炮孔及作用范围如图 10-1 所示。

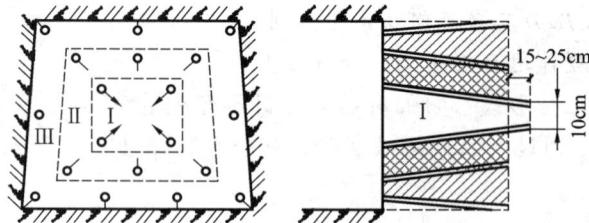

图 10-1 炮孔布置示意图

I—掏槽孔；II—辅助孔；III—周边孔

**1. 掏槽孔**

在巷(隧)道的开挖过程中，在掘进工作面的中央偏下布置几个炮孔并先起爆形成一个适当的空腔,作为新的临空面,为其余炮孔爆破创造有利条件,使周围的岩石爆破后,都顺序向这个空腔方向崩落,以获得较好的爆破效果。这个空腔的形成,通常称为掏槽。掏槽孔爆破时,是处于一个自由面的条件下,破碎岩石的条件非常困难,而掏槽成功与否直接影响巷(隧)道爆破效果的好坏,掏槽的深度直接影响巷(隧)道掘进循环进尺,因此它是巷(隧)道开挖成败的关键。为了提高爆破效果,发挥掏槽孔的作用,掏槽孔应比其他炮孔加深 0.15 ~ 0.25 m,装药量增加 15% ~ 20%。

掏槽孔布置原则:

(1)掏槽孔位置一般应布置在开挖断面的中部或中偏下位置;

(2)在岩层层理明显时,炮孔方向应尽量垂直于岩层的层理面;

(3)掏槽孔一般由 4 ~ 6 个装药孔和 2 ~ 4 个空孔组成,空孔个数应随孔深增大而增加。

**2. 辅助孔**

辅助孔又称为崩落孔,它均匀布置在掏槽孔与周边孔之间。孔向与工作面垂直,孔底应落在同一平面上,以使爆后工作面平整。其作用是进一步扩大掏槽体积和增大爆破量,并为周边孔爆破创造有利条件。

**3. 周边孔**

周边孔布置在开挖断面的轮廓上,用以控制开挖断面的轮廓和规格。周边孔应向外倾斜(其外倾角为 3°~ 5°),以保证断面轮廓不缩小和凿岩机的操作净空,利于下一循环周边孔的钻凿。孔底都应落在同一个垂直于巷(隧)道轴线的平面上,使爆后工作面平整。

## 10.1.2　掏槽孔的形式

根据巷(隧)道断面、岩石性质和地质构造等条件,掏槽孔排列形式有很多种类,归纳起来可分成倾斜掏槽和垂直掏槽两大类,此外还有两者结合的混合掏槽。

**1. 倾斜掏槽**

其特点是掏槽孔与自由面斜交,当掏槽孔中的炸药起爆时,孔底至自由面的岩石被破碎抛出。通常有单向掏槽、锥形掏槽和楔形掏槽几种形式:

(1)单向掏槽

掏槽孔排列成一行,并朝一个方向倾斜。单向掏槽(见图 10 - 2)适用于软岩或具有层理、节理、裂隙和软弱夹层的岩石中。掏槽孔应与层理、裂隙垂直或斜交。当软弱面出现在巷(隧)道周边部位,可以分别采用顶部、底部、侧向和扇形掏槽。如当岩层或裂隙背向工作面倾斜时,采用顶部掏槽[图 10 - 2(a)]。当巷(隧)道底部具有软夹层或巷(隧)道底板正好是岩层的自然接触面、岩层层理或裂隙向着工作面倾斜时,采用底部掏槽[图 10 - 2(b)]。当巷(隧)道一侧具有软夹层或层理、裂隙向侧帮倾斜时,采用侧向掏槽(图[10 - 2(c)]。当工作面遇到夹层位于巷(隧)道中部或斜交时,常采用扇形掏槽[图 10 - 2(d)]。

单向掏槽法可视巷(隧)道断面大小或软夹层的厚度不同,布置一排或两排掏槽孔。掏槽孔的倾斜角度根据岩石的可爆性,一般取 50°~ 70°,岩石坚固程度高,角度取小值。掏槽孔的孔间距约在 30 ~ 60 cm 范围内,应尽量同时起爆,效果更好。

(2)锥形掏槽

各掏槽孔以相等或近似相等的角度向工作面中心轴线倾斜。孔底集中于一垂直平面上,相互保持 10 ~ 20 cm 的距离,但不贯通,爆破后形成锥形桶,如图 10 - 3 所示。炮孔数为 3 ~

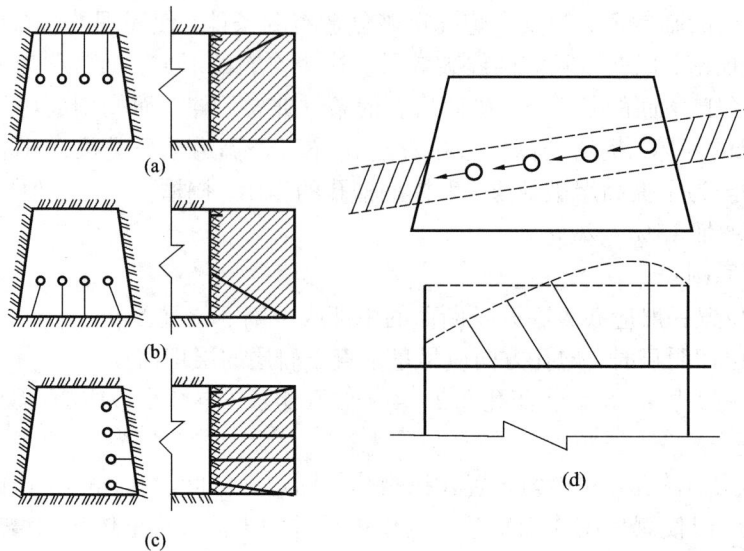

**图 10 - 2　单向掏槽**

（a）顶部掏槽；（b）底部掏槽；（c）侧向掏槽；（d）扇形掏槽

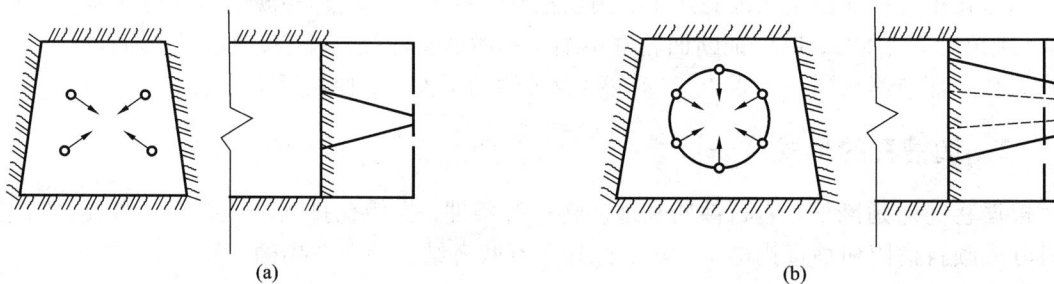

**图 10 - 3　锥形掏槽**

（a）角锥形掏槽；（b）圆锥形掏槽

6 个，通常排列成三角形、正四角锥形和圆锥形。正四角锥形多用在平巷掘进中，圆锥形则在竖井掘进中使用较多。锥形掏槽比较可靠，适用于断面积大于 4 m² 的致密均质岩石巷道掘进，要求凿岩技术较高，倾斜角度一般为 55°～70°，孔口间距为 0.4～1.0 m，详见表 10 - 1。

**表 10 - 1　锥形掏槽孔要素**

| 岩石坚固性系数 $f$ | 炮孔倾角/(°) | 相邻炮孔间距/m | |
|---|---|---|---|
| | | 孔口距离 | 孔底距离 |
| 2 ~ 6 | 75 ~ 70 | 1.00 ~ 0.90 | 0.40 |
| 6 ~ 8 | 70 ~ 68 | 0.90 ~ 0.85 | 0.30 |
| 8 ~ 10 | 68 ~ 65 | 0.85 ~ 0.80 | 0.20 |
| 10 ~ 13 | 65 ~ 63 | 0.80 ~ 0.70 | 0.20 |
| 13 ~ 16 | 63 ~ 60 | 0.70 ~ 0.60 | 0.15 |
| 16 ~ 18 | 60 ~ 58 | 0.60 ~ 0.50 | 0.10 |
| 18 ~ 20 | 58 ~ 55 | 0.50 ~ 0.40 | 0.10 |

（3）楔形掏槽

通常由两排对称的相向倾斜炮孔组成，爆破后形成楔形槽。楔形掏槽可分为垂直楔形和水平楔形两种（图10－4）。当岩石特别坚硬难爆或孔深超过2 m时，可增加2～3对初始掏槽孔，形成双楔形掏槽。

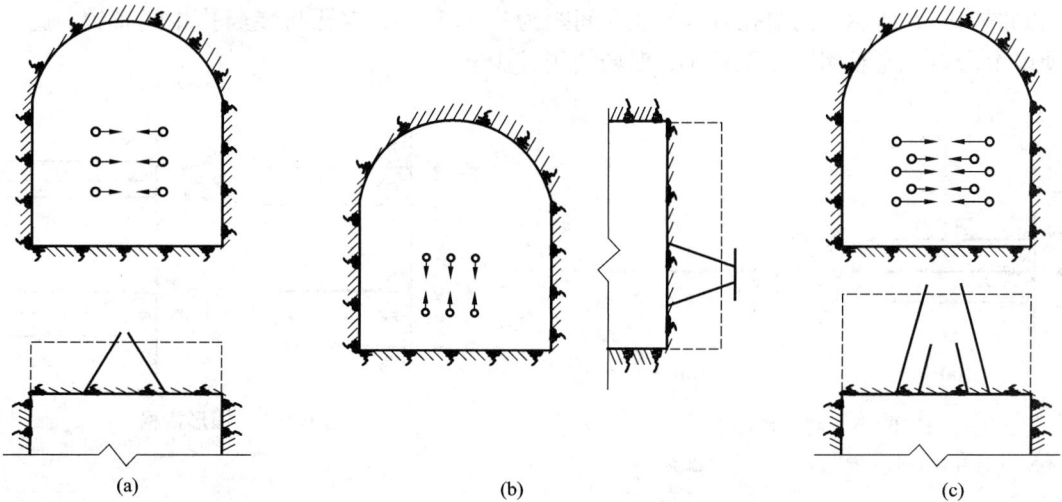

**图10－4　楔形掏槽**

（a）垂直楔形掏槽；（b）水平楔形掏槽；（c）双楔形掏槽

楔形掏槽常用于中硬以上的均质岩石，断面大于4 m²。炮孔以2～3对用得最多，每对孔间距为0.25～0.6 m，楔形掏槽参数见表10－2。

**表10－2　楔形掏槽的主要参数**

| 岩石坚固性系数 $f$ | 炮孔与工作面的夹角/(°) | 两排炮孔之间的距离/m | 炮孔数目/个 |
| --- | --- | --- | --- |
| 2～6 | 75～70 | 0.6～0.5 | 4 |
| 6～8 | 70～65 | 0.5～0.4 | 4～6 |
| 8～10 | 65～63 | 0.4～0.35 | 6 |
| 10～12 | 63～60 | 0.35～0.30 | 6 |
| 12～16 | 60～58 | 0.30～0.20 | 6 |
| 16～20 | 58～55 | 0.20 | 6～8 |

（4）倾斜掏槽评价

倾斜掏槽的优点是所需掏槽孔数较少，掏槽体积大，将岩石抛出，有利于其他炮孔的爆破。而缺点是掏槽孔深度受到巷（隧）道断面的限制，因而影响到每个掘进循环的进尺；同时，岩石抛掷距离较远，影响装岩效率。

### 2. 垂直掏槽

所有掏槽孔相互平行，且均垂直于工作面，掏槽孔分空孔和装药孔，空孔为装药孔提供自由面和补偿空间。这种掏槽法由于凿岩操作简单，在能够利用凿岩台车钻凿大空孔（直径可达 100 mm）时，用得比较广泛。垂直掏槽又分缝形、桶形和螺旋掏槽。

（1）缝形掏槽

如图 10 – 5 所示，掏槽孔直线布置，间距为 8 ~ 15 cm，空孔与装药孔相间布置，适用于中硬以上岩石，缝形掏槽体积较小，现场使用较少。

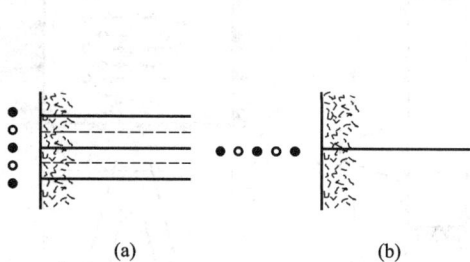

图 10 – 5　缝形掏槽

（a）垂直缝形掏槽；（b）水平缝形掏槽

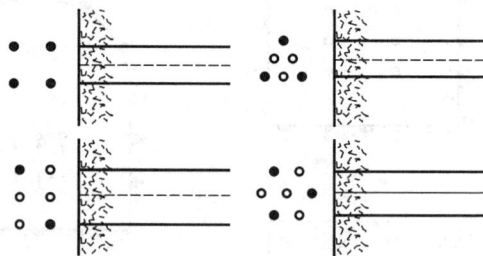

图 10 – 6　桶形掏槽

（2）桶形掏槽

它是应用最广的垂直掏槽形式之一，如图 10 – 6 所示。桶形掏槽的体积较大，有利于辅助孔的爆破。空孔直径可与装药孔相同或采用直径为 75 ~ 100 mm 的大直径空孔，以便增大人工自由面。在工程实践中，根据具体条件创造了许多高效率的桶形掏槽形式，图 10 – 7 中列出了其中的一部分供参考。

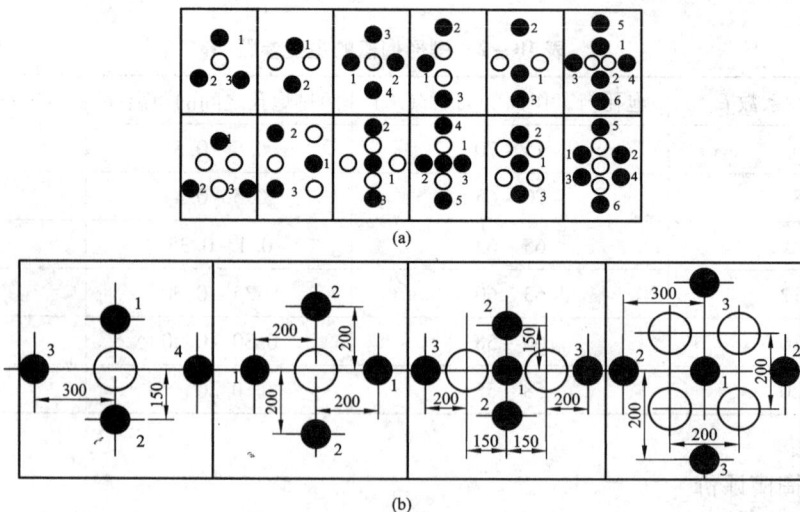

图 10 – 7　桶形掏槽的不同布置形式

（a）空孔与装药孔直径相同；（b）大直径空孔

○—空孔；●—装药孔；1，2，3，4 起爆顺序国内外工程实践表明，大直径空孔桶形掏槽是提高巷（隧）道掘进爆破效率的一种好方法，但钻凿大孔需要凿岩台车或重型凿岩设备，由于施工条件限制（如小断面的巷道），这种掏槽方法难于推广使用。针对这一问题，国内有学者发明了直径 80 mm 和 70 mm 两种规格的浅孔扩孔钻头，如图 10 - 8 和图 10 - 9 所示。这种扩孔钻头可直接在普通小型气腿凿岩机上使用，操作简单，使用方便，不需增加任何装置，从而解决了钻凿大孔的难题。

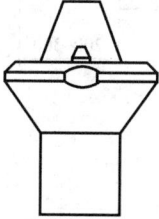

图 10 - 8　扩孔钻头示意图

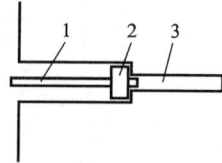

图 10 - 9　扩孔示意图

1—钎杆；2—扩孔钻头；3—小直径炮孔

使用 80 mm 扩孔钻头扩孔时，扩孔速度通常比钻小直径炮孔速度低 2 ~ 3 倍，使用 70 mm 扩孔钻头扩孔时，扩孔速度仅比直径 38 mm 钻头的钻孔速度低 1 倍。由于每个掘进爆破循环只扩 2 ~ 4 个钻孔，占凿岩时间并不长，但它所带来的爆破效果是明显的。

表 10 - 3 是在部分矿山进行巷道掘进爆破的试验结果。

表 10 - 3　部分矿山巷道掘进爆破试验结果

| 试验单位 | 岩石名称 | 普氏系数 $f$ | 孔深 /mm | 小孔掏槽爆破效率/% | 扩孔钻头直径/mm | 大孔掏槽爆破效率/% | 提高爆破效率/% |
|---|---|---|---|---|---|---|---|
| 易门矿务局凤山矿 | 白云岩 | 10 ~ 14 | 1.3 | 85 | 80 | 91 | 6 |
| 攀钢二滩粘土矿 | 粘土岩 | 12 ~ 14 | 1.6 | 87.3 | 80 | 97.5 | 10.2 |
| 昆钢王家滩矿 | 磁铁矿 | 14 ~ 16 | 2.1 | 80 | 80 | 99 | 19 |
| 东川矿务局落雪矿 | 铁质板岩 | 10 ~ 12 | 1.5 | 69 | 80 | 92 | 27 |
| 东川矿务局落雪矿 | 铁质板岩 | 10 ~ 12 | 1.6 | 60 | 70 | 84 | 24 |
| 云南大姚铜矿 | 砂岩 | 14 ~ 16 | 1.4 | 62 | 70 | 87 | 15 |
| 中条山篦子沟矿 | 矽化大理岩 | 12 ~ 15 | 1.6 | 67 | 70 | 87 | 20 |

（3）螺旋掏槽

如图 10 - 10 所示，螺旋掏槽的特点是装药孔到空孔距离依次递增，并由近及远依次起爆，所以能充分利用自由面的作用扩大掏槽效果。如炮孔直径为 $d$，则孔距（边至边）$L_1 = (1 ~ 1.8)d$、$L_2 = (2 ~ 3.5)d$、$L_3 = (3 ~ 4.5)d$、$L_4 = (4 ~ 5.5)d$。遇坚韧难爆的岩石，可增加 1 ~ 2 个空孔（如图中虚线所示）。空孔可比装药孔长 200 ~ 300 mm，并在孔底装少量炸药

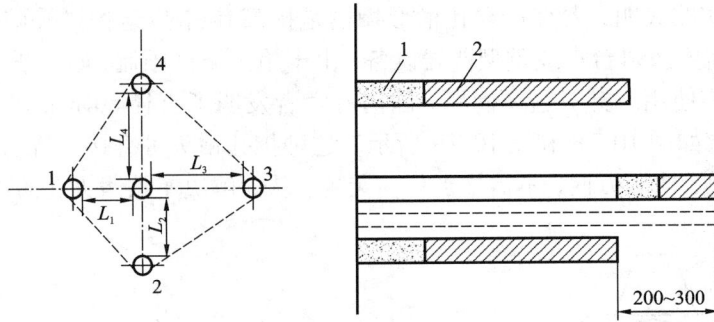

**图 10 – 10　螺旋掏槽**

右图中,1—炮泥;2—药卷

(200 ~ 500 g),紧接掏槽孔之后起爆,以利于抛碴。

当需要提高掘进速度时,可采用图 10 – 11 所示的双螺旋掏槽方式,即科罗曼特掏槽。装药孔围绕中心大空孔沿相对的两条螺旋线布置。其原理与螺旋掏槽相同。中心空孔一般采用大直径钻孔,或采用两个相互贯通的小直径空孔(形成"8"字形空孔)。为了保证钻孔规格,常采用布孔样板来确定孔位。此种掏槽适用于坚硬、密实,无裂缝和无层节理的岩石。起爆顺序如图 10 – 11 所示。

(4)垂直掏槽评价

实践证明,空孔数目、空孔直径及其与装药孔的间距对垂直掏槽效果影响很大。在花岗岩、片麻岩等硬岩中,随着空孔直径的增大,空孔到装药孔中心的距离亦相应增大。当空孔直径一定时,如孔距过大,爆后矿石只产生塑性变形而出现"冲炮"现象;当孔距过小时,爆破作用将影响邻近炮孔,有时甚至会使邻近炮孔炸药"挤死"而产生拒爆。在装药孔及装药密度一定的条件下,根据空孔和掏槽孔的间距可形成四种情况,即塑性变形、破碎、抛掷、两孔贯通。图 10 – 12 给出了在一定条件下炮孔间距随空孔直径不同的破碎情况。

必须指出,不同岩石中合理的孔距值也不相同。一般情况下装药孔直径与空孔直径均为35 ~ 40 mm 时,装药孔距空孔为:软的石灰岩、砂岩等,取 150 ~ 170 mm;硬的石灰岩、砂岩等,取 125 ~ 150 mm;软的花岗岩、火成岩,取 110 ~ 140 mm;硬花岗岩、火成岩,取 80 ~ 110 mm;硬的石英岩等,取 90 ~ 120 mm。在有条件的地方经反复试验而定更好。

布置垂直掏槽孔时,除考虑装药孔与空孔的间距外,还应注意起爆次序和装药量。

掏槽孔的起爆次序是,距空孔最近的炮孔最先起爆,一段起爆孔数视掏槽方式及空孔直径和个数而定,同时受现有雷管总段数的限制,一般先起爆 1 ~ 4 个炮孔。后续掏槽孔同样按上述原则确定其起爆次序及同一段起爆炮孔个数。段间隔时差为 50 ~ 100 ms 时,掏槽效果比较好。

垂直掏槽的装药量,应当保证掏槽范围内的岩石充分破碎并有足够的能量将破碎后的岩石尽可能地抛掷到槽腔以外。实际设计与施工中,装药和堵塞往往把炮孔基本填满。

掏槽孔装药量应结合孔间距与空孔直径来考虑。兰格福斯(Langfous)提出的掏槽装药集中度计算公式如下:

$$q_l = 1.5 \times 10^{-3} \left( \frac{A}{d} \right)^{3/2} \left( A - \frac{d}{2} \right) \tag{10 – 1}$$

式中：$q_1$——垂直掏槽炮孔装药集中度，kg/m；

$\quad\quad\quad A$——装药炮孔距空孔的间距，mm；

$\quad\quad\quad d$——空孔直径，mm。

该式的缺点是未考虑不同类型岩石与炸药的性质，故不能适用于所有条件。

在中硬以上岩石中，使用硝铵类炸药进行掏槽爆破时，据统计，炸药单耗为 $1.4 \sim 2.0$ kg/m$^3$。

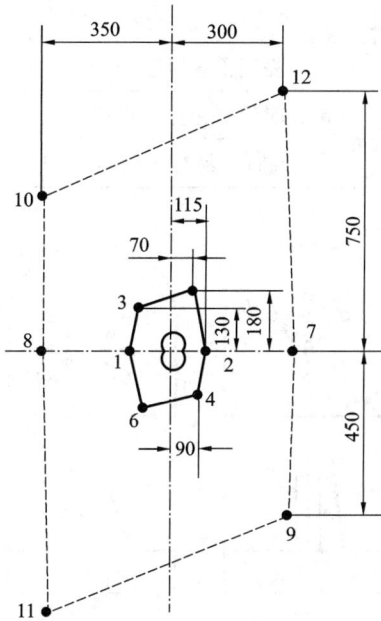

图 10 – 11　双螺旋掏槽

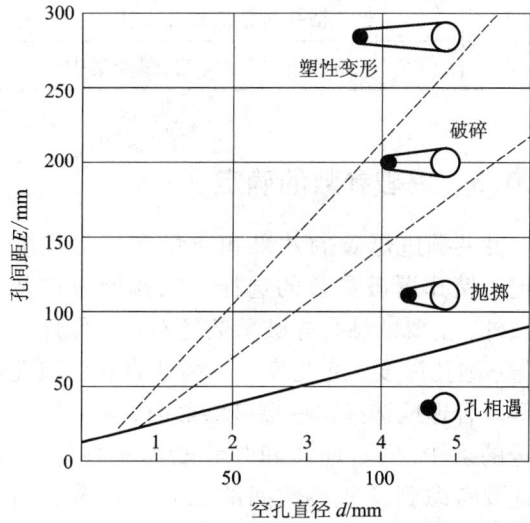

图 10 – 12　炮孔间距随空孔直径不同的破碎情况

垂直掏槽一般可用于中硬岩层或坚硬岩层；由于炮孔与工作面垂直，炮孔深度不受开挖断面的限制，可进行较深炮孔的爆破，加大一个循环的进尺；钻孔容易控制，各台凿岩机间互相干扰少，便于多台凿岩机同时作业，提高钻孔效率；容易控制孔底深度，使孔底在同一垂直面上；炮孔利用率高，可达 90% ~ 100%；岩碴抛掷距离较近，不易打坏支护和机具设备，爆落的岩块均匀，爆堆集中在工作面附近，有利于装岩；在各种硬度的岩层中都可以使用。

垂直掏槽的缺点是需要较多的炮孔数目和较多的炸药，而且钻孔位置一定要精确，误差不能太大，因此必须具备熟练的钻孔操作技术。

垂直掏槽与倾斜掏槽相比较，有不同的适用条件，具体如表 10 – 4 所示。

**3. 混合掏槽**

混合掏槽是指两种以上的掏槽方法混合使用，主要用于一些复杂的掘进条件。例如，在岩石特别坚硬或巷（隧）道断面较大时，可采用复式楔形或桶形加锥形等混合掏槽（图 10 – 13）。在特殊情况下，有时需用（药壶式）扩底掏槽。

表 10－4　垂直掏槽与倾斜掏槽的适用条件

| 序号 | 垂直掏槽 | 倾斜掏槽 |
|---|---|---|
| 1 | 大小断面均适用,小断面更优越 | 较适用于大断面 |
| 2 | 不适用于韧性岩层 | 适用于各种地质条件 |
| 3 | 一次爆破深度可以较大 | 受巷道宽度限制,一般炮孔深度不大 |
| 4 | 技术要求高,钻孔精度影响较大 | 相对来说钻孔精度影响较小 |
| 5 | 炸药用量较多 | 炸药用量较少 |
| 6 | 需用雷管段数多 | 需用雷管段数少 |
| 7 | 钻孔时钻机相互干扰少 | 钻孔时钻机相互干扰较大 |
| 8 | 抛碴近,块度均匀,爆堆集中 | 抛碴远,易打坏设备 |

## 10.1.3　爆破参数的确定

井巷掘进爆破的效果和质量在很大程度上决定于钻孔爆破参数的选择。除掏槽方式及其参数外,主要的钻孔爆破参数还有:单位炸药消耗量、炮孔深度、炮孔直径、装药直径、炮孔数目等。合理地选择这些爆破参数时,不仅要考虑掘进的条件(岩石地质和井巷断面条件等),而且还要考虑到这些参数间的相互关系及其对爆破效果和质量的影响(如炮孔利用率、岩石破碎块度、爆堆形状和尺寸等)。

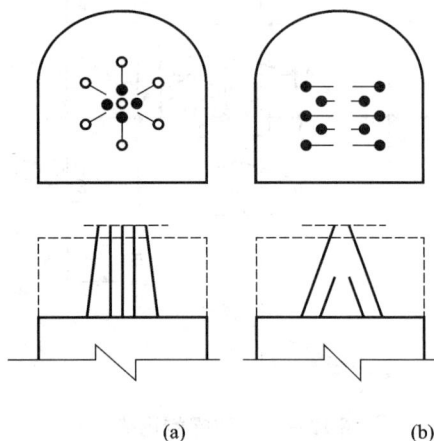

（a）　　　　　　　（b）

图 10－13　混合掏槽
（a）桶形与锥形；（b）复式楔形

**1. 炮孔直径**

炮孔直径大小直接影响钻孔效率、全断面炮孔数目、炸药的单耗、爆破岩石块度与岩壁平整度。炮孔直径及其相应的装药直径增大时,可以减少全断面的炮孔数目,药包爆炸能量相对集中,爆速和爆轰稳定性有所提高。但过大的炮孔直径将导致凿岩速度显著下降,并影响岩石破碎质量,井巷轮廓平整度变差,甚至影响围岩的稳定性。因此,炮孔直径必须根据井巷断面大小、破碎块度要求,并考虑凿岩设备的能力及炸药性能等,加以综合分析和选择。

在巷(隧)道掘进中主要考虑断面大小、炸药性能(即在选用的直径下能保证爆轰稳定性)和钻孔速度(全断面钻孔工时)来确定炮孔直径。目前我国多用风钻钻孔,孔径一般为35～45 mm。对于大型隧道,已开始采用凿岩台车,其钻孔直径可达50 mm 左右。在断面小于4 m$^2$的巷(隧)道掘进中,对坚硬岩石,使用高威力炸药、小直径炮孔(药卷直径为25～30 mm)进行爆破,可获得较好的效果。在具体条件下(岩石、井巷断面、炸药、孔深、采用的钻孔设备等),存在有最佳炮孔直径,使掘进巷(隧)道所需钻孔爆破和装岩的总工时为最小。

**2. 炮孔深度**

炮孔深度是指孔底到工作面的垂直距离,而沿炮孔方向的实际深度叫炮孔长度。从钻孔爆破综合工作的角度说，炮孔深度在各爆破参数中居重要地位，因为，炮孔深度的大小不仅影响着每个掘进工序的工作量和完成各工序的时间，而且影响爆破效果和掘进速度，它是决定掘进循环次数的主要因素。我国目前实行有浅孔多循环和深孔少循环两种工艺，究竟采用哪种工艺要视具体条件而定。为了实现快速掘进，在提高机械化程度、改进掘进技术和改善施工组织的前提下，应力求加大孔深。根据我国快速掘进的经验，采用深孔少循环可提高工时利用率，即增加纯凿岩和装岩作业时间，减少装药、爆破、通风和准备工作时间。但是，孔深与循环次数又是矛盾的两个方面，必须正确分析和处理。随着掘进机械化程度的提高和掘进技术的改进，当达到一定循环指标后，适当地控制循环次数，逐步增加孔深是适宜的。

以掘进每米巷(隧)道所需劳动量或工时最少、成本最低的炮孔深度称为最优炮孔深度。通常根据任务要求或循环组织来确定炮孔深度。

(1)按任务要求确定炮孔深度

$$l_b = \frac{L}{t n_m n_t n_c \eta} \qquad (10-2)$$

式中：$l_b$——炮孔深度，m；

　　$L$——巷道全长，m；

　　$t$——规定完成巷道掘进任务的时间，月；

　　$n_m$——每月工作日数；

　　$n_t$——每日工作班数；

　　$n_c$——每班循环数；

　　$\eta$——炮孔利用率。

(2)按循环组织确定炮孔深度

在一个掘进循环中包括的工序有：钻孔、装药、连线、放炮、通风、装岩、铺轨和支护等。其中钻孔和装岩可以有部分平行作业时间，铺轨和支护在某些条件下也可与某些工序平行进行。所以，可以根据完成一个循环的时间来计算炮孔深度。

钻孔所需时间：

$$t_d = \frac{N l_b}{K_d V_d} \qquad (10-3)$$

式中：$t_d$——钻孔所需时间，h；

　　$K_d$——同时工作的凿岩机台数；

　　$V_d$——凿岩机的钻孔速度，m/h；

　　$N$——炮孔数。

装岩所需时间：

$$t_t = \frac{S l_b \eta \varphi}{P_m \eta_m} \qquad (10-4)$$

式中：$P_m$——装岩机生产率，$m^3/h$；

　　$\eta_m$——装岩机时间利用率；

　　$\varphi$——岩石松散系数，一般取 $\varphi = 1.1 \sim 1.8$；

　　$S$——掘进断面面积，$m^2$。

考虑钻孔与装岩的平行作业过程，则钻孔与装岩时间为：

$$t_{s} = K_{p}t_{d} + t_{t} = K_{p}\frac{Nl_{b}}{K_{d}V_{d}} + \frac{Sl_{b}\eta\varphi}{P_{m}\eta_{m}} \tag{10-5}$$

式中：$K_{p}$——钻孔与装岩平行作业时间系数，$K_{p} \leqslant 1$。

假设其他工序的作业时间总和为 $t$，每循环的时间为 $T$，则

$$t_{s} = T - t \tag{10-6}$$

将式(10-6)代入式(10-5)可得：

$$l_{b} = \frac{T - t}{\dfrac{K_{p}N}{K_{d}V_{d}} + \dfrac{S\eta\varphi}{P_{m}\eta_{m}}} \tag{10-7}$$

从爆破效果来看，若炮孔过浅，则炸药爆炸气体还未被充分利用就先从孔口逸散；而孔深太大时，又受到岩石的夹制作用，容易留下较长的残孔，均影响爆破效果。目前，在我国所具备的掘进技术和设备条件下，巷(隧)道孔深以 1.5～2.5 m 用得最多。随着新型的高效率凿岩机械和先进的装运设备的应用以及爆破器材质量的提高，炮孔深度应向中深孔发展，在中等断面以上的巷(隧)道掘进中使用凿岩台车时，将孔深增加到 3～4 m 左右，在技术经济上是合理的。

### 3. 单位炸药消耗量

爆破每立方米原岩所消耗的炸药量称为单位炸药消耗量，通常以 $q$ 表示。单位炸药消耗量不仅影响岩石破碎块度、岩块飞散距离和爆堆形状，而且影响炮孔利用率、井巷轮廓质量及围岩的稳定性等。$q$ 值选取偏低时，爆后断面达不到设计要求的规格，岩石破碎不均匀，掘进进尺也较小；$q$ 值偏高时，不仅浪费炸药，而且会崩坏围岩，降低围岩稳固性，甚至会损坏支架和设备。因此，合理确定单位炸药消耗量具有十分重要的意义。

合理确定单位炸药消耗量决定于多种因素，其中主要包括炸药性质(密度、猛度、爆力、爆速)、岩石性质、井巷断面、装药直径和炮孔直径、炮孔深度等。因此，要精确计算单位炸药消耗量 $q$ 是很困难的。在实际施工中，选定 $q$ 值可以根据经验公式或参考国家定额标准来确定，但所得出的 $q$ 值还需在实践中根据工程情况及爆破效果作适当调整。

确定井巷掘进的单位炸药消耗量通常有如下几种方式：

(1)修正的普氏公式

该公式具有下列简单的形式：

$$q = 1.1k_{0}\sqrt{f/S} \tag{10-8}$$

式中：$q$——单位炸药消耗量，kg/m³；

$f$——岩石坚固性系数，或称普氏系数；

$S$——井巷断面积，m²；

$k_{0}$——考虑炸药爆力的校正系数，$k_{0} = 525/p$，$p$ 为爆力(mL)。

另外，还有一种常用的经验公式如下：

$$q = \frac{kf^{0.75}}{\sqrt[3]{S_{x}}\sqrt{d_{x}}}p_{x} \tag{10-9}$$

式中：$k$——常数，对平巷取 $k = 0.25 \sim 0.35$；

$S_{x}$——断面影响系数，$S_{x} = S/5$($S$ 为井巷掘进断面，m²)；

$d_{x}$——药卷直径影响系数，$d_{x} = d/32$($d$ 为药卷直径，mm)；

$p_x$——炸药爆力影响系数，$p_x = 320/p$（$p$ 为炸药爆力，mL）。

（2）参考井巷掘进的单位炸药消耗量定额，如表 10 – 5 所示。

表 10 – 5　掘进爆破炸药消耗量定额（$kg/m^3$）

| 掘进断面面积/$m^2$ | 岩石坚固性系数 $f$ | | | | |
| --- | --- | --- | --- | --- | --- |
| | 2 ~ 3 | 4 ~ 6 | 8 ~ 10 | 12 ~ 14 | 15 ~ 20 |
| < 4 | 1.23 | 1.77 | 2.48 | 2.96 | 3.36 |
| 4 ~ 6 | 1.05 | 1.50 | 2.15 | 2.64 | 2.93 |
| 6 ~ 8 | 0.89 | 1.28 | 1.89 | 2.33 | 2.59 |
| 8 ~ 10 | 0.78 | 1.12 | 1.69 | 2.09 | 2.32 |
| 10 ~ 12 | 0.72 | 1.01 | 1.51 | 1.90 | 2.10 |
| 12 ~ 15 | 0.66 | 0.92 | 1.36 | 1.78 | 1.97 |
| 15 ~ 20 | 0.64 | 0.90 | 1.31 | 1.67 | 1.85 |
| > 20 | 0.60 | 0.86 | 1.26 | 1.62 | 1.80 |

确定了单位炸药消耗量后，根据每一掘进循环爆破的岩石体积，按下式计算出每循环所需的总炸药量

$$Q = qV = qSl_b\eta \tag{10 – 10}$$

式中：$V$——每循环爆破岩石体积，$m^3$；

$S$——掘进断面积，$m^2$；

$l_b$——平均炮孔深度，m；

$\eta$——炮孔利用率，一般取 0.8 ~ 0.95。

将上式计算出的总药量，按炮孔数目和各炮孔所起作用与作用范围加以分配。掏槽孔爆破条件最困难，分配较多，周边孔最少，其余可以平均分配到辅助孔中。在周边孔中，底孔分配药量最多，帮孔次之，顶孔最少。

**4. 炮孔数目**

炮孔数目的多少，直接影响凿岩工作量和爆破效果。孔数过少，大块增多，井巷轮廓不平整甚至出现炸不开的情形；孔数过多，将使凿岩工作量增加。炮孔数目的选定主要同井巷断面、岩石性质及炸药性能等因素有关。确定炮孔数目的基本原则是在保证爆破效果的前提下，尽可能地减少炮孔数目。炮孔数目 $N$ 通常可以按下式估算：

$$N = 3.3 \sqrt[3]{fS^2} \tag{10 – 11}$$

该式没有考虑炸药性质、装药直径、炮孔深度等因素对炮孔数目的影响。

也可以根据炮孔平均分配炸药量的原则来计算炮孔数目，设每个炮孔的合理装药量为 $Q_0$，则

$$Q_0 = \frac{\alpha l_b G}{h} \tag{10 – 12}$$

式中：$Q_0$——合理装药量，kg；

$\alpha$——平均装药系数，即装药长度与炮孔长度 $l$ 之比，一般为 $0.5 \sim 0.7$；

$h$——药卷长度，m；

$G$——药卷重量，kg。

而炮孔数目 $N$ 可根据每一循环总炸药量 $Q$ 求得：

$$N = Q/Q_0 \qquad\qquad (10-13)$$

**5. 炮孔利用率**

炮孔利用率是合理选择钻孔爆破参数的一个重要准则。炮孔利用率包括：单个炮孔利用率和井巷全断面炮孔利用率。

$$单个炮孔的炮孔利用率 = \frac{炮孔长度 - 炮窝长度}{炮孔深度}$$

$$井巷全断面的炮孔利用率 = \frac{每循环的工作面进尺}{炮孔深度}$$

通常所说的炮孔利用率系指井巷全断面的炮孔利用率。

试验表明，单位炸药消耗量、装药直径、炮孔数目、装药系数和炮孔深度等参数对炮孔利用率的大小产生影响。井巷掘进的较优炮孔利用率为 $0.85 \sim 0.95$。

## 10.1.4 炮孔布置的要求和方法

**1. 对炮孔布置的要求**

除合理选择掏槽方式和爆破参数外，为保证安全，提高爆破效率和质量，还需合理布置工作面上的炮孔。

合理的炮孔布置应能保证：

(1)有较高的炮孔利用率；

(2)先爆炸的炮孔不会破坏后爆炸的炮孔，或影响其内装药爆轰的稳定性；

(3)爆破块度均匀，大块率少；

(4)爆堆集中，飞石距离小，不会损坏支架或其他设备；

(5)爆破后断面和轮廓符合设计要求，壁面平整并能保持井巷围岩本身的强度和稳定性。

**2. 炮孔布置的方法和原则**

(1)工作面上各类炮孔布置是"抓两头、带中间"。即首先选择适当的掏槽方式和掏槽位置，其次是布置好周边孔，最后根据断面大小布置辅助孔。

(2)掏槽孔的位置会影响岩石的抛掷距离和破碎块度，通常布置在断面的中央偏下，并考虑辅助孔的布置较为均匀。

(3)周边孔一般布置在断面轮廓线上。按光面爆破要求，各炮孔要相互平行，孔底落在同一平面上。为保证爆破后在巷道底板不留"根底"，底孔孔底要超过底板轮廓线。

(4)布置好周边孔和掏槽孔后，再布置辅助孔。辅助孔是以槽腔为自由面而层层布置的，均匀地分布在被爆岩体上，并根据断面大小和形状调整好最小抵抗线和密集系数。辅助孔最小抵抗线可按式(10-14)计算：

$$W = r_c \sqrt{\frac{\pi \tau \rho_e}{mq\eta}} \qquad\qquad (10-14)$$

式中：$\tau$——装药系数；

$\rho_e$——炸药密度；

$m$——炮孔密集系数；

$q$——单位耗药量；

$r_c$——装药半径；

$\eta$——炮孔利用率。

同层内辅助孔间距为

$$a = mW \tag{10 - 15}$$

为避免产生大块，一般密集系数 $m$ 在 0.8～1.0 之间。

## 10.1.5　爆破说明书和爆破图表

爆破说明书和爆破图表是井巷施工组织设计中的一个重要组成部分，是指导、检查和总结爆破工作的技术文件。编制爆破说明书和爆破图表时，应根据岩石性质、地质条件、设备能力和施工队伍的技术水平等，合理选择爆破参数，尽量采用先进的爆破技术。

爆破说明书的主要内容包括：

（1）爆破工程的原始资料。包括井巷名称、用途、位置、断面形状和尺寸，穿过岩层的性质、地质条件等情况。

（2）选用的钻孔爆破器材。包括凿岩机具的型号和性能，炸药、雷管的品种。

（3）爆破参数的计算。包括掏槽方式和掏槽爆破参数，光面爆破参数，辅助孔的爆破参数。

（4）爆破网路的计算和设计。

（5）爆破安全措施。

根据爆破说明书绘出爆破图表。在爆破图表中应有炮孔布置图和装药结构图、炮孔布置参数和装药参数的表格，以及预期的爆破效果和经济指标。爆破图表的编制见表 10 - 6 和表 10 - 7。

表 10 - 6　爆破条件和技术经济指标

| 项目名称 | 数量 | 项目名称 | 数量 |
|---|---|---|---|
| 井巷净断面/m² | | 每循环雷管消耗量/个 | |
| 井巷掘进断面/m² | | 每循环炸药消耗量/kg | |
| 岩石性质 | | 炮孔利用率/% | |
| 凿岩机 | | 炸药单耗/kg·m⁻³ | |
| 每循环炮孔数目/个 | | 每循环进尺/m | |
| 每循环炮孔总长/m | | 每循环出岩量/m³ | |
| 每米井巷炮孔总长/m | | 每米井巷雷管消耗量/个 | |
| 雷管品种 | | 每米井巷炸药消耗量/kg | |
| 炸药品种 | | | |

表 10－7 爆破参数

| 炮孔编号 | 炮孔名称 | 炮孔长度 | 炮孔倾角/(°) | | 每孔装药量/kg | 装药量小计/kg | 填塞长度/m | 起爆方向 | 起爆顺序 | 连线方式 |
| --- | --- | --- | --- | --- | --- | --- | --- | --- | --- | --- |
| | | | 水平 | 垂直 | | | | | | |
| | 掏槽孔 | | | | | | | | | |
| | 崩落孔 | | | | | | | | | |
| | 帮孔 | | | | | | | | | |
| | 顶孔 | | | | | | | | | |
| | 底孔 | | | | | | | | | |

## 10.1.6 巷(隧)道掘进爆破作业的安全要求

(1)用爆破法开挖巷(隧)道,应有准确的测量图,每班都要在图上标明进度。两工作面相距 15 m 时,测量人员应事先下达通知;此后,只准从一个工作面向前掘进,并应在双方通向工作面的安全地点派出警戒,待双方作业人员全部撤至安全地点后,方准起爆。

(2)间距小于 20 m 的两个平行巷(隧)道中的一个巷(隧)道工作面需进行爆破时,应通知相邻巷(隧)道工作面的作业人员撤到安全地点。

(3)独头巷(隧)道掘进工作面爆破时,应保持工作面与新鲜风流巷(隧)道之间畅通;爆破后作业人员进入工作面之前,应进行充分通风,并用水喷洒爆堆。

## 10.1.7 巷(隧)道掘进爆破工程实例

某矿为改善通风及联络方便而开挖了一条平巷。该工程的岩性为均质坚固花岗岩。$f=12\sim14$,水文地质条件良好,无地下水影响。

**1. 断面设计**

该工程为永久性工程,服务年限长。安全性要求较高,故采用半圆弧拱,其承压能力大,施工容易。

**2. 断面尺寸**

(1)平巷宽度。为满足小型汽车的运输,确定断面净宽为 3500 mm;由于两侧墙采用喷射混凝土与钢筋网联合支护方式,厚为 200 mm,所以断面掘进宽为 3900 mm。

(2)平巷高度。拱高为掘进宽度的一半,即 1950 mm;根据工程的要求,两侧墙高为 1700 mm。

(3)平巷断面积。由上述数据可计算出平巷的净断面积为 10.76 m²;掘进断面积为 12.6 m²。

**3. 爆破参数**

(1)炮孔布置(见图 10－14)

①掏槽形式及掏槽孔参数。因为掘进断面较大,为取得较好的掏槽效果,采用直孔桶形螺旋掏槽,掏槽孔为 4 个,空孔 1 个。

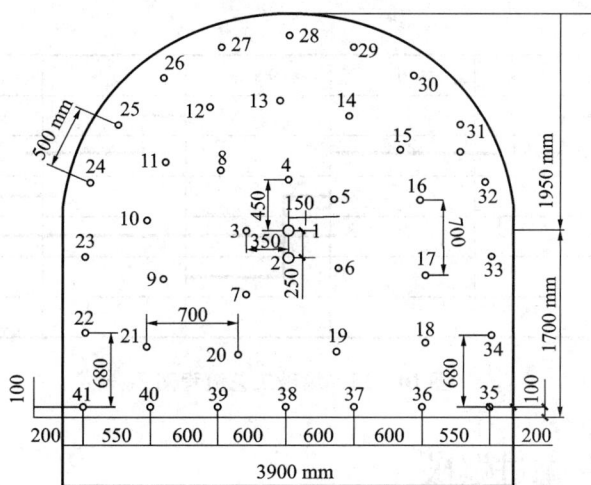

图 10-14　炮孔布置示意图

②辅助孔参数。根据可选参数 400~800 mm，故选辅助孔间距为 700 mm。

③顶孔。根据可选参数 400~600 mm，取顶孔间距为 500 mm。为优化断面成型质量，使爆破后保持壁面的光滑平整，在施爆中采用光面爆破。

④边孔。取炮孔间距为 680 mm。

⑤底孔。取底孔间距为 600 mm。

（2）爆破参数的确定

凿岩机钻孔直径为 38 mm，孔深 2.1 m。根据公式计算出孔数 41 个，使用 2 号岩石炸药，炸药单耗 1.78 kg/m³，每循环炸药总消耗量为 36.6 kg，爆破各项参数见表 10-8。

表 10-8　平巷掘进的各项参数

| 炮孔 | 炮孔深/m | 炮孔长/m | 与工作面夹角/(°) | 炮孔/个 | 装药量 | | | | 起爆顺序 | 连线方式 | 装药结构 | 周边孔起爆 |
| | | | | | 单孔 | | 小计 | | | | | |
| | | | | | 药卷/个 | 重量/kg | 药卷/个 | 重量/kg | | | | |
| 中空孔 | 2.5 | 2.5 | 90 | 1 | | | | | | | | |
| 掏槽孔 | 2.5 | 2.5 | 90 | 4 | 10 | 1.5 | 40 | 6 | Ⅰ | 非电导爆管一次点火 | 连续反向装药（孔底） | 周边孔为间隔装药 |
| 辅助孔 | 1.85 | 2.1 | 90 | 16 | 7 | 1.05 | 108 | 16.1 | Ⅱ | | | |
| 顶孔 | 1.85 | 2.1 | 向外 10 | 9 | | | 45 | 6.8 | Ⅲ | | | |
| 帮孔 | 1.85 | 2.1 | 向外 10 | 4 | | | | | | | | |
| 底孔 | 1.85 | 2.1 | 向外 10 | 7 | 7 | 1.05 | 52 | 7.7 | Ⅳ | | | |
| 总计 | 91.6 | 100.6 | | 41 | | | 245 | 36.6 | | | | |

（3）爆破工艺流程（见图 10 - 15）

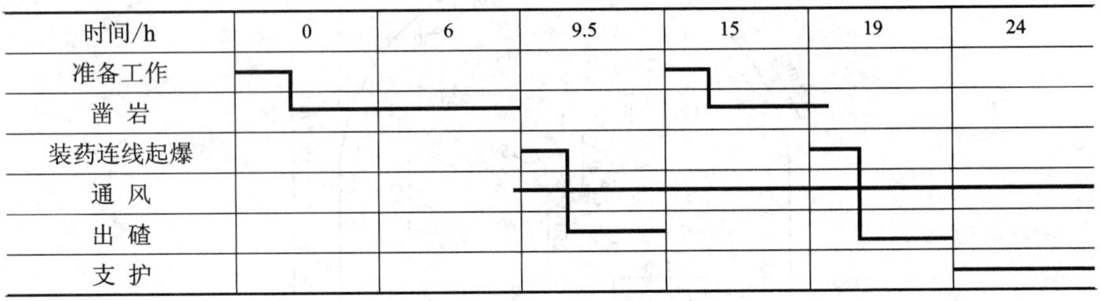

| 时间/h | 0 | 6 | 9.5 | 15 | 19 | 24 |
|---|---|---|---|---|---|---|
| 准备工作 | | | | | | |
| 凿 岩 | | | | | | |
| 装药连线起爆 | | | | | | |
| 通 风 | | | | | | |
| 出 碴 | | | | | | |
| 支 护 | | | | | | |

图 10 - 15　爆破工艺流程图

# 10.2　竖井和天井掘进爆破

竖井就是服务于各种工程在地层中开凿的直通地面的竖直通道，又称立井；天井是不能直接通达地表的地下竖井，又称盲井或盲天井。通常由井颈、井身和井窝组成。

在地下矿山，竖井（立井）是通向地表的主要通道，是提取矿石、岩石、升降人员、运输材料和设备以及通风、排水的咽喉。

在长、大隧道的开挖工程中，为缩短工期往往需要掘进竖井，以增加工作面和改善通风条件。

在水利、水电工程中，永久船闸输水系统、抽水蓄能电站也都需要掘进竖井。

## 10.2.1　竖井掘进爆破

### 1. 炮孔布置

竖井一般均采用圆形断面，其优点是承压性能好、通风阻力小和便于施工。炮孔呈同心圆布置。同心圆数目一般为 3 ~ 5 圈，其中最靠近开挖中心的 1 ~ 2 圈为掏槽孔，最外一圈为周边孔，其余为辅助孔。

（1）掏槽孔

掏槽孔的形式最常用的有以下两种。

①圆锥形掏槽

圆锥形掏槽与工作面的夹角（倾角）一般为 70° ~ 80°，掏槽孔比其他炮孔深 0.2 ~ 0.3 m。各孔底间距不得小于 0.2 m，如图 10 - 16（a）所示。

②桶形掏槽

圈径通常为 1.2 ~ 1.8 m，孔数为 4 ~ 7 个。在坚硬岩石中爆破时，为减小岩石夹制力，除选用高威力炸药和增加装药量以外，还可以采用二级或三级掏槽，即布置多圈掏槽，并按圈分次爆破，相邻每圈间距为 0.2 ~ 0.3 m，由里向外逐圈扩大加深，如图 10 - 16（b）、图 10 - 16（c）、图 10 - 16（d）所示，通常后级深度为前级深度的 1.5 ~ 1.6 倍，各圈孔数分别控制在 4 ~ 9 个。

为改善岩石破碎和抛掷效果，也可在竖井中心钻凿 1 ~ 3 个空孔，空孔深度较其他炮孔深

0.5 m 以上，并在孔底装入少量炸药，最后起爆。采用圆锥形和直线桶形掏槽时，掏槽圈直径和炮孔数目可参考表 10 - 9 选取。

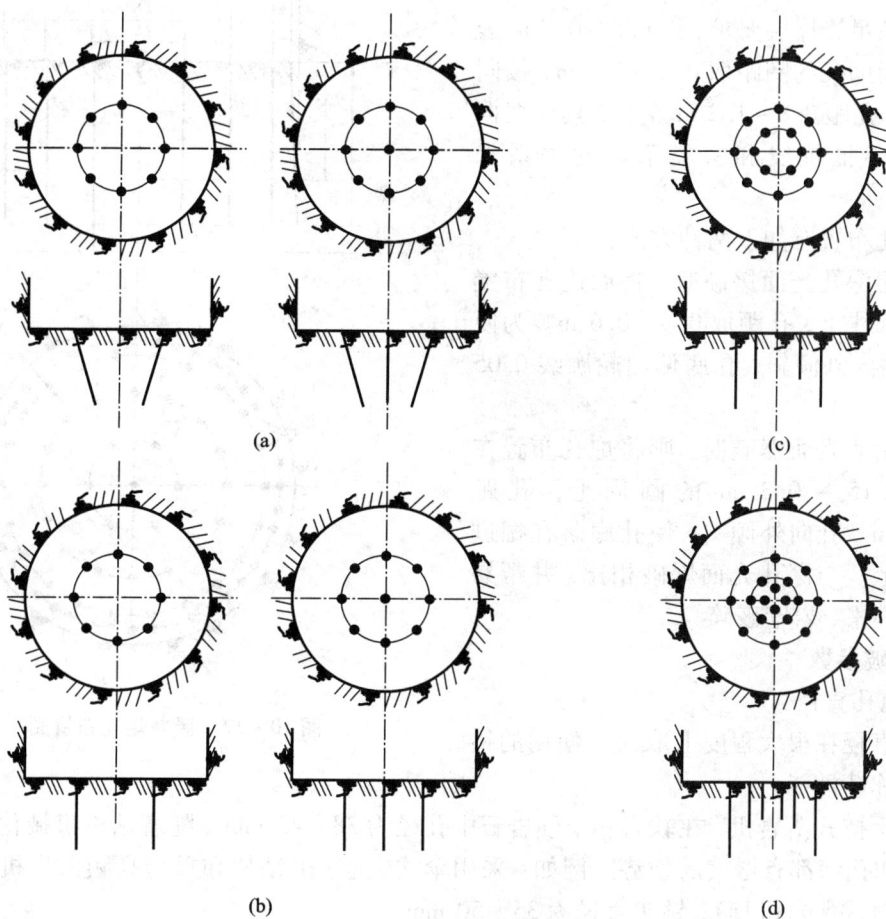

**图 10 - 16　竖井掘进的掏槽形式**

(a)圆锥掏槽；(b)一级桶形掏槽；(c)二级桶形掏槽；(d)三级桶形掏槽

**表 10 - 9　掏槽圈直径和炮孔数目**

| 掏槽参数 | | 岩石坚固性系数 f | | | | |
|---|---|---|---|---|---|---|
| | | 1 ~ 3 | 4 ~ 6 | 7 ~ 9 | 10 ~ 12 | 13 ~ 16 |
| 掏槽圈直径/m | 圆锥掏槽 | 1.8 ~ 2.2 | 2.0 ~ 2.3 | 2 ~ 2.5 | 2.2 ~ 2.6 | 2.2 ~ 2.8 |
| | 桶形掏槽 | 1.8 ~ 2.0 | 1.6 ~ 1.8 | 1.4 ~ 1.6 | 1.3 ~ 1.5 | 1.2 ~ 1.3 |
| 炮孔数目/个 | | 4 ~ 5 | 4 ~ 6 | 5 ~ 7 | 6 ~ 8 | 7 ~ 9 |

（2）辅助孔和周边孔布置原则

如图 10 - 17 所示，辅助孔介于掏槽孔和周边孔之间，可布置多圈，其最后圈与周边孔距离应满足光爆层要求，以 0.5 ~ 0.7 m 为宜。其余辅助孔的圈距取 0.6 ~ 1.0 m，按同心圆布置，孔距 0.8 ~ 1.2 m 左右，具体根据辅助孔最小抵抗线和密集系数的关系来调整。

周边孔布置有如下两种方式：

①采用深孔光面爆破时，将周边孔布置在竖井轮廓线上，孔距取 0.4 ~ 0.6 m。为便于钻孔，略向外倾斜，孔底偏出轮廓线 0.05 ~ 0.1 m。

②采用非光面爆破时，则将炮孔布置在距井帮 0.15 ~ 0.3 m 的圆周上，孔距 0.6 ~ 0.8 m。孔向外倾斜，使孔底落在掘进面轮廓线上。与深孔光面爆破相比，井帮易出现凸凹不平，岩壁破碎。

**2. 爆破参数**

（1）炮孔直径

炮孔直径在很大程度上取决于使用的钻孔机具和炸药性能。

图 10 - 17　竖井炮孔布置图

采用手持式凿岩机，在软岩和中硬岩石中孔径为 38 ~ 45 mm。随着钻机机械化程度的提高，孔径和孔深都有增大的趋势。例如：采用伞式钻架（由钻架和重型高频凿岩机组成的风液联动导轨式凿岩机具），钻头直径为 35 ~ 50 mm。

（2）炮孔深度

影响炮孔深度的主要因素有：

①钻孔机具：手持式凿岩机孔深以 2 m 为宜，伞式钻架孔深 3.5 ~ 4.0 m 效果最佳。

②掏槽形式：目前我国大多采用直孔掏槽，最大孔深为 4.4 m，国外最大孔深也在 5 m 左右，当孔深超过 6 m 以后，钻速显著下降，孔底岩石破碎不充分，岩块大小不均，岩壁也难以平整。

③炸药性能：对于药卷直径为 32 mm 的岩石硝铵炸药，稳定传爆长度一般为 1.5 ~ 2.0 m（相当于 2.5 m 左右的孔深）。若药卷过长，必然引起爆轰不稳定，甚至拒爆。因此，进行中深孔和深孔爆破时，应改善炸药的爆炸性能或采用复式起爆网路。

炮孔深度的确定，可在充分考虑上述影响因素的同时，按计划要求的月进度，按式（10 - 16）进行计算：

$$l = \frac{Ln_1}{24n\eta_1\eta} \qquad (10-16)$$

式中：$l$——按月进度要求的炮孔深度，m；

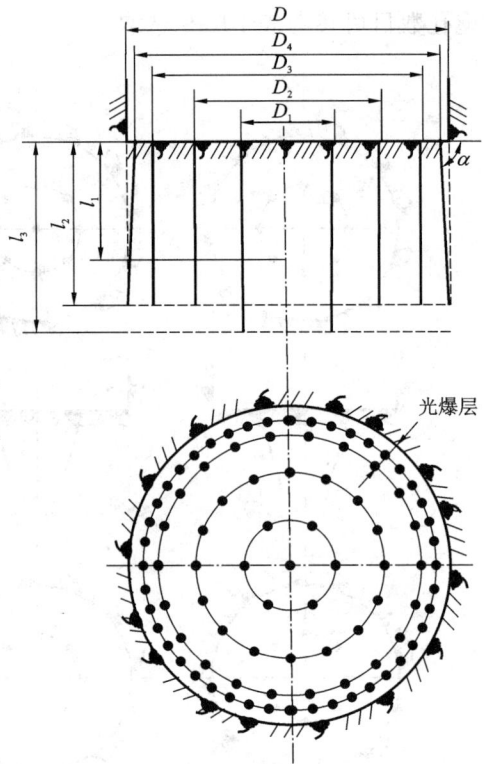

$L$——计划的月进度，m；

$n$——每月掘进天数，依掘砌作业方式而定。平行作业，可取 30 天；单行作业，在采用喷锚支护时为 27 天，采用混凝土或料石永久支护时为 18～20 天；

$n_1$——每循环小时数；

$\eta$——炮孔利用率，一般为 0.8～0.9；

$\eta_1$——循环率，一般为 80%～90%。

（3）炸药单耗

影响单位炸药消耗量的主要因素有：岩石坚固性；岩石结构构造特性；炸药威力等。炸药单耗选取可参考表 10-5 或表 10-10。

表 10-10　国内部分竖井的爆破参数表

| 井筒名称 | 掘进断面/m² | 岩石性质 | 炮孔深度/m | 炮孔数目/个 | 掏槽方式 | 炸药种类 | 药包直径/mm | 雷管种类 | 爆破进尺/m | 炮孔利用率/% | 单耗/kg·m⁻³ |
|---|---|---|---|---|---|---|---|---|---|---|---|
| 凡口新副井 | 27.34 | 石灰岩 $f=8-10$ | 2.8 | 80 | 锥形 | 甘油与硝铵炸药 | 32 | 毫秒 | 2.18 | 81 | 1.96 |
| 铜山新大井 | 29.22 | 花岗闪长岩、大理岩 $f=4～6.8$ ～10 | 3～3.8 | 62 | 直孔 | 含 20%～30% TNT 和 2% TNT 的硝铵 | 32 | 毫秒 | 平均2.51 | 75.3 | 1.67 |
| 安庆铜矿副井 | 29.22 | 页岩，角页岩，细砂岩 | 2～2.3 | 70～95 | 锥形 | 硝铵黑 | 32 | 毫秒、秒差 | 2.7～3.31 | 77 | 3.14 |
| 凤凰山新副井 | 26.4 | 大理岩 $f=8～10$ | 4.2～4.5 | 104 | 复锥 | 2 号岩石硝铵炸药 | 32 | 秒差 | 1.5～1.7 | 75 | 2.15 |
| 桥头河2 号井 | 26.4 | 石灰岩 $f=6～8$ | 1.83 | 65 | 锥形 | 40% 硝化甘油炸药 | 35 | 毫秒 | 1.6 | 87.5 | 1.97 |
| 万年2 号风井 | 29.22 | 细砂岩，砂质泥岩 $f=4～6$ | 4.2～4.4 | 56 | 直孔 | 铵梯黑 | 45 | 毫秒 | 3.86 | 89 | 2.28 |
| 金山店主井 | 24.6 | $f=10～14$ | 1.3 | 60 | 锥形 | 2 号岩石硝铵炸药 | 32 | 毫秒 | 0.85 | 70 | 1.79 |
| 金山店西风井 | 24.6 | $f=10～14$ | 1.5 | 64 | 锥形 | 2 号岩石硝铵炸药 | 32 | 毫秒 | 1.11 | 85 | 1.79 |
| 凡口矿主井 | 26.4 | 石灰岩 $f=8～10$ | 1.3 | 63 | 锥形 | 2 号岩石硝铵炸药 | 32 | 秒差 | 1.1 | 85 | 1.70 |
| 程潮铁矿西副井 | 15.48 | $f=12$ | 2.0 | 36 | 锥形 | 硝化甘油炸药 | 35 | 秒差 | 1.74 | 93 | 1.22 |

（4）炮孔数目

炮孔数目的确定通常先根据单位炸药消耗量进行初算，再根据实际统计资料用工程类比法初步确定炮孔数目，作为布置炮孔时的依据，然后再根据炮孔布置情况，适当加以调整，最后确定实际炮孔数目。

根据单位炸药消耗量进行炮孔数目估算时，可用式（10-17）进行计算

$$N = \frac{qS\eta h}{\alpha G} \qquad (10-17)$$

式中：$q$——炸药单耗，kg/m³；

$S$——竖井的掘进断面积，m²；

$h$——每个药包的长度，m；

$G$——每个药包的质量，kg；

$\alpha$——炮孔平均装药系数，当药包直径为 32 mm 时，取 0.6 ~ 0.72；当药包直径为 35 mm 时，取 0.6 ~ 0.65。

### 3. 竖井掘进工作面炮孔布置方式

竖井掘进工作面炮孔布置方式见表 10 - 11。

表 10 - 11　竖井掘进工作面炮孔布置方式

| 掏槽方式 | 图　示 | 技 术 要 求 及 特 点 |
|---|---|---|
| 直孔掏槽 | | 掏槽孔的数目和掏槽孔的圈径与岩石的性质和井筒直径有关，掏槽孔的深度一般应较其他炮孔加深 200 mm 以上。其特点是岩石抛掷高度小，炮孔规格易掌握，我国采用较广泛 |
| 锥形掏槽 | | 掏槽孔与水平面夹角一般为 70° ~ 80°。这种掏槽孔的布置应使第二、三圈炮孔亦相应有一定倾角。其特点是岩石抛掷距离高，易崩坏设备，多用于坚硬但韧性大的岩层中，炮孔规格较难掌握 |

## 10.2.2　天井掘进爆破

天井的传统掘进方法是用炮孔爆破自下向上进行的，每一个工作循环都必须包括爆后架设临时支架，这是既费坑木而又非常吃力的工序，而且，整个作业循环都是在岩矿自由面底下进行，每个循环都要花劳动力去运搬、装设、拆卸风水管和风钻、钎杆等重物。

一次钻孔分段爆破掘进天井，是从 20 世纪 60 年代发展起来的一项爆破技术，可适用于天井、溜井、充填井等垂直或急倾斜的井巷掘进。其方法是，先在天井顶部开掘凿岩硐室，用架设的深孔钻机沿井段全高一次钻完全部深孔，然后将井段划分为若干个爆破分段，由下向上逐段进行爆破。爆下来的岩碴借自重下落，炮烟则通向上部水平巷道排出，其装药、填塞、连线、起爆等作业都在上部水平巷道或凿岩硐室中完成。与传统的掘进方法相比，深孔爆破掘进具有效率高、操作安全、劳动条件好等优点，故现在使用广泛。

### 1. 爆破参数

天井深孔爆破掘进主要采用平行空孔爆破方案，利用与装药孔相平行的空孔作为自由面，各掏槽孔顺序起爆形成槽腔，最后爆破周边孔形成设计要求的天井断面，深孔布置如图 10-18 所示。装药孔与空孔沿天井全高互相平行，孔径一般取 45～120 mm，掏槽孔的间距主要根据岩石性质、炸药性能和孔径等因素来确定。周边孔则根据岩石性质、天井的用途，以及对天井轮廓规格等的要求来加以均匀布置。

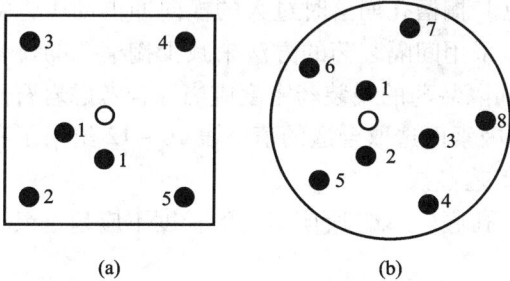

图 10-18　深孔分段爆破掘进天井的炮孔布置
（a）矩形断面掘进；（b）圆形断面掘进
▷—空孔；●—装药孔；1，2，3…—起爆顺序

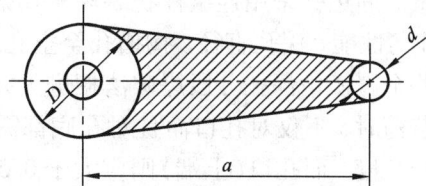

图 10-19　空孔直径同孔距的关系图解

国内外经验表明，作为自由面使用的空孔以采用较大直径为宜。可采取普通钻头钻孔，然后用扩孔钻头扩孔的办法或使用两个或多个普通直径空孔以代替大直径空孔的办法。这样做的目的是保证 1# 掏槽孔爆破时有足够的破裂角和补偿空间以利岩石的破碎和膨胀。1# 掏槽孔的充分破碎、膨胀和崩落是掏槽效果好坏的关键。如果 1# 掏槽孔爆破时发生"挤死"现象，则后续掏槽孔的爆破无效，甚至发生冲炮。1# 掏槽孔是以空孔壁作自由面，其条件劣于后续掏槽孔，故 1# 掏槽孔至空孔的距离应较小。后续掏槽孔因有前一响掏槽孔爆出的槽腔可供利用，故孔距可以增大。

用 $n$ 表示初始补偿系数，则

$$n = S_空 / S_实$$

式中：$S_空$——空孔横截面积；

$\quad\quad S_实$——1# 掏槽孔爆破岩石实体的横截面积。

从理论上说，如果岩石碎胀系数为1.5，而初始补偿系数为0.5，则空孔的容积即可容纳1#掏槽孔爆下的碎岩石，但考虑到由于深孔偏斜造成的孔距误差等因素，应将初始补偿系数 $n$ 值取到0.7以上为合适。

空孔的直径对确定1#掏槽孔到空孔间的中心距离有很大影响。空孔的容积应该足够容纳1#掏槽孔爆下来的岩碴。因此孔间距 $a$ 可通过如图10-19中阴影部分面积乘上岩石碎胀系数应等于阴影部分面积加上两孔的面积之和来求算，即

$$\left(\frac{D+d}{2}a - \frac{\pi D^2}{8} - \frac{\pi d^2}{8}\right)K = \frac{D+d}{2}a + \frac{\pi D^2}{8} + \frac{\pi d^2}{8} \qquad (10-18)$$

式中：$D$——空孔直径，mm；

　　　$d$——1#掏槽孔直径，mm；

　　　$K$——岩石碎胀系数；

　　　$a$——1#掏槽孔到空孔的中心距离，mm。

当 $D$、$d$、$K$ 等值均为定值时，$a$ 值可按下式求得：

$$a = \frac{\pi}{4} \times \frac{(D^2+d^2)(K+1)}{(D+d)(K-1)}, \text{ mm} \qquad (10-19)$$

**2. 装药结构**

以平行空孔作自由面时，1#掏槽孔的最小抵抗线（即从1#掏槽孔到空孔的中心距离）不可过大，其值受到上式的限制。经验表明，为了避免1#掏槽孔崩落时过大的横向冲击动压将空孔堵死，应该正确选取1#掏槽孔的装药密度，可以采用间隔装药的方法来减少掏槽孔的每米装药量。周边孔采用连续柱状装药。掏槽孔采用间隔装药的线装药密度应当综合考虑岩石性质、炸药性能、深孔直径、掏槽孔至空孔的距离等因素而选取合适的值。表10-12给出了我国一些金属矿山深孔分段爆破法掘进天井的一些工艺参数。

装药时，不仅对孔口而且对孔底都需要堵塞。孔底（下端）所应堵塞的长度不应超过最小抵抗线长度，而孔口（上端）则应大于0.5 m。

采用天井深孔爆破掘进的平行空孔爆破方案时，一次爆破合理的分段高度主要与爆破条件、空孔直径和数目等有关，因为它们对初始补偿系数有关键性影响。一般在天井断面4 m² 左右情况下，当补偿系数为0.55~0.7，破碎角大于30°时，分段高度可达5~7 m。当补偿系数值小于0.5或只有一个空孔时，则分段高度以取为2~4 m为宜。

## 10.2.3　竖井和天井掘进爆破作业的安全要求

（1）竖井、盲竖井、斜井、盲斜井或天井的掘进爆破，起爆时井筒内不应有人；竖井内的施工提升悬吊设备，应提升到施工组织设计规定的爆破危险区范围之外。

（2）在竖井内运送起爆药包，应把起爆药包放在专用木箱或提包内；不应使用底卸式吊桶；不应同时运送起爆药包与炸药。

（3）往竖井掘进工作面运送爆破器材时，除爆破员和信号工外，任何人不应留在竖井内。工作盘和稳绳盘上除护送吊桶的爆破员外，不应有其他人员。装药时，不应在吊盘上从事其他作业。

（4）竖井掘进使用电力起爆时，应使用绝缘的柔性电线作爆破导线；电爆网路的所有接头都应用绝缘胶布严密包裹并高出水面。

表 10 – 12 国内矿山用深孔分段爆破法掘进天井实例

| 天井断面尺寸/m | 2×3, 2×1.5, 1.5×1.5, φ3.5 | φ1.5, 1.7×1.7 | φ0.8~2.5, 0.5×4.9 | 2.5×2.5 |
|---|---|---|---|---|
| 岩石性质 | 灰岩、砂岩 f = 8~14 | 花岗岩、蛇纹岩 f = 4~15 | 砂岩、板岩、辉绿岩 f = 2~5 | 角砾绢绿石英岩 f = 7~9 |
| 天井高度/m | 15~36 | 37~56 | 13~53 | 8~15 |
| 天井角度/° | 68~90 | 90 | 50~90 | 90 |
| 钻机型号 | YQ – 100 型 TYQ – 80 型 | YQ – 100 型 | YQ – 100 型、 KD – 100 型 | YZ – 90 型 |
| 炮孔直径/mm | 90~120 | 100 | 100~120 100~130 | 55~75 |
| 炮孔数量/个 | 7~9 | 3~5 | 1~5 | 19~21 |
| 掘槽方式 | 平行空孔掘槽,单空孔 φ150 mm,并联空孔 φ130、170 mm | 平行空孔掘槽,空孔直径 φ120 mm | 各孔同时爆破 | 平行空孔掘槽,空孔 φ120~150 mm |
| 爆破分段高度/m | 分段爆破:一次爆破分段高度,单空孔为 3~4m,并联空孔为 5~7 m | 分段爆破:一次爆破分段高度为 3~5m | 15 m 以下一次爆破成井;15~25 m 分二段爆破;25 m 以上分三段爆破 | 一次爆破成井:单空孔棱形掘槽,一次爆破高度 ≤8 m;双空孔棱形掘槽一次爆破高度 ≤12 m |
| 装药结构 | 槽孔间隔装药,其他孔为连续装药 | 连续装药 | 连续装药 | 棱孔间隔装药,其他孔连续装药 |
| 堵塞物 | 木楔 + 炮泥(0.2 ~0.5 m) | 无 | 炮泥(0.2 ~0.3 m) | 木楔 + 炮泥(0.1 ~0.5 m) |
| 平均炸药消耗量 /kg·m⁻³ | 20 | 15 | 11.1 | 22.4 |

(5)竖井掘进起爆时,应打开所有的井盖门,与爆破作业无关的人员应撤离井口。

(6)用上行掘进法凿井时,爆破作业应遵循下列规定:①反井应及时采用木垛盘支护;爆破前最后一道小垛盘距离工作面不应超过 1.6 m。②爆破前应将人行格和材料格盖严;爆破后,首先充分通风,待炮烟吹散,方可进入检查;检查人员不应少于两个;经检查确认安全,方可进入作业。③用吊罐法施工时,爆破前应摘下吊罐,并放置在水平巷(隧)道的安全地点;爆破后,应指定专人检查提升钢丝绳和吊具有无损坏;反井下方不应有人作业。吊罐法施工爆破时,上水平绞车司机和其他人员不应在吊罐井中心大孔口附近作业和停留。若爆破后大孔堵塞,应采取可靠的安全措施再进行处理,不应往孔底投放起爆药包。④刷井时应有防止坠井的安全措施;爆破前应回收清理炮孔以下 0.3 m 范围的木垛盘,方可进行爆破。

## 10.2.4 爆破一次成井工程实例

**1. 工程概况**

某地下工程有一条已开挖支护完毕的水平巷道,须用竖井与地表连通。竖井横断面为圆形,直径4.20 m,深31.00 m,总开挖量429.27 m³。从已开挖的水平巷(隧)道和地表岩石判定,整个立井都处在砂岩中。岩体层理裂隙发育,风化破碎严重,普氏系数 $f = 6 \sim 8$,其开挖难度非常大。

**2. 方案选择**

对该竖井,不论是采用从上往下分层钻爆的下行施工,还是从下往上分层钻爆的上行施工,都由于工序繁杂、井内人工作业量大、施工环境恶劣、安全难以保障而无法满足施工要求。若采用 VCR 采矿法,全断面、全井深一次钻孔,将孔分段装药,用多段雷管延期后退爆破法进行施工,其药包布置与分割填塞段长要求非常严格,起爆网路十分复杂,技术难度大,施工队难以操作。后起爆的药包,难免出现因受挤压破坏而发生的拒爆现象,使得一次爆破成井很不可靠。爆后处理瞎炮,其难度和危险性很大。

根据巷道已开挖并支护完毕的优越条件,为确保安全,使施工顺利进行,选定对竖井进行全断面、全井深一次钻孔装药,采用毫秒雷管起爆,先起爆周边预裂孔,后起爆掏槽孔,最后起爆辅助孔,顺序将井内岩体破碎,再向井内大量灌水后,破碎的爆碴在自重和水的冲压下自动下落成井。最后在下巷道内用机械清碴。

**3. 炮孔设计**

(1)炮孔平面布置

炮孔平面布置见图 10-20。

(2)炮孔允许偏斜率

因全井深一次钻孔,炮孔长,所以钻孔时每个炮孔的偏斜率须控制在2%以内。

(3)周边预裂孔

竖井周边的预裂孔,用其裂成的缝隙衰减其他炮孔起爆时传来的爆能,并提高开挖质量,使爆碴自动下落。取预裂孔孔距 $a = 60 \sim 100$ cm。该方案共布置22个孔,孔直径70 mm,孔距60 cm,孔深3100 cm。各孔均布置在立井周边的轮廓线上。

(4)掏槽孔与空孔

掏槽孔是装药孔,它必须将该区岩体爆得粉碎。空孔是为掏槽孔提供爆破临空面,以使掏槽孔全孔深连续装药能同时起爆。实践证明,少数掏槽孔与空孔在钻孔时彼此互相贯穿,对粉碎区的形成没有多大影响。

掏槽孔和空孔的个数和布置:当岩石普氏系数 $f \leqslant 8$,岩石风化破碎较重时,可按本方案实施。当岩石普氏系数 $f > 8$ 时,可设置9个掏槽孔,4个空孔。

全井装药齐爆后,被挤压在井中的爆碴若过度密实,则很难使它下落。本工程采用高压水冲碴,爆碴在自重和水压的作用下自动下落。

(5)辅助孔

辅助孔介于掏槽孔和预裂孔之间,其作用是将井内岩体全部破碎。当竖井直径小于2.60 m时,可不设置辅助孔。当竖井直径小于2.00 m时,辅助孔与预裂孔均不设置,仅掏槽孔即可成井。

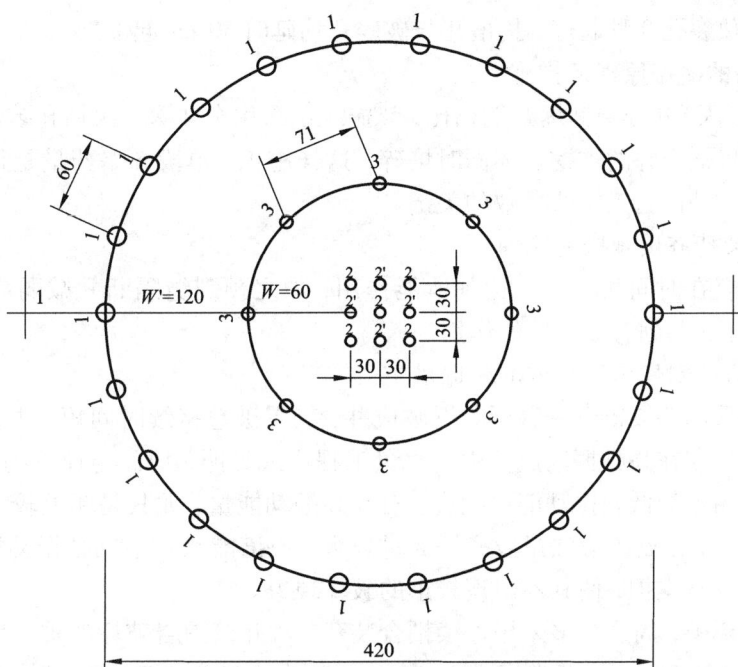

图 10 - 20 炮孔平面布置图

#### 4. 装药量计算及装药结构

竖井一次爆破成井：一是要爆得好，并保证不出瞎炮；二是要有好的成井质量。要达到这个目的，除岩石状况和炮孔参数外，还与炸药品种、装药量大小、装药结构及起爆方法有密切关系。对井周边预裂孔的装药，一般宜用低猛度、低爆速、低密度及传爆性能好的专用炸药。目前，我国多用硝铵炸药代替，但线装药密度和装药结构必须合理。

（1）周边预裂孔

采用全井深不耦合连续装药，线装药密度 0.75 kg/m，不耦合系数 2.19。为使装药可靠起爆，每孔设置 2 发 1 段毫秒导爆管雷管和一根与装药同长的导爆索，用以共同起爆装药。

（2）掏槽与辅助孔

为简化施工工艺，便于施工操作，两种孔全采用全井深不耦合连续装药，线装药密度同为 2.25 kg/m，不耦合系数为 1.26。装药时，先将加工好的导爆索悬吊在炮孔内设计位置。再把直径 32 mm、长 200 mm、重 150 g 的二号岩石硝铵炸药药卷，每三卷并列捆成一束，按每孔装药量将药束连续装入炮孔即可。

#### 5. 炮孔填塞

先向已堵好木塞、灌完沙子的炮孔内装药，再用粘土：砂 = 1:2，加 20% 水拌制的材料，将各装药孔孔口填塞 1.00 m 长即可。

#### 6. 起爆网路和起爆顺序

将引出孔口外传爆雷管的 70 根导爆管，按就近原则，采用"一把抓"捆成 5 束，每束 14 根。在每束中设置两个串联瞬发电雷管，再将 5 束导爆管中的雷管串联后接在起爆主线上，在起爆站用起爆器起爆。

起爆顺序:预裂孔 0 秒起爆,掏槽孔与破碎孔均延时 50 ms 起爆。

**7. 该施工法的减振原理及措施**

与传统的竖(天)井分层钻爆开挖相比,该施工法采用全井深一次钻孔装药,先将井的周边同时预裂,再将整个井的被挖岩体同时爆碎,这样施工,单段齐爆药量是很大的。能否采取多种措施减振,是该施工方法成败的关键。

(1)全井深装药齐爆减振的原理

采用多点起爆在时间和空间上达到泄能作用,加之预裂缝隔断并减弱应力波向四周传递,在高频条件下,起到有效降振的作用。

(2)该施工方法对爆破所采取的减振措施

①该施工法采用两段雷管毫秒延时爆破成井,其爆破总持续时间短,主振频率高,爆破振动能量较多地分布在高频振动成分中。大量工程实践证明,地面与地下构、建筑物,其自振频率仅对与其相近的低频振动能量响应,对高频振动能量,尤其是频差较大的高频振动能量并不响应。因此,该施工方法虽段齐爆药量较大,但谱能状态中低频振动能量并不多,这有利于保护围岩及其支护,使其不出现较重的破坏现象。

②常规竖井爆破,周边孔多采用连续耦合装药,对井壁围岩破坏严重。该施工方法采用预裂爆破,炮孔直径 70 mm,药卷直径 32 mm,不耦合系数为 2.19,这可使爆轰波初始超压降低到 $2 \times 10^3$ MPa 以下,故井壁围岩损伤程度较小。

③该施工方法采用小孔距预裂爆破,预裂缝较宽,隔振减振效果显著。研究资料表明,该缝宽度超过 0.5 cm,可使透射到井壁围岩中的振动幅值降低 30% ~40%。

由于采取了以上减振措施,该方案实施后,井底围岩未出现恶化现象。距井轴 10.00 m 内未支护的巷道,部分悬石被振落,20.00 m 处的喷射混凝土支护虽出现了少许细微裂缝,但并不影响围岩稳定。这表明其减振效果是显著的。

**8. 爆破效果**

此次爆破,钻孔 39 个,全长 1209 m,共用炸药 1326.75 kg,雷管 80 枚,导爆索 1015 m,总开挖量 429.27 m³。平均每 1 m³ 岩石消耗炸药 3.091kg、炮孔 2.82 m、雷管 0.19 枚、导爆索 2.37 m。爆后围岩稳定,立井成型规整,井壁刷帮量小,仅井口与井底小于 1.50 m 深的段内出现了小于 45°的爆破漏斗,造成少量超挖。

被爆碎的岩石,由于得不到足够的松胀空间而被暂时挤压在井内,这对立井在开挖中不塌方是有利的。爆后,先向井内大量灌水,再进行清碴。随着井内爆碴的逐渐下落,施工人员可在渣顶上对井进行刷帮支护。清碴完毕,支护随之完毕,既安全又方便。

爆破工程技术人员曾用该方法分别在岩石普氏系数 $f < 6$ 的绿泥灰岩、$f = 7 \sim 9$ 的沙岩、$f = 10 \sim 12$ 的磷灰岩中分别开挖过直径 1.90 m、深 16.80 m、直径 5.50 m、深 26.50 m、直径 2.00 m、深 23.00 m 等 8 个立井,其成井质量和围岩稳定均非常理想。实践证明,这种施工方法不受地质条件、井直径大小及井深浅度的限制。只要钻孔的偏斜度符合设计要求(即判定能将岩石爆碎),都可一次爆成。

该方法工序简单,操作方便,突出体现了优质、高速、安全、低耗的施工特点,是一次爆破成井的较好方法。

## 10.3　地下采场爆破

与巷(隧)道掘进爆破比较,地下采场爆破的特点是:具有两个以上的自由面,炮孔数量多,崩矿面积和爆破量都比较大,一次爆破用药量大,炸药单耗低,爆破方案的选择和起爆网路的设计比较复杂,所以爆破时的组织工作显得更为重要。对地下采场爆破的质量要求是:爆破作业安全,每米炮孔崩矿量大,大块少,二次爆破量小,粉矿少,矿石贫化和损失小,材料消耗量低。

地下采场爆破按孔径和孔深的不同一般分为浅孔和深孔爆破。

### 10.3.1　浅孔崩矿爆破

#### 1. 炮孔布置

浅孔爆破按炮孔方向不同,可分为上向炮孔和水平炮孔两种。矿石比较稳固时,采用上向炮孔;矿石稳固性较差时,一般采用水平炮孔,如图 10-21 所示。工作面可以是水平单层,也可以是梯段形,梯段长 3~5 m,高度 1.5~3.0 m。按炮孔在工作面的排列形式有四方形排列与三角形排列之分,如图 10-22 所示。三角形排列时,由于炸药的分布较均匀,一般破碎程度较好,而不需要二次破碎,故采用较多。三角形排列一般用于矿石坚硬稳定、采幅较窄的矿体,四方形炮孔排列一般用于矿石比较坚固、矿石与围岩不易分离以及采幅较宽的矿体。

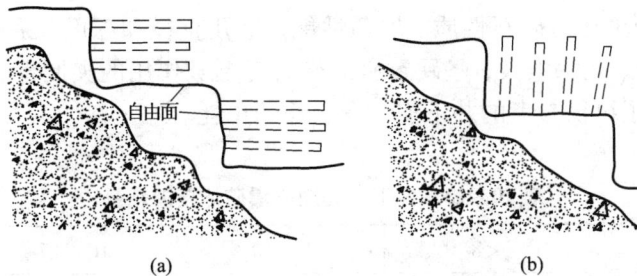

**图 10-21　炮孔排列方向**
(a) 水平炮孔;(b) 上向炮孔

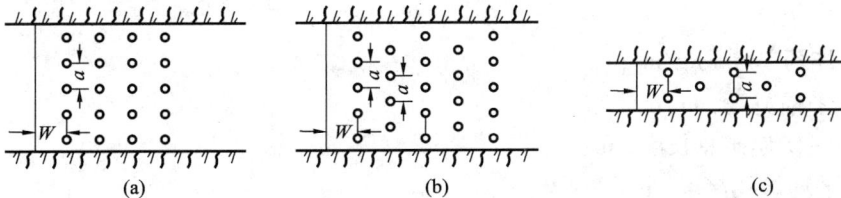

**图 10-22　井下崩矿爆破的炮孔排列**
(a)四方形排列;(b)宽幅三角形排列;(c)窄幅三角形排列

**2. 爆破参数**

**(1)炮孔直径和深度**

采场崩矿的炮孔直径及其相应的药径对回采工作有重要影响。我国矿山浅孔崩矿广泛使用的药径为 32 mm,其相应的炮孔直径为 38 ~ 42 mm。

我国一些金属矿山开采薄矿脉、稀有金属矿脉或贵重金属矿脉时,使用 30 ~ 40 mm 的小直径炮孔(相应的药径为 25 ~ 28 mm)爆破。这种爆破不仅在控制采幅、降低贫化损失等方面,取得了比较显著的效果,而且还可以使凿岩生产率和矿石回收率有所提高。

炮孔深度同矿体和围岩的性质、矿体厚度及其规则性等因素有关。它不仅决定着采场每循环的进尺或采高、回采强度,而且影响爆破效果和材料消耗。井下崩矿常用的孔深为 1.5 ~ 2.5 m,有时达 3 ~ 4 m。当矿体较薄和形状不规则、矿岩也不稳固时,应取较小值,以便控制采幅,降低矿石的损失与贫化。

**(2)最小抵抗线和炮孔间距**

井下浅孔崩矿时,炮孔排距通常等于最小抵抗线 $W$,炮孔间距 $a$ 则指同排内相邻炮孔的距离。$W$ 过大,会降低破碎质量,大块多;$W$ 过小时,则使矿石过度粉碎,既增加了凿岩成本、浪费爆破器材,又给易氧化、易粘结矿石的装运工作带来困难。

最小抵抗线 $W$ 和炮孔间距 $a$ 可按下列式选取:

$$W = (25 \sim 30)d \qquad (10-20)$$
$$a = (1.0 \sim 1.5)W \qquad (10-21)$$

式中:$d$——炮孔直径,m。

**(3)炸药单耗**

井下崩矿的炸药单耗与矿石性质、炸药性能、炮孔直径和深度、采幅宽度等因素有关。一般来说,采幅愈窄、孔深愈大,坚硬致密的矿石对爆破作用的夹制性愈大,则炸药单耗愈大。表 10-13 列出了可供参考的井下崩矿爆破炸药单耗。

**表 10-13  井下浅孔崩矿爆破炸药消耗量**

| 岩石坚固性系数 $f$ | <8 | 8 ~ 10 | 10 ~ 15 | >15 |
|---|---|---|---|---|
| 单位炸药消耗量/kg·m⁻³ | 0.25 ~ 1.0 | 1.0 ~ 1.6 | 1.6 ~ 2.6 | 2.8 以上 |

采场一次爆破总装药量 $Q$,可根据炸药单耗和欲崩落矿石的体积相乘进行计算:

$$Q = qABl, \text{kg} \qquad (10-22)$$

式中:$q$——炸药单耗,kg/m³;

$A$——采幅宽度,m;

$B$——一次崩矿总长度,m;

$l$——平均炮孔深度,m。

**3. 安全作业要求**

浅孔崩矿爆破是应用较广泛的一种爆破方法,具有以下特点:爆破作业在比较大的矿体和围岩暴露面下作业;一次爆破量较巷(隧)道掘进的大,即一次消耗的炸药与起爆器材较多,爆破网路的联接比较复杂;对于硫化矿中使用硝铵类炸药爆破时,必须考虑炸药与矿石相互作用的问题，严防炸药自爆。据统计，浅孔崩矿爆破产生爆破事故较多，究其原因，主要是不严格执行爆破说明书的要求，特别是由于最小抵抗线太小，方向不清楚，装药量、起爆顺序与爆破说明书不一致等原因造成抛掷爆破的飞石危害。因此，为了保证爆破作业安全进行，必须按有关规定操作：

(1)浅孔爆破采场，应通风良好，支护可靠，留有安全矿柱，设有两个或两上以上安全出口。特殊情况下不具备两个安全出口时，应报矿总工程师批准。装药前应检查采场顶板，确认无浮石、无冒顶危险方可开始作业。

(2)爆破工作面附近各人行通道应设立标志和警戒。如爆破药量大，应按空气冲击波安全距离警戒。

(3)严格执行爆破说明书的凿岩、装药、填塞、起爆顺序等规定，爆破网路要预先检查。对电起爆法在爆破网路通过的地点，应测量杂散电流，如杂散电流大于 30 mA 时，禁止采用电雷管起爆。

## 10.3.2　深孔爆破

深孔爆破一般是指炮孔直径大于 50 mm、孔深超过 5 m 的炮孔爆破方法。地下深孔爆破主要用于厚矿体的崩矿，也用于地下大型硐室的开挖。我国地下深孔爆破始于 20 世纪 50 年代，60 年代得到迅速发展。目前，地下深孔爆破法已逐渐占优势。地下深孔爆破的孔径从 50~65 mm 到 100~165 mm，深孔的长度为 5~50 m 或更大。每个炮孔装药量较大，多个炮孔一次起爆，爆破规模比较大。

国内深孔爆破时，对于孔径 50~75 mm、孔深 5~15 m 的炮孔称为中深孔，一般采用接杆凿岩机钻孔，其对应的爆破作业常称为中深孔爆破；对于孔径大于 75 mm、孔深为 15 m 以上的炮孔称为深孔，一般采用潜孔钻机或牙轮钻机钻孔，其对应的爆破作业称为深孔爆破。

深孔爆破与浅孔爆破相比，具有以下优点：①一次爆破量大，可大量采掘矿石或快速成井；②炸药单耗低，爆破次数少，劳动生产率高；③爆破工作集中，便于管理，安全性好；④工程速度快，有利于缩短工期；对于矿山而言，有利于地压管理和提高回采率。同时，深孔爆破也存在一些缺点：①需要专门的钻孔设备，并对钻孔工作面有一定的要求；②对钻孔技术要求较高，容易超挖和欠挖；③由于炸药相对集中，块度不均匀，大块率较高，二次破碎工作量大。

### 1. 深孔布置方式

地下深孔的布置方式主要有平行深孔和扇形深孔两种，如图 10-23 所示。扇形深孔布置方式具有凿岩巷(隧)道掘进工程量小、炮孔布置较灵活和凿岩穿孔设备移动次数少等优点，应用较广泛。表 10-14 给出了常见的一些扇形孔的布置方案。由于扇形孔呈放射状，孔口间距小而孔底间距大，崩落矿岩的块度不如平行深孔均匀，炮孔利用率也较低，故对于规则矿体的开采以及要求爆后岩块均匀时，应采用平行深孔布置。

凿岩施工可在凿岩天井、凿岩平巷或凿岩硐室中进行；接杆式凿岩所需空间小，可在凿岩天井或巷(隧)道中进行；潜孔式凿岩所需空间大，须采用凿岩硐室。硐室在立面上应错开位置，以免因上下层硐室之间的间距过小而影响岩体稳定性和作业安全性。除扇形炮孔布置外，在矿柱回采、空场处理、边缘矿体或零星矿体的崩矿中，还可采用束状深孔布置方式，其特点是深孔无论在平面或立面上均呈扇形布置。

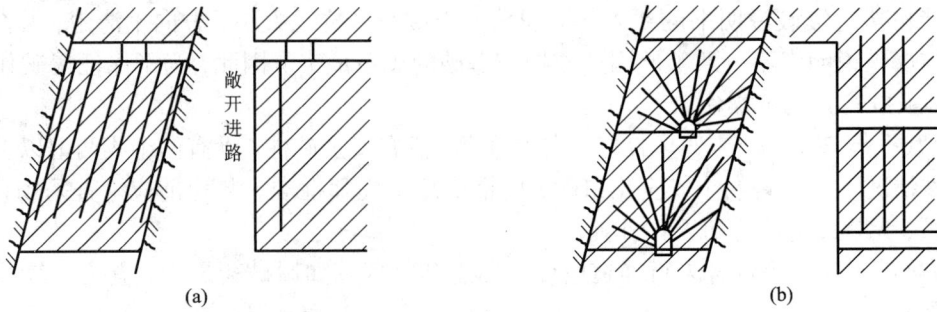

**图 10 - 23 深孔布置方式**

(a)平行深孔；(b)扇形深孔

**表 10 - 14 扇形布孔方案比较**

| 凿岩天井或硐室位置 | 图 例 | 优点 | 缺点 | 应有范围 |
|---|---|---|---|---|
| 下盘中央 | | 1. 凿岩天井或硐室掘进工作量少；<br>2. 总孔深小 | 不易控制矿体边界、易丢矿 | 接杆和潜孔凿岩均可应用 |
| 对角 | | 1. 控制边界整齐，不易丢矿；<br>2. 总孔深小；<br>3. 工作面多，施工灵活 | 1. 凿岩天井或硐室掘进工作量大；<br>2. 交错处难控制 | 用于深孔 |
| 对角 | | 1. 控制矿体不易丢矿；<br>2. 凿岩工作面多，施工灵活 | 掘进工作量大 | 用于接杆和潜孔凿岩的深孔 |
| 一角 | | 1. 掘进工作量少；<br>2. 安全 | 大块率高 | 用于潜孔凿岩的深孔 |
| 中央 | | 掘进工作量少 | 1. 不易控制矿体边界，易丢矿；<br>2. 总孔深大 | 用于接杆凿岩的深孔，且岩石稳固 |
| 中央两侧 | | 1. 孔浅；<br>2. 大块率低；<br>3. 凿岩工作面多，施工灵活性大 | 不易控制矿体边界，易丢矿 | 用于接杆凿岩的深孔，且岩石稳固 |

### 2. 深孔爆破参数

（1）炮孔直径 $d$

地下深孔爆破时，影响炮孔直径选取的主要因素是凿岩设备和工具、炸药爆力及岩性。一般随着孔径增大，每米炮孔的崩矿（岩）量相应增多。在采用硝铵炸药的条件下，每米炮孔的崩矿（岩）量 $\lambda$ 与直径 $d$ 的关系是：

$$\lambda = (1500 \sim 2500) d^2, \text{ t/m} \qquad (10-23)$$

式中：$d$ 以 m 计。当孔径大和矿岩硬时，系数取小值。

炮孔直径加大将使凿岩速度降低、大块率增高。在我国现有技术设备情况下，接杆凿岩炮孔直径多用 55～65 mm，潜孔凿岩炮孔直径以 90～110 mm 用得较多。根据我国矿山所用的采矿方法不同，深孔直径也不一样。对于采用无底柱采矿法的破碎软矿岩矿山，用大孔径炮孔爆破时，炮孔的堵塞、错孔和变形容易处理。而有底部结构的矿山采用大孔径，便于人工装药，装药作业效率高。

（2）最小抵抗线 $W$

最小抵抗线 $W$ 值取决于矿岩坚固程度、炮孔直径和补偿空间大小等因素。根据一个深孔能装入的药量（$Q_1 = \pi d^2 l \rho_e \tau / 4$）和一个深孔需要的装药量（$Q_2 = Walq$）相等的原则，可求得下列计算最小抵抗线 $W$ 的公式

$$W = d \sqrt{\frac{7.85 \rho_e \tau}{mq}}, \text{ m} \qquad (10-24)$$

式中：$d$——孔径，dm；

　　　$\rho_e$——装药密度，kg/dm³；

　　　$\tau$——深孔装药系数，0.6～0.8；

　　　$q$——单位炸药消耗量，kg/m³；

　　　$m$——深孔密集系数，又称深孔邻近系数，$m = a/W$；对于平行深孔 $m = 0.8 \sim 1.1$；对于扇形深孔，孔底 $m = 1.1 \sim 1.5$，孔口 $m = 0.4 \sim 0.7$。目前 $m$ 取值有增大趋势。

国内一些矿山所采用的炮孔直径和最小抵抗线数值如下，可供选择时参考：

| 炮孔直径/mm | 50～60 | 60～70 | 70～80 | 90～120 |
|---|---|---|---|---|
| 最小抵抗线/m | 1.2～1.6 | 1.5～2.0 | 1.8～2.5 | 2.5～4.0 |

另外，最小抵抗线 $W$ 也可按以下经验公式参考：

　　　　　　坚硬矿岩　　　　　$W = (25 \sim 30) d$　　　　　$(10-25)$

　　　　　　中等坚硬矿岩　　　$W = (30 \sim 35) d$　　　　　$(10-26)$

　　　　　　软矿岩　　　　　　$W = (35 \sim 40) d$　　　　　$(10-27)$

（3）孔距 $a$

孔距是指同排孔的炮孔距离。如图 10-24，对于扇形深孔，相邻炮孔的轴线距离是变化的，一般采用两个孔距值来表示，即孔底距 $a_1$ 和孔口距 $a_2$。孔底距是指较浅深孔的药包底部（即孔底）至相邻深孔的垂直距离；若相邻两炮孔的深度相差不大或近似相等的情况，即用两孔底间的连线表示。孔口距是指堵塞较长的深孔装药端面至相邻深孔的垂直距离。

炮孔间距决定了排内孔网密度，排间距即最小抵抗线决定了排间孔网密度。炮孔密度系数 $m = a/W$ 则反映着两者的相互关系。炮孔间距、最小抵抗线和炮孔密集系数选取合理，有

利于改善深孔爆破效果。炮孔孔网过稀将增加大块率，炮孔孔网过密则浪费了爆破材料、减少了每孔的崩矿量，有时还可能导致破碎质量的恶化。因为孔间距过小时，破裂面将沿深孔排面形成，从而使该分层自原生矿体脱落，得不到充分破碎，大块率增高。近年来有的矿山采用小抵抗线和大孔距，使爆破作用时间延长，在矿石脱离原生矿体之前，裂隙得到充分发育，从而降低了大块率、改善了爆破效果。

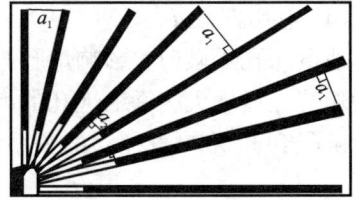

图 10 – 24　扇形深孔的炮孔间距

对于扇形深孔，根据实践经验，其孔间距为：

$$a_1 = (1.1 \sim 1.5)W \qquad\qquad (10-28)$$
$$a_2 = (0.4 \sim 0.7)W \qquad\qquad (10-29)$$

（4）炸药单耗 $q$

表 10 – 15 列出了地下深孔爆破的炸药单耗（包括二次破碎用药量），供参考。

表 10 – 15　深孔爆破炸药单耗表

| 岩石坚固性系数 $f$ | 3 ~ 5 | 5 ~ 8 | 8 ~ 12 | 12 ~ 16 | > 16 |
|---|---|---|---|---|---|
| 爆破炸药单耗 $q$ / kg·m$^{-3}$ | 0.2 ~ 0.35 | 0.35 ~ 0.5 | 0.5 ~ 0.8 | 0.8 ~ 1.1 | 1.1 ~ 1.5 |
| 二次爆破单耗与 $q$ 的百分比 / % | 10 ~ 15 | 15 ~ 25 | 25 ~ 35 | 35 ~ 45 | > 45 |

实际资料表明：如果其他参数一定时，炸药单耗大小直接影响爆破质量。炸药单耗过小，虽然钻孔工作量减少，但矿石大块率增多，二次破碎用药量增多，出矿生产率降低；增大炸药单耗，能降低大块率，但当炸药增大到一定量时，过多的炸药能量消耗在抛掷作用上，就不能显著的降低大块率，反而会出现崩下矿石在采场内的过分挤压，造成出矿困难。

（5）堵塞长度 $l_2$

扇形深孔崩矿，其堵塞长度在 0.4 ~ 0.8 倍最小抵抗线之间变化。相邻深孔采用交错堵塞长度的方法，使孔口附近的炸药不至于过分集中，这在采用人工装药的矿山易于控制，而在使用装药器的矿山则不易准确地掌握，需要操作者技术熟练，拔管与控制开关密切配合。因此有的矿山对扇形深孔仍采用保留相同的堵塞长度的方法，这是需要改进的。孔口堵塞长度保留过少，对于无底柱采矿法不仅浪费了部分炸药，而且易于发生严重的带顶等问题。

孔口的堵塞方法：有底柱分段崩落的矿山多数采用炮泥加木楔堵塞方法；对于无底柱采矿法的矿山，多数则只堵塞炮泥、不加木楔。

**3. 深孔爆破设计的内容**

（1）设计的基础资料。它包括爆区的地质说明书、爆区的采矿方法设计图和说明书，爆区所有巷道的实测平面图和剖面图、深孔验收的实测图、相邻采场及需要进行特殊保护的巷道或设施的相关位置等资料。

（2）爆破方案的确定。它包括确定合理的爆破规模、起爆方法、起爆顺序及起爆段数等。爆破规模应根据矿山生产计划和任务要求、采场的采矿方法和任务要求、采掘工程量及安全条件、地质构造（如断层、破碎带等）、地压活动等因素来确定。起爆方法的选择：因为导爆索和导爆管具有较强的抗电能力,目前我国井下深孔爆破多采用导爆索和导爆管联合起爆网路。起爆顺序和起爆段数:为了改善爆破效果必须选取合理的起爆顺序和起爆段数,选择时应根据地质条件、回采工艺要求、自由面条件、布孔方式等因素确定。应考虑爆破震动及空气冲击波的危害。

(3)装药结构和材料消耗。深孔装药结构通常采用柱状连续装药。根据矿石的物理力学性质不同,装药系数一般为 0.65 ~ 0.85。材料消耗包括药量、雷管数、导爆索、导爆管雷管、导线以及其他材料消耗的统计计算,以排为单位统计,填入相应的表格中。

(4)大爆破的通风与安全工作。大爆破后产生大量的有毒气体,造成井下巷道空气的污染。当爆破规模较大时常常需要进行一个工班以上的通风。

(5)大爆破的组织工作。井下大爆破由于时间短、任务重、工作条件差、人员多,故应有严密的组织。一般应设总指挥部,下设技术、材料供应、运输、装药、通风安全、医疗、保卫、宣传等组织机构,分工明确,使工作有条不紊地进行。

(6)爆破设计说明书的编制。它包括爆区的基本情况、爆破设计的内容、施工组织等,即包括前面已论述的基本内容。

**4. 国内地下矿山深孔爆破指标**

表 10 - 16 列举了国内部分地下矿山深孔爆破的工程实例。

表 10 - 16　国内部分地下矿山深孔爆破工程实例

| 矿山名称 | 最小抵抗线 $W$ /m | 炮孔直径 $d$ /mm | $\dfrac{W}{d}$ | 孔底距 $a$ /m | 炮孔邻近系数 $m$ | 每米孔崩矿量 $/ \text{t} \cdot \text{m}^{-1}$ |
|---|---|---|---|---|---|---|
| 桃林铅锌矿 | 1.3 | 65 | 20 | 1.5 ~ 1.8 | 1.15 ~ 1.36 | 4 |
| 大厂锡矿 | 1.5 | 38 ~ 40 | 37 ~ 40 | 1.4 ~ 1.7 | 0.9 ~ 1.14 | 5 ~ 6 |
| 大厂铜坑矿 | 1.5 ~ 1.8 | 60 | 25 ~ 30 | 1.7 ~ 2.3 | 1.13 ~ 1.30 | |
| 狮子山铜矿 | 3.0 ~ 3.8 | 110 | 27 ~ 35 | 3.4 ~ 4.0 | 1.1 ~ 1.3 | 18 ~ 20 |
| 易门凤山铜矿 | 3 ~ 3.2 | 100 ~ 110 | 29 ~ 30 | 3.5 ~ 4.2 | 1.1 ~ 1.35 | 9 ~ 15 |
| 河北铜矿 | 2.5 | 110 | 23 | 2.5 ~ 3.0 | 1.0 ~ 1.2 | 12 |
| 中条山胡家峪矿 | 1.8 | 68 ~ 72 | 25 ~ 26 | 2.0 ~ 2.1 | 1.1 ~ 1.2 | 5 ~ 6 |
| 程潮铁矿 | 2 ~ 2.2 | 85 ~ 90 | 23 ~ 25 | 2 ~ 2.2 | 1.0 | 7 ~ 11 |
| 梅山铁矿 | 1.6 | 60 | 27 | 1.2 ~ 1.5 | 0.75 ~ 0.9 | |
| 向山硫铁矿 | 2.8 | 100 | 28 | 2.2 ~ 2.5 | 0.78 ~ 0.9 | 12 ~ 14 |
| 大庙硫铁矿 | 1.5 | 57 | 26 | 2.5 ~ 2.8 | 1.0 ~ 1.2 | 5 ~ 5.5 |
| 镜铁山铁矿 | 1.4 ~ 1.5 | 51 | 27 ~ 30 | 1.8 ~ 2.0 | 1.2 ~ 1.34 | 5.1 |
| 符山铁矿 | 1.5 | 60 | 25 | 1.5 ~ 1.8 | 1.0 ~ 1.2 | 8 ~ 9 |

**5. 安全作业要求**

（1）施工前的准备工作

施工前的准备工作可分为现场和地面准备工作两种。

现场准备工作首先是验收炮孔深度及角度，检查和清理炮孔；拉底和切割槽是否达到边界；补偿空间的容积是否符合设计要求；底部结构是否处于稳定状态；运药和装药地点的安全通道是否畅通；装药台板的架设质量是否符合要求；浮石处理是否彻底；爆破地震波与空气冲击波影响危险范围内的设备是否予以保护，建、构筑物是否予以加固，照明、通讯及通风设施是否完好等。检查结束后，对验收合格的深孔应用高压风吹干净，标明废孔，列出深孔编号；对不符合设计要求的要补充相应工程；对遭受破坏的炮孔要进行修复和清理工作，施工中可以用螺丝联接的木棍、带螺旋的手钻杆，有时要用钻机修复。在开始装药之后，绝对禁止任何清理和修复炮孔的工作。通风道的清理工作可利用电耙设备、装运机或人工来完成。对运药的道路要给予特别重视，为此要组织专门人员检查通往装药地点的道路状况，并按相应的设备、清理方法、照明方式制定措施，将通往爆破区的沿途井巷封好并用栏杆隔离，在人行井内架设牢固的梯子，撬尽过往通道的浮石；检查井口、巷道支护情况，在天井和巷道内按规定方式架设装药操作台，同时准备移动梯子和木板，巷道中设有通往爆破区和安全出口的明显路标，并设联通爆破作业区和地表爆破指挥部的通讯线路。这些工作按专门的安排进行，并有专人负责，限期完成。

地面的准备工作除了要进行运药、装药人员的组织培训工作外，并要对所用爆破器材按设计作好分组、标记，必要时还要进行地面模拟爆破试验。

（2）装药和填塞

①爆破工程技术人员在装药前应对第一排各钻孔的最小抵抗线进行测定，对有大裂隙的部位应考虑调整药量或间隔填塞。

②爆破员应按爆破设计说明书的规定进行操作，不应自行增减药量或改变填塞长度；如确需调整，应征得现场爆破工程技术人员同意并作好变更记录。

③在装药和填塞过程中，应保护好起爆网路；如发生装药阻塞，不应用钻杆捣捅药包。

④装药开始后，爆区 50 m 范围内不应进行其他爆破；现场加工起爆药包应选择不受其他作业影响的安全地点；现场装药、填塞，应由专职或兼职爆破员进行；需要回收的装药操作台、人行梯子等物，应在爆破网路联接完成、并经爆破工程技术人员检查无误后，由专人从工作面开始向起爆站方向依次回收。回收操作应注意防止损坏起爆网路。

（3）网路的联接与导通

装药和堵塞工作完毕后，应按设计要求将爆破网路（电或非电）以及导爆索辅助网路联接起来。联接工作应由经培训取得合格证的工人负责，联接顺序只准许从爆破地点向撤离方向进行，并且要认真检查。当电爆网路有很多分支时，每一分支联接完毕，必须在导通检查之后再联入总网路。网路联接后，必须进行检查。对于导爆管或导爆索起爆网路只能作外观检查，要认真数清导爆管和导爆索根数。为了达到可靠起爆，包扎必须严密。

**6. 地下矿山深孔爆破工程实例**

某铜矿垂直层挤压爆破方案见图 10 - 25。阶段高 50 m，在运输水平，由顶底盘沿脉巷道与间距 40 ~ 80 m 的穿脉巷道构成沿脉装车的单轨环形运输系统，矿体沿走向分为三个采区，每个采区布置一个人行天井，和一个材料井与各分段耙道和顶盘联络道联通，电耙道垂直走

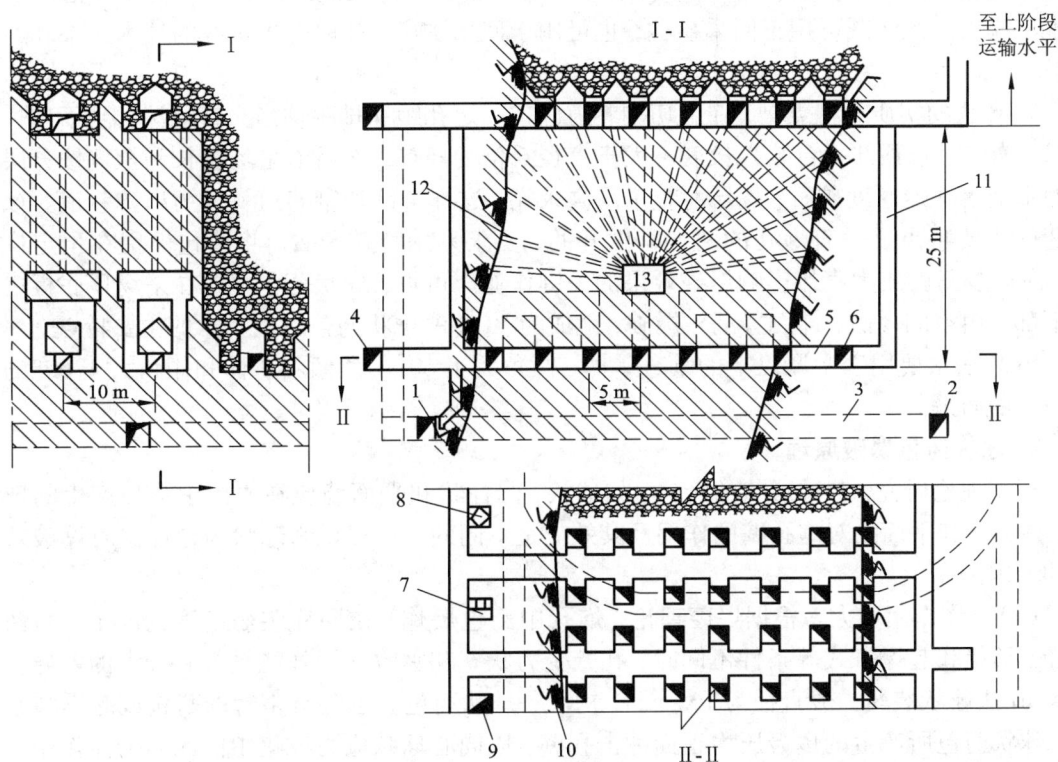

**图 10 - 25　某铜矿有底柱垂直层挤压爆破分段崩落法方案**

1、2—上、下盘沿脉运输巷道；3—穿脉运输巷道；4—上盘分段联络道；5—电耙道；6—下盘分段联络道；
7—人行天井；8—材料天井；9—通风天井；10—分段溜井；11—回风天井；12—深孔；13—深孔凿岩硐室

向布置，间距 10 m，全部用密集木支架维护，各电耙道的溜井均垂直通至顶盘沿脉巷道。

分段高 25 m，分段底柱高 5 ~ 6 m，漏斗为对称式布置，间距 5 m，用断面为 2 × 2 m 的十字交叉巷道拉底，临时矿柱用深孔与落矿同时分段爆破。

在电耙道标高向上 3 m 处，靠近矿体顶底盘或者在矿体中央利用一对漏斗颈开凿 1 ~ 2 个凿岩硐室(9.0 m × 3.0 m × 3.0 m)，垂直矿体走向布置向上扇形深孔向相邻采场的松散矿岩挤压爆破，一次落矿厚度一般是 20 m，即两条电耙道上部矿石同时爆破。

采用 YQ - 100 型钻机凿岩，最小抵抗线 $W = 3 ~ 3.5$ m，炮孔密集系数 $m = 1.0 ~ 1.2$，炮孔直径 105 ~ 110 mm。深孔一般不超过 15 m，用毫秒延时电雷管起爆。

出矿采用 28、30 千瓦电耙绞车和 0.15 ~ 0.3 m³ 的耙斗，采用水平面放矿方案。

技术经济指标如下：采切比为 21.3 m/kt；采场生产能力为 254 t/d(一条耙道)；损失率 >10%；贫化率 >20%。

## 10.3.3　VCR 大直径深孔爆破

### 1. VCR 法特点和应用范围

VCR 是 Vertical Crater Retreat Mining 一词的缩写，加拿大朗(L. C. Lang)在利文斯顿爆破漏斗理论基础上研究、试验并创造了以球状药包漏斗爆破方式为特征的新的采矿方法——垂直漏斗爆破后退式采矿法（VCR法）。这种方法在加拿大首次试验后，很快就在其他国家得到推广应用。此法既可用于回采矿柱，也可用于回采矿房，都取得了良好的技术成果和经济效益。

VCR法的实质和特点是，在上切割巷道内按一定孔距和排距钻凿大直径深孔到下部切割巷道，崩矿时自顶部平台装入长度不大于直径6倍的药包，然后沿采场全长和全宽按分层自下而上崩落一定厚度矿石，逐层将整个采高采完，这样下部切割巷道就成为出矿巷道。该法装药的主要特点是垂直炮孔的两端是敞开的，要求采用特殊装置，将药包停留在预定位置上，所以装药就成为直接影响爆破效果的关键作业。可见，球状药包埋置在采场顶底板之间向下部自由空间爆破，即倒置漏斗爆破，就成为VCR法球状药包爆破技术的主要特点。

VCR法主要用于中厚以上的垂直矿体、倾角大于60°的急倾斜矿体和倾角大于60°的小矿块等的回采。

**2. 球状药包爆破原理**

根据理论研究，各种形状的药包，如球状、圆柱状和平面药包在岩体中爆炸产生的球面波、柱面波和平面波对炮孔壁的作用及其效应是不同的。一般认为球状药包爆破时爆破效果好的原因是：

（1）爆炸作用增大。根据爆轰理论，炮孔中药包爆炸，在同样装药密度情况下，当药包直径、形状和起爆方式等条件不同时，孔壁受力状态和吸收的爆炸能量等有较大的差异。地下VCR法球状装药一般直径为165 mm，构成一球状药包。当装有雷管的药包或起爆弹起爆时，球状药包所产生的爆轰压力正面冲击孔壁，以同心球状应力波集中向四周岩体作用。这一集中作用的冲击压力，导致在矿岩内形成以同心球状向四周岩体作用的强应力波，它在自由面、弱面处反射成强拉伸波，对破碎临近自由面的矿岩十分有利，可增加破岩效果。

（2）从临近起爆孔传来比柱状药包强的应力波、先起爆的炮孔药包爆炸产生的应力场对后爆矿岩所起的预应力作用，以及破碎矿石在移动过程中相互碰撞、挤压作用等，都会使矿石更好的破碎。

（3）倒置漏斗爆破，对矿石的破碎较好，崩下的矿石量较大。这是在倒置漏斗爆破条件下，破碎带内的矿石因重力作用全部崩落下来；而应力带内的矿石，当相邻漏斗爆破时，受到进一步破坏，并随之崩落，结果漏斗尺寸扩大了。漏斗崩落的总高度可超过药包最佳埋深的几倍，如图10-26所示。球状药包爆破，因炸药能量利用率高，和柱状药包爆破比较，对矿石的破碎效果较好，崩矿量较大，炸药单耗较少。砂岩中球状和柱状两种药包爆破结果列于表10-17中。

**表10-17 球状药包和柱状药包爆破效果对比**

| 对比项目 | 球状药包 | 柱状药包 |
|---|---|---|
| 钻孔直径/mm | 114 | 64.1 |
| 钻孔深度/m | 1.22 | 1.22 |
| 炸药重量/kg | 4.54 | 4.54 |
| 埋入深度/m | 1.068 | 0.726 |
| 装药比（直径：长度） | 1:2.7 | 1:15 |
| 爆破漏斗体积/m³ | 4.34 | 1.08 |
| 爆破漏斗直径/m | 1.74 | 1.464 |

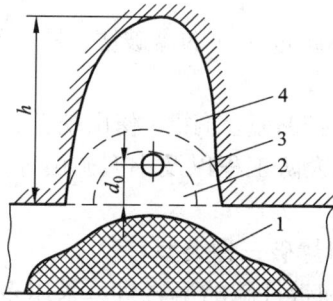

图 10 – 26　球状药包倒置爆破漏斗

1—崩落矿石堆；2—真漏斗；3—破碎带；
4—应力带；$d_0$—最佳埋深；$h$—冒落高度

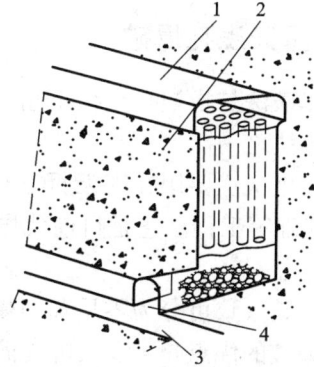

图 10 – 27　一次凿岩分段爆破崩矿示意图

1—顶部平台；2—矿柱；
3—运输巷道；4—出矿巷道

### 3. 深孔布置形式和爆破参数

VCR 法深孔排列采用平行排列，一般垂直向下，如图 10 – 27 所示，也可钻大于 60°的倾斜孔，但是在同一排面内的深孔应互相平行，深孔间距在孔的全长上相等。目前在垂直爆破漏斗后退式采矿方法中广泛采用这种排列。

（1）爆破参数。炮孔直径一般采用 160 ~ 165 mm，个别为 110 ~ 150 mm；排距一般采用 3 ~ 3.5 m，孔距 2 ~ 3 m；炮孔深度一般为 20 ~ 50 m，有的达到 70 m，每次爆破分层的高度一般为 3 ~ 4 m。爆破时为装药方便、提高装药效率可采用单分层或双分层爆破，最后一组爆破高度为一般分层的 2 ~ 3 倍，采用自下而上起爆顺序。周边孔与上、下盘围岩距离一般为 1.5 m 左右。单位炸药消耗量，在中硬矿石条件下，即 $f = 8 ~ 12$，一般平均为 0.34 ~ 0.5 kg/t。毫秒爆破间隔时间，单一分层爆破时，延时为 25 ~ 50 ms；多层装药爆破时，层间延时为 75 ~ 100 ms。

（2）装药和起爆。VCR 法大直径深孔爆破，实行分层装高密度 $\rho_e = 1.3 ~ 1.5 t/m^3$ 的乳化炸药，装药高度一般为 1.0 ~ 1.1 m。装药作业与深孔分段爆破掘进天井大致相同。

目前 VCR 法落矿采用的起爆系统有导爆管起爆系统、导爆索—导爆管联合起爆系统等。

### 4. VCR 法的优缺点

优点：①在采准巷道中作业，工作条件好，安全程度高；②应用球状药包爆破，充分利用炸药能量，破碎块度均匀，爆破效果好；③矿块结构简单，不用掘切割天井和开挖切割槽，切割工程量小；④如果采用高效率凿岩和出矿设备，因爆破矿石块度均匀，可提高装运效率及降低凿岩、爆破和装运成本。

缺点：①装药爆破作业工序复杂，难于实现机械设备装药，工人体力劳动强度大；②使用的炸药成本高；③爆破易堵孔，难于处理。

# 10.4　露天台阶爆破

台阶爆破通常在一个事先修好的台阶上进行，每个台阶有水平和倾斜两个自由面，在水平面上进行爆破作业，爆破时岩石朝着倾斜自由面的方向崩落，然后形成新的倾斜自由面。

### 10.4.1  露天浅孔爆破

浅孔爆破法是指炮孔直径不超过 50 mm、炮孔深度不超过 5 m 的爆破法,是目前工程爆破的主要方法之一。

浅孔爆破法主要用在露天石方开挖,如平整地坪、开挖路堑、掏槽、傍山挖石、采石、采矿、开挖基础等工程。它是目前我国铁路、公路、水电、人防工程以及小型矿山开采的主要爆破方法。

浅孔爆破大致可分为零星孤石爆破、拉槽爆破和台阶爆破三种类型。

浅孔爆破的优点是:施工机具简单。采用的手持式和带气腿的凿岩机可采用多种动力;也可以用人工打钎凿岩,适应性强;施工组织较容易;对于爆破工程量较小、开采深度较浅的工程,浅孔爆破可以获得较好的经济效益和爆破效果。

浅孔爆破参数应根据施工现场的具体条件用工程类比的方法选取,并通过实践检验修正,以取得最佳参数值。

(1)单位炸药消耗量 $q$。在大孔径深孔台阶爆破中,$q$ 值在 0.3~0.6 kg/m³ 范围内变化,浅孔小台阶爆破可参照此数值或稍高一些选取。

(2)炮孔直径 $d$。浅孔台阶爆破一般使用直径 32 mm 或 35 mm 的标准药卷。炮孔直径比药径大 4~7 mm,故炮孔直径为 36~42 mm。

(3)炮孔深度 $l$ 与超深 $h$。炮孔深度根据岩石坚硬程度、钻孔机具和施工要求确定。对于坚硬岩石,为了克服台阶底部岩石对爆破的阻力,使爆破后不留根底,炮孔深度要适当超出台阶高度 $H$,其超出部分 $h$ 为超深,取值如下式:

$$h = (0.1 \sim 0.15)H \qquad (10-31)$$

对于软岩,炮孔深度常为台阶高度。

(4)底盘抵抗线 $W_d$。表示第一排炮孔中心线至台阶底部表面的最小水平距离,是爆破阻力最大的地方,台阶爆破一般都用 $W_d$ 这一参数代替最小抵抗线进行有关计算,$W_d$ 与台阶高度有如下关系:

$$W_d = (0.4 \sim 1.0)H \qquad (10-32)$$

在坚硬难爆的岩体中,或台阶高度 $H$ 较高时,计算时应取较小的系数,亦可按炮孔直径的 25~40 倍确定。

(5)炮孔间距 $a$ 和排距 $b$。同一排炮孔间的距离叫炮孔间距,常用 $a$ 表示,通常 $a$ 不大于 $l$、不小于 $W_d$,并有以下关系:

$$a = (1.0 \sim 2.0)W_d \qquad (10-33)$$
$$a = (0.5 \sim 1.0)l \qquad (10-34)$$

孔排距之间存在如下关系:

$$b = (0.8 \sim 1.0)a \qquad (10-35)$$

近年来,小抵抗线大孔距的布孔方案逐步得到推广应用。实践证明,在台阶爆破中,采用 $2W_d < a < 8W_d$ 的宽孔距,在不增加单位炸药消耗量的条件下使爆破质量大为改善。

### 10.4.2　露天深孔爆破

深孔爆破通常是指钻孔直径大于 50 mm、钻孔深度大于 5 m 的炮孔法爆破。

深孔爆破法已广泛地在露天开采工程(如露天矿山的剥离与采矿)、山地工业场地平整、港口建设、铁路和公路路堑、水电闸坝基坑开挖等工程中得到广泛的应用，并取得良好的技术经济效果。

露天深孔爆破的主要优点是：钻孔机械化，炮孔直径可达到 310 mm，深度一般 10～20 m；施工速度快；工程质量高，对基岩和边坡的破坏影响小；减少炸药用量，降低工程成本，同等条件下比一般爆破节省炸药 1/3～1/2。

**1. 深孔爆破台阶要素与布孔方式**

(1)台阶要素。深孔爆破的台阶要素如图 10-28 所示。

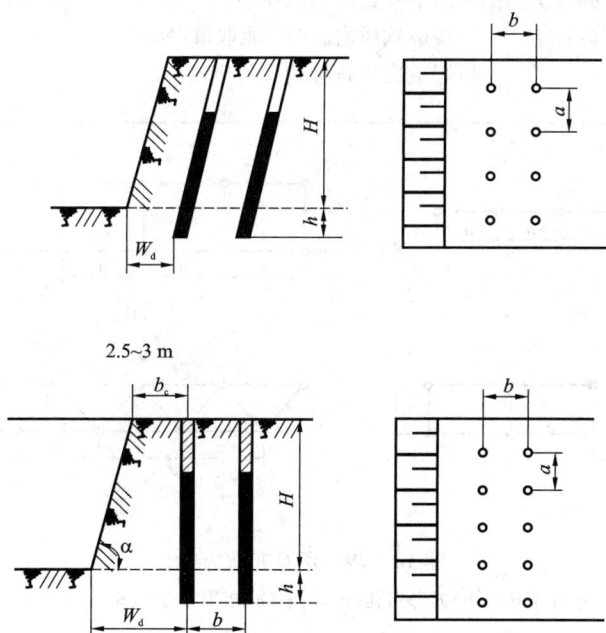

**图 10-28　台阶要素示意图**

$H$—台阶高度；$W_d$—底盘抵抗线；$h$—超深；$a$—孔距；

$b$—排距；$L$—炮孔深度；$b_c$—安全作业距离

(2)钻孔形式。深孔爆破钻孔形式一般分为垂直钻孔和倾斜钻孔两种，垂直深孔和倾斜深孔的使用条件和优缺点列于表 10-18 中。

从表 10-18 中可以看出，倾斜孔比垂直孔具有更多优点，但由于钻凿倾斜孔的技术操作比较复杂，而且倾斜孔在装药过程中容易堵孔，所以垂直孔仍然用得比较广泛。

(3)布孔方式。布孔方式有单排布孔及多排布孔两种。多排布孔又分为方形、矩形及三角形(又称梅花形)三种，如图 10-29 所示。从能量均匀分布的观点看，以等边三角形布孔最为理想.而方形和矩形布孔多用于挖沟爆破。

表 10 − 18　垂直深孔与倾斜深孔比较

| 钻孔形式 | 适用情况 | 优点 | 缺点 |
|---|---|---|---|
| 垂直钻孔 | 在开采工程中大量采用 | (1)适用于各种地质条件的深孔爆破<br>(2)钻垂直深孔的操作技术比倾斜孔容易<br>(3)钻孔速度比较快 | (1)爆破后大块率比较高,常留有根底<br>(2)台阶顶部经常发生裂缝,台阶面稳固性比较差 |
| 倾斜钻孔 | 在软质岩石的开采工程中应用比较多,随着新型钻机的发展,应用范围会广泛增加 | (1)抵抗线分布比较均匀,爆后不易产生大块和残留根底<br>(2)台阶比较稳定,台阶坡面容易保持,对下一台阶面破坏小<br>(3)爆破软质岩石时,能取得很高效率<br>(4)爆破后岩石堆的形状比较好 | (1)钻孔技术操作比较复杂,容易发生夹钻事故<br>(2)在坚硬岩石中不宜采用<br>(3)钻孔速度比垂直孔慢 |

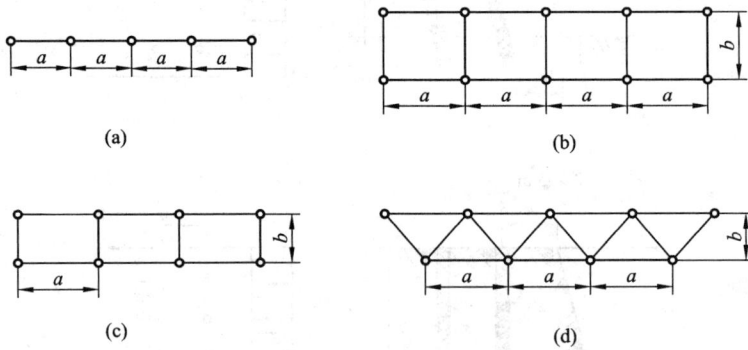

图 10 − 29　深孔布置方式

(a)单排布孔;(b)方形布孔($a = b$);(c)矩形布孔;(d)三角形布孔

## 2. 深孔爆破参数

露天深孔爆破参数包括孔径、孔深、超深、底盘抵抗线、孔距、排距、堵塞长度和单位炸药消耗量等。

(1)台阶高度

台阶高度主要考虑为钻孔、爆破和铲装创造安全和高效率的作业条件,一般按选用的铲装设备和矿岩开挖技术条件确定,多采用 10 ~ 20 m 的高台阶,有人认为经济的台阶高度为 12 ~ 18 m。随着钻机和施工机械的发展,国内外已有向高梯段发展的趋势,台阶高度达到了 30 ~ 50 m,爆破质量和经济技术指标大幅度提高。

(2)孔径

露天深孔爆破的孔径主要取决于钻机类型、台阶高度和岩石性质。当采用潜孔钻机时,孔径通常为 90 ~ 250 mm;牙轮钻机或钢绳冲击式钻机,孔径为 250 ~ 310 mm,也有达 420 mm 甚至 500 mm 的大直径钻孔。目前国内采用的常见深孔孔径有 90 mm、110 mm、120 mm、

150 mm、170 mm、200 mm、250 mm、310 mm 和 380 mm 几种。

（3）超深与孔深

超深是指钻孔超过台阶底盘水平的深度，超深是为了增加深孔底部装药量、增强对深孔底部岩石的爆破作用，以克服底盘抵抗线的阻力，使爆后能形成平整的台阶面，避免在台阶底部残留岩柱，即所谓"根底"。若超深过大，将造成钻孔和炸药的浪费，同时还将增加爆破震动强度和底盘的破坏。根据经验，超深可按下式确定：

$$h = (0.15 \sim 0.35) W_d \tag{10-36}$$

$$h = (10 \sim 15) d \tag{10-37}$$

式中：$h$——超深，m；

$\quad d$——炮孔直径，m；

$\quad W_d$——底盘抵抗线，m。

当岩石松软时取小值，岩石坚硬时取大值。对于要求特别保护的底板，应将超深取负值。

孔深是超深与台阶高度之和，即 $l = H + h$。

（4）底盘抵抗线

采用过大的底盘抵抗线会造成根底多，大块率高，后冲作用大；过小则不仅浪费炸药，增大钻孔工作量，而且岩块易抛散和产生飞石危害。底盘抗线的大小与钻孔直径、炸药威力、岩石可爆性、台阶高度和坡面角等因素有关，在设计中可用类似条件下的经验公式来计算。

①根据钻孔作业的安全条件：

$$W_d \geqslant H \cdot \cot\alpha + b_c \tag{10-38}$$

式中：$H$——台阶高度，m；

$\quad \alpha$——台阶坡面角，一般为 $60° \sim 75°$；

$\quad b_c$——从钻孔中心至坡顶线的安全距离，$b_c \geqslant 2.5 \sim 3.0$ m。

②根据爆破实践经验，底盘抵抗线与台阶高度 $H$ 之间存在如下关系：

$$W_d = (0.6 \sim 0.9) H \tag{10-39}$$

岩石坚硬，台阶高度小，系数取小值；反之，系数取大值。

③按已知的炮孔直径、装药密度和炮孔密集系数，根据每个炮孔装药量计算底盘抵抗线：

$$W_d = d \sqrt{\frac{7.85\rho_e \tau}{mq}} \tag{10-40}$$

式中：$d$——孔径，dm；

$\quad \rho_e$——装药密度，$kg/m^3$；

$\quad \tau$——装药系数，$\tau = 0.5 \sim 0.7$；

$\quad m$——炮孔密集系数，是指炮孔间距 $a$ 与抵抗线的比值，即 $m = a/W_d$，一般 $m = 0.9 \sim 1.4$；

$\quad q$——炸药单耗，$kg/m^3$。

④按炮孔直径确定：

$$W_d = (20 \sim 50) d \tag{10-41}$$

(5)孔距与排距

孔距 $a$ 是指同排相邻炮孔中心之间的距离。孔距按下式计算：

$$a = mW_d \tag{10-42}$$

随着多排毫秒爆破技术和合理的深孔起爆顺序的应用，出现了缩小排距、增大孔距，从而增大炮孔密集系数的趋势。我国一些露天矿山采用的 $m$ 值一般为 $0.9 \sim 1.2$，有的 $m$ 值达到 2。实践证明，适当加大 $m$ 值有利于改善爆破块度。

也可用每个深孔容许装药量为依据，再计算每个深孔所必须崩落的岩石体积，最后得出炮孔间距

$$a = \frac{\tau q' l}{q H W_d}, \text{ m} \tag{10-43}$$

式中：$l$——炮孔深度，m；

$q'$——每米炮孔装药量，kg/m；

$\tau$——炮孔装药系数，$0.5 \sim 0.7$。

排距是指多排孔爆破时，相邻两排钻孔间的距离，在排间深孔呈等边三角形错开布置时，排距 $b$ 与孔距 $a$ 的关系为

$$b = a\sin 60° = 0.866a \tag{10-44}$$

排距的大小对爆破质量影响较大，后排孔由于岩石夹制作用，排距应适当减小，按经验公式计算：

$$b = (0.6 \sim 1.0) W_d \tag{10-45}$$

(6)台阶坡面角

在台阶爆破中，坡面角 $\alpha$ 为前一次爆破时形成的自然坡度，它通常与岩石性质以及钻孔排数和爆破方法有关。如岩石坚硬，采用单排爆破或多排分段起爆的，则坡度大；若岩石松软，多排孔同时起爆时，则坡度要缓一些。如坡度太大（$>70°$时）或上部岩石坚硬则易出大块，如果坡角太小或下部岩石坚硬则易留根坎，所以要求坡面角最好在 $60° \sim 75°$ 之间。

(7)堵塞长度

堵塞长度是指装药后炮孔的剩余部分作为填塞物充填的长度。合理的堵塞长度应从降低爆炸气体能量损失和尽可能增加钻孔装药量两个方面考虑。堵塞长度过长将会降低每米爆破量，增加钻孔费用，并造成台阶上部岩石破碎不佳；堵塞长度过短，则造成能量损失大，将产生较强的空气冲击波、噪声和个别飞石的危害，并影响钻孔下部破碎效果。常用的经验公式为：

$$l_p \geqslant 0.75 W_d \tag{10-46}$$

或

$$l_p = (20 \sim 40) d \tag{10-47}$$

(8)单位炸药消耗量

影响单位炸药消耗量的因素很多，主要有岩石的可爆性、炸药种类、自由面条件、起爆方式和块度要求等，因此，选取合理的单位炸药消耗量 $q$ 值往往需要通过试验或长期生产实践来验证。对 2 号岩石硝铵炸药，$q$ 值可参考表 10-19 选取。

表 10 – 19　单位炸药消耗量 $q$

| 岩石硬度 $f$ | 6 ~ 8 | 8 ~ 10 | 10 ~ 12 | 12 ~ 16 | 16 ~ 20 |
|---|---|---|---|---|---|
| 单位炸药消耗量 / kg·m$^{-3}$ | 0.36 ~ 0.40 | 0.40 ~ 0.45 | 0.45 ~ 0.50 | 0.50 ~ 0.55 | 0.55 ~ 0.60 |

（9）炮孔装药量

单排孔爆破或多排孔爆破的第一排孔的每孔装药量 $Q$ 按下式计算：

$$Q = q a W_d H, \text{kg} \qquad (10-48)$$

按上式计算得出的装药量，还需要以每一深孔可能装入的最大装药量来验算，即

$$Q \leqslant q'(l - l_p) \qquad (10-49)$$

如果 $Q$ 值小于或等于不等式右边的容许装药量，则可认为 $Q$ 值是适当的。若 $Q$ 值大于不等式右边装药量，说明计算得出的装药量大于容许装入深孔的装药量，即 $Q$ 不能全部装入深孔。这种情况的发生，可能是由于所取的 $W_d$、$q$ 或 $a$ 值偏大，或者是炮孔直径偏小，这时需要对这些参数作适当的调整。

多排孔爆破时，从第二排孔起，以后各排孔的每孔装药量按下式计算：

$$Q = K q a b H \qquad (10-50)$$

式中：$K$——考虑受前面多排孔的矿岩阻力作用的增加系数，当采用毫秒爆破时，取 $K = 1.1$ ~ 1.3；若用齐发爆破时，取 $K = 1.2$ ~ 1.5；最后一排炮孔，取 $K$ 值的上限值。

（10）装药结构

深孔中装药结构对炸药在炮孔中的分布、深孔爆破作用以及爆炸气体作用延续时间都有影响。因此根据实际条件，采用合理的深孔装药结构，对于提高爆破质量有重要的意义。在深孔爆破中得到应用的装药结构，主要有连续装药结构、空气间隔装药结构、混合装药结构、底部空气垫层装药结构等。

①连续装药结构。如图 10 – 30(a)所示，这是深孔爆破最常用的一种装药结构。它操作简便，便于机械化装药，但沿台阶高度炸药分布不均匀，特别是在台阶高度大、台阶坡面角小时，这一缺点更为严重，可造成爆破块度不均匀、大块率高、爆堆宽度增大和出现"根底"。

②空气间隔装药结构。这是一种非连续装药结构，如图 10 – 30(b)所示。整个药柱分成 2 ~ 3 段，各段之间用空气层隔开。这样，一方面可使炸药分布较为均匀，尤其是台阶上部岩石能够受到炸药爆破的直接作用；另一方面，空气层的存在有助于调节爆炸气体压力，延长其作用时间，从而增强爆破破碎效果。在孔网参数和单位炸药消耗量相同条件下，与连续装药结构比较，空气间隔装药结构的爆破块度较均匀、大块率降低、爆堆形状得到改善。在台阶高度不超过 20 m 时，孔底部分装药量约占深孔总装药量的 50% ~ 70%。这种装药结构施工比较麻烦，且不便于机械化装药，在大型露天矿的应用受到限制。

③混合装药结构。如果底盘抵抗线大或岩层坚硬，可于深孔底部或坚硬岩层部位装高威力高密度炸药。而在深孔其他部分装密度和威力较低的炸药，构成混合装药结构，如图 10 – 31(c)所示。这样便可达到沿台阶高度合理分布炸药能量的效果，既有利于改善爆破块度，又可降低爆破成本。这种装药结构同样操作麻烦，妨碍机械化装药。

④底部空气垫层装药结构。如图 10 – 30(d)所表示，它的实质是利用炸药在空气垫层中激起的空气冲击波对孔底岩石的强大冲击压缩作用，使岩石破碎，同时由于底部存在空气垫

层，就使药柱重心上移，炸药沿台阶高度的分布趋于合理，从而减少台阶上部大块的产生。空气垫层还可调节爆炸气体压力和其作用时间，使炸药能量得到有效的利用，最终结果是改善爆破块度，减小爆堆宽度和后冲。所以，在深孔底部留有一定高度的空气垫层，有利于提高爆破质量。与空气间隔装药结构比较，底部空气垫层装药结构还便于机械化连续装药。

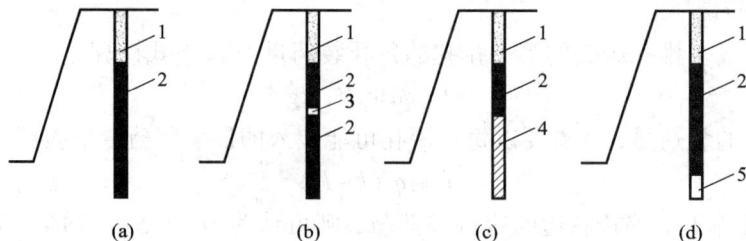

图 10-30　深孔装药结构

(a)连续装药结构；(b)空气间隔装药结构；(c)混合装药结构；(d)底部空气垫层装药结构

1—堵塞材料；2—炸药；3—空气间隔；4—高威力炸药；5—空气垫层

### 3. 深孔起爆顺序

随着爆破技术的发展，深孔爆破规模不断扩大，同时爆破的深孔孔数及排数增加，在这种情况下，一般都采用多排毫秒爆破，这样使得多排深孔爆破孔间和排间的深孔起爆顺序更多样化。起爆顺序变化的主要目的，在于改变炮孔爆破方向、缩小爆破时实际的最小抵抗线、增大实际的 $a/W$ 值、创造新自由面、增加爆破后岩块之间的碰撞机率、实现再破碎，以改善爆破块度和爆堆形状、降低爆破地震效应、提高爆破效率、降低炸药消耗。露天矿深孔爆破时常用的起爆网路，归纳起来主要有如下几种。

（1）排间顺序起爆网路

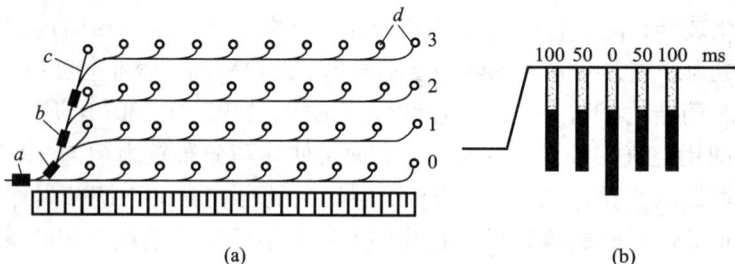

图 10-31　排间顺序起爆网路

$a$—雷管；$b$—继爆管；$c$—导爆索；$d$—炮孔；0, 1, 2, 3—起爆顺序

排间顺序起爆网路可分为两种，一种如图 10-31(a)所示，各排炮孔依次从自由面开始向后排起爆。这种起爆顺序设计和施工比较简便，起爆网路易于检查，但各排岩石之间碰撞作用比较差，而且容易造成爆堆宽度过大；另一种起爆顺序如图 10-31(b)所示，先从中间一排深孔起爆，形成一楔形槽沟，创造新自由面，然后槽沟两侧深孔按排依次爆破。这种起爆顺序有利于岩块的互相碰撞，增加再破碎作用，且爆破后爆堆比较集中。但是，这时爆堆中部的高度容易过度增大，不利于装载机械的安全作业。最先起爆的一排深孔，需加大装药

量,以形成充分自由面,由此而使炸药消耗量增加。

(2)波浪式起爆网路

波浪式起爆网路的特点是深孔爆破时可增加孔间或排间深孔爆破的相互作用,达到加强岩块碰撞和挤压、改善破碎块度的效果,同时还可减小爆堆宽度,但施工操作比较复杂,如图 10-32 所示。

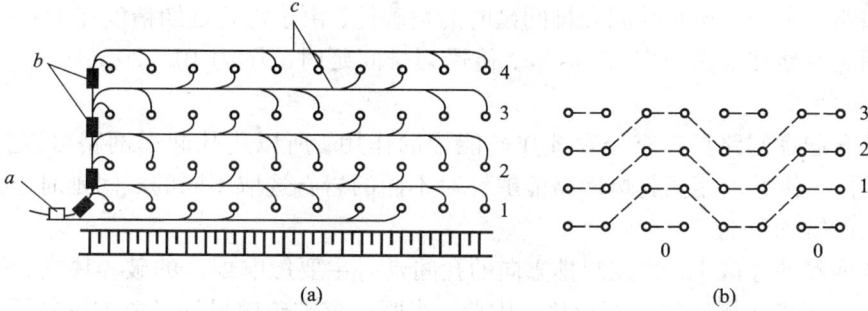

**图 10-32　波浪式起爆网路**

(a)起爆网路;(b)起爆顺序

a—雷管;b—继爆管;c—导爆索;d—炮孔;0,1,2,3,4—起爆顺序

(3)楔形起爆网路

楔形起爆网路的特点是爆区第一排中间 1~2 个深孔先起爆,形成一楔形空间,然后两侧深孔按顺序向楔形空间爆破,起爆网路如图 10-33 所示。这样可以达到岩块相互碰撞、改善破碎块度、缩小爆堆宽度的效果。同时,除第 1 排深孔外,其余各排深孔爆破的方向将改变,从而使实际的最小抵抗线 $W_s$ 比设计的最小抵抗线 $W_p$ 小,如图 10-33 所示。而实际的孔间距 $a_s$ 比设计的孔间距 $a_p$ 增大,实际上是增大了炮孔密集系数 $m$ 值,第一排炮孔爆破效果会较差,容易出现"根底"。

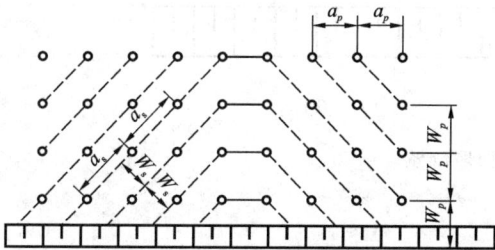

**图 10-33　楔形起爆网路**

$W_p$—设计的最小抵抗线;$W_s$—实际的最小抵抗线

$a_p$—设计的孔间距;$a_s$—实际的孔间距

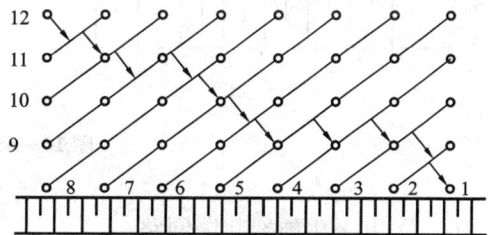

**图 10-34　斜线起爆网路**

1,2,3,…,11,12—起爆顺序

(4)斜线起爆网路

斜线起爆网路的特点是炮孔爆破方向朝台阶的侧向,同一时间起爆的深孔联线与台阶眉线斜交成一角度(一般为 45°),如图 10-34 所示。这种起爆顺序的优点是爆堆宽度小、实际

最小抵抗线小，同时爆破的深孔之间实际距离增大，$m$ 值随之增大，有利于改善破碎块度，爆破网路联结比较简便，在矿山多排爆破中得到较广泛的应用。

(5) 逐孔起爆网路

逐孔爆破是指所有炮孔均按一定的等间隔延期顺序接力起爆。

逐孔起爆网路是露天矿山台阶炮孔开挖爆破技术的发展方向。推广应用表明，逐孔起爆网路具有爆破效果好、震动小和综合效益显著的特点，为爆破参数优化提供了科学的基础。逐孔起爆网路应用的关键是孔间和排间延时的精确性，由于雷管延期精度在 1% ~2%，因此主控排孔间延时最佳范围为 2~5 ms/m，传爆列排间延时范围为 10~20 ms/m，这样能获得良好的爆破效果。

由于逐孔起爆网路具有充分发挥炸药能量的作用，所以逐孔起爆网路可以扩大网孔参数，减少穿孔工作量。逐孔起爆网路能够针对不同的岩石选取不同的段间延时，以控制和减少爆破产生的震动影响。

在逐孔网路的爆区中，主控制排方向的孔间延时主要影响爆区的破碎块度，传爆列方向的排间延时主要影响爆区的岩石位移。因此，当既要求破碎效果好又要求爆破震动小时，可以在保证主控制排方向最佳孔间延时不变的情况下调整传爆列方向的延时。

常用的逐孔起爆网路见图 10-35。

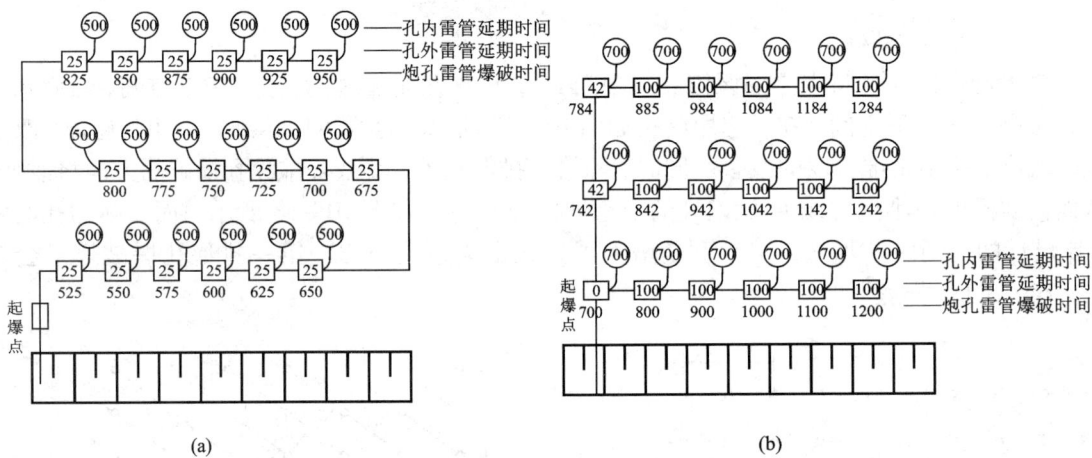

图 10-35 逐孔起爆网路

(6) 周边深孔预裂起爆网路

周边深孔预裂起爆网路的特点是首先起爆爆区周边的深孔，类似于预裂爆破，图 10-36 表示了这种起爆顺序。例如起爆后，周边深孔立即爆破，然后依次以 25、75、100、125 ms 时间间隔先后起爆其他深孔。这样的起爆顺序，除了具有楔形起爆顺序的优点外，还有利于降低爆破地震对岩体和边坡的有害影响。但是深孔数增加，且起爆网路比较复杂。因此，只是在一次爆破深孔数多、爆破装药量大的情况下，才考虑采用这种起爆顺序。

起爆顺序是多样化的，选取哪一种起爆顺序，要根据爆区的地质条件，特别是岩体裂隙的分布和方向，以及矿山生产的要求和技术条件，综合考虑来确定。

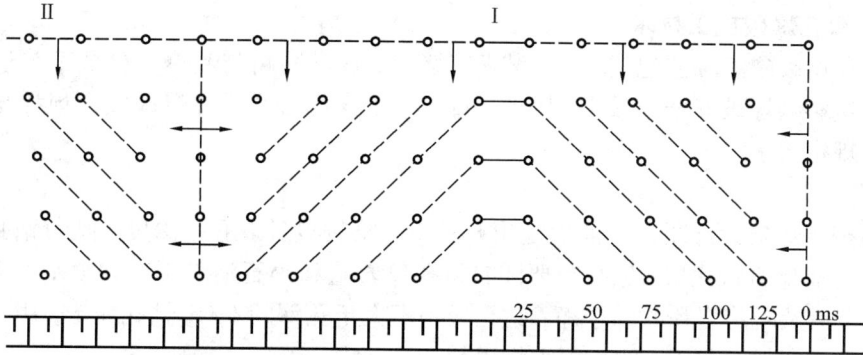

**图 10-36 周边深孔预裂起爆**

Ⅰ，Ⅱ表示爆区

表 10-20 是部分露天矿山的穿爆参数及有关指标。

**表 10-20 部分露天矿山的穿爆参数及有关指标**

| 矿山名称 | 矿岩种类 | 岩石坚硬系数 f | 孔径 /mm | 段高 /m | 底盘抵抗线 /m | 排距 /m | 孔距 /m | 炮孔邻近系数（前排/后排） | 孔深 /m |
|---|---|---|---|---|---|---|---|---|---|
| 大孤山铁矿 | 磁铁矿 | 12~16 | 250 | 12 | 8~9 | 5.5~6.5 | 6~7 | 0.8/1.0 | 14.5~15.5 |
| | 混合花岗岩 | 8~10 | | | 8~9 | 7~7.5 | 7.5~8 | 0.9/1.1 | 14~14.5 |
| 眼前山铁矿 | 磁铁矿角闪岩 | 15~17 | 250 | 12 | 7~9 | 5.5~6 | 6.5~6.8 | 0.8~1.2 | 15.5 |
| | 闪长岩 | 8~12 | | | 7~9 | 5.5~6 | 7.3~8 | 1.0~1.4 | 14.5 |
| 齐大山铁矿 | 难爆矿石 | 14~16 | 250 | 12 | 8 | 5.7 | 6.7 | 0.8/1.2 | 14~14.5 |
| | 千枚岩 | 1~6 | | | 8~10 | 7~8 | 8~9 | 0.94/1.13 | 14~14.5 |
| 歪头山铁矿 | 二层铁 | 12~16 | 250 | 12 | 10 | 4 | 7~10 | 0.7/2.5 | 14.5~15 |
| | 角闪片岩，石英岩 | 8~12 | | | 11 | 5 | 7.5~11 | 0.7/2.5 | 13.5~14 |
| 马钢南山矿凹山车间 | 赤铁矿 | 4~7 | 250 | 14~15 | 10~12 | 5.5~6.5 | 6~7 | 0.5/1.08 | 15.5~17 |
| | 黄铁矿 | 8~12 | | | 9~11 | 4.5~5.5 | 5~6 | 0.6/1.1 | 15.5~17 |
| | 化辉长闪长岩 | 2~6 | | | 10~12 | 6~7 | 7~8 | 0.7/1.2 | 15.5~17 |
| | 风化闪长岩 | | | | | | | | |
| 大冶铁矿 | 矽卡岩、大理岩 | 8~12 | 170~200 | 12 | 6 | 3.5~4 | 3.5~4 | 0.6/1.0 | 14.5~15.5 |
| | 花岗闪长岩 | 10~12 | | | 6 | 4~4.5 | 3~3.5 | 0.5/0.8 | 14.5~15.5 |
| | 磁铁矿 | 10~14 | | | 6 | 3~3.5 | 3~3.5 | 0.5/1.0 | 14.5~15.5 |
| 首钢水厂铁矿 | 块状磁铁矿 | >14 | 250 | 12 | 7~8 | 5~6 | 7.5~8.5 | 1.1/1.5 | 14~15 |
| | 层状磁铁矿 | 12~14 | | | 7~8 | 5.5~6 | 8~9 | 1.1~1.4 | 13.5~14.5 |
| | 混合花岗岩 | 8~10 | | | 8~9 | 6~7 | 9~10 | 1.1/1.4 | 13.5~14.5 |
| 南芬铁矿 | Fe₃ 石棉矿 | 16~20 | 200 | 12 | 7 | 4.5 | 3~5 | 0.43/1.1 | 14.5~15.5 |
| | Fe₃ 富矿 | | 250 | | 10 | 5.5 | 4~5.5 | 0.4/1 | 14.5~15.5 |
| | 矽酸铁 | | 310 | | 12 | 6.5 | 5~6.5 | 0.42/1 | 14.5~15.5 |
| | 底盘块状 | 8~10 | 200 | 12 | 8 | 5.5 | 4~5.5 | 0.5/1 | 13.5~14.5 |
| | 角闪岩 | | 250 | | 10 | 6.5 | 4.5~7 | 0.45/1.08 | 13.5~14.5 |
| | 绿泥角闪岩 | | 310 | | 7.5 | | 5.5~7.5 | 0.46/1.0 | 13.5~14.55 |
| 南京吉山铁矿 | 磁铁闪长岩 | 12~14 | 200 | 12 | 7 | 5 | 8 | 1.1/1.6 | 14 |
| 海州露天煤矿 | 页岩、砂页岩 | 4~6 | 180 | 9 | 7.0 | | 7.0 | 1.0 | 11 |
| | 砂岩 | 7~8 | 180 | 8~9 | 6.5 | 5.5 | 6.0 | 0.9/1.0 | 10.5~11.5 |
| | 砂砾岩 | 9~10 | 180 | 8 | 6.0 | 5.0 | 5.5 | 0.8/1.1 | 11 |
| 大连石灰石矿 | 石灰岩 | 6~8 | 250 | 12~13 | 9~10 | 6~6.5 | 10~11 | 1.1/1.7 | 14.5~15.5 |
| 南京白云石矿 | 白云岩 | 6~8 | 150 | 12 | 6~7 | 4.0 | 6~7 | 1/1.6 | 14.0~14.5 |

### 4. 露天深孔爆破施工技术

露天深孔爆破施工工艺包括钻孔、装药、堵塞、敷设网路与起爆。整个工艺过程的施工质量将会直接影响爆破安全与效果，因此，每一道工序都必须遵守爆破安全规程与操作技术规程的有关规定。

(1)钻孔

钻孔前按照爆破设计图在地面上定出孔位，严格按设计孔位、深度、倾角钻孔；钻孔的开孔口不要打成喇叭状孔口；钻孔时要随时将孔口岩碴和碎石清除干净并整平，防止掉入孔内；钻孔结束后及时将岩粉吹除干净；钻孔误差不大于孔深的1%；钻孔完毕，用专制孔盖将孔口封好，并用塑料布覆盖，防止雨水将岩粉冲入孔内。

(2)装药

装药方法有人工装药法与机械化装药法。人工装药法劳动强度大，装药效率低，装药质量也差，特别是水孔装药会产生药柱不连续，影响炸药的稳定爆轰。因此，人工装药将逐步为机械化装药所代替。

无论是人工装药，还是机械化装药，都必须严格控制每孔的装药量，并在装药过程中检查装药高度。装药时，严禁向孔内投掷炸药和起爆器材。在装药过程中，如发现堵塞时，应停止装药并及时处理。在未装入雷管或起爆药柱等敏感的爆破器材以前，可用木制长杆处理，严禁用钻具处理装药堵塞的钻孔。

装药一般采用单一连续的装药结构。当底盘夹制作用较大时，宜采用组合装药结构。当炮孔穿过强度悬殊的软、硬岩层或大破碎带、贯通大气的宽裂缝时，则宜采用间隔装药，将药包装在较坚硬的部位，而软弱部位则应进行堵塞，有时为了改善台阶上部的破碎质量，可采用提高装药高度的办法，将装药结构分成两段，上部的装药量仅为炮孔总装药量的1/3～1/4，中间用堵塞料分开，此时孔口堵塞长度不得小于最小抵抗线长度。

(3)堵塞

堵塞对于深孔爆破时炸药爆炸能量的利用有很大的影响，足够的堵塞长度和良好的堵塞质量有利于改善爆破效果，所以，深孔爆破的堵塞长度应达到设计要求。堵塞材料采用钻孔岩屑、砂或细石屑混合物，严禁使用石块和易燃材料。

(4)爆破网路与起爆

深孔爆破一般采用电爆网路、非电起爆网路、导爆索继爆管起爆网路和复式起爆网路。随着爆破工程规模的不断扩大，大区多排孔一次微差起爆愈加显示其优越性，但对起爆网路的可靠性提出了更高的要求。

除了应该遵守上述规定外，还应遵守下列特殊规定：

(1)在复杂地质条件下(如冰、冻层或流砂等)，须经总工程师批准后，方准采用边钻孔、边装药的爆破方法，且只准用导爆索起爆法；

(2)进行深孔爆破时，应有爆破技术人员在场进行技术指导和监督。

### 5. 露天深孔爆破实例

(1)台阶深孔爆破工程实例

①工程概况

某拟建电站厂房左侧陡峭坡高的山体，严重影响着电站厂房的安危，需自山脚水平挖进约45 m×18.5 m，开挖石方12500 m³，采用露天台阶深孔爆破，台阶高度15 m，台阶坡面角

80°。周边 300 m 处有民房需要保护。

②爆破参数的确定及装药结构

根据爆区台阶高度、钻孔直径和岩石性质，爆破参数为：$H = 15$ m；孔径 $d = 10$ cm；单耗 $q$ 取 $0.3$ kg/m³；装药密度 $\rho_e = 0.75$ t/m³；孔深装药系数 $\tau$ 取 $0.8$；超深 $h = 10d = 10 \times 0.1 = 1$ m；孔深 $l = H + h = 16$ m；钻孔邻近密集系数 $m$，其值通常 $>1.0$，取 $1.2$。

a. 底盘抵抗线计算：

根据式（10-40），可计算出 $W_d = 3.7$ m

b. 孔距：$a = mW_d$

$$a = 1.2 \times 3.7 = 4.4 \text{ m}$$

c. 排距：$b = a\sin60° = 0.866a$

$$b = 4.4 \times 0.866 = 3.8 \text{ m}$$

d. 填塞长度 $l_p$：取 $l_p = 0.8W_d = 0.8 \times 3.7 = 3$ m

e. 装药长度 $l_e = l - l_p = 16 - 3 = 13$ m

f. 台阶上眉线至前排孔口距离：$b_c = W_d - H\cot\alpha$

算得 $b_c = 3.7 - 15 \times \cot80° = 1.1$ m

g. 炮孔总数：$N = (45.0 \text{ m} \times 18.5 \text{ m}) \div (4.4 \text{ m} \times 3.8 \text{ m}) = 50$ 孔

h. 单孔装药量：

第一排孔：$Q_1 = qaW_dH$；

算得：$Q_1 = 0.3 \times 4.4 \times 3.7 \times 15 = 73.26$ kg

线装药量：$73.26 \div 13 = 5.63$ kg/m

装药密度：$\rho_e = 5.63 \times 10^{-3} / (3.14 \times 0.05^2) = 0.72$ t/m³

其他排孔：$Q_2 = KqabH$

算得：$Q_2 = 1.1 \times 0.3 \times 4.4 \times 3.8 \times 15 = 82.8$ kg

线装药量：$82.8 \div 13 = 6.4$ kg/m

最大段药量：$Q = 82.8 \times 10 = 828$ kg

i. 总药量：$(828 \times 4) + (73.26 \times 10) + 94 = 4138.6$ kg

二次破碎药量：$Q_3 = 12500 \times 5\% \times 0.15 = 94$ kg（经验公式）

j. 实际炸药单耗：$4138.6 \div 12500 = 0.331$ kg/m³

爆破参数与装药结构及堵塞见图 10-37。

③钻孔及布孔

待爆区已形成完整的台阶，工作面较宽，爆破环境较好，钻孔前稍加清除岩基表面的覆盖层，平整岩基表面以利于钻孔机定

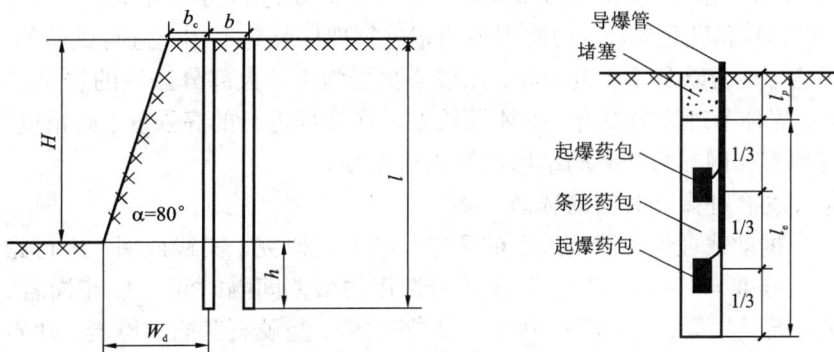

图 10-37　爆破参数与装药结构

位及防止钻孔时堵塞炮孔,提高成孔率。根据现有的设备,拟采用两台 $\phi90$ mm 三脚汽油潜孔钻机钻孔,从台阶最前一排孔开始,逐步往后推进。布孔方式为梅花形垂直孔(图10-38)。

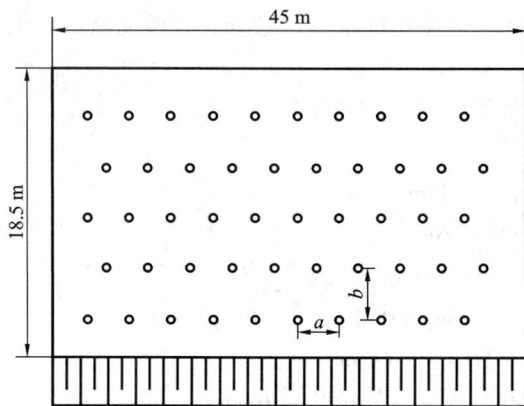

图 10-38　布孔形式及排距孔距示意图

④起爆网路、起爆方式和微差时间

每个炮孔用双发非电毫秒雷管,$\phi80$ mm 乳化炸药药卷装药,孔内延时,延时时间为 25 ms。用电雷管联网组成串联电路,接起爆器起爆。

⑤经济效果

采用露天台阶深孔爆破设计,施工设备简单,只要一般小型普通柴油潜孔钻机或汽油潜孔钻机钻孔即可以满足施工要求,无需大功率电源,大大节省了工程成本费用。该工程爆破工期 2 天,第 1 天施工准备,钻孔 50 个;第 2 天装药、检查、联线、爆破。爆破石方 12500 m³,整个工程造价约 10 万元,与其他施工方法相比,节约了直接成本,缩短了施工工期,获得了较好的经济效益。

(2)逐孔爆破工程实例

①工程概况

某露天矿设计台阶高度为 15~18 m,采用英格索兰 DM25SP 潜孔钻机,钻孔直径为 250 mm,孔网参数设计以 8×8 m 和 9×9 m 进行方形布孔,主要使用的炸药类型为铵油(ANFO)和乳化炸药,均使用装药车进行现场装药工作。进行试验的爆破区域内岩石有泥岩、页岩、砂岩以及砂质页岩等,以砂质页岩为主。大部分区域的岩层较平缓,倾角一般为 3°~5°,岩体节理裂隙发育,整体性较差。在现场进行的高强度、高精度导爆管雷管试验过程中,对原有孔网参数和装药结构没有进行改变。

②合理微差时间的选择

据动载理论和爆震最小的要求,经大量研究、实践证明,进行露天中深孔爆破,当最小抵抗线 $W = 6~10$ m 时,下述矿岩选用的微差间隔时间:① 花岗岩、橄榄石、辉长石、闪长岩、石英岩等,$T_z = 15~30$ ms;② 蛇纹岩、坚硬石灰岩、玢岩、砂岩等,$T_z = 20~46$ ms;③ 韧而较软的矿岩,如菱镁矿、石膏、泥灰岩等,$T_z = 50~70$ ms。据哈努卡耶夫提供的数据:一般中硬岩石,先起爆药包为后响药包形成新临空面所需时间为 25~60 ms。

在同时考虑爆破网路安全性能的基础上，根据试验地点矿岩特点，设计地表延时孔间微差时间为 42 ms 和 65 ms，排间微差时间为 100 ms，孔内延时雷管全部采用 400 ms 延时。标准起爆网路如图 10－39 所示，图中 0 时间为起爆点。当爆区形状不规则时，只需在此基础上利用 17 ms 和 25 ms 地表延时雷管进行适当的调整即可。在网路联结设计中，地表网路采用双雷管并利用连接块实现了整个网路的快速联结。

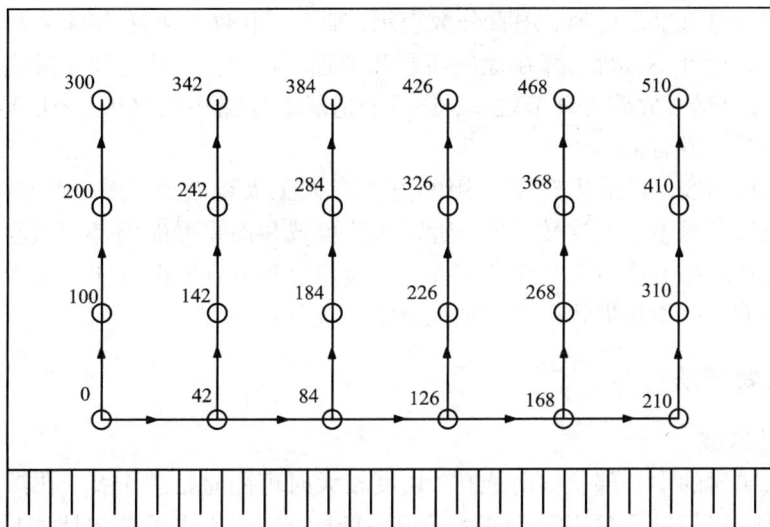

图 10 – 39　逐孔起爆网路

③爆后效果

爆破参数如表 10 – 21 所示。

表 10 – 21　爆破参数表

| 试验时间 | 孔数 | 排数 | 地表延时/发 | 孔内延时/发 | 爆破量／$m^3$ | 单耗／$kg \cdot m^{-3}$ | 大块数 |
|---|---|---|---|---|---|---|---|
| 2003 – 10 – 23 | 158 | 6 ~ 7 | 332 | 316 | 151680 | 0.398 | 0 |
| 2003 – 11 – 26 | 224 | 6 ~ 9 | 470 | 448 | 214840 | 0.395 | 1 |
| 2003 – 11 – 29 | 329 | 8 ~ 10 | 680 | 658 | 311040 | 0.403 | 1 |

该矿采用的是 PH2800 型电铲，铲斗容积为 25 $m^3$，在生产实际中确定岩石体积在 1.5 $m^3$ 以上时为大块。该矿的计划大块率为 2 块/万 $m^3$，同期使用导爆索爆破时的大块率为 0.5 块/万 $m^3$，对试验取得数据的统计结果分析，使用"逐孔起爆"后的大块率接近 0.3 块/万 $m^3$，分别为前两者的 15% 和 60%。在试验中利用震动信号自记仪对爆破震动进行了测量，在距离爆破区中心向边坡方向 70 m 选取 2 处信号采集位置。对三次试验采集到的爆破震动信号分析结果显示，最大径向震速为 2.439 cm/s，而一般常规大区段导爆索起爆时的最大震速为 5 ~ 7 cm/s，能够减震达 50% 以上。这对于露天矿采场生产爆破和临近边坡区爆破有很好的现实意义。

## 10.5 二次破碎

深孔爆破和硐室爆破的一个严重问题是大块率高,所谓大块,就是指矿岩尺寸超过了放矿、运输、铲装等设备所要求的块度,地下爆破指最大边长大于 300~400 mm,露天爆破一般指最大边长大于 800~1000 mm 的岩石。大块的多少可以用大块率来表示,即大块矿岩的重量与全部崩下矿岩总重量之比值,用百分数表示,地下深孔爆破可达 20%~30%。产生大块的原因是爆破参数设计不合理、存在地质断层和节理、矿岩有粘结性等。过高的大块率除了降低耙矿、铲运、铲装、放矿等环节效率,还可能造成卡死漏斗和溜井、采场悬拱,以及对安全造成极大威胁等不良后果。

为了处理大块问题,目前生产中使用的方法有人工大锤破碎、爆破法破碎和机械破碎等。由于人工破碎既繁重、工效又极低,所以浅孔爆破和裸露爆破仍是二次破碎最常用的方法,后者因不需要钻孔工具和钻孔作业工序,是最简单和最方便的方法。露天爆破有时在大块比较集中的地方可以用履带式破碎锤或风动破碎锤处理。

### 10.5.1 炮孔爆破法

#### 1. 普通浅孔爆破

一般在大块矿岩的中心部位钻凿炮孔,块度较大时可同时钻多个孔,孔深为大块厚度的 1/2~2/3 范围内,确保钻孔深度等于或大于最小抵抗线,装入少量药包堵塞后爆破,可使大块矿岩解体成为许多较小尺寸的矿岩块,如图 10-40 所示。由于大块的自由面较多,而最小抵抗线又很小,故消耗的药量较少,表 10-22 给出了孤石爆破装药量的经验值。

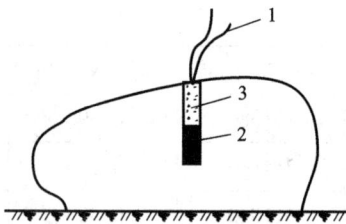

图 10-40 炮孔法二次爆破
1—雷管脚线;2—药包;3—炮泥

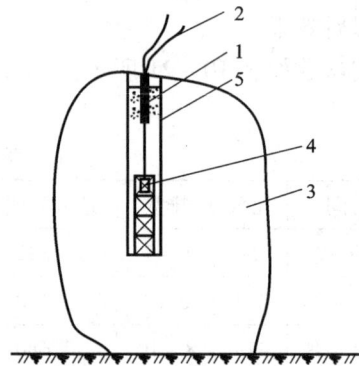

图 10-41 水压爆破孤石
1—水;2—脚线;3—孤石;4—药包;5—炮孔

表 10-22 孤石爆破装药量

| 孤石体积/m³ | 孤石厚度/m | 炮孔深度/m | 炮孔数目/个 | 装药量(每个炮孔)/kg |
|---|---|---|---|---|
| 0.5 | 0.8 | 0.44 | 1 | 0.05 |
| 1.0 | 1.0 | 0.55 | 1 | 0.10 |
| 2.0 | 1.0 | 0.55 | 2 | 0.10 |
| 3.0 | 1.5 | 0.87 | 2 | 0.15 |

**2. 水压浅孔爆破**

采用裸露药包爆破和普通浅孔爆破孤石，都会产生飞石和空气冲击波。孤石爆破施工中，为防止飞石对人员的伤亡，降低爆破的有害效应，可采用水压浅孔爆破法破碎孤石。用水压浅孔爆破法破碎大块孤石时，如图 10 – 42 所示，在大块孤石的中心钻一个浅孔，把装有雷管的药包装入孔底。如果使用炸药的密度小于 1.0 kg/m³，可在药卷底部装入少量密度较大的碎石或细沙，然后往炮孔中注水，一直注满。最后用电雷管或导爆管起爆。

爆破的效果主要取决于水压浅孔爆破的有关参数，主要有：

（1）不耦合系数。该值必须考虑岩块的物理力学性质和炸药的性能，根据经验，不耦合系数值在 2.0 ~ 2.5 之间能取得满意效果。

（2）最小抵抗线 $W$。除考虑岩石性质和炸药的威力外，主要考虑孤石的形状和尺寸。根据经验，一个炮孔的最小抵抗线最好不要超过 0.8 m，如果孤石的尺寸过大，可考虑布置 2 个或 2 个以上的炮孔。

（3）炮孔深度 $l$。确定炮孔深度应考虑最小抵抗线和孤石的高度，一般 $l = (0.6 ~ 0.8)H$，$H$ 为孤石的高度。

（4）装药量。装药量目前尚没有一个精确的公式可用，一般根据工程类比选取。根据我国矿山经验，炸药单耗在 0.015 ~ 0.05 kg/m³ 之间。

实践表明，用水压浅孔爆破来破碎孤石，可降低飞石抛掷距离和振动幅值，减少炸药消耗量，效益明显。

## 10.5.2 裸露药包爆破法

裸露爆破多是利用扁平形药包放在被爆物体的表面进行的一种爆破，亦称扒炮、贴炮、明炮。其实质是利用炸药的猛度作用，对被爆物体的局部（炸药所接触的表面附近）产生压缩、粉碎或击穿作用。炸药爆炸时的气体产物逸散到大气中，损失了很大一部分冲击波能量，故炸药的外力作用未能被利用。裸露爆破作为一种爆破方法，具有一定的应用范围，无需重要设备或设施，能充分显示它的灵活性和高速施工效率。它具有以下特点：爆破操作技术简单、工人易于掌握和运用；不需要开挖硐室，也不需要钻孔及其准备工作，因此施工速度快、耗用劳动力少，不需要钻孔机械及其辅助设备，工作具有较大的灵活性；爆破时产生的破碎块体飞散较少，大部分都能留在原来位置上，可能有个别碎块飞散较远，为了安全可靠，安全距离必须大于 400 m。裸露爆破所能破碎的块体体积有限，只用于爆破体积不大的石块、金属结构、桥桩、伐树等，一般不宜大于 1 m³，因为裸露爆破时炸药能量损失大，炸药单耗较大，大约为 2 ~ 2.5 kg/m³，块体体积过大时，经济上是不合理的。

**1. 爆破类型**

裸露药包的布置可分为两种类型：

（1）聚能药包爆破

用猛度较高，带有聚能穴结构的专用药包进行大块矿岩的覆土爆破，具体做法是：将药包垂直于大块孤石的顶面上，聚能穴朝下，药包的位置应选在顶面的几何中心或附近较平整的地点，然后在上面盖上泥沙，如图 10 – 42 所示。研究资料表明，用聚能药包爆破能降低炸药消耗量，控制岩尘和飞石，效果很好。

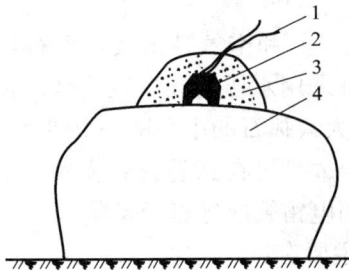

图 10 – 42　聚能药包爆破大块孤石

1—雷管脚线；2—聚能穴成型药包；

3—粘性泥土；4—大块孤石

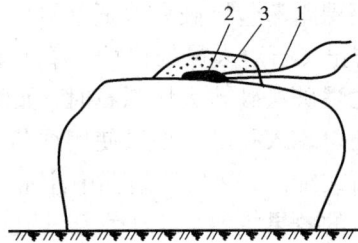

图 10 – 43　覆土法二次爆破

1—雷管脚线；2—药包；3—粘性泥土

（2）覆土药包爆破

这种方法是直接将药包搁置在大块矿岩的凹陷部位，或放置在被爆体的中心，然后用泥土封闭覆盖，或用草皮、土块及不易燃烧的物体加以覆盖，如图 10 – 43 所示。覆盖的泥土厚度应大于药包厚度的 2 倍。覆盖物内不得混有石块、砖头等物，最好用塑料水袋进行水压密封覆盖。如需将孤石抛向一侧，这时应将药包放于孤石飞散方向的后面。这种方法简便易行，费时最少，但消耗药量较大，个别飞石的现象比炮孔法严重。

**2. 裸露药包爆破安全注意事项**

裸露药包爆破时冲击波很强，个别飞石很远，容易使周围建筑物和设备受损，因此除特殊紧急情况外一般不使用。还有在通风不良的隧道禁止使用该法。

裸露药包可以单个或成组同时起爆，但成组同时起爆时要保证药包之间相互不能影响；药包一般应采用筒装药，如用散药应用防潮纸捆成包，防止炸药受潮；裸露药包爆破警戒范围宜放远一些；爆破之后，应仔细检查工作场地看有否未爆药包，如有，应将残药、雷管收集起来，再次进行爆破，不得散落在现场。

# 10.6　爆破设计与 CAD 系统

## 10.6.1　爆破设计与 CAD 系统

爆破设计是爆破生产过程中的一个关键环节，爆破工艺与参数的合理性对爆破效果以及后续出矿、铲装、运输、破碎作业的效率和成本都有直接的影响。优化爆破参数，以保证爆破效果，同时尽量降低钻爆成本，是爆破设计工作的基本原则。爆破设计的目的主要是根据矿山统计资料，通过对影响爆破效果的各因素如矿岩性质、地质构造、爆区形状和炸药类型分析，选择爆破参数，提供最佳的爆破设计方案以达最佳的爆破效果。

爆破设计人员提供的爆破设计方案包括对选定爆区的布孔参数设计、起爆网路设计、装药结构设计等。这些工作要以图纸、表格的形式提供给现场工作人员，作为实施爆破作业的依据。以前通常由技术人员手工计算、绘图、编制爆破说明书等，既繁琐复杂，又不准确，无法满足大型矿山高效掘进和开采对爆破设计效率的要求，因而采用计算机作为辅助工具，根据采场的工作状态和钻爆工作的实际要求，进行爆破设计，输出爆破方案的布孔图、起爆网路图、装药结构图、爆破形态预估图及炮孔装药量计算表和爆破设计说明书等，可以节省大量的人力和物力，缩短设计周期，提高爆破设计效率和精度。

随着计算机技术在矿山的广泛应用，国内外矿山已逐步采用计算机进行爆破辅助设计，尤其是近十多年来，澳大利亚、美国和加拿大等国的数十个矿山已先后编制、应用了爆破设计专家系统的计算机软件。我国众多高校与科研单位也开发了类似的系统，可通过 CAD 软件实现炮孔布置图、起爆网路图、装药结构图、爆破设计说明书的绘制与打印，并在向实现爆破参数选取智能化、爆破设计成图自动化、设计图表规范化和数据管理系统化方向发展。

## 10.6.2　爆破 CAD 系统的主要功能

一个完善的爆破工程 CAD 系统的基本内容包括：几何绘图/绘制图形、计算分析/仿真模拟、图形输出、工程数据库管理等 4 个方面。

### 1. 几何建模

（1）工程分析

收集爆破工程设计的基本资料，按爆破工程要求提出设计目标，分析影响爆破效果的各种因素，并在计算机辅助条件下计算爆破参数，这是设计前期的准备工作。例如在露天 CAD 系统中，对地质地形数据的收集识别、爆区岩石可爆性的自动分级、爆破区边界的确定以及孔网参数、炮孔装药量计算、起爆顺序和起爆时差的确定等。

（2）几何建模

几何建模就是设计人员在输入设备的帮助下，利用交互系统在 CAD 系统的显示设备上产生几何图形，计算机将其转化为数学模型并存入数据库中，是 CAD 系统中应用范围最广，也是最基本的系统功能。

爆破 CAD 设计系统的几何建模包括爆区圈定、孔网设计、装药结构设计、起爆网路设计、爆破图标编制等。例如在露天 CAD 系统中，几何建模过程需要在爆区地质地形数据库以及精确的测量定位技术辅助下完成：首先由人工确定爆区范围；然后系统自动查询识别地质地形数据，通过人机交互计算出爆破设计参数；接着由系统自动完成布孔、装药设计，绘出爆破设计图；最后利用几何模型确定的参数信息和图形信息，对工程进行各种特性分析，利用工程设计人员的实践经验初步判断设计模型的正确性和合理性，并通过人机交互方式对设计模型进行改进。

（3）技术资料处理

提取几何模型得到设计参数依据，在系统辅助下通过人机交互完成爆破设计说明书的编制。

### 2. 数值模拟分析

在完成设计模型以后，应对设计模型进行静态、动态下的模拟分析，验证设计模型的可靠性和应用效果。常用的模拟分析方法有解析法和数值法，数值法中常用的有：有限元法、边界元法、有限差分法和数值积分法等。通过数值分析计算，可以判断设计模型的合理性，可根据分析结果对设计方案进行改进和优化。工程爆破希望通过对爆破运动过程的模拟分析，预测爆破设计方案的爆破效果，以验证设计方案的合理性，同时还希望通过对预测结果的分析进一步优化和改进设计方案和设计参数。

**3. 设计成果输出**

把几何模型的数学描述和数值计算数据用一定的数据格式在计算机存储器中归档备案，并在用户需要的情况下，通过输出设备绘制成标准工程图件和标准技术文档。例如一个完善的露天爆破 CAD 系统的输出功能至少应包括：爆区地形地质图、孔网参数图、起爆网路图、装药结构图等图件的自动输出，以及指导施工的设计文件如爆破指令书或设计说明书、穿孔任务书、爆破参数计算表、炮孔坐标清单等。

**4. 数据库管理**

工程设计中的信息是非常巨大的，而且信息的形式、属性、关系也是复杂多样的，整个 CAD 系统就是建立在对这些工程信息储存、管理传递和共享的基础之上的，它依靠的就是工程数据库及其管理系统的强大功能。CAD 系统中工程数据库信息的共享模拟和数据接口的规范化，是各个工业领域普及 CAD 技术中需要解决的重要问题。

## 10.6.3 爆破设计系统的开发实例

### 1. 使用 AutoCAD 进行露天深孔爆破辅助设计

设计步骤如图 10 – 44 所示：

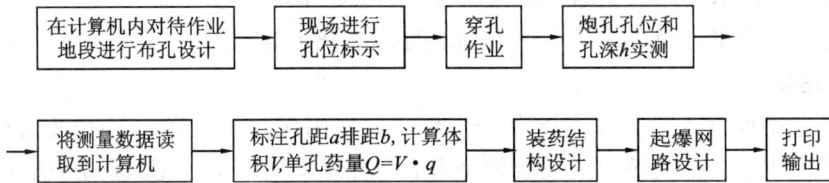

**图 10 – 44　AutoCAD 露天深孔爆破辅助设计步骤图**

具体设计步骤说明如下：

（1）设计人员在计算机上对需要穿孔作业地段进行布孔。该步骤主要确定每个待作业炮孔平面图上的位置。

（2）根据设计人员的布孔参数，测量人员将计算机上的参数读取到全站仪，然后在现场作业地段根据全站仪中得到的数据定出每个待作业炮孔的孔位并作标示。

（3）穿孔设备操作人员按现场定好的孔位进行穿孔作业。设计人员可以根据现场场地情况对孔位作适当调整。

（4）穿孔作业完成后，测量人员通过全站仪对现场实际孔位进行数据采集（孔深亦在现场量得）。

（5）将采集到的孔位数据，读取到计算机内。

（6）计算机根据已采集到的数据对每个孔的孔距 $a$、排距 $b$ 进行查询或标注，借助一定程序，计算机可以自动生成一张 Excel 表格，或者预先设计一张 Excel 表格，设计人员在这张表格上按照算得的每个孔深 $h$，可以很简便地得到每个炮孔担负的面积 $S$、体积 $V$；根据每个炮孔的岩性情况选取每个孔的单耗 $q$，填入表格，计算机可以自动生成单孔药量 $Q$ 值；设计人员根据每孔装药长度 $l_e$，填入上述表格，计算机自动生成每个炮孔的装药结构数据。

（7）设计人员根据初步设计参数进行调整，每作一次调整，计算机会自动生成一次设计结果,经过多次调整,直到设计结果完全满足设计人员的要求为止。

(8)在实测炮孔图上进行起爆网路设计。

(9)将爆破设计打印输出。

**2. 基于 AutoCAD 开发露天台阶爆破设计系统**

(1)系统结构

系统结构如图 10 – 45 所示:

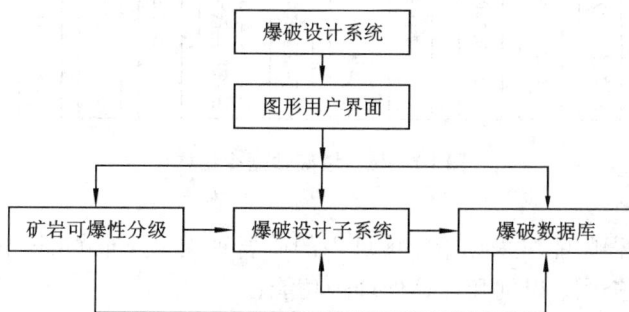

图 10 – 45　系统结构图

系统是用 ObjectARX 开发的动态链接库程序,是内嵌于 AutoCAD 里面并且采用人 – 机交互的方式进行爆破设计。系统的主要功能:

①系统以菜单、停靠对话框形式设计,易学易用。在爆破设计过程中以人 – 机交互的方式进行各种参数的选择,并且适时地以命令行的方式给用户提示如何操作;

②系统能够识别出采场各个水平阶段的坡顶、坡底以及矿岩的界线。让用户以鼠标的方式圈定爆破区域的范围,而且能够以自动和人工两种方式确定爆破区域内矿岩的种类和爆破等级;

③以对话框的形式让用户选择钻机型号、炸药种类、雷管段数以及起爆网路等参数,实现爆破区域内的炮孔布置,并允许用户对不合适的炮孔进行修改、删除;

④系统能够根据爆破区域的范围以及用户选择的参数进行炸药量、爆破量的计算,生成用于生产的爆破指令书、炮孔参数计算表以及穿孔任务书。并将其和爆破设计图、炮孔数据表一起保存在数据库中;

⑤用户可以对数据库中的爆破记录进行查询,参考实际的爆破效果并修改相应的爆破参数达到爆破优化。

(2)数据库设计

由于系统数据处理不是很多,速度要求也不是很严格,所以后台数据库采用 Microsoft 公司的数据库产品 Access 进行设计完全可以满足需要,作为一种功能强大的 MIS 系统开发工具,具有界面友好、易学易用、开发简单和接口灵活等特点。数据库结构如图 10 – 46 所示。

数据库的主要功能:

①根据各采场现场实际测量的坐标数据,由计算机按属性即时自动生成、储存和输出各种地形线。并以数值方式将采场地表实测点坐标以及各区域内矿岩的各种地质属性参数(如矿岩种类、物理力学性质和地质结构特征参数等)以表的形式存入数据库;

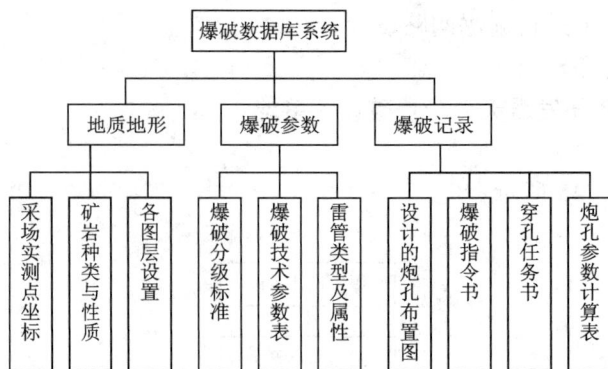

**图 10－46　爆破数据库结构**

②在爆破设计过程中能对采场给定区域内的矿岩种类、分布范围、体积以及各种物理力学性质参数进行自动查询、识别和计算处理的功能；

③根据爆破设计各功能模块发出的指令自动查询与处理图形目标（包括图线和图形等），并自动进行相应的图形边界处理以及与图形属性有关的统计分析与计算。

**3. 巷道炮孔计算机辅助设计系统**

（1）系统分析

在设计炮孔布置图时，需要从巷道验收数据表中读取数据，并设定好各种参数，计算机就能自动生成炮孔图。根据设计参数，就能计算出每次爆破所需药量等其他设计结果。

参数录入部分采用 PowerBulider 开发，将设计要用到的各项数据保存到数据库中。同时，对于计算分析部分，也在数据管理部分完成。计算机辅助设计则专注于取得数据并绘图，这些工作可以在 AutoCAD 下采用 ObjectARX 类库进行二次开发。绘制炮孔布置图一般需要知道矿块的信息以及上层巷道的中心坐标。对于炮孔线的布置，需要事先在数据管理部分计算出来后保存到数据库中。计算的方法主要是采用解析几何方面的知识。有的参数是固定值，在程序设计中可以设置为常量；而有关巷道的信息，则可以从数据库中进行读取。炮孔线的绘制步骤如图 10－47 所示。

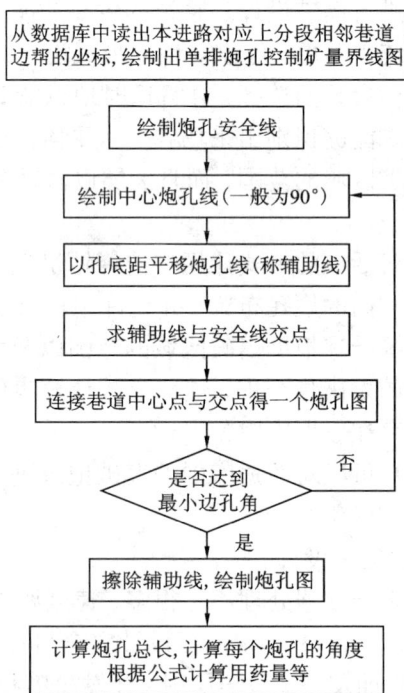

**图 10－47　炮孔布置图的设计步骤**

在使用计算机语言编程的过程中，可以先在数据管理系统中读取数据，然后根据解析几何方面的知识，采用一定的算法将计算出来的结果保存到数据库中。整个系统可以分为两个模块，一个模块为炮孔参数的设计录入部分，另一个模块则为根据设计好的参数形成炮孔图。

（2）数据库设计

在矿山实践中，通过操作数据库来完成这些基本因素值的修改工作。

而直接给定的诸如边孔角、最小抵抗线、孔底距等等的参数，与最后完成的图样有着重要的联系，在程序中，要进行的工作就是通过计算确定炮孔的长度，根据相邻炮孔间偏移的角度来确定炮孔的位置和长度，从而完成炮孔布置图。根据现场实际操作中对爆破效果和巷道安全等的考虑，需要对炮孔长度和偏移角度做精确判定和选择。

该子系统共包含 3 个数据库表：用于存储设计的炮孔图纸信息表；用于存储设计后的参数表；用于存储图纸固定设计参数表。

（3）系统实现

①数据管理模块

数据录入后保存在数据库中，用户可根据需要随时查询。同时，对于炮孔设计需要的各种参数，也在录入时进行了计算，并将计算的结果保存到用于存储设计后的参数表中。在绘图时，只需要根据设计编号，就可以检索出相应的数据用于绘图。

②计算机绘图模块

在具体实现过程中，使用模块化思想，分别将数据库的读取和操作与自动完成绘图的部分集成为两个程序模块，以便于对程序进行必要的修改和进行后续开发工作。

**4. 台阶爆破设计智能系统**

（1）系统结构与功能

①系统的内容与结构

系统集爆破参数优化、炮孔自适应布置、设计参数计算、自动绘图、爆破效果预测、爆破效果分析和爆破管理于一体，主要由数据库、智能学习系统、设计系统、预测系统和分析系统等五部分组成，其具体内容与结构如图 10－48 所示。

②系统的数据库功能

数据库具有编辑、浏览、查询、数据、孔网参数、爆区特性、参数设置、爆区分布、爆破管理、设计打印等十种功能。

a. 编辑。编辑菜单中设有增加、更新和删除功能。

增加功能可以增加一个将要进行的新设计或增加一个未使用本系统完成的爆破设计（作为设计资料保存）。对于前者，要求在基本数据输入窗中输入爆区所在位置、孔径、节理参数等，而后者则还需要输入爆破类型、爆破时间、设计者等。

更新功能用于在完成对基本数据输入窗中的数据或文字修改后的保存。

删除功能用于删除当前选定的爆破设计，完成删除操作后，被删除的爆破设计中的所有数据丢失，不可恢复。

b. 浏览。用于顺序浏览数据库中保存的所有爆破设计的各种参数，并可在点击选定某一次爆破设计后，从"孔网参数"菜单中方便地查阅各种爆破参数，或从"设计打印"菜单中查阅和打印该次爆破的各种设计图、说明书。

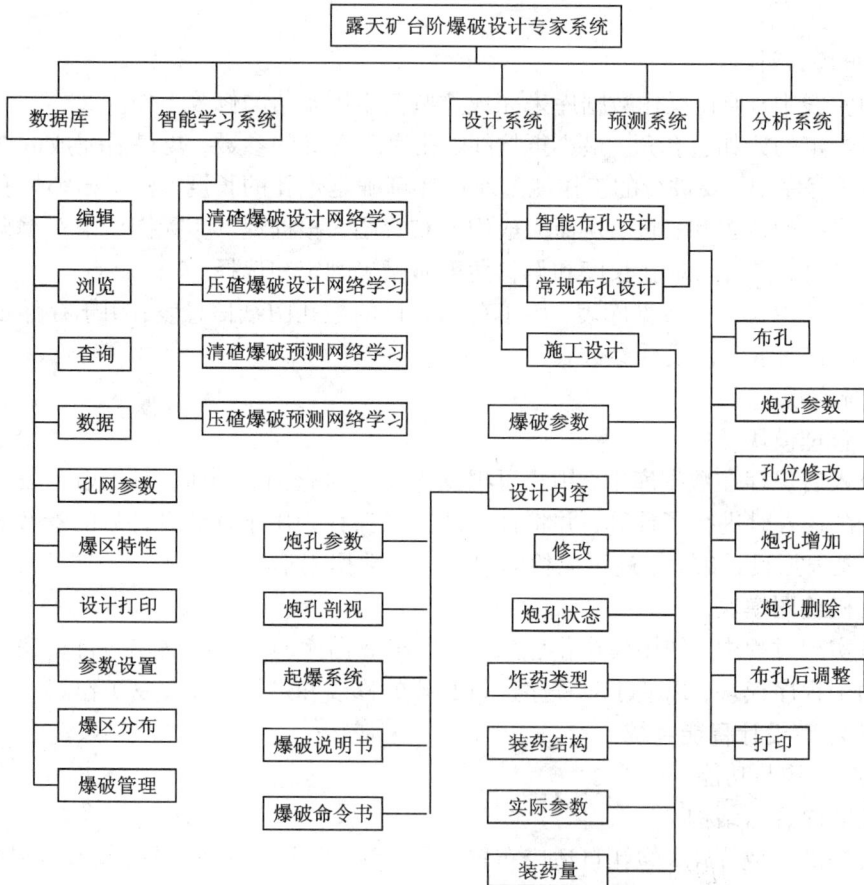

图 10-48　爆破设计系统内容与结构框图

c. 查询。通过输入采场名称、台阶编号、块段编号、设计者、设计时间、钻机号、爆破类型等一种或多种方式定点浏览所要求的爆破设计参数。

d. 数据。查阅所选定当前次爆破设计的主要爆破参数和爆破效果数据。或进行爆破后的数据输入。若爆破效果较好，在爆后数据输入后，点击"智能学习样本"，则该次爆破数据存入智能学习样本库中。

e. 孔网参数。查阅所选定当前次爆破设计的布孔设计孔网参数、施工设计孔网参数和间隔装药参数。

f. 爆区特性。用于输入待设计的爆区控制点坐标和修改爆区边界控制点坐标，选定待设计的爆破类型(若为压碴爆破，还需输入压碴宽度和碴堆松散度)。

g. 参数。设置显示常规设计中基本孔网参数取值范围以及清碴爆破、压碴爆破的炸药单耗。通过该界面可修改当前爆破设计的孔网参数和炸药单耗，但不能保存修改值。

h. 爆区。分布在输入采场名称和台阶水平后，显示该采场、水平上所有本系统设计的爆区分布图。利用界面上的查询功能，可获得查询点(输入其坐标)所在的爆区位置、爆区的块段号、设计者、爆破时间。点击界面上的"爆破统计"子菜单，并按要求输入统计的时间段后，显示当前台阶水平在该时间段内的爆区统计表。

i. 爆破。管理此项设有"技经统计"、"对比分析"和"模拟评价"3个功能，可统计并显示全矿某一个月或数月内所有采场的爆破技术经济指标。利用对比分析功能，可统计出一个或多个时间段内全矿的各项技经指标累加值或平均值。利用模拟评价功能可输入某月全矿某台电铲装载的各品级的矿岩量，并统计计算出各种总量、金额和百分比。

j. 设计打印。可打印所选定的当前爆破设计中的炮孔平面布置图、横剖面图、纵剖面图、起爆网路图、爆破设计说明书和爆破命令书，不能修改。

③系统的设计功能

系统将整个爆破设计分为布孔设计和施工设计两部分，其中，按照设计时所需爆破参数的来源不同，布孔设计又分为常规布孔设计和智能布孔设计。

常规布孔设计是通过调用专家系统中的知识库数据(专家确定的生产爆破布孔参数和炸药单耗)，经过严密的推理，在爆区平面图上实现炮孔的自适应布置，统计计算爆区孔网参数，并具有修改爆区后边界控制点和炮孔位置、增加或删除炮孔、布孔后调整以及打印布孔平面图和布孔说明书的功能。炮孔平面图上的孔位可选择进行单孔或群孔修改。单孔修改只能对选定的孔号位置进行修改，其方式是用鼠标将被修改孔拖拉至预定位置，并在设计界面上实时显示该孔位的坐标(施工设计与此相同)。

智能布孔设计的功能与常规布孔设计相同，其不同点是，智能设计从知识库调用的有关数据是按照神经网络理论对已进行的爆破的设计参数样本进行学习后获得的，即定量借鉴和利用了成功的爆破设计参数。这样，知识库中的各项数据已被更新。

施工设计是在验孔后进行。其主要功能是进行炮孔状态、炸药类型和实际装药量的输入和选择，设计装药结构、起爆网路和微差方式，选择绘制单孔或多孔的装药结构剖面图，打印输出爆破设计说明书、爆破命令书和炮孔剖面图。

④系统的预测、分析功能

系统的爆破效果预测是按照神经网络原理，将爆破参数、台阶参数、钻孔参数和爆区矿岩性质等作为网络的输入，将爆破效果参数(大块率、爆堆高度和后冲距离等)作为网络的输出。用已有的爆破数据进行学习后获得网络参数，建立预测网络模型。对已完成爆破设计的爆区，可实现其效果预测。

分析系统是应用灰关联分析方法对所选定的多次爆破进行其主要影响因素分析，可确定出影响爆破效果的各主要因素的次序。在进行分析时，系统将按照所选定的采场、爆破分析起止时间和爆破类型，自动调用爆破数据库中的分析目标和影响因素数据作为分析样本，并列表打印分析结果。

(2)系统的设计计算流程

系统软件包采用 Visual basic 和 Access 数据库编制，其爆破设计计算流程如图10-49所示。

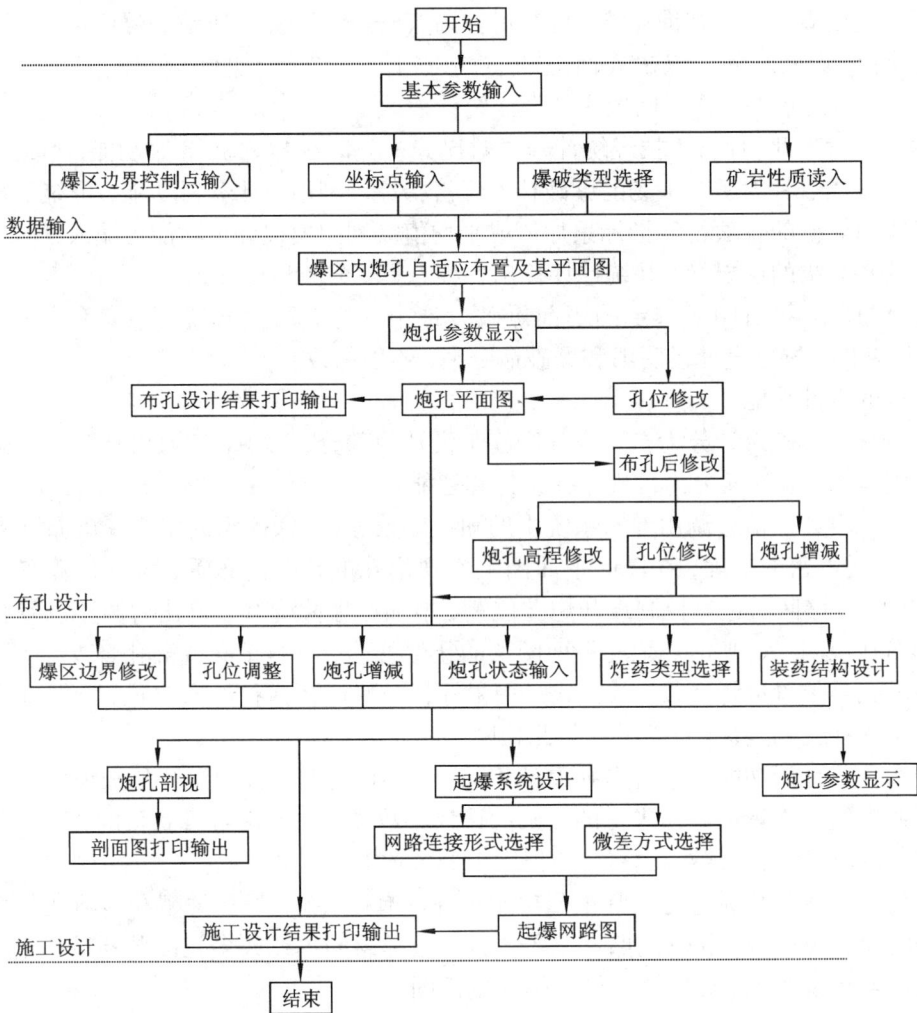

**图 10-49　爆破设计计算流程**

## 复习思考题

1. 巷(隧)道掘进爆破工作面上的炮孔,按作用不同分为哪几类? 各类孔起何作用?
2. 巷(隧)道掘进爆破炮孔布置的方法和原则有哪些?
3. 巷(隧)道掘进爆破说明书主要包括哪些内容?
4. 竖井和天井掘进爆破作业的安全要求有哪些?
5. 地下深孔爆破设计的基本内容有哪些?
6. 深孔装药结构主要有哪几种? 各有何优缺点?
7. 露天矿深孔爆破常用的起爆网路主要有哪几种? 各有何优缺点?
8. 一个完善的爆破工程 CAD 系统包括哪些基本内容?

# 第 11 章  硐室爆破

硐室爆破是把硐室或井巷作为专用的装药空间，将大量炸药装填于其中，达到一次爆破破碎、崩落或抛掷大量土岩的一种爆破技术。硐室爆破起源于军事上的地雷爆破，经过几十年的发展，已广泛地应用于矿山、交通、水利水电、平整场地、移山填海（沟）等领域。1955至 1957 年，仅我国铁路部门在新建铁路中就进行过 209 次硐室爆破。1956 年，甘肃白银厂露天矿硐室爆破共布 480 个药室，三次起爆总药量 15640 t，缩短基建工期 2 年。1992 年在广东珠海炮台山实行了一次起爆药量 1.2 万 t 的移山填海平基硐室大爆破，一次爆方量达 1085万 $m^3$，抛掷率达 51.8%，工作时间仅为 4 个月。从 1958 年起，应用定向硐室爆破筑坝技术，至今已筑成各类土石坝 60 余座，目前定向硐室爆破构筑高坝的研究已取得重大成果。从我国国情出发，硐室爆破的应用将继续向广度和深度方向发展。本章将主要介绍不同硐室爆破的原理与设计方法。

## 11.1  硐室爆破的分类与作用原理

### 11.1.1  硐室爆破的分类

硐室爆破可按爆破作用特征和药室形态进行分类。

**1. 按爆破作用特征分类**

按爆破作用特征，硐室爆破可分为五种。

（1）松动爆破。

（2）加强松动爆破（亦称减弱抛掷爆破）。

（3）抛掷爆破。包含定向抛掷爆破、标准抛掷爆破、加强抛掷爆破三种类型的抛掷爆破，其地面破坏形态及定义见 9.4.2。

（4）崩塌爆破

在陡坡地形条件下，药包的最小抵抗线 $W$ 远小于药包中心至地面的高度 $H$，抗高比 $W/H$ 小于 0.6 的硐室爆破，称为崩塌爆破。崩塌爆破 $W/H$ 一般为 0.5 左右。

崩塌爆破的抗高比较小，爆破能对上部岩体的破碎不充分。上部岩体的破碎，还要借助于重力作用，使上部岩体崩落并相互碰撞产生破碎，故整体性较好的岩体，上部的大块率很高，大块也较大。但崩塌爆破能充分利用重力作用，炸药量省，平均炸药单耗低，导硐、药室工程量较少。一般用于爆破点的岩石节理裂隙发育，岩石易破碎或表层土较厚或强风化层较厚，以及对爆破块度无任何要求的爆破工点。

（5）混合型爆破

根据爆破的目的和要求，可以使一次爆破同时具有多种爆破类型。如一侧松动、一侧抛掷的爆破；一侧定向抛掷、一侧加强松动的爆破等。

**2. 按药室形态分类**

(1)集中药包硐室爆破

集中药包是以球形为标准,爆破作用范围近似
于球形,其爆破应力波为球面波向外传播。一般认
为:凡高度不超过直径4倍的圆柱形,或最长边不超
过其他任意最短边4倍的直角六面体(即$l \leqslant 4a$,见
图11–1),都属于集中药包。也有资料认为$l \leqslant 6a$
或$l \leqslant 8a$都属于集中药包。

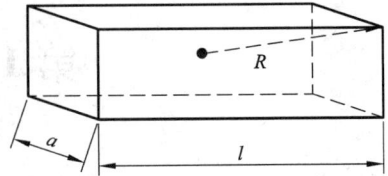

图11–1  确定药包类型的示意图

另外,也可按集中系数$\varphi$来判别,相应的判别式为:

$$\varphi = \frac{0.62V_Q^{1/3}}{R} \geqslant 0.41 \tag{11-1}$$

式中:$V_Q$——炸药的体积;

　　$R$——药包中心至药包最远边角点的距离。

集中药包的优点是药室布置灵活。如较容易避开断层、溶洞等地质构造的薄弱面,可用
多个集中药包组合形式控制断层、溶洞等地质构造弱面对爆破效果的影响;对地形崎岖的爆
区,容易用辅助集中药包改造地形,为主药包创造理想的自由面。

集中药包的缺点是装药量集中,岩石破碎不均匀,大块率高;边坡处布置集中药包,对
药包附近的基岩破坏性影响比条形药包大;导硐开挖工程量较大;爆破规模较大,并且$W$较
大时,药室的体积大,其断面形状较复杂,药室掘进难度大,安全性差。

集中药包适用于地形地质条件复杂,断层、溶洞较多的爆区

(2)条形药包硐室爆破

通常将满足$l > 4a$(也有资料认为$l > 6a$或$l > 8a$为条形药包)或$\varphi < 0.41$的药包称为条
形药包,亦称延长药包。

也有从药包浅埋于岩土内爆破所产生的漏斗形状特征出发,认为在条形药包的中段,爆
破漏斗口半径$r$沿药包纵轴线上有一段相同值时,为条形药包。故用药包的长度$l$与药包的
最小抵抗线$W$之比(即所谓长抗比$l/W$)作为判据。一般认为当$l/W \geqslant 2.0 \sim 2.5$时为条形药
包,亦称延长药包。也有资料认为$l/W \geqslant 1$就可认为是延长药包,即条形药包。

条形药包硐室爆破是在集中药包硐室爆破基础上发展起来的。相对于集中药包来讲,条
形药包硐室爆破药量分布较均匀,爆破大块率较低;条形药包爆破对药包附近的基岩爆破损
坏影响范围较小,若条形药包布置在永久边坡处,爆破对永久边坡的损伤比集中药包小;同
等药量情况下,条形药包的爆破振动强度比集中药包低;导硐和药室的总施工量较小。

条形药包的主要缺点是药包布置不够灵活。

在地形条件不十分复杂,工程地质条件较好(无断层、溶洞)的爆区,应采用条形药包。

(3)分集药包硐室爆破

将条形药包沿药室轴线分割成若干个长度较短装药段,装药段之间适当充填,这种药包
称为分集药包。亦称条形药包分段间隔装药微差爆破药包,或简称分段药包。

分集药包的爆破作用特征介于集中药包和条形药包之间。

分集药包的优点是能充分适应复杂地形地质条件,如爆区内存在断层、溶洞、软夹层等;
或在同一条条形药室内的$W$值相差较大(在10%以上);或为了降低爆破地震强度,限制每

个药室的装药量(即降低单响药量);或因爆破规模不大,$W$ 值较小,若采用条形药包连续装药结构,不耦合系数过大时,均可采用分集药包布置形式。

分集药包的主要缺点是分段填塞工程量大,起爆网路连接和保护较复杂。

分集药包多用于岩体内断层和大裂隙较多,地形崎岖不平,同一条条形药室内,$W$ 变化突出或不耦合系数过大的爆破工点。

(4)混合药包硐室爆破

由于地形、地质以及施工等因素,有时一次硐室爆破中,其药包的形态既有集中药包,也有条形药包,甚至还有分集药包。一般来讲,一次大的硐室爆破工程,其药室形态可能既存在条形药包,也存在集中药包,甚至还存在分集药包,即混合型药包硐室爆破。

混合型药包一般用于爆破规模较大,爆区的地形、地质条件较复杂的硐室爆破。

**3. 混合分类**

硐室爆破在通常情况下,会根据本次爆破药室的主要形态和爆破作用特征进行分类。如集中药包松动爆破、条形药包松动爆破、条形药包抛掷爆破等等。

## 11.1.2　硐室爆破的作用原理

**1. 硐室爆破的作用原理**

硐室爆破的理论基础是爆破漏斗理论。依据爆破漏斗理论,若埋入岩土一定深度内的集中药包为爆破的外部作用药包,爆炸反应产生的高温高压气体,对药室周壁介质产生强烈地球对称的冲击力,以及随即产生的气体膨胀做功和随后产生的药包周围气体压力下降,从而在介质中形成压力波、卸载波,并随即产生拉伸波和剪切波效应。当爆炸压缩波抵达介质表面,便产生强烈地反射拉伸波作用,造成拉伸破坏,由表及里发展。同时伴随爆炸高压气体继续膨胀,加大介质的破碎,并推动破碎介质向外运动,产生地表隆起(松动爆破),以及可能产生抛掷效应,形成可见的爆破漏斗(加强松动和抛掷爆破)。图 11 – 2 给出了浅埋药包抛掷爆破作用效应示意图。

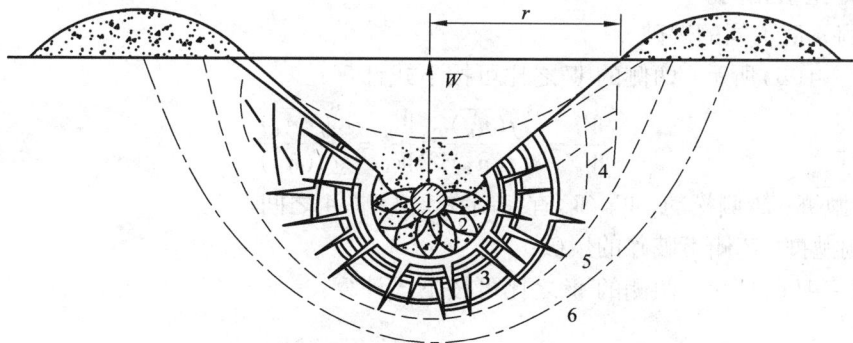

**图 11 – 2　浅埋药包抛掷爆破作用效应示意图**
1—药包;2—压缩圈;3—破碎区;4—裂隙区;5—永久变形区;6—弹性震动区

**2. 最小抵抗线原理**

由于药包中心到自由面的距离沿最小抵抗线方向最小,炸药爆炸产生的爆轰波和爆轰气体膨胀在被爆介质中引起的应力波，在最小抵抗线方向上运行的路程最短，因此在最小抵抗线方向上，被爆介质的阻力最小，应力波的能量损失也最小。最小抵抗线方向上的岩体最先向外隆起、鼓包，然后向外抛散，并且在最小抵抗线方向上抛掷最远。这种将爆破时，被爆介质的破碎、抛掷和堆积的主导方向是最小抵抗线方向的这一原理，称为最小抵抗线原理。

最小抵抗线的方向不仅决定着被爆介质的破碎、抛掷的主导方向，而且对爆破飞石、震动、介质的破碎程度等也有一定的影响。此外，最小抵抗线的大小，还决定着药包药量和药包间距的大小等。

最小抵抗线的方向和大小可以根据地形、周围环境、爆破目的与要求等，利用辅助药包及采用不同的起爆顺序、延时时间人为决定。图 11 - 3 给出了根据最小抵抗线原理设计的水平地面定向爆破药包布置图。图 11 - 3 中 $1^\#$ 为辅助药包，其 $W_1$ 方向为垂直向上，$2^\#$ 为主抛药包。$1^\#$ 药包先爆，$2^\#$ 药包后爆。$1^\#$ 药包爆后为 $2^\#$ 药包创造新自由面的最小抵抗线为 $W_2$，$2^\#$ 药包在平坦地面方向的最小抵抗线为 $W_2'$。由于 $W_2' > W_2$，故 $2^\#$ 药包的主抛方向为 $W_2$ 方向。

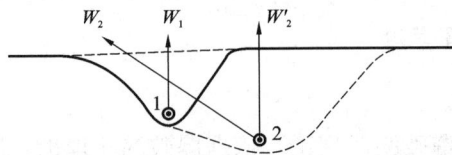

**图 11 - 3　控制抛掷方向的辅助药包布置图**

**3. 多向爆破作用控制原理**

在两个或多个自由面的山脊或山头爆破时，可以根据爆破的目的和要求，调整最小抵抗线的大小和方向，来控制不同方向的介质抛掷作用和破碎程度。

(1)$A$、$B$ 两侧破碎程度与抛距、抛量相同的爆破

如图 11 - 4(a)所示，若 $W_A = W_B$，并且爆破作用指数 $n$ 值相同，则可达到 $A$、$B$ 两侧破碎程度与抛距、抛量相同。

(2)两侧 $n$ 值不同的爆破

如图 11 - 4(b)所示，两侧的 $W$ 之比可按下式计算：

$$\frac{W_A}{W_B} = \sqrt[3]{\frac{f(n_B)}{f(n_A)}} \text{或} \frac{W_B}{W_A} = \sqrt[3]{\frac{f(n_A)}{f(n_B)}} \qquad (11 - 2)$$

若 $A$ 侧抛掷，$B$ 侧松动，$W_B/W_A$ 宜控制在 1.2 ~ 1.4 之间。

(3)$A$ 侧抛掷，$B$ 侧不破碎的爆破

如图 11 - 4(c)所示，两侧的 $W$ 之比可按下式计算：

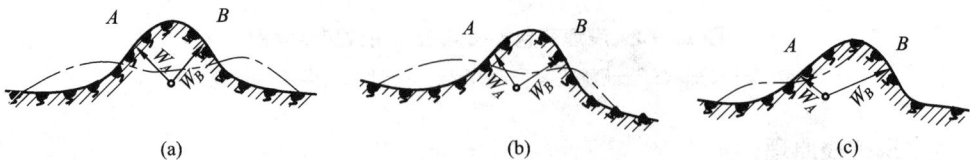

| (a) | (b) | (c) |

**图 11 - 4　多向爆破作用的控制**

$$W_B \geqslant 1.3 W_A \sqrt{1 + n_A^2} \qquad (11-3)$$

式(11-1)~式(11-3)中:

$W_A$——A 方向的最小抵抗线,m;

$W_B$——B 方向的最小抵抗线,m;

$f(n_A)$——A 方向爆破作用指数的函数;

$f(n_B)$——B 方向爆破作用指数的函数。

**4. 群药包共同作用原理**

两个并列的等量对称药包爆破时,其中间的土岩一般不发生侧向抛散,只能沿着两药包抵抗线的方向抛出。非等量对称的群药包之间的土岩会发生一定的侧向抛散,但其大部分或绝大部分的运动情况是沿着几个药包联合作用所决定的方向抛出。根据这种现象,可以按照"定向中心"的原理布置等量对称药包或其他群药包,将大部分土岩抛到一定方向和预定地点,这种原理称为群药包作用原理。图 11-5 是利

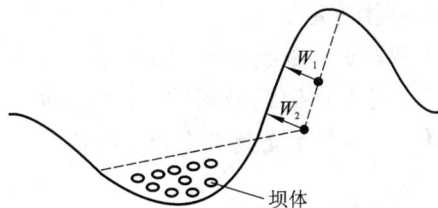

图 11-5　群药包共同作用定向
筑坝药包布置示意图

用群药包共同作用原理实现定向爆破筑坝药包布置示意图。图中 $W_1 = W_2$。

**5. 重力作用原理**

在陡峭的山间等有利地形,采用较小的抗高比布置松动或加强松动药包,将上部岩石炸开,靠重力使爆松的岩石滚下来。这种利用重力作用的爆破方法,经济效益较好。这种原理称为重力作用原理。

**6. 多边界条件的爆破理论**

多边界条件爆破理论体系的特点是:药包的爆破作用同时考虑了各种地形的变化条件及地质条件;爆破理论是以炸药提供的爆炸能量和介质中潜在的位能共同作用为基础,控制不同地形下的多余爆能及过多的炸药用量;充分发挥药包的球形爆炸作用,减少被介质吸收的或不做功的能量;建立因地制宜并与各类地形边界条件相适应和匹配的爆破设计方法;在药量计算公式中,直接包含地形边界条件与爆破效果,即建立炸药量、地形边界条件和爆破效果三者的函数关系,便于在工程爆破实践中进行检查。

## 11.1.3　硐室爆破的特点与适用条件

**1. 优点**

(1)一次爆破土石方量大,工期短,工程进度快,效率高。

(2)不需要大型的钻孔设备,凿岩施工简便。

(3)不受地质、地形、气候与交通等条件限制。

(4)能较经济、安全地完成大量土石方工程的爆破破碎、堆存、填筑等各项任务。如采用定向抛掷爆破筑坝或移山填沟(海)时,可减少大量土石方的搬运,经济效益显著。

**2. 缺点**

(1)爆破破碎块度不均匀,大块率偏高。

(2)爆破震动对爆区周围环境的破坏效应较大,影响范围较广。若同段起爆药量较大时,

千米以外的民房等建构筑物也有可能在爆破震动作用下产生裂缝,造成破坏性影响。

(3)临近永久边坡处采用硐室爆破,将可能在永久边坡上产生爆破裂隙或由于爆破气体的挤入等爆破能量的作用,加宽、加长原有永久边坡处的原有裂缝,对永久边坡的稳定性产生较大的影响。极易造成永久边坡滑坡,使永久边坡长期处于不稳定状态。

(4)工人作业条件较差,尤其是装药、充填作业时,劳动强度大,作业条件恶劣。

**3. 适用条件**

爆区远离古迹、民房、隧道等建构筑物,周围环境允许,并且山势陡峻,重型设备上山困难;山顶狭窄,不便使用大型设备;露天矿基本建设初期,大型设备尚未到齐,为缩短基建时间,可采用硐室爆破。

工期紧迫,爆破土石方量较大,爆区周围环境和地形条件适宜的露天矿剥离爆破、路堑和路基开挖、定向爆破筑坝、移山填海(沟)、引水渠开挖、围堰拆除、井下采空区充填及残柱回采、岩塞爆破、场地平整、石料开采等各类工程,均可使用硐室爆破。

# 11.2 硐室爆破设计程序与内容

## 11.2.1 硐室爆破的分级标准和设计依据

中华人民共和国《爆破安全规程》(GB6722—2014)对硐室爆破的分级标准和设计程序作了规定。

**1. 分级标准**

以一次爆破炸药用量 $Q$ 为基础,并视工程的重要性及环境的复杂性适当提高级别。硐室爆破分 4 级。A 级:$1000\ t \leqslant Q < 3000\ t$;B 级:$300\ t \leqslant Q < 1000\ t$;C 级 $50\ t \leqslant Q < 300\ t$;D 级:$0.2\ t \leqslant Q < 50\ t$。装药量大于 3000 t 的硐室爆破,应由业务主管部门组织专家先论证其必要性和可行性,其等级按 A 级管理。

**2. 设计程序**

硐室爆破的设计工作,应按不同的爆破规模和重要性的分级标准,分阶段进行。A、B 级硐室爆破应按可行性研究、技术设计和施工设计三个阶段的相应设计深度要求,逐一设计与审批。C 级硐室爆破允许可行性研究和技术设计合并,分技术设计和施工设计二阶段进行。D 级硐室爆破可一个阶段完成技术和施工设计。

**3. 设计依据及设计必备的资料**

硐室爆破设计应根据工程建设的要求以及具体的地质、地形,周围环境条件,选择合理的爆破方案;确定合理的爆破规模、范围、参数和安全措施。做到技术上可行、经济上合理,安全上可靠。为此,必须搜集如下资料:

(1)设计任务书或委托书、合同书

任务书应包括如下主要内容:工程名称,工程地点,爆破范围,工程的目的、任务和要求,爆破效果以及有关文件,会议纪要,有关领导部门的批复、决议等。

(2)国家标准和有关主管部门的规定

主要指国标《爆破安全规程》(目前用 GB6722—2014);《中华人民共和国民用爆炸物品安全管理条例》(目前用 2006 年)等法律法规;对本次硐室爆破设计起指导作用的有关主管部

门颁布的投资概预算指标和技术、经济、安全规范等。

（3）爆区地形、地质资料

1:200~1:500 的爆区地形图。该地形图作硐室爆破的技术设计和施工图设计用。爆破规模小，用大比例尺；爆破规模大，用小比例尺。A 级和 B 级的硐室爆破，可行性研究阶段的设计，地形图的比例尺一般为 1:500~1:1000；对 A 级硐室爆破，当爆破范围太大时，可行性研究阶段设计所用地形图的比例可降为 1:2000。

1:2000~1:5000 的爆区地形图，该图作安全警戒和爆破安全范围评估用，其图中应包括爆破影响区内的建、构筑物，高压线、电（光）缆、管线，地下工程（矿山井巷、交通隧道等），公路、铁路等。

露天矿开采终了平面图或爆区内公（铁）路边坡设计规划图等。

爆区工程地质勘测报告和附图。包括爆区地质平面图及地质纵剖面图，钻探、槽探的勘测资料，以及爆区内断层、层理、节理、裂隙和溶洞的详细资料，爆区岩石物理力学性质及岩石力学试验资料。

爆区水文地质资料以及气象条件（是否雷区，装药到起爆区间的天气状况）。

（4）爆区现场调查资料

爆破影响区周围的工业设施、设备，建、构筑物的完好程度，质量状况，重要程度等；地下隐避工程（包括军事设施、电（光）缆、管线、地下硐室、井巷与隧道等）的分布，完好程度，质量状况等；附近高压线、电台、电视塔等分布、距离及功率等；通往爆区的交通状况等。

（5）其他资料

爆破器材说明书、合格证及检测报告；爆破漏斗试验报告；爆破网路试验报告；为确保环境安全而进行的爆破试验和观测报告；小型硐室爆破工业试验报告；设计时使用的主要参考文献、文集和手册等。

## 11.2.2 硐室爆破技术设计的基本内容

中华人民共和国《爆破安全规程》（GB6722—2014）对硐室爆破的技术设计内容作了规范性的要求（规程附录 A）。设计内容包括两大部分，设计说明书文字部分和图纸部分。其主要内容如下：

**1. 设计说明书文字部分**

（1）工程概况包括任务名称、来源、交通与地理位置，爆区周围环境，爆破工程量等。

（2）爆区地形、地质特征及工程和水文地质、气象条件等概况。

（3）设计依据和主要技术要求。

（4）爆破设计方案的综合技术经济分析、比较、评价和本次所用爆破方案的最终确定。

（5）药室布置，主要爆破参数选择和药室装药量计算。根据爆破方案规划原则和所选用的爆破参数，将药室布置在剖面图和地形图上。并给出药室的起始点坐标，列于说明书内。然后逐排、逐个药室进行每个药室装药量的计算以及每个药室的爆破漏斗参数的计算等。

（6）绘制各爆破漏斗地形边界范围、爆堆堆积形态图和爆破漏斗总图，计算爆区爆方量。若为抛掷爆破，则要通过抛掷率和抛掷堆积计算，得出有效抛掷方量和爆堆堆积形态图。

（7）导硐、药室、装药、充填设计，起爆网路设计与计算。

（8）对爆破设计方案进行安全校核、分析、计算，确定其安全可靠性。其项目包括：爆破震动效应、空气冲击波及个别飞散物的安全允许距离计算和分析、校核；基岩破坏深度范围、对永久边坡影响深度范围和药包各侧向逸出影响；爆破粉尘、有毒有害气体、环保等影响。

（9）爆破安全技术与防护措施，安全警戒、警戒信号与爆破事故应急措施，应急原则与方法。

（10）爆破施工组织设计。技术设计阶段可只做到施工组织方案设计。

（11）施工机械、仪器、仪表和各类器材（包括爆破器材及导硐、药室的掘进和装药、充填、敷设起爆网路等所需的各种器材）表。

（12）工程投资概预算和主要技术经济指标。

**2. 图纸部分**

（1）爆区所处位置及周围环境平面示意图。

（2）爆区地形、导硐、药室与充填平面位置布置图。

（3）典型药包剖面图。

（4）装药与充填平面位置、结构和导硐与药室平面位置、断面示意图。

（5）起爆网路敷设示意图和起爆体结构示意图。

（6）爆破安全范围及岗哨布置图。

**3. 设计文件的报批，导硐、药室的验收与设计文件的修改遵循下列原则：**

（1）设计文件的报批。

报批的文件应包括设计文件，资质证明文件和安全评估文件。目前按《爆破安全规程》（GB6722—2014）第4、6条的相关规定，分爆破级别向相应的主管部分报批。

（2）导硐、药室的验收与设计修改

原则上是技术设计报批后，才能开始导硐和药室的施工。导硐和药室施工完成后，必须对药室的实际位置、尺寸和安全状况进行验收；对导硐、药室通过地段进行地质素描；对每个药室的最小抵抗线 W 及可能逸出的方向作实测剖面；最后按实际验收所获 W、工程地质资料等情况进行各药室的实际装药量计算和设计补充修改，并作出施工分解图及硐室爆破施工组织设计。

## 11.2.3 硐室爆破施工组织设计的基本内容

硐室爆破施工组织设计一般是施工单位根据评审通过的《技术设计》及对技术设计评审时形成的《专家评审意见》；工程的工期及环境要求；本单位的技术与管理水平；本单位与设计单位的人员、机械设备、科研仪器配备情况；以及相关的法律、法规和标准编制而进行的。在施工组织设计中，各项具体任务落实到人；时间安排上，导硐、药室掘进工作落实到天，装药、充填工作落实到小时。若施工单位首次承担硐室爆破任务，施工组织设计可在设计单位的帮助与指导下，由施工单位编制完成。《爆破安全规程》（GB6722—2014）对硐室爆破的施工组织设计作了规范性要求（规程附录B）。其基本内容如下：

（1）工程概况。

（2）设计依据。

（3）施工准备。包括施工道路的开通，场地的平整，各种施工设备、材料的准备以及动力等的准备，施工人员的准备等。

（4）施工组织机构与职责。硐室爆破一次起爆炸药量大，涉及面广，安全要求高，动用人员多，工作任务重，时间紧，要求各个部门之间必须紧密协作。为此，必须成立强有力的领导机构，建立岗位责任制和现场交接班制度。

大爆破施工之前，应成立以业主单位为主，施工、设计，公安部门参加的硐室大爆破总指挥部。总指挥部设总指挥一名，副总指挥若干名。总指挥部下设办公室、导硐与药室掘进施工组、装药与充填施工组、爆破技术组、施工质量检查组、施工安全组、装药计量组、安全保卫与警戒组、后勤与材料供应组、应急救援组、群众工作组、科研观测组等职能组。制定各职能组的职责和具体实施需要的人员名单，工作内容、方法和工作时间、要求等。编制实施方案。

(5)导硐、药室的开挖及装药、充填施工工作。

(6)爆破网路1:1模拟试验，爆破网路敷设及起爆站的工作。

(7)药室开挖结束后实测各药室的 W 与各药室装药量调整工作。

(8)安全保卫、警戒、人员撤离及信号标志。

(9)爆区周围主要建、构筑物和设施、设备的爆前、爆后的安全检查，防护及恢复生产的措施与要求。

(10)调度、通讯、材料供应、后勤工作及爆破器材购买、运输、贮存、加工、使用的安全制度及相应的工作。

(11)安全培训和技术交底工作。

(12)主要材料消耗与施工进度计划。

## 11.2.4　药室布置的原则与方法

药包布置是硐室爆破设计的核心工作。药包布置的合理与否，直接影响硐室爆破的成败、安全和经济效益。

### 1. 药包布置的原则

(1)根据爆破范围和规模，以及爆区的地形地质条件，确定适宜的药包型式、组合布置方式及药包的分层、分排原则。一般讲，应优先考虑布置条形药包。

规模较小的爆破应结合地形地质条件，可布置成单排、单层、单个或多个并列药包；对于较大规模的爆破，一般需要布置多排药包或多层、多排药包。药包排数不宜过多，一般以 3~4 排以内为宜。排数过多，容易受各排药包爆破误差及已爆破破碎体的累积影响，对后排药包产生夹制或阻挡作用；排数过少，对规模较大的爆破，则药包的最小抵抗线必然增大，单药室药量大大增加，爆破负面影响会相应增大。应全面考虑其安全性与经济合理性确定药包排数。

药包层数主要依据药包的最小抵抗线 W 与药包中心至地表的垂直距离 H 的比值(抗高比) W/H 来确定。理论分析与爆破实践表明，当 W/H = 0.6~0.8 时，其破碎和抛掷的效果均较好。W/H < 0.6 时，一般情况下，就会考虑布置两层或多层药包。只有当地形较陡峭、岩体较破碎或对爆破块度无要求，W/H 值在 0.5 左右时仍布单层药包，此时的爆破也称崩塌爆破。

(2)最下一分层药包布置高程应根据工程要求，结合爆区地形地质条件确定。一般应保证工程基建面以下的岩体不被破坏和满足边坡稳定条件。定向爆破修筑蓄水坝时，则应考虑爆破对基岩的破坏深度和范围，不致引起蓄水后发生坝肩绕渗的问题。对于拦泥石流坝、尾矿坝和储灰坝一类非蓄水工程，则药包布置高层可尽量降低，这对提高爆破有效堆积方量和改善堆积体形状十分有效。如四川石棉尾矿坝等一批采用低高程药包布置，修筑定向爆破坝均为成功范例。斜坡抛掷爆破时，药包中心高程可逐排略加提高，使爆破漏斗下破裂线产生俯角，以减少夹制，增加抛掷率。

（3）药包布置宽度要注意侧面地形和地质情况，预防侧向逸出抛散和边坡坍塌、失稳。

（4）在可以布置条形药包的地方，宜布置条形药包；在可以布置双向作用药包的地方，宜布置双向作用药包，这对减少导硐开挖量、堵塞量及充分利用炸药能量有利。

（5）露天矿剥离硐室爆破、平基硐室爆破等要求底板平整，周边不留硬坎的硐室爆破，边缘药包最小抵抗线控制在 6～10 m 为宜，易爆岩石取大值。

（6）当遇有大断层、大破碎带、溶洞或大软弱夹层时，药包应对称布置在构造两侧。严禁在断层、破碎带、溶洞等大的构造薄弱带上布置药包。

（7）开沟爆破、双壁路堑爆破、大面积上向爆破，不宜布置两层或多层药包。

（8）在永久边坡处进行硐室爆破，要留有足够的边坡保护层。

（9）条形药包硐室爆破时，同一条药室内各点的最小抵抗线应基本一致。

**2. 药包布置方法**

（1）集中药包的布置方法

首先在爆区地形平面图上选一关键位置（若爆区为一座山，则在主峰之下；若爆区为山脊或边坡附近，则在山脊最高点或爆破范围内，边坡保护层处的最高点）布置主药包（第一个药包）。通过主药包中心作垂直等高线方向的剖面，得出主药包的最小抵抗线 $W$ 值（若为双侧或多向作用药包，则需要作各个方向的剖面。并通过调整药包中心的位置，使各方向的 $W$ 值符合设计意图）。

主药包位置确定后，若爆区为一座馒头状的山，则围绕在山峰下布置的主药包，按三角形或菱形，自上而下向外依次布置次主药包和辅助药包；若爆区为山脊或边坡，就以主药包为核心，沿山脊或边坡保护层自高向低依次布置次主药包，最后按三角形或菱形自上而下向外依次布置辅助药包。主药包、次主药包、辅助药包的间距系数 $m$ 应符合设计要求。

一个爆区的药包布置完毕后，应根据药包布置平面图作出药包间距关系图，检查校核各药包位置是否合理，布药率是否均匀，以便进一步调整。

（2）条形药包的布置方法

先在平面图上作垂直等高线的若干剖面；在剖面上由外向里或由里向外布置药包，使各剖面同层同排的药包最小抵抗线相等；将各剖面的药包中心投到平面图上，再作出与各投影点相关最好的直线或简单折线，这些直线或折线就代表了条形药包的中心线。

一个条形药室内的折线不宜多，最好为一条直线；两条同层同排的相邻条形药室端部距离应控制在 0.3 W 左右；侧向逸出按等效集中药包校核。也可以按集中药包的布置方法布药，然后将一个以上同层同排同最小抵抗线的集中药包连线形成条形药包。

（3）混合布药法

能布置条形药包的位置均布置条形药包。不适合布置条形药包的地方布置集中药包。集中药包与条形药包的端部距离应控制在 0.5 W 左右。当一个条形药室内的 W 相差太大，或为了降震，或受破碎带、断层、溶洞影响等，可布置分集药包。混合布药是目前最常见的硐室爆破布药形式。

（4）硐室爆破与预裂爆破相配合的布置方法

为了保护边坡免遭破坏，在永久边坡处进行爆破开挖，可以采用硐室为主、深孔预裂为辅的组合药包布置形式的爆破方法。这种爆破方法，药包布置的关键是正确掌握药室爆破对岩体的破坏范围、分布规律，以及药室至预裂孔之间的保护区安全距离。硐室爆破对基岩的破坏深度范围，一般用爆破压碎区和裂隙区半径来描述。国内外学者和工程界对硐室爆破各个爆破破坏区都做过许多试验研究，并给出了定性的描述和定量的计算方法，可用来

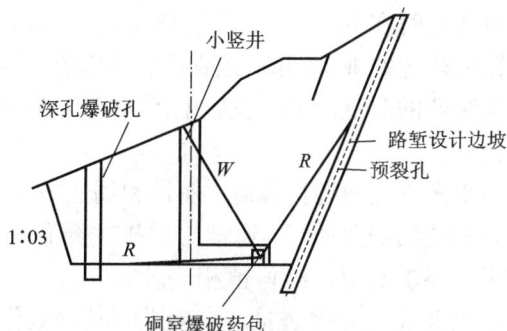

图 11 – 6　硐室加预裂药包布置示意图

作为药室中心至预裂孔保护区的安全距离控制标准。同时结合地形地质条件、工程重要性和工程要求做适当修正和调整，以确保边坡的稳定。应该指出，在高陡边坡山腰间采用硐室加预裂孔爆破开挖时，不仅需要考虑药室以上高边坡的安全距离，同时应该校核硐室爆破对基岩以下岩体及对边坡的破坏影响。图 11 – 6 给出了在某高速公路路堑开挖爆破中用这种方法布置药包的示意图。

（5）某些特殊条件下的药包布置

如遇有大断层、溶洞或破碎带时，应使药包尽量避开这些地质构造带，或者设置辅助药包加以处理。在改河和挖掘路堑、沟渠等工程中，还应考虑水位高程等。

## 11.3　硐室爆破主要参数选择与计算

### 11.3.1　主要爆破参数选择

**1. 药包最小抵抗线 $W$ 的大小与方向的确定**

药包的最小抵抗线 $W$ 是指药包中心至地面的最小距离。$W$ 值是最重要的爆破参数之一，它不但决定着药室的装药量，还直接影响着爆破大块率、爆区四周岩坎的高度、爆破危害影响范围和爆破经济效益。合理确定 $W$ 值，是药包设计的最重要内容之一。对于斜坡地形单侧爆破，其 $W$ 值一般为一个值；对于山脊和山包地形双侧或多侧爆破，其 $W$ 值可以为二个值或多个值。

$W$ 值的选择主要取决于爆区的地形、工程要求、周围环境和经济效益等因素。

$W$ 值增大，导硐开挖工程量减小，每米导硐爆破量急剧增大，爆破成本降低，爆破经济效益明显增高。但单药包药量增大，大块率增高，增加挖运难度和二次破碎量；爆破地震强度增高，爆破冲击波、爆破飞石等爆破危害增大。应综合考虑爆破效果、爆破成本和爆破危害来确定 $W$ 值。目前，最小抵抗线 $W$ 的最大值一般控制在 15 ~ 40 m 以内，常用 15 ~ 30 m。

爆区周围环境复杂，要求爆破块度较均匀，并要求严格控制爆破地震强度，$W$ 常控制在 15 ~ 25 m。爆区周围环境简单，对爆破地震及飞石等爆破危害无严格要求，对爆破块度也无严格要求或无要求，$W$ 值可大些，常控制在 20 ~ 30 m，有时甚至达 40 m 以上。爆破规模小，

$W$ 值一般可取小些；爆破规模大，$W$ 相对大些。爆区地形较缓，要求爆区边缘不能留有岩坎时，爆区边缘药包的最小抵抗线可取小些，为避免在爆区边缘出现岩坎，爆区边缘药包的最小抵抗线有时在 10 m 以下。

条形药包的 $W$ 值实际上是一个平均值，不同部位的 $W$ 值差异应控制在 ±7% 之内。若一条准备装药的巷道内不同位置上的 $W$ 值差异超过 ±7%，则应在差异值较大处划分为二个或多个药室。

对于多排定向抛掷爆破，前排和周边辅助药包的 $W$ 值，原则上以改造地形或补充主药包爆破开挖范围需要而定，通常比后排主药包的 $W$ 值小。后排主药包则应根据抛掷距离和抛出方量的要求确定，其 $W$ 值相应较大。

药包 $W$ 的大小和方向，直接影响其爆破作用、爆破效果及抛掷方向。因此，要首先考虑 $W$ 的方向，使其满足爆破对破碎和爆破破碎体抛掷方向的要求。

**2. 标准抛掷爆破炸药单耗 $K_b$（kg/m³）的选择与确定**

标准抛掷爆破炸药单耗 $K_b$ 对特定的岩石及所使用特定炸药时为确定值。可参考表 9 − 2 及其介绍的原则确定。

**3. 爆破作用指数 $n$ 值的确定**

$n$ 值的选择是以满足抛距为前提，用药量最省为原则。$n$ 值的大小主要根据地形条件以及抛距要求、破碎范围和程度等爆破目的来确定。有以下几种方法计算或选取：

(1) 平坦地形掘沟爆破可按预期抛掷率 $E$（%）选取：

$$n = \frac{E}{55} + 0.5 \tag{11-4}$$

(2) 斜坡地形单侧抛掷爆破，抛掷率约为 60% 时，可按地形的自然坡面角 $\theta$，参考表 11 − 1 选取 $n$ 值。

表 11 − 1　依坡面角而定的 $n$ 值

| 坡面角 $\theta$(°) | 15 ~ 30 | 30 ~ 45 | 45 ~ 60 | 60 ~ 70 |
|---|---|---|---|---|
| $n$ 值 | 2 ~ 1.75 | 1.75 ~ 1.5 | 1.5 ~ 1.25 | 1.25 ~ 1.0 |

(3) 多面临空地形抛掷爆破时，$n = 1 \sim 1.25$；加强松动爆破时，$n = 0.7 \sim 0.8$。陡壁地形抛掷爆破时，$n = 0.8 \sim 1$；加强松动爆破时，$n = 0.65 \sim 0.75$。

(4) 根据水平抛掷距离 $L$ 的经验公式计算 $n$ 值：

$$n = L/(5W) \tag{11-5}$$

(5) 多层多排药包 $n$ 值的确定：主药包的 $n$ 值一般比辅助药包的 $n$ 值大 0.25 左右；后排药包的 $n$ 值应比前排药包大 0.25 左右；上、下层同时起爆的药包，上层药包的 $n$ 值可增大 0.1 左右。

(6) 加强松动爆破考虑降低爆堆高度和减少大块率，可按表 11 − 2 选 $n$ 值。

表 11 − 2　$n$ 值的选择

| 最小抵抗线 / m | 20 ~ 25 | 25 ~ 30 | 30 ~ 35 |
|---|---|---|---|
| $n$ | 0.75 | 0.75 ~ 0.85 | 0.85 ~ 0.95 |

#### 4. 药包间距的确定

合理的药包间距，应该达到既能使相邻两药包间爆破后不留岩坎，又能充分利用炸药的爆破能，使相邻两药包间的岩石不出现过度破碎。药包间距同爆破类型、地形地质条件等有关。一般可按下述方法确定。

(1) 集中药包爆破，相邻两药包中心间距 $a$ 和 $h$

同一布药高程的相邻两药包中心间距 $a = m_1 \overline{W}$；

上、下分层相邻两药包中心层间距 $h = m_2 \overline{W}$；

这里 $m_1$ 为同一分层相邻两药包间距系数，$m_1 = 0.8 \sim 1.2$；

$m_2$ 为上、下分层相邻两药包层间距系数，$m_2 = 1.2 \sim 2.0$；

$\overline{W}$ 为水平相邻或上、下层相邻两药包最小抵抗线的算术平均值；

$$\overline{W} = (W_1 + W_2)/2$$

$W_1$——药包 1 的最小抵抗线；

$W_2$——药包 2 的最小抵抗线；

$m_1$ 与 $m_2$ 的取值原则如下：软岩、节理裂隙发育的岩体，$m_1$ 与 $m_2$ 可选取较大值；$n$ 值大时，$m_1$ 与 $m_2$ 也可取较大值；爆区边缘药包的 $m_1$ 与 $m_2$ 值一般比爆区中间的 $m_1$ 与 $m_2$ 值大一些；对陡坡，$m_2$ 可选取大值；节理裂隙分布有利时，在药包间不会形成岩坎时，$m_1$ 可适当增大。除上述原则外，$m_2$ 的选取还必须考虑尽量减少分层数量，做到同一分层的药包尽可能少，以减少导硐工程量。

(2) 条形药包爆破时的排间距 $b$ 与层间距 $h$

同一布药高程，前后相邻两条形药包 (包括分集药包) 的排间距 $b$

$$b = (0.8 \sim 1.2)\overline{W}, \text{ m} \tag{11-6}$$

式中符号的意义同前。

$(0.8 \sim 1.2)$ 的取值方法：软岩、节理裂隙发育的岩体，$n$ 值较大的爆破，可取大值；否则取小值。

条形药包 (包括分集药包) 相邻上、下分层的层间距 $h$

$$h = (1.2 \sim 1.8)W_2, \text{ m} \tag{11-7}$$

式中：$W_2$——下层条形药包的最小抵抗线。

$(1.2 \sim 1.8)$ 的取值方法为：软岩、节理裂隙发育，$n$ 值大，陡坡取大值，反之取小值。对爆破块度和抛距、爆堆等无要求的爆破，并且岩体节理裂隙发育、松软、陡坡时，可取 $h > 2W_2$，该爆破为崩坍爆破。

(3) 分集药包分段长度 $L$ 的确定

分集药包在其破岩的过程中，各分集药包的爆破作用有其相对独立性，尤其是它们之间存在起爆时差的时候。根据能量观点，作用于一定体积岩石的能量达到某一极限时，岩石才得以破碎。这里强调了单个药包的爆炸能量，这一能量不宜太小。各分集药包计算药量与该药包的分段长度 (含该药包负担的堵塞段) 成正比。用分段长度来衡量，这一数值不宜小于 $0.5W$，否则，相邻药包即使在较短的微差间隔时间内起爆，也难以保证爆破效果。例如，在深圳市皇岗北路的一次硐室爆破中，用松动爆破类型确定装药量，最小的分段长度取至 $0.36W (W = 22 \text{ m})$，相邻药包名义间隔时间为 $50 \text{ ms}$。爆后发现分段长度小于 $0.5W$ 的区段爆破效果较差，表现为大块多，爆堆不够松散。而在江西武山铜矿露天采石场硐室松动爆破中，总装药量 110 t，二条药巷，前排 8 个，后排 6 个，合计 14 个分集药包，最小分段长度均大于 0.5 $W$（含充堵段 4 m 的长度），相邻药包的间隔时间设计要求控制在 50 ms 以内，实际按普通 20 段毫秒雷管顺序间隔。爆后检查，爆破效果完全达到设计要求，岩石破碎均匀，爆堆堆积较规整，爆破地震强度低。

### 5. 边坡预留保护的距离 $L_r$ 的确定

若药包布置在露采采场、路堑、河道、溢洪道等需要较常久保护的边坡附近，则由于爆破作用，药包周围的岩体出现压碎和裂隙，将使边坡的坡脚遭受破坏，上部岩石失去平衡，导致滑坡和坍塌的危险。因此，药室中心距边坡的最小距离必须把压缩圈和裂隙区的深度考虑进去。通常用下式计算硐室爆破预留保护层厚度 $L_r$，即药包中心距边坡的最小水平距离，如图 11 - 7 所示。

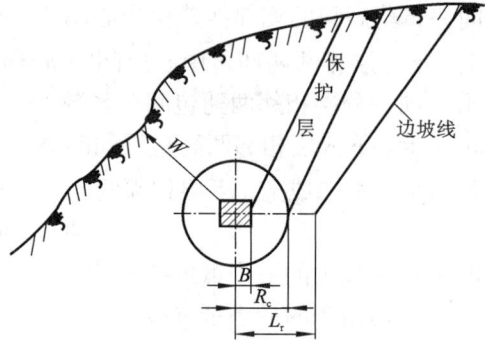

图 11 - 7 边坡保护层示意图

$$L_r \geq R_c + 1.7B \quad (11 - 8)$$

式中：$B$——药室宽度的一半，m；

$R_c$——药包的压缩圈半径，m。

## 11.3.2 药包装药量计算

### 1. 我国常用药包装药量计算公式

药包装药量的计算公式所应用的基本原理为体积公式，即药包装药量 $Q$ 等于单位体积用药量 $q$ 与爆下的体积 $V$ 的乘积（$Q = qV$）。但是，由于爆破类型不同，单位体积用药量相差很大，使用较困难。于是就出现了以标准抛掷炸药单耗 $K_b$，爆破作用指数 $n$ 及其函数 $f(n)$ 和 $f_c(n)$ 等为主要参数的药包药量计算公式。爆破作用指数函数的计算公式很多，故药包药量的计算公式也很多。我国常用的药包装药量计算公式仍以鲍列斯阔夫经验公式为主，下面介绍的药包装药量计算式，若无特别指名，均为鲍列斯阔夫经验公式。

（1）集中药包抛掷爆破或加强松动爆破的装药量：

$$\begin{aligned} Q &= eK_bW^3f(n) \\ &= eK_bW^3(0.4 + 0.6n^3) \end{aligned} \quad (11 - 9)$$

式中：$Q$——药包的装药量，kg；

$e$——炸药威力换算系数；2# 岩石铵梯炸药，$e = 1.0$；铵油炸药，$e = 1.05 \sim 1.10$；

$K_b$——标准抛掷爆破单位炸药消耗量，kg/m³；

$f(n)$——爆破作用指数的函数，鲍列斯阔夫公式：$f(n) = 0.4 + 0.6n^3$

$W$——药包的最小抵抗线，m。

实践表明，公式（11 - 9）在 $0.75 \leq n \leq 2.5$ 和 5 m $< W \leq$ 25 m 的条件下比较合适，而当 $W > 25$ m 或地形条件特殊时，由于重力作用影响加大，巴克洛夫斯基提出将公式（11 - 9）加以修正，即：

$$Q = eK_bW^3f(n)\sqrt{\frac{W}{25}}$$

$$= eK_b W^3 (0.4 + 0.6n^3) \sqrt{\frac{W}{25}} \tag{11-10}$$

（2）集中药包松动爆破的装药量：

$$Q = eK_s W^3 \tag{11-11}$$

或

$$Q = (0.33 \sim 0.5) eK_b W^3 \tag{11-12}$$

（3）条形药包（包括分集药包）抛掷爆破或加强松动爆破的装药量

$$Q = q_l \cdot l + Q_d = eK_b W^2 l f_c(n) + Q_d$$

$$= eK_b W^2 l (0.4 + 0.6n^3) / [0.55(1+n)] + Q_d \tag{11-13}$$

式中：$q_l$——单位长度的装药量，kg/m；

$l$——条形药包长度（包括充填段的长度），m；

$Q_d$——条形药包端部加药量，kg；

$f_c(n)$——条形药包爆破作用指数的函数，鲍氏公式：

$$f_c(n) = (0.4 + 0.6n^3) / 0.55(1+n)$$

（4）条形药包（包括分集药包）松动爆破的装药量

$$Q = (0.33 \sim 0.5) eK_b W^2 l + Q_d \tag{11-14}$$

或

$$Q = eK_s W^2 l + Q_d \tag{11-15}$$

假定条形药包在介质中爆炸生成的爆破漏斗形状中间是近似三棱柱体，两端相接为半圆锥体。则条形药包的药量计算公式（11-13）~公式（11-15）前半部分可理解为爆破破碎中间三棱柱体所需药量，后半部分为端部效应应加药量，即为了破碎条形药包两端的半圆锥体应增加的炸药量。每端端部加药量一般按下式计算。

$$Q_d = eK_b f_c(n) W^3 / 6 \tag{11-16}$$

**2. $f(n)$ 和 $f_c(n)$ 鲍列斯阔夫公式的计算值比较**

条形药包的爆破作用指数 $n$ 的函数 $f_c(n)$ 与 $W_n / W$ 成平方关系；而集中药包的爆破作用指数 $n$ 的函数 $f(n)$ 与 $W_n / W$ 成立方关系（$W_n$——标准抛掷爆破时的最小抵抗线，$W$——非标准抛掷爆破时的最小抵抗线）。因此，用集中药包爆破作用指数的函数 $f(n)$ 代替条形药包爆破作用指数的函数 $f_c(n)$，一般说来是不合适的。两者不能混为一谈。这里不妨用鲍列斯阔夫的 $f(n)$ 和 $f_c(n)$ 的计算值作一比较，如表 11-3 所示。

表 11-3  爆破作用指数函数 $f_c(n)$ 和 $f(n)$ 鲍列斯阔夫公式数值比较表

| 公式名称 | | 表达式 | 爆破作用指数 $n$ 值 | | | | | | | |
|---|---|---|---|---|---|---|---|---|---|---|
| | | | 0.75 | 0.80 | 0.90 | 1.0 | 1.10 | 1.25 | 1.50 | 1.75 |
| 鲍列斯阔夫公式 | $f(n)$ | $0.4 + 0.6n^3$ | 0.65 | 0.71 | 0.84 | 1.0 | 1.20 | 1.57 | 2.43 | 3.62 |
| | $f_c(n)$ | $\dfrac{0.4 + 0.6n^3}{0.55(1+n)}$ | 0.68 | 0.71 | 0.80 | 0.91 | 1.04 | 1.27 | 1.76 | 2.39 |

由表 11-3 可见，在 $0.75 \le n \le 0.8$ 时，$f(n)$ 值比 $f_c(n)$ 值小（0~4）%；在 $0.75 \le n \le 1.0$ 范围内，$f(n)$ 值与 $f_c(n)$ 值相差 -4% ~ +10%，在 $n > 1.0$ 后，$f(n)$ 值比 $f_c(n)$ 值大（10~51）%。

与集中药包爆破作用指数的函数 $f(n)$ 一样,条形药包的爆破作用指数的函数 $f_c(n)$ 的表达式也很多,前苏联已公开发表的公式除鲍列斯阔夫公式外,还有如下三个公式:

(1)前苏联《动力建设爆破作业规程》公式

$$f_c(n) = 1.2(n^2 - n + 1) \tag{11-17}$$

(2)巴克洛夫斯基公式

$$f_c(n) = (1 + n^2)^2 / 4n \tag{11-18}$$

(3)阿夫捷耶夫公式

$$f_c(n) = 2(0.4 + 0.6n^3) / (1 + n) \tag{11-19}$$

### 11.3.3 爆破漏斗主要参数计算

**1. 压缩圈半径 $R_c$**

我国目前常用的爆破压缩圈半径计算式为:

(1)集中药包压缩圈半径 $R_c$:

$$R_c = 0.62 \left( \frac{Q \cdot \mu}{\rho_e} \right)^{\frac{1}{3}} \tag{11-20}$$

式中:$\mu$——压缩圈半径系数,$\mu$ 值列于表 11-4;

$\rho_e$——装药密度,$t/m^3$;

$Q$——药包装药量,t。

(2)条形药包压缩圈半径 $R'_c$:

$$R'_c = 0.56 \sqrt{\frac{q\mu}{\rho_e}} \tag{11-21}$$

式中:$q$——条形药包每米装药量,$t/m$;其余符号含义与集中药包相同。

**表 11-4 岩土爆破压缩圈半径系数**

| 岩土类别 | f 值 | 爆破压缩圈系数 $\mu$ | | |
|---|---|---|---|---|
| | | 前苏联用值 | 中国用值 | 建议值 |
| 一类土壤 | | 600~1200 | 250 | 250 |
| 二类土壤 | | 300~600 | 150 | 150 |
| 松软岩石 | 0.8~1.0 | 50~30 | 50 | 30~50 |
| | 1.5~2.0 | 30~16 | | |
| 软质岩石 | 3.0~4.0 | 14~8.0 | 20 | 15 |
| | 5.0 | 6.5~8 | | |
| 中硬岩石 | 6.0~8.0 | 6.5~5.5 | 10 | 10 |
| | 10 | 4.0~3.2 | | |
| 坚硬岩石 | 12~15 | 3.3~2.1 | 10 | 5 |
| | 20~25 | 2.0~1.3 | | |

③计算压缩圈半径的经验公式：

$$R_c = (0.1 \sim 0.2)W \tag{11-22}$$

$0.1 \sim 0.2$ 取值方法为：岩石坚硬，不耦合系数大，取小值；岩石松软，不耦合系数小，取大值。

**2. 爆破漏斗作用半径 R**

我国目前常用的爆破漏斗作用半径计算式为：

（1）爆破漏斗下破裂半径 $R$：

$$R = W\sqrt{1 + n^2} \tag{11-23}$$

（2）爆破漏斗上破裂半径 $R'$：

$$R' = W\sqrt{1 + \beta n^2} \tag{11-24}$$

式中：$\beta$——与地形有关的上破裂线系数，按下表 11-5 选取。

表 11-5 斜坡地形爆破漏斗上破裂线系数 β 值

| 地面坡度/(°) | β 值 | | 地面坡度/(°) | β 值 | |
| --- | --- | --- | --- | --- | --- |
| | 中硬以下岩石及土质体 | 坚硬与致密岩石 | | 中硬以下岩石及土质体 | 坚硬与致密岩石 |
| $0 \sim 20$ | 1.0 | 1.0 | $30 \sim 50$ | $4.0 \sim 6.0$ | $2.0 \sim 3.0$ |
| $20 \sim 30$ | $2.0 \sim 3.0$ | $1.5 \sim 3.0$ | $50 \sim 65$ | $6.0 \sim 7.0$ | $3.0 \sim 4.0$ |

当岩体存在顺坡层理或节理时，按顺坡层理或节理角度修正破裂半径的长度。

上破裂角 $\theta$ 是指上破裂线与爆破漏斗外侧水平线的夹角如图 11-8 所示，当 $n = 0.65 \sim 1.0$ 时，上破裂角 $\theta$ 一般为 $50° \sim 75°$。$\theta$ 角的取值方法如下：岩石破碎、松软、$n$ 值大，取小，否则取大值。中等稳固岩体，加强松动爆破，$\theta$ 角一般取 $60° \sim 70°$。

**3. 爆破漏斗可见深度 P**

在抛掷爆破中，无论 $n$ 值选择多大，爆破后虽有一部分土石方抛出爆破漏斗以外，但总是有一部分土石方又重新回落到漏斗范围以内，还有一部分土石方只被松动或从高处塌落下来，形成新的地面线，新的地面线与原地面线之间的最大距离为可见漏斗深度 $P$。

水平地面根据前苏联经验公式

$$P = 0.33W(2n - 1) \tag{11-25}$$

斜坡地面单层药包

$$P = (0.32n + 0.28)W \tag{11-26}$$

斜坡地面多层药包，在上层药室先爆，下层药室延期起爆的情况下

$$P = 0.2(4n - 1)W \tag{11-27}$$

斜坡地面临空的抛掷爆破

$$P = (0.6n + 0.2)W \tag{11-28}$$

陡壁地形爆破

$$P = 0.2(4n + 0.5)W \tag{11-29}$$

多排药包，前排辅助药包先爆，后排主药包延期后爆，后排主药包的 $P$

$$P = W_2(0.27n + 0.39)(1 - E_1) \qquad (11-30)$$

式中：$n$——后排主药包爆破作用指数；

　　　$W_2$——后排主药包的最小抵抗线；

　　　$E_1$——调整系数，$E_1 = W_1/3nW_2\sin\varphi$；

　　　$W_1$——前排辅助药包的最小抵抗线；

　　　$\varphi$——原地面坡度，度。

条形药包可见漏斗深度 $P$

$$P = P_K\left(\frac{1+n^2}{2}\right)^{0.7} W \qquad (11-31)$$

式中：$P_K$——与地形条件有关的系数，$P_K = 0.3 \sim 0.6$。地形缓，取小值，地形陡峭，取大值。

**4. 爆破漏斗剖面图的绘制**

斜坡地面爆破时，爆破漏斗的上、下破裂线往往是不对称的。这是因为在漏斗边缘区的岩石会因爆破产生破坏，在漏斗形成过程中，受重力与震动作用，以及失去下部支撑而产生脱落，形成漏斗上破裂线增大为 $R'$。尤其是裂隙发育的松软岩体，爆后 $R'$ 迅速形成。对于坚硬完整岩体，$R'$ 增加不大，且出现时间相对较迟。因此，在多排药包爆破时，若为坚硬完整岩体多排毫秒延时爆破，前排漏斗的上破裂线可用相同的 $R$ 值，而不必考虑 $R'$。但对于裂隙发育的软弱岩体，特别是采用秒差延时爆破时，后排爆破漏斗的上破裂线仍需按 $R'$ 绘制。因为爆破漏斗上破裂线形成时间约 $10^2$ ms 数量级，这个延时时间可以为后排药包形成准临空面。对于最后一排药包，均应按 $R'$ 或用上破裂角 $\theta$ 绘制。

如图 11-8 所示，斜边地面爆破漏斗剖面图的绘制方法与步骤为：

(1)通过药包中心，沿最小抵抗线 $W$ 方向切割地形剖面。要求 $W$ 在出露点（图 11-8内的 $M$ 点）垂直该处地形图上的等高线。在该地形剖面上得出该药包的最小抵抗线 $W$。该图一般称作该药包的剖面图。

(2)计算出该药包的设计装药量。

(3)计算出该药包的压缩圈半径 $R_c$，下破裂半径 $R$ 和上破裂半径 $R'$。

(4)在药包剖面图上，以药包中心 $O$ 点为圆心，以压缩圈半径 $R_c$ 为半径，画出药包的压缩圈。分别以漏斗上、下破裂半径 $R'$ 和 $R$ 为半径，或以上破裂角 $\theta$ 和下破裂半径 $R$

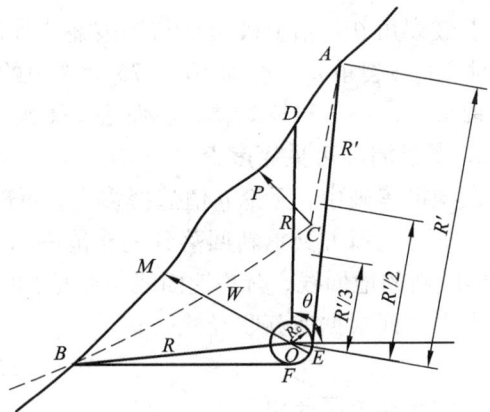

图 11-8　爆破漏斗剖面示意图

为半径，交地形线 $A$、$B$ 两点。再以 $A$、$B$ 两点分别对压缩圈作切线，交压缩圈于 $E$、$F$。这两条切线与地形线所包围的面积（即 $AEFB$ 所包围的面积）为爆破漏斗面积。（还有一种观点，$A$、$B$ 两点直接与药包中心 $O$ 点相联，$AOB$ 所包围的面积即为爆破漏斗面积。但持前一种观点的较多）。

(5)在药包剖面图上，画出爆破漏斗可见深度 $P$。斜边地面单层药包 $P$ 的画法一般按下述方法：在上破裂线 $R'/3$ 与 $R'/2$ 之间找一点 $C$，$C$ 与原地形线 $AB$ 之间的垂直距离等于 $P$。用光滑曲线连接 $A$、$C$、$B$，$ACB$ 即为预计爆后爆破漏斗的地面线。

### 11.3.4　爆堆计算的基本原理和方法

**1. 爆堆计算的基本原理**

（1）抛体、坍塌体及爆落体的基本概念

在斜坡地形条件下进行抛掷或加强松动爆破（也称减弱抛掷），将形成如图 11 – 8 的爆破漏斗剖面图。图中 $DOB$ 范围内的岩石将可能被抛出爆破漏斗之外，该范围内的岩土称为抛体；$DOA$（或 $DOEA$）范围内的岩土在炸药爆炸能及重力作用下产生破碎、坍塌，称为坍塌体；上、下破裂半径与原地形线所包围 $AOB$（或 $AEFB$）范围内的岩土体统称为爆落体。

（2）爆堆计算的基本方法

概括起来，爆破堆积体的计算方法主要有体积平衡法、弹道理论法、经验估算法等多种方法。体积平衡法认为：爆破堆积体来源于爆破抛掷的有效方量，根据物质守恒定律，爆破堆积体的方量应与爆破

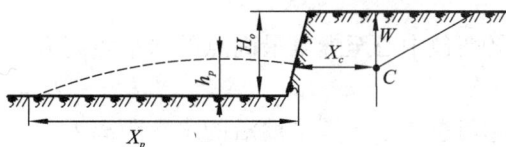

**图 11 – 9　台阶地形爆破堆积示意图**

抛掷的有效方量相同。弹道理论法认为：抛掷及加强松动爆破时，炸药爆炸气体产物将破碎后的岩石从爆破漏斗内散射抛出，呈辐射状冲出漏斗后的破碎岩石（即抛体），总体沿外弹道学轨迹运动，直至坠落地面，聚堆成爆破堆积体，并遵循能量守恒、质量守恒定律。抛体的质心运动规律遵循质心系运动的基本原理。如果忽略空气阻力的影响，则可以认为抛体质心基本上沿弹道轨迹运行。

图 11 – 9 给出了前苏联针对集中药包爆破，提出平地台阶地形爆破堆积体的形态及参数的计算经验式。此时，最大堆积长度 $X_P = 5nW$；最大堆积高度 $h_p = 0.4(H_o/n)$。适用条件为：$1 > W/H_o > 2/3$；$X_c = (1.1 \sim 1.2)W$。

**2. 爆堆尺寸估算**

爆堆的形状及主要尺寸是衡量爆破效果的重要指标之一。虽然对爆破形状及主要尺寸的研究工作一直未间断过，并提出了不少的计算方法。但由于爆破堆积受地质、地形、爆破参数等诸多因素的影响，所提出的计算方法和计算公式有的过于复杂，计算参数过多且较难获得或任意性大；有的虽很简单，但剔除条件过多，过于理想化，故迄今尚未研究出能准确计算爆堆尺寸，且计算参数获得难度不大的爆堆尺寸计算公式。目前国内爆堆尺寸一般仍是估算，常用的爆堆尺寸估算公式如下：

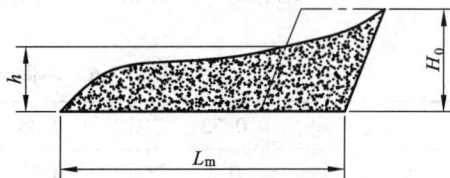

**图 11 – 10　阶梯状地形爆堆基本
形状横剖面示意图**

（1）阶梯状地形爆堆估算

参照图 11 – 10，根据不同爆破类型估算：

①松动爆破

爆堆前沿至药包中心的水平距离 $L_m$

$$L_m = K_l H_0 \tag{11 – 32}$$

式中：$K_l$——系数，$f = 12 \sim 20$，$K_l = 2.5 \sim 2.8$；$f = 6 \sim 12$，$K_l = 2.0 \sim 2.5$；$f < 6$，$K_l = 1.5 \sim 2.0$。

爆堆平均高度 $h$，　　　　　　$h = (0.7 \sim 0.75)H_o$ $\tag{11 – 33}$

②加强松动和抛掷爆破

$$L_m = (3 \sim 4)nW \tag{11-34}$$

$$h = (0.6 \sim 0.75)\frac{H_o}{n} \tag{11-35}$$

（2）双侧斜坡地形（山梁爆破）爆堆估算

①药包中心处的堆高 $h_o$

$$h_o = K_h \frac{W}{n} \tag{11-36}$$

②爆堆最高点的堆高 $h_p$

$$h_p = K_H \frac{W}{n} \tag{11-37}$$

③药包中心至爆堆最高点的水平距离 $L_p$

$$L_p = K_l nW \tag{11-38}$$

④药包中心至爆堆前沿的水平距离 $L_m$

$$L_m = K_L nW \tag{11-39}$$

式中：$n$——爆破作用指数；

$\quad\quad W$——最小抵抗线，m；

$\quad\quad H_o$——台阶高度，m；

$\quad\quad K_h$，$K_H$、$K_l$、$K_L$——经验系数，根据具体情况选取，见图 11 – 10、11 – 11 和表 11 – 6。

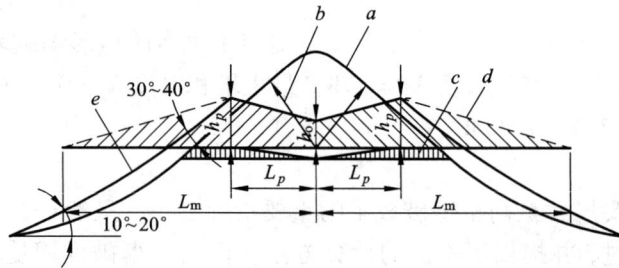

**图 11 – 11　单药室双侧爆破爆堆基本形状横剖面示意图**

$a$—原地形线；$b$—最小抵抗线；$c$—岩坎；$d$—双侧水平爆破爆堆线；$e$—斜坡地形爆堆线

**表 11 – 6　不同 $n$ 值时爆堆各参数的系数值**

| $n$ 值 | 0.75 | 0.85 | 1.0 | 1.25 | 1.5 |
|---|---|---|---|---|---|
| $K_h$ | 0.4 | 0.35 | 0.25 | 0.2 | 0.13 |
| $K_H$ | 0.65 | 0.6 | 0.5 | 0.4 | 0.25 |
| $K_l$ | 0.75 | 0.8 | 1.0 | 1.2 | 1.3 |
| $K_L$ | 3 | 3.5 | 4 | 4.5 | 5 |

（3）平坦地形爆堆尺寸估算

如图 11 – 12 所示，$L_m = (4 \sim 5)nW$；

$$\tag{11-40}$$

$$L_p = 1.35nW; \tag{11-41}$$

$$h_p = (0.15 \sim 0.20)nW。 \tag{11-42}$$

（4）斜坡地形单侧爆破爆堆尺寸估算

在斜坡地形上进行抛掷爆破，岩土沿最小抵抗线 W 方向抛出，部分或大部分爆破破碎体抛出爆破漏斗。抛掷爆破漏斗外的爆堆堆积计算，我国目前多采用体积平衡法。体积平衡法以宏观爆破效果统计资料为基础，提出了爆堆堆积分布的三角形假定，即认为抛出的岩土碎块在 W 横断面上的自身堆积形状（指与原地形叠加前的形状）是近似于三角形分布的。依此得到该爆堆堆积三角形几何形状的一套经验公式。若将这个三角形两腰上任一点的高度投影于不规则的山沟或河谷或山脚地形断面底边线上，即与原地形叠加，然后连接各高度的顶点，则可近似构成 W 方向爆堆横断面的堆积曲线，如图11-13所示。

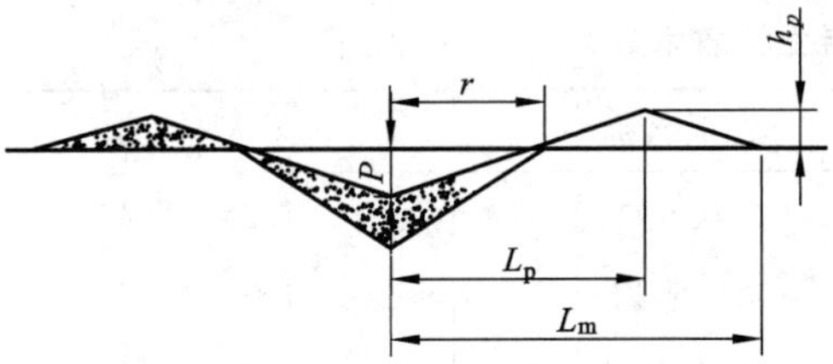

图 11-12 平坦地形爆堆的基本
形状横剖面示意图

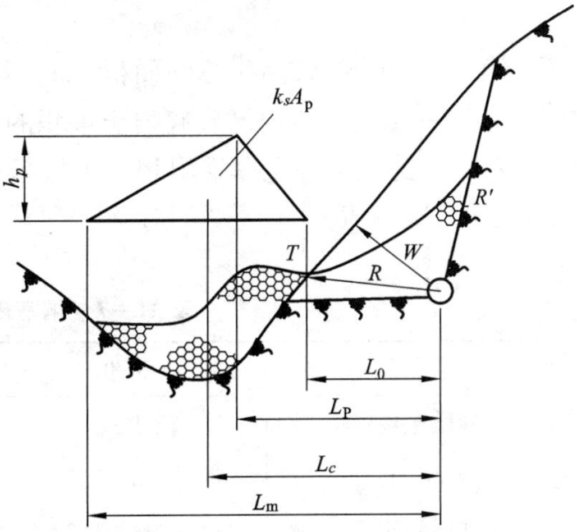

图 11-13 斜坡地形爆堆基本形状
横剖面示意图

若为多排药包爆破，则按多排药包分别计算和叠加，然后再与原地形线叠加，则可近似得出多排药包抛掷爆破 W 方向爆破漏斗外的堆积曲线。如果与原地形线叠加后，出现局部凸起陡立的状况，在堆积曲线变化剧烈处，则应根据岩土松散堆积时的稳定状况对所给的爆堆堆积曲线作局部的调整即可。

①药包中心至堆积体最远点的水平距离 $L_m$（即最远抛距）

$$L_m = \frac{\rho}{780}W(1 + \sin 2\varphi)\sqrt[3]{K_h f(n)} \tag{11-43}$$

式中：$\rho$——岩石容重，$kg/m^3$

$\varphi$——抛角，度，$\varphi \geqslant 75°$时，按 75°计算。

②药包中心至爆堆最高点的水平距离

$$L_p = K_p W(1 + \sin 2\varphi)\sqrt[3]{K_h f(n)} \tag{11-44}$$

式中：$K_p$——与岩土性质和炸药类型有关的系数，取值范围为 $K_p = 1.8 \sim 2.5$，岩石松软，炸药威力小，取小值；否则，取大值；

其余符号意义同前。

③药包中心至爆堆重心的水平距离 $L_c$

$$L_c = L_m / K_c \tag{11-45}$$

式中：$K_c$——与 $n$ 值及炸药类型有关的系数，取值范围为 $K_c = 1.48 \sim 1.7$；$n$ 值大，炸药威力高，取小值，否则取大值。

④爆堆体的最大高度 $h$

$$h = \frac{k_s A_P}{0.5(L_m - L_o)} \tag{11-46}$$

式中：$k_s$——硐室爆破时岩土的松散系数，如表 11-7 所示；

$A_p$——爆破漏斗断面图上的抛掷实体面积，$m^2$。

$$A_p = A_s - \frac{A_E}{K_s} \tag{11-47}$$

$A_S$——设计爆破漏斗总断面积，$m^2$，即上、下破裂线与地形线围成的面积；

$A_E$——爆破漏斗内已破碎岩土堆积的松方面积，$m^2$；

$L_o$——药包中心至爆堆堆积三角形起点的水平距离（见图 11-13），一般由作图量出，$L_o < R$。

表 11-7　硐室爆破时岩土松散系数 $k_s$

| 岩土名称 | $K_s$ 值 | 岩土名称 | $K_s$ 值 |
|---|---|---|---|
| 砂质土壤 | 1.1 ~ 1.2 | 软　岩 | 1.25 ~ 1.3 |
| 腐　植　土 | 1.2 ~ 1.3 | 中　硬　岩 | 1.3 ~ 1.35 |
| 细质粘土 | 1.23 ~ 1.28 | 坚硬岩石 | 1.35 ~ 1.4 |

（5）条形药包爆破爆堆尺寸估算

上述爆堆尺寸估算的计算式均由集中药包爆破资料统计分析获得。条形药包爆破是在集中药包爆破基础上发展起来的硐室爆破技术，目前我国估算条形药包爆堆尺寸有些仍用上述公式，也可用下述经验公式估算。

①最远抛掷距离 $L_m$　　$L_m = (5 \sim 7)nW$ 　　(11-48)

式中 $(5 \sim 7)$ 的取值方法：地形平缓，岩石破碎，松软，取小值；否则，取大值。

②药包中心至最高点的抛距 $L_P$　　$L_P = 0.6L_m$ 　　(11-49)

③堆积三角形底边长 $L$　　$L = L_m - L_o$ 　　(11-50)

④堆积三角形高（即最大爆堆高度）$h$　　$h = \dfrac{2S}{L}$ 　　(11-51)

式中：$S$——堆积三角形的面积，$S = A_p k_s = A_s E k_s = A_s k_s - A_E$；

$E$——有效抛掷率，%，设计有效抛出爆破漏斗外的岩土体积（或重量）与设计爆破漏斗的总体积（或总重量）之比；

$A_p$、$A_s$、$A_E$ 的意义见式（11-46）及式（11-47）。

**3. 爆破破坏范围的圈定及爆后地形图的绘制**

（1）爆破破坏范围的圈定

①单排药包爆破破坏范围的圈定

平坦及山梁(山脊)地形单排药包爆破时,先将各药包的爆破漏斗剖面图上的破裂线 $R$ 与地形线(地面)的交点投影到地形图上;斜坡地形单排药包爆破时,先将各药包的爆破漏斗剖面图上的上、下破裂线 $R'$ 和 $R$ 与地形线(地面)的交点投影到地形图上。再根据爆破区域两端部药包处的地形,地质状况及所采用的 $n$ 值等参数,确定端部药包的破裂半径或破裂角 $\theta$,并据此得出端部药包的爆破漏斗剖面图,得到端部药包的破裂线与地形线的交点,也投影到地形图上。把这些点连接成光滑的曲线,再根据经验对局部地形上的该曲线作适当调整。调整后的曲线所包围的范围即为爆破破坏的范围。

②多层多排药包爆破破坏范围的圈定

先将最下层前排药包的爆破漏斗剖面图上的下破裂线(平坦与山梁地形单层药包时为破裂线)与地形线的交点投影到地形图上。再将最上层最后一排药包的爆破漏斗剖面图上的上破裂线(平坦与山梁地形单层药包时为破裂线)与地形线的交点投影到地形图上。然后按①中单排药包爆破破坏范围中端部药包破裂线的圈定方法,把各层端部药包的破裂线与地形线的交点也分别投影到地形图上,最后把这些点连成光滑的曲线。再根据经验对局部地形上的该曲线作适当的调整,调整后的曲线所包围的范围即为本次爆破破坏的范围。

(2)爆后地形图的绘制

根据爆堆的基本形状横断面图,把剖面图上的堆积曲线(斜边地形爆破包括坍塌体回落到爆破漏斗内的破碎岩土部分)各高程点投影到平面图上,把这些点连成光滑的曲线,就绘制成了爆后的地形图。

# 11.4 硐室爆破施工设计

## 11.4.1 导硐设计

### 1. 导硐的类型及选择原则

在硐室爆破中,把连通地表与药室的井巷统称为导硐,它是通往药室的唯一通道。硐室爆破工程中的导硐有二大类型,平硐与小立井两类。

小立井提升、运输、通风、排水都比较困难,所以只有在缓坡地形,且爆破规模较小时采用。一般情况下,大都采用平硐。

### 2. 导硐口及导硐布置的一般原则

①导硐口的位置应尽可能选择在较容易修通施工便道,施工方便、安全、导硐工程量少的地方;应避开在冲沟、破碎带、悬崖和缓坡等不利地带;多层药包爆破时,上、下硐口错开布置,避免上部碎碴危及下层硐口;硐口要有一定的平台面积,以方便临时堆放炸药和堵塞材料等。

②平硐和药室之间,小立井和药室之间都要有横巷(平巷)相联,横巷必须与主导硐垂直相交,以形成堵塞自锁效应,减少堵塞长度。一般来讲,横巷的长度不少于 5 m 即可。

③硐口方向应尽可能避免正对建、构筑物。

④条形药包(包括分集药包)硐室爆破时,一般在药巷即药室中央布置导硐,并让导硐两侧的药室能大致相等。导硐应与药巷垂直相交,以形成堵塞自锁效应。

⑤为了便于施工时出碴及排水,由药室向平硐口或由药室向小立井井底呈(3~5)‰的下坡。

**3. 导硐断面尺寸的确定**

导硐的断面尺寸的确定原则是:掘进与堵塞工程量小,导硐与药室开挖、装药、充填、爆破网路敷设施工安全、方便。其断面尺寸的大小主要取决于施工方法、施工机械与爆破规模、药室装药量的大小。药室装药量少,断面尺寸小,人工或小型机械挖运;药室装药量多,断面尺寸大,机械挖运。一般可按下述推荐值选取:

①小立井:长×宽=(1.2~1.4)×(1.0~1.2)m²或直径(1.0~1.2)m。

②平硐与横巷:机械挖运,高×宽=(2.0~2.4)×(1.6~2.2)m²;机械凿岩,小推车运输,人工装岩,高×宽=(1.7~1.9)×(1.2~1.4)m²;机械凿岩,人工挖运,高×宽=(1.5×1.0)m²

**4. 导硐断面形状的确定**

导硐断面形状的确定主要取决于导硐通过地段的地质状况和导硐断面尺寸的大小。岩体稳固性好时,断面积小的小立井、平硐与横巷一般用矩形;岩体稳固性差时,小立井一般用圆形,平硐与横巷一般用三心拱形;断面积大时,平硐与横巷一般也用三心拱。

## 11.4.2 药室设计

**1. 药室形状的确定**

药室的形状分集中药包与条形(包括分集)药包两大类。

集中药包从俯视图看,一般多用正方形或长方形。当装药量大、地质条件差、岩体不稳固时,可用T字形、十字形或回字形药室。从正断面图看,一般为三心拱形。

条形药包就是用平巷当药室,其断面形状一般为三心拱形。当装药量小,岩体稳固时,也可用矩形。

**2. 药室断面尺寸的计算**

药室的高度以不超过2.5 m为宜,其宽度以不超过4.0 m为宜,以有利于装药及保证施工安全、方便。其具体尺寸应根据药室的容积必须足以容纳药包的设计装药量。

①集中药包药室容积按下式计算:

$$V_Q = \frac{Q}{\rho_e} K_V \tag{11-52}$$

式中:$V_Q$——药室容积,m³;

$Q$——药室的设计装药量,kg;

$\rho_e$——装药密度,一般用炸药厂出厂包装时的炸药密度,kg/m³;

$K_V$——药室扩大系数。药室不支护并袋装炸药时,$K_V=1.2~1.3$;药室有支护并袋装炸药时,$K_V=1.4~1.5$。

②条形药包的药室横断面积$S_Q$按下式计算:

$$S_Q = K_r \frac{q_l}{\rho_e} \tag{11-53}$$

式中:$K_r$——条形药包不耦合系数,指药室横断面积与装药横断面积之比,$K_r$一般不小于2即可,有时甚至达10以上;

$q_l$——药室每米装药量，kg/m；

$\rho_e$——装药密度，kg/m³；

$S_Q$——药室横截面面积，m²。

条形药包爆破药室的断面尺寸除满足公式（11-53）的要求外，还必须考虑掘进和装药施工的安全、方便。故药室的断面尺寸一般高度不低于 1.5 m，不高于 2.5 m；宽度不小于 1.0 m。条形药室的断面形状见图 11-14 中 $C-C$。

### 11.4.3　装药设计

装药设计的内容主要包括药室所装炸药的品种、包装规格（即每箱或每袋重量、体积）、药室及炸药防水、防潮处理，起爆药包的结构及摆放在药室的位置，药室内的装药结构及装药施工等。

硐室爆破的主装药目前一般用价格较低，爆炸性能良好，加工十分方便的 94∶6 多孔粒状铵油炸药。炸药换算系数 $e$ 一般取 $e=1.05$ 左右。为增加爆炸的可靠性，通常装 10% 左右爆炸威力和起爆性能比 94∶6 多孔粒状铵油炸药更强的炸药，并均匀布置在药室内。为了便于装药，每袋（箱）炸药重 25 kg 左右。

硐室爆破的起爆药包通常称为起爆体，一般由木箱制成，内装雷管、导爆索结及感度较高、威力较大、质量较优的炸药。雷管的脚线拉出箱外，以便于与起爆网路联接。箱体要有一定的强度，其作用是保持装药密度，防止拉拽或塌方等造成雷管意外爆炸。起爆体重一般 25 kg 左右，以便于搬动。起爆体的结构如图 11-15。通常一个药室均匀地安放二个起爆体。集中药包一般放在药室的前后两处；条形药包一般放在药室总长度的 1/3 与 2/3 处。条形药包爆破起爆体的安放位置见图 11-14 的俯视图与 $A-A$ 正视图。

硐室爆破一般采用下述的装药结构装药：下层放置本药室设计装药量一半的廉价炸药（常用 94∶6 多孔粒状铵油炸药），然后在炸药中间铺上导爆索束，导爆索束上压高质量的炸药，最后再把剩余的廉价炸药按设计要求压在上面。

为了加强传爆能及保证同一药室的炸药接近同时起爆，集中药包一般沿整个药室的外缘，向内 0.5 m 左右，条形药包一般沿整个药室长度，在装药中间敷设三根左右扎成一束的导爆索束。铺在装药中部的导爆索束与本药室的正、副起爆体相联，见图 11-14 中的俯视图与 $A-A$ 正视图。为增加起爆威力用比 94∶6 铵油炸药更优的炸药直接压在导爆索束上，然后再压上 94∶6 的多孔粒状铵油炸药。

炸药从最里端向外装药，按各药室实测 $W$ 后进行的最终调整设计的装药强度（即每米药室的装药量）连续装药，一般不采用间隔装药。

条形药包一般为不耦合装药，药包的码放位置可根据爆破目的选择。若只要爆破破碎岩体，一般选择靠 $W$ 方向码放。

装药时，应派专人负责记录装药量，监督、检查装药质量。确保按设计要求的装药量和装药结构装药。

### 11.4.4　充填设计

充填设计的主要内容包括充填长度的确定，充填材料的选择，充填方法和充填质量的基本要求，以及充填施工中的要求和注意事项等。

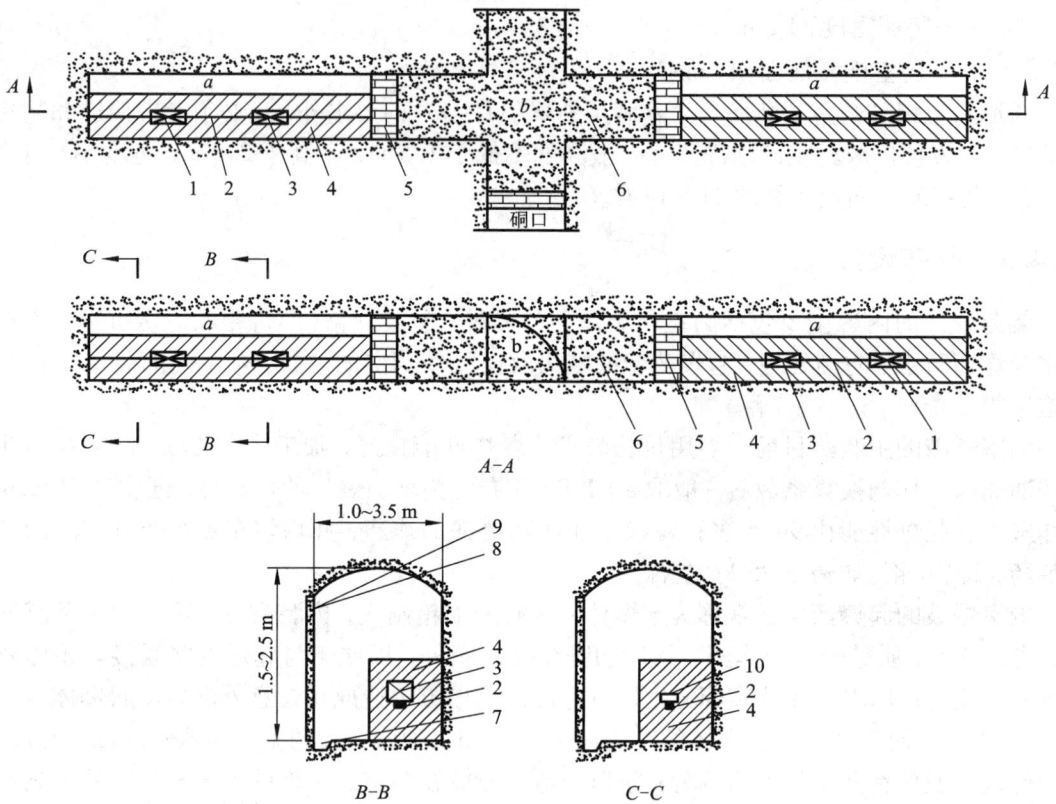

**图 11 – 14   条形药包爆破导药药室断面形状与装药充填结构示意图**

1—主起爆体；2—导爆索束；3—副起爆体；4—铵油炸药；5—装砂土的编织袋；6—充填体；

7—水沟；8—挂导线木桩；9—导线；10—岩石膨化炸药；a—药室；b—导硐

### 1. 充填长度 $L_d$ 的确定

在导硐、药室方案设计时，已考虑了堵塞的自锁作用，以减少充填长度。充填长度 $L_d$ 可按下式计算：

$$L_d \geqslant K_d (5.8S/\pi)^{1/2} \qquad (11 - 54)$$

式中：$K_d$——充填材料的爆炸压缩系数，充填材料用粘土和碎岩碴时，$K_d = 2.66$；

$S$——充填段巷道的断面积，$m^2$

$\pi$——周圆率，$\pi$ 取 3.1416。

一般情况下，集中药包爆破时，横巷完全堵塞；条形药包爆破时，堵塞的横巷长度常为 5.0 m 左右。主导硐与横巷相交处，主导硐的堵塞长度按 (11 – 54) 式计算，靠近硐口处的堵塞长度可适当加长些。

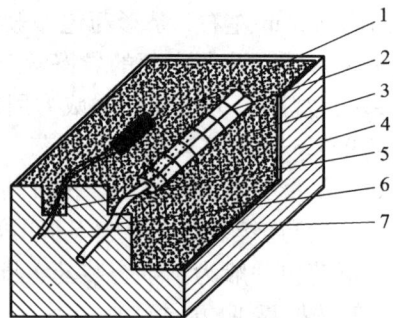

**图 11 – 15   起爆体结构示意图**

1—电雷管；2—导爆索节；

3—起爆炸药 (膨化炸药)；

4—起爆药箱 (木或纸箱)；

5—槽形缺口；6—导爆索束；

7—导线 (电雷管脚线)

### 2. 充填材料和充填质量的原则要求

接近导硐口位置的充填材料用粘土或细砂，其他部位的充填材料可用土、砂或掘进巷道的岩碴。

充填质量的好坏，直接影响爆破效果和爆破安全。充填要密实，巷道的顶部也必须充填满，充填部位所有地方都不得留有空隙，更不允许充填段有空段。充填段的起、终端可用装有粘土、砂的编织袋码放 0.5 m 左右，作为充填起、终端的挡墙。

充填时，应派专人负责检查充填质量。严防空段、不接顶、留有空隙，以及只用装有土、砂等充填料的编织袋充填等可能导致重大事故的现象出现。同时在堵塞过程中，注意对爆破网路的保护。

## 11.4.5　爆破网路设计

### 1. 爆破网路的类型

目前，我国在硐室爆破中常用的爆破网路有两大类：电雷管（电力）起爆网路（简称电爆网路）和非电起爆网路。

电爆网路由起爆电源、导线、电雷管构成。电爆网路能随时对爆破网路的完好情况进行检测。在无杂电，离高压线、变电站、电台等外来电源较远的地域，非雷雨天气，优先推荐使用电爆网路。

非电起爆网路的优点是不怕杂电等外来电，安全性高。但爆破网路完好与否很难检测。非电起爆网路又有导爆索起爆网路和导爆管起爆网路。导爆索起爆网路还存在成本较高，不易实现延时爆破，目前已极少单独用于硐室爆破。一般把导爆索作为辅助，以利增加起爆能及使整个药室同步起爆。导爆管起爆网路还存在导爆管保护较难，充填时易挤扁而引起不爆等缺点。

电爆网路与非电起爆网路组成的混合起爆网路目前已极少使用。

### 2. 爆破网路的组成与敷设

（1）电爆网路的组成

完整的电爆网路包含有起爆电源、导线和电雷管三部分。

为了确保安全、准爆，硐室爆破中的电爆网路一般采用复式"并串并"网路。具体的组成方法为：导硐和药室内有两套独立的电爆网路，即每个药室内有两个起爆体（正、副起爆体），每个起爆体内装两发并联的电雷管（即每个药室装四发同厂、同批号、同段电雷管，组成两个并联组，构成该药室的正、副起爆体）。药室间的正起爆体与正起爆体串联，副起爆体与副起爆体串联。引出导硐口的两套独立的电爆网路，也采取串联（即导硐之间也采用串联）。两套独立的电爆网路最后引至距起爆站较近，网路较容易联接，最容易检测的某一导硐口（一般放在最下层的导硐口）前的平台上进行并联。然后引至起爆站，组成"并串并"电爆网路。图 11-16 为江钨集团漂塘钨矿条形药包卸压硐室崩塌爆破爆破网路示意图。

（2）起爆电源、导线与电雷管的选用

硐室爆破电爆网路对起爆电源的要求是：电源所输出的电流值必须满足流经每个电雷管的电流值，交流不小于 4.0 A；直流不小于 2.5 A，以确保每个电雷管准爆。目前常用电容式高能起爆器，也可以用专用的高压输电线或普通动力线。药室少、爆破规模很小时，还可用 220V 的照明线。电容式起爆器的放电曲线是随放电时间的延长迅速衰减，其衰减速率与起

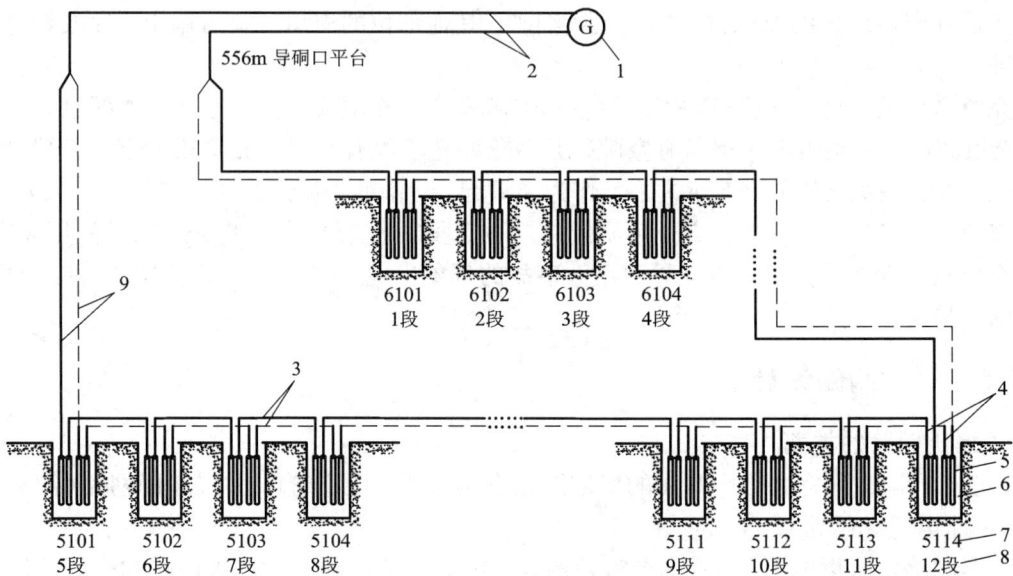

**图 11－16　起爆网路示意图**

1—电源；2—主线；3—联接线；4—端线；5—电雷管；6—药室；7—药室号；8—雷管段别；9—区域线

爆器内的电容大小等有关，小电容的起爆器，可能电压高，但电容量小，起爆能力低。故用电容式起爆器时，除进行网路计算外，还必须仔细阅读电容式起爆器的说明书，确保本次硐室爆破内的所有起爆体在起爆器的准爆能力以内，确保全部准爆。

电爆网路对导线的要求是能满足网路要求通过的电流值及线路电阻值，绝缘好，强度较高及较经济。目前常用 BV 系列单股铜芯塑料线。进入药室的端线、药室与药室间和硐口间的联接线和区域线一般用标称截面积为 2.5 mm²，标称电阻值 7.0 Ω/km 的 BV 系列单股铜芯塑料线；主线常选用标称截面积为 4.0 mm²，标称电阻为 4.0 Ω/km 的 BV 系列单股铜芯塑料线或性能相仿的电缆亦可。端线、联接线与区域线一般无法回收，主线大部分可回收。硐室爆破电爆网路一般不用截面更小或铝芯的导线，以避免装药、充填等施工时不慎将其损坏。导线只用二种颜色，一种颜色与主起爆体联接，一种颜色与副起爆体联接。

必须使用同厂、同批号，延时精度高，质量可靠、优良的雷管。同一硐室的雷管电阻值误差在 ±0.1 Ω 以内，同一次硐室爆破的电雷管电阻值误差在 ±0.2 Ω 以内。为此，必须按 5～10 倍的使用量采购电雷管。在装药之前，必须对电雷管进行检测和选取。检测合格的雷管，一部分用在起爆体内，一部分用作爆破网路的模拟试验。用在起爆体内的每发雷管，都必须用白胶布条，在白胶布上写上本雷管段别、安装的药室号、本雷管的电阻值，固定在该雷管上。每个药室所使用的 4 发雷管装在一个袋内，袋上也要注明雷管段别和安装药室号，供加工起爆体时用。选配下去的电雷管，用于非重要的浅孔爆破工程中去。

（3）导爆管爆破网路的组成

硐室爆破中的导爆管起爆网路是由激发器材、导爆管、联接元件和导爆管雷管组成。除起爆体内的导爆管雷管为并联外，其余地点，如起爆体间、药室间、导硐间常采用串联。一般一个药室设二个起爆体（正、副起爆体），每个起爆体内至少装 3 发导爆管雷管，每个药室至少装 6 发同段别的导爆管雷管。硐室爆破所使用的导爆管雷管必须用同厂、同批号、质量可靠、优良、延时精度高的优质导爆管雷管。

（4）爆破网路的敷设

为了确保装药、充填时不损坏爆破网路，尽可能减少装药、充填施工对爆破网路准爆的影响，确保安全、准爆；同时爆破网路敷设后，不影响装药、充填施工。电爆网路一般将起爆电线固定在巷道一侧的岩壁上，通常离巷道底板 1.4 m 左右。导爆管起爆网路必须首先将所有的传爆导爆管及联接元件装入有一定强度、能抗一定冲击力和压力、内部光滑、内径足够大的圆管内（通常用塑料管）；圆管的接头处必须用直通、弯头或三通等联接元件联接；然后固定在巷道一侧或平放在巷道底板一侧。

为了能把起爆网路固定在巷道一侧，巷道掘进时，可要求统一在巷道的一侧，每隔 1～2 m 凿一个适当深的炮孔；或在掘进结束后，在巷道的一侧，每隔 1～2 m，用水泥固定一个铁丝挂钩。使用电爆网路时，炮孔或铁丝挂钩距巷道底板 1.4 m 左右，炮孔内打入与孔深相同长度的木棍（木棍不要突出孔口，以免影响装药、充填施工），木棍中央打入一个小铁钉，铁钉露出木棍 0.01 m 左右，铁钉或铁丝挂钩准备用来挂起爆电线。使用导爆管网路时，炮孔或铁丝挂钩距巷道底板 1.5～1.6 m 左右，炮孔内打入适当长的木棍，木棍在孔口外有一定的长度，（不能太长，以免影响装药、充填的施工，增加安全隐患），木棍或铁丝挂钩准备用来固定装有传爆导爆管的圆管。

为了减少爆破网路敷设对装药、充填施工的影响，尽可能缩短装药、充填的时间，可在装药之前，把巷道内的爆破网路预先敷设到距导硐口 10 m 以上某个安全地域。起爆体随装药进度顺序安装，即当装药到达安装起爆体的位置时，安装起爆体，然后接入已预先敷设好的爆破网路中。

**3. 延时时间的确定**

毫秒延时爆破技术已经从理论和工程实践上证明：它不仅是有效控制爆破抛掷方向，改善爆破效果极为重要的参数；也是选择爆破地震频率特征，降低爆破地震强度的有效方法。

硐室爆破，先后起爆药包的延时时间一般采用毫秒延时，并用下述原则确定延时时间：前排药包先爆，后排药包后爆，先爆的前排药包要为后排的后爆药包创造良好的新自由面；同排药包中先爆的药包爆后不能改变相邻后爆药包 $W$ 的方向（设计要求除外）；多层药包爆破时，上、下层相邻药包最好同时起爆，若不允许，其爆破顺序一般为：先爆上层，后爆下层，上、下层起爆的延时时间尽可能短，以利于上、下层爆破时易形成正抛体；先、后起爆的药包产生的爆破地震波不会在峰值叠加，以降低地震强度。

计算毫秒延时时间的计算公式虽然不少，但至今仍难以在硐室爆破工程中大量应用。目前常按下述经验数据确定：后排药包的起爆时差应迟后前排药包 150 ms 以上，若前排药包 $W$ >25 m 时，应迟后 200 ms 以上；同排相邻药包的起爆时差最好控制在（0～50）ms 之间，要求不得大于 100 ms；上、下层相邻药包的起爆时差最好能同时起爆。上述数据的确定应优先满足同排和前、后排的延时要求和降低爆破地震强度的要求。

**4. 电爆网路的计算和检测**

为了确保起爆的可靠、准爆，必须对电爆网路进行计算，确保流经每个电雷管的电流值满足要求，即交流电不小于 4 A，直流电不小于 2.5 A。

为了确保电爆网路始终处于完好状态，要经常用爆破专用欧姆表进行爆破网路的检测。

安装起爆体前，先检测网路电阻和起爆体的电阻，均符合设计值后，才能把起爆体接入网路内。起爆体接入后，检测接入后的网路电阻值。所检测的网路电阻值应符合设计要求，若不符合，应立即查找原因，重新联接，确保接入后的网路电阻值在设计范围内，确保电爆网路接线优良。在充填过程中，要每隔2~4 h检测一次爆破网路，若发现网路电阻值出现变化，要暂停充填，找出原因，予以解决，确保电爆网路畅通，确保检测出的网路电阻值始终符合设计值。

**5. 爆破网路的模拟试验**

为了确保可靠起爆，装药之前，必须从检测合格的雷管中随机抽出一部分进行爆破网路的1:1模拟试验。对电爆网路，还要进行等效电阻模拟爆破网路试验。

对于渗透水比较多的爆破区或采用硐室水压爆破时，起爆元件和爆破网路均应做防水处理，并做浸水后是否受影响的爆破试验。

**6. 起爆站**

起爆站应设在爆破危险区范围以外的安全地点。该地点还应该通讯联络畅通，并尽量做到爆破网路容易敷设，线路较短，处在爆区的上风向，以及尽可能照顾到能看到爆破场景的地方。

# 复习思考题

1. 何谓硐室爆破？它有哪些优点？它的缺点是什么？它的适用条件是什么？

2. 硐室爆破按其爆破作用特征可分为哪几种？简述各自的划分标准和爆破作用特征。

3. 硐室爆破按其药室形态分有哪几种？简要说明各自的划分标准，爆破作用特征，各自的优、缺点和适用条件。

4. 硐室爆破的作用原理有哪几条？简述各自的核心内容。

5. 爆破区的地形、地质条件对硐室爆破工程有何影响？为什么？爆破设计对爆区勘测工作有何特殊要求？

6. 简述硐室爆破技术设计和施工组织设计的基本内容。

7. 简述硐室爆破主要爆破参数的涵义。如何选取和确定这些爆破参数？

8. 你知道哪些药包装药量的计算公式？我国常用何公式？

9. 简述药包布置的基本原则和方法。

10. 硐室爆破爆破漏斗有哪些主要参数？如何确定？

11. 简述抛掷爆破爆堆计算的基本原理和基本方法。

12. 简述硐室爆破的导硐、药室、装药、堵塞、起爆网路设计基本原则和主要内容。导硐开挖、堵塞、起爆体制作和起爆网路敷设时应注意哪些问题？

# 第12章　控制爆破与拆除爆破

在爆破工程中除了要求崩落和破碎岩石之外，还要求对保留的岩体进行保护，尽量减少炸药的爆炸效应所产生的破坏，降低开挖面的超挖和欠挖，以达到岩体稳定、开挖面光滑平整、开挖轮廓符合设计要求的目的。根据工程要求，采取一定的措施，合理地利用炸药的爆炸能，使之达到既能满足工程的具体要求，又能把爆破所造成的各种损害控制在规定的范围以内的爆破技术统称为控制爆破技术。

我国从20世纪50年代以来，在吸取国外先进经验的基础上研究和推广应用了微差爆破、定向抛掷爆破、挤压爆破、光面爆破以及预裂爆破等控制爆破技术。近年来，随着爆破技术在国民经济中的广泛应用，也有人把拆除爆破称之为拆除控制爆破。本章将重点介绍控制爆破技术的原理与工艺。

## 12.1　挤压爆破

挤压爆破是矿山爆破中常用的一种控制爆破技术。众所周知，矿岩一经破碎，其体积通常会比原生状态时增加50%～60%，故在自由面处应留出足够的补偿空间来容纳爆碎的岩石。地下崩矿时，所进行拉底或拉切割槽工程，就是为了提供补偿空间。在这种爆破条件下，常产生碎块的抛掷和空气冲击波，致使炸药爆炸能量的利用率不高。在露天台阶爆破时，为了避免设备损坏，还需要在爆破前后拆、装轨道和运移大型设备，因而费时费钱很不经济。为了提高炸药能量利用率和改善破碎质量，人们创造出了不留足够补偿空间的爆破，即挤压爆破，它是露天和地下深孔爆破中常用的方法。

### 2.1.1　挤压爆破原理

药包爆破时会在岩石中引起应力波的传播。当应力波传播到岩体与破碎岩堆交界面时，一部分入射波能量转化为反射波，而其余部分则转化为透射波。

根据应力波理论有：

$$\sigma_r = \frac{\rho_2 c_2 - \rho_1 c_1}{\rho_1 c_1 + \rho_2 c_2} \sigma_i \qquad (12-1)$$

$$\sigma_t = \frac{2\rho_2 c_2}{\rho_1 c_1 + \rho_2 c_2} \sigma_i \qquad (12-2)$$

反射波能量、透射波能量也存在相应的关系：

$$W_r = \left(\frac{\rho_1 c_1 - \rho_2 c_2}{\rho_1 c_1 + \rho_2 c_2}\right)^2 W_i \qquad (12-3)$$

$$W_t = \frac{4\rho_1 c_1 \rho_2 c_2}{(\rho_1 c_1 + \rho_2 c_2)^2} W_i \qquad (12-4)$$

式中：$\sigma_i$、$\sigma_r$、$\sigma_t$——入射波、反射波和透射波的应力；

$W_i$，$W_r$，$W_t$——入射波、反射波和透射波的能量；

$\rho_1 c_1$、$\rho_2 c_2$——岩体、岩堆的波阻抗。

挤压爆破跟一般爆破情况不同，爆破前在自由面前方留有一定厚度的爆堆。由于自由面前松散矿石的波阻抗大于空气的波阻抗，因而反射波能量将减小(减小20% ~ 30%)，而透射波能量增大，这部分透射能量被爆堆碎矿石所吸收，不利于矿石的充分破碎。但自由面上的松散介质(矿石)阻碍了新破碎矿岩的向前运动，从而延长了爆破应力波和爆生气体的作用时间，提高了爆炸能量利用率。在爆生气体膨胀阶段，新分离的岩块带有一定的能量，以50 ~ 100 m/s的速度撞击留碴或前排爆破体，进一步破碎矿石，同时把抛掷能量和空气冲击波的能量转变为破碎矿石的有用功。而在有自由面空间的条件下，岩石向前运动的动能完全消耗在岩石的抛掷上。所以，与清碴爆破相比，挤压爆破可延长爆炸气体的作用时间，减少岩石的抛掷，改善矿石的爆破效果。

## 12.1.2 挤压爆破参数

在上述机理的基础上，通过实践建立了半理论半经验的挤压爆破参数计算公式。

### 1. 炸药单耗 $q$

根据波阻抗原理及波动定律，爆炸应力波从岩体进入碴堆。通常岩体波阻抗 $\rho_1 c_1$ 大于碴堆波阻抗 $\rho_2 c_2$。为了不降低反射波能量，需要相应增大入射波能量，挤压爆破炸药单耗为：

$$q = kq_0 \tag{12-5}$$

式中：$k = \left[ (\rho_1 c_1 - \rho_2 c_2)/(\rho_1 c_1 + \rho_2 c_2) \right]^2$ 称为挤压系数，它表示挤压爆破炸药单耗 $q$ 比普通爆破炸药单耗 $q_0$ 需要增大的倍数。

### 2. 留碴厚度 $B$

它取决于底盘抵抗线 $W$ 和碴堆碎胀系数 $K_p$，并要考虑总体与碴堆二者波阻抗关系，留碴厚度为：

$$B = (WK_p/2)\left[ 1 + (\rho_2 c_2/\rho_1 c_1) \right] \tag{12-6}$$

### 3. 微差时间 $\tau$

按照岩体爆破发生前移和回弹两个作用的运动过程，并考虑自由面原理，挤压爆破微差延迟起爆时间应该等于岩体向前运动和向后回弹以及形成裂隙自由面的总时间，即

$$\tau = K_1 Q^{1/3} + K_2 Q^{1/3} + \frac{S}{V} \tag{12-7}$$

式中：$Q$——炸药量，kg；

$K_1$——岩体系数，$K_1 = 1.2 ~ 2$，当岩体容重小、纵波速度低、节理发育时，取小值；反之，则取大值；

$S$——形成裂隙宽度，一般取 10 mm；

$V$——岩块平均移动速度，据大冶露天铁矿实测，该值为 4 ~ 7 mm/ms；

$K_2$——炸药与岩体波阻抗系数。

据大冶露天铁矿试验统计得到：

$$K_2 = 1.02(\rho_e D/\rho_1 c_1) - 1.78$$

式中：$\rho_e D$——炸药波阻抗；

$\rho_1 c_1$——岩体波阻抗。

### 4. 前冲距离 L

它表示碴堆受挤压爆破作用向前冲出的距离。根据模型爆破和现场爆破对比结果，认为前冲距离 L 与碴堆顶部平均厚度 $B_1$ 和碴堆碎胀系数 $K_P$ 以及炮孔布置起爆角度 $\alpha$ 有如下关系：

$$L = 31.92 + 4.23K_p - 3.81B_1 - 0.15\alpha + \frac{B_1^2}{K_P} + 0.0017\alpha^2 \qquad (12-8)$$

对于一定台阶高度的碴堆，受挤压爆破作用产生上部表面岩块向下滚动现象。此时，考虑岩块的初始动能和势能所造成的滚动前冲距离

$$L' = \left(\frac{1}{2}v_0^2 + hg - fhg\cot\theta\right)/(fg) \qquad (12-9)$$

式中：$v_0$——岩块初速度，m/s；

$f$——岩石滚动摩擦系数；

$\theta$——岩石自然安息角；

$h$——岩石滚动前高度，m；

$g$——重力加速度，其值为 9.8 m/s²。

## 12.1.3  地下深孔挤压爆破

根据获取补偿空间的方法不同，地下深孔挤压爆破可分为向相邻松散矿岩挤压和向小补偿空间挤压两种。

### 1. 向相邻松散矿岩挤压爆破

爆破时事先不要开凿专门补偿空间，而是借爆炸应力波强烈压缩和爆炸气体膨胀推力的作用，挤压相邻松散岩石来获得补偿空间。爆破后在工作面处的松散矿石受挤压形成一道空槽，其最大宽度可达 1 m 左右。随着爆破层厚度的增加，工作面的空槽逐渐减小，直至完全消失。

单排孔爆破只有一次挤压作用，爆破效果改变不大。因此，多排挤压爆破毫秒起爆法是地下深孔爆破常用的挤压爆破方法。第一排孔的爆破情况和单排孔相似，后面各排以毫秒间隔顺序起爆。由于前后各排深孔间的起爆时间间隔很短，前面爆下的矿石以一定的速度向前挤压，爆破工作面前形成暂时空槽，这时后排深孔起爆，可以充分利用反射波的能量将矿石拉伸破碎，加大飞石速度，而且受碴堆阻挡作用，爆炸气体的作用时间延长，有利于破碎。

地下采矿多排孔挤压爆破时，一次爆破孔数、排数较多，崩矿体范围较大。所以，地下采矿深孔多排挤压爆破的主要参数及工艺与微差爆破相同，除了要严格按照微差爆破的基本要求外，还必须考虑下列参数：

（1）松动系数

爆破后，松散矿石被挤压，为了保证下一次挤压爆破有足够的松散度，必须通过松动放矿来实现，放出矿量是前次崩矿量的 20% ~ 30%。

（2）补偿系数

挤压爆破可以不开凿专门的补偿空间，但是为了容纳爆破后具有一定碎胀系数的松散矿石，仍需要一定补偿空间，其容积以补偿系数 $K_B$ 来表示：

$$K_B = (V_B/V) \times 100\% \qquad (12-10)$$

式中：$V_B$——补偿空间的体积，$m^3$；

　　　$V$——崩落矿体原体积，$m^3$。

一般条件下，$K_B = 10\% \sim 30\%$。

（3）最小抵抗线

它是爆破的主要参数之一，与矿石性质、炸药性能、炮孔直径和爆破层厚度等因素有关。为防止破坏下一次爆破的第一排孔，减少或消除冲入巷（隧）道的矿石量，有的矿山采取适当减少每次爆破最后一排炮孔孔口部分的装药量以及适当加大第一排炮孔最小抵抗线的办法来解决这个问题。同时为了满足第一排炮孔要求加大爆破能量的需要，和防止其部分炮孔破坏所带来的不利影响，在第一排孔后 $0.4 \sim 0.6$ m 处增加一排炮孔，称之为加强排。加强排与第一排同时起爆。一般第一排孔的最小抵抗线比排距增加 $20\% \sim 40\%$，装药量增加 $25\% \sim 30\%$。

（4）一次爆破层厚度

增加一次爆破层厚度，可增大爆破量、减少循环次数，而且因炮孔排数或层数的增加，在一定范围内有利于挤压矿石的位移、有利于矿石补充破碎并更有效地利用炸药能量。但是爆层太厚，将会产生矿石"挤死"现象，造成矿石难放出，甚至破坏下次爆破的深孔。所以，一次爆破层厚度为 $10 \sim 20$ m 左右，个别可达 $20 \sim 30$ m，一般为 $10 \sim 25$ m。爆破层厚度与挤压材料的位移、空槽宽度、碎胀系数的关系见图 $12 - 1$。

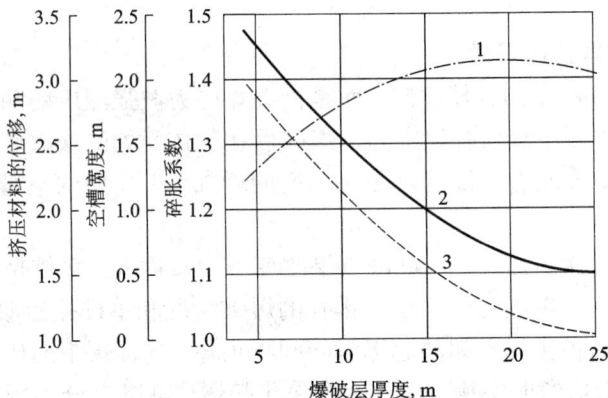

**图 12 - 1　爆破层厚度的影响**

1—挤压材料的位移；2—矿石的碎胀系数；3—空槽宽度

（5）装药结构

扇形深孔不装药长度应大于最小抵抗线 1 至 2 倍；孔口装药端的相互距离应大于 0.8 倍的最小抵抗线长度。

（6）毫秒间隔时间

挤压爆破比一般爆破的毫秒间隔时间长 $30\% \sim 60\%$，使前排爆破能形成良好的空槽，以利后排的挤压作用。

**2. 向小补偿空间挤压爆破**

地下矿小补偿空间挤压爆破，要事先开凿专门的补偿空间。但只有崩落矿石的松散系数小于 1.2 ~ 1.3 时，才可采用小补偿空间挤压爆破。这种挤压爆破是在待崩落的矿体内，事先开凿一个或几个小补偿空间。由于补偿空间比较小，自由空间爆破时，抛掷矿石的部分能量转化为破碎矿石。当崩落矿石已充满补偿空间后，其继续崩落矿石的爆破机理与前述挤压爆破相同。小补偿空间挤压爆破可以广泛用于有底部结构强制崩落法的各种回采方案中。由于回采方案不同，这种挤压爆破大体可以分为两类：一是利用切割槽（井）作自由面的小补偿空间挤压爆破；二是利用拉底空间作自由面的小补偿空间挤压爆破。

在小补偿空间挤压爆破中，切割槽（井）的位置和数量是一个重要因素。一个槽（井）负担的崩矿厚度，一般可达 10 ~ 15 m。切割槽（井）的位置应布置在矿体的最厚部位。切割槽（井）的爆破质量和拉底层临时矿柱的爆破质量，具有更为重要的意义，它往往决定整个采场爆破的成败。小补偿空间挤压爆破独立性强、灵活性大，除粘结性大的矿石外，一般都能应用。国内几个矿山的挤压爆破参数见表 12 – 1。

表 12 – 1　国内几个矿山的地下挤压爆破参数

| 矿　山 | 矿体条件 | 爆　破　参　数 | 挤　压　条　件 | 一次崩落矿层厚度/m |
|---|---|---|---|---|
| 笸子沟铜矿 | $M = 30 ~ 50$m $f = 8 ~ 10$ | 垂直扇形中深孔 $\phi 65 ~ 72$ mm，$l = 10 ~ 15$ m，$W = 1.5 ~ 1.8$ m，$q = 0.446$ kg/t | 向相邻松散矿石挤压 | 15 ~ 18 |
| 胡家峪铜矿 | $M = 15$ m $f = 8 ~ 10$ | 垂直扇形中深孔 $\phi 65 ~ 72$ mm，$l = 12 ~ 15$ m，$W = 1.8$m，$q = 0.479$ kg/t | 向相邻松散矿石挤压 | 6 ~ 13 |
| 易门狮子山铜矿 | $M = 20 ~ 30$ m $f = 8 ~ 10$ | 垂直水平扇形深孔 $\phi 105 ~ 110$ mm，$l = 15$ m | 向相邻松散矿石挤压 向两侧松散矿石挤压 | 20 30 |

注：$M$—矿体厚度；$l$—炮孔深度；$\phi$—炮孔直径。

## 12.1.4　露天台阶挤压爆破

图 12 – 2 表示露天台阶多排孔微差挤压爆破的炮孔布置。自由面前面堆积的碎矿石的特性是影响挤压爆破效果的重要因素，故应对压碴爆破参数进行合理的选择。

①爆堆的密度和应力波在爆堆中传播的速度对爆破效果的影响

挤压爆破时，爆堆的密度一般比清碴爆破时的爆堆密度大些。爆破密度随块度、堆积的形状和时间以及有无积水而变化。一般松散系数为 1.10 ~ 1.30。爆堆中应力波的速度随其密度的增大而增大。通常，爆堆松散系数大时，挤压效果良好，炸药能量利用率高。但由于挤压爆破时碴堆的密度比空气高得多，使反射波能量降低。这时为获得较好的爆破效果，必须适当增大炸药单位岩石消耗量或改变其他参数。

②爆堆的厚度和高度对爆破质量的影响

压碴爆破的次数愈多，厚度就愈大，堆积的时间就愈久，这样就使爆堆的密度升高而松散系数降低。这里，缺乏必需的补偿空间，使得爆堆的高度增加。一些矿山经常使爆堆（压

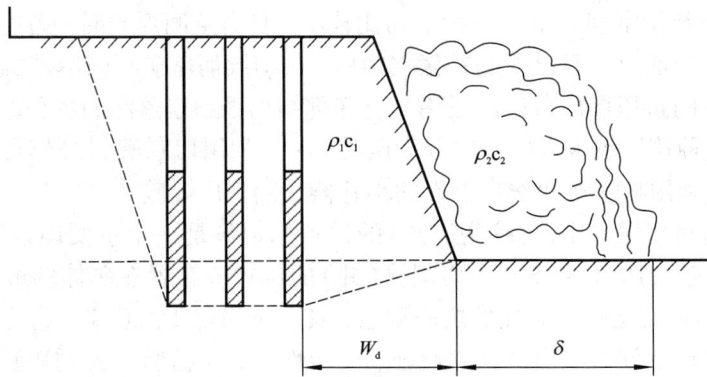

**图 12 - 2　露天台阶挤压爆破**

$\rho c$—波阻抗；$\delta$—压碴厚度；$W_d$—底盘抵抗线

碴)厚度保持在 10 ~ 20 m。如孔网参数小，压碴厚度可取大值。一般爆堆的厚度愈大，其高度也就愈高。应根据台阶高度来决定合理的爆堆高度。如果台阶高度小，并且铲装设备容积小，则更须注意控制爆破爆堆高度。应尽可能地减小爆破前的爆堆厚度，或者控制爆破的排数，以及改变布孔方式和起爆顺序。

# 12.2　光面爆破

## 12.2.1　光面爆破的定义

光面爆破是一种爆出的新壁面保持平整而不受明显破坏的控制爆破技术。其特点是在设计开挖轮廓线上钻凿一排孔距与最小抵抗线相匹配的光爆孔，并采用不耦合装药或其他特殊的装药结构，在开挖主体爆破后，光爆孔内的装药同时起爆，从而形成一个贯穿光爆炮孔且光滑平整的开挖面。

光面爆破技术除了在露天开挖中应用外，在我国许多地下工程(如矿山开拓巷道、地下工厂、水力发电站、油库、隧道和国防构筑物等永久性建筑)施工中也取得了良好效果，特别在修建一些水工隧洞时，不但可以减少超挖欠爆的情况，并能使水力摩擦系数降低到用专门衬砌才达到的光滑表面的程度。由此可见，光面爆破是一项合理利用炸药能量的爆破新技术。

光面爆破的基本原理是控制炸药的爆破作用，使猛度做功形式更多地转化为爆力做功形式，降低炸药爆炸的初始冲量，从而减少对炮眼眼壁岩体的破坏，并控制爆破裂缝沿预计方向发展。通常是根据不同岩层情况，通过合理地选择炸药、装药结构，正确地选定周边眼爆破参数(即眼间距、抵抗线、装药量)以及保证周边眼同时起爆等几项措施来实现的。

因此，光面爆破与普通爆破法比较，光面爆破有如下显著特点：

(1) 爆破后成型规整，符合设计断面轮廓要求，特别在松软岩层中更能显示出光面爆破的作用。光面爆破后通常可在新形成的壁面上残留清晰可见的半边孔壁痕迹(图 12 - 3)，超挖量大为减少，从而减少了排渣量，减轻了挖掘装载运输系统的负担；对于喷锚支护的洞室

图 12 - 3　光面爆破后成型规整

还节省了喷射原材料，加快了掘进速度。

（2）岩体保持稳定，爆破后不产生或很少产生爆震裂隙，原有的构造裂隙不因爆破而有所扩展，增强了围岩自身的承载力，特别是对于松软破碎岩层其作用和效果尤为显著。因而可有效地保证施工安全，为快速施工创造了有利条件。

（3）新岩壁平整，通风阻力小，不产生瓦斯聚集；岩面上应力集中现象减少，在深部岩壁表面可以减少岩爆的危害，有利安全。

（4）水工隧洞将减少水力损失；浇注混凝土容易并且节省费用。

## 12.2.2　光面爆破的机理

光面爆破是沿开挖轮廓线布置间距减小的平行炮眼，在这些光面炮眼中进行药量减少的不耦合装药然后同时起爆。爆破时沿这些炮眼的中心连接线破裂成平整的光面。遗憾的是虽然光面爆破已经应用几十年了，但是光面爆破造成平整光滑岩面的机理至今还未完全弄清楚。这主要是由于岩体爆破过程本身的复杂性，以及理论研究的不成熟所致。这里仅介绍几种有代表性的观点。

### 1. 应力波叠加理论

W. I. Duvall 和 R. S. Paine 等人提出了相邻炮孔爆炸应力波叠加成缝的理论。他们认为，当相邻两炮孔同时起爆时，各炮孔爆炸所产生的压缩应力波，以柱面波的形式向四周扩散，并在两孔连心线的中点处相遇，产生应力波的叠加。在应力波的交会处，应力波合力的方向垂直于炮孔连心线，而且方向相背，促使岩体向外移动，产生拉伸力，如图 12 - 4 所示。当合成应力超过岩体的抗拉强度时，便会在两炮孔连心线的中点首先产生裂缝，然后，沿着炮孔连心线向两炮孔方向发展，最后形成一条断裂面。

应力波叠加理论是一种纯理论的分析，要使相邻炮孔的爆炸应力波在其连心线中点相遇，必须保证相邻两炮孔绝对同时起爆。这在生产实践中往往是很难做到的，即使采用瞬发电雷管或采用导爆索起爆，仍然或多或少地存在着某些时差。但是，在预裂（光面）爆破中，相邻两孔的间距一般都不大，只有几十厘米，而应力波在岩体中的传播速度往往达到 4000 m/s 以上，因此，两孔之间的传播时间只有 0.1 ~ 0.2 ms，有时甚至还要短。而实际的起爆时

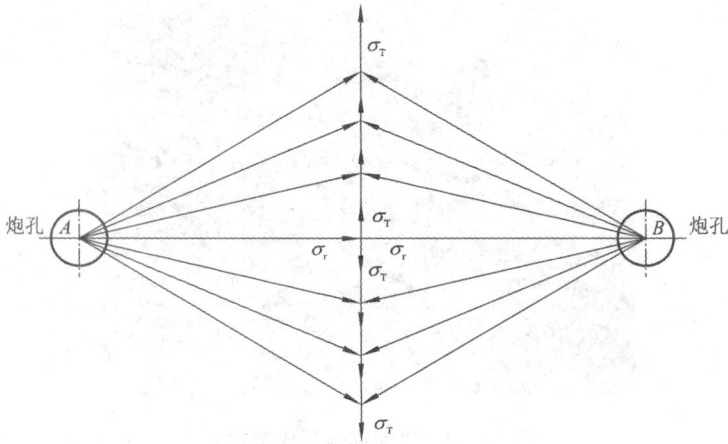

图 12 - 4　应力波叠加示意图

差要比上述数值大得多，因此，在生产实践中，单纯用应力波叠加的理论来进行分析，是很难完全解释清楚的。

**2. 高压气体作用理论**

山口梅太郎等人提出裂缝的形成主要是爆炸高压气体的作用。他们也承认应力波的作用，但认为这种作用是微小的，裂缝的形成主要是爆炸生成的高压气体的准静态应力所致。该理论强调不耦合装药条件下的缓冲作用。由于空气间隙的存在，使得作用于孔壁的冲击波压力大大减小。尹藤一郎等人在铝块中的爆破实验表明，随着不耦合系数的不断增大，作用于孔壁的压力呈指数急剧衰减，当不耦合系数为 2.5 时，孔壁上的压力值仅为初始值的1/16。从孔壁压力作用过程看，当不耦合系数大时，压力与时间的关系曲线已不再是冲击波的典型形式，而是呈台阶状，压力峰值下降，但压力的作用时间延长，这主要是爆炸高压气体所造成的准静态压力的作用。此外，该理论还特别强调空孔的效应。炮孔爆破时，若附近有空孔存在，则沿爆破孔与空孔的连心线将产生应力集中。相邻两个炮孔越接近，应力集中现象越显著。此时，首先在孔壁上应力集中最大的地方出现拉伸裂隙，然后，这些裂隙沿着炮孔连心线方向延伸，当孔距合适时，相向延伸的裂缝互相贯通，形成一个光滑的断裂面。

**3. 应力波与爆生气体压力共同作用理论**

H. K. Kert 等人提出了裂缝面的形成是应力波和爆生气体压力共同作用的结果的理论。认为应力波的主要作用是在炮孔的周围产生一些初始的径向裂缝。继之，在爆炸高压气体准静态压力的作用下，使径向裂缝进一步扩展。当相邻的两个炮孔爆炸时，不论是同时起爆，或是存在着不同程度的时差，由于应力集中的缘故，沿炮孔的连心线方向首先出现裂缝，并且发展也最快。在爆生气体压力的作用下，由于最长的径向裂缝扩展所需的能量最小，所以该处的裂缝将首先得到扩展。因此，炮孔连心线方向也就成为裂缝继续扩展的最优方向，而其他方向的裂缝发展甚微，从而保证了裂缝沿着炮孔连心线将岩体裂开。这种解释比较符合实际的情况。

### 12.2.3　光面爆破参数

光面爆破虽在地面和地下开挖工程中应用比较广泛,但影响光面爆破效果的因素十分复杂,除地质条件、炮孔精度和爆破操作技术外,决定光面爆破效果的主要因素有最小抵抗线、光面眼间距、装药量、装药结构以及起爆技术等方面。

**1. 不耦合系数 $\gamma$**

合理的不耦合系数应使炮孔压力低于岩壁动抗压强度而高于动抗拉强度。通常采用 $1.1 \sim 3.0$,其中 $1.5 \sim 2.5$ 用得较多。

**2. 光面眼间距 $a$**

如图 $12-5$ 所示,一般取为炮眼直径的 $10 \sim 20$ 倍。在节理裂隙比较发育的岩石中应取小值,整体性好的岩石中可取大值。

**3. 最小抵抗线 $W$**

光面层厚度或周边眼到邻近辅助眼间的距离,是光面眼起爆时的最小抵抗线,一般它应大于或等于光面眼间距。

**4. 炮孔邻近系数 $m$**

炮孔邻近系数 $m$ 即光面炮孔间距与其最小抵抗线之比。$m$ 值过大时,爆后有可能在光面眼间的岩壁表面留下岩埂,造成欠挖;$m$ 值过小时,则会在新壁面造成凹坑。实践表明,当 $m = 0.8 \sim 1.0$ 时,爆破后的光面效果较好,硬岩中取大值,软岩中取小值。

**图 12 – 5　光爆层参数示意图**

**5. 线装药密度 $q_l$**

线装药密度又叫装药集中度,它是指单位长度炮眼中装药量的多少($g/m$)。为了控制裂隙的发育以保持新壁面的完整稳固,在保证沿炮眼连心线破裂的前提下,应尽可能少装药。软岩中一般可用 $70 \sim 120$ g/m,中硬岩石中为 $100 \sim 150$ g/m,硬岩为 $150 \sim 250$ g/m。

**6. 起爆间隔时间**

爆破试验结果表明,齐发起爆的裂隙表面最平整,微差延期起爆次之,秒差延期起爆最差。齐发起爆时,炮眼间贯通裂隙较长,抑制了其他方向裂隙的发育,有利于减少炮眼周围裂隙的产生,可形成平整的壁面。所以,在实施光面爆破时,间隔时间愈短,壁面平整的效果愈有保证。应尽可能减小周边眼间的起爆时差。相邻光面炮眼的起爆间隔时间不应大于 $100$ ms。国内光面爆破常用参数列于表 $12-2$ 中。国外光面爆破参数列于表 $12-3$ 中。

### 12.2.4　光面爆破的施工方法

目前在质量要求较高或服务年限较长的岩体爆破工程中,光面爆破的使用日益广泛。为保证光面爆破良好的效果,除了根据岩石性质、工程要求等条件正确选用光面爆破参数外、精确凿岩极为重要。实践表明,离开精确凿岩,是达不到预期光面爆破效果的。然而炮眼的偏斜是很难避免的。为了控制炮眼底部的偏离,应选用偏斜度较小的优良钻机。凿岩时,边眼口开在设计轮廓线上,在凿岩过程中应使边眼稍微向外倾斜($3° \sim 5°$),使眼底落在设计轮

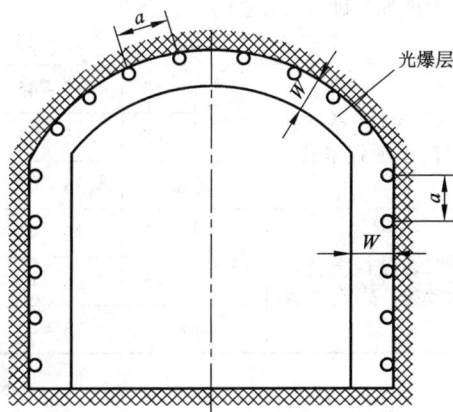

廓线外约 100~150 mm 处,以便在钻凿下一循环炮眼组时钻机有足够工作空间可用。此外,炮眼之间要互相平行,眼底要落在同一平面上。

表 12-2  光面爆破参数

| 围岩条件 | 巷道、峒室开挖跨度/m | | 周边眼爆破参数 | | | | |
|---|---|---|---|---|---|---|---|
| | | | 炮眼直径/mm | 炮眼间距/mm | 光面层厚度/mm | 炮眼邻近系数/m | 线装药密度/kg·m⁻¹ |
| 整体稳定性好,中硬到坚硬 | 拱部 | <5 | 35~45 | 600~700 | 500~700 | 1.0~1.1 | 0.20~0.30 |
| | | >5 | 35~45 | 700~800 | 700~900 | 0.9~1.0 | 0.20~0.25 |
| | 侧墙 | | 35~45 | 600~700 | 600~700 | 0.9~1.0 | 0.20~0.25 |
| 整体稳定性一般或欠佳,中硬到坚硬 | 拱部 | <5 | 35~45 | 600~700 | 600~800 | 0.9~1.0 | 0.20~0.25 |
| | | >5 | 35~45 | 700~800 | 800~1000 | 0.8~0.9 | 0.15~0.20 |
| | 侧墙 | | 35~45 | 600~700 | 700~800 | 0.8~0.9 | 0.20~0.25 |
| 节理、裂隙很发育,有破碎带,岩石松软 | 拱部 | <5 | 35~45 | 400~600 | 700~900 | 0.6~0.8 | 0.12~0.18 |
| | | >5 | 35~45 | 500~700 | 800~1000 | 0.5~0.7 | 0.12~0.18 |
| | 侧墙 | | 35~45 | 500~700 | 700~900 | 0.7~0.8 | 0.15~0.20 |

表 12-3  国外光面爆破参数

| 炮眼直径/mm | 线装药密度/kg·m⁻¹ | 炸药种类 | 药卷直径/mm | 光面爆破 | |
|---|---|---|---|---|---|
| | | | | 周边眼间距/m | 光面层厚度/m |
| 30 | | 古立特 | | 0.5 | 0.7 |
| 37 | 0.12 | 古立特 | | 0.6 | 0.9 |
| 44 | 0.17 | 古立特 | | 0.6 | 0.9 |
| 50 | 0.25 | 古立特 | | 0.8 | 1.1 |
| 62 | 0.35 | 纳毕索 | 22 | 1.0 | 1.3 |
| 75 | 0.5 | 纳毕索 | 25 | 1.2 | 1.6 |
| 87 | 0.7 | 狄纳米特 | 25 | 1.4 | 1.9 |
| 100 | 0.9 | 狄纳米特 | 29 | 1.6 | 2.1 |
| 125 | 1.4 | 纳毕索 | 40 | 2.0 | 2.7 |
| 150 | 2.0 | 纳毕索 | 50 | 2.4 | 3.2 |
| 200 | 3.0 | 狄纳米特 | 52 | 3.2 | 4.0 |

光面爆破中，选用合适的炸药和装药结构是取得良好爆破效果的重要因素。为了减轻爆破对围岩的破坏，宜采用低密度、低爆速、低猛度、传爆性能好的炸药。此外，光面爆破使用的药卷，其直径也必须满足一定的不耦合系数的要求，不耦合系数一般应大于 2，最小也不能小于 1.5。对于直径为 38 ~ 42 mm 的孔来说，药卷直径不能超过 25 mm，最好能在 20 mm 以下。在装药结构方面，一般分为孔口堵塞段，正常装药段及孔底加强段三部分，堵塞段的长度一般可取炮孔深的 1/4 ~ 1/3，以保证爆破时气体不过早地逸出，中间正常段的装药最好用小直径药卷连续装药，药卷直径小于临界直径时，可采用间隔装药，此时，应按计算的线装药密度均匀地布置药卷。药量不能太集中，应适当分散，各药卷之间的间隔距离也不宜过大。为了克服孔底部位的阻力，不管采用哪一种装药结构，通常在孔底应放置 1 ~ 2 卷标准药卷，以增强其作用，使光爆层能够比较容易地脱离岩体，如图 12 - 6 所示。

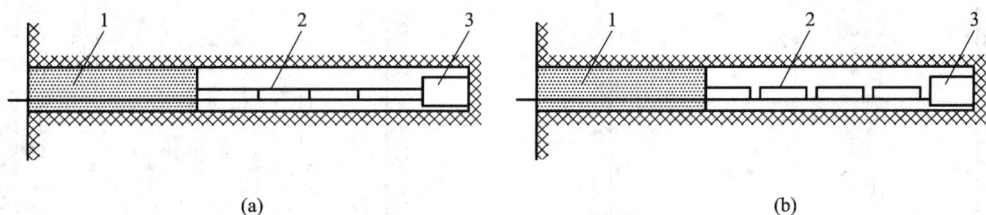

**图 12 - 6　光爆孔装药结构示意图**

(a)连续装药；(b)间隔装药

1—堵塞段；2—中间装药段；3—底部增强装药段

光爆孔应同时起爆，但是，在需要控制一次起爆药量的情况下，若光爆孔的数量很多，也可采用分段起爆。实现齐爆的方法一般有两种：一是用导爆索，二是装同段的雷管。从爆破效果及施工方面看，前者较好。

光爆层的爆破与隧道开挖的衔接，也就是隧道的开挖顺序和步骤，对光面爆破效果的影响是明显的。隧道中的光面爆破，通常采用两种布置方法：一种是预留光爆层；另一种则是全断面一次开挖。

预留光爆层的开挖布置如图 12 - 7 所示。隧道的中间部分(主爆区)超前一两个循环开挖，留下光爆层，使光爆层与下一个循环的主爆孔同时钻孔和爆破。在起爆顺序上，光爆层最先起爆，然后再引爆主爆孔。

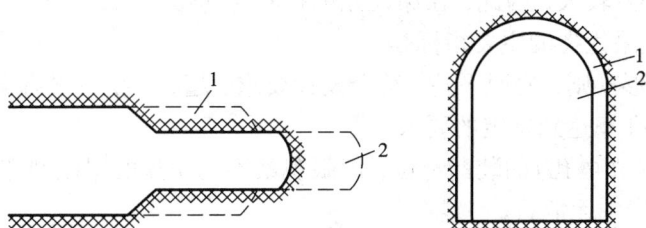

**图 12 - 7　预留光爆层示意图**

1—预留光爆层；2—主爆区

　　这种方法的优点是，光爆层的自由面上没有岩碴阻挡，夹制作用小。这对提高光面爆破的质量大有好处。但从施工角度看，开挖面上的钻孔和爆破出碴等工作比较复杂，难度也要大一些。另外，这种方法只有当隧道的开挖断面较大时，才比较适合，当开挖断面小时，超前部分的开挖断面将更小，这对施工是不利的。

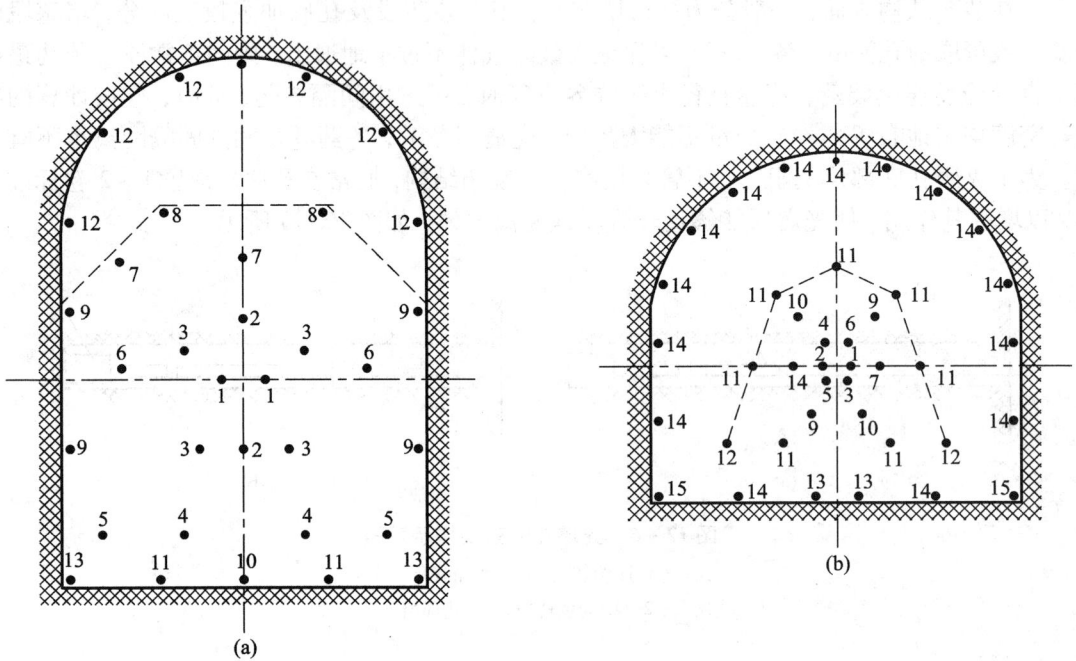

图 12-8　全断面开挖示意图

　　隧道全断面一次钻孔爆破的布置如图 12-8 所示。考虑到主爆孔爆落的岩石如能够充分地与岩体脱开，则可为光爆孔创造出一个较好的自由面，光爆孔一般仅布置在隧道开挖断面的顶部，或者侧帮。在起爆顺序上，先引爆主爆区的炮孔，光爆孔在最后起爆。

　　这种布置的优点是，施工简单，所增加的工作量不大，容易得到推广。不足之处是光爆层的自由面条件不及预留光爆层的明显，特别是当主爆孔的根底较大时，会影响光面爆破的效果。此外，光爆孔在最后起爆，一般只能用同段的延期雷管来满足齐爆的要求，由于高段别延期雷管本身的误差较大，因此，在保证光爆孔同时起爆方面，不如预留光爆层那样有效。

　　评定光面爆破效果优劣的主要指标是：

　　（1）开挖轮廓成形规则，岩面平整，符合设计要求，超、欠挖量没有突破规定的指标。

　　（2）岩面上的半孔率达到预定的要求。

　　（3）在周边炮孔（光爆孔）的装药部位，肉眼观察不到明显的爆破裂隙。

　　（4）爆破后，围岩中无危石。

## 12.3　预裂爆破

### 12.3.1　预裂爆破的定义

预裂爆破是在光面爆破基础上发展起来的一项控制爆破技术。其特点是在设计开挖轮廓线上钻凿一排孔距合适的预裂孔，并采用不耦合装药或其他特殊的装药结构，在开挖主体爆破之前，同时起爆预裂炮孔内的装药，从而形成一条贯穿预裂炮孔的裂缝，通过这条裂缝降低开挖主体爆破时对保留岩体的破坏。预裂缝能在一定范围内，减小主爆炮孔组的爆破地震效应，故预裂爆破目前已广泛地应用于露天矿边坡、水工建筑、交通路堑与船坞码头的施工中，以提高保留区壁面的稳定性。

预裂缝形成的原因及过程基本上与光面爆破的机理相近似。光面爆破和预裂爆破都是沿设计开挖轮廓线进行的控制爆破，又称轮廓爆破或周边爆破。二者的区别主要有以下两点：

（1）光爆孔的爆破是在开挖主体爆破之后进行的，而预裂孔的爆破则是在开挖主体爆破之前完成的。

（2）从爆破时岩体的状态看，爆破时光爆孔附近有两个自由面，而预裂孔附近只有一个自由面。因此，为减小岩体的夹制作用，常在预裂孔的底部加强装药。

预裂爆破在开挖区未爆破之前，首先沿着设计轮廓线爆破形成一条有一定宽度的贯穿裂缝，然后才进行开挖区的爆破，由于先形成的预裂缝将开挖区与保留区岩体分开，使开挖区爆破时的应力波在裂缝面上产生反射和折射，使通过它的应力波强度大为减弱，因而既控制了爆破对保留区岩体产生的破坏，保护了该区建构筑物的安全，又起到了减少超挖量，加快施工进度的作用。

预裂爆破源于 20 世纪 50 年代初期，瑞典和加拿大人首先对预裂爆破进行了实验研究。1957～1962 年间，美国在尼亚加拉（Niagara）水电站引水渠和竖井开挖工程中，经过多种比较试验，认定了预裂爆破是保护边坡的良好方法，以后预裂爆破在工程建设中得到广泛应用。与此同时，他们开展了有关的理论研究工作：如美国学者 D. K. Holmes 等从理论上证明了预裂爆破的裂缝是由于切向应力作用的结果；他们还通过热力学定律把深孔中的药卷体积同爆破产物的初始压力联系起来，对预裂爆破进行了尝试性的理论探讨。但到目前为止，预裂爆破理论还存在不少争论，影响预裂爆破的参数仍由经验公式取得。

我国也在 20 世纪 50 年代后期，开始试验使用预裂爆破，并逐步在一些矿山、铁道、水利等部门的爆破工程中广泛使用。20 世纪 60 年代在黄河青铜峡水电站的混凝土块上进行了大量预裂爆破试验工作，20 世纪 70 年代以来，黄沙坪铅锌矿、黄岛某油库、铁路路堑和水下垂直岸壁码头、葛洲坝工程、三峡工程等工程都结合生产进行了试验，把我国预裂爆破的水平推向了一个新阶段。

### 12.3.2　预裂爆破主要参数计算

为了使预裂爆破达到良好的结果，必须正确地选定预裂爆破参数。然而预裂爆破的主要参数及其影响因素很多，例如装药密度（一般用单位长度的装药量来表示，又称线装药密度）、钻孔间距、钻孔直径、地质条件、炸药性能、药包结构以及施工条件等等，这些因素之间的关系较为复杂,由于预裂爆破理论研究还不完善,使得在理论上建立的这些关系,常常不太切合实际,且参量较多。因此,只有简化研究方法,寻找上述因素中主要影响因素之间的关系,通过现场爆破实验,才有正确选定爆破参数的可能。虽然确定预裂爆破主要参数的方法有理论计算法、经验公式法、经验类比法 3 种,但目前一般还是根据实践经验来确定。

**1. 葛洲坝工程预裂爆破经验公式**

线装药密度与孔径的关系:

$$q_1 = 2.75\sigma_c^{0.53}\left(\frac{d}{2}\right)^{0.38} \tag{12-11}$$

线装药密度与间距的关系:

$$q_1 = 0.36\sigma_c^{0.63}a^{0.67} \tag{12-12}$$

上述公式适用范围:$\sigma_c = 10.0 \sim 150$ MPa;$d = 80 \sim 340$ mm;$a = 400 \sim 1300$ mm

孔间距 $a$ 与孔径 $d$ 的关系:

当　$\sigma_c = 10 \sim 30$ MPa 时,$a = 30 + 0.5d$ $\tag{12-13}$

当　$\sigma_c = 30 \sim 80$ MPa 时,$a = 25 + 0.5d$ $\tag{12-14}$

当　$\sigma_c > 80$ MPa 时,$a = 20 + 0.5d$ $\tag{12-15}$

式中:$\sigma_c$——岩石的极限抗压强度;

　　　$q_l$——线装药密度;

　　　$d$——炮孔直径。

**2. 马鞍山矿山研究院的经验公式**

(1)不耦合系数

$$\gamma = 1 + 18.32\sigma_c^{-0.26} \tag{12-16}$$

(2)线装药密度

$$q_l = 78.51d^2K^{-2}\rho_e \tag{12-17}$$

式中:$\rho_e$——炸药密度;

　　　$K$——与岩石的极限抗压强度有关的系数。

其余符号意义同前。

如果采用空气间隙装药时,药包直径应当换算成当量药包直径 $d_0$,然后再根据 $d_0$ 计算不耦合系数。

$$d_0 = d_e\sqrt{\frac{l}{l-l_0}} \tag{12-18}$$

式中:$l$——药包长度;

　　　$d_e$——药包直径;

　　　$l_o$——药包间隔距离。

(3)每个预裂孔的装药量 $q_k$

$$q_k = 78.5d^2K^{-2}\rho_e LC \tag{12-19}$$

式中:$L$——设计孔深,m;

　　　$C$——岩石影响系数,$C = 0.65 \sim 1.15$。

(4)炮孔间距 $a$

$$a = 19.4d(K-1)^{-0.523} \tag{12-20}$$

一般 $a = (8 \sim 12)d$，岩石硬度大时取大值。

### 3. 孔径与孔间距的关系

兰格福尔斯提出的在中硬岩石进行预裂爆破时孔径与孔间距的关系，见表 12 - 4。

**表 12 - 4 孔径与孔间距的关系**

| 孔径 $d$ /mm | 50 | 100 | 150 | 200 |
|---|---|---|---|---|
| 孔间距 $a$ /cm | 54 | 107 | 161 | 214 |

### 4. 岩石性质、孔径、孔间距和线装药密度的关系

岩石性质、孔径、孔间距和线装药密度的关系，见表 12 - 5。

**表 12 - 5 岩石性质、孔径、孔间距和线装药密度的关系**

| 孔径 $d$/mm | 105 ~ 150 | 105 ~ 150 | 105 ~ 150 | 200 ~ 250 | 200 ~ 250 | 200 ~ 250 |
|---|---|---|---|---|---|---|
| 孔间距 $a$/cm | 100 | 150 | 200 | 250 | 280 | 300 |
| 岩石普氏系数, $f$ | 线装药密度 $q_l$/kg·m$^{-1}$ | | | | | |
| 6 ~ 8 | 0.8 | 1.2 | 1.5 | 2.0 | 2.2 | 2.5 |
| 10 ~ 12 | 1.0 | 1.5 | 2.0 | 2.5 | 3.2 | 3.5 |
| 13 ~ 15 | 1.3 | 2.0 | 2.5 | 3.0 | 3.8 | – |
| 16 ~ 20 | 1.5 | 2.2 | 3.0 | 3.5 | – | – |

## 12.3.3 影响预裂爆破效果的主要因素

### 1. 岩石物理力学性质及地质条件

如前所述，预裂爆破的主要参数均与岩石的物理力学性质（如岩石的抗压强度）直接有关。因此，在进行预裂爆破设计时，应取得较准确的岩石力学性能参数，以保证选择爆破参数的准确性。

### 2. 不耦合作用

不耦合作用就是利用装药和孔壁之间存在的间隙，降低炸药爆炸作用在孔壁上的初始压力。一般不耦合系数在 2 ~ 4 的范围内均可获得满意的效果。在允许的线装药密度下，不耦合系数可随孔距的减少而适当增大。岩石抗压强度大时，应选取较小的不耦合系数值。

### 3. 装药结构

由于预裂爆破采用的炸药与光面爆破的一样，为了保证细长药卷间隔装药起爆的可靠性，必须在炮孔内沿孔全长敷设导爆索。由于炮孔底部夹制性较大，不易造成所要求的预裂缝，故通常需要将孔底一段线装药密度加大。一般底部装药量可增加 2 ~ 3 倍。

### 4. 起爆时间间隔

为了确保降震作用，必须使预裂孔超前于主爆破孔起爆，超前的时间至少应有 100 ms。

但是在岩石含水量较多或岩石比较松软情况下，水和细块岩石易充填预裂缝，降低预裂缝的作用，在这种情况下预裂孔可超前主爆孔 50～100 ms 起爆。

**5. 钻孔质量**

钻孔质量对预裂爆破效果影响较大。一般要求孔钻在一个平面上，垂直于钻孔平面的偏差小于 20 cm；孔底落在一条线上，偏差不超过 15 cm。否则，爆后壁面凹凸不平。

**6. 预裂孔的布孔**

预裂缝的作用是削弱应力波的作用和地震效应对岩壁的影响，为此预裂孔的深度一定要超过主爆孔的深度。

**7. 堵塞长度**

良好的孔口堵塞是保持高压爆炸气体所必需的。堵塞过短而装药太高，有造成孔口成为漏斗状的危险。过长的堵塞和装药过低则难以使顶部形成完整预裂缝。堵塞长度同炮孔直径有关，通常可取炮孔直径的 12～20 倍。

表 12-6 中列出了可供参考的预裂孔参数值。

表 12-6　预裂爆破实用参数表

| 炮孔直径/mm | 药卷直径/mm | 不耦合系数 $\gamma(\gamma = d/d_e)$ | 炮孔间距 $a$/m | 线装药量 $q_i$/g·m$^{-1}$ |
|---|---|---|---|---|
| 32 | 22 | 1.45 | 0.40 | 120 |
| 38 | 22 | 1.73 | 0.45 | 140 |
| 45 | 22 | 2.05 | 0.50 | 160 |
| 50 | 22 | 2.27 | 0.55 | 190 |
| 65 | 22 | 2.95 | 0.65 | 250 |
| 75 | 25 | 3.40 | 0.75 | 450 |
| 90 | 29 | 3.60 | 0.90 | 650 |
| 100 | 32 | 3.45 | 1.00 | 800 |
| 115 | 38 | 3.59 | 1.10 | 1100 |
| 125 | 45 | 3.29 | 1.20 | 1300 |
| 150 | 55 | 3.33 | 1.45 | 1850 |
| 200 | 65 | 3.64 | 1.85 | 3300 |
| 230 | 80 | 3.54 | 2.00 | 4500 |
| 250 | 80 | 3.13 | 2.15 | 5300 |
| 270 | 80 | 3.38 | 2.25 | 6100 |
| 310 | 80 | 3.88 | 2.40 | 7800 |

一般根据预裂缝的宽窄、新壁面的平整程度、留下的孔痕百分率以及减震效应的百分率等来衡量预裂爆破的效果。预裂爆破应达到以下质量标准：

（1）岩体在预裂面上形成贯通裂缝，其地表裂缝宽度不应小于 1 cm；

（2）预裂面保持平整，壁面不平整度小于 15 cm；

（3）壁上孔痕的百分率在硬岩中不少于 80%，在软岩中不少于 50%；

（4）减震效应。降低爆破地震效应是预裂爆破的重要优点，一般应达到设计和预估对降震百分率值的要求。

# 12.4 拆除爆破

## 12.4.1 拆除爆破设计原理与方法

拆除爆破是一种对爆破效果和爆破效应同时加以控制的爆破技术，主要用于废旧建筑物和构筑物的拆除。其特征是能使爆破产生的振动、飞石、冲击波和噪声等有害效应以及爆破影响范围得到控制。拆除爆破技术复杂、风险大、安全要求高，与其他爆破技术相比，拆除爆破还具有爆破环境复杂、爆破对象结构材质多样、爆破技术和起爆的准确性要求严格和工期紧等特点。因此，爆破技术人员不但需要有丰富的经验，具备相应的从业资质，还应掌握材料力学、结构力学、爆炸力学等多方面的知识。

### 1. 设计原理

（1）等能原理

根据爆破对象、条件和控爆要求，优选控爆参数，即选取最优的孔径、孔数、孔距、排距和炸药单耗等，采用合适的装药结构、起爆方式及炸药品种，以期达到每个炮孔所产生的爆炸能量与破碎孔周围介质所需的最低能量相等，即使介质只产生一定宽度的裂缝或原地松动破碎，而无剩余的能量造成危害。这一原理，称为等能原理。

（2）微分原理

控制爆破的微分原理是将爆炸某一目标所需的总装药量进行分散化与微量化处理的原理，故亦称为分散化与微量化原理。"多打眼，少装药"是控制爆破工人对分散化、微量化原理的形象而通俗的说明。换言之，它是将总装药量"化整为零"，合理地、微量地分散装在多个炮孔中，通过分批微差多段起爆，既达到爆破质量的要求，又显著地降低爆破危害。

微分原理的应用，就是要消除那些由于炸药量过于集中而造成的不良效应。因此，可以说，微分原理是以等能原理为基础，将药量微分化，亦即将爆炸能量微分化，从而达到控制爆破目的。

（3）失稳原理

在认真分析和研究建筑物或结构物的受力状态，荷载分布和实际承载能力的基础上，运用控制爆破装药将承重结构的某些关键部位爆松，使之失去承载能力，同时破坏结构的刚度，建筑物或结构物在整体失去稳定性的情况下，在其自重作用下原地坍塌或定向倾倒，这一原理称为失稳原理。

当采用控制爆破拆除钢筋混凝土框架大楼时，根据上述的失稳原理，设计和施工时应当遵守下述几点原则：

①钢筋混凝土整体框架结构的控爆拆除方式可分为原地坍塌、折叠坍塌(倾倒)和定向倒塌等,其共同点是,均需形成相当数量的铰支和倾覆力矩。

②必须对整体框架承重立柱的一定高度的混凝土加以充分破碎,造成在自重作用下偏心失稳,被控爆破碎的混凝土将脱离钢筋骨架,当该骨架顶部承受的静压荷载超过其抗压强度极限或达到失稳临界荷载时,立柱便失稳下塌。

③对于钢筋混凝土框架结构,为确保失稳,需将框架结构的刚度加以部分或全部破坏。凡妨碍倾倒的一切梁、柱、板、箍等,必须在主爆之前,预先切除。

(4)缓冲原理

在优选适合控爆的爆破能源以及装药结构等的基础上,缓和爆轰波的峰值压力对介质的冲击作用,使爆破能量得到合理的分配与利用,这就称为缓冲原理。

(5)防护原理

在研究与分析控制爆破理论和爆破危害作用基本规律的基础上,通过采用行之有效的技术措施,对已受到控制的爆破危害再加以防护,这就称为防护原理。

**2. 设计方法**

拆除爆破地点一般均在城镇居民稠密区、厂房车间内或紧邻建筑物附近。因此,每次进行拆除爆破,均应事前认真做出设计、编写设计说明书。设计文件一经有关方面审查批准,就要严格按照设计文件进行施工。爆破后,应对爆破效果进行记录并对照设计进行分析,及时进行技术总结。

拆除爆破设计的内容,一般包括方案的制定、技术设计和施工设计三个方面。

(1)爆破方案的制定

为制定出经济上合理、技术上可行、安全上可靠的爆破方案,爆破技术人员接到任务后,首先应搜集爆破对象的原设计和竣工资料,然后到现场进行勘察与核对,将实际的爆破结构物或爆破部位准确地标明在核对过的图纸上,如无原始资料,则应对实物进行测量并绘出图纸和注明尺寸。同时还应了解原施工质量和使用情况,认真摸清材质,探明有无配筋和布筋的部位等。要仔细了解爆破地点周围的环境,包括地面和地下需要保护的重要建筑物和设施及其与爆破地点的相对位置和距离等。在充分掌握实际资料的基础上,根据爆破任务和对安全的要求,可提出多种方案加以比较,最后制定出合理的、切实可行的控制爆破方案,从而作为技术设计和施工设计的依据。通常爆破方案应包括工程概况、周围环境,并根据爆破安全的要求和建筑结构的特点等,提出爆破设计原则和工艺要求。

(2)拆除爆破技术设计

技术设计是拆除爆破的核心部分,直接关系到爆破的成功或失败,因此必须认真细致地进行,要以爆破方案提出的原则为依据。

首先需进行爆破参数的选择,由于目前采用的参数和公式均系经验的积累,因此在实际应用中,也就有一定的局限性,必须了解适用条件。只有正确地选择有关参数,方能获得良好的爆破效果和确保安全。爆破参数包括合理地选择和确定单位用药量 $q$、最小抵抗线 $W$、炮眼间距 $a$ 和排距 $b$,以及炮眼深度 $l$ 等。爆破参数确定后,便可进行炮眼布置和药包布置,在较深的炮眼中还需进行分层装药结构的设计。

药量的计算主要是计算单孔装药量 $Q$,此外,还需算出各单孔药量的总和 $\sum Q$ 和预计爆破介质的体积 $V$ 以及平均单位耗药量 $\sum Q/V$,并与已有经验数据进行比较,如果二者相差较大，则需调整有关参数，重新计算。

最后，技术设计中最重要的一项工作就是爆破安全验算。主要需验算爆破地震、飞石和空气冲击波的安全距离。

(3) 拆除爆破施工设计

施工设计主要包括炮孔的平面布置、典型断面的炮眼剖面布置、炮眼深度和方向、药包位置、分层装药结构、药包的药量、药包的制作与编号、起爆网路的设计、钻孔、装药、堵塞、起爆网路的联接以及爆破的警戒范围等。所有上述内容均应分别绘制图和表，并应对有关施工操作的技术要求和安全注意事项用文字方式表达清楚。

完整的施工设计还应有爆破安全防护措施、爆破施工作业的组织领导和进度安排、机具台班及劳力与各种材料的预算、技术经济指标和预期的爆破效果等。

## 12.4.2　拆除爆破设计参数的选择

在拆除爆破的技术设计中，如何正确选择设计参数是一个非常重要的问题，每一参数选择得是否恰当，直接影响到爆破效果和爆破安全。目前，在拆除爆破工程中，设计参数一般是根据经验数据，并参照同类型爆破的成功参数，有时还结合小型爆破试验的结果进行综合分析比较加以确定。采用浅孔爆破法的拆除爆破，其设计参数包括：最小抵抗线 $W$、炮孔间距 $a$、排距 $b$、炮眼深度 $l$、单位用药量 $q$ 及单孔装药量 $Q$ 等，这些参数应根据一定的原则和方法进行选取。

### 1. 最小抵抗线 $W$

最小抵抗线 $W$ 是拆除爆破的一个主要设计参数，通常 $W$ 值应根据爆破体的材质、几何形状和尺寸、钻孔直径、要求破碎块度的大小或重量等因素综合考虑加以选定。在拆除爆破中，一般选用的 $W$ 值均在 1 m 以下。

当爆破体为薄壁结构或小断面钢筋混凝土梁柱时，$W$ 值只能是壁厚或梁柱断面中较小尺寸边长的一半，即 $W = 0.5B$，$B$ 为壁厚或梁柱断面的宽度。

当爆破体为大体积坞工(如桥墩、桥台、高大建筑物或重型机械设备的混凝土基座等)，并采用人工清碴时，破碎块度不宜过大，最小抵抗线 $W$ 可取如下值：

混凝土坞工　　　　　$W = (35 \sim 50)$，cm；

浆砌片石、料石坞工　$W = (50 \sim 70)$，cm；

钢筋混凝土墩台帽　　$W = (\frac{3}{4} \sim \frac{4}{5})H$；$H$ 为墩台帽厚度。

当爆破后采用机械清碴时，$W$ 可选用较大值，通常根据机械吊装和运载能力对块度大小或重量的要求，来确定 $W$ 值。

### 2. 炮眼间距 $a$ 和排距 $b$

通常完成一个拆除爆破工程任务，是通过多炮孔爆破的共同作用实现的。因此，相邻两个炮眼之间的距离是一个重要的参数。在爆破大体积或大面积坞工体时，往往还需要采用多排炮眼的爆破，因此相邻两排炮眼之间的排距 $b$ 又是另一个重要参数。$a$ 和 $b$ 值选择的是否合理，对爆破安全、效果和炸药能量的有效利用率均有直接影响。

炮眼间距 $a$ 与最小抵抗线 $W$ 成正比变化，其比值 $m = a/W$ 是一个变数，是随 $W$ 大小、爆破体材质和强度、结构类型、起爆方法和顺序、爆破后要求的破碎块度或要求保留部分的平整程度等因素而变化的。当 $m<1$，即 $a<W$ 时，爆后爆破体往往沿炮眼连线方向炸开，导致产生大块。因此，只有在要求切割出整齐轮廓线的光面切割爆破中，才取 $a$ 值小于 $W$，并且根据对切割面平整度的要求和材质强度，取 $a=(0.5\sim0.8)W$。在其他情况下，为获得较好的破碎效果，一般均应取 $a$ 值大于 $W$。在满足施工要求和爆破安全的条件下，应力求选用较大的 $m$ 值，因为 $a/W$ 的比值越大，钻孔工作量则越少，可相应加快工程进度，亦可节省费用。实践表明，对于各种不同建筑材料和结构物，采用下列 $a/W$ 比值是合适的：

混凝土圬工　　　　　　　$a=(1.0\sim1.3)W$；
钢筋混凝土结构　　　　　$a=(1.2\sim2.0)W$；
浆砌片石或料石　　　　　$a=(1.0\sim1.5)W$；
浆砌砖墙　　　　　　　　$a=(1.2\sim2.0)W$，$W$ 为墙体厚度 $B$ 的二分之一，即 $W=0.5B$；
混凝土薄地坪切割　　　　$a=(2.0\sim2.5)W$，取 $W$ 等于炮眼深度 $l$；
预裂切割爆破　　　　　　$a=(8\sim12)d$，$d$ 为炮眼直径。

上述 $a$ 值的上下限应根据建材质量及 $W$ 值的大小而定。当进行的切割爆破不存在最小抵抗线 $W$ 时，则应按预裂爆破原理选择 $a$ 值，即按以上最后一项关系式确定之。

多排炮眼一次起爆时，排距 $b$ 应略小于眼距 $a$，根据材质情况和对破碎块度的要求，可取 $b=(0.6\sim0.9)a$；多排炮眼逐排分段起爆时，考虑前排爆堆的影响，宜取 $b=(0.9\sim1.0)a$。

### 3. 炮眼直径 $d$ 和炮眼深度 $l$

目前，在拆除爆破中，大多采用炮眼直径 $d$ 为 38～44 mm 的浅孔爆破。

炮眼深度 $l$ 也是影响拆除爆破效果的一个重要参数。合理的炮眼深度可避免出现冲炮或座炮，使炸药能量得到充分利用，保证良好的爆破效果。设计时应尽可能避免炮眼方向与药包的最小抵抗线方向重合；其次，应使炮眼深度 $l$ 大于最小抵抗线 $W$，要确保炮眼装药堵塞后的堵塞长度大于或等于 $(1.1\sim1.2)W$。实践表明，炮眼愈深，钻爆效果愈好，不但可以缩短每米的平均钻眼时间，而且可以提高炮眼利用率和增加爆落方量，从而加快施工进度和节省费用。但炮眼深度往往受钻孔机具性能和钻孔难易程度，以及爆破体的几何形状、边界尺寸与均质程度等条件的限制，又不可能任意加深，如果条件允许时，则应尽可能设计深眼。在采用群药包的拆除爆破中，为便于钻孔、装药及堵塞操作顺利进行，眼深 $l$ 值最大又不宜超过 2 m。

在确保炮眼深度 $l>W$ 的前提下，$l$ 主要与爆破体的厚度或宽度 $H$ 以及临空面条件有关。当爆破体底部有临空面时，取 $l=(0.6\sim0.65)H$；无临空面时，取 $l=(0.7\sim0.8)H$。眼底留下的厚度应等于或略小于侧向抵抗线，这样既能保证下部的破碎，又能防止爆破时从眼底向下冲开，即产生座炮，而使周边和上部得不到充分破碎。

### 4. 单位用药量 $q$

单位用药量 $q$ 是拆除爆破中最重要的一个参数。影响 $q$ 值的因素很多，其变化幅度也是很大的，在拆除爆破实践中，一般选用的 $W$ 值均小于 1 m，当爆破体材质及强度和爆破方法及条件等其他因素完全相同的条件下，$q$ 值是随 $W$ 值的大小而变化的；$W$ 值越小，$q$ 值越大，平均单位耗药量 $\sum Q/V$ 也越高；$W$ 值越大，则 $q$ 值和平均单位耗药量 $\sum Q/V$ 值越小。

目前，控制爆破的单位用药量 $q$ 值主要采用下列两种方法确定：

（1）根据爆破体的材质、强度、均质性、最小抵抗线和临空面条件等，按表 12－7～表 12－10 中所列出的各种不同条件下拆除爆破的单位用药量和平均单位耗药量初步选取一个 $q$

值，然后按药量计算公式算出单孔装药量 $Q$，并进一步求出该次爆破的总药量 $\sum Q$ 和预期爆除介质体积 $V$ 之比，即 $\sum Q/V$ 的比值，并与初步选取的 $q$ 值进行比较，若相差悬殊时，则应调整 $q$ 值，重新计算；若接近时，便可采用所选取之 $q$ 值。

（2）在重要的拆除爆破工程中，特别是对爆破体的材质性能和原施工质量不了解的情况下，选定 $q$ 值时，则应对爆破体进行小范围内的局部试爆。具体方法是：为确保试爆安全，除必须防护外，应按照"爆撬结合、宁撬勿飞"的原则，根据爆破体材质初步选取 $q$ 值，然后计算出试爆的装药量，并模拟实爆时的孔网参数进行布眼、钻眼、装药和试爆，一般每次试爆的炮眼不应少于 3~5 孔；试爆后，立即对爆破结果进行分析，看是否能满足安全施工的要求，并验证所选用的设计参数是否合理，从而进一步调整和最后选定 $q$ 值。

表 12 -7 单位用药量 $q$ 及平均单位耗药量 $\dfrac{\sum Q}{V}$

| 爆破对象 | | $W/\text{cm}$ | $q/g \cdot m^{-3}$ | | | $\dfrac{\sum Q}{V}$ /$g \cdot m^{-3}$ |
|---|---|---|---|---|---|---|
| | | | 一个临空面 | 三个临空面 | 多临空面 | |
| 混凝土圬工强度较低 | | 35~50 | 150~180 | 120~150 | 100~120 | 90~110 |
| 混凝土圬工强度较高 | | 35~50 | 180~220 | 150~180 | 120~150 | 110~140 |
| 混凝土桥墩及桥台 | | 40~60 | 250~300 | 200~250 | 150~200 | 150~200 |
| 混凝土公路路面 | | 45~50 | 300~360 | | | 220~280 |
| 钢筋混凝土桥墩台帽 | | 35~40 | 440~550 | 360~440 | | 280~360 |
| 钢筋混凝土铁路桥板梁 | | 30~40 | 480~550 | 400~480 | | 400~480 |
| 浆砌片石或料石 | | 50~70 | 400~500 | 300~400 | | 240~300 |
| 钻孔桩头 | $\phi1.0\text{m}$ | 50 | | | 250~280 | 80~100 |
| | $\phi0.8\text{m}$ | 40 | | | 300~340 | 100~120 |
| | $\phi0.6\text{m}$ | 30 | | | 530~580 | 160~180 |
| 浆砌砖墙 | 厚约37cm | 18.5 | 1200~1400 | 1000~1200 | | 850~1000 |
| | 厚约50cm | 25 | 950~1100 | 800~950 | | 700~800 |
| | 厚约63cm | 31.5 | 700~800 | 600~700 | | 500~600 |
| | 厚约75cm | 37.5 | 500~600 | 400~500 | | 330~430 |
| 混凝土二次爆破大块 | $B \times a \times H = 0.08~0.15m^3$ | | | | 180~250 | 130~180 |
| | $B \times a \times H = 0.16~0.4m^3$ | | | | 120~150 | 80~100 |
| | $B \times a \times H \geq 0.4m^3$ | | | | 80~100 | 50~70 |

表 12 – 8　钢筋混凝土梁柱爆破单位用药量 $q$ 及平均单耗 $\dfrac{\sum Q}{V}$

| $W$/cm | $q$/g·m$^{-3}$ | $\dfrac{\sum Q}{V}$/g·m$^{-3}$ | 布筋情况 | 爆破效果 |
|---|---|---|---|---|
| 10 | 1150 ~ 1300 | 1100 ~ 1250 | 正常布筋<br>单箍筋 | 混凝土破碎、疏松、与钢筋分离，部分碎块逸出钢筋笼 |
|  | 1400 ~ 1500 | 1350 ~ 1450 |  | 混凝土粉碎，脱离钢筋笼，箍筋拉断，主筋膨胀 |
| 15 | 500 ~ 560 | 480 ~ 540 | 正常布筋<br>单箍筋 | 混凝土破碎、与钢筋分离，部分碎块逸出钢筋笼 |
|  | 650 ~ 740 | 600 ~ 680 |  | 混凝土粉碎，脱离钢筋笼，箍筋拉断，主筋膨胀 |
| 20 | 380 ~ 420 | 360 ~ 400 | 正常布筋<br>单箍筋 | 混凝土破碎、与钢筋分离，部分碎块逸出钢筋笼 |
|  | 420 ~ 460 | 400 ~ 440 |  | 混凝土粉碎，脱离钢筋笼，箍筋拉断，主筋膨胀 |
| 30 | 300 ~ 380 | 280 ~ 320 | 正常布筋<br>单箍筋 | 混凝土破碎、与钢筋分离，部分碎块逸出钢筋笼 |
|  | 350 ~ 380 | 330 ~ 380 |  | 混凝土粉碎，脱离钢筋笼，箍筋拉断，主筋膨胀 |
|  | 380 ~ 480 | 360 ~ 380 | 正常布筋<br>双箍筋 | 混凝土破碎、与钢筋分离，部分碎块逸出钢筋笼 |
|  | 460 ~ 480 | 440 ~ 460 |  | 混凝土粉碎，脱离钢筋笼，箍筋拉断，主筋膨胀 |
| 40 | 260 ~ 280 | 240 ~ 260 | 正常布筋<br>单箍筋 | 混凝土破碎、与钢筋分离，部分碎块逸出钢筋笼 |
|  | 290 ~ 320 | 270 ~ 300 |  | 混凝土粉碎，脱离钢筋笼，箍筋拉断，主筋膨胀 |
|  | 350 ~ 370 | 330 ~ 350 | 正常布筋<br>双箍筋 | 混凝土破碎、与钢筋分离，部分碎块逸出钢筋笼 |
|  | 420 ~ 440 | 400 ~ 420 |  | 混凝土粉碎，脱离钢筋笼，箍筋拉断，主筋膨胀 |
| 50 | 220 ~ 240 | 200 ~ 220 | 正常布筋<br>单箍筋 | 混凝土破碎、与钢筋分离，部分碎块逸出钢筋笼 |
|  | 250 ~ 280 | 230 ~ 260 |  | 混凝土粉碎，脱离钢筋笼，箍筋拉断，主筋膨胀 |
|  | 320 ~ 340 | 300 ~ 320 | 正常布筋<br>双箍筋 | 混凝土破碎、与钢筋分离，部分碎块逸出钢筋笼 |
|  | 380 ~ 400 | 360 ~ 380 |  | 混凝土粉碎，脱离钢筋笼，箍筋拉断，主筋膨胀 |

表 12 – 9　砖烟囱爆破单位用药量 $q$ 及平均单耗 $\dfrac{\Sigma Q}{V}$

| 壁厚 $\delta/\text{cm}$ | 砖数（块） | $q/\text{g}\cdot\text{m}^{-3}$ | $\dfrac{\Sigma Q}{V}/\text{g}\cdot\text{m}^{-3}$ |
|---|---|---|---|
| 37 | 1.5 | 2100 ~ 2500 | 2000 ~ 2400 |
| 49 | 2.0 | 1350 ~ 1450 | 1250 ~ 1350 |
| 62 | 2.5 | 880 ~ 950 | 840 ~ 900 |
| 75 | 3.0 | 640 ~ 690 | 600 ~ 650 |
| 89 | 3.5 | 440 ~ 690 | 420 ~ 460 |
| 101 | 4.0 | 340 ~ 370 | 320 ~ 350 |
| 114 | 4.5 | 270 ~ 300 | 250 ~ 280 |

表 12 – 10　钢筋混凝土烟囱爆破单位用药量 $q$ 及平均单耗 $\dfrac{\Sigma Q}{V}$

| 壁厚 $\delta/\text{cm}$ | $q/\text{g}\cdot\text{m}^{-3}$ | $\dfrac{\Sigma Q}{V}/\text{g}\cdot\text{m}^{-3}$ |
|---|---|---|
| 50 | 900 ~ 1000 | 700 ~ 800 |
| 60 | 660 ~ 730 | 530 ~ 580 |
| 70 | 480 ~ 530 | 380 ~ 420 |
| 80 | 410 ~ 450 | 330 ~ 360 |

表 12 – 7 ~ 表 12 – 10 中所列出的各种不同条件下拆除爆破的单位用药量和平均单位耗药量，均系通过对大量生产爆破和试验爆破数据的统计得出的经验值，具体选用有关数据时，应注意掌握下列要点：

（1）表中所列单位用药量，系使用 2 号岩石硝铵炸药时所得到的数据。当使用其他品种炸药时，须乘以炸药换算系数 $e$。

（2）每增加一个临空面时，装药量应减少 15% ~ 20%，因此，对于不同临空面数目的炮眼，应选用相应的单位用药量 $q$ 值。

（3）选用 $q$ 值时还应遵循以下原则：一般是当 $W$ 值较小时，$q$ 应取较大值，反之，应取较小值；当材质强度等级较高时，$q$ 应取较大值，反之，就取较小值；当施工质量较差、裂隙较多时，$q$ 应取较大值，施工质量较好时，$q$ 可取较小值。

（4）浆砌砖墙的 $q$ 值系指水平炮眼上部有压重而言，无压重（即炮眼上部砖墙高度小于三倍炮眼间距）时，应将 $q$ 值乘上系数 0.8。此外，表中的 $q$ 值适用于水泥砂浆砌筑的砖墙，若为石灰砂浆砌筑时，应将 $q$ 值乘上系数 0.8。采用表 12 – 7 中的 $q$ 计算药量时，若墙厚 $\delta$ 等于 63 或 75 cm 时，应取 $a = 1.2\,W$；墙厚 $\delta$ 为 37 或 50 cm 时，取 $a = 1.5\,W$；而炮眼排距 $b$ 均取 $(0.8 ~ 0.9)a$。

（5）表 12 – 9 和表 12 – 10 的使用条件为：采用水平炮眼，眼深 $l = (0.67 ~ 0.7)\delta$，炮眼间距 $a = (0.8 ~ 0.9)l$，炮眼排距 $b = 0.85a$。若筒壁的爆破部位有风化腐蚀现象时，$q$ 取小值，完好时，取大值。表 12 – 10 中的参数 $q$，仅适用于钢筋混凝土筒壁中有两层钢筋网布筋时的药量计算。

### 12.4.3 炮眼布置与分层装药

#### 1. 炮眼布置

合理地确定炮眼方向和布置炮眼是保证拆除爆破效果的一项重要技术措施。具体设计时，则应根据爆破体的材质、几何形状和尺寸、结构类型、施工条件和对爆破效果的要求等因素综合考虑加以确定。一般相对于爆破体的水平临空面而言，炮眼分为垂直眼、水平眼和倾斜眼三种。只要施工条件允许应尽可能设计垂直眼，因为钻眼、装药和堵塞作业的效率均高于其他类型的炮眼。

当设计参数 $W$、$a$、$b$ 和 $l$ 值及炮眼方向确定后，便可进行炮眼布置。炮眼布置的原则就是力求炮眼排列规则与整齐，使药包均匀地分布于爆破体中，如图 12 - 9 所示，以保证爆破后破碎的块度均匀或切割面平整。

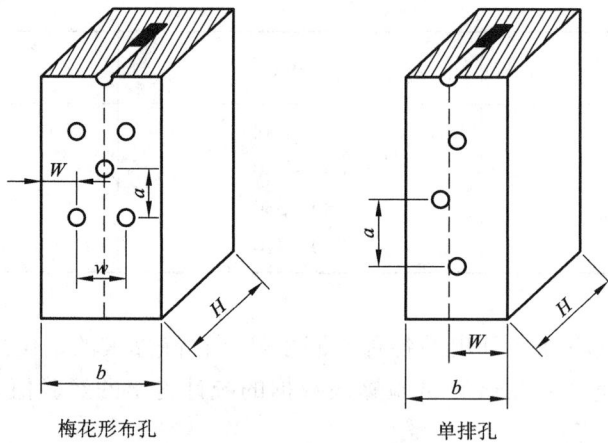

梅花形布孔  单排孔

**图 12 - 9  炮孔布置示意图**

当大体积或大面积坽工体要求全部爆破时，则需布置多排炮眼，前后排或上下排炮眼可布置成正方形或三角(梅花)形排列；若多排炮眼装药同时起爆时，采用三角形交错布眼方式有利于炮眼间的介质充分破碎。当需要满足爆破震动安全要求时，可采用微差起爆技术，逐排分段起爆。

#### 2. 分层装药

当炮眼深度 $l \geq 1.5\,W$ 时，则应设计分层装药，将计算出的单孔装药量分成两个或两个以上的药包，在每个药包中安装一个雷管，然后将药包按一定间隔装入炮眼，药包之间填以堵塞物；如有导爆索时，还可将分好的各个药包按一定间距绑扎在相应长度的导爆索上，这时只需在其起爆端安装一个雷管即可，然后将制作好的药包串装入炮眼并用炮泥加以封堵。上述这种装药结构称为分层装药或分段装药，如图 12 - 10 所示。

在较深的炮眼中，采用分层装药结构是合理布置药包的一个重要方面，可使炸药较均匀地分布于爆破体内。分层装药及药量分配的原则如下：

(1)分层装药设计原则

当炮眼深度 $l = (1.6 \sim 2.5)W$ 时，将单孔药量分成两个药包，两层装药；$l = (2.6 \sim 3.7)W$ 时，分成三个药包，三层装药；$l > 3.7W$ 时，分成四个药包，四层装药。为便于装药和堵塞的操作，分层装药的层数不宜超过四层。因此，确定炮眼深度 $l$ 时，这一要求亦应予以考虑。设计分层装药时，尚需满足以下两个条件：一是炮眼口至最上层或外层药包的堵塞长度 $l_1$ 应控制在 $(1.0 \sim 1.2)W$ 之间或等于炮眼间距 $a$；二是分层药包彼此的中心间距 $a_1$ 应符合下式要求，即 $20\ \text{cm} \leqslant a_1 \leqslant aW$（或 $bW$）。若上述条件不能满足时，则调整药包层数，重新设计。通常设计分层装药时，首先在眼深 $l$ 中扣除堵塞长度 $l_1$，然后将剩余眼深按设计的分层层数 $n$，等分成 $(n-1)$ 个间隔，并检验药包的间距 $a_1$ 是否符合要求。

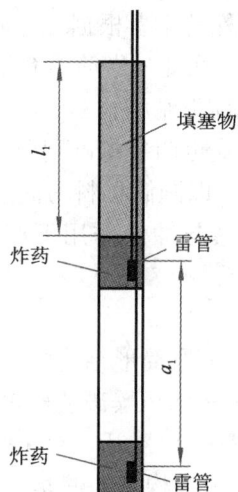

图 12-10 分层装药结构示意图

（2）分层装药的药量分配

一般在材质与强度均匀单一的爆破体中，计算出的单孔装药量 $Q$ 分配原则为：两层装药时，上层药包量为 $0.4Q$，下层药包量为 $0.6Q$；三层装药时，上层药包量为 $0.25Q$、中层药包量为 $0.35Q$、下层药包量为 $0.4Q$；四层装药时，上层药包量为 $0.15Q$，第二层药包量为 $0.25Q$，第三层药包量为 $0.25Q$，下层药包量为 $0.35Q$。在材质强度不均匀的爆破体中，如混凝土基础底部有钢筋网时，可在单孔药量不变的前提下，适当增加下层药包药量。

## 12.4.4 水压爆破

在容器状构筑物中注满水，将药包置于水中适当位置，利用水的不可压缩特性把炸药爆炸时产生的压力传递到构筑物上，使构筑物均匀受力而破碎，这种爆破方法叫做水压爆破。

水压爆破适用于水池、管道、碉堡等能够盛水的容器状构筑物。这类构筑物一般具有壁薄、面积大、内部配筋较密等特点，如采用普通的钻眼爆破方法拆除，难度较大，也不安全。采用水压爆破，避免了钻凿炮眼，药包数量少，爆破网路简单。只要设计合理，其爆破危害如飞石、振动、冲击波和噪音等方面都比钻眼爆破方法优越，是一种经济、安全、快速的拆除爆破方法。

### 1. 水压爆破原理与药量计算

（1）水压爆破原理

炸药爆炸后，由于水的不可压缩性，构筑物的内壁首先受到由水传递的冲击波作用，强度达几十至几百兆帕，并且发生反射。构筑物的内壁在强载荷的作用下，发生变形和位移，当变形达到容器壁材料的极限抗拉强度时，构筑物产生破裂。随后，在爆炸高压气团作用下水泡迅速向外膨胀，并将能量传递给构筑物四壁，形成一次突跃的加载，加剧构筑物的破坏。此后，具有残压的水流，从裂缝中向外溢出，并可裹携少量碎块形成飞石。

由此可知，水压爆破时构筑物主要受到两种载荷的作用：一是水中冲击波的作用；二是高压气团的膨胀作用。用于形成冲击波的能量约占全部炸药能量的40%，保留在高压气团中的能量约占总能量的40%，其余的能量消耗于热能之中。

（2）药量计算

国内外的学者根据理论研究和工程实践经验，从不同的角度提出了多种水压爆破的药量计算公式，在此只做简单介绍。

1）圆筒形结构物

该公式也叫冲量准则公式，它把水压爆破产生的水中冲击波对圆筒的破坏看成是冲量作用的结果，以圆筒材料的极限抗拉强度作为破坏的强度判据；并运用结构在等效静载作用下产生的位移与冲量作用下产生的位移相等这一原理来建立计算药量的公式，经过简化以后得：

$$Q = K_0 K (K_1 \delta)^{1.6} R^{1.4} \qquad (12-21)$$

式中：$R$——圆筒形结构内半径；

$\qquad Q$——水压爆破装药量；

$\qquad K_0$——容器开、闭口系数，开口 $K_0 = 1.33 \sim 1.66$，闭口 $K_0 = 1$；

$\qquad \delta$——结构物的壁厚；

$\qquad K$——装药系数，与结构物的材质强度和要求的破碎程度有关；

$\qquad K_1$——结构物的坚固性系数，它与结构物的壁厚和内半径的比值有关，比值越大，说明结构物越坚固，$K_1$ 可按下式计算：

$$K_1 = 0.69 \left( \frac{\delta}{R} - 0.1 \right) + 1.02 \qquad (12-22)$$

当爆破对象为混凝土或者砖石结构时，装药系数可根据要求的破碎情况，选取 $K = 1 \sim 3$。当爆破对象为钢筋混凝土时，装药系数根据要求的破碎程度和控制碎块飞散情况，分为三个等级：

① 混凝土壁局部炸裂剥离，混凝土块未脱离钢筋，基本上无碎块飞散，取 $K = 2 \sim 3$；

② 混凝土壁炸碎，部分混凝土块脱离钢筋，顶面部分钢筋断而不脱，碎块飞散距离约 20 m，取 $K = 4 \sim 5$；

③ 混凝土壁炸飞，大部分块度均匀，少量大块脱离钢筋，主筋炸坏，箍筋炸断，取 $K = 6 \sim 7$；这时水柱高度可达 $10 \sim 40$ m，碎块飞散距离可达 $20 \sim 40$ m，附近建筑物可能受到破坏，应事先采取防护措施。

2）非圆筒形结构物

当结构物为非圆筒形时，采用等效内半径和等效壁厚按下式进行装药量计算。

$$Q = K_0 K (K_1 \delta_e)^{1.6} (R_e)^{1.4} \qquad (12-23)$$

式中：$R_e$——非圆筒形结构物的等效内半径，其值为

$$R_e = \sqrt{\frac{S_R}{\pi}} \qquad (12-24)$$

其中：$S_R$——通过药包中心的结构物内部水平截面面积，$m^2$；

$\qquad \delta_e$——非圆筒形结构物的等效壁厚，$m^2$，其值为

$$\delta_e = R_e \left( \sqrt{1 + \frac{S_\delta}{S_R}} - 1 \right) \qquad (12-25)$$

其中：$S_\delta$——通过药包中心的结构物壁的水平截面面积，$m^2$。

（3）水压爆破的装药布置

　　装药量确定以后,装药布置是否合理,直接影响着水压爆破的效果。

　　当水中的药包爆炸时,结构物内壁上所承受的载荷分布是不均匀的。如图 12 – 11 所示,最大载荷位于药包中心同一水平面上的各点。随着距药包垂直距离的增加,周壁上受到的爆炸载荷逐渐降低,水面处载荷为零。载荷的变化规律呈曲线形,在接近结构物底部时,载荷出现回升,但其值仍然小于最大载荷值。

　　结构物在承受爆炸载荷后顶部抵抗变形的阻力最小,随着深度的增加抵抗变形的阻力也增大,到达结构物底板时,抵抗变形的阻力最大。

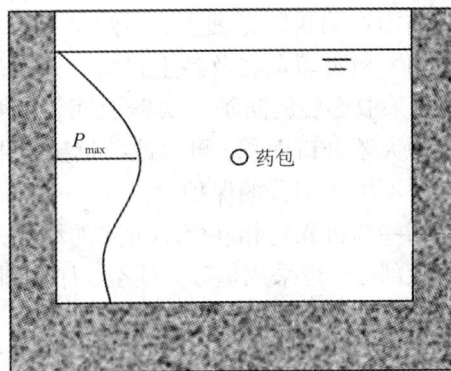

图 12 – 11　水压爆破载荷分布

　　根据爆炸载荷的分布和结构的变形特点,布置药包时应遵循如下原则。

　　①药包在结构物横截面中的位置

　　对于截面形状规则(如圆形或方形)、壁厚相等的短筒形结构物,如果采用单药包时,药包应布置在结构物内水平截面的几何中心处。

　　同一容器两侧壁厚不同时,应布置偏炸药包,使药包靠近厚壁一侧。

　　②药包入水深度

　　药包入水深度是指药包中心至水面的垂直距离。当拆除物充满水时,药包一般放置在水深的 2/3 处。容器不能充满水时,应保证药包入水深度不小于容器中心至容器壁的距离,并相应降低药包在水中的位置,直至放置在容器底部,这时与容器底面相连的基础,也将受到一定程度的破坏。

　　③药包间距与分层

　　当水面面积较大时,需要布置多个药包,药包之间距离为药包中心至结构内壁的最短距离的 1 ~ 1.5 倍。当结构物高度与直径(或长短)之比超过 1.4 ~ 1.6 时,或水面高度大于药包中心至结构内壁的最短距离的 3 倍时,就要布置分层药包。

**2. 水压爆破施工**

　　(1)炸药及起爆网路防水处理

　　水压爆破应选用抗水炸药,如水胶炸药、乳化炸药等。如果采用铵梯炸药,应做好防水处理。药包可用塑料袋包装或其他容器盛放,装药密度要保证。药包在容器中可采用悬挂式或支架式固定,必要时可附加配重以防悬浮或漂移。

　　水压爆破一般采用复式起爆网路。无论采用电力起爆还是采用非电起爆,爆破网路都要作好防水处理。·

　　(2)施工注意事项

　　①确定方案时应调研是否具备水压爆破条件

　　设计前应检查结构物是否漏水,供水水源能否满足施工要求等。若爆破后可能造成水患,应慎重考虑。

　　②构筑物开口的处理

用水压爆破拆除构筑物，需要认真做好开口部位的封闭处理；封闭处理的方式很多，可把钢板锚固在构筑物壁面上，中间夹上橡皮密封垫，以防漏水；也可以用砖石砌筑、混凝土浇注或用木板夹填黄泥及黏土封堵。无论采用什么方式，封闭处理的部位仍是结构的薄弱环节，还应采取必要的防护。实践表明，用编织袋填土堆码，并使堆码厚度大于构筑物壁厚，堆码面积大于开口面积，可以改善爆破效果，提高爆破的安全性。

③对不拆除部分的保护

对那些与拆除物相联但不拆除的结构，应事先将其联结部分切断。对同一容器（如管道）的不拆除部分，可采用填砂、预裂、加箍圈等方法加以保护。

④开挖临空面

水压爆破的构筑物，一般具有良好的临空面，但对地下工事，一定要在构筑物的外侧开挖好拆除物的临空面，否则会影响爆破效果。

## 12.4.5 静态破碎方法

### 1. 静态破碎法

静态破碎法是一种采用静态破碎剂破碎（或切割）岩石和混凝土的非爆破方法，也叫静态爆破。其特点是利用装在炮眼中的某种物料的水化反应，使晶体变形，产生体积膨胀，从而缓慢地将膨胀压力施加给孔壁。当炮眼中的静态破碎剂发生作用时，炮眼周围的介质便产生径向的拉应力，若拉应力超过介质的抗拉强度时，炮眼之间产生裂隙，随着膨胀压力的增加，裂隙逐渐扩展成裂缝，继而导致物体破坏。

从作用原理来说，静态破碎法不属于爆破范畴。但它有许多优点：·

① 静态破碎剂不属于危险品，因而在购买、运输、保管和使用上不像使用炸药那样受到严格限制，尤其是在城市中使用更为方便。

② 破碎过程安全，不存在工业炸药爆炸时产生的爆破振动、空气冲击波、飞石、噪音等危害。在环境特别复杂且无筋或配筋较少的基础拆除中可以发挥其优势。

③ 施工简单，不需要防护和警戒工作。

尽管静态破碎方法有很多优点，但是其破碎能力、破碎效果和经济效益都比不上爆破方法。特别是对于建（构）筑物的拆除，由于其作用时间长，建（构）筑物失稳的过程难以控制，应避免使用静态破碎方法。总之，静态破碎方法的优点，只有在不允许使用爆破方法的环境中，而且破碎方量不大时，才能显示出来。

### 2. 静态破碎剂

静态破碎剂是以氧化钙为主体原料，并配以其他有机和无机添加剂而制成的粉末状物质。它以浆体或锭剂形式装入炮眼中，与水发生水化反应，生成新的固体物质，产生体积膨胀，以放射状向外扩展，当膨胀压力达到介质的抗拉强度时，被拆除物体便发生龟裂或破碎。

进行破碎作业时，主要的膨胀源是氧化钙。当与适量的水掺和后，氧化钙会发生如下化学反应：

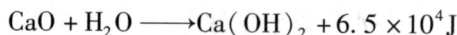

$$CaO + H_2O \longrightarrow Ca(OH)_2 + 6.5 \times 10^4 J$$

氧化钙经水化作用后，首先生成细微的胶质状氢氧化钙，随着时间的推移它逐渐形成各向异性的六角形结晶，其体积比原来增大 3~4 倍，表面积增大 100 倍；与此同时，每摩尔氢氧化钙释放出 65.1 kJ 的热量。因此，化学反应后，静态破碎剂的体积膨胀，温度升高，压力增大。如果外界对这种膨胀施以约束，就会产生压力。一般岩石的抗压强度为 100 ~ 120 MPa，抗拉强度为 3 ~ 13 MPa；混凝土的抗压强度为 10 ~ 60 MPa，抗拉强度为 1.5 ~ 5.9 MPa。当破碎剂在炮眼壁上产生的切向拉应力超过了脆性物体的抗拉强度时，物体便发生龟裂破碎。

国内已研制成功的普通型静态破碎剂有 JC - l 系列和 SCA 系列等。它们的适用温度见表 12 - 11。

表 12 - 11  静态破碎剂种类及其适用温度

| 种类 | JC - 1 系列 | | | | SCA 系列 | | | |
|---|---|---|---|---|---|---|---|---|
| | Ⅰ | Ⅱ | Ⅲ | Ⅳ | Ⅰ | Ⅱ | Ⅲ | Ⅳ |
| 使用温度/℃ | > 25 | 10 ~ 25 | 0 ~ 10 | < 0 | 20 ~ 35 | 10 ~ 25 | 5 ~ 15 | − 5 ~ 8 |
| 适用孔径/mm | 38 ~ 42 | | | | 30 ~ 50 | | | |

20 世纪 80 年代以来，静态破碎剂的性能有了很大改善。产品类型已由季节型(因环境温度不同分为夏、冬和春秋三种类型)发展为通用型(四季通用)；破碎时间由 12 ~ 24 h 缩短为 1 ~ 3 h；膨胀压力可达 50 MPa，有的甚至更高。因此只要合理设计抵抗线、孔径、孔距等破碎参数，就能够满足各种岩石和混凝土拆除工程的需要。

**3. 施工方法**

(1)孔网参数

使用静态破碎方法，必须根据混凝土内有无钢筋、钢筋排列情况，及岩石的产状、节理、破碎或切割的块度等因素确定孔网参数。岩石和素混凝土的眼距一般为 25 ~ 40 cm，钢筋混凝土的眼距为 15 ~ 25 cm，眼深为拆除物高度的 0.8 ~ 1.0 倍。

(2)静态破碎剂的用量

使用 SCA(力士牌)静态破碎剂时，其用量可参照表 12 - 12 确定。使用其他品种时，可根据孔网参数进行估算。

表 12 - 12  SCA 静态破碎剂用量表

| 拆除对象和破碎要求 | SCA 用量/kg·m$^{-3}$ |
|---|---|
| 切割岩石 | 2 ~ 5 |
| 破碎岩石 | 10 ~ 15 |
| 破碎混凝土 | 8 ~ 10 |
| 破碎钢筋混凝土 | 15 ~ 25 |

(3)施工注意事项

①往炮眼中灌注浆体，必须充填密实。对于垂直孔可直接倾倒；对于水平孔或斜孔，应设法把浆体压入孔内，然后用塞子堵口。充填时，面部避免直接对准孔口。

②夏季充填完浆体后，孔口应适当覆盖，避免冲孔。冬季气温过低时，应采取保温或加

温措施。

③施工时为确保安全，应戴防护眼镜。破碎剂有一定的腐蚀性，粘到皮肤上后要立即用水冲洗。

## 复习思考题

1. 试解释下面的概念：

(1)耦合装药；(2)不耦合装药；(3)不耦合系数；(4)连续装药；(5)空气间隔装药；(6)光面爆破；(7)预裂爆破；(8)拆除爆破；(9)等能原理；(10)静态破碎

2. 挤压爆破的机理是什么？

3. 挤压爆破主要参数有哪些？

4. 挤压爆破的施工应注意哪些问题？

5. 光面爆破和预裂爆破的成缝机理是什么？有哪些理论？

6. 光面爆破中装药量计算的主要点是什么？

7. 光面爆破的施工应注意哪些问题？

8. 在隧道开挖中，如何实现光面爆破？

9. 评价预裂爆破和光面爆破效果优劣的标准是什么？

10. 试说明光面爆破和预裂爆破的区别。

11. 光面爆破和预裂爆破除采用不耦合装药结构之外，还可以采用哪些装药结构？

12. 拆除爆破采用分层装药结构时，药量如何分配？装药深度如何确定？

13. 简述拆除爆破中采取安全防护措施的意义和方法。

14. 水压爆破原理是什么？

# 第 13 章　爆破危害与控制

　　控制爆破危害，确保爆破安全，既是爆破工程的基本要求，又是爆破工程的永恒主题。爆破安全包括整个爆破工艺过程中人身安全和建筑物、设施的安全。爆破危害指爆破作业过程中，可能造成人员伤害、职业病、财产损失、作业环境破坏的根源或状态。根据爆破作业过程的特点，主要存在电效应源、爆破器材源、违章作业源、爆破效应源等危害源。根据爆破危害的来源及特性，可分为早爆与拒爆、爆破地震、爆破飞石、空气冲击波与噪音、有毒气体、易燃易爆气体或粉尘和心理危害等危害。爆破危害产生与否，取决于人的不安全行为（失误）和物质环境的不安全状态（故障）共同作用的结果。在能量失控的情况下，人与物质环境两大系统各自运动的交叉点就构成爆破危害的"时空"。因此，在爆破过程中，要树立"安全第一"的理念，全面分析爆破危害致因，科学实施消除或控制爆破危害的有效技术措施，确保人员及建筑物、设施的安全和爆破工作的顺利进行。

## 13.1　爆破地震效应与控制

　　炸药爆炸时释放出的巨大能量以应力波形式向外传播，随着传播距离的增加，逐渐衰减为地震波。地震波是一种由爆源附近的应力波在岩土介质中传播衰减后的弹性波。在爆破近区 $(10 \sim 15) R_0$（$R_0$ 为药包半径）传播的是冲击波；在爆破中区 $(15 \sim 400) R_0$ 传播的是应力波；在爆破远区传播的是地震波。研究表明：爆炸所释放的能量中，只有一小部分转化为地震波，其能量所占百分比因传播介质而异，但一般均不会超过其炸药总能量的 10%。

　　地震波能引起介质质点的强烈振动，使爆区周围的建筑物损伤甚至倒塌，民用及工业构筑物出现裂缝、露天边坡滑动以及地下巷道冒落，形成严重的爆破危害。尤其是在房屋密集的闹市区进行爆破拆除时，对爆破地震危害的控制和预防尤为重要。

### 13.1.1　爆破地震波特性

#### 1. 爆破地震波的分类

　　爆破地震波包括在地层内部传播的体波和在地层表面或介质体表面传播的面波。体波可分为纵波（P 波）、横波（S 波）；面波主要有 Rayleigh 波（R 波）和 Love 波（L 波）。

　　面波是体波经地层界面的多次反射形成的次生波，是在地表或结构体表面以及结构层面传播的波，已发现存在 R 波和 L 波两种形式。

　　R 波传播时，质点在波的传播方向和自由面法线组成的平面内作椭圆运动，而在与该平面垂直的水平方向没有振动，其振动随深度呈指数衰减。

　　只有在半无限空间上至少覆盖一低速地表层时，L 波才会出现。L 波传播时，质点作与波的传播方向垂直的水平横向剪切振动，而无垂直分量运动，其传播速度介于最上层横波速度与最下层横波速度之间。

　　体波具有周期短、振幅小、衰减快的特点；面波的特点是周期长、振幅大、传播速度慢、衰减慢和携带的能量大。体波特别是其中的 P 波能使岩石产生压缩和拉伸变形，它是爆破时造成岩石破裂的主要原因，体波在爆破近区起主要作用；表面波特别是其中的 R 波，由于它的频率低、衰减慢、携带较多的能量，是造成地震破坏的主要原因，面波在爆破远区起主要作用。

**2. 爆破地震波传播特性**

（1）地震波的特征

由于爆源的复杂性（炸药、装药结构、爆破参数的多样性），传播介质的物理力学特性和地形地貌的多样性，使得爆破地震波具有随时间作复杂变化的不可重复的随机特性。波形不但在振动幅值上变化复杂，而且波的频率和持续时间也与爆源特性、爆心距、爆破规模及介质的不同显出明显的差异性。爆破能量传播是一个衰减的过程，在各种不同介质中爆破地震波所包含的能量仅占爆炸总能量的 3% ~ 10%，其作用时间也较短，具有瞬态冲击振动的特性，其在爆破远区的危害性往往为人们所忽视。

爆破地震波含有各种频率成分，是一种宽频带波。在传播过程中，由于介质的滤波作用，爆破地震波在离爆源较近时高频成分较丰富，随着波向远处的传播，高频逐渐被吸收，而低频能传播到较远的距离。爆破地震波包含一个或几个主要的频率成分，不同的频率成分对结构、设备及人员的影响也明显不同。大部分的爆破地震波频率主要集中在低频段，如果与结构的固有频率接近，就会产生共振现象，从而加大对结构体的破损影响，所以爆破地震波的频率特性不容忽视。

爆破地震波在产生和传播过程中，主要受到下列因素的影响：

①爆源。主要与爆破能量（药量大小、炸药种类），爆破的几何特征（爆破作用指数 $n$ 值，药包与装药孔的不耦合情况，单药包或群药包，集中药包或延长药包，临空面数目等），爆破方法（瞬时起爆或分段延时起爆，有无预裂药包等）有关。

②离爆源的距离。

③爆破地震波传播区的地质地形情况。

（2）地震波传播的方式

地震波在传播过程中将发生反射、透射与绕射、衍射、波型转换、层间波等复杂现象，使地震波传播方向与途径发生变化。地震波在各种界面处垂直入射时要发生多次反射、透射与绕射。斜入射条件下还要发生 P 波与 S 波的波型转换，如入射的 P 波或 SV 波常会产生反射与透射的 P 波和 SV 波。所以介质层面对地震波的传播速度和特性有重要影响。爆炸引起的地面振动是非常复杂的随机过程，测到的波形既有体波也有面波，它是不同幅值、不同频率与不同相位的各种波型叠加而成的复合波。

**3. 爆破地震与自然地震**

自然地震与爆破震动既相联系又有区别。爆破地震和自然地震都属于能量释放引起地表振动的现象，它们所引起的振动有如下相似之处：

（1）两者突然释放的能量均以波的形式通过介质从震源向外传播，并引起强烈的地表或建（构）筑物的振动；

（2）两者的质点振动强度与震源能量和震源距离紧密相关；

（3）质点的振动参数都明显地受地质、地形等因素的影响；

（4）两者对结构体的破坏机制是相同的。

由于两者多方面的相似性，人们常常将自然地震领域相对完善的分析理论和方法应用于爆破领域，如信号分析技术和反应谱理论等。但在工程实际中二者又有明显的差异，具体表现在：

（1）波的频率不同。自然地震频率都很低，一般低于 5 Hz。爆破地震频率复杂且较高，常在 0～200 Hz 的范围内。与建（构）筑物结构的固有频率相比，前者与之接近，而后者却高得多。

（2）波的衰减速度不同。目前世界上测到的地震最大加速度约为 1.3 g，而在大爆破附近测得的地表振动加速度高达 25.3 g。尽管爆破地震波振动幅值高，但由于频率高和能量小，其衰减很快，而自然地震波衰减缓慢得多。

（3）振动的持续时间不同。爆破地震持续时间一般不超过 0.5 s，如果是雷管段数增加和接力，也不会超过数十秒。而自然地震常持续达数分钟甚至更久。

（4）破坏能力不同。由于自然地震频率低、衰减慢、持续时间长和携带能量巨大，其所造成的损失远远超过爆破地震所带来的危害。

（5）可控制性不同。通过改变爆破技术可以调控振动强度。爆破震源的大小和位置以及作用方向可以控制，爆破震动的延续时间可以预测，爆破震动对结构的效应可以进行控制。而自然地震不易预测，也无法控制。

## 13.1.2　爆破震动强度与安全距离的计算

### 1. 爆破震动强度的计算

对爆破震动的测试是预防爆破事故的重要措施。爆破震动强度的计算大多使用工程爆破测试数据所推导的经验公式。

（1）萨道夫斯基公式

$$V = K \left( \frac{Q^{\frac{1}{3}}}{R} \right)^{a} \tag{13-1}$$

式中：$V$——介质质点的振动速度，cm/s；

　　　　$R$——观测（计算）点到爆源中心的距离，m；

　　　　$K, a$——分别为与爆破条件、岩石特性等有关的系数，取值见表 13-1；

　　　　$Q$——炸药量，kg；齐发爆破时取总装药量；延时爆破为最大一段的装药量。

表 13-1　$K$、$a$ 值与岩性的关系

| 岩性 | $K$ | $a$ |
|------|-----|-----|
| 坚硬岩石 | 50～150 | 1.3～1.5 |
| 中硬岩石 | 150～250 | 1.5～1.8 |
| 软岩石 | 250～350 | 1.8～2.0 |

（2）抛掷爆破的振动速度计算公式

$$V = \frac{K}{\sqrt[3]{f(n)}} \left( \frac{Q^{\frac{1}{3}}}{R} \right)^{a} \tag{13-2}$$

式中: $f(n)$——爆破作用指数 $n$ 的函数, 根据鲍列斯科夫的建议, $f(n)=0.4+0.6n^3$。

**2. 爆破地震安全距离**

(1)安全距离的一般公式

$$R=\left(\frac{K}{V}\right)^{\frac{1}{a}}Q^{\frac{1}{3}} \qquad (13-3)$$

式中: $V$——不同条件下的最大允许振动速度。

对群药室爆破, 当各药室至建筑物的距离差值超过平均距离的 10% 时, 用等效距离 $R_e$ 和等效药量 $Q_e$ 分别替代 $R$ 及 $Q$, 其计算公式为:

$$R_e=\frac{\sum_1^n\sqrt[3]{q_i r_i}}{\sum_1^n\sqrt[3]{q_i}} \qquad (13-4)$$

$$Q_e=\sum_1^n q_i\left(\frac{R_e}{r_i}\right)^3 \qquad (13-5)$$

式中: $r_i$——第 $i$ 个药室至建筑物的距离;

  $q_i$——第 $i$ 个药室的药量。

对于条形药包, 可将条形药包以 1~1.5 倍最小抵抗线长度分为多个集中药包, 参照群药包爆破时的方法计算其等效距离和等效药量。

(2)单药室爆破对邻近巷道的安全距离

$$R_1=K_1 W\sqrt[3]{f(n)} \qquad (13-6)$$

式中: $K_1$——经验系数, 与巷道围岩有关, 取值见表 13-2;

  $W$——最小抵抗线, m;

  $f(n)$——爆破作用指数 $n$ 的函数, $f(n)=0.4+0.6n^3$。

表 13-2  $K_1$ 的经验取值

| 围岩 | 坚硬稳固 | 中等坚硬稳固 | 破碎围岩 |
|---|---|---|---|
| $K_1$ | ≤2 | 2~3 | 3~4 |

(3)建(构)筑物拆除爆破地震的安全距离

建(构)筑物拆除爆破的药包数量一般比较多, 也比较分散, 药量比较小, 而且药包往往布设在建筑物及其基础上, 爆破时所产生的地震波是通过建筑物基础向大地传播的。与一般土岩爆破地震波的产生机制有所差异, 但爆源附近的建筑物所受到的地震波作用都主要取决于震源的大小、距离及地震波传播介质的条件, 而震源的大小则与一次起爆的炸药量有关。

因此, 计算拆除爆破产生的地面质点峰值振动速度的经验公式, 在式(13-1)的基础上, 引入一个修正系数 $K'$, 即:

$$V=KK'\left(\frac{Q^{\frac{1}{3}}}{R}\right)^a \qquad (13-7)$$

根据部分整体框架式建筑物拆除爆破测振资料的分析, 式(13-7)中经验系数的取值范围为: $K$ 为 175~230; $a$ 为 1.5~1.8; $K'$ 为 0.25~1.0, 离爆源近且爆破体临空面较少时取大值，反之取小值。

### 13.1.3 爆破振动安全允许标准

由于爆破震动的危害性，在工程施工中，常常要对爆区附近的各种建(构)筑物进行安全性评价，以便采取相应的安全技术措施。爆破振动安全允许标准，对于评价爆破地震作用于建(构)筑物的安全影响，具有实际意义。提出一个科学、全面、合理的安全判据一直是各国爆破研究者追求的目标。

早期的研究者，往往以单一强度参数(质点振动位移、速度、加速度)的最大值作为衡量建(构)筑物在爆破振动作用下是否安全的独立阈值判据，如 D. E. Fogelson (1962)、Longerfors (1958)、A. T. Edwards 等(1960)、T. D. Northwood (1968)以及瑞典的安全判据标准。

随着爆破理论与技术的发展，国内外研究者发现振动频率也是对建(构)筑物地震破坏起主导作用的另一个重要因素。地震波是由多种频率的波组成的，与地震动卓越周期相当的建(构)筑物由于发生共振而更易遭到破坏。因而，一些国家制定爆破振动安全标

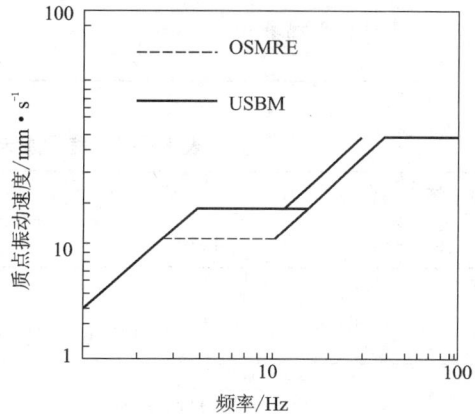

图 13-1 美国爆破振动安全标准图

准时，普遍考虑了振动速度和频率的共同影响，如瑞士、德国、美国等国采用的爆破振动安全标准，分别如表 13-3 至表 13-5 所示，其中最著名的是德国的 DIN4150 爆破振动安全标准以及美国矿业局(USBM)和露天矿山复垦管理处(OSMRE)提出的安全标准(见图 13-1)。我国爆破安全规程规定：地面建筑物的爆破振动判据，采用保护对象所在地质点峰值振动速度和主振频率；水工隧道、交通隧道、矿山巷道、电站(厂)中心控制室设备、新浇大体积混凝土的爆破振动判据，采用保护对象所在地质点峰值振动速度。爆破振动安全允许标准如表 13-6 所示。

表 13-3　瑞士爆破振动安全判据

| 建筑物分类 | 频率范围/Hz | 质点振动速度 /mm·s⁻¹ |
|---|---|---|
| 钢结构、钢筋砼结构 | 10~60 | 30 |
| | 60~90 | 30~40 |
| 砖混结构 | 10~60 | 18 |
| | 60~90 | 18~25 |
| 砖石墙体、木楼阁 | 10~60 | 12 |
| | 60~90 | 12~18 |
| 历史性及敏感性建筑 | 10~60 | 8 |
| | 60~90 | 8~12 |

表 13 - 4　德国标准（DIN4150）

| 建筑物类型 | 频率范围/Hz | 合速度/mm·s⁻¹ |
|---|---|---|
| 工业建筑及商业建筑 | 10 | 20 |
| | 10 ~ 50 | 20 ~ 40 |
| | 50 ~ 100 | 40 ~ 50 |
| 民用建筑 | 10 | 5 |
| | 10 ~ 50 | 5 ~ 15 |
| | 50 ~ 100 | 15 ~ 20 |
| 重点保护建筑 | 10 | 3 |
| | 10 ~ 50 | 3 ~ 8 |
| | 50 ~ 100 | 8 ~ 12 |

表 13 - 5　美国露天矿务局标准（OSM 标准）

| 频率/Hz | 1 ~ 4 | 4 ~ 13 | 13 ~ 29 | > 29 |
|---|---|---|---|---|
| 振速/mm·s⁻¹ | 4. 79 ~ 20 | 20 | 20 ~ 50 | 50 |

表 13 - 6　我国爆破振动安全允许标准

| 序号 | 保护对象类别 | 安全允许振动速度/cm·s⁻¹ | | |
|---|---|---|---|---|
| | | < 10Hz | 10 ~ 50Hz | 50 ~ 100Hz |
| 1 | 土窑洞、土坯房、毛石房屋① | 0.5 ~ 1.0 | 0.7 ~ 1.2 | 1.1 ~ 1.5 |
| 2 | 一般砖房、非抗震的大型砌块建筑物① | 2.0 ~ 2.5 | 2.3 ~ 2.8 | 2.7 ~ 3.0 |
| 3 | 钢筋混泥土结构房屋① | 3.0 ~ 4.0 | 3.5 ~ 4.5 | 4.2 ~ 5.0 |
| 4 | 一般古建筑与古迹② | 0.1 ~ 0.3 | 0.2 ~ 0.4 | 0.3 ~ 0.5 |
| 5 | 水工隧道③ | 7 ~ 15 | | |
| 6 | 交通隧道③ | 10 ~ 20 | | |
| 7 | 矿山隧道③ | 15 ~ 30 | | |
| 8 | 水电站及发电厂中心控制 | 0.5 | | |
| 9 | 新浇大体积混凝土④ 龄期：初凝 ~ 3d | 2.0 ~ 3.0 | | |
| | 龄期：3 ~ 7d | 3.0 ~ 7.0 | | |
| | 龄期：7 ~ 28d | 7.0 ~ 12 | | |

注 1：表列频率为主振频率，系指最大振幅所对应波的频率。

注 2：频率范围可根据类似工程或现场实测波形选取。选取频率也可参考下列数据：硐室爆破 < 20Hz；深孔爆破 10 ~ 60Hz；浅孔爆破 40 ~ 100 Hz。

①选取建筑物安全允许振动速度时，应综合考虑建筑物的重要性、建筑质量、新旧程度、自振频率、地基条件等因素。

②省级以上（含省级）重点保护古建筑与古迹的安全允许振动速度，应经专家论证选取，并报相应文物管理部门批准。

③选取隧道、巷道安全允许振动速度时，应综合考虑构筑物的重要性、围岩状况、断面大小、深埋大小、资源方向、地震振动频率等因素。

④非挡水新浇大体积混凝土的安全允许振动速度，可按本表给出的上限值选取。

### 13.1.4 爆破地震效应的影响因素和降振措施

影响爆破振动强度的因素很多,主要包括:①微差间隔时间;②孔网参数;③最大安全药量;④预裂爆破和预裂效果;⑤起爆顺序;⑥起爆网路;⑦振动频率;⑧建筑物的结构。

由于爆破地震效应与爆破介质性质、爆破工艺参数、起爆方法以及建筑物、设施的结构类型等因素有关,通常采取如下技术措施来控制或减弱:

(1)控制最大段药量。确定合理的爆破规模及正确的爆破设计与施工,充分利用爆炸能的有用功,即根据爆破的目的要求和周围环境情况,按最大地震效应原则采用式(13 - 1)计算确定一次允许起爆的最大药量 $Q_{max}$。

(2)微差爆破降震。根据应力波叠加原理,在同等装药量的情况下,采用微差爆破技术使爆破地震波的能量在时空上分散,使主震相的相位错开,有效地降低爆破地震强度,一般可降低 $1/2 \sim 2/3$。

(3)预裂爆破或减震沟减震。在爆破区域与被保护物体之间,预先钻凿一排或两排密集防震孔、或采用预裂爆破形成一定宽度的预裂缝和预开挖减震沟槽,均可收到明显的减震效果,一般可减弱地震强度 30% ~ 50%。为提高减震效果,预裂孔、缝和沟应有一定的超深(20 ~ 30 cm)和宽度,而且切忌充水。

(4)低威力、低爆速炸药降震。根据能量平衡准则,采用低爆速、低威力的炸药或采用不耦合装药方式,可以明显地降低爆破地震强度。

(5)改变起爆方向或顺序减震。合理的起爆顺序降震试验研究表明,在垂直于炮孔连心线方向上地震速度较大。因此,根据爆区条件和被保护物体情况,选择合适的起爆方向或顺序可以起到一定的减震作用。

(6)爆破地震效应监测。对于一些重要的保护设施,爆破应采用振动仪表进行爆破安全监测,掌握这些保护设施在爆破振动作用下的受力状况,为安全检算提供较为准确的数据。

### 13.1.5 爆破振动监测

#### 1. 爆破振动监测系统

对爆破振动进行监测和分析,有利于采取技术措施去尽可能地降低爆破震动的危害,同时也为可能的民事纠纷提供依据。爆破振动测试技术经历了从单项测量到综合测量,从机械式仪表测量到电子仪表测量的发展过程;其信号传输方式也经历了从有线电测量到无线电遥测,再到自记式测量的过程。目前,监测系统正向数字智能化、小型化方向发展,传统的以磁带记录仪和光线示波器作记录的设备已基本淘汰。目前在爆破震动测试中采用最多的方法是电测方法。它利用敏感元件在磁场中的相对运动,产生与振动成一定比例关系的电信号,经过放大器和记录装置得到振动信号。按所测物理量的不同,传感器有位移计、速度计、加速度计。按传感器位移量的大小可分为强震仪、中强震仪及弱震仪。由于集成电路器件和小型元件的采用,测量时可以安放在测点附近,从而使得爆破震动记录仪体积更小、质量更轻、功能更全,使用更方便,自记方式无需连接电缆,避免了有线测量或无线电遥测带来的诸多不利,抗干扰能力增强,信噪比与测量精度均有所提高,同时整个监测过程由嵌入的单片机控制,操作简单,工作更可靠。

爆破振动监测系统一般由震动传感器(拾振器)、放大器、A/D 转换器(模数转换器)、震动记录仪、数据处理器等组成，其震动采集分析系统框图见图 13 - 2。常用的国内生产的速度传感器有北京测振仪器厂生产的 CD 型、哈尔滨力学所研制的 891 - Ⅱ 型和四川绵阳工程物理研究院生产的 SD - 1 型，其灵敏度一般在 200 ~ 600 mV/(cm·s⁻¹)，频率响应范围一般应在 1 ~ 500 Hz。

爆破测试系统中各种仪器、设备的性能参数对测试结果的可靠性及精度有很重要的影响。在仪器出厂前，生产厂家对各种仪器的性能指标参数进行了校准测试，但用户在使用中为确保振动测试的质量，往往需要对测振仪的主要性能参数进行定期标定和检验，测振仪的标定可进行分部标定和系统标定。分部标定是分别对测振传感器、放大器、记录仪进行各种性能参数的标定。系统标定是将传感器、放大器和记录仪组成的系统进行联机标定，以得到输入振动量与记录量之间的定量关系，主要内容有频率响应、灵敏度和线性度标定。在爆破振动测试中，常进行的是测试系统的标定，采用的标定方法是标准振动台上标定法。

**图 13 - 2  振动采集分析系统框图**

振动记录仪应满足有负延时记录、自触化设置可靠、设有多通道和轻便、耐用等要求。目前爆破振动记录仪正向多功能、大容量和易操作、高可靠度等方向发展。我国自行研制始于 20 世纪 90 年代初，其中有代表性的产品包括四川动态测试研究所研制的 IDTS 系列、成都拓普电子研究所研制的爆破振动自记仪 TOPBOX 系列、北京矿冶研究总院研制的 DSVM 系列；国外的产品也正在打入国内市场，有代表性的如加拿大 Instantel 公司生产的 Blastmate 型振动检测仪，美国 EG&G 公司研制的 StratviewTM 型高分辨率振动仪，以及 White 地震工业公司生产的 MINI - SEIS 振动仪。在使用爆破振动记录仪时，若要获得较好的振动波形，应慎重选择量程。在选择量程前，应根据经验公式预估最大峰值，然后使最大峰值处于量程的 40% ~ 80% 范围内较为合适。另外，采样频率的选择也应遵循以下原则：在满足采样定理的前提下，采样频率应比所关心的爆破震动频率大 10 倍以上，以保证每个周期内有 100 个以上的采样点。

**2. 爆破振动测试主要内容**

爆破振动测试内容包括：地表质点振动速度测试，质点振动位移测试，质点振动加速度测试，建筑物的反应谱测试；目前又发展了岩体介质反应谱测试，如岩体边坡爆破震动反应谱测试。由于爆破振动速度峰值对描述震动强度具有较好的代表性，同时也是估计结构体承受震动破坏等级的最好标准，所以，开展最普遍、工程上应用最多的仍是振动速度测试。爆破振动测试主要包括两个方面的内容：

(1) 研究爆破过程中地震波的衰减规律，地质构造及地形条件相对应的影响，地震波参数和爆破方式的关系。

(2) 研究建筑物、构筑物对于爆破震动的响应特征，这一响应特征和爆破方式、构筑物结构特点的关系。

在测试方法上两者有相同或相似之处，但对震动的分析，对数据处理的要求方面则不全相同。

**3. 爆破振动测试中应注意的问题**

（1）布点和原始记录

大型的科研观测项目，一般事先都有完善的观测方案和测点布置图。对每一个数据，都要尽可能多地搜集整理与其有关的资料，尽可能地记录全，以备分析波形，处理数据时查考。

目前已经形成系统的观测方法，一般都有专用的记录表格，尽管表格的形式各异，一般都要包括以下内容：

①一般情况。时间、地点、环境温度、湿度、气压、风向、风力、测试单位和操作人员。

②爆源情况。炸药名称、装药量、药包形状、爆区范围、起爆方式、爆破介质的名称、强度及覆盖厚度。

③测试场地情况。测点方位、方向、离爆区距离、测点地质情况、周围地物情况及传感器安装方法。

④仪器情况。每个测点的放大器，记录器的名称、型号、编号、运转状态。运转中曾发现什么异常。

⑤现场标定情况。标定方法、标定记录和标定波形。

⑥收场情况。系统和传感器是否毁坏，测点附近地物变化情况。

（2）测振仪的选定

根据测试目的选取合适的测振仪，一般应注意以下两点：

①仪器的频响。任何一台动态测试仪都有一定的频率响应范围，当所测信号的频率超过仪器频响范围，测试信号将严重失真，不能正确反映振动信号特征。因此，在爆破振动测试中应特别注意所选测振仪的放大器和拾振器的频响范围是否满足测试要求。

②动态范围。在爆破振动测试中除应注意频响范围外，还要特别注意仪器量程，即动态范围，其中主要指传感器的动态范围。用小量程的仪器测量大振动会引起超量程或损坏仪器；用大量程的仪器则灵敏度低，精度差。

值得注意的是，用于地震勘探的地震仪，由于其频响范围和动态范围的限制，不能作为爆破振动测试仪。

（3）传感器的安装

传感器是反映被测信号的关键设备，为保证真实反映被测对象的振动特征，除了传感器本身的性能指标要满足要求外，传感器的安装、定位极其重要，传感器与测点必须牢固结合在一起，否则在爆破震动时往往会导致传感器松动、滑动，造成相对运动产生二次振动，使振动信号完全失真。

若测点表面为坚硬岩石，可直接在岩石表面修整一平台。若岩石风化，则可将风化层清除，再浇筑一混凝土墩。测点表面为土质时，将表面松土夯实，铺以砂石或碎石，再浇筑混凝土墩，然后再将传感器固定在平台或混凝土墩子上。若传感器本身重量大，可直接将其放置测点处即可。另外，还应注意传感器方向，要使传感器方位与所测量的振动方向一致。

（4）信号干扰

在爆破震动测试中，目前主要采用电测法，因此，避免各种干扰对测振仪的影响极其重要，以保证测试结果的有效，减少测试误差。在爆破振动测试中，主要是电、磁噪声（放电噪声和电气干扰）干扰。常采用以下预防措施：①采用屏蔽导线，并将屏蔽的一端接地；②避开大型电气设备，尽量不使电缆与电气设备电源线平行；③用滤波器抗干扰；④测振仪使用交流电时，应保证仪器接地。

值得注意的是，使用压电加速度计时，消除噪声干扰尤为突出，必须使用低噪声电缆。注意电缆的安装，弯曲、缠绕及大幅度晃动会引起噪声电压增加，使用时必须保证电缆的固定，另外还要注意电缆与传感器的连接，插件接触要良好，不使其有相对运动。

# 13.2 爆破冲击波、噪声及控制

## 13.2.1 空气冲击波产生与特性

冲击波是炸药爆炸时的又一种外部作用效应，它来自空气中、岩土内和水中。炸药在空气中爆炸，爆轰波直接传播到空气中形成空气冲击波；炸药在岩土内爆炸，爆炸气体冲出形成空气冲击波；炸药在水中或水下岩土内爆炸，爆炸气体溢出水面形成空气冲击波。在爆源近处，爆炸冲击波可引起爆炸材料的爆轰和燃烧。在爆源一定范围内，爆炸冲击波对人员具有杀伤力，对建(构)筑物、设备也可造成破坏。

工程爆破产生空气冲击波的原因，大体有以下几种：①裸露在地面上的炸药、导爆索的爆炸等产生的空气冲击波。②炮孔堵塞长度不够，堵塞质量不好，炸药爆炸产生的高压气体从孔口冲出产生的空气冲击波。③因局部抵抗线太小，沿该方向冲出的高压气体产生的空气冲击波。④大量炮孔爆破时，由于起爆顺序无法控制，导致许多炮孔的抵抗线变小，甚至裸露造成的空气冲击波。⑤在断层、夹层、破碎带等弱面部位高压气体冲出产生的空气冲击波。⑥大型洞室抛掷爆破时，鼓包破裂后冲出的气浪，以及在河谷地区大爆破气浪形成活塞状压缩气体，形成的空气冲击波。⑦炸药库房发生意外爆炸产生的空气冲击波。

不同类型、不同条件、不同规模的爆破作业，所产生的爆破冲击波的强度相差很大。装药量、炸药性质、岩体性质及构造、炸药与介质匹配关系、堵塞状态、爆破方式、起爆方法等是影响空气冲击波强度的主要因素，另外气候条件，如风向、风速等也会影响空气冲击波的强度。

冲击波与声波有着明显的区别：

(1)冲击波不像声波那样具有弹性振动的周期性质，而是在波通过时，介质参数(速度、压力、密度、温度)突然陡升到最高数值。

(2)冲击波不像声波那样介质质点只有振动，没有前进的运动，而是引起介质质点在波阵面的后面移动，其方向与波的传播方向一致，当冲击波经过后，介质质点占据了空间中的一个新位置。

(3)冲击波不像声波那样以固定的声波传播，对介质的压缩极小。冲击波的传播速度永远大于声波波速，它引起介质状态变化的程度较声波大得多。

(4)冲击波不像声波那样，声波速度与波的强度无关。冲击波的速度与波的强度有关，波阵面上介质状态变化越大，冲击波越强。冲击波在介质中传播时，不断对介质压缩、加热，做功而消耗能量，逐渐衰减为声波而趋于消失。

### 13.2.2　空气冲击波的安全距离

**1. 对地面建筑物安全距离的计算**

炸药爆炸时产生空气冲击波的破坏强度，随着与爆源距离的增大而逐渐衰减。爆破时空气冲击波的安全距离可按下式计算：

$$R_B = K_B \sqrt{Q} \tag{13-8}$$

式中：$R_B$——空气冲击波的安全距离，m；

$\quad\quad Q$——装药量，kg；

$\quad\quad K_B$——爆破条件及影响程度的系数。对人员，裸露药包为 5～15，大爆破埋藏药包为

$\quad\quad\quad\quad$ 0.5～1.0；对建筑物，系数 $K_B$ 按表 13-7 取值。

表 13-7　$K_B$ 的取值

| 建筑物破坏程度 | 爆破作用指数 $n$ | | |
|---|---|---|---|
| | 3 | 2 | 1 |
| 安全无破坏 | 5～10 | 2～5 | 1～2 |
| 玻璃偶然破坏 | 2～5 | 1～2 | — |
| 玻璃破碎，门窗部分破坏，抹灰脱落 | 1～2 | 0.5～1 | — |

在峡谷进行爆破时，沿山谷方向 $K_B$ 值应增大 50%～100%，当被保护建筑物和爆源之间有密林、山丘时，$K_B$ 值应减少 50%。

**2. 破碎大块时的人员安全距离计算**

露天裸露爆破大块时，一次爆破的炸药量不应大于 20 kg，并应按经验公式（13-9）确定空气冲击波对在掩体内避炮作业人员的安全允许距离：

$$R_k = 25 \sqrt[3]{Q} \tag{13-9}$$

式中：$R_k$——空气冲击波对掩体内避炮人员的安全距离，m；

$\quad\quad Q$——一次爆破炸药量，kg；秒延时爆破取最大分段药量计算，毫秒延时爆破按一次爆

$\quad\quad\quad\quad$ 破的总药量计算。

**3. 水下爆破产生水中冲击波的安全距离**

众所周知，水通常作为不可压缩的介质对待，因此水下爆破产生的冲击波及其安全影响不可忽视。

我国爆破安全规程规定：水下裸露爆破，当覆盖水厚度小于 3 倍药包半径时，对水面以上人员或其他保护对象的空气冲击波安全允许距离的计算原则与地面爆破时相同。

在水深不大于 30 m 的水域内进行水下爆破，对人员的水中冲击波安全允许距离按表 13-8 确定；对船舶，客船按 1500 m 确定，施工船舶按表 13-9 确定，非施工船舶可参照表 13-9 和式（13-10）根据船舶状况由设计确定。

表 13 –8　对人员的水中冲击波安全允许距离

| 装药及人员状况 | | 炸药量/kg | | |
|---|---|---|---|---|
| | | ≤50 | >50 ~ ≤200 | >200 ~ ≤1000 |
| 水中裸露装药/m | 游泳 | 900 | 1400 | 2000 |
| | 潜水 | 1200 | 1800 | 2600 |
| 钻孔或药室装药/m | 游泳 | 500 | 700 | 1100 |
| | 潜水 | 600 | 900 | 1400 |

表 13 –9　对施工船舶的水中冲击波安全允许距离

| 装药及人员状况 | | 炸药量/kg | | |
|---|---|---|---|---|
| | | ≤50 | >50 ~ ≤200 | >200 ~ ≤1000 |
| 裸露装药/m | 木船 | 200 | 300 | 500 |
| | 铁船 | 100 | 150 | 250 |
| 钻孔或药室装药/m | 木船 | 100 | 150 | 250 |
| | 铁船 | 70 | 100 | 150 |

一次爆破药量大于 1000 kg 时，对人员和施工船舶的水中冲击波安全允许距离可按式（13 –10）计算：

$$R = K_0 \sqrt[3]{Q} \tag{13 –10}$$

式中：$R$——水中冲击波的最小安全允许距离，m；

$Q$——一次起爆的炸药量，kg；

$K_0$——系数，按表 13 –10 选取。

表 13 –10　$K_0$ 的取值

| 装药条件 | 保护人员 | | 保护施工船舶 | |
|---|---|---|---|---|
| | 游泳 | 潜水 | 木船 | 铁船 |
| 裸露装药 | 250 | 320 | 50 | 25 |
| 钻孔或药室装药 | 130 | 160 | 25 | 15 |

在水深大于 30 m 的水域内进行水下爆破，水中冲击波安全允许距离应通过实测和试验研究确定。在重要水工、港口设施附近及水产养殖场或其他复杂环境中进行水下爆破，应通过测试和邀请专家研究确定安全允许距离。

## 13.2.3　爆破噪声

在爆破作业中，当爆炸空气冲击波的超压降至 0.02 MPa 以下时，冲击波蜕变为声波。以波动形式继续向外传播,并伴随着产生其声响——爆破噪声。爆破噪声虽然短促,但由于是间歇性的脉冲噪声,容易引起人们的精神紧张,产生不愉快的感觉,特别是在城镇居民区,应避免由于爆破噪声引发社会安定方面的问题及居民的诉讼。

在爆破施工现场,特别是在居民稠密地区进行爆破施工时,施工机械引起的噪声是个不容忽视的问题。施工机械噪声声级一般为 $80 \sim 100$ dB,主要噪声源有凿岩机、风动工具、空压机、推土机、运输工具、冲击锤等。表 13-11 给出了一些典型施工机械设备的噪声声级。

表 13-11　典型建筑施工设备噪声声级

| 噪声源 | 噪声级/dB(A) | 噪声源 | 噪声级/dB(A) |
|---|---|---|---|
| 推土机 | $78 \sim 96$ | 打桩机 | $95 \sim 105$ |
| 搅拌机 | $75 \sim 88$ | 移动式空压机 | $75 \sim 85$ |
| 汽锤 | $80 \sim 98$ | 柴油机 | $75 \sim 85$ |
| 混凝土破碎机 | $80 \sim 90$ | 凿岩机风动工具 | $80 \sim 90$ |
| 卷扬机 | $75 \sim 85$ | | |

注: 表中数据是指距设备 15 m 处的声级。

我国爆破安全规程规定,在城镇爆破中每一个脉冲噪声应控制在 120 dB 以下。复杂环境条件下,噪声控制由安全评估确定。

### 13.2.4　空气冲击波与噪音的控制

工程爆破产生的空气冲击波和施工产生的噪声对工程是毫无用处的。当空气冲击波与爆破地震波、飞石、有害气体等混合在一起时,它不仅消耗掉炸药爆炸的有用能量,而且还对建(构)筑物、人员造成诸多危害。根据防护原理,控制空气冲击波和噪音,一是将它们抑制于爆破危害源中,如限制一次允许起爆的最大药量,使其不产生或少产生空气冲击波和噪音;二是在其传播途径中消除或减弱。对于后者,一般可采取如下技术措施:

(1)采用微差爆破技术,充分利用爆破冲击波的相互干扰衰减作用。

(2)布孔和装药过程中设法避开岩土介质弱面,并对炮孔进行良好填塞,避免冲天炮发生。

(3)尽量不用或少用地面雷管和导爆索起爆,否则,应采用覆盖土袋或水袋。

(4)设置阻波屏障。在空气冲击波、噪音的传播途径上设置一定几何尺寸的阻波墙、阻波堤或其他柔性屏障,可以有效地削弱空气冲击波与噪音的强度。但是在峡谷或地下巷道中,为了便于降低空气冲击波和噪音的强度,应设法疏通其传播通道,或使其向预定方向传播。

(5)设置气泡帷幕。水下爆破时,可在爆源和被保护物之间的水底设置气泡发生装置,利用群气泡表面之间的反射及气泡受压消耗能量和水介质与帷幕之间声阻抗突变而产生阻波作用。

(6)在爆破作业时随时关注气候、天气情况进行爆破。

## 13.3　爆破飞石安全距离及防护

爆破飞石指爆破时被爆物体中脱离主爆堆而飞散较远的个别碎块。因这些个别碎石飞得较远，且飞行方向及其距离难以准确预测，给爆区附近人员、建筑物和设备等的安全造成严重的威胁。特别是露天大爆破和第二次破碎爆破造成的飞石事故更多，因此应加以严格控制和防范。在闹市和居民区进行爆破作业时，飞石安全问题更加重要。爆破飞石是爆破工程中最重要的潜在事故因素之一，必须引起足够的重视。

### 13.3.1　爆破飞石产生的原因

爆破产生个别飞石的距离与爆破参数、堵塞质量、地形、地质构造、气象（风向和风速）等因素有关。其产生的原因如下：

（1）单位炸药消耗量过大。破碎预定范围的介质后，爆破产生的多余爆生气体能量作用于个别碎石上，使其获得较大的动能而飞散；爆破指数选择过大也会造成飞石。

（2）炮眼位置布置不当。由于对介质内部的断层、裂隙、软弱夹层或原结构的工程质量、构造和布筋情况等了解不够，所用炸药在破碎一定量介质时其总能量并非有多余，但是由于被爆介质结构不均匀，如有软弱面和地质构造面时，会沿着这些软弱部位产生飞石。

（3）最小抵抗线由于设计或施工的误差导致其实际值变小或方向改变等，也会产生飞石。

（4）施工质量太差。如钻孔过深过浅，或偏离设计位置太多，致使最小抵抗线变小；堵塞不实，堵塞长度不足或误装药等，也会引起飞石。堵塞长度小于最小抵抗线，或堵塞质量不好，堵塞物沿堵塞通道飞出，形成飞石。

（5）由于炸药爆速较高、猛度较大，且介质性脆，则易产生较强的飞石。这种条件下产生的飞石，大多属于自由面在应力波作用下发生剥落作用而产生的。这类飞石的特点是数量不多，但速度较快。

（6）起爆顺序不合理和延期时间过长，炮孔附近的碎石未清理或覆盖物质量不合格，都可能产生飞石。

### 13.3.2　爆破飞石安全距离

除抛掷爆破外，爆破时个别飞散物对人员的安全允许距离不得小于相关的规定，具体见表 13 - 12。对设备或建筑物的安全距离，应由设计确定。

当爆破飞石接近地面时的动能大于 80 J 时，即可造成人员伤亡；当其达到几百焦耳时，可使建筑物破坏。人们根据大量的工程实践总结出了许多经验公式。我国在计算抛掷爆破时，对个别飞石飞行最远距离的计算多采用以下经验公式：

$$R = 20kn^2W \tag{13-11}$$

式中：$k$——安全系数，与地形、风向等因素有关，一般取 1.0 ~ 1.5；

$n$——爆破作用指数；

$W$——最小抵抗线，m。

公式（13 - 11）对拆除爆破仅作参考。在确定飞石安全范围时，如在高山陡坡条件下进行硐室爆破，还应考虑滚石的危害。

由于造成个别飞石的原因很多，情况也比较复杂，因此具体一次爆破作业飞石安全距离的确定应视其爆破条件、周围环境等因素，类比相似工程，加以综合考虑。

表 13 - 12　爆破个别飞散物对人员的安全允许距离

| 爆破类型和爆破方法 | | 个别飞散物的最小安全允许距离/m |
|---|---|---|
| 1. 露天岩土爆破[a] | a) 破碎大块岩：<br>裸露药包爆破法<br>浅孔爆破法 | 400<br>300 |
| | b) 浅孔爆破 | 200（复杂地质条件下或未形成台阶工作面时不小于 300） |
| | c) 浅孔药壶爆破 | 300 |
| | d) 蛇穴爆破 | 300 |
| | e) 深孔爆破 | 按设计，但不小于 200 |
| | f) 深孔药壶爆破 | 按设计，但不小于 300 |
| | g) 浅孔孔底扩壶 | 50 |
| | h) 深孔孔底扩壶 | 50 |
| | i) 硐室爆破 | 按设计，但不小于 300 |
| 2. 爆破树墩 | | 200 |
| 3. 森林救火时堆筑土壤防护带 | | 50 |
| 4. 爆破拆除沼泽地的路堤 | | 100 |
| 5. 水下爆破 | a) 水面无冰时的裸露药包或浅孔、深孔爆破：<br>水深小于 1.5m<br>水深大于 6m<br><br>水深 1.5m ~ 6m | 与地面爆破相同<br>不考虑飞石对地面人员或水面以上人员的影响<br>由设计确定 |
| | b) 水面覆冰时的裸露药包或浅孔、深孔爆破 | 200 |
| | c) 水底硐室爆破 | 由设计确定 |
| 6. 破冰工程 | a) 爆破薄冰凌 | 50 |
| | b) 爆破覆冰 | 100 |
| | c) 爆破阻塞的流水 | 200 |
| | d) 爆破厚度大于 2 m 的冰层或爆破阻塞流冰一次用药量超过 300 kg | 300 |

| 爆破类型和爆破方法 | | 个别飞散物的最小安全允许距离/m |
|---|---|---|
| 7.爆破金属物 | a）在露天爆破场 | 1500 |
| | b）在装甲爆破坑中 | 150 |
| | c）在厂区内的空场中 | 由设计确定 |
| | d）爆破热凝结构 | 按设计，但不小于 30 |
| | e）爆破加工 | 由设计确定 |
| 8.拆除爆破、城镇浅孔爆破及复杂环境深孔爆破 | | 由设计确定 |
| 9.地震勘探爆破 | a）深井或地表爆破 | 按设计，但不小于100 |
| | b）在深空中爆破 | 按设计，但不小于30 |
| 10. 用爆破器扩大钻井[b] | | 按设计，但不小于50 |

a 沿山坡爆破时，下坡方向的飞石安全允许距离应增大50%

b 当爆破器具置于钻井内深度大于 50 m 时，安全允许距离可缩小至 20 m

### 13.3.3　爆破飞石预防措施

为防止人员或其他保护对象受到爆破飞石伤害，主要采取以下措施：

（1）采取控制爆破技术缩小危险区，合理确定爆破参数，特别注意最小抵抗线的实际长度和方向，避免出现大的施工误差；在爆破参数设计上，尽量减小爆破作用指数，选用最佳的最小抵抗线，合理选择起爆顺序和延时间隔。

（2）详尽地掌握爆区介质的情况，注意避免将药包放在软弱夹层或基础的结合缝上。

（3）采用不耦合装药反向起爆。

（4）装药前要认真复核孔距、排距、孔深和最小抵抗线等尺寸。如有不符合要求的情况，应根据实测资料采取补救措施或修改装药量，严格禁止多装药。

（5）在浅孔爆破时，尽量少用或不用导爆索起爆系统，以免因炮泥被炸开而产生飞石。

（6）做好炮眼堵塞工作，严防堵塞物中夹杂碎石。

（7）在控制爆破中，可对爆破装药部位进行严格的覆盖。

同时，也可以在爆区与被保护对象之间设置防护排架、挂钢丝网或胶管帘等以拦截飞石，或对被保护对象也进行严密的覆盖；为必须在危险区工作的人员设置掩体；使人员和可移动保护对象撤出飞石影响区域，以最大限度防止飞石的破坏。

# 13.4　有毒气体扩散的安全距离

## 13.4.1　爆炸产生的有害气体

炸药在爆炸或燃烧后会生成 NO、$NO_2$、$H_2S$、$SO_2$、CO 等有害气体，当这些有害气体的含量超过某一限值时，就会危害人的身体健康。因此，在爆破中，特别是在掘进隧道和地下采矿爆破中，应对爆破有害气体予以足够的重视。

炸药爆炸时生成的有害气体主要与炸药的氧平衡有关。起爆药包的类型和威力,炸药加工质量和使用条件(如装药密度、炮孔直径、炮孔内的水和岩粉等)对有害气体的产生也有一定的影响。炸药通常由碳、氢、氧、氮 4 种元素组成。其中碳、氢是可燃元素,氧是助燃的,氮一般是载氧体。炸药爆炸的过程就是可燃元素与助燃元素发生极其迅速和猛烈的氧化燃烧反应,反应结果必然出现正氧平衡、负氧平衡和零氧平衡中的任何一种情况。正氧平衡过大的炸药爆炸时,过剩的氧将使氮元素氧化成氧化氮($NO_2$、$N_2O_5$);负氧平衡过大的炸药爆炸时,由于氧不足,碳原子不能完全氧化,因而生成较多的一氧化碳。在爆破工程中,即使零氧平衡的炸药,因为爆炸时周围介质也会参加反应及整个过程的复杂性,仍然会生成相当数量的有害气体。

## 13.4.2　爆炸有害气体对人体的危害

一氧化碳是炸药爆炸时产生的主要有害气体。它是无色、无臭的气体,其密度为空气的 0.97,化学性质不活泼,在常态下不能和氧化合,但当体积分数为 13% ~ 75% 时,能引起爆炸。

一氧化碳与红血球中血红素的亲和力比氧气的亲和力大 250 ~ 300 倍,它被吸入人体后,阻碍了氧和血红素的正常结合,使人体各部组织和细胞产生缺氧现象,引起中毒以至死亡。

一氧化碳中毒的特征是两颊有红斑,口唇呈桃红色。一氧化碳中毒的程度和速度取决于下列因素:空气中一氧化碳的含量;人体呼吸含有一氧化碳气体的时间、呼吸频率、深度以及血液循环的速度。它的中毒程度可分为:①轻微中毒。有耳鸣、头痛、头晕和心跳等症状。②严重中毒。除上述症状外,还有肌肉疼痛、四肢无力、呕吐、感觉迟钝和丧失行动能力。③致命中毒。表现为丧失知觉、痉挛、心脏及呼吸骤停。

人处于静止状态时,其中毒程度与一氧化碳浓度的关系如表 13 - 13 所示。

表 13 - 13　中毒程度与一氧化碳浓度的关系

| 中毒程度 | 中毒时间 | 一氧化碳含量 | |
| --- | --- | --- | --- |
| | | 质量浓度/mg·L$^{-1}$ | 体积分数/% |
| 无征兆或有轻度征兆 | 数小时 | 0.2 | 0.016 |
| 轻微中毒 | 1h 以内 | 1.6 | 0.048 |
| 严重中毒 | 0.5 ~ 1h | 1.6 | 0.128 |
| 致命中毒 | 短时间内 | 5.0 | 0.400 |

二氧化氮是炸药爆炸时产生的另一主要有害气体。一般认为:二氧化氮毒性要比一氧化碳的毒性更大,但大到何种程度,各国标准不一,如美国通常认为要大 20 倍,而我国和前苏联则规定为 6.5 倍。

二氧化氮呈褐红色,有强烈的窒息性,其密度为空气的 1.57 倍,极易溶于水。对眼睛、鼻腔、呼吸道及肺部有强烈的刺激作用。二氧化氮与水结合成硝酸,对肺部组织起破坏作用,引起肺部的浮肿。

二氧化氮中毒后经过 6 h 甚至更长的时间才能出现中毒的征兆,即使在危险的含量下,最初也只感觉到呼吸道受刺激，开始咳嗽，20~30 h后，即发生较严重的支气管炎，呼吸困难，吐淡黄色痰液，发生肺水肿，呕吐以至死亡。二氧化氮中毒的特征是手指及头发发黄。

空气中二氧化氮含量与人体的中毒程度如表13-14所示。

表13-14 二氧化氮的含量与人体中毒程度的关系

| $NO_2$的含量/% | 人体中毒反应 |
|---|---|
| 0.004 | 经过2~4 h还不会引起显著中毒反应 |
| 0.006 | 短时间内对呼吸器官有刺激作用，咳嗽，胸部发痛 |
| 0.010 | 短时间内对呼吸器官有强烈刺激作用，剧烈咳嗽，声段痉挛性收缩，呕吐，神经系统麻木 |
| 0.025 | 短时间内死亡 |

### 13.4.3 爆破有害气体的允许浓度及预防措施

地下爆破作业点的爆破有害气体含量不应超过表13-15的标准。

表13-15 地下爆破作业点有害气体允许浓度

| 有害气体名称 | 符号 | 最大允许浓度 | |
|---|---|---|---|
| | | 按体积/% | 按质量/mg·m⁻³ |
| 一氧化碳 | CO | 0.00240 | 30 |
| 氢氧化物(换算成$NO_2$) | $NO_2$ | 0.00025 | 5 |
| 二氧化硫 | $SO_2$ | 0.00050 | 15 |
| 硫化氢 | $H_2S$ | 0.00066 | 10 |
| 氨 | $NH_3$ | 0.00400 | 30 |
| 沼气 | $CH_4$ | 1.0 | |
| 二氧化碳 | $CO_2$ | 1.5 | |
| 氡 | Rn | $3700Bq/m^3$ | |

为减少爆破有害气体的危害，可采取以下措施：

(1)提高炸药质量，严防受潮变质，尽量采用零氧平衡或接近零氧平衡的炸药，增大起爆能，以使炸药达到理想爆轰状态，减少爆破有害气体产生量；

(2)如果爆破点附近有井巷、隧道、排水涵洞及独头巷道时，要考虑有害气体沿爆破裂隙或爆堆扩散的可能性，加强通风或洒水，净化风流，以免产生炮烟中毒；

(3)进行爆破时，要加强通风和爆破后有害气体的检测，爆破后经过规定时间以后再进入爆破现场，以免炮烟熏人。

## 13.5　早爆、拒爆事故的预防与处理

### 13.5.1　早爆的预防

在爆破施工中，爆破装药在正式起爆前的意外爆炸叫早爆。早爆多发生在电力起爆的网路中，一旦发生，轻则影响爆破工作的顺利完成，重则导致严重的安全事故。爆破网路中的外来电流，如杂散电流、静电感应电流、雷电、射频电流等达到一定强度时都可能引起电雷管早爆，因此，必须进行预防。

**1. 杂散电流及预防**

杂散电流是指来自电爆网络之外的电流，如动力或照明电路的漏电、隧道施工运输或井下架线电机车牵引网络的漏电、高压线路的杂散电流等。这些杂散电流容易引起电爆网路发生早爆事故，应当进行检测，并采取以下预防措施：

(1)现场测试杂散电流。由于杂散电流可以引起电雷管早爆，危害性很大，最好的预防方法就是在现场测定杂散电流值。测量仪器有 ZS – 1、B – 1、701 等专用杂散电流测定仪。测量时间为 0.5 ~ 2.0 min。

(2)尽量减少杂散电流的来源。爆破网络接线前要切断工作面(作业现场)电源，改用矿灯或电压不高于 36V 的照明器材。在井下或隧道中爆破要特别防止架线式电机车牵引网路的漏电。

(3)正确进行起爆操作。

(4)使用抗杂散电流的电雷管或非电雷管起爆网路系统。

**2. 静电及预防**

静电是指绝缘物质上携带的相对静止的电荷，它是由不同的物体接触摩擦时在物质间发生电子转移而形成的带电现象。

静电表现为高电压、小电流，静电电位往往高达几千伏甚至几十千伏。

静电之所以能够造成伤害，主要是由于它能聚积在物体表面上达到很高的电位，并发生静电放电火花。当高电位的带电体与零电位或低电位物体接触形成不大的间隙时，就会发生静电放电火花。这种储存起来的静电荷可能通过电雷管导线向大地放电，而引起雷管爆炸。

除正常电流引起静电时，固体颗粒的运动，特别是在干燥条件下的颗粒运动，也将产生静电。现在装药车、装药器的使用已越来越普遍，用压气输送炸药，可能产生静电。当作业地点相对湿度小而炸药与输药管之间的绝缘程度高时，则药粒以高速在输药管内运行所产生的静电电压可达 20 ~ 30 kV，对电爆网路有一定引爆危险。压气装药中，装填像铵油炸药这样一类的小颗粒散装爆破剂时，炸药颗粒在压气作用下，经过输药软管进行装填时，由于药粒间彼此接触与分离，可能产生少量的电荷。

为了预防静电引起的早爆事故，应采取以下措施：

(1)在压气装药系统中要采用专用半导体材料软管。

(2)对装药工艺系统采用良好的接地装置。

(3)采用抗静电雷管。

(4)预防机械产生的静电影响。

（5）采用非电起爆网路。

### 3. 雷电的预防

雷电是自然界的静电放电现象。带有异性电荷的雷云相遇或雷云与地面突起物接近时，它们之间就发生激烈的放电。由于雷电能量很大，能把附近空气加热到2000℃以上。空气受热急剧膨胀，就产生爆炸冲击波，并以5000 m/s 的速度在空气中传播，最后衰减为声波。这样，在雷电放电地点，就出现强烈闪光和爆炸的轰鸣声。

在露天、平硐或隧道爆破作业中，雷电可能以下列方式引起早爆事故：

（1）雷电形成电磁感应。电爆网路配电磁场的磁力线切割后，在电爆网路中产生的电流强度大于电雷管的最小准爆电流时，就会引起雷管爆炸，发生早爆事故。

（2）雷电形成静电感应。雷击能产生约20000 A 的电流和相当于炸药爆轰的高压气柱，如果直接击中爆区，则全部或部分电爆网路可能被起爆。由于雷电能产生很大的电流，即使较远的雷电，也可能给地下露天作业的起爆系统带来危害。

通过带电云块的电场作用，电爆网路中的导体能积累感应电荷。这些电荷在云块放电后就变成为自由电荷，以较高的电势沿导体传播，可能导致雷管早爆。

为了安全起见，每当爆区附近出现雷电时，地面或地下爆破作业均应停止，一切人员必须撤到安全地点。

为了防止雷电引起早爆，雷雨天和雷击区不得采用电力起爆法，而应改为非电起爆法。

对爆炸库和有爆炸危险的工房，必须安设避雷装置，防止雷击引爆。

### 4. 射频电流及预防

由无线广播、雷达、电视发射台等发射的射频能达到一定强度时，能够产生引爆电雷管的电流，因而在地面，特别是城市拆除爆破中，应对射频能引起重视。

电爆网路中内感生的射频电流强度取决于发射机的功率、频率、距离和导线布置情况。因而，为防止射频电流引起的早爆事故，首先应了解爆区附近有无射频源，了解各种发射机的频率和功率，并用射频电流仪进行检测。同时，应采取如下措施：

（1）确定合理的安全距离。根据不同类型、频率、发射功率条件下的发射机选取相应的安全距离。

（2）在有发射源附近运输电雷管或在运输工具装有无线发射机时，应将电雷管装入密闭的金属箱中。

（3）对民用或不重要的发射机，可进行协调临时关闭，停止工作。

（4）手持式或其他移动式通讯工具进入爆区应事先关闭。

（5）采用非电起爆网路。

### 5. 感应电流及预防

动力线、变压器、电源开关和接地的回馈铁轨附近，都存在一定强度的电磁场，在这样的环境下实施电雷管起爆，电起爆网路可能产生感应电流。如果感应电流达到一定强度，就可能起爆电雷管，造成事故。

感应电流产生的条件是存在闭合电路，因此在连接起爆网路时，具有较大的危险性。

感应电流可用杂散电流测定仪配合环路线圈进行测定。通过测量，可判定感应电流的大小和最大感应电流的方向。

预防感应电流的危害，可采用以下措施：

（1）电爆网路平行输电线路时，应尽可能远离。

（2）两根母线、连接线尽量靠近。

（3）炮孔间尽量采用并联，少采用串联。

（4）采用非电起爆网路。

## 13.5.2　拒爆的预防与处理

### 1. 拒爆产生的原因

爆破工程中，装药未能按设计要求起爆的现象叫拒爆。拒爆可分为：整个网路未爆、部分网路未爆；或分为雷管未爆、雷管爆炸但未能起爆炸药、仅有少量炸药爆炸。拒爆既影响爆破效果，也将造成安全隐患。拒爆产生的原因主要有以下几个方面。

（1）雷管方面。雷管一般以串联和并联形式连接在网路中，一发电雷管参数偏离过大或失效，就会导致数发不爆，产生多个雷管拒爆。雷管拒爆产生的原因大致有以下几个原因：①雷管受潮，或因雷管密封防水失效；②使用了非同厂同批生产的雷管，或雷管电阻值之差大于 $0.3\ \Omega$；③雷管质量不合格，又未经质量性能检测。

（2）起爆电源导致拒爆。总的原因是，未能保证网路中每个雷管流过的电流达到额定值，具体而言有：①通过网路的起爆电流大小或通电时间过短，不能保证所有雷管得到所必需的点燃冲能；②起爆器内电池电压不足，不能保证达到规定的充电电压，导致起爆器实际的起爆能力降低；③起爆器充电时间过短，未达到规定的电压值；④交流电压低，输出功率不够。

（3）爆破网路可能在以下几个方面产生拒爆：①爆破网路电阻太大，未经改正，即强行起爆；②爆破网路错接或漏接，导致流过部分雷管的电流小于最小发火电流；③爆破网路有短接现象；④爆破网路漏电、导线破损并与积水或泥浆接触，此时实测网路电阻远小于计算电阻值；⑤采用导爆管起爆系统时，部分网路被先爆炮孔产生的飞石砸坏。

（4）炸药也可能在以下两方面导致拒爆：①炸药超过了有效期，或保管不善，受潮变质，发生硬化；②粉状混合炸药装药时药卷被捣实，使密度过大。

（5）还有两个因素也可能导致拒爆：①药卷与炮孔壁之间的间隙不合适，存在间隙效应；②药卷之间没有很好的接触，被岩粉等阻隔。

### 2. 拒爆的预防

要注意选用同厂同批生产的电雷管，并用爆破电桥或爆破欧姆表检查雷管的电阻，剔出断路或电阻值不稳定的雷管，把雷管按阻值的大小分类，所使用的同批同一网路康铜桥丝雷管电阻值差不得超过 $0.3\ \Omega$，镍铬桥丝雷管的电阻值差不得超过 $0.8\ \Omega$。

有水的炮孔，最好使用抗水型炸药，也可以使用普通炸药加防水套。

装药前，首先必须清除炮孔内的煤粉或岩粉，再用木质或竹质炮棍将药卷轻轻推入，但又不得用力捣实，只要炮孔内的各药卷必须彼此密接就可。

通过计算选择起爆能力与爆破网路匹配的电源。发爆器不得受潮，一定要使用高质量的电池，不得使用过期的或劣质的电池。

连线后检查整个线路，查看有无连错或漏连；进行爆破网路准爆电流的计算，起爆前用专用爆破电桥测量爆破网路的电阻，实测的总电阻值与计算值之差应小于 10%。

对导爆管雷管的非电起爆网路，连接质量尤其重要，必须对器材质量检测和连接操作中的每个细节认真、仔细，确保准确无误。

### 3. 拒爆的处理

爆破后，检查人员发现拒爆或其他险情，应及时上报或处理；处理前应在现场设立危险标志，并采取相应的安全措施，无关人员不得接近。

应派有经验的爆破员处理拒爆，硐室爆破的拒爆处理应由爆破工程技术人员提出方案，并经单位主要负责人批准。

电力起爆发生拒爆时，应立即切断电源，及时将拒爆电路短路。

导爆索和导爆管起爆网路发生拒爆时，应首先检查导爆管是否有破损或断裂，发现有破损或断裂的应修复后重新起爆。

不应拉出或掏出炮孔和药壶中的起爆药包。

拒爆处理后应仔细检查炮堆，将残余的爆破器材收集起来销毁；在不能确定炮堆无残余的爆破器材之前，应采取预防措施。

拒爆处理后应由处理者填写登记卡或提交报告，说明产生拒爆的原因、处理的方法和结果、预防措施。

不同爆破方法残留的拒爆的处理方法不同：

(1)裸露爆破的拒爆处理：处理裸露爆破的拒爆，可去掉部分封泥，安置新的起爆药包，加上封泥起爆；如发现炸药受潮变质，则应将变质炸药取出销毁，重新敷药起爆。

(2)浅孔爆破的拒爆处理：经检查确认起爆网路完好时，可重新起爆。否则，可采用以下方法处理。

①打平行孔装药爆破，平行孔距拒爆孔不应小于 0.3 m；对于浅孔药壶法，平行孔距药壶拒爆边缘不应小于 0.5 m；为确定平行炮孔的方向，可从拒爆孔口掏出部分填塞物。

②用木、竹或其他不产生火花的材料制成的工具，轻轻地将炮孔内填塞物掏出，用药包诱爆。

③在安全地点外用远距离操纵的风水喷管吹出拒爆填塞物及炸药，但应采取措施回收雷管。

④处理非抗水硝铵炸药的拒爆，可将填塞物掏出，再向孔内注水，使其失效，但应回收雷管。

拒爆应在当班处理，当班不能处理或未能处理完毕，应将拒爆情况(拒爆数目、炮孔方向、装药数量和起爆药包位置、处理方法和处理意见)在现场交接清楚，由下一班继续处理。

(3)深孔爆破的拒爆处理：爆破网路未受破坏，且最小抵抗线无变化者，可重新连线起爆；最小抵抗线有变化时，应验算安全距离，并加大警戒范围后，再连线起爆。可在距拒爆孔口不小于 10 倍炮孔直径处另打平行孔装药起爆。爆破参数由爆破工程技术人员确定并经爆破领导人批准。所用炸药为非抗水硝铵类炸药，且孔壁完好时，可取出部分填塞物向孔内灌水使之失效，然后做进一步处理。

(4)硐室爆破的拒爆处理：如能找出起爆网路的电线、导爆索或导爆管，经检查正常仍能起爆者，应重新测量最小抵抗线，重划警戒范围，连线起爆。可沿竖井或平硐清除填塞物并重新敷设网路连线起爆，或取出炸药和起爆体。

## 13.6　爆破事故与安全管理

根据爆破工作特点，爆破危害的发生与影响程度，受下列因素的影响：

（1）人的行为与状态。如爆破工作人员在爆破作业过程中违反安全规程、精神状态不佳、疲劳及误动作等。

（2）物质环境状况。主要包括爆破器材质量不佳，爆破仪表结构不良，工作环境有易燃易爆物质及杂散电流、静电等危险因素存在，以及安全防护不当等。

（3）管理因素。如爆破设计、工艺流程有误、或劳动组织不合理、警戒不严、缺乏必要的现场技术指导与检查，缺乏对爆破人员必要的培训以及爆破安全操作规程不健全、不完整等。

爆破安全是爆破作业中一个重要环节。爆破作业中，必须懂得和掌握爆破安全技术，在爆破设计与施工中，应根据炸药的爆炸效应及其作用规律和现场环境，采取适当的技术措施对爆破危害，如爆破地震、空气冲击波、飞石、有害气体和噪音、以及早爆与拒爆等进行控制与预防外，还要加强施工现场的安全管理，严格遵守爆破安全规程。

爆破是一项与安全紧密相关的生产活动，其过程必须遵守相应的法律。爆破工程主要涉及《中华人民共和国安全生产法》、《中华人民共和国刑法》、《中华人民共和国行政处罚法》、《中华人民共和国劳动法》、《中华人民共和国职业病防治法》、《中华人民共和国矿山安全法》、《中华人民共和国道路交通安全法》等法律。

同时，爆破又必须遵守行业条例和标准。爆破有关的法规和条例是一个逐渐推进的过程。1984 年国务院发布了《中华人民共和国民用爆炸物品管理条例》，2006 年又进行了重新修订；1986 年国家标准局发布了中华人民共和国国家标准 GB 6722—1986《爆破安全规程》；1992 年国家技术监督局同时发布了中华人民共和国国家标准 GB 13349—1992《大爆破安全规程》和 GB 13533—1992《拆除爆破安全规程》；1989 年劳动部、农业部、公安部和国家建材局联合颁布了《乡镇露天矿场爆破安全规程》；此外，1993 年公安部曾发布《中华人民共和国公共安全行业标准》和《爆破作业人员安全技术考核标准》等。2014 年中华人民共和国国家质量监督检验检疫总局发布了最新的中华人民共和国国家标准 GB 6722—2014《爆破安全规程》，明确该标准代替前面的四个标准。这些条例和规程的颁布与实施为爆破的安全作业起到了重要的保障作用。

在严格遵守爆破安全规程的同时，还需重视爆破器材的安全管理，强调爆破安全评估和爆破安全监理的作用。

### 13.6.1　爆破安全评估

爆破安全规程规定，A 级、B 级、C 级拆除爆破和对安全影响较大的 D 级爆破工程，都应进行安全评估。未经安全评估的爆破设计，任何单位不准审批或实施。

爆破安全评估的内容应包括：

（1）设计和施工单位的资质是否符合规定；

（2）设计依据资料的完整性和可靠性；

（3）设计方法和设计参数的合理性；

(4)起爆网路的准爆性；

(5)设计选择方案的可行性；

(6)存在的有害效应及可能影响的范围；

(7)保证工程环境安全措施的可靠性；

(8)可能发生事故的预防对策和抢救措施是否适当。

经安全评估审批通过的爆破设计，施工时不得任意更改。经安全评估否定的爆破设计，应重新设计，重新评估。施工中如发现实际情况与评估时提交的资料不符，并对安全有较大影响时，应补充必要的爆破对象和环境的勘察及测绘工作，及时修改原设计，重大修改部分应重新上报评估。

一般情况下，应由设计审查部门推荐聘用爆破安全评估单位或安全评估专家组。承担爆破安全评估的单位，应具有与拆除爆破工程相应类别资质的工程爆破设计、施工单位，承担A级拆除爆破工程的安全评估，至少应有2名具有相应类别安全作业证的爆破工程技术人员参加；承担B级、C级拆除爆破工程和对公共安全影响较大的D级爆破的安全评估，至少应有1名安全作业证的爆破技术人员参加。评估单位或评估专家组组长，应对评估承担连带责任。

### 13.6.2　爆破安全监理

建设监理制已在我国工程建设项目中全面推行，它对提高项目管理水平，实现工程建设目标，维护合同双方的权益，有着重要的作用。

鉴于爆破工程是作为某单位工程的分部分项工程而存在，因此其监理工作也有其特殊性，爆破安全规程规定：对A级拆除爆破工程以及有关部门认定的重要或重点拆除爆破工程，应由工程监理单位实施爆破安全监理，即作为分部分项工程的爆破工程，在其质量、工期、成本控制上，监理内容应纳入整个单位工程，在单位工程监理工程师的统一管理与协调下，对爆破工程重点实施爆破安全监理。承担爆破安全监理的人员应持有安全作业证。

**1. 爆破安全监理的内容**

爆破安全监理的内容主要是：

(1)检查施工单位申报爆破作业的程序，对不符合批准程序的爆破工程，有权停止其爆破作业，并向业主和有关部门报告；

(2)监督施工企业按设计施工；审验从事爆破作业人员的资格，制止无证人员从事爆破作业；发现不适合继续从事爆破作业的，督促施工单位收回其安全作业证；

(3)监督施工单位不得使用过期、变质或未经批准在工程中应用的爆破器材，监督检查爆破器材的使用和领取、清退制度；

(4)监督、检查施工单位执行爆破安全规程的情况，发现违章作业和违章指挥，有权停止其爆破作业，并向业主和有关部门报告。

**2. 爆破安全监理单位的选择**

一般情况下，选择安全监理单位采用两种形式，即由业主招标选择或推荐聘用。无论是中标的还是聘用的安全监理单位，均要与业主签订爆破安全监理合同，双方明确责、权、利。爆破安全监理负责人，一般应由持有高级安全作业证的爆破工程技术人员担任。爆破工程监理单位是对承担爆破工程的单位从设计方案到爆破作业施工、实施爆破全过程的监理，防止随意更改设计参数的个人行为，避免爆破施工中的疏忽，确保爆破工程的顺利实施。爆破安全规程对爆破安全监理单位职责和监理内容都做了明确规定。实践表明：爆破单位与监理单位只有相互尊重、加深理解、紧密合作、互补互利，才能圆满完成工程任务。

**3. 爆破安全监理规划与管理细则**

爆破安全监理，应编制爆破安全监理规划，并按爆破工程进度和实施要求，编制爆破安全监理细则，按照细则进行爆破安全监理；在爆破工程的各主要阶段和部位竣工完成后，签署爆破安全监理意见。

**4. 监理工程师的职业道德守则和职责**

工程监理作为一个专门的行业，它的职业道德标准是："守法、诚信、公正、科学"。按照国际惯例，在监理行业中，监理工程师应严格遵守通用的职业道德守则。

# 复习思考题

1. 根据爆破作业过程的特点，主要存在哪些爆破危害源？根据爆破危害的来源及特性，又可分为哪几类？

2. 影响爆破振动强度的因素有哪些？爆破地震安全距离如何确定？如何降低爆破地震效应？

3. 爆破地震波在产生和传播过程中，主要受到哪些因素的影响？

4. 试述爆破飞石产生的原因、安全距离计算及预防措施。

5. 爆炸有害气体对人体有何危害？

6. 试述早爆、拒爆的概念，及其产生原因与预防措施。

7. 爆破安全评估的内容包括哪些？

8. 爆破安全监理的主要内容有哪些？

# 附录　爆破安全规程（GB 6722—2014）

## 目　次

## 前　言

本标准的全部技术内容为强制性。

本标准按照 GB/T1.1－2009 给出的规则起草。

本标准代替 GB6722－2003《爆破安全规程》。

与 GB6722－2003 相比，主要变化如下：

——调整了章节的编排结构，由原来的 7 章增加为 14 章；

——补充了必要的术语和定义（见第 3 章）；

——修改了爆破工程分级标准（见第 4 章）；

——补充和完善了爆破安全评估、施工监理的内容（见 5.3、5.4）；

——强调了起爆网路的设计和试爆的要求（见 6.4）；

——补充和完善了高温爆破的安全规定（见第 9 章）；

——补充了拆除爆破预处理的规定（见 11.3）；

——补充和完善了特种爆破的内容（见第 12 章）；

——完善了爆破对环境影响的安全控制标准(见第13章);

——补充和完善了质点峰值振动速度和主振频率,强调了爆破振动监测应同时测定质点振动相互垂直的三个分量(见13.2.2);

——补充了水中冲击波对水生物影响的安全控制标准(见13.5);

——补充和完善了爆炸物品购买、运输、贮存和使用的规定(见第14章);

——删除了被淘汰的爆破器材品种、爆破方法和爆破工艺。

本标准由国家安全生产监督管理总局提出。

本标准由全国安全生产标准化技术委员会非煤矿山安全分技术委员会(SAC/TC288/SC2)归口。

本标准起草单位:中国工程爆破协会、广东宏大爆破股份有限公司、浙江省高能爆破工程有限公司、北京矿冶研究总院、中国铁道科学研究院、长江水利委员会长江科学院、武汉爆破公司、大昌建设集团爆破公司、青岛海防工程局、河南迅达爆破有限公司、唐山金宇爆破工程有限公司、贵州新联爆破工程有限公司、中钢集团武汉安全环保研究院有限公司。

本标准主要起草人:汪旭光、郑炳旭、张正忠、谢先启、管志强、张英才、池恩安、于淑宝、吴金仓、张正宇、王中黔、于亚伦、周家汉、颜事龙、梅锦煜、汪浩、刘殿中、高荫桐、顾毅成、刘宏刚、吴新霞、张永哲、刘殿书、李晓杰、杨年华、李战军、查正清、宋锦泉、谢源、陈绍潘、薛培兴、高文学。

本标准所代替标准的历次版本发布情况为:

——GB6722 – 1986、GB6722 – 2003。

GB6722 – 2014

# 附录 爆破安全规程(GB 6722—2014)

1 范围

本标准规定了爆破作业和爆破作业单位购买、运输、贮存、使用、加工、检验与销毁爆破器材的安全技术要求。

本标准适用于各种民用爆破作业和中国人民解放军、中国人民武装警察部队从事的非军事目的的工程爆破。

2 规范性引用文件

下列文件对于本文件的应用是必不可少的。凡是注日期的引用文件,仅所注日期的版本适用于本文件。凡是不注日期的引用文件,其最新版本(包括所有的修改单)适用于本文件。

GB 18098 工业炸药爆炸后有毒气体含量测定

GB 50089 民用爆破器材工程设计安全规范

GA837 民用爆炸物品贮存库治安防范要求

GA838 小型民用爆炸物品贮存库安全规范

GA/T848 爆破作业单位民用爆炸物品贮存库安全评价导则

GA990 爆破作业单位资质条件和管理要求

GA991 爆破作业项目管理要求

3 术语和定义

下列术语和定义适用于本文件。

3.1

爆破作业 blasting

利用炸药的爆炸能量对介质做功,以达到预定工程目标的作业。

3.2

爆破作业单位 blasting unit

持有爆破作业单位许可证从事爆破作业的单位,分非营业性和营业性两类。非营业性爆破作业单位是指为本单位的合法生产活动需要,在限定区域内自行实施爆破作业的单位;营业性爆破作业单位是指具有独立法人资格,承接爆破作业项目设计施工、安全评估、安全监理的单位。

3.3

爆破工程技术人员 blasting engineering and technical personnel

指具有爆破专业知识和实践经验并通过考核,获得从事爆破工作资格证书的技术人员。

3.4

爆破作业人员 blasting personnel; personals engaged in blasting operations

指从事爆破作业的爆破工程技术人员、爆破员、安全员和保管员。

3.5

爆破有害效应 adverse effects of blasting

爆破时对爆区附近保护对象可能产生的有害影响。如爆破引起的振动、个别飞散物、空气冲击波、噪声、水中冲击波、动水压力、涌浪、粉尘、有害气体等。

3.6

爆破作业环境 blasting circumstances

泛指爆区及其周围影响爆破安全的自然条件、环境状况。

3.7

岩土爆破 rock blasting

利用炸药的爆炸能量对岩土介质做功,以达到预期工程目标的作业。

3.8

露天爆破 surface blasting

在地表进行的岩土爆破作业。

3.9

地下爆破 underground blasting

在地下(如地下矿山,地下硐室,隧道等)进行的岩土爆破作业。

3.10

浅孔爆破 short – hole blasting

炮孔直径小于或等于50mm,深度小于或等于5m的爆破作业。

3.11

深孔爆破 deep – hole blasting

炮孔直径大于50mm,并且深度大于5m的爆破作业。

3.12

复杂环境爆破 blasting in complicated surroundings

在爆区边缘100m范围内有居民集中区、大型养殖场或重要设施的环境中,采取控制有害效应措施实施的爆破作业。

3.13

掘进爆破 development blasting; heading blast

井巷、隧道等掘进工程中的爆破作业。

3.14

硐室爆破 chamber blasting

采用集中或条形硐室装药药包,爆破开挖岩土的作业。

3.15

水下爆破 blasting in water; underwater blasting

在水中、水底介质中进行的爆破作业。

3.16

预裂爆破 presplitting blasting

沿开挖边界布置密集炮孔,采取不耦合装药或装填低威力炸药,在主爆区之前起爆,从而在爆区与保留区之间形成预裂缝,以减弱主爆孔爆破对保留岩体的破坏并形成平整轮廓面的爆破作业。

3.17

光面爆破 smooth blasting

沿开挖边界布置密集炮孔，采取不耦合装药或装填低威力炸药，在主爆区之后起爆，以形成平整的轮廓面的爆破作业。

3.18

延时爆破 delay blasting

采用延时雷管使各个药包按不同时间顺序起爆的爆破技术，分为毫秒延时爆破、秒延时爆破等。

3.19

拆除爆破 demolition blasting

采取控制有害效应的措施，按设计要求用爆破方法拆除建(构)筑物的作业。

3.20

特种爆破 special blasting

指采用特殊爆破手段、特种爆破器材、在特定环境下对某种介质进行的非军事爆破。特种爆破包含金属爆炸加工、爆炸冲击波的特殊应用、聚能爆破、石油开采中的燃烧爆破和高温凝结物爆破以及抢险救灾应急爆破等。

3.21

聚能爆破 cumulative blasting; blasting with cavity charge

采用聚能装药方法进行的爆破作业。

3.22

爆炸加工 explosion working

利用炸药爆炸的瞬态高温和高压，使物料高速变形、切断、相互复合(焊接)或物质结构相变的加工方法。包括爆炸成形、焊接、复合、合成金刚石、硬化与强化、烧结、消除焊件残余应力等。

3.23

地震勘探爆破 seismic blasting; seismic prospecting blasting

利用震源药包爆炸在地层中激起地震波，进行地质构造勘探的爆破作业。

3.24

煤矿许用炸药 permitted explosives in coalmine

经批准，允许在煤矿矿井中使用的炸药。

3.25

预装药 precharge

大量深孔爆破时，在全部炮孔钻完之前，预先在验收合格的炮孔中装药或炸药在孔内放置时间超过24 h的装药作业。

3.26

爆破器材 blasting materials and accessories; blasting supplies

工业炸药、起爆器材和器具的统称。

3.27

起爆方法 method of initiation

利用起爆器材激发工业炸药爆炸的方法。

3.28

起爆网路 firing circuit；initiating circuit

向多个起爆药包传递起爆信息和能量的系统，包括电雷管起爆网路，导爆管雷管起爆网路、导爆索起爆网路、混合起爆网路和数码电子雷管起爆网路等。

3.29

盲炮 misfire；unexploded charge

因各种原因未能按设计起爆，造成药包拒爆的全部装药或部分装药。

3.30

爆破振动 blast vibration

指爆破引起传播介质沿其平衡位置作直线或曲线往复运动的过程。

3.31

质点振动速度 particle vibration velocity

在地震波作用下，介质质点往复运动的速度。

3.32

振动频率 vibration frequency

质点每秒振动的次数。

3.33

主振频率 main vibration frequency

介质质点最大振幅所对应波的频率。

3.34

应急预案 emergency response plan

指事先制定的针对生产安全事故发生时进行紧急救援的组织、程序、措施、责任以及协调等方面的方案和计划。

4 爆破工程分级

4.1 爆破工程按工程类别、一次爆破总药量、爆破环境复杂程度和爆破物特征，分 A、B、C、D 四个级别，实行分级管理。工程分级列于表 1。

表 1 爆破工程分级

| 作业范围 | 分级计量标准 | 级别 | | | |
|---|---|---|---|---|---|
| | | A | B | C | D |
| 岩土爆破[a] | 一次爆破药量 $Q/t$ | $100 \leqslant Q$ | $10 \leqslant Q < 100$ | $0.5 \leqslant Q < 10$ | $Q < 0.5$ |
| 拆除爆破 | 高度 $H^b/m$ | $50 \leqslant H$ | $30 \leqslant H < 50$ | $20 \leqslant H < 30$ | $H < 20$ |
| | 一次爆破药量 $Q/t^c$ | $0.5 \leqslant Q$ | $0.2 \leqslant Q < 0.5$ | $0.05 \leqslant Q < 0.2$ | $Q < 0.05$ |
| 特种爆破[d] | 单张复合板使用药量 $Q/t$ | $0.4 \leqslant Q$ | $0.2 \leqslant Q < 0.4$ | $Q < 0.2$ | |

a 表中药量对应的级别指露天深孔爆破。其它岩土爆破相应级别对应的药量系数：地下爆破 0.5；复杂环境深孔爆破 0.25；露天硐室爆破 5.0；地下硐室爆破 2.0；水下钻孔爆破 0.1，水下炸礁及清淤、挤淤爆破 0.2。

b 表中高度对应的级别指楼房、厂房及水塔的拆除爆破；烟囱和冷却塔拆除爆破相应级别对应的高度系数为 2 和 1.5。

c 拆除爆破按一次爆破药量进行分级的工程类别包括：桥梁、支撑、基础、地坪、单体结构等；城镇浅孔爆破也按此标准分级；围堰拆除爆破相应级别对应的药量系数为 20。

d 第 12 章所列其他特种爆破都按 D 级进行分级管理。

4.2　B、C、D 级一般岩土爆破工程，遇下列情况应相应提高一个工程级别。

——距爆区 1000 m 范围内有国家一、二级文物或特别重要的建(构)筑物、设施；

——距爆区 500 m 范围内有国家三级文物、风景名胜区、重要的建(构)筑物、设施；

——距爆区 300 m 范围内有省级文物、医院、学校、居民楼、办公楼等重要保护对象。

4.3　B、C、D 级拆除爆破及城镇浅孔爆破工程，遇下列情况应相应提高一个工程级别。

——距爆破拆除物或爆区 5 m 范围内有相邻建(构)筑物或需重点保护的地表、地下管线；

——爆破拆除物倒塌方向安全长度不够，需用折叠爆破时；

——爆破拆除物或爆区处于闹市区、风景名胜区时。

4.4　矿山内部且对外部环境无安全危害的爆破工程不实行分级管理。

5　爆破设计施工、安全评估与安全监理

5.1　一般规定

5.1.1　爆破设计施工、安全评估与安全监理应按 GA990 和 GA991 执行。

5.1.2　爆破设计施工、安全评估与安全监理应由具备相应资质和从业范围的爆破作业单位承担。

5.1.3　爆破设计施工、安全评估与安全监理负责人及主要人员应具备相应的资格和作业范围。

5.1.4　爆破作业单位不得对本单位的设计进行安全评估，不得监理本单位施工的爆破工程。

5.1.5　从事爆破设计施工、安全评估与安全监理的爆破作业单位，应当按照有关法律、法规和本标准的规定实施爆破设计施工、安全评估与安全监理，并承担相应的法律责任。

5.2　爆破设计施工

5.2.1　设计依据

5.2.1.1　进行爆破设计应遵守本标准的规定及有关行业规范、地方法规的规定，按设计委托书或合同书要求的深度和内容编写。

5.2.1.2　设计单位应按设计需要提出勘测任务书。勘测任务书内容应当包括：

——爆破对象的形态，包括爆区地形图，建(构)筑物的设计文件、图纸及现场实测、复核资料；

——爆破对象的结构与性质，包括爆区地质图，建(构)筑物配筋图；

——影响爆破效果的爆体缺陷，包括大型地质构造和建(构)筑物受损状况；

——爆破有害效应影响区域内保护物的分布图。

5.2.1.3　设计人员现场踏勘调查后形成的报告书，试验工程总结报告，当地类似工程的总结报告以及现场试验、检测报告，均应作为设计依据。

5.2.1.4　爆破工程施工过程中，发现地形测量结果和地质条件、拆除物结构尺寸、材质完好状态等与原设计依据不相符或环境条件有较大改变，应及时修改设计或采取补救措施。

5.2.1.5　凡安全评估未通过的设计文件，应按安全评估的要求重新作设计；安全评估要求修改或增加内容的，应按要求修改补充。

5.2.2　设计文件

5.2.2.1　爆破工程均应编制爆破技术设计文件。

5.2.2.2 矿山深孔爆破和其他重复性爆破设计，允许采用标准技术设计。

5.2.2.3 爆破实施后应根据爆破效果对爆破技术设计作出评估，构成完整的工程设计文件。

5.2.2.4 爆破技术设计、标准技术设计以及设计修改补充文件，均应签字齐全并编录存档。

5.2.3 技术设计内容

5.2.3.1 爆破技术设计分说明书和图纸两部分，应包括以下内容：

——工程概况，即爆破对象、爆破环境概述及相关图纸，爆破工程的质量、工期、安全要求；

——爆破技术方案，即方案比较、选定方案的钻爆参数及相关图纸；

——起爆网路设计及起爆网路图；

——安全设计及防护、警戒图。

5.2.3.2 合格的爆破设计应符合下列条件：

——设计单位的资质符合规定；

——承担设计和安全评估的主要爆破工程技术人员的资格及数量符合规定；

——设计文件通过安全评估或设计审查认为爆破设计在技术上可行、安全上可靠。

5.2.3.3 复杂环境爆破技术设计应制定应对复杂环境的方法、措施及应急预案。

5.2.4 施工组织设计

5.2.4.1 施工组织设计由施工单位编写，编写负责人所持爆破工程技术人员安全作业证的等级和作业范围应与施工工程相符合。

5.2.4.2 施工组织设计应依据爆破技术设计、招标文件、施工单位现场调查报告、业主委托书、招标答疑文件等进行编制。

5.2.4.3 爆破工程施工组织设计应包括的内容如下：

——施工组织机构及职责；

——施工准备工作及施工平面布置图；

——施工人、材、机的安排及安全、进度、质量保证措施；

——爆破器材管理、使用安全保障；

——文明施工、环境保护、预防事故的措施及应急预案。

5.2.4.4 设计施工由同一爆破作业单位承担的爆破工程，允许将施工组织设计与爆破技术设计合并。

5.3 安全评估

5.3.1 需经公安机关审批的爆破作业项目，提交申请前，均应进行安全评估；

5.3.2 爆破安全评估的依据：

——国家、地方及行业相关法规和设计标准；

——安全评估单位与委托单位签订的安全评估合同；

——设计文件及设计施工单位主要人员资格材料；

——安全评估人员现场踏勘收集的资料。

5.3.3 爆破安全评估的内容应包括：

——爆破作业单位的资质是否符合规定；

——爆破作业项目的等级是否符合规定；

——设计所依据的资料是否完整；

——设计方法、设计参数是否合理；

——起爆网路是否可靠；

——设计选择方案是否可行；

——存在的有害效应及可能影响的范围是否全面；

——保证工程环境安全的措施是否可行；

——制定的应急预案是否适当。

5.3.4　A、B级爆破工程的安全评估应至少有3名具有相应作业级别和作业范围的持证爆破工程技术人员参加；环境十分复杂的重大爆破工程应邀请专家咨询，并在专家组咨询意见的基础上，编写爆破安全评估报告。

5.3.5　爆破安全评估报告内容应该翔实，结论应当明确。

5.3.6　经安全评估通过的爆破设计，施工时不得任意更改。经安全评估否定的爆破技术设计文件，应重新编写，重新评估。施工中如发现实际情况与评估时提交的资料不符，需修改原设计文件时，对重大修改部分应重新上报评估。

5.4　安全监理

5.4.1　经公安机关审批的爆破作业项目，实施爆破作业时，应进行安全监理。

5.4.2　爆破安全监理的主要内容

——爆破作业单位是否按照设计方案施工；

——爆破有害效应是否控制在设计范围内；

——审验爆破作业人员的资格，制止无资格人员从事爆破作业；

——监督民用爆炸物品领取、清退制度的落实情况；

——监督爆破作业单位遵守国家有关标准和规范的落实情况，发现违章指挥和违章作业，有权停止其爆破作业，并向委托单位和公安机关报告。

5.4.3　爆破安全监理单位应在详细了解安全技术规定、应急预案后认真编制监理规划和实施细则，并制定监理人员岗位职责。

5.4.4　爆破安全监理人员应在爆破器材领用、清退、爆破作业、爆后安全检查及盲炮处理的各环节上实行旁站监理，并作出监理记录。

5.4.5　每次爆破的技术设计均应经监理机构签认后，再组织实施。爆破工作的组织实施应与监理签认的爆破技术设计相一致。

5.4.6　发生下列情况之一时，监理机构应当签发爆破作业暂停令：

——爆破作业严重违规经制止无效时；

——施工中出现重大安全隐患，须停止爆破作业以消除隐患时。

5.4.7　爆破安全监理单位应定期向委托单位提交安全监理报告，工程结束时提交安全监理总结和相关监理资料。

6　爆破作业的基本规定

6.1　爆破作业环境

6.1.1　爆破前应对爆区周围的自然条件和环境状况进行调查，了解危及安全的不利环境因素，并采取必要的安全防范措施。

6.1.2　爆破作业场所有下列情形之一时，不应进行爆破作业：

——距工作面 20 m 以内的风流中瓦斯含量达到 1% 或有瓦斯突出征兆的；

——爆破会造成巷道涌水、堤坝漏水、河床严重阻塞、泉水变迁的；

——岩体有冒顶或边坡滑落危险的；

——硐室、炮孔温度异常的；

——地下爆破作业区的有害气体浓度超过表 15 规定的；

——爆破可能危及建（构）筑物、公共设施或人员的安全而无有效防护措施的；

——作业通道不安全或堵塞的；

——支护规格与支护说明书的规定不符或工作面支护损坏的；

——危险区边界未设警戒的；

——光线不足且无照明或照明不符合规定的；

——未按本标准的要求作好准备工作的。

6.1.3　露天和水下爆破装药前，应与当地气象、水文部门联系，及时掌握气象、水文资料，遇以下恶劣气候和水文情况时，应停止爆破作业，所有人员应立即撤到安全地点：

——热带风暴或台风即将来临时；

——雷电、暴雨雪来临时；

——大雾天或沙尘暴，能见度不超过 100 m 时；

——现场风力超过 8 级、浪高大于 1.0 m 时或水位暴涨暴落时。

6.1.4　应急抢险爆破可以不受本标准的限制，但应采取安全保障措施并经应急抢险领导人批准。

6.1.5　在有关法规不允许进行常规爆破作业的场合，但又必须进行爆破时，应先与有关部门协调一致，作好安全防护，制定应急预案。

6.1.6　采用电爆网路时，应对高压电、射频电等进行调查，对杂散电流进行测试；发现存在危险，应立即采取预防或排除措施。

6.1.7　浅孔爆破应采用湿式凿岩，深孔爆破凿岩机应配收尘设备；在残孔附近钻孔时应避免凿穿残留炮孔，在任何情况下均不许钻残孔。

6.2　爆破工程施工准备

6.2.1　施工组织

6.2.1.1　A、B 级爆破工程，都应成立爆破指挥部，全面指挥和统筹安排爆破工程的各项工作。

指挥部的设置及职能为：

——指挥部应设指挥长 1 人，副指挥长若干人；指挥长负责指挥部的全面工作并对副指挥长工作进行分工；

——指挥部应根据需要设置设计施工组、起爆组、物资供应组、安全保卫组、警戒组、安全监测组和后勤组等；

——指挥部和各职能组的每个成员，都应分工明确，职责清楚，各尽其责。

6.2.1.2　其他爆破应设指挥组或指挥人，指挥组应适应爆破类别、爆破工程等级、周围环境的复杂程度和爆破作业程序的要求，并严格按爆破设计与施工组织计划实施，确保工程安全。

6.2.2 施工公告

6.2.2.1 凡须经公安机关审批的爆破作业项目,爆破作业单位应于施工前3天发布公告,并在作业地点张贴,施工公告内容应包括:爆破作业项目名称、委托单位、设计施工单位、安全评估单

位、安全监理单位、爆破作业时限等。

6.2.2.2 装药前1天应发布爆破公告并在现场张贴,内容包括:爆破地点、每次爆破时间、安全警戒范围、警戒标识、起爆信号等。

6.2.2.3 邻近交通要道的爆破需进行临时交通管制时,应预先申请并至少提前3天由公安交管部门发布爆破施工交通管制通知。

6.2.2.4 在邻近通航水域进行爆破施工时,应在3天前通知港航监督部门。

6.2.2.5 爆破可能危及供水、排水、供电、供气、通讯等线路以及运输交通隧道、输油管线等重要设施时,应事先准备好相应的应急措施、应向有关主管部门报告,做好协调工作并在爆破时通知有关单位到场。

6.2.2.6 在同一地区同时进行露天、地下、水下爆破作业或几个爆破作业单位平行作业时,应由建设单位组织协商后共同发布施工公告和爆破公告。

6.2.3 施工现场清理与准备

6.2.3.1 爆破工程施工前,应根据爆破设计文件要求和场地条件,对施工场地进行规划,并开展施工现场清理与准备工作。

施工场地规划内容应包括:

——爆破施工区段或爆破作业面划分及其程序编排;爆破与清运交叉循环作业时,应制定相关的安全措施;

——有碍爆破作业的障碍物或废旧建(构)筑物的拆除与处理方案;

——现场施工机械配置方案及其安全防护措施;

——进出场主通道及各作业面临时通道布置;

——夜间施工照明与施工用风、水、电供给系统敷设方案,施工器材、机械维修场地布置;

——施工用爆破器材现场临时保管、施工用药包现场制作与临时存放场所安排及其安全保卫措施;

——施工现场安全警戒岗哨、避炮防护设施与工地警卫值班设施布置;

——施工现场防洪与排水措施。

6.2.3.2 爆破工程施工之前,应制定施工安全与施工现场管理的各项规章制度。

6.2.4 通讯联络

6.2.4.1 爆破指挥部应与爆破施工现场、起爆站、主要警戒哨建立并保持通讯联络;不成立指挥部的爆破工程,在爆破组(人)、起爆站和警戒哨间应建立通讯联络,保持畅通。

6.2.4.2 通讯联络制度、联络方法应由指挥长或指挥组(人)决定。

6.2.5 装药前的施工验收

6.2.5.1 装药前应对炮孔、硐室、爆炸处理构件逐个进行测量验收,作好记录并保存。

6.2.5.2 凡须经公安机关审批的爆破作业项目施工验收,应有爆破设计人员参加。

6.2.5.3 对验收不合格的炮孔、硐室、构件,应按设计要求进行施工纠正,或报告爆破

技术负责人进行设计修改。

6.3　爆破器材现场检测、加工和起爆方法

6.3.1　一般规定

6.3.1.1　爆破工程使用的炸药、雷管、导爆管、导爆索、电线、起爆器、量测仪表均应作现场检测，检测合格后方可使用。

6.3.1.2　进行爆破器材检测、加工和爆破作业的人员，应穿戴防静电的衣物。

6.3.1.3　在爆破工程中推广应用爆破新技术、新工艺、新器材、新仪表装备，应经有关部门或经授权的行业协会批准。

6.3.1.4　在潮湿或有水环境中应使用抗水爆破器材或对不抗水爆破器材进行防潮、防水处理。

6.3.2　爆破器材现场检测

6.3.2.1　在实施爆破作业前，爆破器材现场检测应包括：

——对所使用的爆破器材进行外观检查；

——对电雷管进行电阻值测定；

——对使用的仪表、电线、电源进行必要的性能检验。

6.3.2.2　爆破器材外观检查项目应包括：

——雷管管体不应变形、破损、锈蚀；

——导爆索表面要均匀且无折伤、压痕、变形、霉斑、油污；

——导爆管管内无断药，无异物或堵塞，无折伤、油污和穿孔，端头封口良好；

——粉状硝铵类炸药不应吸湿结块，乳化炸药和水胶炸药不应破乳或变质；

——电线无锈痕，绝缘层无划伤、开绽。

6.3.2.3　起爆电源及仪表的检验包括：

——起爆器的充电电压、外壳绝缘性能；

——采用交流电起爆时，应测定交流电压，并检查开关、电源及输电线路是否符合要求；

——各种连接线、区域线、主线的材质、规格、电阻值和绝缘性能；

——爆破专用电桥、欧姆表和导通器的输出电流及绝缘性能。

6.3.2.4　A、B 级爆破工程检测及试验项目还应包括：

——炸药的殉爆距离；

——延时雷管的延时时间；

——起爆网路连接方式的传爆可靠性试验。

6.3.3　起爆器材加工

6.3.3.1　加工起爆药包和起爆药柱，应在指定的安全地点进行，加工数量不应超过当班爆破作业用量。

6.3.3.2　在水孔中使用的起爆药包，孔内不得有电线、导爆管和导爆索接头。

6.3.3.3　当采用孔（硐）内延时爆破时，应在起爆药包引出孔（硐）外的电线和导爆管上标明雷管段别和延时时间。

6.3.3.4　切割导爆索应使用锋利刀具，不得使用剪刀剪切。

6.3.4　起爆方法

6.3.4.1　电雷管应使用电力起爆器、动力电、照明电、发电机、蓄电池、干电池起爆。

6.3.4.2 电子雷管应使用配套的专用起爆器起爆。

6.3.4.3 导爆管雷管应使用专用起爆器、雷管或导爆索起爆。

6.3.4.4 导爆索应使用雷管正向起爆。

6.3.4.5 不应使用药包起爆导爆索和导爆管。

6.3.4.6 工业炸药应使用雷管或导爆索起爆，没有雷管感度的工业炸药应使用起爆药包或起爆器具起爆。

6.3.4.7 各种起爆方法均应远距离操作，起爆地点应不受空气冲击波、有害气体和个别飞散物危害。

6.3.4.8 在有瓦斯和粉尘爆炸危险的环境中爆破，应使用煤矿许用起爆器材起爆。

6.3.4.9 在杂散电流大于 30mA 的工作面或高压线、射频电危险范围内（见表 11 ~ 表 14），不应采用普通电雷管起爆。

6.4 起爆网路

6.4.1 一般规定

6.4.1.1 多药包起爆应连接成电爆网路、导爆管网路、导爆索网路、混合网路或电子雷管网路起爆。

6.4.1.2 起爆网路连接工作应由工作面向起爆站依次进行。

6.4.1.3 雷雨天禁止任何露天起爆网路连接作业，正在实施的起爆网路连接作业应立即停止，人员迅速撤至安全地点。

6.4.1.4 各种起爆网路均应使用合格的器材。

6.4.1.5 起爆网路连接应严格按设计要求进行。

6.4.1.6 在可能对起爆网路造成损害的部位，应采取保护措施。

6.4.1.7 敷设起爆网路应由有经验的爆破员或爆破技术人员实施，并实行双人作业制。

6.4.2 电力起爆网路

6.4.2.1 同一起爆网路，应使用同厂、同批、同型号的电雷管；电雷管的电阻值差不得大于产品说明书的规定。

6.4.2.2 电爆网路的连接线不应使用裸露导线，不得利用照明线、铁轨、钢管、钢丝作爆破线路，电爆网路与电源开关之间应设置中间开关。

6.4.2.3 电爆网路的所有导线接头，均应按电工接线法连接，并确保其对外绝缘。在潮湿有水的地区，应避免导线接头接触地面或浸泡在水中。

6.4.2.4 起爆电源能量应能保证全部电雷管准爆；用变压器、发电机作起爆电源时，流经每个普通电雷管的电流应满足：一般爆破，交流电不小于 2.5 A，直流电不小于 2 A；硐室爆破，交流电不小于 4 A，直流电不小于 2.5 A。

6.4.2.5 用起爆器起爆电爆网路时，应按起爆器说明书的要求连接网路。

6.4.2.6 电爆网路的导通和电阻值检查，应使用专用导通器和爆破电桥，导通器和爆破电桥应每月检查一次，其工作电流应小于 30 mA。

6.4.3 导爆管起爆网路

6.4.3.1 导爆管网路应严格按设计要求进行连接，导爆管网路中不应有死结，炮孔内不应有接头，孔外相邻传爆雷管之间应留有足够的距离。

6.4.3.2 用雷管起爆导爆管网路时，应遵守下列规定：

——起爆导爆管的雷管与导爆管捆扎端端头的距离应不小于 15 cm；

——应有防止雷管聚能射流切断导爆管的措施和防止延时雷管的气孔烧坏导爆管的措施；

——导爆管应均匀地分布在雷管周围并用胶布等捆扎牢固。

6.4.3.3 使用导爆管连通器时，应夹紧或绑牢。

6.4.3.4 采用地表延时网路时，地表雷管与相邻导爆管之间应留有足够的安全距离，孔内应采用高段别雷管，确保地表未起爆雷管与已起爆药包之间的水平间距大于 20 m。

6.4.4 导爆索起爆网路

6.4.4.1 起爆导爆索的雷管与导爆索捆扎端端头的距离应不小于 15 cm，雷管的聚能穴应朝向导爆索的传爆方向。

6.4.4.2 导爆索起爆网路应采用搭接、水手结等方法连接；搭接时两根导爆索搭接长度不应小于 15 cm，中间不得夹有异物或炸药，捆扎应牢固，支线与主线传爆方向的夹角应小于 90°。

6.4.4.3 连接导爆索中间不应出现打结或打圈；交叉敷设时，应在两根交叉导爆索之间设置厚度不小于 10 cm 的木质垫块或土袋。

6.4.5 电子雷管起爆网路

6.4.5.1 电子雷管网路应使用专用起爆器起爆，专用起爆器使用前应进行全面检查。

6.4.5.2 装药前应使用专用仪器检测电子雷管，并进行注册和编号。

6.4.5.3 应按说明书要求连接子网路，雷管数量应小于子起爆器规定数量；子网路连接后应使用专用设备进行检测；

6.4.5.4 应按说明书要求，将全部子网路连接成主网路，并使用专用设备检测主网路。

6.4.6 混合起爆网路

6.4.6.1 大型起爆网路可以同时使用电雷管、导爆管雷管、电子雷管和导爆索连接成混合起爆网路。

6.4.6.2 混合网路中的地表导爆索应与雷管、导爆管和电线之间应留有足够的安全距离。

6.4.6.3 用导爆索引爆导爆管时，应使用单股导爆索与导爆管垂直连接，或使用专用联结块连接。

6.4.7 起爆网路试验

6.4.7.1 硐室爆破和 A、B 级爆破工程，应进行起爆网路试验。

6.4.7.2 电起爆网路应进行实爆试验或等效模拟试验；起爆网路实爆试验应按设计网路连接起爆；等效模拟试验，至少应选一条支路按设计方案连接雷管，其他各支路可用等效电阻代替。

6.4.7.3 大型混合起爆网路、导爆管起爆网路和导爆索起爆网路试验，应至少选一组（地下爆破选一个分区）典型的起爆支路进行实爆；对重要爆破工程，应考虑在现场条件下进行网路实爆。

6.4.8 起爆网路检查

6.4.8.1 起爆网路检查，应由有经验的爆破员组成的检查组担任，检查组不得少于 2人，大型或复杂起爆网路检查应由爆破工程技术人员组织实施。

6.4.8.2 电力起爆网路，应进行下述检查：

——电源开关是否接触良好，开关及导线的电流通过能力是否能满足设计要求；

——网路电阻是否稳定，与设计值是否相符；

——网路是否有接头接地或锈蚀，是否有短路或开路；

——采用起爆器起爆时，应检验其起爆能力。

6.4.8.3 导爆索或导爆管起爆网路应检查：

——有无漏接或中断、破损；

——有无打结或打圈，支路拐角是否符合规定；

——雷管捆扎是否符合要求；

——线路连接方式是否正确、雷管段数是否与设计相符；

——网路保护措施是否可靠。

6.4.8.4 电子雷管起爆网路应按设计复核电子雷管编号、延时量、子网路和主网路的检测结果。

6.4.8.5 混合起爆网路应按 6.4.8.2～6.4.8.4 的规定进行检查。

6.5 装药

6.5.1 一般规定

6.5.1.1 装药前应对作业场地、爆破器材堆放场地进行清理，装药人员应对准备装药的全部炮孔、药室进行检查。

6.5.1.2 从炸药运入现场开始，应划定装药警戒区，警戒区内禁止烟火，并不得携带火柴、打火机等火源进入警戒区域；采用普通电雷管起爆时，不得携带手机或其他移动式通讯设备进入警戒区。

6.5.1.3 炸药运入警戒区后，应迅速分发到各装药孔口或装药硐口，不应在警戒区临时集中堆放大量炸药，不得将起爆器材、起爆药包和炸药混合堆放。

6.5.1.4 搬运爆破器材应轻拿轻放，装药时不应冲撞起爆药包。

6.5.1.5 在铵油、重铵油炸药与导爆索直接接触的情况下，应采取隔油措施或采用耐油型导爆索。

6.5.1.6 在黄昏或夜间等能见度差的条件下，不宜进行露天及水下爆破的装药工作，如确需进行装药作业时，应有足够的照明设施保证作业安全。

6.5.1.7 炎热天气不应将爆破器材在强烈日光下暴晒。

6.5.1.8 爆破装药现场不得用明火照明。

6.5.1.9 爆破装药用电灯照明时，在装药警戒区 20 m 以外可装 220 V 的照明器材，在作业现场或硐室内应使用电压不高于 36V 的照明器材。

6.5.1.10 从带有电雷管的起爆药包或起爆体进入装药警戒区开始，装药警戒区内应停电，应采用安全蓄电池灯、安全灯或绝缘手电筒照明。

6.5.1.11 各种爆破作业都应按设计药量装药并做好装药原始记录。记录应包括装药基本情况、出现的问题及其处理措施。

6.5.2 人工装药

6.5.2.1 人工搬运爆破器材时应遵守 14.1.6.4 的规定，起爆体、起爆药包应由爆破员携带、运送。

6.5.2.2　炮孔装药应使用木质或竹制炮棍。

6.5.2.3　不应往孔内投掷起爆药包和敏感度高的炸药，起爆药包装入后应采取有效措施，防止后续药卷直接冲击起爆药包。

6.5.2.4　装药发生卡塞时，若在雷管和起爆药包放入之前，可用非金属长杆处理。装入雷管或起爆药包后，不得用任何工具冲击、挤压。

6.5.2.5　在装药过程中，不得拔出或硬拉起爆药包中的导爆管、导爆索和电雷管引出线。

6.5.3　机械装药

6.5.3.1　现场混装多孔粒状铵油炸药装药车应符合以下规定：

——料箱和输料螺旋应采用耐腐蚀的金属材料，车体应有良好的接地；

——输药软管应使用专用半导体材料软管，钢丝与厢体的连接应牢固；

——装药车整个系统的接地电阻值不应大于 $1 \times 105 \ \Omega$；

——输药螺旋与管道之间应有一定的间隙，不应与壳体相摩擦；

——发动机排气管应安装消焰装置，排气管与油箱、轮胎应保持适当的距离；

——应配备灭火装置和有效的防静电接地装置；

——制备炸药的原材料时，装药车制药系统应能自动停车。

6.5.3.2　现场混装乳化炸药装药车应符合以下规定：

——料箱和输料部分的材料应采用防腐材料；

——输药软管应采用带钢丝棉织塑料或橡胶软管；

——排气管应安装消焰装置，排气管与油箱、轮胎应保持适当的距离；

——车上应设有灭火装置和有效的防静电接地装置；

——清洗系统应能保证有效地清理管道中的余料和积污；

——应具有出现原材料缺项、螺杆泵空转、螺杆泵超压等情况下自动停车等功能。

6.5.3.3　现场混装重铵油炸药装药车除符合6.5.3.2的规定以外，还应保证输药螺旋与管道之间应有足够的间隙并不应与壳体相摩擦。

6.5.3.4　小孔径炮孔爆破使用的装药器应符合下列规定：

——装药器的罐体使用耐腐蚀的导电材料制作；

——输药软管应采用专用半导体材料软管；

——整个系统的接地电阻不大于 $1 \times 105$。

6.5.3.5　采用装药车、装药器装药时应遵守下列规定：

——输药风压不超过额定风压的上限值；

——装药车和装药器应保持良好接地；

——拔管速度应均匀，并控制在 0.5 m/s 以内；

——返用的炸药应过筛，不得有石块和其他杂物混入。

6.5.4　压气装药孔底起爆

6.5.4.1　压气装药孔底起爆应使用经安全性试验合格的起爆器材或采用孔底起爆具；孔底起爆具应在现场装入导爆管、雷管和炸药，导爆管应放在装置的槽内，并用胶布固定在装置尾端。炸药

的感度和威力均不应小于2#粉状乳化炸药，装药密度应大于 $0.95 \ \mathrm{g/cm^3}$。

6.5.4.2 孔底起爆具应符合下列规定：

——通过激波管试验，能承受 $6×105$ Pa 的空气冲击波入射超压；

——在锤重 2 kg、落高 1.5 m 的卡斯特落锤试验中不损坏；

——对导爆管应有保护措施；

——能起爆孔底起爆具以外的炸药；

——每年至少检测一次。

6.5.4.3 压气装药安全性技术指标应符合下列规定：

——装药器符合6.5.3.4 的规定；

——现场装药空气相对湿度不小于80%；

——装药器的工作压力不大于 $6×105$ Pa；

——炮孔内静电电压不应超过 1500 V，在炸药和输药管类型改变后应重新测定静电电压。

6.5.5 现场混装炸药车装药

6.5.5.1 使用现场混装炸药车装药应经安全验收合格。

6.5.5.2 混装炸药车驾驶员、操作工，应经过严格培训和考核持证上岗，应熟练掌握混装炸药车各部分的操作程序和使用、维护方法。

6.5.5.3 混装炸药车上料前应对计量控制系统进行检测标定，配料仓不应有其他杂物；上料时不应超过规定的物料量；上料后应检查输药软管是否畅通。

6.5.5.4 混装炸药车应配备消防器具，接地良好，进入现场应悬挂"危险"警示标识。

6.5.5.5 混装炸药车行驶速度不应超过 40 km/h，扬尘、起雾、暴风雨等能见度差时速度减半；在平坦道路上行驶时，两车距离不应小于 50 m；上山或下山时，两车距离不应小于 200 m。

6.5.5.6 装药前，应先将起爆药柱、雷管和导爆索按设计要求加工并按设计要求装入炮孔内。

6.5.5.7 混装炸药车行车时严禁压坏、刮坏、碰坏爆破器材。

6.5.5.8 装药前应对炸药密度进行检测，检测合格后方可进行装药。

6.5.5.9 混装炸药车装药前，应对前排炮孔的岩性及抵抗线变化进行逐孔校核，设计参数变化较大的，应及时调整设计后再进行装药。

6.5.5.10 采用输药软管方式输送混装炸药时，对干孔应将输药软管末端送至孔口填塞段以下 0.5 ~ 1 m 处；对水孔应将输药软管末端下至孔底，并根据装药速度缓缓提升输药软管。

6.5.5.11 装药过程中发现漏药的情况，应及时采取处理措施。

6.5.5.12 装药时应进行护孔，防止孔口岩屑、岩渣混入炸药中。

6.5.5.13 混装乳化炸药装药完毕 10 min 后，经检查合格后才可进行填塞，应测量填塞段长度是否符合爆破设计要求。

6.5.5.14 混装乳化炸药装药至最后一个炮孔时，应将软管中剩余炸药装入炮孔中，装药完毕将软管内残留炸药清理干净。

6.5.5.15 现场混制装填炸药时，炮孔内导爆索、导爆管雷管、起爆具等起爆器材的性能除应满足国家标准要求外，还应满足耐水、耐油、耐温、耐拉等现场作业要求；严禁电雷管直接入孔。

6.5.5.16 孔底起爆时，起爆药包应离开孔底一定距离。

6.5.6 预装药

6.5.6.1 进行预装药作业，应制定安全作业细则并经爆破技术负责人审批。

6.5.6.2 预装药爆区应设专人看管，并作醒目警示标识，无关人员和车辆不得进入预装药爆区。

6.5.6.3 雷雨天气露天爆破不得进行预装药作业。

6.5.6.4 高温、高硫区不得进行预装药作业。

6.5.6.5 预装药所使用的雷管、导爆管、导爆索、起爆药柱等起爆器材应具有防水防腐性能。

6.5.6.6 正在钻进的炮孔和预装药炮孔之间，应有 10 m 以上的安全隔离区。

6.5.6.7 预装药炮孔应在当班进行填塞，填塞后应注意观察炮孔内装药高度的变化。

6.5.6.8 如采用电力起爆网路，由炮孔引出的起爆导线应短路，如采用导爆管起爆网路，导爆管端口应可靠密封，预装药期间不得连接起爆网路。

6.6 填塞

6.6.1 硐室、深孔和浅孔爆破装药后都应进行填塞，禁止使用无填塞爆破。

6.6.2 填塞炮孔的炮泥中不得混有石块和易燃材料，水下炮孔可用碎石渣填塞。

6.6.3 用水袋填塞时，孔口应用不小于 0.15 m 的炮泥将炮孔填满堵严。

6.6.4 水平孔和上向孔填塞时，不得紧靠起爆药包或起爆药柱楔入木楔。

6.6.5 不得捣固直接接触起爆药包的填塞材料或用填塞材料冲击起爆药包。

6.6.6 分段装药间隔填塞的炮孔，应按设计要求的间隔填塞位置和长度进行填塞。

6.6.7 发现有填塞物卡孔应及时进行处理(可用非金属杆或高压风处理)。

6.6.8 填塞作业应避免夹扁、挤压和拉扯导爆管、导爆索，并应保护电雷管引出线。

6.6.9 深孔机械填塞应遵守下列规定：

——当填塞物潮湿、黏性较大或表面冻结时，应采取措施防止将大块装入孔内；

——填塞水孔时，应放慢填塞速度，让水排出孔外，避免产生悬料。

6.7 爆破警戒和信号

6.7.1 爆破警戒

6.7.1.1 装药警戒范围由爆破技术负责人确定；装药时应在警戒区边界设置明显标识并派出岗哨。

6.7.1.2 爆破警戒范围由设计确定；在危险区边界，应设有明显标识，并派出岗哨。

6.7.1.3 执行警戒任务的人员，应按指令到达指定地点并坚守工作岗位。

6.7.1.4 靠近水域的爆破安全警戒工作，除按上述要求封锁陆岸爆区警戒范围外，还应对水域进行警戒。水域警戒应配有指挥船和巡逻船，其警戒范围由设计确定。

6.7.2 信号

6.7.2.1 预警信号：该信号发出后爆破警戒范围内开始清场工作。

6.7.2.2 起爆信号：起爆信号应在确认人员全部撤离爆破警戒区，所有警戒人员到位，具备安全起爆条件时发出。起爆信号发出后现场指挥应再次确认达到安全起爆条件，然后下令起爆。

6.7.2.3  解除信号：安全等待时间过后，检查人员进入爆破警戒范围内检查、确认安全后，报请现场指挥同意，方可发出解除警戒信号。在此之前，岗哨不得撤离，不允许非检查人员进入爆破警戒范围。

6.7.2.4  各类信号均应使爆破警戒区域及附近人员能清楚地听到或看到。

6.8  爆后检查

6.8.1  爆后检查等待时间

6.8.1.1  露天浅孔、深孔、特种爆破，爆后应超过 5 min 方准许检查人员进入爆破作业地点；如不能确认有无盲炮，应经 15 min 后才能进入爆区检查。

6.8.1.2  露天爆破经检查确认爆破点安全后，经当班爆破班长同意，方准许作业人员进入爆区。

6.8.1.3  地下工程爆破后，经通风除尘排烟确认井下空气合格、等待时间超过 15 min 后，方准许检查人员进入爆破作业地点。

6.8.1.4  拆除爆破，应等待倒塌建(构)筑物和保留建筑物稳定之后，方准许人员进入现场检查。

6.8.1.5  硐室爆破、水下深孔爆破及本标准未规定的其他爆破作业，爆后检查的等待时间由设计确定。

6.8.2  爆后检查内容

6.8.2.1  爆破后应检查的内容有：

——确认有无盲炮；

——露天爆破爆堆是否稳定，有无危坡、危石、危墙、危房及未炸倒建(构)筑物；

——地下爆破有无瓦斯及地下水突出、有无冒顶、危岩，支撑是否破坏，有害气体是否排除；

——在爆破警戒区内公用设施及重点保护建(构)筑物安全情况。

6.8.3  检查人员

6.8.3.1  A、B 级及复杂环境的爆破工程，爆后检查工作应由现场技术负责人、起爆组长和有经验的爆破员、安全员组成检查小组实施。

6.8.3.2  其他爆破工程的爆后检查工作由安全员、爆破员共同实施。

6.8.4  检查发现问题的处置

6.8.4.1  检查人员发现盲炮或怀疑盲炮，应向爆破负责人报告后组织进一步检查和处理；发现其他不安全因素应及时排查处理；在上述情况下，不得发出解除警戒信号，经现场指挥同意，可缩小警戒范围。

6.8.4.2  发现残余爆破器材应收集上缴，集中销毁。

6.8.4.3  发现爆破作业对周边建(构)筑物、公用设施造成安全威胁时，应及时组织抢险、治理，排除安全隐患。

6.8.4.4  对影响范围不大的险情，可以进行局部封锁处理，解除爆破警戒。

6.9  盲炮处理

6.9.1  一般规定

6.9.1.1  处理盲炮前应由爆破技术负责人定出警戒范围，并在该区域边界设置警戒，处理盲炮时无关人员不许进入警戒区。

6.9.1.2 应派有经验的爆破员处理盲炮，硐室爆破的盲炮处理应由爆破工程技术人员提出方案并经单位技术负责人批准。

6.9.1.3 电力起爆网路发生盲炮时，应立即切断电源，及时将盲炮电路短路。

6.9.1.4 导爆索和导爆管起爆网路发生盲炮时，应首先检查导爆索和导爆管是否有破损或断裂，发现有破损或断裂的可修复后重新起爆。

6.9.1.5 严禁强行拉出炮孔中的起爆药包和雷管。

6.9.1.6 盲炮处理后，应再次仔细检查爆堆，将残余的爆破器材收集起来统一销毁；在不能确认爆堆无残留的爆破器材之前，应采取预防措施并派专人监督爆堆挖运作业。

6.9.1.7 盲炮处理后应由处理者填写登记卡片或提交报告，说明产生盲炮的原因、处理的方法、效果和预防措施。

6.9.2 裸露爆破的盲炮处理

6.9.2.1 处理裸露爆破的盲炮，可安置新的起爆药包（或雷管）重新起爆或将未爆药包回收销毁；

6.9.2.2 发现未爆炸药受潮变质，则应将变质炸药取出销毁，重新敷药起爆。

6.9.3 浅孔爆破的盲炮处理

6.9.3.1 经检查确认起爆网路完好时，可重新起爆。

6.9.3.2 可钻平行孔装药爆破，平行孔距盲炮孔不应小于0.3 m。

6.9.3.3 可用木、竹或其他不产生火花的材料制成的工具，轻轻地将炮孔内填塞物掏出，用药包诱爆。

6.9.3.4 可在安全地点外用远距离操纵的风水喷管吹出盲炮填塞物及炸药，但应采取措施回收雷管。

6.9.3.5 处理非抗水类炸药的盲炮，可将填塞物掏出，再向孔内注水，使其失效，但应回收雷管。

6.9.3.6 盲炮应在当班处理，当班不能处理或未处理完毕，应将盲炮情况（盲炮数目、炮孔方向、装药数量和起爆药包位置，处理方法和处理意见）在现场交接清楚，由下一班继续处理。

6.9.4 深孔爆破的盲炮处理

6.9.4.1 爆破网路未受破坏，且最小抵抗线无变化者，可重新连接起爆；最小抵抗线有变化者，应验算安全距离，并加大警戒范围后，再连接起爆。

6.9.4.2 可在距盲炮孔口不少于10倍炮孔直径处另打平行孔装药起爆。爆破参数由爆破工程技术人员确定并经爆破技术负责人批准。

6.9.4.3 所用炸药为非抗水炸药，且孔壁完好时，可取出部分填塞物向孔内灌水使之失效，然后做进一步处理，但应回收雷管。

6.9.5 硐室爆破的盲炮处理

6.9.5.1 如能找出起爆网路的电线、导爆索或导爆管，经检查正常仍能起爆者，应重新测量最小抵抗线，重划警戒范围，连接起爆。

6.9.5.2 可沿竖井或平硐清除填塞物并重新敷设网路连接起爆，或取出炸药和起爆体。

6.9.6 水下炮孔爆破的盲炮处理

6.9.6.1 因起爆网路绝缘不好或连接错误造成的盲炮，可重新连接起爆。

6.9.6.2　对填塞长度小于炸药殉爆距离或全部用水填塞的水下炮孔盲炮，可另装入起爆药包诱爆。

6.9.6.3　处理水下裸露药包盲炮，也可在盲炮附近投入裸露药包诱爆。

6.9.6.4　在清渣施工过程中发现未爆药包，应小心地将雷管与炸药分离，分别销毁。

6.9.7　其他盲炮处理

6.9.7.1　地震勘探爆破发生盲炮时应从炮孔或炸药安放点取出拒爆药包销毁；不能取出拒爆药包时，可装填新起爆药包进行诱爆。

6.9.7.2　凡本标准没有提到处理方法的盲炮，在处理之前应制定安全可靠的处理办法及操作细则，经爆破技术负责人批准后实施。

6.10　爆破有害效应监测

6.10.1　D级以上爆破工程以及可能引起纠纷的爆破工程，均应进行爆破有害效应监测。监测项目由设计和安全评估单位提出，监理单位监督实施。

6.10.2　监测项目涉及：爆破振动、空气或水中冲击波、动水压力、涌浪、爆破噪声、飞散物、有害气体、瓦斯以及可能引起次生灾害的危险源。

6.10.3　监测单位应经有关部门认证具有法定资质，所使用的测试系统应满足国家计量法规的要求。

6.10.4　爆破振动有害效应测试系统应在工程爆破行业测试标定中心定期标定，并将校核标定和测试信息、测试仪器设备标识信息输入中国爆破网信息管理系统，同时利用中国爆破网信息管理系统进行远程校核标定与数据处理。

6.10.5　D级以上或需要仲裁的爆破作业项目，爆破振动有害效应监测信息应纳入中国爆破网信息管理系统。

6.10.6　监测报告内容应包括：监测目的和方法、测点布置、测试系统的标定结果、实测波形图及其处理方法、各种实测数据、判定标准和判定结论。

6.10.7　重复爆破的监测项目，应在每次爆破后及时提交监测简报。

6.10.8　爆破有害效应监测单位，不应作为本单位承担爆破工程仲裁的监测方。

6.11　爆破总结

6.11.1　爆破作业单位应在一项爆破工程结束或告一段落时，进行爆破总结。

6.11.2　爆破总结应包括：

——设计方案和爆破参数的评述，提出改进设计的意见；

——施工概况、爆破效果及安全分析，论述施工中的不安全因素、隐患以及防范办法；

——安全评估及安全监理的作用；

——经验和教训，提出类似爆破工程设计与施工的建议。

6.11.3　爆破总结资料应整理归档。

7　露天爆破

7.1　一般规定

7.1.1　露天爆破作业时，应建立避炮掩体，避炮掩体应设在冲击波危险范围之外；掩体结构应坚固紧密，位置和方向应能防止飞石和有害气体的危害；通达避炮掩体的道路不应有任何障碍。

7.1.2　起爆站应设在避炮掩体内或设在警戒区外的安全地点。

7.1.3 露天爆破时，起爆前应将机械设备撤至安全地点或采用就地保护措施。

7.1.4 雷雨天气、多雷地区和附近有通讯机站等射频源时，进行露天爆破不应采用普通电雷管起爆网路。

7.1.5 松软岩土或砂矿床爆破后，应在爆区设置明显标识，发现空穴、陷坑时应进行安全检查，确认无危险后，方准许恢复作业。

7.1.6 在寒冷地区的冬季实施爆破，应采用抗冻爆破器材。

7.1.7 硐室爆破爆堆开挖作业遇到未松动地段时，应对药室中心线及标高进行标示，确认是否有硐室盲炮。

7.1.8 当怀疑有盲炮时，应设置明显标识并对爆后挖运作业进行监督和指挥，防止挖掘机盲目作业引发爆炸事故。

7.1.9 露天岩土爆破严禁采用裸露药包。

7.2 深孔爆破

7.2.1 验孔时，应将孔口周围 0.5 m 范围内的碎石、杂物清除干净，孔口岩壁不稳者，应进行维护。

7.2.2 深孔验收标准：孔深允许误差 ±0.2 m，间排距允许误差 ±0.2 m，偏斜度允许误差 2%；发现不合格钻孔应及时处理，未达验收标准不得装药。

7.2.3 爆破工程技术人员在装药前应对第一排各钻孔的最小抵抗线进行测定，对形成反坡或有大裂隙的部位应考虑调整药量或间隔填塞。底盘抵抗线过大的部位，应进行处理，使其符合爆破要求。

孔口抵抗线过小者，应适当加大填塞长度。

7.2.4 爆破员应按爆破技术设计的规定进行操作，不得自行增减药量或改变填塞长度；如确需调整，应征得现场爆破工程技术人员同意并作好变更记录。

7.2.5 台阶爆破初期应采取自上而下分层爆破形成台阶，如需进行双层或多层同时爆破，应有可靠的安全措施。

7.2.6 装药过程中发现炮孔可容纳药量与设计装药量不符时，应及时报告，由爆破工程技术人员检查校核处理。

7.2.7 装药过程中出现阻塞、卡孔等现象时，应停止装药并及时疏通。如已装入雷管或起爆药包，不得强行疏通，应保护好雷管或起爆药包，报告爆破工程技术人员采取补救措施。

7.2.8 装药结束后，应进行检查验收，验收合格后再进行填塞和联网作业。

7.2.9 高台阶抛掷爆破应与预裂爆破结合使用。

7.2.10 深孔爆破使用空气间隔器时，应确保空气间隔器与使用环境要求相匹配；使用前应进行空气间隔器充气速度测试和负荷试验；使用时不应损伤空气间隔器外防护层。

7.3 预裂爆破和光面爆破

7.3.1 采用预裂爆破或光面爆破技术时，验孔、装药等应在现场爆破工程技术人员指导监督下由熟练爆破员操作。

7.3.2 预裂孔、光面孔应按设计要求钻凿在一个布孔面上，钻孔偏斜误差不得超过 1.5%。

7.3.3 布置在同一控制面上的预裂孔，应采用导爆索网路同时起爆，如同时起爆药量超过安全允许药量时,也可分段起爆。

7.3.4 预裂爆破、光面爆破应严格按设计的装药结构装药。若采用药串结构药包,在加工和装药过程中应防止药卷滑落;若设计要求药包装于钻孔轴线,应使用专门的定型产品或采取定位措施。

7.3.5 预裂爆破、光面爆破应按设计进行填塞。

7.3.6 预裂爆破孔应超前相邻主爆破孔或缓冲爆破孔起爆,时差应不小于 75 ms。光面爆破孔应滞后相邻主爆破孔起爆。

7.4 复杂环境深孔爆破

7.4.1 复杂环境深孔爆破工程应设立指挥部,统筹安排设计施工及善后工作;设计前应对爆区周围人员、地面和地下建(构)筑物及各种设备、设施分布情况等进行详细的调查研究,爆破前还应进行复核。

7.4.2 爆破孔深一般应限制在 20 m 之内,并严格控制钻孔偏差。

7.4.3 应采用毫秒延时爆破,并严格控制可能发生的段数重叠;应按环境要求限制单段最大爆破药量,并采取必要的减振措施。

7.4.4 填塞长度应不小于底盘抵抗线与装药顶部抵抗线平均值的 1.2 倍。

7.4.5 起爆网路应由有经验的爆破员连接,并经爆破工程技术人员检查验收。

7.4.6 爆破有害效应的监测除按 6.10 有关规定执行外,对 C 级及其以下级别的复杂环境深孔爆破工程,如认为可能引起民房及其他建(构)筑物、设施损伤,应作相应有害效应监测。

7.5 浅孔爆破

7.5.1 露天浅孔开挖应采用台阶法爆破。

7.5.2 在台阶形成之前进行爆破应加大填塞长度和警戒范围。

7.5.3 装填的炮孔数量,应以一次爆破为限。

7.5.4 采用浅孔爆破平整场地时,应尽量使爆破方向指向一个临空面,并避免指向重要建(构)筑物。

7.5.5 破碎大块时,单位炸药消耗量应控制在 150 g/m³ 以内,应采用齐发爆破或短延时毫秒爆破。

7.6 保护层开挖爆破

7.6.1 建(构)筑物岩石基础邻近保护层开挖爆破时,应按要求控制单段爆破药量、一次爆破总装药量和

起爆排数。

7.6.2 紧邻水平建基面的开挖,应优先采用预留保护层的开挖方法。紧邻水平建基面的岩体保护层厚度,应由设计或现场爆破试验确定,台阶爆破钻孔不应钻入预留的保护层内。

7.6.3 保护层的一次爆破法应根据施工条件在下列方法中选取,并经爆破技术负责人批准:

——水平预裂爆破与水平孔台阶爆破相结合的方法;

——水平预裂爆破与上部竖直浅孔台阶爆破相结合的方法;

——岩石较软或较坚硬,选用水平光面爆破与水平浅孔台阶爆破相结合的方法;

——孔底加柔性或复合垫层的台阶爆破法。

7.6.4 保护层开挖爆破方法，应经过试验验证后才能大规模实施，无论采用何种开挖爆破方式，钻孔均不应钻入建基面。

7.7 冻土爆破

7.7.1 冻土爆破应选择防水耐冻爆破器材。

7.7.2 冻土爆破施工前，应进行冻土温度测定，通过试爆确定爆破参数；当冻土温度发生变化时，应依据冻土物理力学性质的变化及时调整爆破参数。

7.7.3 采用现场加工聚能药包在冻土凿孔时，应制定安全操作细则并经爆破技术负责人批准。

7.8 硐室爆破

7.8.1 爆破作业单位应有不少于一次同等级别的硐室爆破设计施工实践，爆破技术负责人应有不少于一次同等级别的硐室爆破工程的主要设计人员或施工负责人的经历。

7.8.2 硐室爆破设计施工、安全评估和安全监理，除执行第 4 章、第 5 章、第 6 章的有关规定外，还应重点考虑以下几个方面的安全问题：

——爆破对周围地质构造、边坡以及滚石等的影响；

——爆破对水文地质、溶洞、采空区的影响；

——爆破对周围建（构）筑物的影响；

——在狭窄沟谷进行硐室爆破时空气冲击波、气浪可能产生的安全问题；

——大量爆堆本身的稳定性；

——地下硐室爆破在地表可能形成的塌陷区；

——爆破产生的大量气体窜入地下采矿场和其他地下空间带来的安全问题；

——大量爆堆入水可能造成的环境破坏和安全问题。

7.8.3 在硐室开挖施工期间应成立工程指挥部，负责开挖工程组织、临时作业人员培训、考核和其他准备工作；爆破之前应按 6.2.1 的规定成立爆破指挥部。

7.8.4 硐室爆破导硐设计开挖断面不小于 1.5 m × 1.8 m，小井不小于 1 m²，一般平硐坡度应≥1%；掘进工程完成后，应由设计、施工、监理三方共同验收，主要验收标准为：

——硐内清洁无杂物，不残存爆破器材、爆渣和金属物；

——硐顶硐壁无浮石，支护地段稳固并做好地质编录工作；

——硐内无积水，渗漏的药室硐应设防水棚和排水沟；

——药室容积不小于设计要求，中心坐标误差不超过 ± 30 cm；

——硐内杂散电流不大于 30 mA。

7.8.5 装药前应根据开挖工程验收结果及实测最小抵抗线大小，调整爆破设计并按硐口做出施工分解图，图中应标明：

——每个硐口内各药室的装药量、装药部位、起爆体编号雷管段别和安装位置；

——填塞段位置及填塞料数量；

——该硐内所需起爆器材、电线、线槽等的总量；

——辅助器材及工具。

7.8.6 硐室爆破起爆体由熟练的爆破员加工、存放、安装，且应满足下列要求：

——在专门场所加工、存放；

——质量不应超过 20 kg；

——外包装应用木箱，内衬作防水包装；

——应在包装箱上写明导硐号、药室号、雷管段别、电阻值；

——起爆箱内的雷管和导爆索结应固定在木箱内；

——起爆体运输、安装应由 2 名熟练的爆破员操作，并作安装记录；

——起爆体应存放在安全地点并有专人看守，不得存放在硐口、硐内。

7.8.7　装药应由爆破员在工作面操作或指挥，严格按设计分解图规定的数量（袋数）整齐紧密码放。

7.8.8　装药时可使用 36 V 以下的低压电源照明，照明灯应加保护网，照明线路应绝缘良好，电灯与炸药堆之间的水平距离不应小于 2 m；电雷管起爆体装入药室前，应切断一切电源并拆去除起爆网

路外的一切金属导体，改为安全矿灯或绝缘手电筒照明。

7.8.9　每个药室装药完成后均应进行验收，核实装药和起爆网路连接无误后才允许进行填塞作业。填塞时应保护好硐内敷设的起爆网路。

7.8.10　硐室爆破填塞工作应由爆破员在工作面指挥，应使用编织袋装开挖石渣作填塞料，填塞应整齐、严密，不得有空顶，不得以任何方式减少填塞长度；硐内有水时应在硐底留排水沟并保持排水通畅；填塞过程应检查质量，填塞完成后应验收、记录。

7.8.11　硐室爆破应采用复式起爆网路并作网路试验；敷设起爆网路应由熟练爆破员实施、爆破技术人员督查，按从后爆到先爆、先里后外的顺序联网，联网应双人作业，一人操作，另一人监督、测量、记录，严格按设计要求敷设；电爆网路应设中间开关。

7.8.12　起爆站应配置良好的通讯设备，起爆站长负责站内工作，从联网工作开始，应安排专人看管起爆站。

7.8.13　爆后检查除应遵守 6.8 的规定外，还应在清挖爆破岩渣时派专人跟班巡查有无疑似盲炮，发现疑似盲炮的迹象，应立即停止清挖并设置警戒区，报告爆破技术负责人，进行排查处理。在排查处理期间禁止一切爆破作业。

7.8.14　重大硐室爆破工程应按设计要求安排现场小型试验爆破，并根据试验结果修改爆破设计。

7.8.15　硐室爆破结束后均应进行总结，总结报告除了应符合 6.11 的规定外，还应包括主要技术经济指标、社会效益和经济效益。

7.9　地震勘探爆破

7.9.1　实施地震勘探爆破的有关爆破人员应严格执行定岗、定责的规定，坚持规范上岗；爆破人员岗位或工作单位变动，要报上一级安全管理部门登记备案。

7.9.2　制作炸药包时，应设置半径大于 15 m 的警戒区，并远离炸药车 15 m 以上，远离无线电设备 30 m 以上；不应提前制作炸药包，炸药包不得在野外过夜。

7.9.3　往炮井中安放炸药包时，应由专人负责，炸药包下到井底并确认没有上浮后方可用细土、细砂埋井，不应用石块、砖块、冻土块、铁片等硬物埋井；严禁使用钻杆等机械往井下压炸药包。

7.9.4　起爆站应设在视野开阔与炮井通视条件良好的炮井上风方向的安全区内，如不

能通视则应派人站在双方均能看到的安全位置，监视爆破点警戒区域内的安全情况并用旗语通知起爆站。起爆站距炮井的距离不应小于：

——砂土、黏土层，30 m；

——岩石、冻土层，60 m；

——井深小于 5 m（或坑炮），100 m；

——特殊情况应按爆炸方式，使用药量由设计计算确定。

在起爆站周围 30 m 范围内，无关人员不应进入，站内不准堆放与爆破作业无关的物品。不应将两个（包含两个）以上炮井的炮线同时引到起爆站。

7.9.5　在水域进行地震勘探爆破施工时，应遵守第 10 章的有关规定。爆破作业船应有专人负责警戒，确保爆破点周围 200 m 内无任何船只和人员；爆破作业船与爆破点之间的距离不得小于 100 m。

8　地下爆破

8.1　一般规定

8.1.1　地下爆破可能引起地面塌陷和山坡滚石时，应在通往塌陷区和滚石区的道路上设置警戒，树立醒目的警示标识，防止人员误入。

8.1.2　工作面的空顶距离超过设计或超过作业规程规定的数值时，不应爆破。

8.1.3　采用电力起爆时，爆破主线、区域线、连接线，不应与金属物接触，不应靠近电缆、电线、信号线、铁轨等。

8.1.4　距井下爆破器材库 30 m 以内的区域不应进行爆破作业。在离爆破器材库 30～100 m 区域内进行爆破时，人员不应停留在爆破器材库内。

8.1.5　地下爆破时，应明确划定警戒区，设立警戒人员和标识，并应采用适合井下的声响信号。发布的"预警信号"、"起爆信号"、"解除警报信号"，应确保受影响人员均能辨识。

8.1.6　井下工作面所用炸药、雷管应分别存放在受控加锁的专用爆破器材箱内，爆破器材箱应放在顶板稳定、支架完整、无机械电气设备、无自燃易燃或其他危险物品的地点。每次起爆时均应将爆破器材箱放置于警戒线以外的安全地点。

8.1.7　地下爆破出现不良地质或渗水时，应及时采取相应的支护和防水措施；出现严重地压、岩爆、瓦斯突出、温度异常及炮孔喷水时，应立即停止爆破作业，制定安全方案和处理措施。

8.1.8　爆破后，应进行充分通风，检查处理边帮、顶板安全，做好支护，确认地下爆破作业场所空气质量合格、通风良好、环境安全后方可进行下一循环作业。

8.1.9　在城市、大海、河流、湖泊、水库、地下积水下方及复杂地质条件下实施地下爆破时，应作专项安全设计并应有切实可行的应急预案。

8.1.10　地下爆破应有良好照明，距爆破作业面 100 m 范围内照明电压不得超过 36 V。

8.2　井巷掘进爆破

8.2.1　用爆破法贯通巷道，两工作面相距 15 m 时，只准从一个工作面向前掘进，并应在双方通向工作面的安全地点设置警戒，待双方作业人员全部撤至安全地点后，方可起爆。天井掘进到上部贯通处附近时，不宜采取从上向下的坐炮贯通法；如果最后一炮在下面钻孔爆破不安全，需在上面坐炮处理时，应采取可靠的安全措施。

8.2.2　间距小于 20 m 的两个平行巷道中的一个巷道工作面需进行爆破时，应通知相邻巷道工作面的作业人员撤到安全地点。

8.2.3 独头巷道掘进工作面爆破时，应保持工作面与新鲜风流巷道之间畅通；爆破后，作业人员进入工作面之前，应进行充分通风。

8.2.4 天井掘进采用大直径深孔分段装药爆破时，装药前应在通往天井底部出入通道的安全地点设置警戒，确认底部无人时，方准起爆。

8.2.5 竖井、盲竖井、斜井、盲斜井或天井的掘进爆破，起爆时井筒内不应有人；井筒内的施工提升悬吊设备，应提升到施工组织设计规定的爆破安全范围之外。

8.2.6 在井筒内运送起爆药包，应把起爆药包放在专用木箱或提包内；不应使用底卸式吊桶；不应同时运送起爆药包与炸药。

8.2.7 往井筒掘进工作面运送爆破器材时，应遵守14.1.6.1的规定，还应做到：除爆破员和信号工外，任何人不应留在井筒内；工作盘和稳绳盘上除押运爆破器材的爆破员外，不应有其他人员；装药时，不应在吊盘上从事其他作业。

8.2.8 井筒掘进使用电力起爆时，应使用绝缘良好的柔性电线或电缆作爆破导线；电爆网路的所有接头都应用绝缘胶布严密包裹并高出水面。

8.2.9 井筒掘进起爆时，应打开所有的井盖门；与爆破作业无关的人员应撤离井口。

8.2.10 用钻井法开凿竖井井筒时，破锅底和开马头门的爆破作业应制定安全技术措施，并报单位爆破技术负责人批准。

8.2.11 用冻结法施工竖井井筒，冻结段的爆破作业应制定安全技术措施，并报单位爆破技术负责人批准。

8.2.12 人工冻土爆破应采取下列措施确保冻结管安全：

——爆破前书面通知冻结站停止盐水循环；

——爆破后与冻结站人员一起下井检查，确认冻结管无损坏时，方可恢复盐水循环；

——在后续出渣和钻孔过程中，要认真观察井帮，发现有出水或出现黄色水迹，应立即通知冻结站，关闭有关冻结管并检查。

8.2.13 用反井法掘进时，爆破作业应遵循下列规定：

——反井应及时采用木垛盘支护；爆破前最后一道小垛盘距离工作面不应超过1.6 m；

——爆破前应将人行格和材料格盖严；爆破后，首先充分通风，待有害气体吹散，方可进入检查；检查人员不应少于2人；经检查确认安全，方可进行作业；

——用吊罐法施工时，爆破前应摘下吊罐，并放置在水平巷道的安全地点；爆破后，应指定专人检查提升钢丝绳和吊具有无损坏。

8.2.14 桩井爆破应遵守下列规定：

——桩井掘进爆破，应遵守井巷掘进爆破的有关规定；

——桩井爆破作业应有专人负责指挥；

——井深不足10 m时，井口应做重点覆盖防护；

——应控制爆破振动的影响，确保邻井井壁和桩体的安全；

——爆后应修整井壁并及时清渣。

8.3 地下大跨度硐群开挖爆破

8.3.1 深孔爆破的钻孔直径不应超过90 mm，台阶高度不应超过8 m。

8.3.2 大跨度硐室边墙、顶板及硐群交汇部位应进行预裂爆破或光面爆破。

8.3.3 当地下厂房需留岩锚梁时，岩锚梁岩壁保护层开挖应采用浅孔爆破法。

8.3.4 大跨度硐群开挖，应按设计的开挖顺序进行，爆破时应监控爆破振动对本硐室及相邻硐室的影响。

8.4 地下采场爆破

8.4.1 浅孔爆破采场应通风良好、支护可靠并应至少有两个人行安全出口；特殊情况下不具备两个安全出口时，应报单位爆破技术负责人批准。

8.4.2 深孔爆破采场爆破前应做好以下准备工作：

——建立通往爆区井巷的良好通行条件和装药现场的作业条件，必要时在适当位置建立防冲击波阻波墙；

——巷道中应设有通往爆破区和安全出口的明显路标，并设联通爆破作业区和地表爆破指挥部的通讯线路；

——现场划定爆破危险区，并在通往爆破危险区的所有井巷的入口处设置明显的警示标识；

——验收合格的深孔应用高压风吹干净，列出深孔编号，废孔应作出明显标识。

8.4.3 地下深孔爆破作业，应遵守7.2和7.3的有关规定，还应符合以下要求：

——装药开始后，爆区50 m范围内不应进行其他爆破；

——现场加工起爆药包应选择不受其他作业影响的安全地点；

——现场装药、填塞、联网、起爆，应由专职爆破员进行，遇有装药故障，应在爆破技术人员指导下进行处理；

——需要回收的装药操作台、人行梯子等物，应在起爆网路连接完成、并经现场爆破负责人检查无

误后，由专人从工作面开始向起爆站方向依次回收。回收操作不得影响和损坏起爆网路。

8.4.4 地下开采二次爆破时，应遵守下列规定：

——起爆前应通知可能受影响的相邻采场和井巷中的作业人员撤到安全地点；

——人员不应进入溜井与漏斗内爆破大块矿石；

——人员不应进入采场放矿出现的悬拱或立槽下方危险区实施二次爆破；

——在与采场短溜井、溜眼相对或斜对的出矿漏斗处理卡斗或二次爆破时，应待溜井、溜眼下部的放矿作业人员撤到安全地点后方可进行，且爆破作业人员应有可靠的防坠措施；

——地下二次破碎地点附近，应设专用炸药箱和起爆器材箱，其存放量不应超过当班二次爆破使用量；

——在旋回、漏斗等设备、设施中的裸露药包爆破，应在停电、停机状态下进行，并应采取相应的安全措施。

8.5 溜井(含矿仓)堵塞处理

8.5.1 用爆破法处理溜井堵塞，不允许作业人员进入溜井，应采用竹、木等材料制作的长杆把炸药包送到堵头表面进行爆破振动处理。

8.5.2 当溜井堵塞、矿石粘壁，经多次爆振仍未塌落，准备采用特殊方法处理时，应制定和采取可靠安全措施，经爆破技术负责人批准后，在安全部门监护下作业。

8.5.3 用矿用火箭弹处理溜井堵塞时，应遵守下列规定：

——爆破员应经过火箭弹使用技术的专门培训；

——堵塞处不稳定(如掉石块)时，不得使用矿用火箭弹处理；

——用矿用火箭弹处理溜井堵塞时，相邻井巷、采场不应进行其他爆破作业；

——堵塞物一次未处理完，当班不应第二次用矿用火箭弹处理。

8.5.4　处理采场卡斗和悬顶爆破，应遵守下列规定：

——处理卡斗和悬顶人员，应经专门技术培训；

——处理卡斗和悬顶前，应保证作业人员进出通道畅通，观察人员应在照明充足和有人监护的条件下，确认卡斗、悬顶类型并做好记录；

——根据卡斗高度不同，应采用不同的处理方法(爆破振动法、直接爆破法和火箭弹法等)；

——当有人进入漏斗作业时，应停止相邻采场的爆破和出矿，且应有专人监护和警戒；

——振动爆破每次用药量不超过 2 kg，破碎爆破每次用药量不超过 20 kg；

——巨型石块卡堵在漏斗上方无冒落危险采用浅孔爆破法处理时，应在漏斗内搭操作平台，支护四壁岩石；从支护到爆破完毕应连续作业；

——用爆破方法处理采场残柱及悬顶，应由爆破技术负责人组织制定处理方案并实施。

8.6　煤矿井下爆破(包括有瓦斯或煤尘爆炸危险的地下工程爆破)

8.6.1　井下爆破工作应由专职爆破员担任，在煤与瓦斯突出煤层中，专职爆破员应固定在同一工作面工作，并应遵守下列规定：

——爆破作业应执行装药前、爆破前和爆破后的"一炮三检"制度；

——专职爆破员应经专门培训，考试合格，持证上岗；

——专职爆破员应依照爆破作业说明书进行作业。

8.6.2　在有瓦斯和煤尘爆炸危险的工作面爆破作业，应具备下列条件：

——工作面有风量、风速、风质符合煤矿安全规程规定的新鲜风流；

——使用的爆破器材和工具，应经国家授权的检验机构检验合格，并取得煤矿矿用产品安全标识；

——掘进爆破前，应对作业面 20 m 以内的巷道进行洒水降尘；

——爆破作业面 20 m 以内，瓦斯浓度应低于 1%。

8.6.3　煤矿井下爆破作业，必须使用煤矿许用炸药和煤矿许用电雷管，不应使用导爆管或普通导爆索。

煤矿和有瓦斯矿井选用许用炸药时，应遵守煤炭行业规定；同一工作面不应使用两种不同品种的炸药。

8.6.4　煤矿井下爆破使用电雷管时，应遵守下列规定：

——使用煤矿许用瞬发电雷管或煤矿许用毫秒延时电雷管；

——使用煤矿许用毫秒延时电雷管时，从起爆到最后一段的延时时间不应超过 130 ms。

8.6.5　煤矿井下应使用防爆型起爆器起爆；开凿或延深通达地面的井筒时，无瓦斯的井底工作面可使用其他电源起爆，但电压不应超过 380 V，并应有防爆型电力起爆接线盒。

8.6.6　推广使用新工艺、新设备、新器材等除应遵守 6.3.1.3 的规定外，煤矿井下使用新型爆破器材须经国家授权的检验机构检验合格，并取得煤矿矿用产品安全标识后，方可在煤矿井下试用。

8.6.7　装药前和爆破前有下列情况之一的，不应装药、爆破：

——采掘工作面的控顶距离不符合作业规程的规定、支架有损坏、伞檐超过规定；

——爆破地点附近20 m以内风流中瓦斯浓度达到1%；

——炮孔内发现异状、温度骤高骤低、有显著瓦斯涌出、煤岩松散、穿透老采空区等情况；

——在爆破地点20 m以内，矿车、未清除的煤、矸或其他物体堵塞巷道断面1/3以上；

——采掘工作面风量不足。

8.6.8　炮孔填塞材料应用黏土或黏土与砂子的混合物，不应用煤粉、块状材料或其他可燃性材料。

炮孔填塞长度应符合下列要求：

——炮孔深度小于0.6 m时，不应装药、爆破；在特殊条件下，如挖底、刷帮、挑顶等确需炮孔深度小于0.6 m的浅孔爆破时，应封满炮泥，并应制定安全措施；

——炮孔深度为0.6~1.0 m时，封泥长度不应小于炮孔深度的1/2；

——炮孔深度超过1.0 m时，封泥长度不应小于0.5 m；

——炮孔深度超过2.5 m时，封泥长度不应小于1.0 m；

——光面爆破时，周边光爆孔应用炮泥封实，且封泥长度不应小于0.3 m；

——工作面有两个或两个以上自由面时，在煤层中最小抵抗线不应小于0.5 m，在岩层中最小抵抗线不应小于0.3 m；浅孔装药二次爆破时，最小抵抗线和封泥长度均不应小于0.3 m；

——炮孔用水炮泥封堵时，水炮泥外剩余的炮孔部分应用黏土炮泥或不燃性的、可塑性松散材料制成的炮泥封实，其长度不应小于0.3 m；

——无封泥，封泥不足或不实的炮孔不应爆破。

8.6.9　有煤（岩）和瓦斯突出危险的采掘工作面，废炮孔也应在爆破前用炮泥封实；大直径炮孔的填塞深度，应超过炮孔装药的长度。

8.6.10　在有瓦斯或煤尘爆炸危险的采掘工作面，应采用毫秒延时爆破；掘进工作面应全断面一次起爆；采煤工作面，可分组装药，但一组装药应一次起爆且不应在一个采煤工作面使用两台起爆器同时进行爆破。

8.6.11　在有瓦斯或煤尘爆炸危险的矿井中，放顶煤工作面不应用爆破挑顶煤。

8.6.12　爆破法处理卡在溜煤（矸）孔中的煤、矸时，应遵守下列规定：

——应采用取得煤矿矿用产品安全标识的用于溜煤（矸）孔的煤矿许用被筒炸药或不低于该安全等级

的煤矿许用炸药；

——每次只准使用一个煤矿许用电雷管，最大装药量不应超过450 g；

——爆破前应检查溜煤（矸）孔内堵塞部位上部和下部空间的瓦斯；

——爆破前应洒水。

8.6.13　采用振动爆破揭开有煤（岩）与瓦斯突出危险的煤层时，应按专门设计及规定进行，并应遵守以下规定：

——选用符合分级规定的爆破器材，采用铜脚线的煤矿许用毫秒电雷管且不应跳段使用；

——爆破母线应采用专用电缆,并尽可能减少接头,有条件的可采用遥控发爆器;

——爆破前应加强振动爆破地点附近的支护;

——振动爆破应一次全断面揭穿或揭开煤层;如果未能一次揭穿煤层,掘进剩余部分的第二次爆破作业仍应按振动爆破的安全要求进行。

8.6.14 振动爆破工作面,应具有独立、可靠、畅通的回风系统;爆破时回风系统内应切断电源,且不应有人员作业或通过。

8.6.15 振动爆破应由爆破技术负责人统一指挥,并有救护队员在指定地点值班,爆破30 min 后,检查人员方可进入工作面检查。

8.6.16 石门揭煤采用远距离爆破时,应制定专项安全措施,内容应包括爆破地点、避灾路线、停电范围、撤人和警戒范围等。

8.6.17 煤巷掘进工作面爆破时,起爆地点应设在进风侧反向风门之外的全风压通风的新鲜风流中或避难硐室内,装药前回风系统必须停电撤人,爆破后不应小于30 min 方允许进入工作面检查。

8.7 钾矿井下爆破

8.7.1 装药前应测定爆破作业面及其20 m 以内的所有巷道和起爆站等重要部位空气中的氢气和瓦斯浓度,确认无危险时,方准进行爆破准备工作。

8.7.2 起爆站应设在安全区的新鲜风流中。

8.7.3 装药前,应切断采区的动力电源和照明电源;起爆前,应检查起爆网路绝缘情况。

8.7.4 起爆网路的设计,应保证炮孔按逆风流方向依次顺序起爆。

8.7.5 爆后15 min,瓦斯检查员方准进入爆破作业面和电气设备附近检查瓦斯、氢气等浓度;确认无瓦斯爆炸危险,并检查确认动力电网、照明电网和电气设备无破损且绝缘良好,方可恢复送电;通风正常之后,方准人员进入工作面作业。

8.7.6 在有氢气和瓦斯爆炸危险的矿井爆破时,应使用符合钾矿爆破安全要求的爆破器材。

8.8 石油矿和地蜡矿井下爆破

8.8.1 应根据矿井空气中有毒气体、瓦斯和油蒸气等爆炸危险性气体的浓度,确定允许进行爆破作业的工作面,经单位爆破技术负责人批准后方可爆破。

8.8.2 在批准爆破作业的地点进行爆破,应遵守下列规定:

——确保爆破作业面有新鲜风流,可燃气体的浓度不超标;

——使用煤矿许用炸药;

——使用煤矿许用型雷管;

——不准使用裸露药包或不足1.0 m 深的炮孔爆破;

——炮孔深度为1.0~1.5 m 时,填塞长度不应小于孔深的1/2;炮孔深度超过1.5 m 时,填塞长度不应小于孔深的1/3,且不小于0.75 m;不得采用无填塞爆破;

——有多个自由面时,每个方向的最小抵抗线不应小于0.5 m。

8.8.3 装药与起爆前,应测定工作面及其20 m 以内的所有巷道和起爆站的瓦斯、油蒸气浓度。

8.8.4 应清除工作面及其20 m 以内的各巷道底板上的石油,并覆盖砂子。

8.8.5　爆破作业现场应有专人监护。

8.8.6　每次爆破后,应有专人检查工作面及通风情况,经爆破技术负责人批准后,方准许人员进入工作面。

8.8.7　有轻石油和瓦斯强烈喷出的炮孔,不应装药爆破;只有少量滴状石油析出的炮孔,装药前应仔细清除油滴。

8.9　放射性矿井爆破

8.9.1　放射性矿井爆破与放射性物探应遵守下列规定:

——井下采掘作业面应根据物探编录进行爆破设计;

——凿炮孔前应对工作面进行 γ 取样,确定矿体厚度、品位,圈定矿体边界,打孔后应进行 γ 测孔,区分矿石和废石;

——根据物探测孔资料确定炮孔装药方案,实施分爆分采;

——爆破后应进行放射性测量,根据物探测量资料进行分装分运;

——采场作业面分爆分运之后,还需进行物探钻孔找边,只有在物探找边完毕后,才能实施上采钻孔的施工。

8.9.2　采用原地爆破浸出工艺的采场,在爆破筑堆前应结合采切工程进行生产探矿设计和施工,并根据生产探矿资料计算采场储量,作为深孔爆破施工设计和浸出效果评估的基础资料。

钻孔施工结束后及时验孔并同时进行物探测孔、编录和上图,为爆破装药设计提供资料,并按炮孔排面进行储量核算。

8.9.3　采场原地浸出爆破宜采用小补偿空间一次挤压爆破方式,挤压爆破空间补偿系数宜控制在 15% ~20% 范围内。

8.9.4　原地爆破浸出采场的爆破作业应遵守下列规定:

——对于中等厚度以下矿体,采场采用上向平行凿岩,炮孔深度不应大于 15 m;

——对于中等厚度以上矿体,可采用大于 15 m 的深孔爆破,但应经过严格的论证;

——一次爆破取段长度控制在 60 m 以内;

——应保证爆破后 80% 以上的矿岩粒度小于 150 mm;

——设计装药单耗比非原地爆破浸出采场的装药单耗增加 20% ~30%;

——爆破装药到起爆的时间不超过 24 h。

8.9.5　放射性矿井爆破后的通风应符合下列规定:

——以稀释氡气及氡子体浓度作为计算爆破后通风量的依据;

——爆破后工作面通风时间不应少于 30 min;

——井下深孔大爆破后应开启主风机,经通风吹散有害气体,达到设计要求的通风时间(不得少于 48 h)后,安全检查人员佩带防护装置和检测仪器到各工作面检测有毒、有害气体的含量;

——只有氡气浓度小于 2700 Bq/m³,方可允许作业人员进入工作面作业;

——原地爆破浸出采场的布液巷和集液巷应与矿井回风系统贯通,确保原地爆破浸出采场析出的氡引入回风系统。

8.9.6　放射性矿井的凿岩爆破作业人员应遵守下列规定:

——应佩带好防护用品(包括口罩、个人计量剂)才能进入工作面;

——每天只应上一班，每班作业时间不应超过 6 h；

——作业结束后应洗澡，并经放射性剂量监测合格。

8.9.7 自然温度高于 30℃ 的放射性矿井的工作面，应有完备的降温措施，保证工作面的温度低于 30℃，同时适当控制持续作业时间。

8.9.8 水文地质条件复杂的大水铀矿床的采掘工作面应布置 3 个以上超前探水钻孔，钻孔深度不少于 25 m。

8.10 隧道开挖爆破

8.10.1 隧道开挖方法应根据隧道周围环境、工程地质条件、开挖断面形式及尺寸、施工设备、工期等因素，选择全断面法、半断面法或分部爆破开挖法。

8.10.2 非长大隧道掘进时，起爆站应设在硐口侧面 50 m 以外；长大隧道在硐内的避车洞中设立起爆站时，起爆站距爆破位置应不小于 300 m，并能防飞石、冲击波、噪声等对人员的伤害。

8.10.3 隧道爆破时，所有人员和机械应撤离到安全地点，警戒人员应从爆破工作面向外全面清场，待警戒人员到达起爆站后，确认隧道内无人方可进行起爆。

8.10.4 隧道贯通爆破应遵守 8.2.1 有关规定；两条相邻平行隧道开挖爆破时，应遵守 8.2.2 有关规定。

8.10.5 长大隧道掘进，应配备充足的通风设备加强通风，保证硐内空气质量符合标准。

8.10.6 用压气盾构法掘进隧道时，不应将爆破器材放在有压缩空气的区域内。

8.10.7 隧道掘进遇到煤夹层时，应进行瓦斯监测并调整人员避炮安全距离。

9 高温爆破

9.1 一般规定

9.1.1 高温爆破作业人员应经过专门培训，且形成固定搭配。

9.1.2 高温爆破温度低于 80℃ 时，应选用耐高温爆破器材或隔热防护措施，温度超过 80℃ 时，必须对爆破器材采取隔热防护措施。

9.1.3 装药前应测定工作面与孔内温度，掌握孔温变化规律；温度计应进行标定，确保测温准确。

9.1.4 高温爆破作业面附近的非爆破工作人员，应在装药前全部撤离。

9.1.5 装药时，应按从低温孔到高温孔的顺序装药；在既有高温孔又有常温孔的爆区，应先把常温孔装填好之后，再实施高温孔装药。

9.1.6 装药时，应根据孔温限定装药至起爆的时间，并做好人员应急撤离方案，在限定时间内所有人员撤离到安全地点。

9.1.7 装药时，应安排专人监督，发现炮孔逸出棕色浓烟等异常现象时，应迅速组织撤离。

9.2 高温岩石爆破

9.2.1 装药前应做好以下准备工作：

——降低炮孔温度；

——测温并掌握温度上升规律；

——爆破器材隔热防护。

9.2.2 降温应遵守以下规定：

——每次降温后，应重新测量孔深并监测升温过程，如果炮孔变浅或坍塌，应及时调整该炮孔及其周围炮孔的装药量；

——对回温较快的炮孔应采取进一步的降温措施，并注意观测温度变化；

——装药前爆破员要对炮孔的温度、孔深进行测量并做好记录。

9.2.3 装药前的测温应遵守以下规定：

——测温应两人同时进行，并在装药前将孔温在现场标注清楚；

——测温应使用两种不同类型的测温仪同时进行，并分别做好记录。

9.2.4 露天台阶高温爆破应采用垂直炮孔。

9.2.5 高温爆破时不得在高温炮孔内放置雷管，应采用孔内敷设导爆索、孔外使用电雷管和导爆管雷管的起爆方式；应将导爆索捆在起爆药包外，不得直接插入药包内。

9.2.6 应严格控制一次高温爆破的炮孔数目，确保在规定的时间内完成装药、填塞及起爆工作。

9.2.7 高温孔的装药应在炮孔的填塞材料全部备好，所有作业人员分工明确并全部到位，孔外起爆网路全部连接好后进行。

9.2.8 在装药过程中如发生堵孔，在规定时间内不能处理完毕，应立即放弃该孔装药，并注意观察。

9.3 高温高硫矿山爆破

9.3.1 高温高硫矿山爆破应遵守9.2的规定。

9.3.2 高温高硫矿（岩）的大规模爆破应选用稳定性高、不易自燃自爆的炸药；在矿岩与常用炸药接触有较强反应的区域进行爆破作业时，应使用防自燃自爆的安全炸药。

9.3.3 高温高硫矿（岩）的爆破，应尽量避免炸药与高温高硫矿石接触，应控制药包与炮孔壁的接触时间，必要时采取隔离措施。

9.3.4 在具有硫尘或硫化物粉尘爆炸危险的矿井进行爆破时，应遵守下列规定：

——定期测量粉尘浓度；

——不许采用裸露药包爆破和无填塞的炮孔爆破，炮孔填塞长度应大于炮孔全长的1/3，并应大于0.3 m；

——装药前，工作面应洒水：浅孔爆破时，10 m范围内均应洒水；深孔爆破时，30 m范围内均应洒水；

——爆破作业人员应随身携带自救器，使用防爆蓄电池灯照明。

9.3.5 在高温高硫矿井爆破时，应遵守下列规定：

——应使用加工良好的耐高温防自爆药包，且药包不应有损坏、变形；

——装药前应测定工作面与孔内温度，孔温不应高于药包安全使用温度；

——爆前、爆后应加强通风，并采取喷雾洒水、清洗炮孔等降温措施；

——用导爆索起爆时，应采用耐高温高强度塑料导爆索；

——不应使用含硫化矿的矿岩粉作填塞物；

——孔内温度为60℃～80℃时，应控制装药至起爆的间隔时间不超过1 h；

——孔内温度为80℃～120℃时，应用石棉织物或其他绝热材料严密包装炸药，采用防热处理的导爆索起爆，装药至起爆的间隔时间应通过模拟试验确定；

——孔内温度超过120℃时,应采用特种耐高温爆破器材。

9.3.6 在高硫矿井使用硝铵类炸药进行爆破,应事先测定硫化矿矿粉含硫量和铁离子浓度。当矿石含硫量超过30%,矿粉硫酸铁和硫酸亚铁的铁离子浓度之和(三价铁和二价铁)超过0.3%,作业面潮湿有水时,应遵守下列规定:

——清除炮孔内矿粉;

——炸药应包装完好,炸药不应直接接触孔壁;

——不应使用硫矿渣填塞炮孔并严格控制装药至起爆的时间。

9.3.7 在同时具有高温、高硫和硫尘爆炸危险的矿井爆破时,应根据实地情况,制定操作细则并采取可靠的安全防护措施。

9.3.8 具有自燃自爆倾向的露天高温高硫矿山爆破应遵守以下规定:

——爆前应实测炮孔温度,对高温炮孔应遵守9.3.5、9.3.6、9.3.7的有关规定;

——应采用添加抑制剂的乳化炸药,或使用高强度塑料袋进行隔离;

——实施大规模爆破前,应模拟装药条件(炮孔有水,相同环境、炸药、温度等)进行试验,取得可靠经验后,再实施爆破作业;

——不许实施预装药爆破;

——应在整个爆区装药完毕后集中填塞,并同时连接起爆网路。

9.4 热凝结物爆破

9.4.1 热凝结物破碎宜采用钻孔爆破,用专门加工的炮泥填塞。

9.4.2 炮孔底部温度超过200℃时,应采用定型隔热药包向炮孔内装药;温度低于200℃时,炮孔内药包应进行隔热处理,确保药包内温度不超过80℃。

9.4.3 装药前,先对炮孔进行强制降温,然后测定隔热包装条件下的包装内部温度上升曲线,确认5 min后隔热包装内的温度。

9.4.4 如孔内装雷管应采用双发,爆破前应先做隔热包装试验,保证雷管在5 min内不发生自爆。

9.4.5 孔内装导爆索时,爆破前应做导爆索隔热试验,确保传爆可靠。

9.4.6 热凝结物爆破开始装药前应作好清场、警戒工作。

9.4.7 多个药包同时爆破且炮孔底部温度高于80℃时,每人装药的孔数不得超过2个,装药时间内炸药温度不得超过80℃。

9.4.8 采用新型隔热材料应经模拟试验,确认安全可靠;定型隔热药包的作业时间和装药孔数应根据产品说明书和模拟试验结果确定。

9.4.9 热凝结物爆破出现盲炮时,待其自爆后再解除警戒;如需人工处理盲炮,应大量洒水使凝结物温度降至80℃以下再进行处理。

9.4.10 邻近有金属溶液出炉作业时,炉内不准进行爆破。

10 水下爆破

10.1 一般规定

10.1.1 进行水下爆破工程前,应征得有关部门许可,并由海事部门发布航行通告。

10.1.2 水下爆破实施前,爆破区域附近有建(构)筑物、养殖区、野生水生物需保护时,应针对爆破飞石、水中冲击波(动水压力)、爆破振动和涌浪等水下爆破有害效应制定有效的安全保护措施。

10.1.3 爆破作业船(平台)上的工作人员,作业时应穿好救生衣,无关人员不应登上爆破作业船(平台)。

爆破施工时,爆破作业船(平台)及其辅助船舶应悬挂信号(灯号);水域危险边界上应设置警告标识、禁航信号。

10.1.4 进行水下爆破前,除按6.2的规定作相应准备工作外,还应准备救生设备,选择爆破作业船及其辅助船舶并报批爆破器材的水上运输和贮存方案,调查水域中有无遗留的爆炸物和水中带电情况。

10.1.5 爆破作业负责人应根据爆破区的地质、地形、潮汐、水深、流速、流态、风浪和周围环境等情况布置爆破作业。

10.1.6 水下爆破应使用防水或经防水处理的爆破器材并进行与实际使用条件相应的抗水、抗压试验;爆破器材可存放在专用贮存船内。

10.1.7 水下爆破采用导爆管起爆网路时,水下不应有导爆管接头和接点;采用导爆索起爆网路时,水下导爆索的接头或接点应做防水处理,同时应在主爆线上加系浮标,使其悬吊;采用电爆网路时,水下导线宜采用柔韧绝缘铜线并避免水中接头。

10.1.8 在流速较大的水域进行爆破作业时,应采用高强度导爆管雷管起爆网路,并对爆破网路采取有效的防护措施。

10.1.9 水下爆破施工中,爆区附近有重要建(构)筑物、水生物需保护时,一次爆破药量应由小逐渐加大,并对水中冲击波、涌浪、爆破振动等进行监测和观察。

10.2 水下裸露药包爆破

10.2.1 水下裸露药包爆破只宜在爆夯、挤淤及水下钻孔爆破难以实施时采用。

10.2.2 水下裸露爆破的药包,应在专用的加工房或加工船上制作,并适当配重;加工区和存放区应采取绝缘、隔热处理并留有足够的安全距离。

10.2.3 投药船应采用结构坚固、技术性能良好的船只,工作舱内和船壳外表不应有尖锐的突出物,作业舱内不应存放任何带电物品。

10.2.4 在急流区域投药时,投药船应由定位船或有固定端的绳缆牵引。定位船不应走锚移位。

10.2.5 投药船离开投放药包地点前,应检查船底、舵板、推进器、装药设备等是否挂有药包或缠有网路线。

10.2.6 已投入水底(水中)的裸露药包,不应拖曳和撞击,应采取防止漂移措施并设置浮标。

10.3 水下钻孔爆破

10.3.1 水下钻孔爆破宜一次钻孔至炮孔设计的底标高,爆破顺序按由深水至浅水、由下游至上游的方向进行。

10.3.2 钻孔船(平台)应稳固,定位应准确并经常校核;钻孔位置的偏差:内河应小于20 cm,沿海应小于40 cm。

10.3.3 装药前应将孔内的泥砂、石屑吹净;在现场加工起爆药包,加工完毕应立即装入孔内。

10.3.4 装药时应拉稳药包提绳,配合送药杆进行,不应强行冲击、挤压卡塞在孔内的药包;深水爆破采用金属杆作为送药杆时,应对接触药包端作绝缘处理。

10.3.5 水下深孔采取孔内分段装药时，段间应有间隔填塞；采用孔内延时爆破时填塞长度不得小于炸药殉爆距离。

10.3.6 水下钻孔爆破应采用小于2.0 cm的碎石或粗砂填塞，填塞长度应不少于0.5 m。

10.3.7 水下钻孔爆破采用延时起爆网路时，延时雷管宜放入孔内；采用孔外延时起爆网路时，应采取措施对起爆网路进行保护。

10.3.8 钻机移位时应将钻杆和套管提离水面，不得刮（挂）断爆破网路；移船及涨潮、落潮时，应适当收放导线（导爆管）；导线（导爆管）上附有漂浮物时，应及时清理。

10.3.9 水下钻孔爆破连续作业时，爆破器材可存放在主管部门认可的临时专用贮存舱房内。

10.3.10 水下钻孔爆破应确保孔内炸药、雷管在防水有效时间内正常起爆。

10.4 水下岩塞爆破

10.4.1 水下岩塞爆破的设计除应遵照5.2的有关规定外，还应包括以下内容：

——岩塞口水下地形图及地质剖面图（1：100～1：200）；

——岩塞与聚渣坑的稳定性及其围岩渗漏性的分析；

——对水文地质情况的分析；

——采用硐室方案时，导硐及硐室开挖程序和相应爆破规模的规定；

——采用泄渣方案时，应对泄渣硐的损坏情况进行分析，并制定相应的应对措施；

——岩塞周边应采用预裂或光面爆破；

——水中冲击波、涌水对周围建（构）筑物影响的分析论证。

10.4.2 岩塞厚度小于10 m时，不应采用硐室爆破法。

10.4.3 岩塞体漏水量过大时，应作引水或止水处理。

10.4.4 装药工作开始之前，应将距岩塞工作面50 m范围内的所有电气设备全部撤离。

10.4.5 岩塞爆破应采用复式导爆管雷管起爆、电雷管起爆或数码电子雷管起爆网路；爆破器材应按设计要求进行防水试验，起爆网路应有可靠的保护措施。

10.5 破冰爆破

10.5.1 破冰爆破的爆破段（班）长，应由有破冰经验的爆破工程技术人员担任。

10.5.2 保护物周围的冰层，应先用人工或机械破碎；在特殊情况下，经爆破技术负责人批准和有关部门同意，才可使用小药包爆破破碎保护物周围的冰层。

10.5.3 用爆破法排除保护物附近的阻塞冰块、冰排时，一次爆破的炸药量应根据保护物、堤坝的坚固性和安全距离确定。采用火炮进行破冰排凌时，应严格控制弹丸破片对周边环境的有害影响。

10.5.4 从气垫船跨至冰层上作业的爆破人员，应穿好救生衣，携带杆子和木板，并系好安全带；待爆破人员撤至安全区域后，方可起爆。

10.6 爆炸挤淤与夯实

10.6.1 用裸露药包爆破时，应遵守10.2的规定。

10.6.2 爆炸挤淤筑堤置换厚度宜控制在4～25 m，布药施工中应遵守下列规定：

——每个药包内都应装有起爆体并捆扎牢固，传爆用的导爆索或导爆管应有保护措施；

——导爆索搭接长度不应少于0.3 m，不应用导爆索或导爆管拉扯重物；

——采用压入式装药机装药时，不应挤压或撞击药包、导爆管或导爆索；采用振冲式装药时，应先将套管振压就位后再投放药包，药包在套管内时不应开启振动装置；投放药包时，不应使药包在套管内自由坠落；

——泥下装药时，装药器应有可靠的脱钩装置，避免装药器在上拔过程中将药包带出；

——装药时，应对每个药包的装药深度、装药位置进行检查，对不符合要求的及时处理。

10.6.3 爆炸夯实分层夯实厚度不应大于 12 m；当药包在水面下的深度大于 8 m 时，分层夯实厚度不应超过 15 m。

10.6.4 爆炸夯实布药施工中应遵守下列规定：

——可采用水上布药船布药，低潮露出石面时也可采用人工陆上布药，可选用点、线或面的布药方式进行；

——应对药包捆扎配重物，避免移位；

——受风或水流影响时，应逆风或逆流布药；受风和水流同时影响时，应逆流布药；

——在水位变动区施工时，应保证起爆时水深符合爆破设计要求。

10.6.5 在饱和砂(土)地基附近进行爆破作业时，应遵照 13.8.5 的规定。

10.7 潜水爆破和水下结构物解体爆破

10.7.1 海上救助、沉船打捞、水下结构物解体、深水炸礁采用潜水爆破时，允许在作业船上设置供爆破器材贮存和加工的临时专用舱。

10.7.2 海上运输爆破器材，应使用符合航海等级的船舶，爆破器材应包装完好，不准分拆装卸。

10.7.3 潜水爆破应有良好的通讯设备，夜间进行潜水爆破应有良好的照明和通讯设备。

10.7.4 潜水爆破作业前，应对被爆物(如沉船等)进行调查和检测，如果被爆物内有易燃、易爆、有毒、放射性等危险物品时应采取有效的安全措施。

10.7.5 潜水爆破应在潜水员离开水面并将作业船移至安全地点后，方可起爆。

10.7.6 在潜水爆破作业时严禁进行与爆破无关的水下作业。

10.7.7 潜水爆破的炸药包，应由经过爆破培训的潜水员安放，潜水员的作业还应同时遵循相关的潜水安全操作规程。

10.7.8 同一爆破区的起爆导线，应并为一束，并用绳索加强，下端固定；潜水员出水时应避免潜水装备或管线等与起爆网路缠挂。

10.7.9 打捞爆破，爆后应进行水下探摸，确定无盲炮后方可开始打捞工作。

10.7.10 采用电力起爆网路进行潜水爆破时，应遵守下列规定：

——应用抗杂电和防水的金属壳电雷管；

——起爆主线应用双芯屏蔽电缆；

——安放药包时，不应使用水下照明灯；

——潜水员离开水面之前，不应校核起爆网路电阻和连接起爆主线。

10.7.11 钢结构拆除和沉船解体爆破应遵守下列规定：

——药条应紧贴钢结构拆除构件、船体；

——海况差时应采用复式起爆网路，海况恶劣时应禁止进行爆破作业；

——爆破点多、药量大时应采用毫秒延时爆破，但须采取措施，防止发生殉爆。

11 拆除爆破及城镇浅孔爆破

11.1 设计文件

11.1.1 拆除爆破及城镇浅孔爆破若无特别要求，宜将技术设计与施工组织设计合并编写。

11.1.2 拆除爆破及城镇浅孔爆破应按下列规定进行爆区周围设施、建(构)筑物的保护和安全防护设计：

——根据被保护建(构)筑物或设备允许的地面质点振动速度，限制最大一段起爆药量及一次爆破用药量，或采取减振措施；

——拆除高耸建(构)筑物时，应考虑塌落振动、后坐、残体滚动、落地飞溅和前冲等发生事故的可能性，并采取相应的防护措施，提出必要的监测方案；

——对爆破体表面进行有效覆盖；

——对保护物作重点覆盖或设置防护屏障；

——采取防尘、减尘措施。

11.1.3 对爆区周围道路的防护与交通管制，应遵守下列规定：

——使拆除物倒塌方向和爆破飞散物主要散落方向避开道路，并控制残体塌散影响范围；

——规定断绝交通、封锁道路或水域的地段和时间。

11.1.4 对爆区周围及地下水、电、气、通讯等公共设施进行调查和核实，并对其安全性做出论证，提出相应的安全技术措施。若爆破可能危及公共设施，应向有关部门提出关于申请暂时停水、电、气、通讯的报告，得到有关主管部门同意方可实施爆破。

11.1.5 水下及临水拆除爆破设计，应考虑水中冲击波和地震波在水饱和介质中传播的特性并加大安全允许距离。

11.2 施工准备

11.2.1 拆除爆破及城镇浅孔爆破应采用封闭式施工，围挡爆破作业地段，设置明显的警示标识，并设警戒；在邻近交通要道和人行通道的方位或地段，应设置防护屏障和信号标识。

11.2.2 爆破作业前，应清理现场，准备现场药包临时存放与制作场所。

11.2.3 拆除爆破及城镇浅孔爆破应在爆破设计人员参与下对炮孔逐个进行验收，复核最小抵抗线的大小，根据每个炮孔的实际状况调整装药量；对不合格的炮孔应提出处理意见；对截面较小的梁柱构件，钻孔宜采用中心线两侧交错布孔方法。

11.2.4 拆除爆破应进行试验爆破，试爆方案内容包括：

——了解结构及材质、核定爆破设计参数；

——进行结构整体稳定性分析，保证试爆不影响结构的稳定；

——监测方法和爆后处置措施。

试爆方案应经爆破技术负责人批准，并应在爆破设计人员的指导下进行试爆。存在下列情况，拆除爆破可以不进行试爆：

——试爆可能危及被拆建(构)筑物的稳定；

——周围环境不允许试爆。

11.3 预拆除

11.3.1 建(构)筑物拆除爆破的预拆除设计,应征求结构工程师的意见并保证建(构)筑物的整体稳定。预拆除工作应在工程技术人员的指导下进行。

11.3.2 预拆除工作应在装药前完成,预拆除和装药作业不应同时进行。

11.4 装药、填塞、覆盖防护

11.4.1 拆除爆破及城镇浅孔爆破装药作业,应设置相应的装药警戒范围,严禁无关人员进入。

11.4.2 拆除爆破及城镇浅孔爆破的每个药包,应按爆破设计要求计量准确,并按药包重量、雷管段别、药包个数分类编组放置;应设专人负责登记、办理领取手续,并设专人监督检查装药作业。

11.4.3 不能在当天完成装药爆破时,应设临时存放点,严格划定警戒范围并进行昼夜警戒。

11.4.4 所有装药炮孔均应做好填塞,并防止炮泥发生干缩。

11.4.5 应按爆破设计进行防护和覆盖,起爆前由现场负责人检查验收,对不合格的防护和覆盖提出处理措施。防护材料应有一定的重量和抗冲击能力,应透气、易于悬挂并便于连接固定。

11.4.6 装药、填塞和覆盖防护时应保护好起爆线路。

11.5 起爆网路与起爆

11.5.1 拆除爆破及城镇浅孔爆破严禁采用裸露爆破及孔外导爆索起爆网路。

11.5.2 爆区附近有高压输电线和电讯发射台时,应采用导爆管雷管起爆网路。

11.5.3 防护及覆盖工作完成后,应重新检查起爆网路。

11.5.4 起爆前应派人检查现场,核实警戒区无人并核查起爆网路无误后报告现场指挥,由现场指挥下令将起爆装置接入起爆网路。

11.5.5 在有瓦斯(如下水道)、城市煤气管道和可燃粉尘的环境进行拆除爆破,应按8.6有关规定制定安全操作细则。

11.6 爆后检查、盲炮处理

11.6.1 因设计失误或出现盲炮造成建(构)筑物未倒塌或倒塌不完全的,应由爆破技术负责人、结构工程师根据未倒塌建(构)筑物的稳定情况及时改变警戒范围,提出处置方案,未处理前不应解除警戒。

11.6.2 爆破作业人员应跟踪建(构)筑物解体、塌散体及岩渣清理作业的全过程,及时处理可能出现的盲炮并回收残留爆破器材。

11.7 楼房类建筑物爆破拆除

11.7.1 楼房类建筑物爆破拆除倒塌方式的选取,应遵守以下规定:

——根据建筑物的结构特点、环境条件等因素,综合确定倒塌方式;

——当倒塌场地条件受限制时,应采用原地坍塌、单向折叠或双向折叠、逐段塌落的倒塌方式;

——虽有足够的倒塌场地,但因周边环境要求需控制塌落振动时,应采取多切口的单向折叠或多向折叠倒塌方式。

11.7.2 建筑物拆除爆破后出现未倒塌或未完全倒塌的事故时,在确定建筑物处于稳定状态的情况下,由有经验的技术人员入内检查,并按下列方式处置:

——如果属于起爆网路问题，经爆破技术负责人批准后，可重新连接网路爆破；

——因设计原因造成未倒塌或未完全倒塌的，宜采用机械方法处理；

——如机械拆除存在严重安全问题，确需采用爆破方法施工的，需对未倒建筑物进行结构分析，重新制定爆破方案。

11.7.3　剪力墙、筒体结构的楼房可采取将墙体等效为柱子的承载方法进行预拆除，爆破时应采用高等级的防护措施。钢筋混凝土剪力墙应进行试爆调整爆破设计参数。

11.8　烟囱、冷却塔类构筑物爆破拆除

11.8.1　烟囱、冷却塔类构筑物爆破拆除，宜采用定向倒塌的爆破方案；因场地限制，倒塌长度不足时，可采用双向折叠或提高爆破切口位置的爆破方案。

11.8.2　采用定向倒塌爆破方案时，应对保留的支撑部分进行强度设计校核，且爆破切口最大断面所对应的圆心角应根据校核设计确定。

11.8.3　应由专业测量人员准确测定烟囱高度、垂直度，以及倒塌中心线、定向窗的位置。要考虑风载荷、结构不对称(烟道、出灰口、爬梯、烟囱筒体内井字梁和灰斗)对倒塌方向的影响。

11.8.4　爆破拆除施工作业的预拆除、钻孔、起爆网路都应保持对于设计倒塌方向中心线的对称性。

11.8.5　爆破拆除烟囱、冷却塔类构筑物时，应考虑爆后筒体后坐及残体滚动、筒体塌落触地的飞溅、前冲，并采取相应的防护措施。

11.8.6　要做好防止烟囱、冷却塔塌落着地瞬间筒体两端冲出的强空气流，对爆区附近设备及设施造成破坏性影响。

11.8.7　烟囱、冷却塔类构筑物爆破拆除时，应清除地面积水、碎石；可将地面挖松，或开挖沟槽，并在地面堆起一定高度的土埂，组合成沟埂减振措施。

11.9　桥梁构筑物爆破拆除

11.9.1　应根据桥梁的结构类型、环境条件选择安全合理的爆破拆除总体方案。

11.9.2　桥梁爆破拆除设计方案应仔细分析桥梁结构体的整体受力关系，校核预拆除及试爆后桥梁的力学平衡状态。

11.9.3　若需采用水压爆破方法拆除箱式桥梁构件，应按11.12相关规定执行，并根据桥梁承载能力校核最大注水量。

11.9.4　爆破拆除设计应将桥梁桩柱(桥墩)间节点处的钻爆方案作为重点，确保爆后连接部分解体充分。

11.9.5　应对桥梁爆破残渣落水产生的涌浪危害进行分析，并采取必要的防护措施。

11.9.6　施工期间应设立交通封闭管理区，桥上、桥下严禁通行。

11.10　基坑钢筋混凝土支撑爆破拆除

11.10.1　采用预埋管装药爆破方案时应编制埋管设计说明书，详细说明预埋管的位置、深度、材质和施工方法。预埋管的敷设应在爆破设计人员的指导下进行。

11.10.2　爆破前应对每个炮孔的孔位、深度和角度进行验收，对不合格的炮孔应采取加深、回填、重新钻孔等措施以确保炮孔符合设计要求。

11.10.3　当采用大规模或一次性爆破拆除基坑钢筋混凝土支撑时，应采用全封闭的防护棚，防护棚应严格按设计要求搭设并有严格的质量验收制度。

11.10.4 大面积支撑一次性爆破时，应充分论证起爆网路的可靠性。

11.11 围堰、堤坝和挡水岩坎爆破

11.11.1 围堰、堤坝和挡水岩坎的拆除爆破应遵守 10.1 的有关规定，设计文件除 5.2. 3、5.2.4 规定的内容外还应包括以下内容：

——爆破区域与周围建(构)筑物的详细平面图；

——水下地形地质图及人工围堰的竣工图；

——爆破对周围被保护建(构)筑物和岩基影响的详细论证；

——爆破后需要过流的工程，应有确保过流的技术设计和措施。

11.11.2 混凝土围堰和堤坝工程需要爆破拆除时，宜在修建前作出爆破拆除设计，修建时预留出爆破拆除的装药空间。

11.11.3 应按周围设施安全要求严格控制单段最大药量，爆区两侧采用预裂或光面爆破，确保附近建(构)筑物的安全。

11.11.4 应采用复式或双复式起爆网路。

11.11.5 应根据工程要求进行爆破有害效应的监测，并长期保留测试资料。

11.12 水压爆破

11.12.1 水压爆破应避免泄水对周围环境造成危害。

11.12.2 拆除物盛水部位应按设计要求注水并校核注水后结构的安全。

11.12.3 装药时应将药包定位在设计位置，不得采用起爆电线或导爆管直接悬挂药包。

11.12.4 水压爆破使用的爆破器材与起爆网路连接应符合 10.1.6 和 10.1.7 的有关规定。

12 特种爆破

12.1 金属破碎爆破与爆炸加工

12.1.1 一般规定

12.1.1.1 金属破碎爆破和爆炸加工作业，应在专用爆炸场(坑)内进行。爆炸场(坑)或专用厂房的结构设计应保障使用安全并能长期使用。

12.1.1.2 爆炸加工场应建在空旷且有优越自然屏障条件的丘陵或山区；应远离居民点、高压线、强射频台、桥梁、铁道、公路、水坝、通信光缆等设施；最大装药爆炸时，在最近的工业及民用建筑物上的空气冲击波超压应不大于 2 kPa，在最近村庄和居民区的爆炸噪声应符合表 5 的规定。

12.1.1.3 爆炸加工场的安全范围按飞散物安全允许距离和爆破冲击波对人员的安全允许距离确定。在安全范围边界处应设有围墙、篱笆或铁网，并只设一条进入作业场地的通道。

12.1.1.4 爆炸加工场应设有避炮掩体。避炮掩体应能够抵抗飞散物，掩体观察口应可视爆炸点全景，掩体入口方向应与爆炸点相背；掩体到爆炸点的距离按空气冲击波对人员的安全允许距离计算；掩体空间以能容纳 3 人为宜。

12.1.1.5 进行室内爆炸加工的厂房应有防振基础、防塌墙及轻型屋顶，地基周围应有减振沟。建筑物的高度和结构，减振沟的深度等，均应根据最大允许炸药量确定。

12.1.1.6 爆炸加工厂房应包括作业建筑物和辅助建筑物两部分。非操作人员禁止进入作业建筑物。

12.1.1.7 爆炸加工厂房应有良好的通风系统，还应设有安全联锁装置、加工作业所需要的给排水系统和真空系统。其测试线路与起爆线路要严格分开铺设。

12.1.1.8 炸药配置和药包制作应采用专用工具并在专用场所进行；炸药中不应混入砂子或金属屑等杂物。

12.1.1.9 爆炸压床操作时，雷管与炸药被送入爆炸腔内且关严后，才允许起爆。

12.1.1.10 火药锤应以黑火药或无烟药作能源；最大装药量应由设计确定，不得超药量进行操作。

12.1.1.11 在爆炸加工厂房、爆炸坑、地下室等密闭空间进行爆破后，应充分通风，待有害气体吹散、空气质量达标后，方可进行新的作业。

12.1.1.12 加工梯恩梯、硝化甘油等炸药的人员，应做好卫生防护工作。

12.1.1.13 未完全爆炸的残药应仔细回收，单独保存，集中销毁。

12.1.2 金属破碎爆破

12.1.2.1 采用多个药包同时破碎金属时，应使用瞬发雷管或导爆索起爆。

12.1.2.2 用火焰喷射法在金属内钻孔时，应待孔壁温度降到40℃以下且孔内金属屑清除干净后，方准装药。

12.1.2.3 用裸露药包爆破破碎金属时，炸药应设置于工件上表面，不应将炸药设置在工件之下或工件空腔内；采用双向装药爆炸切割时，炸药应交错安放在工件两侧。

12.1.3 聚能切割爆破

12.1.3.1 对建（构）筑物进行聚能爆破拆除的爆破作业单位的爆破工程技术负责人员，应具有相应级别的特种爆破资质和拆除爆破资质；

12.1.3.2 裸露布放聚能切割器时，应对空气冲击波、爆炸飞溅物进行控制与防护，并防止高温飞溅物引起次生火灾。

12.1.3.3 聚能切割器的加工与组装应遵守下列规定：

——大量使用聚能切割器材爆破时，应采用定型的聚能切割器材或向生产厂家订制；少量使用时，可进行现场加工和组装简单的聚能切割器材，现场一次加工药量不大于40 kg；

——现场加工与组装聚能切割器材时，应选择安全地点设置专用的加工、组装工房；

——施工前应复验聚能切割器材的起爆、传爆性能和切割破碎指标。

12.1.3.4 采用火焰切割进行预处理时，应待火焰切割部位冷却到60℃以下，清理干净周边高温焊渣后，方可安装聚能切割器。

12.1.3.5 在有可燃可爆气体、粉尘场所，应测定气体和粉尘的成分与浓度，并采取措施使其浓度降到爆炸极限点以下，方可进行爆破作业。

12.1.3.6 安放药包前应清理干净聚能药包固定位置的铁锈、油污、水珠等，并在布药位置标明切割器长度、雷管段别、连接方法。

12.1.3.7 聚能切割器应采用端面起爆或棱上起爆，聚能药包的聚能穴朝向应对准待切割体并背离被保护体方向；在切割平板类材料时，聚能药包应固定在材料的外表面；环形切割器安放时应采取相应措施测定并固定好环形聚能切割器位置。

12.1.3.8 对临近的被保护体应进行覆盖防护或设置防护屏障；聚能切割高耸钢架构筑物时，应考虑钢架后坐及残体滚动、落地飞溅前冲可能引起的安全问题，并采取相应的防护措施。

12.1.3.9 聚能切割爆破应采用导爆管雷管或导爆索起爆网路；两个以上聚能切割器进行延时聚能切割时，应防止先爆区域碎片损坏后爆区域网路与爆破器材。

12.1.3.10 聚能爆破的安全允许距离由爆破设计确定，但不小于150 m。

12.1.3.11 爆后检查的等待时间按6.8.1 的规定执行；聚能切割爆破高耸建筑物时，应等倒塌建筑物和保留建筑物稳定后，方可进入爆破现场检查。

12.1.3.12 水下聚能切割爆破应遵循第10章水下爆破有关安全规定。

12.1.3.13 水下聚能切割器应准确定位，并牢靠地固定在待切割体上。

12.1.3.14 当水下聚能切割药包周边有被保护物体时，应对聚能切割器外壳进行强化处理，减小外壳对四周的损坏范围。

12.1.4 爆炸复合

12.1.4.1 专业从事爆炸复合的企业应配备专业人员调配专用炸药并配备专业的生产设施。

12.1.4.2 凡进入爆炸复合作业现场的一切机动车辆必须安装机动车排气火花熄灭器。

12.1.4.3 爆炸复合作业场地应平整，应清除地面石渣及直径50 m范围内的杂草、灌木等可燃物，必要时在爆炸复合基板下面铺垫经过筛选的细沙土、矿岩粉等松软材料。

12.1.4.4 装药前，除装药车以外的所有车辆应撤离现场；装药应使用木制等不产生火花和静电的器具；剩余的爆炸物品，不得在现场存放。

12.1.4.5 爆炸复合炸药应选用操作安全、爆轰稳定的低爆速炸药。

12.1.4.6 爆炸复合应使用木框、油毡纸或硬纸板框敷设炸药，不应用金属框（如型铝框）敷设炸药。

12.1.4.7 内衬管爆炸复合时，应由熟练爆破员在衬管内腔装药，现场应有专业技术人员指导；设定安全允许距离时，应考虑金属管炸裂形成飞散物的影响。

12.1.4.8 管-管外爆炸复合时，装于外管外侧的装药外表面应用油毡纸、硬壳纸或薄壁塑料管进行包裹。

12.1.5 爆炸成型、爆炸压实、爆炸硬化与爆炸合成

12.1.5.1 爆炸成型、爆炸压实、爆炸硬化与爆炸合成等爆破作业应在专用的爆炸加工场内或专用的爆炸井、爆炸容器中进行，严禁超设计药量爆破；安全允许距离由设计确定。

12.1.5.2 露天爆炸硬化、爆炸压实与合成，爆破前应清除地面石渣及直径30 m范围内的杂草、灌木等可燃物；同时进行多个硬化、压实与合成爆破时，应采用瞬发雷管同时起爆，相互之间距离

不小于4.5m。

12.1.5.3 爆炸成型以水为传压介质时，应执行10.1 的有关规定；爆炸成型采用反射板时，应严格控制装药量，防止反射板碎片飞散。

12.1.5.4 在室内爆炸井中进行爆炸加工作业时，应检查确认井盖自锁后，方可连接起爆线，实施起爆；发生拒爆应立即打捞残药；爆炸井进行抽水清理时，应有爆破技术人员现场指导，收集的残药应集中销毁。

12.1.5.5 在爆炸容器内进行爆炸硬化、爆炸压实与合成时，炸药应固牢并严禁接触和接近容器壁；应在紧固容器门、检查所有连通容器的紧固件并确认完全紧固后，再连接启动真空、注水等电器设备。

12.1.5.6 在专用爆炸容器中进行爆炸硬化时，不应在设备上直接操作。

12.1.6 爆炸压接与爆炸消除应力

12.1.6.1 爆炸压接与爆炸消除应力均属于现场裸露爆破，应充分考虑爆炸空气冲击波安全和爆破噪声影响。

12.1.6.2 连接输电导线的爆炸压接作业，应采用导爆索或专用炸药，应采取措施防止雷管早爆、防止爆炸诱发输电线路短路事故。

12.1.6.3 在地面进行爆炸压接作业时，应先将药包下方的碎石、杂物、干草等清除干净；安全距离由设计确定，不应小于 30m。

12.1.6.4 爆炸消除应力时，应切断爆炸受体与其他带电设备的连接，检查焊缝温度，确认周边无高温焊渣后，方可开始布药作业。

12.1.6.5 爆炸消除应力时，禁止使用金属、石块顶靠药条；使用竹木等顶靠药条时，要进行浸湿等简易防火处理；使用普通塑料制品顶靠药条时，要进行消除静电处理。

12.1.6.6 爆炸消除拐角焊缝应力时，应事先进行传爆试验。

12.1.6.7 完成装药撤离爆破现场时，应清理所有可能产生飞散物的攀登器具、工具、周边遗留的金属物和药条下方的石块。

12.2 油气井爆破

12.2.1 施工井场条件

12.2.1.1 施工人员到达井场后，施工负责人应将"施工设计书"或"施工通知单"的内容告知作业队负责人与作业队，一起识别并纠正在作业过程中可能造成事故的井场条件。

12.2.1.2 在井场施工前应设置安全警戒线及醒目的安全警示标识，并应指定爆炸物品临时存放地点和装枪地点。

12.2.1.3 消除施工用电及通讯电磁波干扰的方法是：

——关掉阴极保护系统；

——停止所有用电作业；

——检查作业井架有无漏电，如有漏电应立即采取措施消除漏电；

——作业期间应关闭手机、对讲机等无线通讯工具。

12.2.2 施工准备

12.2.2.1 油气井爆破施工前，应确认施爆处的井深和井温，计算井压并根据井压和井温选择爆破器材的类型。

12.2.2.2 使用的电器仪表对地绝缘和仪表线路间绝缘电阻应大于 $20 \times 106\ \Omega$。

12.2.2.3 作业人员穿戴好防静电工作服。

12.2.3 弹体装配

12.2.3.1 组装爆破器材时，应正确操作，不使部件受力，避免产生火花；已装弹的有枪身射孔器端部，应安装防护帽或其他防护装置；应保护好枪或带有暴露起爆部件的装置。组装作业应做到：

——在雷电、雨、雪、沙尘暴、六级以上大风等恶劣天气及有直升机或船只抵达现场时，不应进行组装作业；

——装卸射孔枪、切割器、压裂弹、雷管等爆炸器材时，装卸现场周围 10 m 以内严禁无关人员进入，操作人员应站在射孔器材两端。射孔器材丝扣上如有药粉，须轻擦干净后方能上扣；

——装配好的射孔器下井前不允许再用任何仪表测量；

——施工结束后，对现场进行清理，检查核对爆炸物品数量，剩余爆炸物应及时交库核销，严禁在其他地方存放。

12.2.3.2 有枪身和无枪身的射孔枪装配时，应遵守下列规定：

——安装有枪身的射孔枪时，应将装有射孔弹的弹架平稳送入射孔枪管内，均匀用力拉直导爆索；

安装枪尾时，应用手托好并准确定位；

——安装无枪身射孔器时、雷管应捆系牢固，不应脱落、摩擦。

12.2.3.3 取芯器装药时，应将弹筒向上用钳子夹牢，并设有保护装置。放置衬垫时不应使用产生火花的工具，不应与烟火、电源接近。已装药的取芯器弹筒应向下放置，不准将其朝向工作人员。

12.2.3.4 在井场装药(弹)时，装药地点应离开井口、输油管线和电源，枪身两侧不准站人。

12.2.4 弹体输送及起爆

12.2.4.1 压裂弹、切割弹、射孔枪(弹)、取芯器搬到井口前，应切断井场电源；绞车、仪器车应接好地线；待压裂弹、射孔枪(弹)、取芯器进入井内70 m 方可检查通断情况；井口联炮前应切断仪器电源，将缆芯接地放电，确认缆芯无电后，方可将缆芯与雷管导线接通。

12.2.4.2 严禁利用已装药的压裂弹、切割弹、射孔器、取芯器通井。

12.2.4.3 电缆输送射孔应遵守下列规定：

——用电雷管起爆时，应选用安全磁电雷管，并用专用起爆器起爆。爆破器材的耐温耐压性能应满足该施工井的要求；

——爆破器材起下中，点火开关必须断开；

——电缆在起下过程中应平稳，避免打结、扭缠；出现异常时，应立即停车处理；

——在套管内的有枪身射孔器，电缆的上提或下放速度不超过8000 m/h，过油管射孔器，下放电缆速度应均匀，其最大速度不超过4000 m/h，取芯器的上提速度不超过4000 m/h，下放速度不超过6000 m/h。

12.2.4.4 油管输送射孔应遵守下列规定：

——管柱下井前，需将每根管柱逐一用标准通管规通过，保证管柱畅通；

——下井管柱应平稳下放，下放速度控制在30 根/h 以内。严禁溜钻、顿钻、急停；

——防止落物掉进管柱内，引起误爆。

12.2.4.5 在硫化氢、一氧化碳含量大于1 g/m³的油气井中进行爆炸、射孔和取芯作业时，井口工作人员应佩戴防毒面具。

12.2.4.6 用导爆索爆炸松扣解卡时，井口周围不准站人；装配好的高温导爆索和高温管束的直径，不应超过导向套(扶正器)的直径；在含硫化氢、井温高于130℃、液压高于50 MPa 的井内，不应使用塑料导爆索。

12.2.4.7 不允许现场装配和使用自制的爆炸筒处理井下卡钻事故，应采用定型切割弹处理井下卡钻事故。

12.2.4.8 弹体到位后应采用用投棒引爆或电缆引爆，引爆程序是现场指挥确认安全后发布引爆命令，爆破员引爆。

12.2.5 盲炮处理

12.2.5.1 处理电缆输送射孔器的盲炮时应先检查线路，当发现线路不通时应关闭引爆开关，上提射孔器(速度小于 3000 m/h)。射孔器提到距井口 70 m 时，关闭井场所有电源、移动电话、对讲机；剪断引爆线，提出井口后拆除引爆体；确定盲炮是引爆体造成还是枪身(弹体)漏水所致，再作出相应处理；

12.2.5.2 处理油管输送射孔撞击引爆的盲炮时，必须用投棒打捞器下井打捞投棒，不准采用追加投棒处理法；投棒捞出后，起出管柱，将射孔器起到距井口约两根管柱长度时，由现场技术人员指导处理；已损坏的爆破器材应回收。

12.2.5.3 处理定时的盲炮，应在井下放置 24 h，使定时器电源电量耗尽，再进行处理。

12.2.5.4 拒爆的压裂弹、射孔器、取芯器提出井口前，应切断仪器电源和引爆电源，提出井口后剪断导线，使其短路，并立即卸掉起爆装置或雷管，搬运到安全地点后再进行处理。

12.2.5.5 拒爆的电雷管应就地销毁或装入防爆箱交还弹药库；打开拒爆的取芯器的取芯室时，不得使用金属工具敲砸，应在现场附近安全地点先向药室内灌水，再用专用工具打开，用燃烧法销毁取芯器内的火药；射孔器、切割弹按规定拆掉点火装置，然后将拆卸的射孔弹和切割弹送回库房，分别存放，统一销毁。

12.2.6 油、气井爆炸灭火

12.2.6.1 地面装药地点应设在井口火源的上风侧，其距井口的水平距离不应小于 100 m，并设安全警戒。

12.2.6.2 安放炸药的木箱内、外，应用耐火材料包裹并用石棉绳紧密缠绕。石棉绳应浸水(用于气井灭火)或浸泡沫灭火剂(用于油井灭火)。

12.2.6.3 全部高压灭火水龙头应配足水源，并聚集在药箱和火苗与喷气界面处；爆破前，全部高压水龙头应固定在设计的位置。

12.3 钻孔雷爆

12.3.1 实施钻孔雷爆前应勘查井场环境，测试杂散电流，了解含水层的位置及凿井施工偏差度，清洗井筒，清除残留岩心及障碍物。

12.3.2 钻孔雷爆应选用猛度与密度较大并有良好耐压及抗水性能的炸药，制成直径不超过井筒直径 0.8 倍、装药长度为含水层高度 0.5 倍的金属材料药筒进行装药。

12.3.3 爆破筒搬到井口前应切断周围一切电源；装药前应检查孔壁和水位，孔内缺水时应进行灌水，使水位高出药筒顶部 2 m 以上。

12.3.4 药筒应用标有定长标记的钢丝绳缓慢吊入井筒，确保药筒到达含水层位置并固定于孔中心。

12.3.5 钻孔雷爆应采用双雷管引爆，安装雷管后不准冲击、摩擦筒体；装药时应有专人负责保护起爆线。待药筒进入井内 50 m 后，方可检查电爆网路。

12.3.6 起爆站宜设置在钻孔上风侧，站内不应堆放与爆破无关的设备和用具。

13 安全允许距离与对环境影响的控制

13.1 一般规定

13.1.1 爆破地点与人员和其他保护对象之间的安全允许距离，应按各种爆破有害效应

（地震波、冲击波、个别飞散物等）分别核定，并取最大值。

13.1.2　确定爆破安全允许距离时，应考虑爆破可能诱发的滑坡、滚石、雪崩、涌浪、爆堆滑移等次生灾害的影响，适当扩大安全允许距离或针对具体情况划定附加的危险区。

13.2　爆破振动安全允许距离

13.2.1　评估爆破对不同类型建（构）筑物、设施设备和其他保护对象的振动影响，应采用不同的安全判据和允许标准。

13.2.2　地面建筑物、电站（厂）中心控制室设备、隧道与巷道、岩石高边坡和新浇大体积混凝土的爆破振动判据，采用保护对象所在地基础质点峰值振动速度和主振频率。安全允许标准如表2。

表2　爆破振动安全允许标准

| 序号 | 保护对象类别 | 安全允许质点振动速度 $V/(cm/s)$ | | |
| --- | --- | --- | --- | --- |
| | | $f \leqslant 10$ Hz | 10 Hz $< f \leqslant 50$ Hz | $f > 50$ Hz |
| 1 | 土窑洞、土坯房、毛石房屋 | 0.15 ~ 0.45 | 0.45 ~ 0.9 | 0.9 ~ 1.5 |
| 2 | 一般民用建筑物 | 1.5 ~ 2.0 | 2.0 ~ 2.5 | 2.5 ~ 3.0 |
| 3 | 工业和商业建筑物 | 2.5 ~ 3.5 | 3.5 ~ 4.5 | 4.2 ~ 5.0 |
| 4 | 一般古建筑与古迹 | 0.1 ~ 0.2 | 0.2 ~ 0.3 | 0.3 ~ 0.5 |
| 5 | 运行中的水电站及发电厂中心控制室设备 | 0.5 ~ 0.6 | 0.6 ~ 0.7 | 0.7 ~ 0.9 |
| 6 | 水工隧洞 | 7 ~ 8 | 8 ~ 10 | 10 ~ 15 |
| 7 | 交通隧道 | 10 ~ 12 | 12 ~ 15 | 15 ~ 20 |
| 8 | 矿山巷道 | 15 ~ 18 | 18 ~ 25 | 20 ~ 30 |
| 9 | 永久性岩石高边坡 | 5 ~ 9 | 8 ~ 12 | 10 ~ 15 |
| 10 | 新浇大体积混凝土（C20）：<br>龄期：初凝 ~ 3 d<br>龄期：3 d ~ 7 d<br>龄期：7 d ~ 28 d | 1.5 ~ 2.0<br>3.0 ~ 4.0<br>7.0 ~ 8.0 | 2.0 ~ 2.5<br>4.0 ~ 5.0<br>8.0 ~ 10.0 | 2.5 ~ 3.0<br>5.0 ~ 7.0<br>10.0 ~ 12 |

爆破振动监测应同时测定质点振动相互垂直的三个分量。

注1：表中质点振动速度为三个分量中的最大值，振动频率为主振频率；

注2：频率范围根据现场实测波形确定或按如下数据选取：硐室爆破 $f$ 小于20 Hz，露天深孔爆破 $f$ 在10 Hz ~ 60 Hz 之间，露天浅孔爆破 $f$ 在40 Hz ~ 100 Hz 之间；地下深孔爆破 $f$ 在30 Hz ~ 100 Hz 之间，地下浅孔爆破 $f$ 在60 Hz ~ 300 Hz 之间。

13.2.3　在按表2选定安全允许质点振速时，应认真分析以下影响因素：

——选取建筑物安全允许质点振速时，应综合考虑建筑物的重要性、建筑质量、新旧程度、自振频率、地基条件等；

——省级以上（含省级）重点保护古建筑与古迹的安全允许质点振速，应经专家论证后选取；

——选取隧道、巷道安全允许质点振速时，应综合考虑构筑物的重要性、围岩分类、支护状况、开挖跨度、埋深大小、爆源方向、周边环境等；

——永久性岩石高边坡，应综合考虑边坡的重要性、边坡的初始稳定性、支护状况、开挖高度等。

——非挡水新浇大体积混凝土的安全允许质点振速按本表给出的上限值选取。

13.2.4 爆破振动安全允许距离，按式(1)计算。

$$R = (K/V)^{1/\alpha} \cdot Q^{1/3} \tag{1}$$

式中：$R$——爆破振动安全允许距离，m；

$Q$——炸药量，齐发爆破为总药量，延时爆破为最大单段药量，kg；

$V$——保护对象所在地安全允许质点振速，cm/s；

$K$，$\alpha$——与爆破点至保护对象间的地形、地质条件有关的系数和衰减指数，应通过现场试验确定；在无试验数据的条件下，可参考表3选取。

表3  爆区不同岩性的 $K$、$\alpha$ 值

| 岩性 | $K$ | $\alpha$ |
|---|---|---|
| 坚硬岩石 | 50～150 | 1.3～1.5 |
| 中硬岩石 | 150～250 | 1.5～1.8 |
| 软岩石 | 250～350 | 1.8～2.0 |

13.2.5 在复杂环境中多次进行爆破作业时，应从确保安全的单响药量开始，逐步增大到允许药量，并控制一次爆破规模。

13.2.6 核电站及受地震惯性力控制的精密仪器、仪表等特殊保护对象，应采用爆破振动加速度作为安全判据，安全允许质点加速度由相关管理单位确定。

13.2.7 高耸建(构)筑物拆除爆破的振动安全允许距离包括建(构)筑物塌落触地振动安全距离和爆破振动安全距离。

13.3  爆破空气冲击波安全允许距离

13.3.1 露天地表爆破当一次爆破炸药量不超过 25 kg 时，按式(2)确定空气冲击波对在掩体内避炮作业人员的安全允许距离。

$$R_k = 25Q^{1/3} \tag{2}$$

式中：$R_k$——空气冲击波对掩体内人员的最小允许距离，m；

$Q$——一次爆破梯恩梯炸药当量，秒延时爆破为最大一段药量，毫秒延时爆破为总药量，kg。

13.3.2 爆炸加工或特殊工程需要在地表进行大当量爆炸时，应核算不同保护对象所承受的空气冲击波

超压值，并确定相应的安全允许距离。在平坦地形条件下爆破时，可按式(3)计算超压。

$$\Delta P = 14\frac{Q}{R^3} + 4.3\frac{Q^{\frac{2}{3}}}{R^2} + 1.1\frac{Q^{\frac{1}{3}}}{R} \tag{3}$$

式中：$\Delta P$——空气冲击波超压值 $10^5$ Pa；

$Q$——一次爆破梯恩梯炸药当量，秒延时爆破为最大一段药量，毫秒延时爆破为总药量，kg；

$R$——爆源至保护对象的距离，m。

13.3.3　空气冲击波超压的安全允许标准：对不设防的非作业人员为 $0.02 \times 10^5$ Pa，掩体中的作业人员为 $0.1 \times 10^5$ Pa；建筑物的破坏程度与超压的关系列入表4。

表4　建筑物的破坏程度与超压关系

| 破坏等级 | | 1 | 2 | 3 | 4 | 5 | 6 | 7 |
|---|---|---|---|---|---|---|---|---|
| 破坏等级名称 | | 基本无破坏 | 次轻度破坏 | 轻度破坏 | 中等破坏 | 次严重破坏 | 严重破坏 | 完全破坏 |
| 超压△P，$10^5$ Pa | | <0.02 | 0.02~0.09 | 0.09~0.25 | 0.25~0.40 | 0.40~0.55 | 0.55~0.76 | >0.76 |
| 建筑物破坏程度 | 玻璃 | 偶然破坏 | 少部分破呈大块，大部分呈小块 | 大部分破成小块到粉碎 | 粉碎 | — | — | — |
| | 木门窗 | 无损坏 | 窗扇少量破坏 | 窗扇大量破坏，门扇、窗框破坏 | 窗扇掉落、内倒，窗框、门扇大量破坏 | 门、窗扇摧毁，窗框掉落 | — | — |
| | 砖外墙 | 无损坏 | 无损坏 | 出现小裂缝，宽度小于5mm，稍有倾斜 | 出现较大裂缝，缝宽5mm~50mm，明显倾斜，砖跺出现小裂缝 | 出现大于50mm的大裂缝，严重倾斜，砖跺出现较大裂缝 | 部分倒塌 | 大部分到全部倒塌 |
| | 木屋盖 | 无损坏 | 无损坏 | 木屋面板变形，偶见拆裂 | 木屋面板、木檩条拆裂，木屋架支坐松动 | 木檩条拆断，木屋架杆件偶见折断，支坐错位 | 部分倒塌 | 全部倒塌 |
| | 瓦屋面 | 无损坏 | 少量移动 | 大量移动 | 大量移动到全部掀动 | — | — | — |
| | 钢筋混凝土屋盖 | 无损坏 | 无损坏 | 无损坏 | 出现小于1mm的小裂缝 | 出现1mm~2mm宽的裂缝，修复后可继续使用 | 出现大于2mm的裂缝 | 承重砖墙全部倒塌，钢筋混凝土承重柱破坏 |
| | 顶棚 | 无损坏 | 抹灰少量掉落 | 抹灰大量掉落 | 木龙骨部分破坏下垂缝 | 塌落 | — | — |
| | 内墙 | 无损坏 | 板条墙抹灰少量掉落 | 板条墙抹灰大量掉落 | 砖内墙出现小裂缝 | 砖内墙出现大裂缝 | 砖内墙出现严重裂缝至部分倒塌 | 砖内墙大部分倒塌 |
| | 钢筋混凝土柱 | 无损坏 | 无损坏 | 无损坏 | 无损坏 | 无破坏 | 有倾斜 | 有较大倾斜 |

13.3.4　地表裸露爆破空气冲击波安全允许距离，应根据保护对象、所用炸药品种、药量、地形和气象条件由设计确定。

13.3.5　露天及地下爆破作业，对人员和其他保护对象的空气冲击波安全允许距离由设计确定。

13.4　爆破作业噪声控制标准

13.4.1　爆破突发噪声判据，采用保护对象所在地最大声级。其控制标准见表5。

表 5  爆破噪声控制标准

| 声环境功能区类别 | 对应区域 | 不同时段控制标准/dB(A) | |
|---|---|---|---|
| | | 昼间 | 夜间 |
| 0 类 | 康复疗养区、有重病号的医疗卫生区或生活区,进入冬眠期的养殖动物区 | 65 | 55 |
| 1 类 | 居民住宅、一般医疗卫生、文化教育、科研设计、行政办公为主要功能,需要保持安静的区域 | 90 | 70 |
| 2 类 | 以商业金融、集市贸易为主要功能,或者居住、商业、工业混杂,需要维护住宅安静的区域;噪声敏感动物集中养殖区,如养鸡场 等 | 100 | 80 |
| 3 类 | 以工业生产、仓储物流为主要功能,需要防止工业噪声对周围环境产生严重影响的区域 | 110 | 85 |
| 4 类 | 人员警戒边界,非噪声敏感动物集中养殖区,如养猪场等 | 120 | 90 |
| 施工作业区 | 矿山、水利、交通、铁道、基建工程和爆炸加工的施工厂区内 | 125 | 110 |

13.4.2  在 0~2 类区域进行爆破时,应采取降噪措施并进行必要的爆破噪声监测。监测应采用爆破噪声测试专用的 A 计权声压计及记录仪;监测点宜布置在敏感建筑物附近和敏感建筑物室内。

13.5  水中冲击波及涌浪安全允许距离

13.5.1  水下裸露爆破,当覆盖水厚度小于 3 倍药包半径时,对水面以上人员或其他保护对象的空气冲击波安全允许距离的计算原则,与地表爆破相同。

13.5.2  在水深不大于 30 m 的水域内进行水下爆破,水中冲击波的安全允许距离,应遵守下列规定:

——对人员按表 6 确定;

——客船:1500 m;

——施工船舶:按表 7 确定;

——非施工船舶:可参照表 7 和式(4),根据船舶状况由设计确定。

表 6  对人员的水中冲击波安全允许距离

| 装药及人员状况 | | 炸药量/kg | | |
|---|---|---|---|---|
| | | $Q \leq 50$ | $50 < Q \leq 200$ | $200 < Q \leq 1000$ |
| 水中裸露装药/m | 游泳 | 900 | 1400 | 2000 |
| | 潜水 | 1200 | 1800 | 2600 |
| 钻孔或药室装药/m | 游泳 | 500 | 700 | 1100 |
| | 潜水 | 600 | 900 | 1400 |

表7 对施工船舶的水中冲击波安全允许距离

| 装药及人员状况 | | 炸药量/kg | | |
|---|---|---|---|---|
| | | $Q \leqslant 50$ | $50 < Q \leqslant 200$ | $200 < Q \leqslant 1000$ |
| 水中裸露装药/m | 木船 | 200 | 300 | 500 |
| | 铁船 | 100 | 150 | 250 |
| 钻孔或药室<br>装药/m | 木船 | 100 | 150 | 250 |
| | 铁船 | 70 | 100 | 150 |

13.5.3 一次爆破药量大于1000 kg时,对人员和施工船舶的水中冲击波安全允许距离可按式(4)计算。

$$R = K_0 Q^{1/3} \tag{4}$$

式中:$R$——水中冲击波的最小安全允许距离(m);

$Q$——一次起爆的炸药量(kg);

$K_0$——系数,按表8选取。

表8 $K_0$值

| 装药条件 | 保护人员 | | 保护施工船舶 | |
|---|---|---|---|---|
| | 游泳 | 潜水 | 木船 | 铁船 |
| 裸露装药 | 250 | 320 | 50 | 25 |
| 钻孔或药室装药 | 130 | 160 | 25 | 15 |

13.5.4 在水深大于30 m的水域内进行水下爆破时,水中冲击波安全允许距离由设计确定。

13.5.5 在重要水工、港口设施附近及水产养殖场或其他复杂环境中进行水下爆破,应通过测试和邀请专家对水中冲击波和涌浪的影响作出评估,确定安全允许距离。

13.5.6 水中爆破或大量爆渣落入水中的爆破,应评估爆破涌浪影响,确保不产生超大坝、水库校核水位涌浪、不淹没岸边需保护物和不造成船舶碰撞受损。

13.5.7 水中冲击波对鱼类影响安全控制标准,参见表9。

表9 水中冲击波超压峰值对鱼类影响安全控制标准

| 安全控制标准单位/105 Pa | 鱼类品种 | 自然状态/105 Pa | 网箱养殖/105 Pa |
|---|---|---|---|
| 高度敏感 | 石首科鱼类 | 0.10 | 0.05 |
| 中度敏感 | 石斑鱼、鲈鱼、梭鱼 | 0.30 ~ 0.35 | 0.20 ~ 0.25 |
| 低度敏感 | 冬穴鱼、野鲤鱼、鲟鱼、比目鱼 | 0.35 ~ 0.50 | 0.25 ~ 0.40 |

13.6 个别飞散物安全允许距离

13.6.1　一般工程爆破个别飞散物对人员的安全距离不应小于表 10 的规定；对设备或建(构)物的安全允许距离，应由设计确定。

13.6.2　抛掷爆破时，个别飞散物对人员、设备和建筑物的安全允许距离应由设计确定。

表 10　爆破个别飞散物对人员的安全允许距离

| 爆破类型和方法 | 个别飞散物的最小安全允许距离/m | |
|---|---|---|
| 露天岩土爆破 | 浅孔爆破法破大块 | 300 |
| | 浅孔台阶爆破 | 200(复杂地质条件下或未形成台阶工作面时不小于300) |
| | 深孔台阶爆破 | 按设计，但不大于200 |
| | 硐室爆破 | 按设计，但不大于300 |
| 水下爆破 | 水深小于 1.5 m<br>水深大于 1.5 m | 与露天岩土爆破相同<br>由设计确定 |
| 破冰工程 | 爆破薄冰凌 | 50 |
| | 爆破覆冰 | 100 |
| | 爆破阻塞的流冰 | 200 |
| | 爆破厚度 >2 m 的冰层或爆破阻塞流冰一次用药量超过 300 kg | 300 |
| 金属物爆破 | 在露天爆破场 | 1500 |
| | 在装甲爆破坑中 | 150 |
| | 在厂区内的空场中 | 由设计确定 |
| | 爆破热凝结物和爆破压接 | 按设计，但不大于30 |
| | 爆炸加工 | 由设计确定 |
| 拆除爆破、城镇浅孔爆破及复杂环境深孔爆破 | | 由设计确定 |
| 地震勘探爆破 | 浅井或地表爆破 | 按设计，但不大于100 |
| | 在深孔中爆破 | 按设计，但不大于30 |
| 用爆破器扩大钻井 | | 按设计，但不大于50 |

沿山坡爆破时，下坡方向的个别飞散物安全允许距离应增大 50%。

13.6.3　硐室爆破个别飞散物安全距离，可按式(5)计算：

$$R_f = 20K_f n^2 W \tag{5}$$

式中：$R_f$——爆破飞石安全距离，单位为米(m)；

$K_f$——安全系数，一般取 $K_f = 1.0 \sim 1.5$；

$n$——爆破作用指数；

$W$——最小抵抗线，单位为米(m)。

应逐个药包进行计算,选取最大值为个别飞散物安全距离。

13.7 外部电源与电爆网路的安全允许距离

13.7.1 电力起爆时,普通电雷管爆区与高压线间的安全允许距离,应按表 11 的规定;与广播电台或电视台发射机的安全允许距离,应按表 12、表 13 和表 14 的规定。

**表 11 爆区与高压线的安全允许距离**

| 电压/kV | | 3 ~ 6 | 10 | 20 ~ 50 | 50 | 110 | 220 | 400 |
|---|---|---|---|---|---|---|---|---|
| 安全允许距离/m | 普通电雷管 | 20 | 50 | 100 | 100 | — | — | — |
| | 抗杂电雷管 | — | — | — | — | 10 | 10 | 16 |

**表 12 爆区与中长波电台(AM)的安全允许距离**

| 发射功率/w | 5 ~ 25 | 25 ~ 50 | 50 ~ 100 | 100 ~ 250 | 250 ~ 500 | 500 ~ 1000 |
|---|---|---|---|---|---|---|
| 安全允许距离/m | 30 | 45 | 67 | 100 | 136 | 198 |
| 发射功率/w | 103 ~ 2500 | 2500 ~ 5000 | 5000 ~ 104 | 104 ~ 25000 | 25000 ~ 50000 | 50000 ~ 105 |
| 安全允许距离/m | 305 | 455 | 670 | 1060 | 1520 | 2130 |

**表 13 爆区与调频(FM)发射机的安全允许距离**

| 发射功率/W | 1 ~ 10 | 10 ~ 30 | 30 ~ 60 | 60 ~ 250 | 250 ~ 600 |
|---|---|---|---|---|---|
| 安全允许距离/m | 1.5 | 3.0 | 4.5 | 9.0 | 13.0 |

**表 14 爆区与甚高频(VHF)、超高频(UHF)电视发射机的安全允许距离**

| 发射功率/W | 1 ~ 10 | $10 \sim 10^2$ | $10^2 \sim 10^3$ | $10^3 \sim 10^4$ | $10^4 \sim 10^5$ | $10^5 \sim 10^6$ | $10^6 \sim 5 \times 10^6$ |
|---|---|---|---|---|---|---|---|
| VHF 安全允许距离/m | 1.5 | 6.0 | 18.0 | 60.0 | 182.0 | 609.0 | — |
| UHF 安全允许距离/m | 0.8 | 2.4 | 7.6 | 24.4 | 76.2 | 244.0 | 609.0 |

13.7.2 不得将手持式或其他移动式通讯设备带入普通电雷管爆区。

13.8 爆破对环境有害影响控制

13.8.1 有害气体

13.8.1.1 有害气体监测应遵守下列规定:

——在煤矿、钾矿、石油地蜡矿、铀矿和其他有爆炸性气体及有害气体的矿井中爆破时,应按有关规定对有害气体进行监测;

——在下水道、储油容器、报废盲巷、盲井中爆破时,作业人员进入之前应先对空气取样检验。

13.8.1.2 预防瓦斯爆炸应采取下列措施:

——爆破工作面的瓦斯超标时严禁进行爆破;

——在有瓦斯爆炸危险的矿井中,严格按规程进行布孔、装药、填塞、起爆,以防爆破引爆瓦斯；

　　——通风良好，防止瓦斯积累；

　　——封闭采空区，以防氧气进入和瓦斯逸出；

　　——采用防爆型电器设备，严格控制杂散电流。

13.8.1.3　地下爆破作业点有害气体的浓度，不应超过表 15 的标准。

表 15　地下爆破作业点有害气体允许浓度

| 有害气体名称 | | CO | $N_nO_m$ | $SO_2$ | $H_2S$ | $NH_3$ | $R_n$ |
|---|---|---|---|---|---|---|---|
| 允许浓度 | 按体积(%) | 0.00240 | 0.00025 | 0.00050 | 0.00066 | 0.00400 | 3700 $Bq/m^3$ |
| | 按质量/$mg·m^{-3}$ | 30 | 5 | 15 | 10 | 30 | |

13.8.1.4　有害气体监测应遵守下列规定：

　　——应按 GB18098 规定的方法监测爆破后作业面和重点区域有害气体的浓度，且不应超过表 15 的规定值；

　　——露天硐室爆破后 24h 内，应多次检查与爆区相邻的井、巷、涵洞内的有毒、有害气体浓度，防止人员误入中毒；

　　——地下爆破作业面有害气体浓度应每月测定一次；爆破炸药量增加或更换炸药品种时，应在爆破前后各测定一次爆破有害气体浓度。

13.8.1.5　预防有害气体中毒应采取下列措施：

　　——使用合格炸药；

　　——做好爆破器材防水处理，确保装药和填塞质量，避免半爆和爆燃；

　　——井下爆破前后加强通风，应设置对死角和盲区的通风设施；

　　——加强有毒气体监测，不盲目进入可能聚藏有害气体的死角；

　　——对封闭矿井应作监管，防止盗采和人员误入造成中毒事故。

13.8.2　防尘与预防粉尘爆炸

13.8.2.1　在确保爆破作业安全的条件下，城镇拆除爆破工程应采取以下减少粉尘污染的措施：

　　——适当预拆除非承重墙，清理构件上的积尘；

　　——建筑物内部洒水或采用泡沫吸尘措施；

　　——各层楼板设置水袋；

　　——起爆前后组织消防车或其他喷水装置喷水降尘。

13.8.2.2　在有煤尘、硫尘、硫化物粉尘的矿井中进行爆破作业，应遵守有关粉尘防爆的规定。

13.8.2.3　在面粉厂、亚麻厂等有粉尘爆炸危险的地点进行爆破时，应先通风除尘，离爆区 10 m 范围内的空间和表面应作喷水降尘处理。

13.8.3　噪声控制

13.8.3.1　城镇拆除及岩土爆破，应采取以下措施控制噪声：

　　——严禁使用导爆索起爆网路，在地表空间不应有裸露导爆索；

——严格控制单位耗药量、单孔药量和一次起爆药量；

——实施毫秒延时爆破；

——保证填塞质量和长度；

——加强对爆破体的覆盖。

13.8.3.2　爆区周围有学校、医院、居民点时，应与各有关单位协商，实施定点、准时爆破。

13.8.4　水下爆破时对水生物的保护

13.8.4.1　水下爆破前应详细了解爆破影响范围内水生物及水产养殖的基本情况，并评估水中冲击波、涌浪及爆渣落水对水生物的影响。

13.8.4.2　水下爆破工程施工应尽量避开水生物的主要洄游、产卵季节，避开产卵区域或水生物幼苗生长区域；并应选用无污染或污染小的爆破器材。

13.8.4.3　可采取以下措施减少爆破有害效应对水生物的影响：

——优先采用水下钻孔爆破并保证孔口填塞长度与质量，避免采用水中裸露爆破；

——采用毫秒延时起爆技术并控制单段起爆药量；

——采用气泡帷幕等防护技术；

——减少爆破岩石向水域中的抛掷量。

13.8.4.4　受影响水域内有重点保护生物时，应与生物保护管理单位协商制定保护措施。

13.8.5　振动液化控制

13.8.5.1　在饱和砂(土)地基附近和尾矿库库区进行爆破作业时，应邀请专家评估爆破引起地基与尾矿坝振动液化的可能性和危害程度；提出预防土层受爆破振动压密、孔隙水压力骤升的措施；评估因土体"液化"对建筑物及其基础产生的危害。

13.8.5.2　实施爆破前，应查明可能产生液化土层的分布范围，并采取相应的处理措施，如增加土体相对密度，降低浸润线，加强排水，减小饱和程度；控制爆破规模，降低爆破振动强度，增大振动频率，缩短振动持续时间等。

14　爆破作业单位使用爆破器材的购买、运输、贮存等

14.1　爆破器材的购买和运输

14.1.1　一般规定

14.1.1.1　爆破器材应办理审批手续后持证购买，并按指定线路运输。

14.1.1.2　爆破器材运达目的地后，收货单位应指派专人领取，认真检查爆破器材的包装、数量和质量；如果包装破损，数量与质量不符，应立即报告有关部门，并在有关代表参加下编制报告书，分送有关部门。

14.1.1.3　运输爆破器材应使用专用车船。

14.1.1.4　装卸爆破器材，应遵守下列规定：

——认真检查运输工具的完好状况，清除运输工具内一切杂物；

——有专人在场监督；

——设置警卫，无关人员不允许在场；

——遇暴风雨或雷雨时，不应装卸爆破器材；

——装卸爆破器材的地点并设明显的标识：白天应悬挂红旗和警标，夜晚应有足够的照

明并悬挂红灯；

——装卸爆破器材应轻拿轻放，码平、卡牢、捆紧，不得摩擦、撞击、抛掷、翻滚；

——分层装载爆破器材时，不应脚踩下层箱(袋)。

14.1.1.5 同车(船)运输两种以上的爆破器材时，应遵守 14.2.1.4 的规定。

14.1.1.6 当需要将雷管与炸药装载在同一车内运输时，应采用符合有关规定的专用的同载车运输。

14.1.1.7 待运雷管箱未装满雷管时，其空隙部分应用不产生静电的柔软材料塞满。

14.1.1.8 装运爆破器材的车(船)，在行驶途中应遵守下列规定：

——押运人员应熟悉所运爆破器材性能；

——非押运人员不应乘坐；

——运输工具应符合有关安全规范的要求，并设警示标识；

——不准在人员聚集的地点、交叉路口、桥梁上(下)及火源附近停留；开车(船)前应检查码放和捆绑有无异常；

——运输特殊安全要求的爆破器材，应按照生产企业提供的安全要求进行；

——车(船)完成运输后应打扫干净，清出的药粉、药渣应运至指定地点，定期进行销毁。

14.1.2 公路运输

14.1.2.1 用汽车运输爆破器材，应遵守下列规定：

——出车前，车库主任(或队长)应认真检查车辆状况，并在出车单上注明"该车经检查合格，准许运输爆破器材"；

——由熟悉爆破器材性能，具有安全驾驶经验的司机驾驶；

——在平坦道路上行驶时，前后两部汽车距离不应小于 50 m，上山或下山不小于 300 m；

——遇有雷雨时，车辆应停在远离建筑物的空旷地方；

——在雨天或冰雪路面上行驶时，应采取防滑安全措施；

——车上应配备消防器材，并按规定配挂明显的危险标识；

——在高速公路上运输爆破器材，应按国家有关规定执行。

14.1.2.2 公路运输爆破器材途中应避免停留住宿，禁止在居民点、行人稠密的闹市区、名胜古迹、风景游览区、重要建筑设施等附近停留。

14.1.3 铁路运输

除执行铁道部门有关规定外，铁路运输爆破器材还应遵守下列规定：

——装有爆破器材的车厢不应溜放；

——装有爆破器材的车辆，应专线停放，与其他线路隔开；通往该线路的转辙器应锁住，车辆应锁牢，其前后 50 m 处应设"危险"警示标识；机车停放位置与最近的爆破器材库房的距离，不应小于 50 m；

——装有爆破器材的车厢与机车之间，炸药车厢与起爆器材车厢之间，应用一节以上未装有爆破器材的车厢隔开；

——车辆运行的速度，在矿区内不应超过 30 km/h、厂区内不超过 15 km/h、库区内不超过 10 km/h。

14.1.4 水路运输

14.1.4.1　水路运输爆破器材,应遵守下列规定:

——不应用筏类工具运输爆破器材;

——船上配备消防器材;

——船头和船尾设"危险"警示标识,夜间及雾天设警示灯;

——停泊地点距岸上建筑物不小于 250 m。

14.1.4.2　运输爆破器材的机动船,应符合下列条件:

——装爆破器材的船舱不应有电源;

——底板和舱壁应无缝隙,舱口应关严;

——与机舱相邻的船舱隔墙,应采取隔热措施;

——对邻近的蒸汽管路进行可靠的隔热。

14.1.5　航空运输

用飞机运输爆破器材,应严格遵守国际民航组织理事会和我国航空运输危险品的有关规定。

14.1.6　往爆破作业地点运输爆破器材

14.1.6.1　在竖井、斜井运输爆破器材,应遵守下列规定:

——事先通知卷扬司机和信号工;

——在上下班或人员集中的时间内,不应运输爆破器材;

——除爆破人员和信号工外,其他人员不应与爆破器材同罐乘坐;

——运送硝化甘油类炸药或雷管时,罐笼内只准放 1 层爆破器材料箱,不得滑动;运送其他类炸药时,炸药箱堆放的高度不得超过罐笼高度的 2/3;

——用罐笼运输硝化甘油类炸药或雷管时,升降速度不应超过 2 m/s;用吊桶或斜坡卷扬设备运输爆破器材时,速度不应超过 1 m/s;运输电雷管时应采取绝缘措施;

——爆破器材不应在井口房或井底车场停留。

14.1.6.2　用矿用机车运输爆破器材时,应遵守下列规定:

——列车前后设"危险"警示标识;

——采用封闭型的专用车厢,车内应铺软垫,运行速度不超过 2 m/s;

——在装爆破器材的车厢与机车之间,以及装炸药的车厢与装起爆器材的车厢之间,应用空车厢隔开;

——运输电雷管时,应采取可靠的绝缘措施;

——用架线式电力机车运输爆破器材,在装卸时机车应断电。

14.1.6.3　在斜坡道上用汽车运输爆破器材时,应遵守下列规定:

——行驶速度不超过 10 km/h;

——不应在上、下班或人员集中时运输;

——车头、车尾应分别安装特制的蓄电池红灯作为危险标识。

14.1.6.4　用人工搬运爆破器材时,应遵守下列规定:

a) 在夜间或井下,应随身携带完好的矿用灯具;

b) 不应一人同时携带雷管和炸药;雷管和炸药应分别放在专用背包(木箱)内,不应放在衣袋里;

c) 领到爆破器材后,应直接送到爆破地点,不应乱丢乱放;

d）不应提前班次领取爆破器材，不应携带爆破器材在人群聚集的地方停留；

e）一人一次运送的爆破器材数量不超过：

——雷管，1000 发；

——拆箱（袋）运搬炸药，20 kg；

——背运原包装炸药 1 箱（袋）；

——挑运原包装炸药 2 箱（袋）。

f）用手推车运输爆破器材时，载重量不应超过 300 kg，运输过程中应防止碰撞并采取防滑、防摩擦产生火花等安全措施。

14.2　爆破器材的贮存

14.2.1　一般规定

14.2.1.1　爆破器材贮存库安全评价应按 GA/T848 执行。

14.2.1.2　爆破器材应贮存在爆破器材库内，任何个人不得非法贮存爆破器材。

14.2.1.3　单库允许存放量及存放方式执行 GB50089 的规定，总库的总容量不得超过以下规定：

——炸药为本单位半年用量；

——起爆器材为本单位年用量。

14.2.1.4　爆破器材单一品种专库存放。若受条件限制，同库存放不同品种的爆破器材则应符合下列规定：

——炸药类、射孔弹类和导爆索、导爆管可以同库混存；

——雷管类起爆器材应单独库房存放；

——黑火药应单独库房存放；

——硝酸铵不应和任何物品同库存放。

当不同品种的爆破器材同库存放时，单库允许的最大存药量应符合 GB50089 的规定。

14.2.1.4　小型爆破器材库的最大贮存量应按 GA838 执行。

14.2.2　可移动式爆破器材仓库

可移动爆破器材仓库的选址、外部距离、总平面布置按 GB50089 和 GA838 的相关规定执行，其结构应经国家有关主管部门鉴定验收。

14.2.3　地下矿山的井下爆破器材库与发放站

14.2.3.1　井下只准建分库，库容量不应超过：炸药 3 天的生产用量；起爆器材 10 天的生产用量；

14.2.3.2　井下爆破器材库的布置，应遵守下列规定：

——井下爆破器材库不应设在含水层或岩体破碎带内；

——井下爆破器材库应设有独立的回风道；

——井下爆破器材库距井筒、井底车场和主要巷道的距离：硐室式库不小于 100 m，壁槽式库不小于 60 m；

——井下爆破器材库距行人巷道的距离：硐室式库不小于 25 m，壁槽式库不小于 20 m；

——井下爆破器材库距地面或上下巷道的距离：硐室式库不小于 30 m，壁槽式库不小于 15 m；

——井下爆破器材库应设防爆门，防爆门在发生意外爆炸事故时应可自动关闭，且能限制大量爆炸气体外溢；

——井下爆破器材库除设专门贮存爆破器材的硐室和壁槽外，还应设联通硐室或壁槽的巷道和若干辅助硐室；

——贮存雷管和硝化甘油类炸药的硐室或壁槽，应设金属丝网门；

——贮存爆破器材的各硐室、壁槽的间距应大于殉爆安全距离。

14.2.3.3 井下爆破器材库和距库房 15 m 以内的联通巷道，需要支护时应用不燃材料支护；库内应备有足够数量的消防器材。

14.2.3.4 有瓦斯煤尘爆炸危险的井下爆破器材库附近，应设置岩粉棚，并应定期更换岩粉。

14.2.3.5 在多水平开采的矿井，爆破器材库距工作面超过 2.5 km 或井下不设爆破器材库时，允许在各水平设置发放站。

14.2.3.6 井下爆破器材发放站应符合下列规定：

——发放站存放的炸药不应超过 0.5 t，雷管不应超过 1000 发；

——炸药与雷管应分开存放，并用砖或混凝土墙隔开，墙的厚度不小于 0.25 m；

14.2.3.7 井下爆破器材库区，不应设爆破器材检验与销毁场；爆破器材的爆炸性能检验与销毁，应在地面指定的地点进行。

14.2.3.8 不应在井下爆破器材库房对应的地表修筑永久性建筑物，也不应在距库房 30 m 范围内掘进巷道。

14.2.3.9 井下爆破器材库应安装专线电话并装备报警器。

14.2.3.10 井下爆破器材库的电气照明，应遵守下列规定：

——应采用防爆型或矿用密闭型电气设备，电线应采用铜芯铠装电缆；

——照明线路的电压不应大于 36 V；

——贮存爆破器材的硐室或壁槽，不安装灯具；

——电源开关或熔断器，应设在铁制的配电箱内，该箱应设在辅助硐室里；

——爆破器材库和发放站的移动式照明，应使用防爆型移动灯具和防爆手电筒。

14.3 爆破器材的治安防范、收发、检验、销毁与加工

14.3.1 贮存库的治安防范

爆破器材库区和贮存库的治安防范，应满足 GA837 的要求。

14.3.2 爆破器材的收发

14.3.2.1 新购进的爆破器材，应逐个检查包装情况，并按规定作性能检测；

14.3.2.2 建立爆破器材收发账、领取和清退制度，定期核对账目，应做到账物相符；

14.3.2.3 变质的、过期的和性能不详的爆破器材，不应发放使用；

14.3.2.4 爆破器材应按出厂时间和有效期的先后顺序发放使用；

14.3.2.5 库房内不准许拆箱（袋）发放爆破器材，只准许整箱（袋）搬出后发放；

14.3.2.6 爆破器材的发放应在单独的发放间（发放硐室）里进行，不应在库房硐室或壁槽内发放；

14.3.2.7 退库的爆破器材应单独建账、单独存放。

14.3.3 爆破器材的检验

14.3.3.1 各类爆破器材的检验项目，应按照产品的技术条件和性能标准确定；检验方

法应严格执行相应的国家标准或行业标准；在爆破器材性能试验场进行性能试验时，应遵守 GB50089 的有关规定。

14.3.3.2 爆破器材的外观检验应由保管员负责定期抽样检查。

14.3.3.3 爆破器材的爆炸性能检验，由爆破工程技术人员负责。

14.3.3.4 对新入库的爆破器材，应抽样进行性能检验；有效期内的爆破器材，应定期进行主要性能检验。

14.3.4 爆破器材的销毁

14.3.4.1 经过检验，确认失效及不符合国家标准或技术条件要求的爆破器材，均应退回原发放单位销毁；包装过硝化甘油类炸药有渗油痕迹的药箱(袋、盒)，应予销毁。

14.3.4.2 不应在阳光下暴晒待销毁的爆破器材。

14.3.4.3 销毁爆破器材，可采用爆炸法、焚烧法、溶解法、化学分解法。

14.3.4.4 用爆炸法或焚烧法销毁爆破器材时，应在销毁场进行，销毁场应符合 GB50089 的规定。

14.3.4.5 用爆炸法销毁爆破器材应按销毁技术设计进行，技术设计由爆破器材库主任提出并经单位爆破技术负责人批准后报当地县级公安机关监督销毁。

14.3.4.6 燃烧不会引起爆炸的爆破器材，可组织用焚烧法销毁；焚烧前，应仔细检查，严防其中混有雷管或其他起爆器材。

14.3.4.7 不抗水的硝铵类炸药和黑火药可置于容器中用溶解法销毁；不得将爆破器材直接丢入河塘江湖及下水道。

14.3.4.8 采用化学分解法销毁爆破器材时，应使爆破器材达到完全分解，其溶液应经处理符合有关规定后，方可排放到下水道。

14.3.4.9 每次销毁爆破器材后，应对现场进行检查，发现残存爆破器材应收集起来，进行再次销毁。

14.3.5 炸药的再加工

14.3.5.1 炸药的再加工应由具备加工资质的单位进行。

14.3.5.2 再加工单位应制定严格的加工工艺流程和安全操作规程，并经爆破技术负责人审查批准。

参考文献：

[1] 民用爆炸物品安全管理条例(国务院令第 466 号).

[2] 汪旭光. 爆破手册. 北京：冶金工业出版社，2010.

[3] 汪旭光. 爆破设计及与施工. 北京：冶金工业出版社，2011.

# 附 录 A

## （规范性附录）
## 爆破设计内容

## A.1 说明书

说明书应包括：
——工程概况、环境与技术要求；
——爆破区地形、地貌、地质条件，被爆体结构、材料及爆破工程量计算；
——设计方案选择；
——爆破参数选择与装药量计算；
——药室及导硐布置，钻孔设计；
——装药、填塞和起爆网路设计；
——爆破安全距离计算；
——安全技术与防护措施；
——施工机具、仪表及器材表；
——爆破施工组织；
——工程投资概算，
——主要技术经济指标。

## A.2 图纸

图纸应包括：
——爆破环境平面图；
——爆破区地形、地质图或被爆体结构图；
——药包布置平面和剖面图；
——药室和导硐平面图、断面图；
——装药和填塞结构图；
——起爆网路敷设图；
——爆破安全范围及岗哨布置图；
——防护工程设计图。

# 附 录 B

**（规范性附录）**
**施工组织设计内容**

B.1　工程概况及施工方法、设备、机具概述。

B.2　施工准备。

B.3　钻孔工程或硐室、导硐开挖工程的设计及施工组织。

B.4　装药及填塞组织。

B.5　起爆网路敷设及起爆站。

B.6　安全警戒与撤离区域及信号标志。

B.7　主要设施与设备的安全防护。

B.8　预防事故的措施。

B.9　爆破指挥部的组织。

B.10　爆破器材购买、运输、贮存、加工、使用的安全制度。

B.11　工程进度表。

# 附 录 C

（规范性附录）
**硐室爆破设计对勘测工作的要求**

C.1 地形测量

C.1.1 硐室爆破的地形测量，应根据设计任务书规定的总体布置要求和硐室爆破的等级，由设计提出地形测量任务。

C.1.2 爆区地形测量范围应包括爆破区和爆岩堆积区。

C.1.3 爆破影响区平面图应标明建（构）筑物、道路和设施分布，一般采用1:2 000 ~ 1:5 000地形图。

C.1.4 可行性研究阶段爆区地形图的比例尺一般为1:500 ~ 1:1 000，对A级硐室爆破，当范围太大时，可降为1:2 000；在技术设计阶段，应采用不小于1:500地形图。

C.1.5 D级硐室爆破可以用爆区实测1:200 ~ 1:500剖面图进行设计、相邻剖面间距不应大于10 m，校核剖面由设计布置。

C.1.6 在实施装药前，对每个药室均应实测最小抵抗线。

C.2 地质测绘

C.2.1 地质测绘范围以爆区为主，同时兼顾爆破影响区。

C.2.2 爆破地质测绘的工作内容如下：

——结合开挖工程查明爆破区岩土介质的类别、性质、成分和产状分布及物理力学指标，以及断层、溶洞、层理、裂隙、裂隙水和渗流特征；

——爆破影响区的较大断层、溶洞以及不稳定岩体的产状分布和形状；

——对水下硐室爆破还应查明水域、水深、水位、水流（流向、流速）变化及泥沙冲淤情况，覆盖层的分布和形状。

C.2.3 地质测绘的最终成果应包括地质报告书和地质填图（含地质平面图、地质剖面图及坑道展示图、钻孔柱状图等）。

# 参考文献

[1] 陶颂霖. 凿岩爆破[M]. 北京：冶金工业出版社，1986

[2] 赖海辉等编著. 机械岩石破碎学[M]. 长沙：中南工业大学出版社，1997

[3] 汪旭光. 中国工程爆破与爆破器材的现状及展望[J]. 工程爆破. 2007，13(4)：1～8.

[4] 郭声琨，汪旭光. 中国工程爆破的成就与发展战略[J]. 工程爆破. 1999，5(4)：1～7

[5] 王文龙. 钻眼爆破[M]. 北京：煤碳工业出版社，1984

[6] 于亚伦. 工程爆破理论与技术[M]. 北京：冶金工业出版社，2004

[7] 顾毅成. 爆破工程施工与安全[M]. 北京：冶金工业出版社，2004

[8] 林德余. 矿山爆破工程[M]. 北京：冶金工业出版社，1993

[9] 管伯伦. 爆破工程[M]. 北京：冶金工业出版社，2003

[10] 汪旭光. 于亚伦. 岩石爆破理论研究的若干进展[A]. 工程爆破文集(第七辑)[C]. 新疆：新疆出版社，2001，12～20

[11] 杨军，金乾坤，黄风雷. 岩石爆破理论模型及数值计算[M]. 北京：科学出版社，1999

[12] 赵同彬，顾士坦，马志涛. 岩石爆破理论与工程综述及其展望[J]. 山东科技大学学报(自然科学版)，2003，22(1)：108～112

[13] 赵斌. 现代爆破理论的最新进展[J]. 爆破. 1997，14(1)：21～27

[14] 汪旭光. 爆破器材与工程爆破新进展[J]. 中国工程科学，2002，4(4)：36～40

[15] 王树仁. 工程爆破技术的发展成就与动向[J]. 煤矿爆破. 2000，50(3)：24～28

[16] 王继峰. 工程爆破技术发展与展望[J]. 煤炭科学技术. 2007，35(9)：6～9

[17] 陈士海. 工程爆破现状与发展[J]. 煤矿爆破. 2000，49(2)：23～27

[18] 宋锦泉，汪旭光，段宝福. 中国工程爆破发展现状与展望[J]. 铜业工程，2002，(3)：6～9

[19] 汪旭光. 中国工程爆破新进展[J]. 河北科技大学学报，2009，30(1)：1～7

[20] 古德生，李夕兵. 有色金属深井采矿研究现状与科学前沿[J]. 矿业研究与开发. 2003，(s1)：1～5

[21] 古德生，李夕兵. 现代金属矿床开采科学技术[M]. 北京：冶金工业出版社，2006

[22] 李夕兵，古德生. 深井坚硬矿岩开采中高应力的灾害控制与碎裂诱变[C]，香山科学会议第175次学术讨论会，2001

[23] 李夕兵，古德生. 岩石冲击动力学[M]. 长沙：中南工业大学出版社，1994

[24] 钮强. 岩石爆破机理[M]. 沈阳：东北工学院出版社，1990

[25] 徐小荷，余静. 岩石破碎学[M]. 北京：煤炭工业出版社，1984

[26] 王文龙. 钻眼爆破[M]. 北京：煤炭工业出版社，1984

[27] 王汉义. 岩石磨蚀性对金刚石钻进岩石可钻性效果的影响[J]. 有色矿冶，1989(4)

[28] 鲁凡. 岩石可钻性分级的讨论及可钻性精确测量[J]. 超硬材料工程. 2007(2)

[29] 单守智. 用凿碎比功法预估凿岩机钻眼效果[J]. 吉林冶金，1989(2)

[30] 欧育湘. 炸药学[M]. 北京：北京理工大学出版社，2006

[31] 陆明. 工业炸药配方设计[M]. 北京：北京理工大学出版社，2002

[32] 戴俊，王树仁. 爆破工程[M]. 北京：机械工业出版社，2005

[33] 刘运通，高文学. 刘宏刚. 现代公路工程爆破[M]. 北京：人民交通出版社，2006

[34] 王海亮. 铁路工程爆破[M]. 北京：中国铁道出版社，2001

［35］中国力学学会工程爆破专业委员会编．全国爆破工程技术人员培训教材：爆破工程（上、下册）［M］．北京：冶金工业出版社，1992

［36］王玉杰．爆破安全技术［M］．北京：冶金工业出版社，2005

［37］王玉杰．爆破工程［M］．武汉：武汉理工大学出版社，2007

［38］周学友．爆破材料管理工［M］．北京：煤炭工业出版社，1995

［39］张云鹏．拆除爆破［M］．北京：冶金工业出版社，2002

［40］陈宝心，杨勤荣．爆破动力学基础［M］．武汉：湖北科学技术出版社，2005

［41］J. 亨利奇著．熊建国等译．爆炸动力学及其应用［M］．北京：科学出版社，1987

［42］李启月．工程机械［M］．长沙：中南大学出版社，2007

［43］宁恩渐．采掘机械［M］．北京：冶金工业出版社，1991

［44］曹金海．地下矿山无轨采矿设备［M］．长春：吉林科学技术出版社，1994

［45］王荣祥．矿山工程设备技术［M］．北京：冶金工业出版社，2006

［46］朱真才．采掘机械与液压传动［M］．徐州：中国矿业大学出版社，2005

［47］劳允亮，黄浩川．起爆药学［M］．北京：国防工业出版社，1980

［48］王泽山．火炸药科学技术［M］．北京：北京理工大学出版社，2002

［49］汪旭光．乳化炸药［M］．北京：冶金工业出版社，1993

［50］中南矿冶学院等六院校合编．凿岩爆破［M］．北京：冶金工业出版社，1959

［51］汪旭光，聂森林等．浆状炸药的理论与实践［M］．北京：冶金工业出版社，1985

［52］吕春旭，刘祖亮等．工业炸药［M］．北京：兵器工业出版社，1994

［53］吕春旭等．膨化硝铵炸药［M］．北京：兵器工业出版社，2001

［54］卢华，万红山．硝铵炸药［M］．北京：国防工业出版社，1970

［55］云庆夏，杨万根等．国外矿用炸药［M］．北京：冶金工业出版社，1975

［56］Roger Holmberg, Explosives & Blasting Technique, Netherlauds：A. A. Balkema, 2000

［57］Wang Xuguang. Rock Fragmentation by Blasting. Beijing：Metallurgical Industry Press, 2002

［58］周英．采煤概论［M］．北京：煤炭工业出版社，2006

［59］王海亮．工程爆破［M］．北京：中国铁道出版社，2008

［60］Per－Anders Persson, Roger Holmberg, Jaimin Lee. Rock Blasting and Explosive Engineering. New York，CRC Press. Inc. 1993

［61］M. A. 库克著．工业炸药学［M］．陈正衡，孙姣花译．北京：煤炭工业出版社，1987

［62］史雅语，金骧良，顾毅成．工程爆破实践［M］．合肥，中国科学技术出版社，2002

［63］许红涛，卢文波，邹奕芳．钻孔爆破中环向裂纹形成机理的研究［J］．爆破工程．2003，9（3）：7～11

［64］孙波勇，段卫东，郑峰等．爆破作用下岩石破碎理论模型的研究及发展趋势［J］．金属矿山．2006，36（3）：5～7

［65］杨年华，冯叔瑜．条形药包爆破作用机理［J］．中国铁道科学，1995，16（2）：66～78

［66］高尔新，杨仁树主编．爆破工程［M］．北京：中国矿业大学出版社，1999

［67］庙延钢，栾龙发主编．爆破工程与安全技术［M］．北京：化学工业出版社，2007

［68］蔡进斌，林钦河．AutoCAD 在露天深孔爆破设计中的应用［J］．有色金属，2007，59（4）：44～46

［69］卢立松，毛市龙．基于 AutoCAD 开发露天台阶爆破设计系统［J］．矿业工程，2006，4（2）：40～42

［70］肖福坤．炮孔计算机辅助设计系统研究．煤炭技术［J］．2006，25（10）：35～36

［71］张继春，肖清华，夏真荣．隧道爆破设计智能系统的组成与结构研究［J］．爆炸与冲击．2007，27（5）：455～460

［72］张继春，常春，吴青山等．台阶爆破设计智能专家系统在兰尖铁矿的应用［C］．见：汪旭光，王东光等编．第七届全国工程爆破学术会议论文集．乌鲁木齐：新疆青少年出版社，2001，122～129

[73] 张连宏，戴丽敏．露天台阶深孔爆破的设计与应用[J]．浙江水利科技，2003，4：52～53

[74] 付天光，费鸿禄，张威颖等．利用高精度导爆管雷管实现露天矿中深孔"逐孔起爆"技术[J]．中国矿业，2004，13(5)：37～40

[75] 张志呈．爆破原理与设计[M]．重庆：重庆大学出版社，1992

[76] 冯叔瑜．大量爆破设计与施工[M]．北京：人民交通出版社，1973

[77] 史雅语．工程爆破实践[M]．合肥：中国科技大学出版社，2002

[78] 刘殿中．工程爆破实用手册[M]．北京：冶金工业出版社，2003

[79] 高尔新．爆破工程[M]．徐州：中国矿业大学出版社，1999

[80] 中国力学会工程爆破专业委员会．冯叔瑜爆破论文选集．北京：北京科学技术出版社，1994

[81] 汪旭光．中国典型爆破工程与技术[M]．北京：冶金工业出版社．2006

[82] 杨振声．工程爆破文集第六辑．深圳：海天出版社，1997

[83] 汪旭光．工程爆破文集第七辑．乌鲁木齐：新疆青少年出版社，2001

[84] 爆破安全规程(GB6722－2014)．北京：中国标准出版社，2014

[85] 边克信．露天大爆破[M]．北京：冶金工业出版社，1980

[86] 王鸿渠．多边界石方爆破工程[M]．北京：人民交通出版社，1994

[87] 冯叔瑜，马乃耀．爆破工程(上)[M]．北京：中国铁道出版社，1980

[88] 李夕兵，古德生，赖海辉．岩石与炸药阻抗匹配的能量研究[J]．中南矿冶学院学报，1992，23(1)：18－25

[89] 许连坡．关于爆破相似律的一些问题[J]．爆炸与冲击．1985，5(4)：3～11

[90] 杨振声．工程爆破的模型试验与模型律[J]．工程爆破．1995，1(2)：1－10，15

[91] 秦明武．控制爆破[M]．北京：冶金工业出版社，1993

[92] 刘清荣．控制爆破[M]．武汉：华中工学院出版社，1986

[93] 赵福兴．控制爆破工程学[M]．西安：西安交通大学出版社，1988

[94] 钟冬望等．爆炸技术新进展[M]．武汉：湖北科学技术出版社，2004

[95] 钟冬望等．爆炸安全技术[M]．武汉：武汉工业大学出版社，1992

[96] 吴立．凿岩爆破工程[M]．武汉：中国地质大学出版社，2005

[97] 张志毅，王中黔．交通土建工程爆破工程师手册[M]．北京：人民交通出版社，2002

[98] 汪旭光，于亚伦．刘殿中．爆破安全规程实施手册[M]．北京：人民交通出版社，2004

[99] 郭进平，聂兴信．新编爆破工程实用技术大全[M]．北京：光明日报出版社，2002

[100] 孟吉复，惠鸿斌．爆破测试技术[M]．北京：冶金工业出版社，1992

[101] 《安全工程师实务手册》编写组．安全工程师实务手册．北京：机械工业出版社，2006

[102] 张义平，李夕兵，左宇军．爆破振动信号的HHT分析与应用[M]．北京：冶金工业出版社，2008

[103] 李夕兵，凌同华，张义平著．爆破震动信号分析理论与技术[M]．北京：科学出版社，2009

[104] 考尔斯基著，王仁等译．固体中的应力波[M]．北京：科学出版社，1966

**图书在版编目(CIP)数据**

凿岩爆破工程/李夕兵主编. —长沙:中南大学出版社,2011.9
(2021.8 重印)

ISBN 978-7-5487-0387-7

Ⅰ.凿… Ⅱ.李… Ⅲ.凿岩爆破—教材 Ⅳ.TD23

中国版本图书馆 CIP 数据核字(2011)第 186048 号

**凿岩爆破工程**

**(第 2 版)**

李夕兵 主编

□责任编辑 汪宜晔
□责任印制 唐 曦
□出版发行 中南大学出版社

社址:长沙市麓山南路 邮编:410083
发行科电话:0731-88876770 传真:0731-88710482

□印 装 长沙印通印刷有限公司

□开 本 787 mm×1092 mm 1/16 □印张 25.75 □字数 640 千字
□版 次 2015 年 12 月第 2 版 □2021 年 8 月第 2 次印刷
□书 号 ISBN 978-7-5487-0387-7
□定 价 65.00 元